AF372492

Qu'est-ce que les technologies ?

Université de tous les savoirs

sous la direction
d'Yves Michaud

Qu'est-ce que les technologies ?

volume 5

L'équipe de l'Université de tous les savoirs est composée de : Yves Michaud (conception et organisation), Gabriel Leroux (assistant à la conception et à l'organisation), Juliette Roussel (rédaction et suivi éditorial), Sébastien Gokalp (programmation et suivi éditorial), Agnès de Warenghien (communication et production audiovisuelle), Julie Navarro (gestion), Karim Badri Nasseri (logistique), Catherine Lawless (communication et études de la mission 2000 en France).

Introduction

Humanité et technique

L'homme est un animal technicien. Ce qui l'arrache à l'animalité ou fait de lui, pour le meilleur et pour le pire, un animal humain. Bien évidemment, la capacité de former des représentations, celle de communiquer par le langage et l'existence sociale ne sont pas étrangers à cette capacité technique même si l'on ne sait pas trop dans quel ordre placer ces facteurs d'hominisation ni leur rôle exact dans le développement.

Cette place prépondérante de la technique dans l'hominisation a été reconnue clairement dès la seconde moitié du XIXᵉ siècle — Rousseau représentant dans ce domaine comme dans bien d'autres un précurseur au XVIIIᵉ siècle. À partir du moment où il devient naturel de considérer l'homme au sein du règne animal, plongé en lui et non pas par principe, théologiquement ou ontologiquement, au-dessus de lui, à le voir dans ce qu'il a de commun avec les autres animaux et dans ce qui l'en distingue, l'humanité et la technique doivent être appréhendées ensemble. Là où il y a des outils, aussi rudimentaires soient-ils, il y a de l'humain. Là où il y a des fragments d'outils, il y a habitat humain.

Au cours du XXᵉ siècle, cette vision de *l'homo sapiens* comme *homo faber*, pour reprendre les termes de Bergson en 1907 dans *L'Évolution créatrice*, non seulement n'a pas été remise en cause, mais elle a pris de plus en plus de place et même toute la place, au fur et à mesure que l'on mesurait mieux l'importance des diverses révolutions techniques et des changements qu'elles introduisaient chaque fois : révolution du moteur et de l'énergie, révolution de l'automate, révolution de l'information, révolution des biotechnologies — révolution de ce que l'on appelle désormais les nouvelles technologies. Les victoires humaines sur la nature et la fatalité, comme les barbaries qui les ont accompagnées, ont ainsi été mises au compte de « l'arraisonnement du monde par la technique » (Heidegger).

Compte tenu du développement technique récent, un parcours de cet univers des techniques et une réflexion sur elles aujourd'hui doivent couvrir des activités et des formes techniques extrêmement différentes : depuis celles qui s'ancrent dans un passé immémorial comme les techniques de l'alimentation, de la construction, de l'exercice du pouvoir, ou de la guerre, jusqu'à d'autres plus récentes voire complètement nouvelles — techniques du déplacement, de la santé, de l'éducation, de la communication et de la gestion de l'information, de la dé-pollution, etc. De toute manière, anciennes ou nouvelles, toutes les techniques auront été affectées par la formidable extension des connaissances depuis un siècle et aucune n'est restée en l'état — sinon peut-être des « techniques » comme la magie ou l'astrologie (et encore !), que certains reconnaissent telles à cause de leurs aspects de recettes transmissibles (c'est l'explication que donne Marcel Mauss quand il parle de la magie comme technique) et en dépit de leur manque de résultats.

L'ordre adopté pour construire la série des conférences de l'Université de tous les savoirs* fait qu'un certain nombre de ces techniques ont déjà été examinées dans les volumes précédents : les conférences sur la vie et l'humain (volumes 1 et 2) ont, directement ou indirectement, traité des biotechnologies, que celles-ci portent sur l'individu ou sur l'espèce, qu'elles concernent le patrimoine génétique ou les pathologies collectives ou individuelles, qu'elles prennent la forme de politiques des populations et de la santé ou qu'elles concernent l'alimentation. De même, il a été question dans le volume 3, consacré à la société, de l'habitat et des déplacements, de l'économie et de toutes les techniques sociales qui passent par la production de symboles et de normes. Ce volume 5 ne fait donc que poursuivre un panorama déjà bien entamé. Il le fait cependant d'une manière particulière dans la mesure où il envisage cette fois les techniques « pour elles-mêmes » et, d'autre part, les aborde sous l'angle des développements les plus récents et même de ceux que l'on peut anticiper. De là le titre de ce volume : *Qu'est-ce que les technologies* ?

Le succès de la représentation de l'homme comme animal technicien a eu en effet pour conséquence dommageable de rendre diffuse la notion de technique à proportion qu'on l'étendait : on y

---

* Il a été question de cet ordre, des raisons qui on présidé à son choix et des procédures suivies pour le construire dans l'introduction du volume 1 à laquelle je me borne à renvoyer.

incluait finalement toutes formes d'opération tournées vers l'obtention de toutes sortes de résultat selon des recettes définies (d'où encore une fois la promotion quand même bizarre de la magie ou de la religion au statut de « techniques »). Toute mise en relation de moyens et de fins selon des recettes ou des procédés tendait à devenir un cas de technique et la notion a fini par signifier toute action instrumentale, toute action mobilisant des instruments pour aboutir à certains objectifs. Ce n'est certainement pas faux, mais on ne gagne pas forcément beaucoup à identifier l'*homo faber* ou l'*homo artifex* à l'homme qui instrumente et agence des moyens. C'est par souci de se démarquer de cette dérive par extension et inclusion que les 57 conférences regroupées dans ce volume 5 de l'Université de tous les savoirs envisagent des champs et des opérations de la technique bien définis et traditionnellement reconnus comme tels : l'éducation, le traitement de l'information, la production d'énergie, la maîtrise de l'espace, les armes, les matériaux — et enfin les conséquences du développement technique en termes de pollutions et de risques. Encore une fois, il ne s'agit pas de nier ainsi l'importance essentielle des techniques médicales, alimentaires, juridiques, politiques, démographiques — mais de revenir au champ proprement technique des machines et des matériaux.

Il s'agit en outre de le faire en se tournant résolument vers l'état de l'art et les perspectives qui s'annoncent, que ce soit pour faire des projections raisonnables ou, plus modestement, faire état des incertitudes et modérer les spéculations hasardeuses. On constatera en effet que les situations diffèrent beaucoup selon les cas : autant nous avons des idées raisonnables sur les développements futurs en matière de matériaux parce que nous connaissons de mieux en mieux les conditions scientifiques de leur production, autant nos spéculations sur l'avenir des énergies ou celui de l'Internet sont fragiles compte tenu soit de la nature des facteurs en jeu (notamment les facteurs humains) soit de la jeunesse du domaine et du caractère instable de la technologie en jeu.

J'en viens maintenant aux différents domaines pour quelques remarques qui précisent les enjeux et parfois les limites de l'enquête.

L'éducation

Pour ce qui concerne l'éducation, dont on contestera difficilement le caractère de technique de transmission non seulement des connaissances mais aussi de tous les usages et modes de communication indispensables à la vie des communautés et des groupes, j'ai souhaité que les questions soient abordées avec beaucoup de recul de manière à éviter les manifestes myopes et les polémiques dépassées le jour même où elles apparaissent. On ne trouvera donc rien ici sur les humanités et leurs crises (la question est abordée de manière plus large dans le volume 6 à propos de la culture) ; rien non plus sur l'illettrisme informatique, sujet intéressant et peut-être même essentiel, mais à propos duquel circulent aujourd'hui seulement des opinions vraisemblables ou complaisantes, quand ce ne sont pas simplement des projections reposant sur des objectifs de pénétration des marchés ; on ne trouvera rien non plus sur la violence à l'école. En fait, ces questions d'actualité, qui sont loin d'être sans intérêt ni importance, sont abordées indirectement à travers l'analyse de l'illettrisme comme construction sociale de l'exclusion, ou à propos de ce qui constitue la question centrale de toute pédagogie : comment transmettre quoi que ce soit à celui qui, soit ignore jusqu'à l'existence de ce qu'on veut lui transmettre, soit ne veut même pas en entendre parler. Autre prise de distance par rapport aux débats trop nationaux voire paroissiaux : l'approche de l'éducation en termes de coûts et de budgets rend manifeste la disparité et l'inégalité face à l'éducation au plan de la planète et pas seulement entre des catégories d'individus plus ou moins bien lotis ou plus ou moins blasés au sein des sociétés riches.

Le nouvel âge numérique

Il s'imposait d'aborder longuement le domaine de l'informatique et du traitement des données numériques. Si nous avons affaire depuis les années 1950 à une nouvelle étape dans le développement technologique, c'est bien parce qu'après l'âge de la machine à vapeur puis l'âge du moteur à explosion et de l'électricité, nous sommes entrés dans l'âge de l'information. De là deux séries de textes consacrées, l'une, aux machines informatiques, aux connexions et aux programmes — l'architecture de l'ordinateur, les mémoires, les réseaux, les communications à large bande, les programmes et langages, etc. —, l'autre, à la société de l'âge numérique — Internet, la sécurité informatique, le commerce électronique, les menaces sur la vie privée, les aspects juridiques de la communication, etc. —. Les enseignements qui ressortent de ces contributions sont contrastés. Nous sommes indiscutablement en présence d'une mutation considérable, qui plus est une mutation en train de se produire et par rapport à laquelle nous n'avons à peu près aucun recul. Le nouvel âge numérique est là et bien là. En même temps, les perspectives d'avenir apparaissent souvent confuses et les situations très instables. Comme viennent de le montrer les hauts et les bas précipités de la « nouvelle économie », les choses peuvent se renverser très rapidement. Nul ne sait à quoi ressemblera l'Internet dans cinq ou dix ans. Nul ne peut dire s'il servira à faire du commerce ou quoi que ce soit d'autre. Nul ne peut dire s'il sera facteur de liberté ou de surveillance généralisée. Nul ne peut dire s'il sera le lieu d'une production artistique nouvelle ou non. Nul ne peut dire comment il sera archivé ni même s'il le sera. L'important est aussi de voir que ces incertitudes tiennent non seulement aux facteurs technologiques mais aussi, et plus encore, aux rapports de force, c'est-à-dire aux comportements antagonistes ou synergiques des différents acteurs, dont nous sommes, chacun d'entre nous.

L'espace

L'espace et les questions de défense (et d'attaque) sont parmi les autres sujets abordés dans ce tour d'horizon.

Hormis les spécialistes, aucun citoyen, même clairvoyant, n'accepte aujourd'hui de reconnaître l'importance des questions militaires et leur influence sur de très nombreux domaines de la vie sociale. Si l'on ne peut plus parler, à quelques exceptions quand même non négligeables (Chine, Corée du nord), de sociétés militarisées, les armements et moyens militaires pèsent dans tous les pays d'un poids considérable sur la recherche scientifique et sur la recherche appliquée. Ils pèsent considérablement aussi sur l'économie en orientant les investissements. C'est assurément — avec les loisirs et la santé — un des domaines où la technicisation, l'automatisation, la simulation, la gestion informatique, le traitement de l'information et du signal ont le plus modifié les matériels, les pratiques et les modes de gestion. Les militaires sont devenus des ingénieurs et des techniciens et ils ne veulent même plus mourir en héros. Si au XIXe siècle, la violence militaire s'était industrialisée, au XXe siècle elle s'est technicisée. Observation et intelligence, entraînement et formation, communication et espionnage, conduite des opérations, évaluation des résultats dépendent des machines et notamment des machines numériques et l'intelligence artificielle joue un rôle essentiel. Il fallait aborder cette nouvelle situation, même si la réflexion politique sur elle relève d'un autre moment d'analyse et d'autres approches.

L'espace doit occuper une place toute spéciale dans ces préoccupations. La mondialisation ou globalisation, c'est par définition l'extension des activités au globe entier, un rapport « global » au monde et aux événements. Du point de vue militaire, ceci implique une capacité rapidement et efficacement mobilisable d'intervention « globale » mais, avant elle, une capacité à voir, saisir et intercepter l'information en tous les points du monde. Sans oublier que l'exercice du pouvoir et de l'influence passe lui aussi par la dimension globale de la diffusion et de l'information. D'où l'importance des réseaux de satellites, que ce soit pour observer les activités, intercepter les communications et les armes balistiques ou diffuser des programmes d'information ou de divertissement. L'espace est, à d'autres égards, un enjeu immense comme domaine d'exploration pour les lanceurs spatiaux et les missions de recherche et d'observation. Le volume 4 *Qu'est-ce que l'Univers ?* a bien montré comment la cosmologie et l'astrophysique ont été profondément changées par le développement des missions spatiales et de l'observation à partir des moyens mis sur orbite.

L'énergie

Avec l'énergie, nous entrons dans des domaines où les facteurs techniques rencontrent très directement les enjeux de société — et, à la différence de ce qui se passe pour les affaires militaires, nous en sommes de plus en plus conscients. Nous consommons de plus en plus d'énergie et de plus en plus d'humains aspirent à en consommer autant que nous pour entrer à leur tour dans le développement — qu'il s'agisse de transports, de conditionnement de l'atmosphère, de production de matériaux et de substances alimentaires.

Malheureusement, les choses apparaissent non seulement confuses mais peu susceptibles d'une approche raisonnée. Les lecteurs trouveront ici des mises au point claires et compétentes sur les piles et batteries, sur l'avenir possible des véhicules électriques, sur l'énergie nucléaire et les énergies fossiles mais ils mesureront aussitôt que la question des énergies se pose dans un contexte où les décisions politiques, les choix sociaux, les négociations internationales conditionnent de manière décisive aussi bien la position des problèmes que leurs perspectives de solution. Une fois que l'on a présenté la fourchette des estimations sur les ressources à moyen et long terme en énergies fossiles, sur les ressources en énergies naturelles renouvelables (ENR), sur les risques et possibilités du nucléaire, il reste à moduler ces données à partir de « ce que l'on veut », c'est-à-dire de la qualité de la vie telle qu'on se la représente, de l'idée que l'on se fait d'une terre respectée ou dévastée, des devoirs que l'on estime avoir par rapport à des successeurs qu'il reste à imaginer, eux et ce qu'ils pourraient vouloir. Sur ces points le savoir technique ne fournit donc aucune solution simple et directement applicable. Les technologies donnent des moyens, y compris ceux de la dévastation, mais il reste à savoir ce que nous voulons — et nous ce sont autant les « autres » que « nous ».

Les matériaux

J'ai souhaité qu'une place importante soit accordée aux matériaux, anciens et nouveaux, c'est-à-dire anciens et considérablement renouvelés par la science contemporaine, comme le verre, le béton, les alliages métalliques, les textiles, le bois, ou nouveaux comme les composites, les matériaux intelligents, les biomatériaux, les élastomères, les nanotubes. L'importance des matériaux en tous genres tient évidemment à la place qu'ils tiennent dans nos vies. Que l'on songe à l'omniprésence du béton dans la construction, aux usages variés des verres, élastomères, floculants, aux nouvelles possibilités offertes par le bois, aux fantastiques perspectives en matière de textiles intelligents.

L'importance des matériaux n'est cependant pas seulement pratique mais aussi théorique. On verra que les savoirs les concernant, très longtemps empiriques ou à peine plus qu'empiriques, font désormais l'objet d'une élaboration scientifique faisant appel à plusieurs branches des sciences physiques et chimiques, aux ressources les plus avancées des mathématiques, à la puissance de calcul et de simulation des ordinateurs : la science des matériaux apparaît désormais comme une science à part entière, entreprenant parfois de déchiffrer jusqu'au fonctionnement de l'usine vivante. Il ne s'agit donc pas de célébrer naïvement ici quelque triomphe de l'artifice ou l'avènement fumeux d'une nouvelle matérialité mais de comprendre des capacités inédites de modulation, de transformation et d'enrichissement de matières dont les propriétés sont de plus en plus finement connues et donc de plus en plus finement maîtrisables et gouvernables.

Pollutions et risques

Le parcours se termine par la considération des pollutions et celle des risques.

La question des risques a déjà été abordée à propos de l'action sur la vie et de l'alimentation (volumes 1 et 2). Celle de la pollution quand il fut question d'économie et d'agriculture. Ces questions se présentent ici en termes non seulement d'action risquée de l'humanité sur elle-même mais de conséquences des activités humaines sur l'équilibre de la nature, que ce soit en ce qui concerne l'eau, les sols, l'air, les déchets ou le bruit. L'activité humaine, qu'elle soit activité de production, ou qu'elle tienne au simple fait d'exister en grand nombre, de se déplacer en hordes, voire de se divertir par millions, est génératrice de nuisances, de déchets et de pollutions. Ici encore, il ne s'agissait pas de trancher mais de prendre la mesure des dangers et de leur variété. Il s'agissait aussi de s'interroger sur la conscience de ces dangers et les concepts formés pour les appréhender et leur imaginer des remèdes : de là ces contributions qui traitent du risque et de sa mesure, du principe de précaution, du développement durable.

Conclusion

Graduellement donc les textes de ce volume nous acheminent vers la prise en compte générale de l'état des sociétés contemporaines, de leur conscience des défis et des enjeux auxquels elles sont confrontées. Si dans le volume 3 de l'Université de tous les savoirs, l'interrogation portait sur la nature de la société d'un point de vue encore général et abstrait, ici nous nous sommes rapprochés de l'étape finale d'un diagnostic concret de l'état du monde et de la culture tel qu'il sera conduit dans le volume 6.

Deux regrets, pour finir. Il manque à ce parcours au moins deux choses : une leçon sur l'ingénieur et le concept d'ingénierie, une autre sur la notion de machine.

À l'évidence, tous les procédés identifiés au cours de ces leçons supposent une ingénierie comme art ou science de la mise en place et de la coordination de ces procédés. D'autre part, il est constamment fait appel à des appareils et appareillages qui relèvent du monde des machines. Ingénierie et machine, telles sont donc les deux notions qui restent sous-jacentes à ces développements. Peut-être sont-elles malheureusement devenues si complexes et si diverses à l'époque de la technologie avancée que nous restions condamnés à tourner autour d'elles en en donnant des exemples.

Yves Michaud
le 29 janvier 2001

I

ENJEUX DE L'ÉDUCATION
ET FORMATION DE DEMAIN

L'accès au savoir : permanences et mutations

par PIERRE CASPAR

Je vais pour commencer faire un survol rapide des lieux de savoir. Je réfléchirai ensuite aux fonctions que ces lieux peuvent remplir, avant d'examiner en quoi des mutations actuelles les bouleversent et entraînent de multiples conséquences sur le concept même de formation des adultes. Une conclusion permettra de revenir sur la société de la connaissance, ses lumières et ses sirènes.

Les lieux de savoir ; celles et ceux qui les font vivre

Des siècles durant, apprendre dépendait du droit et de la possibilité d'accéder à des lieux de savoir. Ils étaient beaucoup plus que des sources d'information, ils faisaient sens. Ils constituaient des espaces et des communautés où le savoir était rassemblé, gardé, entretenu, étudié, interprété, diffusé et validé. Et, souvent, jalousement gardé, ne serait-ce que dans la ligne de très anciennes traditions soucieuses de ne pas dévoiler la connaissance à quiconque ne serait pas prêt à la découvrir ou jugé digne de le faire. « De l'arbre de la connaissance tu ne goûteras point. »

Ces lieux de savoir ont existé dans toutes les époques et dans toutes les civilisations. Ils ont pris de multiples formes, souvent complémentaires.

Les temples, églises et monastères, quels que soient la divinité ou l'esprit desquels ils procédaient, et les communautés théologiques,

Texte de la 241ᵉ conférence de l'Université de tous les savoirs donnée le 28 août 2000.

spirituelles ou philosophiques au sein desquelles ils s'inscrivaient, sont des lieux de savoir connus de tous.

Les grandes bibliothèques rassemblaient des tablettes d'argile, des papyrus, des codex, des pierres gravées, des manuscrits et parchemins, des documents, et, plus tard, des livres.

Les écoles, les universités et les lieux de recherche ont souvent été associés aux institutions précédentes.

Mais bien d'autres lieux, moins visibles, ont joué un rôle important dans la relation de l'homme aux savoirs et aux cultures qui les portent : ainsi les institutions publiques de conservation des patrimoines, ou les cabinets de physique, de curiosité ou de mécanique. Le château d'Ambray, en Autriche, à la Renaissance, avait rassemblé un grand nombre d'objets exotiques ou insolites, comme autant de témoins de la représentation du monde. À Paris, il y a eu, par exemple, le cabinet de Bonnier de la Mosson, place Vendôme, comprenant huit pièces et une immense bibliothèque « universelle » ; ou encore la collection d'objets et modèles rassemblés par Vaucanson à l'hôtel de Mortagne. Bien souvent des musées, ces « lieux d'émerveillement », ont adopté ces cabinets et les ont considérablement renouvelés.

Encore moins souvent évoqués sont les cours royales, du moins celles de monarques éclairés comme ont pu l'être Catherine de Suède, Frédéric de Prusse, ou le roi Akbhar, à Fathepur Sikri aux Indes, qui fit se rencontrer, à travers ses épouses, les traditions et les cultures de son XVIIe siècle.

Enfin peut-on parler ainsi des institutions sans évoquer les personnes qui les ont créées et qui les ont fait vivre, qui les ont *animées* au sens fort du terme ? Et peut-on omettre des milliers de personnes isolées, modestes, le plus souvent oubliées, mais dont la pensée, la façon d'être, de faire, ont éclairé leurs proches ou les générations qui leur ont succédé ? On dit qu'un vieillard qui disparaît est une bibliothèque qui brûle. Les Japonais ont une superbe expression pour désigner ces personnages à la fois simples et d'exception : ils les appellent des trésors vivants.

Les lieux, les êtres de savoir, leurs fonctions au sein d'une société et d'une culture données

Qu'ils soient construits au milieu des hommes ou en restent délibérément à l'écart, qu'ils soient familiers ou inaccessibles à la majorité des mortels, les lieux de savoir et leurs hôtes remplissent des fonctions essentielles pour la transmission des héritages de l'humanité, l'accomplissement de leur devenir et, parfois, pour permettre leurs mutations et leurs ruptures.

Témoigner sur les origines du savoir et le révéler aux hommes constitue l'une de ces fonctions premières. Elle contribue, ce faisant, aux fondements mêmes d'une société donnée, dans les rapports qu'elle entretient avec la vérité, la vie, la mort, la foi, la raison et la transcendance. L'accès à la connaissance que constitue un tel savoir chargé de sens et la tradition qui le perpétue, se trouvent aux racines de toute civilisation. Nos systèmes éducatifs en ont été profondément marqués.

Créer du savoir est une autre façon de comprendre le monde et de répondre momentanément aux problèmes du temps. Ainsi opèrent des personnes, seules ou dans des institutions, dont la curiosité insatiable les conduit à vouloir sans cesse accroître l'intelligence qu'elles ont du monde, des êtres ou des choses. Nous les appelons savants, chercheurs, explorateurs, chamans… Tous sont des intercesseurs entre l'inconnu et le connu, le visible et l'invisible.

Rassembler, capitaliser, préserver, faire connaître les savoirs ou, parfois, les cacher constitue une troisième fonction traditionnelle de ces lieux. J. L. Borges a immortalisé l'image d'une bibliothèque nommée Babel. Certains imprimeurs, certains éditeurs ont également joué un rôle majeur pour permettre de partager des pensées non exprimables dans leur milieu d'origine. Des « éditions de Minuit » en quelque sorte ! Il a même fallu parfois se battre pour protéger ces patrimoines immatériels que sont les savoirs contre les aveuglements destructeurs des hommes eux-mêmes. L'Abbé Grégoire et le Comité de l'Instruction publique ont rempli ce rôle pendant la Terreur. Jusqu'à ce qu'il devienne possible, en 1794, de mobiliser cette réflexion cachée pour créer quatre institutions éducatives, issues d'un projet politique commun : l'École des langues orientales, l'École normale supérieure, l'École polytechnique et le Conservatoire des arts et métiers.

Transmettre les savoirs constitue une quatrième fonction de ces lieux. De façon informelle par imitation, préceptorat ou compagnonnage, ou de façon plus institutionnelle, ils exercent une incontournable médiation qui consiste à hiérarchiser, structurer, formuler, présenter les savoirs pour faciliter leur appropriation. Quel que soit le nom que l'on donne à ces médiateurs, tous ont en commun d'exercer des fonctions d'éducation et de socialisation, tous ont à créer les conditions d'un apprentissage réussi. Il faut souvent reconstruire, voire reconceptualiser les savoirs savants pour les rendre assimilables. Même si apprendre peut s'apprendre, faire l'effort d'apprendre n'est pas automatiquement comprendre. Les savoirs résistent à se livrer lorsque l'on veut les approcher prématurément. Il faut de la maturité pour cela comme il faut de la sagesse et de la lucidité pour développer en soi et pour les autres, l'intelligence du savoir. C'est en cela que la fonction de transmission devient une fonction d'éducation.

Les médiateurs que sont les enseignants et les formateurs doivent enfin aller jusqu'au bout du réel et rendre leurs « élèves » capables de transférer ces savoirs dans l'action et d'en faire usage avec discernement. Ainsi la fonction d'éducation s'inscrit-elle totalement dans le monde.

Héritiers des sources, créateurs et gardiens des savoirs, compétents sur leur transmission, vigilants sur leurs usages, les lieux dont nous venons de parler et leurs hôtes ont toujours rempli des fonctions sociétales majeures. Ils les remplissent encore aujourd'hui. Mais ils ne sont plus les seuls à le faire. Et ces fonctions s'accomplissent dans un autre environnement qui nous invite à être plus vigilants que jamais sur le sens de nos apprentissages.

Des mutations profondes

Parmi les multiples mutations contemporaines, l'entrée dans une « société de l'information » nous concerne particulièrement. Après un premier Livre Blanc de l'Union européenne, *Croissance, compétitivité, emploi* (1993), qui fixait les règles du jeu économique et social, le second, intitulé *Enseigner et apprendre* (1995), attirait notre attention sur l'émergence d'une société dite « cognitive », structurée autour de grands défis à relever : la mondialisation, l'accélération considérable des apports des sciences et des technologies, et les rapports tout à fait nouveaux que nous entretenons avec l'information.

Trois composantes particulières de cette société de l'information peuvent contribuer à la transformer en société cognitive : l'accélération du changement qui va de pair avec la montée de la complexité et l'importance croissante des processus de conduite dans les activités professionnelles ; l'impact des technologies de traitement de l'information et de télécommunication ; la multiplication des réseaux et le développement de réseaux autonomes d'apprentissage.

Le *changement* et le développement de la *complexité* dans tous les domaines s'accélèrent. Pour paraphraser Paul Valéry, nous sommes entrés dans une époque où « l'avenir n'est plus ce qu'il était ». D'ailleurs « le changement change tout le temps ». La conduite des organisations humaines en devient particulièrement complexe. La culture de « jeunes pousses » aussi. Simultanément d'incroyables exigences de compétences pèsent désormais sur les salariés, à tous niveaux : il faut compter avec la fugacité des nouvelles technologies et l'importance de l'abstraction dans la conduite des processus de production, de commercialisation et de maintenance. Il faut s'inscrire dans de nouvelles formes de travail misant à la fois sur une intelligence répartie, et sur la généralisation d'une culture de la performance, à l'échelle mondiale. Le concept de « formation tout au long de la vie » prend ici sa raison d'être. Il faut bien sûr acquérir, maîtriser et actualiser sans cesse les compétences techniques relevant du cœur de son métier. Il faut aussi apprendre à apprendre dans un environnement changeant, savoir constamment où trouver le savoir pertinent pour traiter une question inédite, savoir anticiper sur l'acquisition des compétences qui seront nécessaires pour résoudre des problèmes que l'on ne connaît pas encore. « L'employabilité » est à ce prix. Il convient aussi, à tous niveaux, de savoir construire des partenariats, conduire des projets, établir et gérer des budgets, rendre compte, travailler en équipe, savoir négocier, maîtriser son stress dans une culture de zéro défaut, contribuer à un projet collectif dont on ne connaît pas forcément les ressorts et les moteurs. C'est enrichissant à condition de savoir et de pouvoir se fixer des priorités, de trouver le temps de s'adapter et d'avoir le droit de le prendre et de conserver un sens profond à sa vie. C'est un nouvel enjeu pour une « gestion des compétences » qui veut contribuer véritablement au « développement des ressources humaines ».

Seconde composante de cette société de l'information : *l'impact des technologies* de l'information et des télécommunications. De nos jours, toutes les technologies de production, d'exploitation, de commercialisation peuvent être utilisées à des fins éducatives : les simulations, l'analyse du travail ou de ses dysfonctionnements constituent de puissants moyens de formation. Mais les technologies de traitement de l'information et de télécommunication jouent un rôle bouleversant dans nos sociétés, en mettant entre nos mains des possibilités de recherche, de stockage et de traitement d'informations inconnues jusqu'alors. Et, compte tenu de la transformation en marché de masse d'un marché de l'information, combinant le téléphone portable, la télévision, le fax, Internet, ce marché est quasiment banalisé dans les sociétés les plus développées. Cette banalisation même conduit à un changement culturel profond en permettant à de plus en plus de personnes de s'affranchir du temps et de l'espace et d'accéder, en théorie du moins, à tous les savoirs du monde.

Simultanément, grâce à ces technologies ou à cause d'elles, nous entrons dans une véritable *culture de réseaux* qui permettent l'émergence de réseaux virtuels d'apprentissage. Certains sont pérennes, d'autres vivent en fonction d'un problème à résoudre, ou d'une nécessité momentanée d'échange de savoirs. Ils ouvrent aussi des possibilités de maillage avec des sources lointaines d'information et d'expertise auxquelles on n'aurait jamais fait appel auparavant ; ils permettent des télérencontres. Ces avancées ne profitent pas seulement aux apprentissages ouverts et flexibles du cœur de métier de chacun. Elles permettent aussi d'accéder aux comptes-rendus de colloques tenus dans le monde entier, de rassembler les bases internationales d'un rapport ou d'une communication, de ne pas se laisser enfermer dans une spécialité opératoire en se donnant les moyens de revenir sur des fondamentaux oubliés, ou sur lesquels on a pris du retard. C'est-à-dire d'accéder à sa guise, aux avancées les plus récentes de la science comme aux connaissances de base. Les portails qui leur donnent accès se multiplient et grandissent chaque jour. Comme se développe considérablement une véritable « industrie des contenus ». Ces réseaux permettent enfin des bilans réguliers de compétences et la validation de ses acquis, que ceux-ci résultent de formations formelles ou de l'expérience. Ils permettent même d'accéder à des diplômes.

Cette société de l'information est paradoxale. D'un côté, s'y multiplient les possibilités d'insertion dans des réseaux locaux ou mondiaux, privés ou accessibles à toute heure et depuis n'importe quel lieu. Ainsi se créent des liens souples et durables entre les « nomades-sédentaires » que nous devenons face aux exigences de la compétitivité mondiale. D'un autre côté, on assiste à un phénoménal mouvement d'individualisation, où chacun passe de plus en plus de temps dans une bulle au sein de laquelle l'écran, le clavier et le téléphone tendent à devenir les seuls compagnons matériels tangibles, au sein d'une société de plus en plus virtuelle.

Quelles implications, quelles conséquences ces orientations auront-elles sur la formation des adultes ?

Les quatre fonctions traditionnelles des lieux de savoir, leur séparation et, parfois, leur existence même se trouvent aujourd'hui fortement remises en cause.

Des logiques nouvelles apparaissent dans nos rapports au savoir. Pour les personnes, l'évolution se fait nettement vers une logique d'auto-formation, complétée par des échanges en réseau ; vers le développement d'une attitude de curiosité, de recherche, de mutualisation des savoirs et des savoir-faire, y compris informatiques, et des procédures de résolution de problèmes mises en œuvre. Ces micro-groupes virtuels permettent un engagement très personnel dans ces démarches d'auto-formation ; ils révèlent aussi un fort besoin d'aide et d'accompagnement, plus souvent centré sur les langages et les modes d'apprentissage que sur les objets d'apprentissage eux-mêmes et sur leur raison d'être.

Dans les entreprises et les organisations de travail, nous vivons une période paradoxale. Jamais elles n'ont affiché un tel besoin de formation et de professionnalisme des formateurs, au sens large du terme. Simultanément, le secteur de la formation des adultes n'a jamais vécu dans un tel climat de tensions et de contraintes. La concurrence entre organismes et services de formation, l'évolution des mécanismes de régulation des marchés en constituent l'une des causes. Les pressions budgétaires aussi : plus on compte sur la formation et plus on lui demande des comptes. Il lui faut délivrer juste ce qu'il faut de compétences et juste quand il le faut. Mais les services et organismes de formation doivent aussi démontrer leur efficacité, parfois même la pertinence de leur existence, dans un contexte où la décentralisation des décisions de formation au plus près des décisions du terrain conduit parfois à se contenter de « formateurs aux pieds nus ». Il faut même que la formation gagne le droit d'être considérée comme un travail à part entière, au risque d'être externalisée hors des 35 heures.

Tout ceci a un impact considérable sur les contours et la nature des responsabilités de formation et sur les fonctions de celles et ceux qui en sont chargés. Citons par exemple : la disparition des frontières entre information, documentation et formation ; la montée en puissance de multiples formations informelles ; le passage massif dans les domaines professionnels de la notion de savoir à celle de compétence, référée à des performances. Ce qui signifie la perte de monopole de la formation en matière de production de compétences. La mobilité professionnelle, l'utilisation intelligente des consultants, l'évaluation et les bilans, la conduite de projets en créent aussi. Enfin, le développement d'architectures de formation floues, mêlant, selon les besoins, des stages, du tutorat en présentiel ou à distance, de l'auto-formation, des moments d'analyse du travail, des forums ou des échanges d'expériences, des validations d'acquis. Elles nécessitent des ingénieries fines et une gestion pédagogique, logistique et financière subtiles et rigoureuses. Elles font apparaître de nouveaux métiers du savoir.

Cela ne signifie pas pour autant la disparition des *lieux de savoirs* que sont les services et organismes de formation. Ils continueront à remplir des fonctions importantes mais dans le cadre d'une redistribution de leurs rôles par rapport aux banques de données, aux portails et aux réseaux. Ils devront réunir des formateurs et des consultants capables à la fois de communiquer avec leurs interlocuteurs à tous les niveaux et d'être crédibles à leurs yeux pour les aider à résoudre des problèmes de moins en moins formulés en termes de formation. Surtout, ils auront à dépasser une simple logique client-fournisseur pour établir avec leurs partenaires nationaux ou transnationaux, des relations de co-conception et de pilotage, parfois de co-investissement, pour mener à bien les missions stratégiques qui leurs sont confiées.

Parce qu'ils s'inscrivent par nature dans des maillages de lieux d'expertise et de formation, les centres de ressources en constitueront de plus en plus les nœuds. Répartis géographiquement en fonction des pôles d'activités d'une entreprise, ou sur des bassins d'emploi justifiant économiquement leur activité, ils permettront d'accueillir des personnes ou des groupes ayant besoin de leurs services, en présentiel ou à distance, ou désireux de participer à des regroupements avec des homologues, tout en limitant leurs déplacements pour que la formation reste compatible avec leurs charges et contraintes professionnelles.

Revenons enfin aux personnes directement impliquées dans l'accès au savoir que sont *les professionnels* de l'éducation et de la formation. Une part importante de leur rôle consistait à détenir des savoirs et à aider leurs interlocuteurs à se les approprier. Aujourd'hui, ces savoirs arrivent directement à la portée de tous, sans forcément nécessiter à leurs yeux de médiateurs. Le rôle et le statut des enseignants et formateurs s'en trouvent modifiés. Perdre l'autorité de celui qui sait n'est ni facile à intégrer ni facile à vivre. Ils devront cependant continuer à exercer un rôle majeur dans l'accès au savoir, si notre société veut que celui-ci s'effectue de façon équitable et pour le plus grand nombre. Par-delà la nécessaire production de ressources éducatives et l'ingénierie des multiples architectures d'apprentissage qui s'articuleront autour d'elles, enseignants, formateurs, animateurs, tuteurs devront désormais contribuer à l'appropriation et à la mise en œuvre des savoirs et des compétences en exerçant une *triple médiation*.

D'abord, aider ceux qui le désirent à identifier ce qu'ils savent, que ce soit à travers leurs études ou grâce aux acquis de l'expérience, à le faire savoir et à le valoriser socialement ; mais les aider aussi à s'orienter dans la jungle des informations, c'est-à-dire à se poser et à poser les bonnes questions, à repérer les savoirs, savoir-faire et comportements, en un mot les compétences dont ils auront besoin pour s'insérer ou se réinsérer dans la vie professionnelle, pour travailler dans un milieu évolutif, pour contribuer à leur propre employabilité comme pour exercer leurs responsabilités de parents et de citoyens.

Savoir ensuite accompagner les apprenants dans leurs apprentissages et faire qu'ils trouvent ou reçoivent des réponses quand ils ont besoin d'aide, que ce soit pour assimiler certaines notions conceptuelles, pour traiter des difficultés d'ordre cognitif ou affectif, ou encore pour résoudre des problèmes de « machines ou de tuyauterie ». Il faudra que les enseignants et formateurs sachent aussi aider ces apprenants à changer de posture d'apprentissage, à un moment où les supports du savoir changent eux-mêmes profondément. Beaucoup d'entre nous restent attachés au « savoir papier ». Or nous entrons dans une ère techniquement et philosophiquement révolutionnaire : celle du virtuel. Valoriser tous les supports de formation évoqués plus haut c'est apprendre à construire des savoirs à partir d'informations disparates et dispersées. C'est entrer dans des hyper-espaces où chacun suit son propre cheminement, ne va pas forcément là où il voulait aller, et s'en retrouve désemparé ou enrichi. C'est apprendre à vivre dans une nouvelle culture du programme et de l'écran où rapidité, fugacité et rigueur vont de pair.

Une troisième médiation revient enfin aux formateurs. Elle se situe à l'interface entre l'apprenant et ses groupes sociaux d'appartenance (famille, lieu de travail, associations, collectivités territoriales, pays, Europe...) au sein desquels la formation professionnelle représente un moyen pour servir d'autres fins dans le champ du travail et dans la vie sociale. Il appartient à ces formateurs d'aider les apprenants à identifier et à reconnaître ce qu'ils doivent s'approprier à travers la formation, ce qui implique la participation à des travaux de veille sur les faits porteurs d'avenir de la société, sur les tendances lourdes du marché de l'emploi, qui peuvent éclairer les activités professionnelles et sociales futures. Il leur appartient aussi de conduire un travail sans cesse renouvelé pour que la formation, ses professionnalismes, la richesse de ses apports mais aussi ses contraintes et ses limites, soient compris et reconnus à leur juste mesure par l'ensemble des acteurs économiques et sociaux qu'elle concerne ou qui s'en servent.

Des avancées considérables...
mais beaucoup de questions nouvelles

Ce que certains appellent la « nétamorphose » a de quoi fasciner. Beaucoup d'entre nous se sentent à juste titre éclairés par les nouvelles lumières qu'elle fait naître, mais parfois éblouis au point de ne plus distinguer les sirènes qui se cachent au creux des ombres qu'elles masquent.

Ces avancées considérables nous fournissent-elles des images anticipatrices d'une future société mondiale du savoir ? Probablement. Est-ce à dire que chacun(e) de nous aura plus largement accès à la connaissance ? Rien n'est certain. Le champ du savoir, et l'exercice des métiers qu'il rassemble ou fait naître, constituent un vaste échiquier à plusieurs plateaux. De multiples acteurs s'y rencontrent, s'y confrontent, s'y affrontent. Les rapports de force culturels qui les sous-tendent sont mondiaux. Leur objet est parfois moins de gagner à court terme que de changer les règles du jeu. Mais ce qui se joue autour de savoirs devenus stratégiques est parfois bien loin de l'harmonie que la sagesse populaire peut prêter à l'utopie d'un monde construit autour de leur partage.

La place nous manque pour pouvoir développer les interrogations que les évolutions actuelles suscitent. Il faudrait parler de la confusion croissante entre information et savoir qui conduit progressivement à privilégier la première en lui attribuant des valeurs fondamentalement dépendantes de leur moment et durée d'usage. Il faudrait évoquer l'entrée des activités de transmission d'information et d'échanges de savoir dans une économie de services, dans une économie de marché marquée elle aussi par une compétition à l'échelle mondiale. Ne faut-il pas s'inquiéter d'un risque de surdétermination de l'éducation et de la formation par la sphère marchande et financière ? Il conviendrait aussi d'examiner de près les échanges d'invisibles dont la fuite ou le négoce des cerveaux constituent l'un des éléments ; soulever la question de la protection de la vie privée et de l'intégrité de l'individu dans une ère Internet où se développe aussi un marché du savoir sur les humains que nous sommes...

Nous avons basculé dans une société de l'immatériel. Cette évolution ne facilite pas le maintien de nos liens sociaux et de nos repères traditionnels déjà ébranlés par les vagues successives d'urbanisation effrénée et de déréglementation sous toutes ses formes. L'une de ces conséquences est le risque de confusion entre le virtuel et le réel, entre les autres, soi-même et l'avatar fantasmatique qui parcourt à notre place des espaces-temps ludiques évoluant sans cesse sur l'ensemble de la planète. Au risque d'engendrer dans la société réelle, des actes de la plus extrême violence.

Enfin, comment vanter les mérites des nouvelles technologies et des réseaux permis par Internet sans rappeler que l'accès à l'information, *a fortiori* au savoir, a un coût. Un coût culturel, dirimant pour les illettrés, anciens ou d'un nouveau genre. Et un double coût financier lié aux investissements à réaliser et à l'accès aux réseaux. Les Nations unies considèrent le développement d'Internet comme une opportunité majeure pour le développement économique et social des différents pays du « village planète ». Mais il faut aussi se souvenir que le désir d'équipement informatique, le développement d'Internet et l'importance des branchements au sein d'une population donnée sont eux-mêmes conditionnés par le même développement économique et social. Cinq chiffres illustrent mieux qu'un long discours le risque d'une nouvelle dualité à l'échelle mondiale.

Au Canada, 12 heures de connexion à Internet coûtent 64 FF ; le PNB annuel par habitant est de 118 000 FF. En Égypte, l'un des premiers pays arabes à s'ouvrir à Internet, le coût de connexion est de 143 FF pour un PNB de 7 200 FF. Enfin environ 2 milliards d'hommes vivent avec moins de 15 FF par jour. Comment ces écarts se réduiront-ils si l'on considère en plus que l'information et le savoir constituent des sources de pouvoir que tous ne sont pas prêts à partager ?

L'éducation et la formation constituent plus que jamais des approches majeures pour contribuer à résoudre ces inégalités. « Un trésor est caché dedans », affirmait le rapport de la commission réunie par l'Unesco autour de Jacques Delors. Mais cette éducation, cette formation tout au long de la vie auront encore à se transformer et peut-être même, à se réinventer. Mieux qu'un long développement, une phrase des *Matinaux*, de René Char, nous donne à réfléchir : « Si la tempête en permanence brûle mes côtes, mon onde au large est profonde, complexe, prestigieuse. Je n'attends rien de fini, j'accepte de godiller entre deux dimensions inégales. Pourtant mes repères sont de plomb, non de liège, ma trace est de sel, non de fumée... »

Savoir et formation

par Dominique Lecoq

Ernesto, dans *La Pluie d'été* de Marguerite Duras, dit à sa mère : « Je retournerai pas à l'école parce que à l'école on m'apprend des choses que je sais pas. » Peut-être le texte qui suit n'est-il qu'un commentaire du scandale et de la vérité que porte quant au savoir cette parole que l'écrivain prête à son personnage.

S'agissant du savoir, un premier constat s'impose : la production de connaissances dépasse largement la capacité de chaque humain à la recevoir. C'est relativement récent dans l'histoire et cela s'est accru à une vitesse telle que la prise de conscience des effets a paru en comparaison très lente. D'un certain point de vue, lors de sa construction, la navette spatiale américaine a matérialisé cette situation nouvelle du fait qu'elle a été le premier objet dans l'histoire qu'aucun homme seul n'était en mesure de concevoir. Un deuxième constat : tel résultat obtenu par un chercheur dans sa discipline peut différer voire s'opposer à celui de tel autre relevant pourtant de la même discipline. La dispute sur l'existence ou non des trous noirs chez les astrophysiciens en constitue un bon exemple. Celui-ci n'est pas choisi au hasard parmi d'autres : il a l'avantage de porter sur un objet qui manque. La dispute, dans le sens classique du terme, s'instaure quand les humains sont placés dans un rapport avec le manque. Quand ils acceptent de le savoir chacun pour soi, ils cherchent à lui donner un sens. L'important n'est pas d'accumuler des connaissances, mais d'y entendre ce quelque chose qui constitue pour chacun le savoir même et qui autorise à parler en son nom. Autrement dit, le savoir ne se supporte que de pouvoir être énoncé par un sujet, non seulement dans ses résultats

Texte de la 242ᵉ conférence de l'Université de tous les savoirs donnée le 29 août 2000.

— les connaissances, les contenus dira-t-on dans le vocabulaire de la formation — mais aussi dans sa tension vers le principe qui manque, selon la formule de Dante, c'est-à-dire vers ce qui constitue l'origine. Le savoir a, d'une manière sue ou insue par le sujet, à voir avec la question de l'origine et, par conséquent, avec le non-savoir, que je définirais comme un au-delà du principe qui manque. Cela dessine une fonction du savoir qui ne se réduit pas à accumuler des connaissances mais bien plutôt à donner consistance au sujet. Ces remarques préliminaires permettent de pointer le fait que les distinctions traditionnelles dans la gestion des ressources humaines entre savoir, savoir-faire et savoir-être pour qualifier une personne au travail méritent une réflexion critique que le recours actuel à la notion de compétence ne suffit pas à remplir.

Avant de définir la nature du lien que suppose la copule placée entre savoir et formation, il convient de faire mesurer l'aire polysémique que couvre le second de ces deux termes. En effet, cerner la notion de formation est œuvre difficile dans une situation contemporaine qui pousse à la confusion. La formation recouvre, selon le type de discours dans lequel on l'invoque, tantôt un dispositif juridique et fiscal, inauguré en France par la loi de juillet 1971, tantôt une revendication sociale élevée au rang d'instance réparatrice (« la seconde chance » qui en suppose une première évidemment jamais située), tantôt une injonction politique (dont la dernière profération européenne recommande de « se former tout au long de la vie »), tantôt une prescription économique et guerrière (l'ajustement aux besoins du marché dans une visée stratégique et concurrentielle), tantôt encore la pratique même qui, répondant à des demandes fort diverses, constitue la pédagogie (s'agit-il d'aller titiller les restes infantiles de l'adulte ?) comme l'acmé de son acte professionnel. La volonté d'identifier la formation à l'une de ces occurrences possibles fait entrer la notion dans une logique exogène qui, pour être propre à chacun des champs où elle s'exerce, la subordonne à une fonction technique, le plus souvent d'import et d'appoint. Mais elle ne permet pas de conceptualiser la notion elle-même, comme si celle-ci avait vocation à répondre toujours d'une *teknè*, jamais d'une *epistemè*. Autrement dit, la formation ne se réduit pas à un outil ou à une production d'outils répondant à des besoins et qui relèverait de la seule ingénierie. Elle a aussi pour nécessité de penser ce qui la fonde en tant qu'activité humaine, sauf à ne pas vouloir savoir ce qu'elle fait avec les personnes qui entrent dans ses dispositifs.

Aperçus sur l'appareil de formation en France

Le changement intervenu dans l'organisation du travail autour des années 1970 — et qu'on a trop rapidement désigné comme la fin du taylorisme — a connu son expression juridique dans la loi de juillet 1971. Reprenant dans son esprit le projet de Condorcet de 1792, elle constitue l'instrument qui met en place la formation professionnelle continue. L'objectif premier est l'adaptation de la ressource humaine aux besoins de l'entreprise, laquelle est par conséquent chargée d'en assurer le financement. Toutefois il existe un autre objectif qui est d'offrir aux salariés une « seconde chance » et une possibilité de « développement personnel ». À interpréter ces deux objectifs, on pourrait distinguer une fonction adaptatrice et une fonction réparatrice dévolues à la formation. Des lois successives, par exemple celle de juillet 1978, s'emploieront à corriger les ambiguïtés nées du premier texte, notamment en ce qui concerne le congé individuel de formation.

Quelle a été la conséquence majeure de la loi de juillet 1971 ? Elle a organisé un marché de la formation professionnelle qui représente actuellement une dépense annuelle d'environ 140 milliards de francs et concerne 3,5 millions de salariés. Ce nouveau secteur regroupe près de 30 000 organismes de formation, pour une bonne part réduit à l'effectif d'une personne. Les 600 premiers classés selon leurs chiffres d'affaires couvrent à eux seuls la plus grande part de la demande de formation. De plus, les entreprises, par branche professionnelle sous forme d'organismes collecteurs, ou directement, par essaimage ou externalisation, ont structuré l'offre et traité la demande au mieux pour qu'elles répondent à leur souci d'un moindre coût et d'une meilleure efficacité. Mais l'accès à la formation diffère considérablement selon que le salarié appartient à une petite ou à une grande entreprise.

Suivant la pente normale d'un dispositif globalement financé par l'entreprise et l'État, la formation devient avec la loi quinquennale de 1993 un instrument politique de gestion de l'emploi et de traitement social du chômage, dont le PARE (plan d'aide au retour à l'emploi) et l'entretien d'évaluation des chômeurs pour déterminer les formations à conseiller ou à prescrire constituent les derniers avatars. Un nouveau texte sera discuté au cours de la session parlementaire de 2001. Les principaux axes du projet de loi concernent les diplômes acquis par validation des acquis professionnels et le droit individuel à la formation, « transférable et garanti collectivement ». L'intention est manifeste de rapprocher dans leurs missions, notamment diplômantes, l'appareil de l'Éducation nationale et celui de la formation continue, de concilier en quelque sorte l'apport de l'expérience et celui de l'enseignement.

Cependant l'appareil de la formation reçoit des critiques violentes qui mettent en cause — pour reprendre le titre développé dans un article récent — « trente ans de pratiques coûteuses, inefficaces et inégalitaires, dont se sont accommodés l'État et les entreprises, échouant à offrir une deuxième chance aux moins qualifiés ». Pourquoi ce jugement radical qui invalide la fonction réparatrice de la formation ? Que répondre sinon qu'on demande à la formation ce qu'elle ne peut pleinement donner si l'on s'en tient aux termes mêmes de l'objectif, notamment d'organiser la deuxième chance. À y regarder de près la fonction réparatrice est dans son principe, comme dans son application, une fonction douteuse. Pourquoi cet apparent consensus des institutions publiques et privées sur ce qui est présenté comme un gâchis ? Que répondre sinon que ceux qui prononcent de tels jugements ne savent pas ce que formation veut dire et qu'ils réduisent sa réalité aux textes de la loi de juillet 1971 et des suivantes. Leur évaluation porte sur les écarts avec les objectifs politiques, non sur l'office que remplit la formation et dont l'augmentation régulière du nombre de stagiaires marque l'importance.

Mais la question que pose la formation reste difficile à formuler. L'invitation de plus en plus insistante à pratiquer et à étendre l'évaluation paraît plus constituer le symptôme de cette difficulté que la réponse à la question. Il existe plusieurs conceptions de l'évaluation dont la plus intelligente se présente au fond comme un mode de management de la formation. Mais qui évalue-t-on ? Une anecdote, construite à partir de plusieurs faits similaires, permet de situer la complexité du problème. À l'issue d'un stage long de plusieurs mois, les participants sont invités à évaluer la formation qu'ils ont reçue. Questionnaire de plusieurs pages à remplir, tour de table, échange généralisé, plusieurs procédures sont mises en place pour obtenir des informations fiables qui serviront à faire évoluer le dispositif du stage. L'animateur principal a la surprise d'entendre une stagiaire avec laquelle des relations professionnelles riches s'étaient construites faire part de sa déception finale quant à ce qu'elle avait reçu de la formation. Le temps passe, le souvenir de cet incident blessant s'estompe. Plus d'un an après, le formateur prend en charge une nouvelle promotion de stagiaires et rencontre dans le groupe une personne venant de la même entreprise que la stagiaire critique. Stupéfait, il l'entend dire qu'elle s'est inscrite sur le conseil exprès de sa collègue qui lui a confié que ce stage avait constitué un moment important dans sa vie professionnelle. Comment interpréter ce fait banal ? Pour qui ne sait rien des différences psychiques qui structurent les humains, pour qui ne sait rien des effets transférentiels parfois puissants que déclenche la relation formative, le risque est que ce type d'événement soit vécu comme persécutif et que l'ambivalence des discours conduise à porter un jugement moral sur les personnes, là où une attitude professionnelle est attendue. Pour le dire sans autre forme d'explication sur cette ambivalence : le fait est banal, parce qu'il est aussi normal de n'être pas content d'avoir reçu que d'en être content. Question de structure psychique sur laquelle il serait préférable que les professionnels de la formation soient quelque peu avertis. Les protocoles de l'évaluation sont rationnellement élaborés et soumis à des êtres de raison : il a fallu pour ce faire construire cet objet imaginaire dénué d'affects, le formé. La justification de cette procédure est le souci d'efficacité gestionnaire, mais la réalité est plus complexe. Comme pour le test de Binet sur l'intelligence, on pourrait dire que la formation est ce que mesure le protocole d'évaluation.

Le management a jugé les résultats de l'évaluation si peu performants que des dispositifs de plus en plus lourds ont été mis en œuvre. Toutefois cette centration excessive sur l'évaluation a des conséquences en retour souvent mal perçues. Elle pousse à privilégier souvent une conception procédurale de l'acte formatif dont l'objectif devient le plus souvent la conformation et non la formation. Il n'est plus question de penser mais de fonctionner.

Derrière cette observation transparaît une pratique réductrice du management, portée par un discours de maîtrise dont la rhétorique incantatoire est élevée à la dignité d'objectif de formation. Par exemple, à l'issue d'une formation groupale de deux jours, être capable de gérer un conflit. Et pourquoi pas de le digérer ? L'efficacité demandée se confond avec la volonté de rentabiliser l'investissement. Souci certes légitime, mais qui se contente de définir un catalogue de connaissances et constitue le plus souvent une barrière au savoir.

On s'inquiète de l'efficacité de la formation en termes économiques. De nombreuses études y sont consacrées. Par exemple, des chercheurs de l'Insee affirment que les effets de la formation sur les profits sont faibles voire inexistants. D'autres, toujours de l'Insee, montrent que la formation a une incidence très faible sur l'augmentation de la rémunération des salariés. Au contraire, une équipe d'une université parisienne affirme que l'investissement en formation aurait un effet sur la valeur ajoutée de l'entreprise supérieur à celui produit par la recherche et le développement. Et pour assurer sa démonstration, elle ajoute : « On retrouve des conclusions identiques dans des études réalisées dans d'autres pays comme la Suède et les Pays-Bas. » Certainement, mais Joop Hartog, professeur d'économie à l'Université d'Amsterdam, écrit dans une publication de l'OCDE : « Nous ne sommes absolument pas sûrs de l'intérêt de la formation pour l'activité économique. » Livrer ces éléments contradictoires et quelque peu déroutants ne vise nullement à disqualifier des recherches qui ont été conduites sérieusement, mais simplement à souligner que la production de connaissances ne doit jamais faire oublier les conditions qui ont concouru à leur établissement. La connaissance de l'impact économique de l'appareil de formation mis en place à partir de 1971 en France reste floue et pour le moins contradictoire. Pourtant, la seule chose qui reste généralement admise, c'est que la formation est nécessaire. On oublie d'ajouter qu'elle est décevante. Mais si elle est décevante, c'est que son objet n'est pas celui qui est annoncé par les discours institutionnels, qu'ils émanent de l'entreprise ou de l'État. Cela ne signifie nullement qu'elle ne remplit pas son office, mais simplement qu'il ne peut être confondu avec celui de l'école continué par d'autres moyens.

Pour éclairer ce point décisif, il faut venir à la question posée par le rapport qu'entretient depuis la nuit des temps la formation avec l'institution.

L'institution

Notre réflexion sur l'institution s'inaugure d'une pratique longue de la formation, dans le sens contingent qu'elle a de professionnalisation des personnes mais aussi de pratique des formes qu'elle revêt dans la conduite de projets, dans le conseil aux entreprises et dans l'accompagnement personnalisé, de hiérarchiques qui se trouvent soit nouvellement promus, soit responsables de projet, soit en butte à des difficultés particulières. Dans le *coaching*, lors de ces colloques singuliers, parfois longs d'une année et plus, l'interrogation première sur la compétence voile fréquemment des doutes plus profonds qu'il convient d'entendre si l'on veut rendre service à la personne accompagnée. Cela s'exprime très souvent par une inquiétude sur la place qu'occupe réellement telle personne dans l'institution.

Parce que prétendre à une pratique sociale de cette nature, par exemple le *coaching*, implique au moins une reconnaissance de la fonction du sujet et une familiarité avec l'inconscient, notre approche de l'institution, sa théorisation, empruntera des concepts à la psychanalyse. De fait, la situation hétérogène de la psychanalyse, par rapport aux sciences humaines qui visent la réalité et le conscient, permet de penser l'impensé de la formation.

L'institution n'existe que fondée par un texte, qu'il prenne la forme écrite d'une charte, d'une constitution, ou orale d'un grand récit, d'une déclaration. Ce texte a pour vocation d'être incarné, c'est-à-dire qu'il y a quelqu'un mis à la place du principe qui manque. Généralement sa titulature le qualifie de prince, ou de président, ou de président directeur général, mais ce n'est jamais une place vide. Le roi est mort, vive le roi ! La fondation ne se limite pas à un temps historique déterminé, elle s'éprouve dans la durée par l'exercice souverain. En quoi consiste-t-il ? La force du texte s'épuise avec le temps. Son efficacité pour produire des normes et maintenir la cohésion des personnes que l'institution rassemble s'amenuise, de sorte qu'il est nécessaire de l'interpréter à nouveau pour lui donner un sens qui renouvelle sa force et maintient l'institution. Au fond, c'est la fonction que le management remplit, s'il ne se trompe pas sur ce qui lui donne sa légitimité. À partir de cette nouvelle interprétation, des projets nouveaux peuvent être développés sans rencontrer de résistances autres que celles qui sont de principe dans le fonctionnement institutionnel.

Si nous privilégions le terrain du management, c'est qu'il présente cet intérêt de toucher, par le biais du pouvoir, au plus vif de ce qui cristallise la présence des sujets humains dans l'institution. *Institutio* en latin a le double sens d'instruire et d'instituer. Ce qui était clairement dit quand Homère était déclaré l'instituteur de la Grèce. De fait l'institution possède une fonction fondatrice pour le sujet, dévolue au savoir, et par la pérennité qu'elle garantit, elle met dans l'oubli la finitude de chacun.

Michel Foucault a particulièrement mis en évidence la dissémination du pouvoir dans l'institution, même s'il paraît symboliquement comprimé à la place du principe qui manque. Nous y participons tous d'une certaine manière, mais comment ? Pour reprendre la tradition romaine, bien vivante jusqu'à l'époque médiévale, il convient de distinguer, dans l'exercice du pouvoir, ce qui relève de la *potestas* et de l'*auctoritas*. Par exemple, le pouvoir de nommer dans l'entreprise, capacité légitime d'inscrire le nom d'une personne et de l'affecter au poste précis qu'elle occupera, ressortit de la *potestas* ; la compétence reconnue par les collègues, indépendante de la nomination à un poste, marque le territoire de l'*auctoritas*. Aussi la reconnaissance possible au travail n'est jamais la reconnaissance d'une personne en tant que telle, mais reconnaissance de ce qui fait signe à l'autre d'un savoir qu'il n'a pas. Toutefois la place qu'une personne occupe dans l'entreprise est une place toujours en risque d'être vide ou vidée (licenciement) puisqu'aucune institution ne pourrait tolérer, sauf à programmer sa propre disparition, que son existence dépende de la présence d'un tel à telle place. Sauf pour le père fondateur, comme le révèle fortement l'exemple de Moulinex. Par conséquent, chaque personne qui occupe une place est nécessairement interchangeable avec une autre ou avec rien, ce qui introduit dans toute occupation une dimension d'espace et de temps, liée à la place et non à la personne.

Si l'institution a pour vocation d'assigner à chacun une place, le propre du sujet souverain est d'affirmer qu'il se situe du côté de l'exception, qu'il n'est ni réductible à la tâche qui l'occupe, ni complètement interchangeable avec tout autre humain pour l'institution qui l'emploie. Exception ne veut pas dire hors norme ou hors la loi commune, mais qu'une place extérieure est possible. La formation remplit cette fonction de constituer un espace et un temps d'exception au regard du fonctionnement normatif institutionnel. Elle permet de travailler la contradiction qui pourrait s'énoncer ainsi : comment l'injonction institutionnelle de la *potestas* de se former selon le cahier des charges défini par elle peut-elle être reçue par un sujet humain comme une invitation à développer son *auctoritas* ? Développer l'*auctoritas* signifie construire un savoir et non seulement accumuler des connaissances. La connaissance ne suffit pas pour l'exercice managérial. Il y faut le savoir qui assure la parole du sujet. Quand on se réfère à des personnes qui en ont marqué d'autres au point que la rencontre a été décisive pour découvrir une vocation, on pourrait dire que ceux-là qui reconnaissent leur dette ont rencontré des sujets qui parlaient en leur nom et que la marque qu'ils ont reçue est celle de l'*auctoritas* perçue comme occupant pour eux la place de la vérité.

Ainsi la formation est-elle nécessaire à l'institution parce qu'elle renouvelle l'interprétation du texte fondateur, le vivifie et ouvre à des personnes interchangeables la possibilité en tant que sujet de se construire un savoir singulier, de développer leur *auctoritas*, d'accroître leur capacité symbolique. Toutefois le fait n'est pas si simple. On aura compris que l'évaluation, utile dans son intention, mais excessive dans sa pratique, témoigne de la difficulté de la *potestas* de tolérer un moment d'exception, un moment possible de souveraineté. Mais pour les personnes elles-mêmes, la formation n'est pas sans produire de l'ambivalence. En effet, dès lors qu'il y a loi, tout sujet humain qui participe d'une institution se trouve placé en état de faute. Non qu'il exerce une transgression — ce serait un acte — mais, au sens premier que porte la notion de faute, il est en dette *(in culpa esse)* vis-à-vis de l'institution. À commencer par cette institution première qu'est la famille. Ce fait est corroboré par des études sociologiques concernant la formation : résultat surprenant, la mobilité des salariés formés est dix fois inférieure à celle des salariés non formés. Ces études concluent au dysfonctionnement de l'appareil de formation alors qu'on peut l'entendre comme manifestant le rapport du sujet à la dette, et, s'agissant du savoir, à la dette symbolique autrement contraignante que l'invitation à la mobilité. D'ailleurs dans la pratique du *coaching*, cette présence de la dette vis-à-vis de l'institution fait souvent obstacle à la progression du travail ; jusqu'à ce qu'une élaboration permette de lever l'inhibition.

Le concept inconfortable de formation

Nous pouvons saisir le paradoxe du sujet qui est d'appartenir en même temps et d'une manière indécidable à une histoire qui l'institue et à une institution qui l'historicise. Autrement dit, la distinction entre individu et collectif n'a aucune pertinence en ce qui concerne le sujet humain au travail. On peut même affirmer que l'usage de cette aporie interdit de penser, par exemple, aux effets souvent catastrophiques de licenciements sur ceux qui partent comme sur ceux qui restent. Le sujet est une entité située dans un entre deux. Cette marque fondatrice, qui tient au fait que l'homme est cet animal parlant qu'invoque Aristote, ouvre le sujet à cette division qu'opère en lui sa parole adressée à l'autre. Il est dans ce clivage entre deux signifiants, aucun des deux ne pouvant lui conférer son identité définitive, c'est-à-dire le chosifier, en faire un signifié. Le signifié serait cet individu qui se définit de n'être pas divisé, éminemment repérable en agent de production, en employé ou en cadre. Voilà pourquoi l'institution a ce rapport distancié avec les sujets.

Ce point est capital parce qu'il vide de sens la notion d'inter-subjectivité. Il invalide aussi les critiques portées contre le sujet qui serait autoproclamé, autosuffisant, voire tout-puissant et, pour faire bonne mesure responsable des tragédies du XXe siècle. Parce qu'elle est hétérogène aux sciences de l'homme, la psychanalyse permet de penser qu'il n'existe pas d'intersubjectivité. La conséquence est immense dans l'analyse des rapports de travail : c'est dans cet espace créé entre le sujet et ce qui le représente pour un autre sujet que va se placer la reconnaissance possible de la compétence. Cela m'autorise à risquer cette proposition : la compétence d'un sujet est une hypothèse qui se vérifie dans le discours de l'autre. Elle doit être entendue comme constitutive du lien social dans l'entreprise.

Mais l'expression de lien social ne doit pas être comprise autrement que comme ce qui met des sujets dans un rapport de langage possible. Le savoir construit dans la formation n'a pas pour fonction de grouper mais bien de séparer les sujets (en ce sens le savoir est singulier quand la connaissance est partageable). Ce fait est conforme à son étymologie, puisque par la notion de discernement, le *sapere* latin rejoint le *krisis* grec qui est action de séparer. Le savoir est ce qui sépare le sujet des autres sujets qui savent autrement. Si la formation est bien un exercice de la souveraineté, c'est une souveraineté qui se caractérise par un approfondissement de la finitude de l'être, une expérience de ses limites ; par conséquent du non-savoir.

La formation est au fond une communauté d'expérience, proche de la recherche dans la disposition qu'elle demande aux participants. Mais sa fin est la construction d'un savoir qui sépare le sujet humain de tout autre sujet, le plaçant dans cette perspective d'être seul en présence des autres. C'est à ce prix qu'il pourra innover.

Sigmund Freud plaçait le savoir comme destin de la pulsion de mort (à quoi il ajoutait la pulsion scopique), ou plus exactement du côté du renoncement pulsionnel comme une sublimation partielle ou complète de la pulsion de mort. C'est pourquoi la formation ne peut se réduire à la transmission de connaissances. Son objet, c'est la destruction qui permet de créer du nouveau. Ce que dans un tout autre ordre d'idée l'économiste Joseph Schumpeter avait repéré avec son concept de destruction créatrice comme moteur de l'innovation. Certes la formation transmet en partie des connaissances, mais son office consiste essentiellement à formaliser une expérience du savoir.

Aujourd'hui l'économie du savoir impulse un rythme qui est celui du marché et de la concurrence. La vitesse et la puissance de la communication, que Régis Debray définit comme le transport de l'information dans l'espace par opposition à la transmission qui est transport de l'information dans le temps, devient un fait structurant pour les entreprises. Arriver le premier sur un marché signifie pouvoir au mieux le saturer, au pire prendre une part telle que le ou les concurrents ne pourront rentabiliser leurs investissements. Le rythme visé par l'entreprise est celui d'une accumulation des connaissances qui permette de répondre à la demande en ligne. Ce n'est pas le temps de la construction du savoir. Manquer d'une information, d'une connaissance à quoi une recherche sur le réseau peut remédier dans l'instant, ne relève pas de l'expérience de la formation. Que les sciences humaines aient voulu évoluer sur le modèle des sciences de la nature aboutit à cette difficulté que les dispositifs qui traitent de l'homme finissent par considérer l'animal parlant comme un objet et un objet entièrement réductible aux logiques de leur science, à un signifié. Ce problème, pour ne pas dire cette perversion, paraît devoir mériter toute l'attention des professionnels de la formation car ils entrent en relation avec des personnes.

Notre réflexion, inaugurée par une citation de Marguerite Duras, s'achèvera sur cette antiphrase de *Candide* : « Travaillons sans raisonner, c'est le seul moyen de rendre la vie supportable. » La formation et la dignité que lui confère son champ d'activité autorisent ce retournement qu'aurait approuvé Voltaire : « Vivons en raisonnant, c'est le seul moyen de rendre le travail supportable. »

RÉFÉRENCES

Bataille (G.), *Œuvres complètes*, Paris, Gallimard, vol. V, 1973, 583 p.
Carré (Ph.), Caspar (P.) (dir.), *Traité des sciences et des techniques de la Formation*, Paris, Dunod, 1999, 512 p.
Castells (M.), *La société en réseaux*, Paris, Fayard, 1998, 446 p.
Leclaire (S.), *Écrits pour la psychanalyse, 2 : Diableries*, Paris, Seuil, coll. Arcanes, 1998, 312 p.
Legendre (P.), *Sur la question dogmatique en Occident*, Paris, Fayard, 1999, 370 p.

Les coûts de l'éducation : un dilemme équité-efficacité ?

par François Orivel

Les économistes ont commencé à s'intéresser sérieusement à l'éducation il y a une quarantaine d'années, lorsqu'ils ont étudié sa rentabilité. Cette rentabilité est apparue sous un double aspect, non seulement pour les individus éduqués eux-mêmes qui voyaient leurs gains tout au long de leur vie, être en moyenne supérieurs à ceux des individus moins éduqués qu'eux, mais aussi au niveau de la société dans son ensemble. Les efforts des nations pour éduquer leur population se traduisent par des taux de croissance économique supérieurs à ceux des nations moins promptes à poursuivre la même démarche. Ce courant de recherche a perduré pendant quarante ans et les mêmes leçons ont été régulièrement tirées. Toutefois, s'il y a un quasi-consensus chez les économistes pour reconnaître le caractère nécessaire de l'éducation dans les processus de développement économique des sociétés, il n'en existe pas encore sur un certain nombre de domaines connexes, comme le partage optimal du financement de l'éducation entre les différents acteurs, l'analyse de l'efficience des systèmes éducatifs ou le rôle des politiques éducatives en matière d'équité.

Mon propos est d'éclairer autant que possible les termes du débat, car les problèmes auxquels sont confrontés les systèmes éducatifs dans le monde sont d'actualité et pour longtemps encore. Un milliard de personnes adultes sont analphabètes à l'échelle mondiale, plus de cent millions d'enfants ne sont pas scolarisés, et la démocratisation de l'accès à l'éducation n'est souvent qu'apparente.

J'aborderai successivement deux points. En premier lieu, qui finance et combien ? Comment ces financements ont-ils évolué

Texte de la 243ᵉ conférence de l'Université de tous les savoirs donnée le 30 août 2000.

dans le temps et dans l'espace ? En second lieu, les inégalités entre individus, groupes sociaux ou nations ont-elles tendance à se réduire ou à s'aggraver ? Pour ce faire, il sera fait appel aux informations chiffrées disponibles, les lacunes dans l'information à l'échelle mondiale ne permettant pas d'établir un état des lieux exhaustif. C'est pourquoi sur certains points, les analyses proposées s'appuieront sur le cas de certains pays, notamment celui de la France. Dans les pays développés, les inégalités sociales en matière d'éducation ont sensiblement reculé et peuvent apparaître comme relativement bénignes lorsqu'on les compare avec les inégalités qui touchent les enfants des pays les plus pauvres par rapport aux enfants des pays les plus riches.

Les ressources pour l'éducation : évolution des contributions des principaux financeurs

On distingue généralement trois sources de financement des systèmes éducatifs : les sources publiques, les familles et les entreprises. Les sources publiques sont à la fois les plus importantes et les mieux connues. Le rôle des Églises, elles-mêmes financées par les contributions des familles, a longtemps été très important. Toutefois ce type d'organisation laissait une certaine fraction des enfants d'âge scolaire en dehors du système ; seule l'instauration de l'obligation de fréquentation, assortie de pénalités, a pu éliminer cette frange d'enfants non scolarisés. Le financement public est devenu prédominant à partir du moment où la scolarisation a été rendue obligatoire : en France, les lois de Jules Ferry à la fin du XIXe siècle ont institué simultanément l'obligation scolaire et le principe de la gratuité.

Le principe du financement public prédominant était donc institué, et il s'est amplifié tout au long du XXe siècle. Rien n'imposait cependant que ce principe fut retenu pour le financement de l'enseignement post-obligatoire et il s'est développé de façon différenciée selon les pays. Il y a encore aujourd'hui quelques pays où les niveaux d'enseignement qui ne font pas l'objet d'une obligation légale de fréquentation sont financés de façon significative par des sources non publiques, alors que d'autres ont étendu la gratuité à tous les niveaux, principalement pour des raisons d'équité, afin que les enfants d'origine modeste ne soient pas contraints de renoncer à la poursuite de leurs études pour des raisons financières.

ÉVOLUTION DES FINANCEMENTS PUBLICS

Pour quelques pays développés, on connaît, grâce à la recherche historique quantitative, l'évolution des dépenses publiques d'éducation sur une longue période. À l'échelle internationale, les données proches de l'exhaustivité n'existent que depuis le début des années 1960, grâce au service statistique de l'Unesco qui publie un annuaire international sur l'éducation, comportant, entre autres, des indicateurs financiers.

En 1960, le monde a consacré 95 milliards de dollars au financement public de l'éducation. Ce chiffre est passé à 1 400 milliards en 1995, soit 15 fois plus (en dollars courants). Pour spectaculaire qu'elle soit, une telle augmentation doit être relativisée. Les prix des moyens ont eux-mêmes fortement augmenté, et le nombre d'individus scolarisés a explosé lui aussi, passant de 300 à 1 200 millions.

Les économistes ont donc développé des indicateurs plus parlants, notamment celui qui mesure la part du PIB d'un pays consacrée aux dépenses d'éducation. Cet indicateur reflète assez bien les priorités réelles des acteurs ou des décideurs. Pendant les 25 années qui ont suivi la Seconde Guerre mondiale, il a rapidement augmenté, passant de moins de 2 % à l'échelle mondiale à environ 5 %. Mais dans le même temps, on a aussi observé une dispersion croissante, avec des écarts qui se creusaient entre pays. La période suivante présente des caractéristiques opposées. Depuis 1975 en effet, la valeur moyenne de cet indicateur, 5 %, n'a plus bougé. Par ailleurs, une certaine tendance à la convergence s'est produite, en ce sens que les régions manifestement en dessous de la moyenne ont connu une légère croissance alors que celles qui se trouvaient au-dessus ont plutôt réduit leur effort. Au sein des pays riches, ceux qui avaient consenti des efforts sensiblement supérieurs à la moyenne, comme les pays scandinaves, les Pays-Bas ou le Canada, sont revenus à des valeurs plus proches de la moyenne. Cela n'empêche pas que subsistent des écarts importants.

Les pays issus de l'ex-Union soviétique furent, à un certain point, les plus généreux en termes de financement public de l'éducation, avec près de 50 % de plus que la moyenne. Mais depuis les changements politiques du début des années 1990, ils se sont réalignés sur la moyenne, voire en dessous. L'Afrique subsaharienne, qui a connu un fléchissement au milieu des années 1980, époque où les crises des finances publiques ont atteint leur apogée, fait partie des régions en développement qui dépensent le plus. Or, il s'agit de la région la plus en retard en matière d'accès à l'éducation. On ne peut donc pas soutenir l'hypothèse que ce retard est principalement lié à des efforts budgétaires comparativement plus faibles.

L'Amérique latine n'a cessé, au cours de cette période, de se rapprocher des normes observées dans les pays développés, de même que l'Asie du Sud. Selon les dernières statistiques de l'OCDE, la France a fait passer son pourcentage du PIB alloué aux dépenses publiques d'éducation de 5,1 % en 1990 à 5,8 % en 1997, nettement plus que les États-Unis (5,2 %), le Royaume-Uni ou l'Italie (4,6 %), l'Allemagne (4,5 %) ou le Japon (3,6 %).

ÉVOLUTION DES FINANCEMENTS PRIVÉS

Le financement privé est moins bien connu que le financement public. Peu de nations ont mis en place un système statistique de repérage des dépenses privées présentant la même fiabilité et la même régularité que ce qui existe pour les dépenses publiques. L'annuaire statistique de l'Unesco reste muet sur ce point. Depuis 1987 cependant, l'OCDE s'est attachée à résoudre ce problème pour ses 29 pays membres. Les premiers résultats sont maintenant disponibles. Ils montrent que globalement, les financements privés représentent 1,2 % du PIB des pays considérés. Autrement dit, les dépenses d'éducation consomment, tous financements confondus, 6,1 % des PIB des pays de l'OCDE, dont 80 % viennent de sources publiques et 20 % de sources privées.

Toutefois, contrairement aux dépenses publiques, les dépenses privées ne convergent pas. Il y a de gros écarts entre pays : l'Italie ne consacre que 0,15 % de son PIB aux dépenses privées d'éducation alors que la Corée, avec 3 %, fait un effort relatif vingt fois plus grand. En réalité, on peut distinguer deux types de comportements. Le premier se caractérise par des contributions privées importantes au niveau des scolarités non obligatoires, c'est-à-dire le deuxième cycle de l'enseignement secondaire et l'enseignement supérieur. On trouve dans ce groupe, outre la Corée, le Japon, les États-Unis, l'Australie et la Grèce, qui consacrent 1,5 à 3 % de leur PIB au financement privé de l'éducation. L'Allemagne est un cas à part, dans la mesure où le financement privé y est également important, mais il ne provient pas des familles. Ce financement est prélevé sur les entreprises, pour assurer la formation professionnelle initiale. On notera en passant que bien que généralement admiré ou envié par le reste du monde, le système allemand de formation professionnelle n'est imité par personne, ce qui pourrait laisser planer un doute sur sa pertinence.

Le second groupe de pays, de loin le plus important, fait peu appel au financement privé. Il consacre un tiers de point de PIB à ces dépenses, soit un quinzième seulement des dépenses publiques, contre le quart en moyenne, parfois plus du tiers, dans le premier groupe. La France appartient à ce deuxième groupe, où elle occupe une place plutôt moyenne. On notera que la ligne de partage entre les deux groupes n'oppose pas un modèle dit « anglo-saxon » à un modèle latin. Le Royaume-Uni, les Pays-Bas, les pays scandinaves et le Canada sont dans le même camp que la France, alors que la Grèce, le Japon ou la Corée, qui font partie des financeurs privés actifs, ne peuvent être considérés comme appartenant à la mouvance anglo-saxonne.

Ces résultats concernent les pays membres de l'OCDE, c'est-à-dire, à quelques exceptions près, les pays développés. Sont-ils valables pour les pays en voie de développement, qui concentrent les quatre cinquièmes de la population mondiale ? Certains d'entre eux ont demandé à participer à l'exercice comparatif de l'OCDE, et c'est ainsi que l'on sait que l'Inde n'a qu'un très faible niveau de financement privé (0,1 % du PIB, universités non comprises), de même que la Malaisie (0,32 %). Quant à la Chine, bien qu'elle n'ait pas participé au projet d'indicateurs de l'OCDE, on sait par ailleurs que le financement privé y est plutôt faible. Les deux plus grands pays de la planète (40 % de la population mondiale), ont donc clairement opté pour un financement public prédominant. Mais d'autres pays non-membres de l'OCDE dépensent beaucoup plus de façon privée, comme le Chili (2,5 % du PIB), Israël (1,72 %) ou les Philippines (1,42 %).

Dans la plupart des autres pays en développement, les informations sur les dépenses privées d'éducation sont très lacunaires. Il existe cependant des enquêtes sur les revenus et les dépenses des ménages qui intègrent des questions sur les dépenses d'éducation, à partir desquelles il est possible de faire une estimation pour l'ensemble du pays. Ces enquêtes font ressortir deux tendances. En premier lieu, on observe une grande dispersion des comportements des ménages. On observe une concentration des dépenses sur les ménages les plus aisés et en second lieu, le poids global des dépenses d'éducation reste extrêmement faible, moins de 1 % du PIB. Les enquêtes récentes menées dans certains pays de l'ex-Union soviétique, où l'effondrement des budgets publics a sévèrement touché le niveau des dépenses publiques d'éducation, sont particulièrement éclairantes. Il n'y a pas eu de phénomène de substitution entre financements public et privé. La contribution des ménages a certes augmenté, notamment chez les nouveaux riches, mais cet apport est significativement plus faible que les coupes sévères qu'ont subies les financements publics. Au total, malgré le caractère lacunaire de l'information, le principe du financement public prédominant s'observe aussi dans les pays non-membres de l'OCDE ; il est devenu universel.

Existe-t-il un conflit entre efficacité et équité ?

L'équité se définit toujours par rapport à un objet. Dans le cas de l'éducation, on parle d'équité à propos de deux types très différents d'objets, d'une part par rapport aux moyens : tous les individus sont-ils traités également dans l'accès qui leur est donné aux moyens publics des systèmes éducatifs ? D'autre part, par rapport aux résultats, tous les individus ont-il une chance égale d'acquérir le niveau de compétence scolaire visé ?

Sur ce dernier point, chacun sait que ce n'est pas le cas et chacun doit reconnaître que la recette magique n'a pas encore été inventée. On peut dire simplement qu'à la sortie des systèmes éducatifs, on a, dans tous les pays, trois types d'individus : un petit groupe, dont la taille peut varier de 10 à 20 % d'une classe d'âge dans les pays développés, souvent beaucoup plus dans les pays les moins avancés, qui ne maîtrisent pas les savoirs fondamentaux de façon satisfaisante (écrire, lire et utiliser les nombres). À l'autre extrémité du spectre, on a un autre groupe, de l'ordre de 5 % d'une classe d'âge, qui a acquis les diplômes les plus prisés par le marché du travail, et qui est assuré d'entrer dans le marché des élites (il s'agira des universités et des disciplines les plus prestigieuses dans beaucoup de pays, des Grandes Écoles et de quelques formations universitaires en France). Au centre, la grande majorité des individus a obtenu de l'école une sorte de viatique qui permet de s'insérer normalement sur le marché du travail, d'utiliser les acquis scolaires dans les activités courantes de la vie quotidienne et de se perfectionner en fonction des besoins et des goûts tout au long de la vie. À l'évidence, ces trois groupes ne sont pas égaux. Pour améliorer l'équité entre les trois groupes, beaucoup de pays ont mis en place des politiques visant à réduire l'importance du premier groupe, celui des élèves faibles, par des politiques de discrimination positive, qui consistent à donner plus de moyens à ces élèves pour les aider à sortir de l'échec. Pour ce groupe donc, on passe de l'équité en termes de moyens à une équité minimale en termes de résultats. Ces politiques ne donnent pas, en général, les résultats escomptés. La très grande variété des expériences dans le monde montre bien que l'on est encore au stade du tâtonnement, mais le fait même que ce groupe est moins nombreux dans certains pays que dans d'autres permet d'espérer que des progrès sont à venir.

En ce qui concerne l'accès au marché des élites, on observe dans la plupart des pays que cet accès est plus probable lorsque les individus sont issus eux-mêmes de familles appartenant aux élites que lorsqu'ils sont issus de familles ordinaires. L'équité de résultat dans ce segment est donc très imparfaite. On en connaît plus ou moins les causes. Les familles de l'élite sont plus motivées par les valeurs scolaires, elles sont mieux informées, plus aptes à faire les bons choix de filière, à donner des compléments scolaires familiaux, etc. S'il fallait rétablir l'équité en donnant au grand groupe du centre les mêmes atouts que ceux qui sont disponibles dans les familles de l'élite, les coûts publics seraient exorbitants, sans que l'on soit assuré de changer quelque chose au problème, car on peut faire confiance aux familles des élites pour trouver les réponses appropriées qui maintiendront leur probabilité plus grande de réussite. On a bien ici un conflit efficacité/équité, pour lequel la réponse n'est probablement pas dans une réforme des systèmes éducatifs, mais dans les processus d'insertion des sortants, dans le rôle donné au diplôme par les employeurs, ou dans les politiques de redistribution des revenus que la société souhaite se donner.

Reste l'équité en termes d'accès aux moyens publics. Lorsque la durée des scolarités variait fortement d'un individu à l'autre, par exemple entre ceux qui quittaient l'école après le certificat d'études primaires et ceux qui prolongeaient leurs études jusqu'à l'université, l'écart pouvait être substantiel, disons dans un rapport de 1 à 4. De plus, on avait plus de chances d'appartenir aux milieux sociaux favorisés lorsqu'on faisait une scolarité longue et aux milieux défavorisés lorsqu'on faisait une scolarité courte. D'où le procès, déjà évoqué plus haut, de redistribution régressive des revenus par le truchement de l'école.

Ce schéma n'a évidemment pas disparu, mais il s'est considérablement adouci. En France, on observe que la plupart des élèves ne sortent pas de l'école avant 18 ans, et ont reçu, avec l'enseignement préscolaire, 16 années de scolarisation. Environ la moitié d'entre eux vont bénéficier de 2 à 4 années de plus, selon qu'ils vont dans l'enseignement supérieur court ou dans l'enseignement supérieur long. Ces années supplémentaires ne sont en moyenne pas plus coûteuses, dans ce pays, que les années du deuxième cycle du secondaire. Si l'on prend une moyenne de trois années de fréquentation, l'écart moyen entre les deux groupes n'est plus de 1 à 4, mais de 1 à 1,2. De plus, l'écart est souvent réduit par le fait que la moitié la moins scolarisée a une probabilité plus grande de redoubler et donc de consommer davantage de ressources publiques. À cela s'ajoutent certaines aides spécifiques aux enfants d'origine modeste, telles que les allocations de rentrée scolaire ou les bourses. Enfin, les élèves de la moitié la moins scolarisée ont plus de chances de fréquenter les enseignements techniques et professionnels, dont les coûts unitaires sont sensiblement plus élevés que ceux de l'enseignement général suivi par les élèves qui sont appelés à faire des études plus longues. Bref, il y a toujours des écarts mais ils sont incontestablement beaucoup plus faibles que dans le passé. L'élément de non-équité le plus flagrant qui n'a pas été corrigé concerne le petit groupe appelé à rejoindre le marché des élites. Il bénéficie de deux éléments sensiblement plus coûteux que ce qui est offert à la masse des étudiants : les classes préparatoires aux Grandes Écoles et les Grandes Écoles elles-mêmes, filières qui disposent de moyens sans comparaison avec les universités (le double ou plus par étudiant).

La situation qui prévaut dans les autres pays européens est similaire. Aux États-Unis et au Japon, les familles sont davantage mises à contribution qu'en Europe, ce qui réduit d'autant les inégalités d'accès aux moyens entre ceux qui font des scolarités longues et ceux qui s'arrêtent plus tôt. Par ailleurs, aux États-Unis, les familles aisées tendent à envoyer leurs enfants dans des écoles privées non subventionnées dès le primaire, ce qui fait qu'elles bénéficient peu de la gratuité des services éducatifs.

En réalité, le problème de l'équité dans l'accès aux moyens s'est déplacé ailleurs. Il se situe désormais à l'échelle internationale, avec une gravité sans précédent. Aujourd'hui, pour avoir accès à une éducation de qualité, il vaut sans doute mieux naître dans une famille pauvre d'Europe que dans une famille riche d'Afrique subsaharienne.

Les pays en voie de développement forment un ensemble très hétéroclite, composé de pays qui ont pratiquement rejoint le niveau de développement des pays riches, de pays qui progressent rapidement tout en étant encore très en retard, de pays qui progressent lentement, mais aussi d'un quatrième groupe, les « pays les moins avancés ». Ce groupe est défini à l'aide d'un critère simple, un PIB par habitant inférieur à 700 dollars par an. Ce groupe d'environ 45 pays se caractérise par une quasi-absence de décollage économique. La plupart des familles ont un niveau de vie dit de subsistance, analogue à celui de leurs ancêtres. Plus de la moitié de la population vit en dessous du seuil de pauvreté, c'est-à-dire avec moins de 1 dollar par jour par personne. Ces pays concentrent la majeure partie des 100 millions d'enfants d'âge scolaire qui n'iront jamais à l'école, ainsi que la majeure partie des adultes analphabètes.

L'écart de ressources par enfant scolarisable dans ces pays par rapport aux pays développés dépasse l'imagination. Tout d'abord, il y a un écart dû à la différence de richesses produites. Le PIB par tête moyen y est de 300 dollars par an, soit plus de 80 fois moins que les 25 000 dollars observés en moyenne dans les pays développés. L'écart entre les deux groupes a doublé au cours des 20 dernières années. Si les deux groupes consacraient le même pourcentage du PIB à l'éducation, les ressources éducatives par habitant y seraient donc 80 fois plus faibles. Mais tel n'est pas le cas. Dans les pays les moins avancés, la part du PIB allouée aux dépenses publiques d'éducation n'est que de 2,5 %, c'est-à-dire moitié moins. L'écart de ressources par habitant est donc de 160 à 1. Mais ce n'est pas tout. Les pays les moins avancés ont des populations scolarisables relativement plus importantes par rapport à la population totale. Cela vient de ce que la transition démographique, phénomène par lequel les pays passent d'une fécondité naturelle de l'ordre de 7 enfants par femme à une fécondité contrôlée qui dans les pays développés se situe en dessous de 2 enfants par femme, n'a pas encore été réalisée. Toutes choses égales par ailleurs, les pays les moins avancés ont donc trois fois plus d'enfants à scolariser que les pays développés. Si l'on raisonne par rapport aux enfants d'âge scolarisable, l'écart de ressources est multiplié par le facteur 3, soit de 480 à 1 ; même si les prix des inputs pédagogiques sont meilleur marché dans les pays les moins avancés, les écarts restent grands.

Les pays les moins avancés ne peuvent offrir des services éducatifs analogues à ceux des pays développés. Pour compenser le seul effet démographique, là où les pays développés consacrent 5 % de leur PIB à l'éducation, les pays les moins avancés devraient y consacrer 15 % du PIB, ce qui est un ordre de grandeur proche de la totalité du budget de l'État dans ces pays. On mesure à quel point c'est difficile. Cela explique que les conférences internationales successives qui se sont tenues depuis 40 ans, à Addis-Abeba au début des années 1960, à Lagos au début des années 1980, à Jomtien au début des années 1990 et qui se donnaient un délai de 10 ans pour parvenir à la scolarisation universelle, ont toutes échoué. La dernière en date, qui s'est tenue en avril 2000 à Dakar, s'est fixé un délai un peu plus long, à savoir 15 ans, mais comme elle ne s'est pas dotée des moyens stratégiques adéquats, on peut douter qu'elle y parvienne mieux que les autres.

Quels sont les enjeux financiers ? Les pays développés consacrent à l'éducation environ 1 500 milliards de dollars. S'ils décidaient de consacrer 1 % de cette somme à l'éducation des enfants des pays les moins avancés, cela représenterait 15 milliards de dollars, soit 150 dollars pour chacun des enfants actuellement exclus de l'école. Il s'agit d'une somme plus que suffisante, puisqu'elle est égale à 50 % du PIB par tête des pays concernés, et que dans ces pays, les enfants actuellement scolarisés le sont à des coûts nettement moindres, encore que la qualité laisse beaucoup à désirer. Avec 150 dollars, cette qualité pourrait être améliorée.

Quels sont les flux d'aide destinés à l'éducation aujourd'hui ? On les estime généralement à 5 milliards de dollars, mais une fraction infime de ces 5 milliards permet d'augmenter le nombre d'enfants scolarisés au niveau primaire. En effet, ils sont répartis sur l'ensemble des pays en voie de développement, et non sur les seuls pays dits les moins avancés. Selon toute vraisemblance, les pays les moins avancés n'ont accès qu'à une portion modeste de ces flux d'aide. Ensuite, ils sont majoritairement affectés aux niveaux post-primaires (secondaire, lycées techniques et professionnels, universités, écoles normales de formation des futurs enseignants ou renforcement de l'administration centrale). Enfin, ils ne servent qu'exceptionnellement à financer l'input clé de l'école primaire, c'est-à-dire la rémunération des enseignants. Quelles que soient les raisons, justifiées ou non, qui conduisent à ces choix, il est clair que l'aide extérieure ne joue qu'un rôle marginal dans la réalisation de l'objectif assigné par le monde à ces conférences, à savoir donner à tous les enfants du monde une scolarisation primaire dans les délais les plus brefs.

Conclusion

Ces quelques considérations sur les coûts et le financement de l'éducation ne nous ont pas apporté de solutions définitives aux problèmes de l'éducation dans le monde, mais elles suggèrent quelques hypothèses plus vraisemblables que d'autres. D'abord, elles montrent qu'il y a peu de chances que le principe du financement public prédominant soit négociable, et cela d'autant moins que l'on s'adresse au niveau de base, c'est-à-dire la maîtrise par tous des fondamentaux que sont la lecture, l'écriture et l'utilisation des nombres. Ensuite, elles montrent que la disponibilité des financeurs actuels à accroître leurs contributions est négligeable, ce qui conduit les systèmes éducatifs à concevoir et organiser leur avenir à moyens constants plutôt qu'à moyens croissants. L'allongement généralisé des scolarités dans les pays développés a sensiblement fait reculer les déficits en matière d'équité dans le partage des moyens publics alloués aux systèmes éducatifs, sans véritablement améliorer l'équité au niveau des résultats, même si des préoccupations fortes dans ce sens tendent à réduire les échecs scolaires les plus criants, notamment au moyen de politiques de discrimination positive. Enfin, il apparaît que le monde bipolaire que nous connaissions, entre pays développés d'une part et pays en voie de développement de l'autre, soit en train de changer. Une partie notable des seconds rejoint, avec une célérité inégale, le groupe des nations développées. Mais d'autres sont restés en dehors de la course, et l'écart s'accroît avec tous les autres. En dépit du caractère sérieux du problème, il ne semble pas que les nations développées aient pris la mesure des enjeux et véritablement décidé d'y porter remède.

L'enseignement des sciences

par Jean-Jacques Duby

Nous vivons aujourd'hui mieux, plus longtemps, en meilleure santé à l'aube du XXIe siècle qu'à celle du XXe ; et il faut être aveugle ou de parti pris pour ne pas reconnaître que ce mieux-vivre ne serait pas sans le progrès des connaissances scientifiques et des techniques qu'elles engendrent.

Ce nouveau paradigme d'un progrès social fondé sur un progrès scientifique de plus en plus rapide a des exigences : il faut alimenter la machine, avec du carburant et du comburant. Le carburant est de deux sortes : il faut d'abord des créateurs de science, des scientifiques, des chercheurs, qui fassent avancer les connaissances, inventent de nouveaux concepts, élaborent de nouvelles méthodes ; il faut aussi des utilisateurs de science, des ingénieurs qui mettent au point et perfectionnent de nouvelles technologies, des gestionnaires qui optimisent la production et la distribution de biens et de services, des décideurs qui sachent gérer la complexité et l'incertitude à l'aide d'outils scientifiques, et plus généralement des travailleurs qui, quelle que soit leur profession, soient capables d'analyser, de raisonner, de comprendre. Le comburant, aussi indispensable au progrès scientifique que l'oxygène de l'air l'est à la vie, c'est une société de citoyens éclairés, capables non seulement d'utiliser des connaissances scientifiques pour déchiffrer le monde qui les entoure, mais aussi de comprendre et de juger les changements qui y sont apportés par les progrès scientifiques et techniques.

Texte de la 244e conférence de l'Université de tous les savoirs donnée le 31 août 2000.

Les trois objectifs de l'enseignement des sciences

De ce triple besoin de créateurs de science, d'utilisateurs de science et de citoyens éclairés, découlent trois objectifs qui s'imposent aujourd'hui à l'enseignement des sciences :

— *Former des scientifiques, des chercheurs, des spécialistes des disciplines.*

Depuis les écoles de Pythagore et d'Euclide en passant par Al Khwarizmi et les universités médiévales, l'objectif de l'enseignement de toute discipline est de transmettre les connaissances acquises par les prédécesseurs en les faisant progresser. Mais aujourd'hui, l'enjeu n'est plus seulement le développement ou la survie d'une communauté de spécialistes au sein de la société, mais aussi le progrès de la société tout entière.

— *Former des utilisateurs de la science.*

Le souci est plus récent, et notre pays a été dans l'histoire un des premiers à en prendre conscience : dès le XVIIIe siècle, l'Ancien Régime, puis la Révolution, créent l'École des ponts et chaussées et l'École du Génie, puis l'École polytechnique et l'École normale supérieure, pour former les cadres techniques dont la France avait besoin pour développer son potentiel géostratégique. L'importance de maîtriser le progrès technologique était explicite dans les motivations des créateurs de ces premières « grandes écoles ». En 1798 Monge[1], reconnaissant la nécessité de « tirer la nation française de la dépendance où elle a été de l'industrie étrangère », préconisait de « répandre la connaissance des machines qui ont pour objet ou de diminuer la main d'œuvre ou de donner aux résultats des travaux plus d'uniformité et plus de précision ». Encore ne s'agissait-il, à l'époque de Monge, que de former une minorité à quelques emplois hautement spécialisés. Aujourd'hui, dans nos sociétés développées, ce ne sont plus seulement les ingénieurs et les gestionnaires qui doivent être formés aux méthodes et aux outils scientifiques, ce sont tous les travailleurs dans toutes les branches d'activité : le mécanicien doit maîtriser l'informatique de sa machine-outil à commande numérique ; l'agriculteur, la chimie de ses engrais NPK ; le financier, les mathématiques de ses modèles de valorisation...

— *Former des citoyens capables de comprendre et de juger les enjeux de la science.*

Il faut que les citoyens, juges en dernier ressort dans nos sociétés démocratiques, sachent ce qu'ils peuvent attendre du progrès des connaissances, ses retombées positives, ses risques éventuels. Il faut donc que chaque citoyen dispose d'une culture générale scientifique de base, le minimum de ce qu'il faut savoir pour comprendre les enjeux, mesurer les risques, décider pour soi-même et participer aux choix collectifs : comment peut-on porter un jugement éclairé sur le nucléaire si l'on ne sait pas ce qu'est la radioactivité et si l'on ignore qu'il existe une radioactivité naturelle ?

J'ai choisi aujourd'hui d'examiner l'enseignement des sciences non pas en terme de nature ou de « niveau » des connaissances, mais en fonction de ces trois objectifs. Car il est bien évident que, si l'on examine les connaissances transmises et acquises, on ne peut que constater avec Christian Baudelot et Roger Establet que « le niveau monte[2] ». C'est bien le moins que le lycéen d'aujourd'hui sache des choses que ses parents et grands-parents ignoraient — même si les spécialistes de telle ou telle discipline se plaignent haut et fort qu'il est scandaleux de donner le bac à quelqu'un qui ne sache pas ceci ou cela... Je laisserai donc ces spécialistes disputer de « ce qu'il faut savoir », et je me bornerai à examiner l'enseignement des sciences au regard de ses responsabilités sociales : former des créateurs de science, des utilisateurs de science, et des citoyens scientifiquement éclairés.

Je commencerai par le troisième objectif : former des citoyens éclairés.

Former des citoyens éclairés

Pour être scientifiquement éclairé, un citoyen doit maîtriser un minimum de culture générale scientifique. Certes, mais comment mesurer la « culture générale scientifique » ?

Pour l'objectif de citoyenneté qui nous intéresse, il n'y a pas seulement à mesurer les connaissances, mais aussi les attitudes, les jugements, les valeurs. Faisons en effet un parallèle avec la culture littéraire : on peut mesurer la connaissance de Racine et Corneille, mais peut-on dire que l'enseignement littéraire aurait atteint son but si tous les jeunes sortaient du lycée en sachant des tirades du Cid par cœur mais en se jurant de n'en plus lire une seule ligne pour le reste de leur existence ? De plus, les tests qui mesurent uniquement les connaissances sont souvent beaucoup trop liés aux programmes d'enseignement, à la façon d'enseigner et de contrôler les acquis, pour être valables d'un pays à l'autre, d'une pédagogie à une autre.

C'est ainsi qu'au milieu des années 1990, l'OCDE a réalisé une étude comparative internationale sur l'enseignement scientifique[3]. Dans le cadre de cette étude, un même test de performance scientifique (*Science Achievement Score*) était effectué à la sortie du premier cycle du secondaire dans quatorze pays. Les résultats de ce test montrent une majorité de pays groupés autour d'une moyenne de 540, quelques champions vers 580 — le Japon, la Corée, la Tchécoslovaquie — et quelques cancres autour de 500 : la Belgique, le Portugal, la Grèce, le Danemark et... la France. La place de notre pays peut surprendre lorsqu'on sait l'importance qu'y ont prises les mathématiques et les sciences dures en général dans la formation et la sélection, et elle devrait conforter au moins nos compatriotes dans le sentiment que ce type de mesure est décidément peu significatif... Et il sera intéressant de voir si les tests PISA (Programme International pour le Suivi des Acquis[4]), lancés récemment dans 32 pays sur les mêmes principes, fourniront des résultats comparables.

Plus significatifs pour la mesure de la culture scientifique des citoyens semblent être les indicateurs[5] de *Scientific litteracy* suivis aux États-Unis depuis plus de 20 ans par la *National Science Foundation* (NSF), et qui mesurent chaque année sur un échantillon représentatif de 2 000 personnes leur maîtrise des concepts et du vocabulaire scientifique de base à partir d'une vingtaine de questions simples : le centre de la terre est très chaud (vrai ou faux ?), les électrons sont plus petits que les atomes, l'espèce humaine s'est développée à partir d'autres espèces animales, qu'est-ce qu'une molécule, etc. Le sérieux statistique de l'étude et la richesse des séries chronologiques font regretter qu'il n'en existe pas de semblable en France, même si les résultats devaient être aussi alarmants qu'aux Etats-Unis, où 13 % seulement des personnes interrogées savent ce qu'est une molécule, 28 % pensent que le soleil tourne autour de la terre et 54 % ignorent que les électrons sont plus petits que les atomes. En 1996, une étude[6] internationale a mesuré ces indicateurs de *Scientific litteracy* dans 14 pays de l'OCDE. Il en ressort que 10 % seulement de la population a une bonne compréhension des méthodes et des concepts scientifiques, 20 à 30 % en ayant une compréhension partielle. La France se situe dans la moyenne avec l'Italie et les États-Unis ; le Royaume-Uni, le Danemark, et la Hollande se situent au-dessus ; l'Allemagne, la Belgique, l'Espagne et le Canada en dessous ; le Japon est bon dernier avec 1 % de la population ayant une bonne compréhension scientifique. Incidemment, on remarquera que ces résultats sont sensiblement différents des tests « scolaires », pour lesquels le Japon, par exemple, était numéro un.

L'étude annuelle américaine mesure aussi l'attitude du public par rapport à la science, à partir de questions simples telles que : l'énergie nucléaire, les manipulations génétiques, les expérimentations animales... font-elles plus de bien que de mal ou plus de mal que de bien ? Les résultats montrent que la population américaine a, dans son ensemble, une attitude positive par rapport à la science, mais avec une grande différence suivant le sexe : par exemple, les Américains sont globalement favorables aux manipulations génétiques (plus de bien que de mal, 44 %, plus de mal que de bien, 38 %) ou à l'énergie nucléaire (plus de bien que de mal, 48 %, plus de mal que de bien 37 %), mais les femmes ont une attitude nettement négative sur les manipulations génétiques (42 % négatives, 38 % positives) et à un moindre degré sur le nucléaire (40 % négatives, 39 % positives). Cause ou conséquence ? Le même biais est présent dans les tests de *Scientific litteracy* : 18 % des hommes savent ce qu'est une molécule contre 9 % des femmes, 79 % des hommes savent que la terre tourne autour du soleil contre 66 % des femmes, 49 % des hommes savent qu'un électron est plus petit qu'un atome contre 41 % des femmes. Quoi qu'il en soit, il serait intéressant d'avoir de tels chiffres pour la France : peut-être est-ce dans cette différence d'attitudes, si elle existe aussi chez nous, qu'il faudrait chercher la raison principale de la désaffection des filles pour les filières scientifiques et les carrières techniques ?

L'étude déjà citée sur quatorze pays de l'OCDE a examiné également les attitudes par rapport à la science. Les résultats montrent que, dans tous les pays à l'exception du Japon, il y a plus d'opinions positives que d'opinions négatives. La population des États-Unis se distingue très nettement de celle de tous les autres pays par une attitude beaucoup plus favorable, avec 1,75 fois plus d'opinions positives que d'opinions négatives, presque tous les autres pays — dont la France — se situant entre 1,2 et 1,3 fois plus d'opinions positives que négatives, le ratio étant seulement légèrement supérieur à 1 pour l'Espagne, la Grèce et le Portugal. Le Japon est le seul pays à avoir une attitude globalement négative, avec un peu plus (2 %) d'opinions négatives que positives.

Pas plus que pour leur compétence scientifique, on ne dispose en France de séries chronologiques d'indicateurs mesurant l'attitude des citoyens face à la science. On peut cependant estimer, à partir de l'étude de 1996, que l'attitude des Français est globalement positive, mais moins nettement que celle des Américains. À partir de là, deux interprétations sont possibles : le pessimiste regrettera que l'enseignement des sciences en France ait échoué à communiquer l'enthousiasme qu'ont connu nos compatriotes de la fin du XIXe siècle jusqu'à la moitié du XXe, l'optimiste se réjouira qu'il ait produit des citoyens plus sceptiques, plus critiques, plus vigilants. Quoi qu'il en soit, on ne peut s'empêcher de penser que l'attitude remarquablement positive des citoyens américains vis-à-vis des progrès scientifiques et techniques n'est pas étrangère à l'extraordinaire vitalité économique de ce pays. Même si l'on manque de données chiffrées pour la France, tout donne à penser que l'enseignement actuel des sciences dans notre pays forme des générations majoritairement incapables d'utiliser des connaissances scientifiques pour déchiffrer le monde qui les entoure, pour comprendre, juger, et encore moins participer aux changements qui y sont apportés par les progrès scientifiques et techniques.

Former des créateurs et des utilisateurs de science

Si l'on regarde maintenant comment l'enseignement des sciences répond aux deux autres objectifs de formation de créateurs et d'utilisateurs des sciences, le constat n'est pas plus favorable : aujourd'hui, l'enseignement des sciences ne répond pas aux besoins de la société en matière de flux de production des scientifiques, et le fait qu'il y a des docteurs ès sciences sans emploi ne veut pas dire qu'on forme trop de scientifiques, mais que les scientifiques que l'on forme ne correspondent pas aux besoins. Plus grave encore, alors que les besoins augmentent, tant dans la recherche publique avec les prochains départs massifs à la retraite que dans l'industrie et les services qui demandent de plus en plus d'ingénieurs, on forme de moins en moins de chercheurs et d'ingénieurs parce que les jeunes se détournent des carrières scientifiques.

Certains pays européens, comme l'Allemagne ou l'Europe de l'Est, connaissent une évolution dramatique depuis le début des années 1990, avec une réduction de 50 à 70 % des effectifs dans les filières scientifiques et d'ingénierie. Pour la France, l'évolution, pour être plus récente et moins prononcée, n'en devient pas moins très inquiétante depuis le milieu des années 1990. Entre 1995 et 1999, alors que le nombre total de bacheliers augmentait de 2 %, celui des bacheliers scientifiques diminuait de 8 %, et la proportion de bacs scientifiques passait de 28 % à 25 %. Dans la même période, alors que les flux d'entrée dans les universités diminuaient de 7 %, les entrées dans les DEUG scientifiques chutaient de 24 %, passant de 20 % à 16 % du total. Les classes préparatoires scientifiques, pourtant considérées comme une « voie royale », voyaient leur flux d'entrée baisser de 12 %, et même de 18 % pour la filière MP (Mathématiques-Physiques). Dans certains concours d'entrée dans les écoles d'ingénieur, le nombre de reçus est devenu très inférieur au nombre de places offertes : 62 % et 42 % de reçus en filière MP par rapport au nombre de places offertes aux concours Archimède et ECRIN respectivement. À l'aube du XXIe siècle, alors que les besoins en scientifiques sont plus élevés que jamais, l'enseignement des sciences échoue à attirer davantage de jeunes.

Pourtant, l'intérêt pour les sciences est élevé dans le grand public : même si cela peut paraître contradictoire avec un faible niveau de *Scientific litteracy*, l'étude de l'OCDE déjà citée montre que, dans la majorité des pays, 40 à 60 % de la population déclarent être « intéressés par la science et la technologie », 10 à 15 % déclarant même être « attentifs » aux questions scientifiques et techniques. Là encore, le Japon est un surprenant dernier avec moins de 20 %

de personnes intéressées et 2 % de personnes attentives. La France est au second rang derrière les États-Unis pour le pourcentage de personnes intéressées et au premier pour celui des personnes attentives.

Cet intérêt pour les sciences dans notre pays est confirmé par le succès des conférences scientifiques de l'Université de tous les savoirs ou de manifestations comme la « Science en fête » ou la « Nuit des Étoiles » ; par la fréquentation des nombreux musées scientifiques, non seulement à Paris (la Villette, le Palais de la Découverte), mais aussi dans la France rurale (musées de la volcanologie à Aurillac, de la foudre à Marcenat...) ; par l'Audimat des émissions scientifiques à la télévision comme Archimède sur ARTE, Pi = 3,14 sur La Cinquième ou E = M6 — pour ne citer que celles qui ne sont pas repoussées à une heure tardive... On en regrette d'autant plus la quasi-disparition des émissions scientifiques à la radio sur France Culture...

Le contexte social devrait donc être favorable à un intérêt des jeunes pour la science, pourquoi alors s'en détournent-ils de plus en plus ?

Les enseignements de l'école de Jules Ferry

Il y a cent ans, le système marchait beaucoup mieux que maintenant et l'école de Jules Ferry réussissait à la fois à former des générations de travailleurs capables d'évoluer avec les progrès technologiques et à préparer et sélectionner les meilleurs pour devenir les cadres scientifiques et techniques dont la société avait besoin. Comment donc faisait-elle ? L'explication se trouve en grande partie dans l'article 1er de la loi du 28 mars 1882 sur l'enseignement primaire obligatoire, qu'il faut lire et méditer *in extenso* :
« L'enseignement primaire comprend :
— L'instruction morale et civique.
— La lecture et l'écriture.
— La langue et les éléments de la littérature française.
— La géographie, particulièrement celle de la France.
— L'histoire, particulièrement celle de la France jusqu'à nos jours.
— Quelques notions usuelles de droit et d'économie politique.
— Les éléments des sciences naturelles, physiques et mathématiques ; leur application à l'agriculture, à l'hygiène, aux arts industriels, travaux manuels et usage des outils des principaux métiers.
— Les éléments de dessin, du modelage et de la musique.
— La gymnastique.
— Pour les garçons, les exercices militaires.
— Pour les filles, les travaux à l'aiguille. »

Si certains aspects de ce texte paraissent aujourd'hui terriblement datés, le législateur de l'époque avait compris qu'il ne suffisait
pas d'enseigner des connaissances scientifiques, mais qu'il importait de montrer aussi leur utilité par les applications que chacun
pouvait en faire, tant sur le plan personnel (l'hygiène) que professionnel (l'agriculture et les principaux métiers). Le vecteur de
l'enseignement scientifique a été longtemps l'admirable leçon de
choses, qui a marqué les plus anciens d'entre nous. La dénomination même de leçon « de choses » — pas de physique, de chimie,
ou de biologie — reflète la volonté de multidisciplinarité, qui était,
il faut le reconnaître, plus aisée et sans doute plus naturelle à l'époque de Jules Ferry qu'à la nôtre. Le propre de la leçon de choses
était de montrer que l'observation intelligente du monde qui nous
entoure dans notre vie quotidienne permet de comprendre les
phénomènes naturels et d'inférer les lois qui les régissent, et que
ces lois, lorsqu'elles sont connues et comprises, peuvent être utilisées pour faciliter le travail et améliorer le bien-être.

Ainsi, l'école de Jules Ferry n'enseignait pas seulement la
science comme une somme de connaissances, mais aussi la science
comme un processus d'observation, d'intuition, de raisonnement,
d'expérimentation. En montrant cette approche expérimentale de
la science, elle montrait le métier du chercheur — d'ailleurs, les
premiers livres de classe de l'époque étaient souvent écrits par des
chercheurs tels que Paul Bert[7], qui fut élève de Claude Bernard
avant d'être ministre de l'Instruction publique.

L'école de Jules Ferry n'oubliait pas non plus la dimension
sociale et humaine de la science. L'iconographie républicaine
racontant à tous les écoliers l'histoire de Louis Pasteur guérissant
le bombyx de la pébrine ou Joseph Meister de la rage, de Delambre
et Méchain partant mesurer le méridien terrestre sur ordre de la
Constituante, de Bernard Palissy brûlant « tables et planchers »
dans sa recherche du secret de la fabrication de l'émail, montrait
ainsi que l'on peut faire de la science une carrière au service des
autres, que la science a des implications politiques, que la recherche
peut susciter la passion.

Alors, je ne dis pas aujourd'hui qu'il faut revenir à l'École de
Jules Ferry, mais qu'il faut s'en inspirer dans le contexte scientifique du XXIᵉ siècle. Dans sa conférence de presse du 20 juin 2000
où il a annoncé la rénovation de l'enseignement des sciences à
l'école élémentaire, le ministre Jack Lang n'a pas dit autre chose
en faisant référence à la leçon de choses comme l'un de ses « souvenirs heureux » de l'école et en citant l'initiative de « la main à la
pâte » de George Charpak comme « un effort très prometteur de
modernisation de la leçon de choses ». L'exercice est plus difficile
aujourd'hui car la somme des connaissances à acquérir s'est considérablement accrue en plus de 100 ans. C'est ce développement
des connaissances qui a nécessité la disciplinarisation de l'enseignement, autrement dit la spécialisation de l'enseignement des

sciences en plusieurs disciplines distinctes. Les sciences « naturelles et physiques » de Paul Bert sont aujourd'hui segmentées en physique, chimie, biologie, géologie..., et l'arrivée des disciplines technologiques est venue multiplier les différentes spécialisations des enseignants du secondaire, comme en témoigne la croissance du nombre de CAPES et d'agrégations. Cette spécialisation inévitable présente deux écueils que l'on n'a pas toujours su éviter.

Le premier est le manque d'interdisciplinarité, c'est-à-dire de communication et de coopération entre disciplines. C'est d'autant plus fâcheux que la résolution des problèmes scientifiques et techniques actuels nécessite de plus en plus le concours de plusieurs disciplines : le décodage du génome n'a connu des progrès décisifs que lorsque les mathématiciens, les informaticiens et les automaticiens se sont intéressés au problème. Les entreprises l'ont bien compris, qui adoptent aujourd'hui une structuration orthogonale de leurs équipes de recherche et développement : hiérarchique ou verticale par discipline pour entretenir et développer les compétences, fonctionnelle ou horizontale par projet pour conjuguer les compétences pour résoudre un problème particulier. Les Travaux Personnels Encadrés (TPE) nouvellement introduits dans la pédagogie suffiront-ils à faire tomber les barrières interdisciplinaires ? On peut craindre que non, et surtout regretter le « P » de Personnel, qui occulte la dimension sociale du travail scientifique et manque l'opportunité d'enseigner le travail en groupe — j'y reviendrai plus loin.

Le second écueil est ce que j'appellerai le « corporatisme disciplinaire », chaque discipline cherchant à gonfler ses programmes pour augmenter ses horaires au détriment de ceux des autres. En ce sens, on peut dire que l'enseignement scientifique en est aujourd'hui au stade du mercantilisme économique du XVIIe siècle, où l'on croyait que la seule manière de développer son industrie était de protéger son marché des industries extérieures et de l'accroître par des conquêtes territoriales. On sait aujourd'hui que la bonne méthode est de multiplier les échanges entre marchés nationaux, ce qui augmente la production globale et, partant, celle de chaque nation. De même, chaque discipline peut se développer en multipliant ses relations avec les autres : pour ne prendre que cet exemple, la meilleure manière de faire acquérir la maîtrise de l'outil informatique à l'école n'est pas de prélever des heures d'informatique au détriment des mathématiques, de la physique ou de l'histoire et géographie, mais que les enseignements de mathématiques, de physique et d'histoire et géographie utilisent l'outil informatique.

Cinq propositions pour l'enseignement des sciences

À partir de ce constat, peut-être trop sévère, que pourrait-on faire pour que l'enseignement scientifique réponde mieux à ses trois objectifs, de former des créateurs de science, des utilisateurs et des citoyens éclairés ? Il n'y a pas de remède miracle, mais je voudrais proposer cinq voies d'amélioration.

— Ne pas enseigner la science comme une somme de règles et d'énoncés à mémoriser, mais comme un moyen d'analyser, de comprendre, de découvrir.

Autrement dit, ne plus enseigner la science uniquement comme une somme de connaissances, mais aussi comme un processus. Cela passe bien sûr par une revalorisation de l'expérimentation, défendue depuis longtemps par Pierre-Gilles de Gennes et George Charpak. Cela étant, il y a quand même des choses à apprendre. J'ai dit que je ne parlerai pas du contenu des programmes, mais je pense que ceux-ci devraient être définis en privilégiant un savoir structuré par rapport à un savoir discret, une organisation plutôt qu'une collection de connaissances, moins de sujets approfondis plutôt que plus de sujets traités superficiellement. Quitte à développer la curiosité des élèves en les incitant à lire des sujets non traités en cours, et à revenir éventuellement poser des questions au professeur.

— Enseigner les utilisations de la science que l'on enseigne.

Aujourd'hui, l'utilisation la plus perceptible par l'élève — quand ce n'est pas la seule — de l'enseignement dans une discipline est de résoudre des problèmes d'examen dans cette discipline. Et encore ces problèmes sont-ils posés sous une forme canonique qui guide l'élève pas à pas, chacun de ces pas pouvant être franchi par l'application d'une recette qu'il doit connaître s'il a suffisamment bachoté. Ce n'est pas ainsi que l'on développera l'intérêt des jeunes pour la science, et encore moins leur créativité, leur imagination, leur capacité d'innover et de réaliser — autant de qualités dont ont besoin les chercheurs et les ingénieurs, et dont l'expression même fait l'intérêt de leurs métiers. Il s'agit donc de montrer les applications de la science « aux arts industriels et à l'usage des outils des principaux métiers », comme disait Jules Ferry, et d'utiliser les acquis d'une discipline dans l'enseignement des autres. Et, en ce qui concerne le contrôle des acquis, d'évaluer moins systématiquement ce qui est facile à mesurer et plus souvent ce qu'il est important d'acquérir.

— Montrer la dimension sociale de la science.

Cela commence bien sûr par le travail en groupe — même si cela est difficile à concilier avec le caractère individuel de l'élitisme républicain qui imprègne notre système éducatif. Mais il s'agit aussi de montrer la science comme la merveilleuse entreprise humaine qu'elle est, à travers les dangers qu'elle a traversés, les risques qu'elle présente encore, ses réussites, ses échecs, ses perspectives. Et cela à travers son histoire, celle des grandes révolutions scientifiques et des hommes qui en ont été les acteurs (Copernic, Newton, l'atome d'Aristote à Niels Bohr, la biologie de l'évolution de Darwin aux mutations génétiques, la tectonique des plaques…). Là encore, la curiosité naturelle des élèves devrait être cultivée et mise à profit. L'important est de faire comprendre que si le progrès des connaissances est inéluctable, il peut être long, conflictuel, douloureux, comme connaître des fulgurances aux retombées considérables, et que ce processus ne se commande pas.

— *Montrer la dimension personnelle de la science.*

Montrer d'abord la science comme domaine d'épanouissement, de satisfaction, oserais-je dire de jouissance personnelle ; la science terrain d'imagination, d'invention, d'expérimentation, oserais-je dire de jeu ; la science terre d'aventure, de domaines vierges à explorer ; la science passion. Il va sans dire que cet aspect de la science est celui qui est le plus éloigné pour le potache moyen. Pourtant, le succès des concours comme les championnats de jeux mathématiques ou les olympiades de chimie montre qu'il est possible de mettre en valeur ce que la pratique scientifique peut avoir d'hédoniste.

Mais la science est aussi une école de morale et d'éthique, où l'on apprend l'ouverture aux idées des autres et la tolérance, tout en y développant son scepticisme et son esprit critique. C'est aussi une école où l'on apprend l'humilité devant les faits, et la gestion des inévitables incertitudes. En ce sens, l'enseignement scientifique devrait contribuer à l'instruction civique (et morale, ajouterait Jules Ferry…).

— *Mettre en place des « indicateurs scientifiques » nationaux.*

Je veux parler d'indicateurs statistiques analogues à ceux de la NSF, mesurés annuellement comme aux États-Unis, qui viendraient compléter les indicateurs scolaires du ministère de l'Éducation nationale[8] et les indicateurs PISA de l'OCDE en mesurant la manière dont l'enseignement des sciences répond à ses trois objectifs sociaux de formation de créateurs et d'utilisateurs de science et de citoyens scientifiquement éclairés.

RÉFÉRENCES

1. Monge (G.), *Géométrie descriptive, Leçons données aux Écoles Normales.* Baudouin, Paris, An VII.

2. Baudelot (C.) et Establet (R.), *Le niveau monte*, Paris, Seuil, 1989.

3. OCDE, *Education at a Glance* — OECD Indicators, Paris, OCDE, 1996.

4. OCDE, *Measuring Student Knowledge and Skills*, Paris, OCDE, 2000.

5. National Science Board, *Science & Engineering Indicators*, Arlington, National Science Foundation, 2000.

6. MILLER (J.), *Public Understanding of Science and Technology in OECD Countries : a Comparative Analysis*, International Symposium on Public Understanding of Science and Technology, Paris, OCDE, 1996.

7. BERT (P.), *La première année d'enseignement scientifique (Sciences naturelles et physiques*, Paris, Armand Colin, 1882.

8. *L'état de l'école, n° 10*, Paris, ministère de l'Éducation nationale, octobre 2000.

L'illettrisme ou le monde social
à l'aune de la culture

par Bernard Lahire

L'opacité des discours

Malgré plusieurs siècles d'histoire scolaire, la France connaît aujourd'hui encore de grandes inégalités sociales en matière de maîtrise de l'écrit (lecture et écriture). Le constat est certain. Il n'est d'ailleurs guère surprenant pour les sociologues de l'éducation et de la culture qui mesurent, depuis plusieurs décennies maintenant, l'accès différencié aux savoirs scolaires, ainsi qu'aux œuvres et institutions culturelles. Il est tout aussi évident qu'aucun démocrate ne peut trouver acceptable cette situation d'inégalité d'accès à des instruments aussi fondamentaux de la culture.

Mais ce constat d'inégalité est-il directement en lien avec les discours publics (médiatiques, politiques ou « savants ») sur l'« illettrisme » des Français qui fleurissent depuis plus de quinze ans maintenant ? On pourrait croire, en effet, que les discours sur l'« illettrisme » ne font qu'exprimer une réalité sociale objective ou se contentent de l'accompagner. Et pourtant, les choses ne sont pas aussi simples que cela. Pour remettre en question une évidence aussi trompeuse, il faut revenir sur l'histoire de ces vingt dernières années.

La montée publique de l'intérêt pour le problème peut laisser penser (et les commentateurs pressés ne se privent pas de l'écrire) que l'on assiste à l'extension ou à l'amplification du problème réel lui-même. Or, il n'en est rien. Ce que l'on peut dire en revanche avec certitude, c'est que les problèmes de maîtrise de l'écrit étaient

---

Texte de la 245e conférence de l'Université de tous les savoirs donnée le 1er septembre 2000.

bien plus importants à l'époque où l'on n'en parlait pas qu'aujourd'hui où les discours foisonnent.

Ce sont ces discours que j'ai assez récemment étudiés* en menant l'analyse socio-historique de la construction publique de l'« illettrisme » comme problème social, et notamment l'étude rhétorique des manières de parler de l'« illettrisme », depuis la création du mouvement ATD Quart Monde dans les années 1960, inventeur de ce néologisme (en 1978), jusqu'à nos jours. L'objet de mon attention est donc un objet politique. Il concerne l'État, les médias, les discours publics de dénonciation d'une injustice et de revendication d'une cause, les producteurs amateurs ou professionnels d'idéologie, les concurrences entre les différents producteurs de discours, les mythologies qui entendent donner sens à nos vies sociales, qui catégorisent, évaluent, jugent et, souvent aussi, stigmatisent.

L'inventeur du problème : ATD Quart Monde et le tournant culturel

L'invention du terme « illettrisme » est le fait du mouvement ATD Quart Monde, créé en 1960 par l'Abbé Joseph Wrésinski. Ce mouvement est issu de l'expérience de l'Abbé Joseph Wrésinski, à partir de 1956, dans le camp des sans-logis de Noisy-le-Grand.

Le 17 novembre 1977, une grande journée de réunion à Paris de milliers de délégués du mouvement ATD Quart Monde va être constituée comme un événement mythique par le Mouvement lui-même. C'est en cette occasion que ce qui sera appelé le « Défi » sera lancé : « Que dans dix ans, il n'y ait plus un seul illettré dans nos cités. Que tous aient un métier en mains. Que celui qui sait apprenne à celui qui ne sait pas. » C'est, pour ATD Quart Monde, le début d'un infléchissement significatif de son discours, qui est d'ailleurs moins une inflexion qu'une « mise en exergue » d'un thème présent depuis toujours à côté d'autres, à savoir la « croisade contre l'ignorance » et la question des « illettrés ».

Les conditions de ce tournant culturel sont inévitablement liées, d'une part, aux propriétés sociales et aux catégories de perception des personnes orientant concrètement les activités du Mouvement, et d'autre part, aux propriétés historiques des différentes activités elles-mêmes.

Tout d'abord, les membres actifs du Mouvement sont tous porteurs de valeurs et de dispositions scolaires qui ne pouvaient man-

---

* Lahire (B.), *L'invention de l'« illettrisme ». Rhétorique publique, éthique et stigmates*, Paris, Éditions La Découverte, Coll. « Textes à l'appui », 1999, 370 p.

quer de produire des effets dans son orientation idéologique et pratique. Lorsqu'il s'agit de s'occuper des enfants issus des familles des camps, on pense bien sûr à développer pour eux des activités culturelles, et plus particulièrement des activités autour du livre. ATD monte des « Pivots culturels », des « Universités populaires » et des « Clubs de savoir ». À partir de la fin des années 1970, des comités « Lire et écrire » sont de même mis en place. Parfois, l'action revêt des formes plus traditionnelles : installation de classes primaires spéciales, de clubs de jeunes, de centres culturels... Les « alliés » sont peut-être « sans idées préconçues », comme le dit l'Abbé Joseph Wrésinski, mais ils confèrent tous une orientation culturelle et pédagogique au Mouvement. ATD se dote ainsi de dispositifs *spécifiquement culturels* qui vont nécessairement conduire progressivement à une définition culturelle du manque, des lacunes dans les populations pauvres.

Mais si c'est la lecture qui va s'avérer la pratique la plus discriminante, c'est parce que, parmi l'ensemble des activités pratiquées (danse, peinture et lecture), il s'agit non seulement de celle que l'on a décidé de placer au centre mais il s'agit aussi de celle qui est la plus codifiée ; celle qui, attachée à trois siècles d'histoire scolaire, produit plus spontanément des différences visibles et objectivables entre les pratiquants (« faible niveau de départ » ; « insuffisante connaissance des mécanismes de lecture »). Très concrètement, les militants disposent de beaucoup moins de grilles d'évaluation et de hiérarchisation des comportements pour ce qui est des activités physiques et artistiques, qui sont justement plus souvent pensées dans la logique d'un épanouissement de l'enfant que dans celle d'une transmission des connaissances (« s'exprimer par la peinture » ; intérêt des peintures « du point de vue psychologique »). Ainsi, à la différence de la lecture, l'évaluation des activités de peinture conclut que « les enfants sous-prolétariens ne semblent pas avoir notablement des attitudes différentes des autres enfants ».

De la pauvreté multidimensionnelle à l'« illettrisme »

Le tournant culturel accompli par le mouvement ATD Quart Monde implique un changement dans la manière de parler de la pauvreté. On sait qu'une des spécificités de la conception du monde social du Mouvement est l'insistance sur la grande pauvreté. Considérer les problèmes en partant des plus pauvres, établir un lien entre « illettrisme » et « pauvreté », voilà des thèmes fréquents que l'on trouve sous la plume des membres d'ATD. Cela étant dit, cette thématique a connu des variations significatives. Entre le début des années 1960 où la pauvreté est considérée sous toutes ses dimensions (matérielle, morale, culturelle, spirituelle...) et la fin des années 1970 où l'« illettrisme » est devenu le comble de la misère et de la pauvreté, le tournant culturel a modifié quelque peu la perception que le Mouvement avait du monde social.

Progressivement, à partir de la fin de ces années, l'« illettré » devient le symbole par excellence de la misère, l'« illettrisme », le comble de la pauvreté, « la pire des injustices », voire la cause de toute exclusion, économique notamment. Par exemple, Claude Ferrand écrit que « le Père Joseph savait que *la plus grande souffrance* des très pauvres est de rester dans un état d'ignorance qui les condamne à l'inutilité et à l'insignifiance* ». Nous sommes passés du manque de culture comme l'une des souffrances parmi d'autres à « la plus grande » souffrance qui puisse exister.

Mais en lisant les discours sur la pauvreté ou sur la misère produits par ATD Quart Monde avant que la question de l'« illettrisme » ne se détache du lot et ne s'autonomise, on aperçoit à quel point les thématiques et la rhétorique se sont déplacées du « pauvre » vers l'« illettré » sans se transformer. Une lecture rétrospective permet de réaliser à quel point ce qui a été dit du « pauvre » va progressivement s'appliquer, mot pour mot, à celui qu'on appellera tout d'abord l'« ignorant » ou l'« inculte », puis l'« illettré ». En lisant la conférence intitulée « Échec à la misère », prononcée à la Sorbonne par l'Abbé Joseph Wrésinski le 1ᵉʳ juin 1983, on se rend bien compte que l'Abbé Joseph Wrésinski a transféré une argumentation qui portait initialement sur la « misère » pour l'appliquer à l'« illettrisme ». La misère, écrit-il, « c'est l'homme ne pouvant rien maîtriser dans son corps, dans sa pensée, ni dans sa vie. » Appliquée à l'« illettrisme », qui devient un équivalent de « misère » ou de « comble de la misère », la formule est de toute évidence plus contestable. Et c'est pourtant ce genre de propos (« l'impuissance à maîtriser son destin », à « organiser sa pensée », à « maîtriser son environnement ») qui perdure depuis, jusque sous la plume ou dans la bouche de certains « experts » médiatiques de la question.

Consécration étatique et autonomisation du problème

En 1983 tout le travail social et symbolique d'ATD Quart Monde commence à se faire sentir. Une commission est chargée par le Premier ministre de l'époque, Pierre Mauroy, de réfléchir sur le problème de l'« illettrisme » et aboutira en 1984 tout d'abord à la

---

* Ferrand (C.), préface à C. Fondet, *Vaincre l'illettrisme*, Éditions Quart monde, Paris, 1990, p. VII.

publication d'un rapport officiel au Premier ministre, *Des illettrés en France**, puis à la création du GPLI (Groupe permanent de lutte contre l'illettrisme).

La passation-transformation du problème des militants, à qui l'on demande l'engagement total et durable, à l'État est un passage qu'on pourrait décrire avec Max Weber comme celui qui mène des *prophètes aux bureaucrates*, des *missionnaires* aux *fonctionnaires du temple* disposant désormais de moyens financiers, de moyens d'information auprès des grands organismes de recherche tels que l'INSEE ou l'INED, et de réseaux institutionnels incroyablement plus étendus. L'« illettrisme » devient alors une « affaire d'État » et l'on passe progressivement de l'époque où le missionnaire prêchait, parfois dans le désert, à celle où désormais on prêche des semi-convertis, habitués au thème de l'« illettrisme » par tout le long travail symbolique, rhétorique accumulé au cours des années antérieures.

La force sociale désormais attachée à la notion d'« illettrisme » est à la mesure de sa capacité à incorporer ou à recycler d'anciennes questions, d'anciennes problématiques ou d'anciens problèmes qui vivaient jusque-là parallèlement, sans trouver le lieu de leur ras-semblement. En dépit des tentatives de fixation du sens du mot par des instances officielles, le flou sémantique réel du terme, indivi-duellement souvent regretté, mais pourtant collectivement entre-tenu et bénéfique, permet la *mise en cohérence d'un ensemble hétéroclite*. Parvenir à ce que soient assemblés sous la même ban-nière des professionnels extrêmement variés, est le tour de force qu'ont réussi à produire *collectivement mais sans concertation* les producteurs professionnels de discours sur l'« illettrisme ». *Lieu commun* discursif de nombreux problèmes réels qui n'ont que peu de liens réels entre eux, mais aussi de nombreux fantasmes sociaux, l'« illettrisme » est devenu un mythe social collectivement entre-tenu. Une fois constitué socio-politiquement, l'« illettrisme » devient une catégorie dominante de perception du monde social et, malgré son flou, impose tout de même une manière de voir le monde, et notamment *sous un angle essentiellement culturel* (plutôt qu'écono-mique, politique...).

On a ainsi clairement affaire à une catégorie attrape-tout extensible ou redéfinissable à loisir et permettant, du même coup, à des acteurs et des actions très différentes de revendiquer le label « lutte contre l'illettrisme ». Le flou sémantique n'est donc pas un « défaut » ou le signe d'un dysfonctionnement social, mais la condition même de la rentabilité et de l'utilité sociale de la notion.

---

* Espérandieu (V.) et al., *Des illettrés en France*, Paris, La Documentation française, janvier 1984.

Ethnocentrisme culturel et stigmates

Les discours sur l'« illettrisme » livrent de multiples manifestations de la vision ethnocentrique des lettrés, c'est-à-dire de ce que l'on appelle aussi l'ethnocentrisme culturel. L'absolutisation et la sublimation (au sens de « portée au sublime ») des traits de sa propre culture conduit classiquement à découper tous les beaux costumes (pleine humanité, véritable citoyenneté, bonheur authentique, vraie intelligence, vraie vie...) à sa taille et à juger de la petitesse ou de la grandeur de tout le reste du genre humain à partir de ces costumes sur mesure. Les propos sur l'excellence, sur le plein accomplissement des potentialités humaines, sur l'existence accomplie ou sur l'essence humaine en sa forme la plus achevée sont toujours des manières de boucler sur soi les limites de l'existence considérée comme étant digne d'être vécue et de mettre à distance, discrètement ou rageusement, ceux qui sont les plus éloignés de la définition de soi.

C'est ainsi qu'un linguiste peut écrire en 1998, avec toute la bonne conscience possible du lettré préoccupé par l'« illettrisme », que les enfants en difficulté avec la langue (orale comme écrite) « seront moins humains que les autres : plus vulnérables aux discours sectaires et intégristes, plus facilement séduits par des explications simplistes et définitives, plus portés à la violence immédiate ; ils seront ennemis naturels de l'étranger et de l'inconnu* ». Qualifiés de « bons en rien » par le même auteur, « moins humains que les autres », les « illettrés » apparaissent comme de véritables barbares.

C'est le même ethnocentrisme lettré qui se manifeste lorsqu'on lit chez un autre auteur, essayiste, que « le livre est l'autre nom du *procès d'humanisation de l'homme* » ou que « le manque de livres ne fait pas mourir le corps, il ne fait pas mourir l'âme, ou l'esprit : *il empêche seulement l'homme d'être, de devenir homme*** ». Inutile de préciser ce que cette définition de la pleine humanité par le livre, et plus précisément ici par la littérature, présuppose d'infra-humanité, c'est-à-dire d'exclusion brutale d'une majorité d'hommes et de femmes du règne de l'humain...

---

* Bentolila (A.), « Le vrai chantier de l'école », *Libération*, 5 octobre 1998.
** Sallenave (D.), *Le Don des morts. Sur la littérature*, Paris, Gallimard, 1991.

1960-2000 : de l'économique au symbolique

Que conclure de tout cela ? Progressivement, du début des années 1960 à la fin des années 1990, ce sont donc non seulement des problèmes publics, politiques (la démocratie, la citoyenneté, l'accès à l'emploi...), mais aussi des questions privées et/ou éthiques telles que l'épanouissement individuel, l'accomplissement personnel, le bonheur, la dignité ou l'humanité, qui vont être pris dans le grand tournant culturel et être culturellement redéfinis.

La culture légitime, et tout particulièrement la culture scolaire générale, est presque devenue la mesure de toute chose, y compris de la *vertu*. Être un homme « complet », « épanoui », « heureux »..., c'est être un homme cultivé. On a donc fini par penser qu'un « homme de bien » (qui fait le bien), de même qu'un homme « qui vit bien » (heureux de vivre), était nécessairement un « homme de biens culturels » (une personne culturellement dotée). Nombreux sont aujourd'hui les intellectuels français à établir un lien de causalité entre « absence de culture » et « violence ».

Par exemple, après avoir affirmé que « l'amour de la langue est de moins en moins répandu » en France, un philosophe français déclarait en 1999 : « Je crois qu'il y a un rapport entre cette déperdition de la langue et la violence dans les écoles. Parce que moins vous avez de langue à votre disposition, plus vous êtes tenté par les choix simplistes, donc par la brutalité. Et le retour de la violence physique dans notre civilisation, ce qui est la grande surprise de la fin du XXe siècle, elle doit se penser dans le cadre de cette déperdition générale de la langue*. »

C'est aussi un linguiste français, qui soutient depuis plusieurs années que ce qu'il appelle « la langue illettrée », de même que celle utilisée dans les banlieues, interdiraient « toute tentation de relation pacifique, tolérante et maîtrisée avec un monde devenu hors de portée des mots, indifférent au verbe » car elles n'auraient « pas le pouvoir de créer un temps de sereine négociation linguistique propre à éviter le passage à l'acte et l'affrontement physique** ». Ces intellectuels pensent même parfois que c'est le manque de culture qui entraîne vers tous les extrémismes, vers l'intolérance, le racisme, la xénophobie...

Mais d'où peut bien venir cette certitude, sociologiquement et historiquement infondée, selon laquelle la culture apporterait nécessairement largeur d'esprit et capacité de compréhension, et impliquerait

---

* Finkielkraut (A.), *Bouillon de culture*, France 2, le vendredi 29 janvier 1999.
** Bentolila (A.), « Les faux-semblants du français "branché" », *Le Monde*, le 26 mai 1998.

forcément une vision et une pratique pacifiées du monde social ? Cette certitude que la compréhension du monde assagit inévitablement les êtres et les rend obligatoirement meilleurs, plus pacifiques, plus tolérants, bref, que la culture est aussi morale ? Si l'on plaçait durablement ces intellectuels hautement cultivés dans les conditions durables de désespérance économique et sociale que connaissent justement ces jeunes en « échec scolaire » et au chômage, vivant dans des familles atteintes par les effets dévastateurs des mutations du système économique, peut-on penser qu'ils garderaient indéfiniment cette distance cultivée et raisonnable au monde social, loin de toute envie de violence ou d'agressivité ?

En fait, en dehors des effets socialisateurs secondaires (mais néanmoins puissants) de l'action pédagogique en matière de disciplinarisation des corps, un gros volume de capital culturel en soi ne protège en rien de la « barbarie » ou de la violence, et n'implique nullement l'acquisition de dispositions morales. À force de rabattre l'éthique sur le culturel, on a fini par oublier que ces deux dimensions ne se confondent pas nécessairement. « Immoralité » et fort volume de capital culturel peuvent malheureusement faire bon ménage et il ne faudrait pas juger trop vite la moralité ou la vertu à partir du degré de connaissance scolaire ou de compétence culturelle, ou sur la base du volume (nombre, fréquence) des actes culturels, en laissant, du même coup, planer dangereusement un doute sur la vertu de ceux (classes populaires rurales et urbaines) qui sont les plus éloignés des formes légitimes de culture.

La fantastique promotion d'un problème tel que celui de l'« illettrisme » apparaît ainsi comme un symptôme, parmi d'autres, de cette nouvelle centralité de la culture (essentiellement littéraire ou livresque) dans la perception du monde social et de ses problèmes.

J'ai essayé, tout au long de cette conférence, de rappeler que de l'« illettrisme », facteur parmi d'autres d'« exclusion » ou problème parmi d'autres, nous sommes passés historiquement à l'« illettrisme » source, cause, symbole, ou forme suprême de l'« exclusion ». Cette inflexion du discours, qui peut s'observer à l'origine à l'intérieur même du mouvement ATD Quart Monde, diffusera très largement vers l'extérieur et sera accompagnée et magnifiée par des intellectuels (essayistes, philosophes, linguistes, professionnels de la culture...) qui font du manque de lecture ou des difficultés d'écriture le comble de la misère humaine.

La question que je me pose à la fin de ce cheminement analytique sur le continent discursif de l'« illettrisme », est de savoir ce que nous avons collectivement à gagner, mais surtout à perdre, en parlant du monde social de cette manière.

Enseigner : le devoir de transmettre
et les moyens d'apprendre

par Philippe Meirieu

Longtemps nos sociétés se sont contentées d'enseigner à ceux qui voulaient bien apprendre et y étaient socialement préparés. Mais, dès lors que nous voulons démocratiser l'accès aux savoirs, cette attitude n'est plus possible. Et c'est cette impossibilité même qui rend nécessaire la réflexion proprement pédagogique. Car, précisément, « les pédagogues » se sont donnés, chacun à leur époque, le projet d'enseigner à ceux qui étaient alors réputés inéducables. À cet égard, la modernité éducative commence avec Pestalozzi (1746-1827), quand le disciple de Rousseau, confronté aux « barbares » qui ne veulent pas de lui, décide de ne pas les abandonner. Il ne cherche pas, non plus, à les instruire aux forceps, mais s'efforce de les accompagner pour que chacun, selon sa belle formule, puisse « se faire œuvre de lui-même ». Une telle entreprise se poursuit, le plus souvent aux marges des institutions officielles, avec des hommes et des femmes aussi différents qu'Itard, Jacotot, Froëbel, Ferrer, Makarenko, Montessori, Korczak, Freinet, Don Milani, Paulo Freire ou Fernand Oury. Chaque fois, quelqu'un fait le pari que celui qui a été rejeté hors du cercle du langage et de la culture peut y accéder si on lui en donne les moyens, si l'on réussit à trouver un chemin entre l'abandon et le dressage, si l'on sait inventer les moyens pour susciter l'envie d'apprendre et le désir de grandir.

Texte de la 246e conférence de l'Université de tous les savoirs donnée le 2 septembre 2000.

Transmettre est un impératif
et ne pas transmettre est une démission...

L'homme se caractérise par son fabuleux pouvoir d'apprentissage. Mais le revers de la médaille, c'est que l'enfant doit tout apprendre de ce qui lui permettra de vivre avec ses semblables. C'est pourquoi celui qui est éduqué ne peut pas choisir lui-même ce à quoi il doit être éduqué. Nos enfants ne choisissent pas la langue dans laquelle ils vont s'exprimer, les coutumes avec lesquelles ils vont vivre. Pas plus qu'ils ne pourront, à l'école, choisir les disciplines qu'ils vont devoir apprendre pour s'intégrer dans la société. Si l'enfant pouvait choisir ses objets d'apprentissage, c'est qu'il serait déjà éduqué. Aucun « respect » ne peut justifier ici l'abstention éducative. L'adulte a un impératif « devoir d'antécédence ». Il ne peut abandonner l'enfant sans l'inscrire dans une histoire.

Sans doute cette question de la transmission se posait-elle moins aux maîtres hier qu'elle ne se pose aujourd'hui. Hannah Arendt, dans *La crise de la culture* explique, en effet, que les écoles ont maintenant à jouer un rôle qui, dans les époques précédentes, aurait été naturellement assuré par les familles*. C'est qu'il n'y a pas si longtemps encore, les différences d'une génération à une autre étaient minimes ; les générations se superposaient très largement l'une sur l'autre de telle manière que le lien entre elles était assuré en quelque sorte par imprégnation ; il se transmettait là, dans la quotidienneté des premières années de la vie, toute une culture qui sédimentait et permettait à la culture scolaire de se développer sur un acquis relativement stabilisé.

Or ce « tenon familial » est aujourd'hui fragilisé. Et les pédagogues, précisément, ont travaillé, depuis toujours, avec des enfants réellement ou symboliquement orphelins. Ils savent qu'une telle situation impose de renforcer la transmission culturelle afin de réarticuler le sujet à son histoire. Loin d'avoir renoncé à la transmission, les « pédagogues historiques » en sont des obsessionnels : au nom du principe d'éducabilité, ils veulent absolument transmettre et, depuis Itard — inventant les premiers jeux pédagogiques pour l'instruction de Victor de l'Aveyron — jusqu'aux praticiens de « la pédagogie par objectifs » — découpant les savoirs en de savantes taxonomies pour garantir leur appropriation —, ils s'entêtent à enseigner et à faire apprendre... au point de basculer parfois dans la violence ou la manipulation. Parce qu'ils ont été en contact avec

---

* Arendt (H.), *La crise de la culture*, trad. franç., Paris, Gallimard, « Folio-Essais », 1989, p. 225.

les enfants les plus réfractaires, les pédagogues ont vécu et décrit avant nous l'emballement de la volonté éducative, les tentations de l'éducateur aux prises avec la résistance et le refus : passer en force, se satisfaire d'une soumission de façade, abandonner ou exclure les réfractaires, circonvenir leur liberté. Ils témoignent, en des écrits souvent maladroits, de ce que vivent aujourd'hui bien des enseignants. Et ils expriment tous, d'une manière ou d'une autre, la même contradiction : il faut impérativement transmettre, mais rien ne se transmet vraiment si ce n'est ressaisi par la liberté du sujet qui apprend.

Transmettre est une impasse éducative...

Le malheur, en effet, c'est quand une volonté s'affronte à une autre volonté : « Tu vas travailler et je m'en porte garant. Je ne lâcherai pas prise jusqu'à ce que tu aies compris. Je réexpliquerai jusqu'à ce que tu saches faire et que tu me le prouves. Tu finiras bien par céder... » Telle est l'attitude de l'adulte qui croit pouvoir soigner l'anorexie par le gavage : une volonté se cabre et renforce la détermination de l'autre. La relation bascule alors dans une partie de bras de fer à laquelle les enseignants ne sont pas préparés et dont ils sortiront, bien souvent, blessés. Car, quand ils se laissent happer par la relation duelle, les maîtres doivent affronter des jeunes qui maîtrisent les armes des exclus : identifier les faiblesses de l'autre et faire saigner ses blessures.

En réalité, la fonction de transmission, quand elle prétend s'effectuer « par décret », comporte toujours un déni implicite de la place du sujet dans sa propre éducation. Car je ne peux jamais, en dépit de tous mes efforts, contraindre quiconque à apprendre. Il est sans doute possible de l'obliger à répéter une phrase, à exécuter un geste, à se soumettre à une règle... mais il n'y a rien là qui ressorte d'un apprentissage proprement humain ; nous restons ici dans l'ordre du dressage ou dans celui de la « mécanique sociale ».

Bien des philosophes, d'ailleurs, révèlent l'existence d'une brèche irréductible dans tout apprentissage : du Platon du *Ménon* au paradoxe de la cithare de l'*Éthique à Nicomaque* d'Aristote, de Saint Augustin à Descartes, de Pascal à Rousseau, de Bergson à Jankélévitch, on retrouve l'idée que l'apprentissage est une prise de risque irréductible aux conditions qui permettent son émergence. À leur manière, les pédagogues ne diront pas autre chose : Montessori, Freinet, Cousinet ne cessent de répéter que le maître doit accompagner mais qu'il ne peut qu'accompagner. Jamais faire à la place de l'autre. Jusqu'à Rogers chez qui le refus d'enseigner n'est, sans doute, que l'expression conjoncturelle, dans le contexte de la psychosociologie américaine, de la certitude fondatrice que « l'on n'apprend bien que ce que l'on a appris soi-même ». Et Jacotot, enfin, qui, en une provocation ultime, explore jusqu'à l'extrême limite la ruse rousseauiste, prétend que l'on ne peut enseigner que ce que l'on ignore : quand on le sait, on l'explique et l'on empêche l'autre de le découvrir... Certes, Jacotot pousse la roublardise jusqu'à laisser croire que c'est l'ignorance qui opère alors que c'est, bien plutôt, la rétractation, la retenue de l'enseignant qui, au moment même où il transmet, laisse à l'autre la place suffisante pour apprendre.

Apprendre n'est pas facile, en effet, à réduire aux catégories traditionnelles de la causalité : car c'est *chercher à faire quelque chose que l'on ne sait pas faire en le faisant*. C'est s'engager, affronter l'incertitude et l'inconnu, en s'appuyant, certes, sur le maître et toutes les ressources que ce dernier apporte, mais en posant un acte qui n'est jamais déductible des conditions qui le permettent.

Éduquer c'est faire œuvre de médiation pour que « chacun se fasse œuvre de lui-même » (Pestalozzi)

C'est devenu une banalité que d'attribuer aujourd'hui la crise de l'école à la perte de sens des savoirs scolaires. La tradition pédagogique avait, pourtant, souligné depuis longtemps que, selon la formule de Dewey, « toute leçon doit être une réponse ». Mais elle a longtemps confondu le sens et l'utilité. S'efforçant de faire apparaître les savoirs comme nécessaires pour résoudre des problèmes ou comprendre des situations concrètes, elle a privilégié les savoirs instrumentaux. Au nom du « tâtonnement expérimental » prôné par Freinet, elle a parfois totémisé le bricolage, risquant d'écarter les explications théoriques plus complexes au nom d'une efficacité immédiate. Pourtant, dès 1960, Louis Legrand avait plaidé *Pour une pédagogie de l'étonnement*, insistant sur la dimension symbolique des savoirs et refusant leur réduction utilitariste.

Cette perspective est d'autant plus d'actualité que, précisément, le caractère utile des savoirs scolaires est récusé par les élèves eux-mêmes, tant pour ce qui relève de leur propre réussite (l'École n'étant plus guère perçue comme un outil de promotion sociale) que pour ce qui concerne leur capacité à les aider à comprendre le monde. Inutile de s'échiner à démontrer l'utilité des savoirs scolaires aux élèves... ces savoirs sont d'avance disqualifiés. On ne fait pas entendre raison à celui qui n'est pas dans le registre de la raison.

Il faut d'abord réinstaller le savoir dans l'ordre du désirable, lui redonner une place dans l'espace symbolique des élèves. Or, l'École a abandonné le symbolique au marché. Ainsi, après avoir dépensé tout leur argent de poche dans les jeux vidéos et les super-productions cinématographiques, les enfants retournent en classe « parce que c'est obligatoire » et pour obtenir, si possible, quelques notes leur permettant de « limiter les dégâts ». Plus rien de ce qui est essentiel à l'homme ne vibre dans les savoirs scolaires, tout entiers récupérés par la « pédagogie bancaire », comme disait Paulo Freire.

C'est sur ce terrain-là qu'il faut travailler si nous ne voulons pas laisser l'École se vider de toute substance : elle ne trouvera le chemin du désir d'apprendre que si elle permet la découverte d'une culture universelle qui reconstitue la chaîne généalogique et restaure la filiation de « l'humain ». Il faut s'attacher, pour cela, à ce qui, dans les cultures diverses qui s'expriment, résonne au-delà de chacun, touche aux invariants anthropologiques et relie un être singulier à ses semblables. Aucune renonciation dans cette démarche, bien au contraire. Une exigence forte qui articule l'intime et l'universel. Car c'est bien là l'enjeu de toute éducation : on n'aide pas un homme à se construire en l'obligeant à renoncer à son histoire et à ce qui, au plus intime de lui-même, nourrit son désir. Mais on ne l'aide pas, non plus, à se construire en le privant de ce qui peut donner forme à son désir, l'inscrire dans l'histoire des hommes, le relier aux autres dans une filiation où trouvent place les « grandes œuvres », les questions fondamentales de la science, les créations les plus marquantes de l'histoire humaine : Lascaux et le calcul infinitésimal, Gandhi et l'arbre à palabres, les cartes au trésor et la Déclaration des droits de l'homme, Homère et Einstein, Hérodote et Mozart...

Il nous faut pour cela, comme nous y invite Jérôme Bruner dans son dernier ouvrage, retrouver ou inventer « l'art d'exploiter les questions, de les garder vivantes* », car ainsi, non seulement on restaure la liaison entre les générations, mais aussi on apprend à se relier à ceux qui, aujourd'hui, posent les mêmes questions, même s'ils n'y donnent pas les mêmes réponses. Entre le relativisme différentialiste, d'une part, qui assigne les individus à résidence sociale et culturelle, et l'universalisme dogmatique, d'autre part, qui poursuit la colonisation de l'intérieur, il y a place pour une pédagogie où les élèves, se reconnaissent ensemble fils et filles des mêmes questions, capables d'assumer sans violence la différence de leurs réponses.

« Sans violence », dans un monde pacifié et serein : là est justement le problème pour beaucoup d'enseignants. Car nous assistons aujourd'hui à la montée en puissance d'un phénomène majeur : les élèves arrivent de plus en plus « sous pression » au seuil de la classe. Les difficultés sociales, économiques, affectives

---

* Bruner (J.), *L'éducation, entrée dans la culture*, Paris, Retz, 1996, p. 158.

qu'ils vivent par ailleurs les rendent peu disponibles à des savoirs scolaires qui s'exposent dans une sorte de transparence rationnelle. Ce sont des écorchés vifs que la moindre réflexion, insignifiante pour l'enseignant qui la profère, va faire sortir de leurs gonds. Les rapports au sein de la classe n'ont jamais été aussi chargés affectivement et, dans bien des cas, la classe n'a jamais été aussi vide d'objets capables de venir lester des relations qui s'exaspèrent.

C'est pourquoi les pratiques pédagogiques qui s'inspirent des « méthodes actives », de la « pédagogie Freinet » ou de ce que Georges Charpak a lancé récemment sous le nom de « la main à la pâte » sont si intéressantes. Méthodes délibérément « actives », elles ne sont en rien « non directives ». Bien au contraire, elles rendent possible l'accès à la Loi, aux règles de vie collective et aux savoirs fondamentaux qui deviennent ici nécessaires pour mener à bien la tâche commune. Quand des enfants sont confrontés à une expérience scientifique, quand ils disposent d'un protocole de travail et peuvent observer eux-mêmes « ce qui marche » et « ce qui ne marche pas », ils sont bien obligés de sortir du simple rapport de forces. Pour autant que le maître soit attentif à ce qu'aucun membre du groupe ne dissimule des résultats ou n'impose le silence à quiconque, les élèves, même très jeunes, peuvent accéder à une délibération où la vérité se construit progressivement, en extériorité par rapport aux tensions affectives et aux problèmes sociologiques qui peuvent exister par ailleurs. De la même façon, le travail sur les textes représente une occasion précieuse de se trouver confronté à un objet qui existe et résiste, qui dit ce qu'il dit, auquel on ne peut pas faire dire n'importe quoi... tout en nous donnant le droit de l'investir dans les interstices, d'oser son interprétation dans les espaces ouverts entre les mots et les phrases. Et que dire d'une carte de géographie, d'un graphique économique, d'une page en langue étrangère ? Ce sont des objets culturels sur lesquels peut s'éprouver le rapport, constitutif de la construction de l'intelligence, entre l'extériorité et l'intériorité : car la réalité extérieure est « dure », elle nous résiste et nous ne pouvons jamais lui imposer complètement notre loi... mais elle nous permet, néanmoins, de « nous mettre en jeu », de dire : « je comprends », « je sais », « j'hésite », « je veux y voir clair »... C'est parce que l'École fait exister des objets qu'elle permet l'émergence de sujets.

Il s'agit donc, à l'École, de sortir du face à face entre des opinions qui cherchent à s'imposer par la force, la tradition ou simplement l'autorité. Comme le dit si bien Bernard Rey, « l'École est le lieu où l'on apprend que la vérité d'une parole n'est pas relative au statut de celui qui l'énonce* ». La vérité se découvre et se construit là dans une démarche exigeante de confrontation, dans un travail où l'on se défait progressivement de ses velléités hégémoniques, où

---

* Rey (B.), *Les compétences transversales en question*, Paris, ESF éditeur, 1996.

l'on accepte de se remettre en question, d'avoir tort, de reconsidérer son point de vue. L'École est un lieu où il faut se dégager de la tentation du « c'est à prendre ou à laisser », un lieu où, précisément, il y a à discuter, à examiner avant d'adhérer.

Ainsi, si l'École a pour mission de socialiser les élèves, c'est bien à travers la mise en place progressive de situations d'apprentissages où la confrontation des personnes peut être régulée par l'exigence de vérité. C'est dans ce cadre que doit se faire l'apprentissage fondamental du sursis : sursis à l'immédiateté de l'impulsion, sursis à l'expression non régulée des affects, sursis aux préjugés, sursis aux règles du clan ou de la communauté d'appartenance. Il faut d'abord « poser les lances » dit Marcel Mauss à la fin de *L'Essai sur le don*, reprenant la métaphore des Chevaliers de la Table Ronde*. Il faut des dispositifs pédagogiques pour rendre possible la construction d'un espace scolaire permettant le travail intellectuel et formant au débat démocratique.

Les moyens d'apprendre

Pour y parvenir, les pédagogues, au-delà de leurs divergences, proposent de construire des dispositifs pédagogiques qui obéissent à quelques principes essentiels :

— *Refuser la relation duelle et introduire systématiquement une « activité tierce »* : l'objet de la transaction pédagogique n'est pas le rapport direct que le maître entretient avec l'élève. L'objet qui les réunit appartient au « monde » et comporte ses exigences propres qui échappent au pouvoir, aux caprices et aux affinités électives de ceux qui sont là.

— *Distinguer la tâche et l'objectif* : l'essentiel, dans l'activité pédagogique, n'est jamais le « produit », le résultat directement observable. L'essentiel, c'est le progrès effectué par chacun, les connaissances qu'il s'est appropriées et qu'il peut réinvestir.

— *Mettre en place « un espace de sécurité »* : la prise de risque inhérente à tout apprentissage requiert que soit suspendue la pression évaluative du maître et que celui-ci garantisse que les autres élèves n'utiliseront ni la moquerie ni l'humiliation qui décourage ce « courage des commencements », dont parle si bien Vladimir Jankélévitch** et sans lequel personne ne peut tenter de faire ce qu'il ne sait pas encore faire pour apprendre à le faire.

— *Différencier les temps et les lieux* : vivre ensemble, c'est apprendre que tout n'est pas possible tout le temps et partout : il

---

* Mauss (M.), *Sociologie et anthropologie*, Paris, PUF, 1990, p. 279.
** Jankélévitch (V.), « Avec l'âme tout entière — Hommage à Henri Bergson », *Bulletin de la Société française de Philosophie*, 1960, IV, 1.

y a des moments pour travailler et des moments pour discuter, des espaces d'initiative individuelle et des regroupements pour entendre les consignes collectives. Il y a un temps pour tâtonner où l'on ne doit pas être évalué et un temps pour vérifier où l'évaluation est nécessaire et responsabilise chacun.

— *Ritualiser le fonctionnement* : nul n'accède à la parole sans rite. Le rite éducatif est un cadre... non un « cadre plein », communautariste, où le sujet abandonne toute identité au groupe pour ne retrouver d'existence que comme membre de ce groupe ; mais un « cadre vide » qui garantit, par sa régularité, la distribution des rôles, son mode de fonctionnement et la présence d'une mémoire collective, la possibilité pour chacun de se mettre en jeu sans risque majeur.

— *Multiplier les ressources* : c'est le corollaire de l'obstination dans la volonté d'atteindre les mêmes objectifs culturels sans « passer en force » ni encourager les attitudes de rejet ou de dissimulation. Multiplier les ressources, c'est offrir autant de prises possibles pour susciter et appuyer la détermination à apprendre. C'est diversifier les méthodes et les types de travail tout en accompagnant chacun pour éviter la dispersion, rappeler les objectifs et aider à l'évaluation.

— *Offrir des recours* : personne ne parvient d'emblée aux objectifs qu'on lui fixe ; sur le chemin, les difficultés sont nombreuses, les erreurs inévitables. Ce ne sont pas des scories dont il faudrait se débarrasser. Difficultés et erreurs sont, au contraire, des occasions d'analyse, des moyens de comprendre, des opportunités pour offrir d'autres explications, proposer d'autres entrées. Le « recours », à ce titre, n'est pas simplement un « rattrapage », c'est un outil de régulation essentiel, un moyen de stimuler l'inventivité pédagogique.

Conclusion

Qu'il me soit permis d'évoquer, en conclusion, l'image de celui que j'ai identifié comme le premier représentant de la modernité éducative... En automne 1798, le gouvernement helvétique envoie Heinrich Pestalozzi diriger un orphelinat à Stans. L'armée française du Directoire vient de dévaster le canton de Nidwal. Les orphelins miséreux pullulent. Malgré sa sympathie politique pour la Révolution française et la République helvétique, Pestalozzi considère la situation comme humainement insupportable et accepte la mission qui lui est confiée. Là, il touche le fond de la misère, trouvant des enfants « complètement farouches et habitués à la mendicité », « couverts de gale au point de pouvoir à peine marcher, le front ridé par la méfiance envers celui qui était l'allié des soldats qui avaient fait leur malheur ». Ils ne tiennent pas en place,

vivent dans la violence de tous les instants, ne savent rien de ce
que Pestalozzi considère comme « les savoirs élémentaires » et
n'accordent aucun crédit à leur « maître* ». Pestalozzi s'empresse,
néanmoins, d'ouvrir un institut capable, tout à la fois, d'accueillir
les enfants tels qu'ils sont, de répondre à leurs besoins matériels
immédiats et de « mettre leur activité intellectuelle en éveil » :
« Apprendre était pour eux une chose entièrement nouvelle et dès
que certains s'aperçurent qu'ils arrivaient à quelque chose, leur zèle
devint alors infatigable. »

Pestalozzi et les orphelins à Stans. Octobre 1798.

   Regardons la classe de Pestalozzi telle qu'elle apparaît sur une
gravure d'époque. Le maître ne parle pas ; il montre à trois jeunes
filles une planche d'architecture. Ces dernières, d'âges différents,
réagissent chacune à leur manière ; un échange s'ébauche qui subvertit, en 1798, toutes les formes possibles de contrôle et de préjugés
sociaux : des filles du peuple, debout dans une classe, travaillent sur
des questions traditionnellement dévolues aux hommes et aux nan-
tis ; qui plus est, elles ne se contentent pas de recevoir un enseignement mais interrogent et discutent ; c'est même la plus jeune
qui, avec assurance, interpelle le maître. Ce dernier, tout en « enseignant », tient la main d'un enfant malade qu'un autre élève regarde

---

* Pestalozzi (J. H.), *Lettre de Stans*, 1985, Centre de documentation et de recherche
Pestalozzi, Yverdon-les-Bains, Suisse.

attentivement et semble protéger : celui qui ne peut apprendre n'est pas exclu pour autant ; il reste présent, objet de tous les soins d'une collectivité qu'il aspire — son regard en témoigne — à rejoindre au plus tôt. Aux pieds de Pestalozzi, une jeune fille apprend à lire à deux autres enfants : le maître, pour un temps, a délégué son pouvoir à une de ses élèves ; de toute évidence, cette dernière accomplit sa tâche avec une ardeur qui force l'attention des plus jeunes et stimule leur curiosité. À côté d'elles, au-dessous de la fenêtre, un enfant dort ; il ne trouble pas la classe et ne sera ni puni ni sanctionné : son heure d'étudier viendra, pour autant que le maître soit là à son réveil. Un autre travaille seul, debout : il écrit ; et la détermination sereine qu'on peut lire sur son visage laisse supposer qu'il continuera bien après que la classe soit finie. De l'autre côté, un jeune garçon lit à ses camarades un ouvrage à haute voix ; trois élèves semblent à peu près attentifs, mais un autre s'étire pour marquer son ennui tandis qu'un cinquième se laisse attirer, par un garçon au regard sceptique, vers des activités sans doute plus attractives : apprendre n'est pas facile et les tentations de s'y soustraire sont nombreuses. Pestalozzi ne semble pas choqué : solide et paisible, il laisse faire. À quoi bon assujettir les corps quand, de toutes façons, les esprits vagabonderont ? Il vaut mieux garder son énergie pour saisir ou créer des occasions plus favorables. Sur le seuil, une mère attend avec un enfant dans les bras. À moins que ce ne soit une assistante de Pestalozzi. Mais elle ne fait pas la classe, elle accompagne et accueille, sans usurper la place du maître. Dehors, on se bat encore ; mais le jeu de règles, on le devine, supplante déjà la violence brute.

Bien sûr, la classe de Pestalozzi est un mythe. Mais on y trouve les principes qui peuvent nous aider à comprendre ce que doit être un maître aujourd'hui : un passeur de culture. Quelqu'un qui garantit la Loi et préserve l'intégrité des personnes. Qui marque des limites qui permettent de ne pas se dissoudre dans un espace sans frontière. Quelqu'un qui aide chacun à reconnaître dans la culture les échos et les réponses de l'humanité à ses propres interrogations. Quelqu'un qui multiplie les ressources et accompagne chacun pour qu'il donne le meilleur de lui-même.

C'est pourquoi on peut être fier d'appartenir à une République qui, par un décret de l'Assemblée nationale du 26 août 1792, « considérant que les hommes qui, par leurs écrits et par leur courage ont servi la cause de la liberté et préparé l'affranchissement des peuples, ne peuvent être regardés comme étrangers par une nation que ses lumières et son courage ont rendue libre, (...) déclare conférer le titre de citoyen français à Heinrich Pestalozzi. » Qu'un pédagogue ait été ainsi fait citoyen d'honneur de la République française devrait rassurer tous ceux qui s'inquiètent des menaces que la pédagogie ferait peser sur la République.

II

L'HOMME ET L'INFORMATIQUE :
MACHINES, CONNEXIONS ET AGENTS

Le Nouvel ordre numérique

par Laurent Cohen-Tanugi

Pourquoi parler d'un nouvel « ordre » numérique, alors même que la révolution induite par les nouvelles technologies de l'information et de la communication, par sa rapidité, sa complexité et son caractère protéiforme, donne souvent une impression de vertige ; alors même qu'Internet est généralement associé aux idées de liberté, de décentralisation, de déstabilisation, de bousculement des hiérarchies ; alors encore que ce qu'il est convenu d'appeler la « société de l'information » apparaît de plus en plus porteuse de risques, de menaces pour nos libertés, nos droits, notre sécurité ?

Face à cet indéniable *désordre*, le recours à la notion d'*ordre* veut illustrer trois caractéristiques principales de ce nouvel environnement :

— Le caractère *structurant* des nouvelles technologies de l'information et de la communication, fondatrices d'un nouveau paradigme économique, mais aussi de nouveaux usages sociaux, culturels, politiques.

— Le caractère *hiérarchisé* de l'univers numérique, dans ses dimensions économique, sociale, géopolitique.

— Son caractère *régulé*, ou régulable, et la spécificité de cette régulation.

Chacune de ces thèses est matière à débat, prend le contre-pied d'une idée reçue, ou dispose de son antithèse. Certains voient ainsi dans le numérique un simple progrès technique, aussi important soit-il ; à l'idée de hiérarchisation, on opposera à juste titre la fluidité et la contestabilité de l'environnement numérique ; enfin, la

---

Texte de la 247e conférence de l'Université de tous les savoirs donnée le 3 septembre 2000.

régulation de la société de l'information constitue un redoutable défi.

L'analyse de cette triple déclinaison de la dialectique ordre/désordre nous permet ainsi d'explorer le vaste monde du Web, le *Wide Web World*, ses concepts-clé, sa problématique.

La Révolution numérique

Au commencement était la technologie... En quelques mots, qu'est-ce que le numérique, et comment en est-on arrivé là ? Les grandes étapes technologiques de la révolution numérique sont connues :

— Croissance continue de la puissance de traitement des ordinateurs, de la capacité de stockage et de la vitesse de transmission des données, accompagnée de la réduction tout aussi continue du coût et de la taille des équipements et de leur standardisation autour de l'ensemble PC/Windows. Cet ensemble de phénomènes produit la micro-informatique professionnelle, puis grand public au cours de la décennie 1980.

— Interconnexion des ordinateurs et développement des réseaux numériques, à la faveur de la généralisation du codage numérique et des progrès de la fonction de transmission des données (capacité brute de transmission, compression numérique et commutation par paquets). Cela produit Internet et le Web au cours de la décennie 1990.

Toute information, qu'elle se présente sous forme écrite, graphique, sonore ou vidéo, est désormais susceptible d'être numérisée, c'est-à-dire convertie dans un langage structuré en bits (*Binary digIT*), unités fondamentales d'information électronique. Le signal numérique offre des possibilités infiniment supérieures à celles du signal analogique. Il rend notamment possible les communications « multimédia », rassemblant sur un même support des informations de nature différente — images, dessins animés, vidéos, sons, programmes informatiques, etc. — pour les rendre interactives. Le développement prodigieux des capacités de calcul des microprocesseurs a en outre permis à la numérisation de gagner progressivement les réseaux de transmission de l'image et de la voix, qui fonctionnaient jusqu'alors principalement en mode analogique.

À la généralisation du codage numérique s'attachent trois bénéfices majeurs. Tout d'abord, l'information numérisée peut être stockée et transmise par des supports physiques très divers (fils électriques, fibres optiques, ondes satellites, etc.), c'est-à-dire sur différents types de réseaux de communication : lignes téléphoniques, câble, satellite, réseaux à connectivité optique... Par ailleurs, les données numériques peuvent être transmises et copiées quasi-indéfiniment sans perte d'information, grâce à la faculté de reconstitution aisée du message numérique. Enfin et surtout, l'information numérisée peut être traitée automatiquement, avec un degré de finesse quasi absolu, très rapidement, et sur une grande échelle quantitative.

Mais la révolution numérique ne se réduit pas à la technologie. Elle est la résultante d'innovations technologiques, mais aussi de développements réglementaires et d'initiatives commerciales.

Au plan réglementaire, la révolution numérique est notamment indissociable du mouvement de déréglementation et de libéralisation du secteur des télécommunications à l'échelle mondiale, qui a engendré une baisse des coûts significative, une concurrence croissante et de nouvelles offres de services de télécommunications. L'avance des États-Unis en matière d'économie numérique est ainsi partiellement attribuable à la précocité de l'ouverture des télécommunications américaines à la concurrence, amorcée dès le début des années 1980, soit avec dix bonnes années d'avance sur l'Europe. S'agissant des développements commerciaux, pensons à la télévision payante ou à la téléphonie mobile, qui font aujourd'hui partie de notre univers quotidien.

La résultante de tout cela, au cœur de la révolution numérique, c'est ce que l'on appelle la convergence des trois secteurs-clé que sont l'informatique, les télécommunications et l'audiovisuel, favorisée par la standardisation autour des normes IP. Cette convergence s'observe à trois niveaux différents : réseaux de communications, terminaux d'accès et services et industries tout entières, donnant progressivement naissance à de nouveaux produits et services « multimédia » et à l'économie numérique proprement dite.

La manifestation la plus immédiate et la plus spectaculaire du caractère révolutionnaire des nouvelles technologies de l'information et de la communication se situe en effet dans l'ordre économique.

La « nouvelle économie » recouvre trois significations différentes. Son emploi initial était macro-économique, pour désigner le caractère exceptionnel de la situation économique des États-Unis depuis le début de la décennie 1990, caractérisée par la conjonction d'une croissance forte et durable, d'une inflation faible et d'un quasi-plein emploi. À cette acception macro-économique est venue s'adjoindre une signification micro-économique plus récente, qui se décompose elle-même en deux sens distincts. La « nouvelle économie » désigne pour certains le secteur formé par les industries de l'information et de la communication (informatique, télécommunications, audiovisuel, Internet) ; pour d'autres, la « nouvelle économie » renvoie à la transformation opérée dans l'ensemble du système économique, dans les modes de production et d'échange, par la diffusion des nouvelles technologies de l'information et de la communication, notamment sous l'effet du phénomène Internet.

Le chiffre d'affaires des industries de l'information et de la communication dépasse aujourd'hui les 1 000 milliards de dollars, soit 5 à 6 % du produit intérieur brut mondial, concentrés pour l'essentiel entre les États-Unis, l'Europe et le Japon. Affichant un taux de croissance de 10 % par an, ces industries tirent la croissance économique mondiale et ont contribué en 1998 pour environ un tiers à celle des États-Unis, ininterrompue depuis dix ans. En France, les nouvelles technologies ont contribué à hauteur d'environ 15 % à la croissance en 1998, ce qui représentait déjà plus que l'automobile et l'énergie réunies.

Au-delà de leur poids intrinsèque, les industries de l'information et de la communication tirent leur caractère stratégique de leurs effets induits sur l'ensemble de l'économie et de leurs potentialités macro-économiques. Annoncés depuis les années 1970, qui virent la pénétration de l'informatique dans la production et les services, ces effets vertueux sur la croissance globale, la productivité et l'emploi ont mis une quinzaine d'années à se concrétiser. Au terme d'un long processus de diffusion et d'apprentissage, les technologies de l'information et de la communication sont désormais au cœur de la croissance, tant sous la forme des biens et services qu'elles créent que par leurs effets globaux sur la productivité, l'innovation et la configuration même du reste de l'économie.

Principal moteur de la nouvelle économie, Internet est capable de « dupliquer » des pans entiers de l'économie réelle, en abolissant de surcroît la distance géographique, le temps et une partie des contraintes logistiques. Il permet ainsi aux entreprises, aussi modestes soient-elles, d'avoir un accès immédiat et instantané à une clientèle planétaire, tout en réduisant leurs coûts d'intermédiation et de gestion. Cette vertu rejaillit sur le réseau lui-même en en faisant un gigantesque marché virtuel et ininterrompu de dimension mondiale.

L'impact des nouvelles technologies numériques s'étend naturellement bien au-delà de la sphère économique, même si leurs effets y sont plus lents, donc plus difficiles à mesurer. On pense à l'organisation du travail, aux industries culturelles, à la recherche et à la transmission des connaissances, aux effets sur le fonctionnement de nos démocraties. Les mots clé sont ici décentralisation, désintermédiation, déhiérarchisation, communication, participation, flexibilité, transparence...

Quelques rapides coups de projecteur sur les évolutions dans ces différents domaines :

— Selon les statistiques officielles américaines, l'entreprise individuelle sera le premier employeur aux États-Unis à l'horizon 2005, devant les administrations : c'est à soi seul une révolution, que préparent déjà la fin du modèle pyramidal des relations sociales dans l'entreprise et le renouveau spectaculaire de l'esprit d'entreprise.

— La recherche scientifique ne se conçoit plus indépendamment d'Internet, qui en a modifié les usages et renforcé le caractère collectif et planétaire.

— Le numérique est en train de modifier en profondeur les modes de production et de consommation des industries musicale et cinématographique, et commence à affecter, plus timidement, celle du livre.

— Internet favorise l'émergence d'une « société civile planétaire », renforce la tendance participative et la transparence dans les démocraties avancées, et constitue un instrument d'ouverture et de libéralisation irrépressible partout dans le monde.

L'effet à long terme des technologies de l'information et de la communication sur le lien social, l'apprentissage des connaissances et le processus cognitif lui-même reste difficile à cerner, mais il sera sans aucun doute très important. Michel Serres entrevoit dans les nouvelles technologies « la troisième révolution de l'humanité » : « Nous sommes désormais libérés de l'écrasante obligation de toute activité mnémonique, tout comme nous sommes libérés d'un certain nombre de rationalités opératoires... Toutes ces facultés (mémoire, raison opératoire, imagination) sont en train de descendre dans des objets. Qu'allons-nous en échange gagner ? Quel homme sommes-nous en train de créer ? » Cette libération porte en elle, pour le philosophe, la promesse de nombreuses inventions, d'une nouvelle créativité...

Révolution comparable à la découverte de l'imprimerie ou simple progrès technique, troisième révolution industrielle ou simple accélération des évolutions en cours depuis le dernier demi-siècle, le débat reste ouvert. Gardons cependant à l'esprit avant de chercher à le trancher que nous ne sommes qu'au commencement de l'ère numérique, que l'Internet de deuxième génération — celui du « haut débit », de la mobilité, de l'ubiquité, qui occupe industriels et techniciens — est encore devant nous.

Hiérarchies et nouvelle donne

Révolutionnaire, perturbateur, l'univers numérique n'en est pas moins déjà structuré par des rapports de force. Plus exactement, le numérique renforce les hiérarchies existantes, tout en portant en germe la capacité de les éroder.

La première illustration de cette dialectique nous ramène à l'économie numérique, qui présente le paradoxe d'être à la fois très concentrée et très concurrentielle. Les industries de l'information et de la communication tendent à être structurellement oligopolistiques en raison de l'existence historique de monopoles nationaux comme dans les télécommunications, de la présence de fortes écono-mies d'échelle comme dans l'informatique ou l'audiovisuel, et de la place qu'y occupent les droits de propriété intellectuelle ou industrielle plus ou moins exclusifs (brevets, licences d'exploitation de droits, savoir-faire, etc.). L'hégémonie durable de Microsoft sur le marché mondial des systèmes d'exploitation pour micro-ordina-teurs et celle d'Intel sur celui des microprocesseurs illustrent la ten-dance des industries de l'information à se configurer en quasi-monopoles à l'échelle mondiale.

Au-delà de ces données structurelles, la problématique de la convergence numérique a engendré une restructuration profonde des industries de la communication, par voie de concentration horizontale, d'intégration verticale et d'alliances capitalistiques. Les causes de ce phénomène sont multiples : mondialisation de la demande, nécessitant l'obtention d'une taille critique et l'organisa-tion d'une mondialisation équivalente de l'offre, laquelle renforce à son tour celle de la demande ; importance des investissements requis par le processus de numérisation et de mise à niveau des infrastructures de communication en vue d'y véhiculer des services multimédia ; stratégies d'intégration verticale ou de concentration horizontale sur tout ou partie de la filière de la convergence, au nom de synergies réelles ou supposées ; incertitude sur les techno-logies et les applications commerciales susceptibles de s'imposer sur le marché ; nécessité, enfin, pour les opérateurs les plus anciens, de rattraper leur retard technologique en s'emparant des start-up les plus innovantes.

En sens contraire, l'innovation technologique et le phénomène Internet en particulier sont des facteurs puissants de concurrence, voire de déstabilisation des hiérarchies les mieux établies. Le para-doxe n'est qu'apparent : les économistes considèrent en effet que le critère ultime du niveau de concurrence prévalant sur un marché est moins son taux de concentration en termes de parts de marché que son degré de « contestabilité », c'est-à-dire la mesure dans laquelle de « nouveaux entrants » peuvent concurrencer les acteurs déjà installés, voire remettre en cause leurs positions. Or quatre puissants facteurs se conjuguent pour maintenir l'économie numé-rique en état de contestabilité permanente : la rapidité et la perma-nence de l'innovation technologique, la substituabilité des réseaux et des supports résultant de la numérisation et de la normalisation IP, le démantèlement des barrières réglementaires à la concur-rence, enfin, la mondialisation des marchés et des acteurs.

L'avance des États-Unis dans la révolution numérique par rap-port à l'Europe et à l'Asie est une deuxième manifestation des nou-velles hiérarchies numériques. Le leadership américain s'observe dans pratiquement tous les domaines : domination de l'industrie informatique mondiale (notamment systèmes d'exploitation et microprocesseurs) comme de celle des images ; contrôle de l'infra-structure Internet et de son organisation ; taux de pénétration des ordinateurs personnels et de connexion à Internet doubles de ceux de l'Europe ; investissement massif des entreprises américaines dans les nouvelles technologies de l'information depuis dix ans... La révolution numérique est née et se poursuit aux États-Unis, avec cinq à dix ans d'avance sur le reste du monde développé et un leadership industriel et technologique difficilement réversible.

Et pourtant les États-Unis commencent à regarder avec intérêt vers l'Europe et le Japon, en avance dans les technologies mobiles censées devenir le premier mode d'accès à Internet. L'Europe est également en avance dans la télévision numérique et interactive, et ses grands opérateurs sont de plus en plus présents dans la compétition numérique mondiale. Ces atouts et quelques autres parviendront-ils à atténuer à terme le déséquilibre transatlantique qui caractérise aujourd'hui l'économie numérique ? La réponse n'est encore écrite nulle part...

Les hiérarchies numériques résultent enfin de l'inégalité d'accès aux outils de la société de l'information. On évoque à cet égard le « fossé » ou la fracture numérique, au sein des sociétés développées tout d'abord : entre ceux qui ont accès à un ordinateur et à Internet et les autres, entre ceux qui sont en mesure d'en faire usage et les autres, entre ceux qui disposent d'une formation qualifiée et les autres, entre les entreprises qui sont en train d'accomplir leur révolution numérique et les autres. Il est clair qu'il y a là un enjeu décisif pour les pouvoirs publics, en termes d'éducation et de formation, d'équipement des écoles et des universités et, plus généralement, de diffusion des nouvelles technologies et de la culture numérique dans la société et l'économie.

Le fossé numérique est encore plus béant entre le monde industrialisé et le monde dit en développement. 88 % des utilisateurs d'Internet vivent dans les pays industrialisés, et l'Afrique n'en compte que 0,3 %. Symbole de la mondialisation, Internet s'arrête aux portes du sous-développement numérique, caractérisé par la quasi-absence d'infrastructures de télécommunications, et *a fortiori* d'équipements informatiques et d'accès à Internet, par l'absence de formation à l'utilisation de ces technologies, et par la volatilité des élites locales dans une société numérique mondialisée.

Le défi est immense et planétaire, à la mesure des enjeux, qui sont à la fois négatifs — éviter l'exclusion de vastes sections de l'humanité de la nouvelle civilisation numérique — et positifs — tirer parti des opportunités réelles qu'offre la révolution numérique au service du développement, qu'il s'agisse d'éducation, de santé publique, de commerce électronique, de communication scientifique, d'ouverture politique, et même de rattrapage technologique, grâce aux réseaux mobiles, plus faciles à implanter que les réseaux fixes et têtes de pont futures de l'accès à Internet.

Pour conclure ces développements, retenons donc que le nouvel environnement numérique est un univers hiérarchisé, qui porte néanmoins en germe de profondes redistributions des cartes.

Le défi de la régulation

La société de l'information et les réseaux numériques sont porteurs de différentes menaces, qui occupent de manière croissante notre actualité. On ne s'étendra pas ici sur la préoccupation générale de certains quant aux dangers potentiels que recèle la « société de l'information » pour les véhicules traditionnels de la culture, pour la fiabilité de l'information circulant sur les réseaux, pour la préservation de la mémoire historique, etc. Bien que réels, ces dangers n'autorisent pas pour autant à considérer la révolution numérique comme une régression plus qu'un véritable progrès et relèvent moins du droit que de la vigilance et de l'esprit critique de chacun.

Mais il est d'autres atteintes à nos droits, nos libertés, notre sécurité. Les réseaux numériques facilitent tout d'abord un certain nombre de délits et aggravent leurs effets, mais ceux-ci n'ont rien de spécifique à la société de l'information : délits commerciaux et financiers, diffusion de contenus illicites ou préjudiciables, atteintes à la vie privée, dès lors que l'exploitation commerciale des données personnelles est au cœur de la nouvelle économie et que les technologies de l'information confèrent aux États de redoutables moyens de surveillance planétaire.

Une seconde catégorie de menace est, elle, propre à l'environnement numérique : la cybercriminalité, c'est-à-dire les atteintes à la sécurité des systèmes informatiques, notamment par la propagation de virus, mais aussi le piratage, c'est-à-dire la diffusion ou la copie à grande échelle de contenus protégés par des droits de propriété intellectuelle : musique, films, textes… Face à ces menaces, le système juridique lui-même se trouve mis à l'épreuve. L'environnement numérique est en effet porteur de nombreux défis aux catégories fondamentales du droit des sociétés démocratiques et de l'économie libérale.

Le droit s'applique généralement à des réalités tangibles et permanentes : personnes physiques, biens meubles et immeubles ; le numérique est le royaume de l'immatériel, de l'éphémère et du virtuel. Le droit est traditionnellement d'émanation étatique et d'application territoriale : le numérique ne connaît ni les frontières, ni même la distance géographique. L'ordre économique capitaliste repose sur le droit de propriété, qui implique les notions de sujet, d'identité, d'authenticité : le numérique subvertit ces notions en permettant la reproduction parfaite et l'appropriation ou, à l'opposé, la manipulation permanente des signes,

ou encore en donnant naissance à des existences et à des relations virtuelles.

Face à de tels antagonismes, l'on a d'abord redouté l'avènement d'une jungle numérique sans foi ni loi, qui autoriserait à commettre dans le cyberespace tout ce qui est illicite et réprimé dans le monde réel. Fréquente lors des débuts d'Internet, cette crainte est aujourd'hui en passe d'être dissipée, au vu des manifestations évidentes de l'appréhension des technologies numériques par le droit. Selon une deuxième thèse, le développement de l'univers numérique appellerait une remise en cause fondamentale des cadres réglementaires, voire des catégories du droit actuel des industries de la communication ; cette thèse est également dépassée. Un consensus existe aujourd'hui en effet pour considérer que les nouvelles technologies ne remettent pas en cause les concepts fondamentaux du droit et peuvent au contraire être appréhendées par les normes existantes, au prix d'un certain nombre d'adaptations et d'un renforcement des mécanismes de sanction. Le concept d'un « droit du numérique » ou d'une régulation spécifique d'Internet apparaît ainsi dépourvu de pertinence, le défi lancé à l'ordre juridique par le développement de l'économie numérique et de la société de l'information concernant principalement la mise en œuvre des règles de droit, le contrôle de cette mise en œuvre et, en définitive, la sanction des manquements constatés.

Mais la généralisation des technologies numériques entraîne d'ores et déjà deux conséquences majeures sur les modes de production des normes juridiques destinées à gouverner la société de l'information : leur nécessaire internationalisation, et le recours croissant à des mécanismes « d'autorégulation » encadrés par la puissance publique.

Le mouvement d'internationalisation est la conséquence directe du caractère planétaire des communications véhiculées par les réseaux numériques. L'exploitation des nouvelles technologies ignorant le plus souvent les frontières, les règles purement nationales se trouvent privées de portée pratique dès lors qu'elles n'offrent aucune protection effective face aux communications émanant de l'étranger. La coopération internationale en matière de définition des règles du nouvel ordre numérique — fussent-elles de simples adaptations ou de simples mécanismes de protection et de sanction des normes existantes — est donc devenue nécessité. Les technologies numériques renforcent ainsi la tendance à l'*internationalisation du droit,* déjà largement à l'œuvre sous l'effet de la construction européenne et de la mondialisation économique.

Le recours accru aux techniques d'*autorégulation* est peut-être plus révolutionnaire encore pour la tradition juridique européenne. Il consiste à adjoindre à la puissance publique et à la loi ou au règlement les acteurs privés et des mécanismes librement consentis. Les dispositions impératives générales se trouvent en effet disqualifiées par la rapidité des évolutions technologiques et de leurs prolongements économiques et sociaux, ainsi que par la difficulté pratique à en contrôler et à en sanctionner l'application. Face à ces problèmes et à la complexité des négociations internationales, l'autorégulation permet l'élaboration de normes privées (chartes, codes de conduite…), sur mesure, donc plus faciles à faire évoluer, et dont la police est surtout assurée par les intéressés eux-mêmes. Sous-jacente à cette « privatisation » partielle du droit est l'idée selon laquelle les parties prenantes à l'autorégulation ont un intérêt suffisant au bon fonctionnement du système sans réglementation contraignante pour en assurer elles-mêmes le respect. C'est la libre adhésion à la norme, plutôt que la peur de la sanction, qui fonde alors l'obéissance à la règle, ce qui atténue les problèmes d'effectivité du droit, mais correspond davantage à la philosophie politique anglo-saxonne qu'à la culture des sociétés latines.

Au-delà de ces évolutions, la question demeure de savoir si les défis de la régulation numérique peuvent être relevés sans induire à terme la modification d'un certain nombre de pratiques constitutives de l'ordre juridique en vigueur. Il est clair que l'accession d'Internet au rang de phénomène socioculturel majeur et le potentiel économique que représente le commerce électronique conduiront les États et les acteurs privés « légitimes » à coopérer pour le domestiquer et en faire progressivement un espace parfaitement policé. Pour autant, la complexité des problèmes posés et l'ampleur des changements requis par la simple adaptation des systèmes juridiques au nouvel environnement numérique sont sans doute sous-estimées. Au terme d'une évolution qui n'en est encore qu'à ses premiers balbutiements, on ne saurait exclure que l'exploitation des technologies numériques produise de nouveaux schémas d'organisation économique, conduisant à leur tour à l'érosion de certaines catégories juridiques traditionnelles au profit de concepts inédits. Les restructurations industrielles et les batailles juridiques en cours aux États-Unis autour de l'avenir de la propriété intellectuelle dans l'ère numérique en sont sans doute une préfiguration.

De von Neumann aux super-microprocesseurs

par FRANÇOIS ANCEAU

Histoire des machines informatiques

L'histoire des machines à traiter l'information est une saga qui trouve ses racines loin dans l'histoire et qui se poursuit actuellement à un rythme très rapide. Pour remonter aux origines, nous diviserons cette histoire en trois grandes périodes.

LA PRÉHISTOIRE

Ce qui va donner l'informatique peut être vu comme la convergence de trois courants :

— La *notion d'algorithme*. Celle-ci prend ses racines dans l'Antiquité. Elle a été formulée en Perse dès le IXe siècle par al-Khwārizmī. Elle consiste à décrire précisément les processus nécessaires à la réalisation des calculs complexes. Cette notion ne sera réellement formalisée que onze siècles plus tard par Alan Turing en 1936 et Alonzo Church en 1944.

— La *mécanisation des opérations de calcul* qui a commencé au XVIIe siècle avec les travaux de Wilhelm Schickard en 1623, la série des Pascalines de Blaise Pascal en 1642, puis la machine à effectuer les multiplications de Gottfried Wilhelm Leibniz en 1694.

— La *programmation*. Celle-ci est vraisemblablement apparue au Moyen Âge pour les carillons automatiques où un tambour muni de picots déclenchait une séquence de frappes sur les cloches. Cette technologie s'est ensuite développée pour l'animation des automates

Texte de la 248e conférence de l'Université de tous les savoirs donnée le 4 septembre 2000 et la commande des métiers à tisser automatiques (Basile Bouchon 1725, Jacques de Vaucanson 1745 puis Joseph Marie Jacquard 1810 qui eut l'idée de remplacer les tambours par des cartes perforées, inventées par Falcon).

La synthèse de ces trois courants fut réalisée par Charles Babbage qui proposa en 1840 les plans de sa *machine analytique*. Celle-ci est la première description d'une machine à calculer programmable. La comtesse Ada de Lovelace a écrit des programmes mathématiques pour cette machine. Elle fut donc la première programmeuse de l'histoire.

L'ANTIQUITÉ

Les machines à calculer programmables étaient utilisées pour calculer les tables numériques civiles et militaires, ainsi que pour effectuer des statistiques. Il s'agissait de réaliser de manière répétitive des séquences de calcul assez simples sur de grands volumes de données. La croissance de ces besoins fit passer ces machines de la technologie mécanique à l'électro-mécanique puis à l'électronique en utilisant des tubes électroniques. Les premières machines à calculer programmables électroniques furent la machine ABC de John Vincent Atanasoff en 1939 et le calculateur ENIAC réalisé par John Pesper Eckert et John Mauchy en 1947. La mise en forme de l'algèbre binaire par George Boole en 1847 allait ouvrir la voie à son utilisation comme base de numération pour les machines. George R. Stibitz bricola le premier additionneur binaire en 1937 et Konrad Zuse réalisa le premier calculateur binaire électromécanique programmable en 1938. Pendant ce temps, Alan Turing formalisa la notion de calcul en 1936 en montrant qu'une telle machine peut être *universelle*, c'est-à-dire capable de réaliser n'importe quel calcul (pourvu qu'on lui en laisse le temps et qu'elle dispose de suffisamment de mémoire).

Cette période s'achève avec la proposition de John von Neumann de ranger les programmes dans la même mémoire que les données. Cette idée sera matérialisée par Eckert et Mauchy (machine BINAC en 1949) puis par Turing (*Automatic Computing Engine* en 1950) qui ajoutera la possibilité pour les programmes de s'auto-modifier.

LES TEMPS MODERNES

Les premières machines des années 1950 contenaient déjà tous les ingrédients nécessaires à un ordinateur. Une formidable évolution technologique va leur donner la puissance, la fiabilité et la miniaturisation que nous leur connaissons. La première de ces mutations va se produire vers 1960 avec le développement des premiers ordinateurs à transistors au silicium. Ces composants vont donner à l'ordinateur une fiabilité qui va lui permettre d'être effectivement utilisé. Le développement des *circuits intégrés*, dont le premier exemplaire est dû à Jack Kilby (Texas Instruments) en 1958, va permettre dès 1965 un nouveau pas dans l'augmentation de la complexité et de la fiabilité des ordinateurs.

Pendant les années 1960 le statut des ordinateurs va progressivement passer de celui de machines à effectuer des calculs, à celui de traiter de l'information de toute nature. Des applications comme le traitement de texte et les bases de données vont apparaître. En 1971 Marcian Hoff de chez Intel conçoit le premier processeur monolithique (« microprocesseur ») commercial (Intel 4004), c'est-à-dire réalisé sous la forme d'un seul circuit intégré. C'est cette technologie qui va progressivement se développer pour s'imposer à partir des années 90.

La fantastique évolution des microprocesseurs

À la suite de l'Intel 4004, de nombreux autres modèles de microprocesseurs sont apparus, de plus en plus puissants et de plus en plus complexes. À partir de cette date, un rythme très rapide d'évolution s'est installé. Il s'est maintenu sans fléchir jusqu'à aujourd'hui. La complexité de ces machines monolithiques est passée de 2 800 transistors pour l'Intel 4004 à plusieurs dizaines de millions pour les microprocesseurs modernes. Pendant la même durée, leur puissance de traitement est passée de 60 000 instructions exécutées par seconde par l'Intel 4004 à plus d'un milliard par les machines actuelles les plus puissantes. L'histoire des microprocesseurs sur les trente dernières années est certainement la plus formidable évolution technologique de l'histoire humaine, tant en durée qu'en ampleur *(Fig. 1 et 2)*.

Ce rythme d'évolution effréné est appelé loi de Moore (du nom du directeur de la compagnie Intel qui l'a formulée dans les années 1970). Il provient pour moitié de l'évolution technologique des circuits intégrés et pour l'autre moitié de l'évolution de l'architecture de ces machines. Les microprocesseurs actuels sont dessinés avec des motifs de 0,18 µm de largeur. Cette dimension diminue régulièrement depuis plus de trente ans et ce rythme tend même actuellement à s'accélérer. Si cette évolution se poursuit, nous devrions atteindre, avant la fin de la décennie, des dimensions pour lesquelles des phénomènes quantiques devraient se manifester et dégrader le fonctionnement des transistors *(Fig. 3)*.

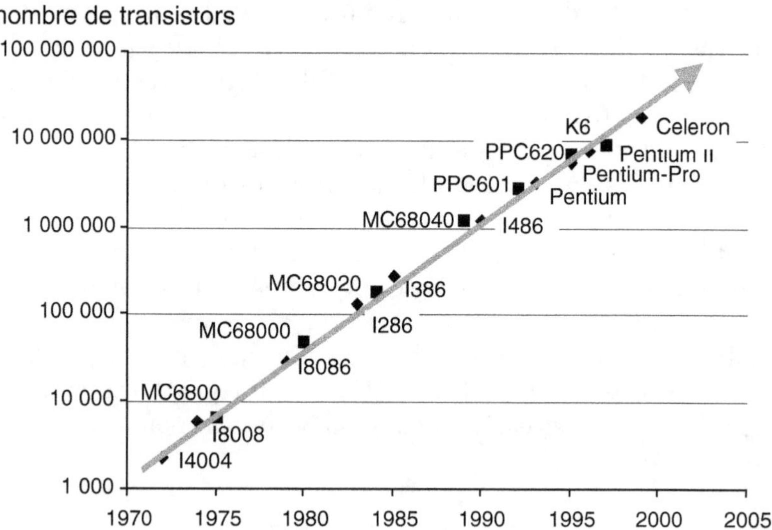

Figure 1 – Évolution de la complexité des microprocesseurs.

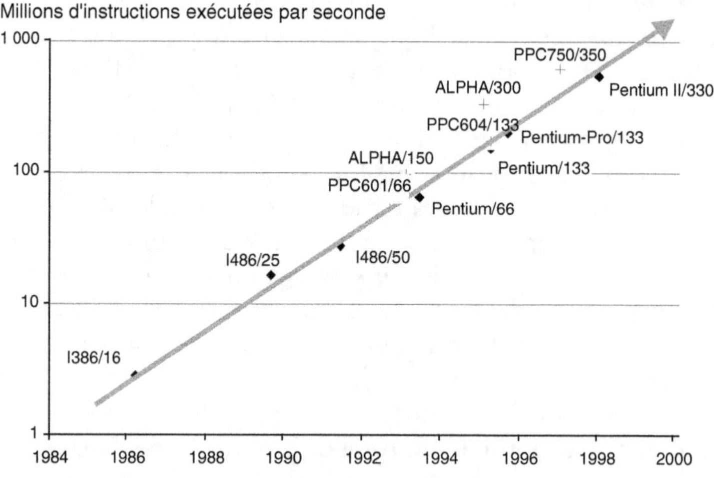

Figure 2 – Évolution de la performance des microprocesseurs.

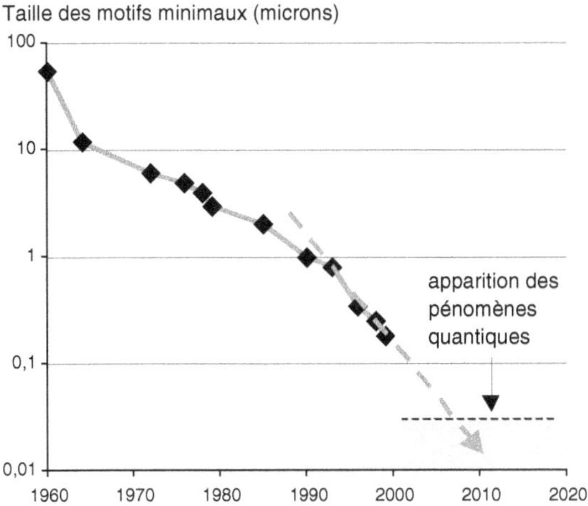

Figure 3 – Évolution de la technologie des circuits intégrés.

Types d'ordinateurs

Les ordinateurs peuvent être classés en deux grandes familles suivant que nous connaissons, ou ignorons, leur existence.

— Les ordinateurs « visibles » qui constituent tout ce que nous appelons ordinateur et surtout ceux qui se présentent comme des machines universelles, bien qu'ils soient souvent utilisés de manière spécifique. Ceux-ci peuvent être des *ordinateurs personnels* ou des *stations de travail*, portables ou fixes, des *ordinateurs serveurs* qui fournissent de l'information sur un réseau, des ordinateurs de contrôle de processus chargés de piloter des processus industriels (raffinerie, usine automatisée, gros appareils, navires,...), des *super-ordinateurs* chargés de résoudre de gros problèmes numériques (prévisions météorologiques, simulations, ...).

— Des ordinateurs « cachés » qui se présentent comme des composants électroniques évolués et dont nous ignorons généralement l'existence : surveillance et pilotage de véhicules (automobiles, trains, avions, fusées), dispositifs de communication et de localisation (terminaux GSM, répondeurs, GPS), électroménager (chaîne hi-fi, magnétoscope, machine à laver), horlogerie (montres numériques, séquenceurs).

La demande en puissance de calcul des ordinateurs « visibles » semble insatiable. On ne distingue pas de limite à court terme. Toute application (par exemple un traitement de texte) peut utiliser des puissances de calcul de plus en plus élevées pour offrir des fonctions dont nous n'osions même pas rêver il y a seulement quelques années (correction orthographique et grammaticale en ligne, extraction de sens, génération automatique de texte, entrée vocale,...). Notre imagination pour ce genre de fonctions semble être sans limite.

Les ordinateurs « cachés » sont de loin les plus nombreux. Ils apportent de l'intelligence aux objets qui nous entourent et permettent l'occurrence de nouveaux objets inconcevables sans leur présence (GSM, GPS...). Ils transforment la nature de beaucoup de métiers en capturant les connaissances et le savoir-faire qui leur sont associés (par exemple, avec un **GPS** un capitaine de navire n'a plus besoin de savoir faire le point astronomique avec un sextant). De ce fait, ces objets nous deviennent de plus en plus indispensables.

L'ensemble de ces machines influe sur l'évolution de la société. Ils permettent l'interconnexion des individus et nous donnent accès, via les réseaux, à des informations que nous n'aurions pas eues autrement. Ceux qui sont cachés transforment subrepticement la nature des objets qui nous entourent (automobile, électroménager) mais aussi nous écartent de plus en plus de la connaissance de leur fonctionnement détaillé.

Absorption des gammes d'ordinateur par les microprocesseurs

L'évolution des microprocesseurs se traduit par la mise sur le marché de machines de plus en plus puissantes, appelées micro-ordinateurs, dont le coût reste au voisinage de 1 000 à 2 000 euros. Lorsque la puissance de ces micro-ordinateurs dépasse celle d'une gamme traditionnelle d'ordinateurs (généralement de coût plus élevé), celle-ci disparaît et sa fonction vient s'ajouter à la liste, déjà longue, des applications des micro-ordinateurs. Ce phénomène s'est d'abord produit pour la gamme des mini-ordinateurs, nés dans la seconde moitié des années 1960 et absorbés au début des années 1980. De même, les ordinateurs de centre de calcul, nés avec l'informatique, se sont fait absorber vers le milieu des années 1990. L'histoire ne s'arrête pas là car la puissance de calcul des micro-ordinateurs va devenir comparable à celle des super-ordinateurs avant la fin de la décennie, ce qui va provoquer l'absorption de cette gamme.

Il faut remarquer que ces phénomènes d'absorption ne sont pas recherchés par les concepteurs des micro-ordinateurs. En effet, ceux-ci visent le marché des applications personnelles et surtout celui des jeux. Il se trouve que l'amélioration de ceux-ci passe par la capacité de réaliser des simulations complexes en temps réel et par l'affichage associé de points de vue mobiles dans un espace tridimensionnel. Ces caractéristiques sont très voisines de celles demandées aux super-ordinateurs.

Structure d'un micro-ordinateur

La technologie *micro-électronique* fournit des dispositifs pour le traitement de l'information extrêmement rapides (une transition en quelques centaines de pico-secondes) mais qui sont aussi beaucoup plus complexes que ceux utilisés pour sa mémorisation (par un facteur de 5 à 50), il est donc naturel de réaliser une unité de traitement sous la forme d'une structure bouclée dans laquelle les informations sont puisées dans des organes de mémorisation pour être fournies à un organe de transformation, appelé *opérateur*. Les résultats de l'opération (très simple) sont ensuite réécrits dans les organes de mémorisation. Cette organisation bouclée permet de minimiser le matériel nécessaire par une forte réutilisation des opérateurs dans un fonctionnement séquentiel. Le même matériel est donc utilisé répétitivement pour toutes les opérations. Le nombre de cycles nécessaires à un traitement « visible » devient très important. Il transforme la rapidité de la machine en sa puissance de traitement *(Fig. 4)*.

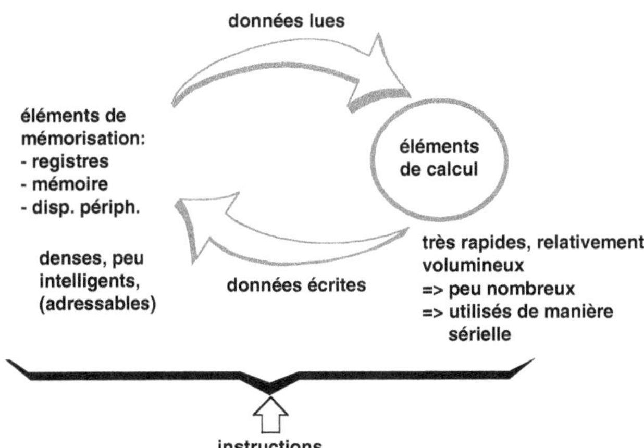

Figure 4 – La boucle fondamentale d'exécution.

La nature de l'opération à réaliser, ainsi que l'emplacement des opérandes et du résultat sont décrits par une chaîne de bits appelée une *instruction*. L'ensemble des instructions nécessaire à un traitement constitue un *programme*. Depuis von Neumann, ceux-ci sont rangés dans les organes de mémorisation.

HIÉRARCHIE MÉMOIRE

Les caractéristiques des technologies utilisées pour réaliser les dispositifs de mémorisation font que leur taille et leur vitesse varient de manière opposée. Plus un élément de mémorisation est rapide, plus sa taille est réduite. Par exemple, les registres utilisés dans le processeur ne permettent le stockage que de quelques dizaines ou centaines d'octets mais ils peuvent être accédés à la vitesse des cycles élémentaires de la boucle de traitement. À l'opposé, les disques magnétiques peuvent contenir des dizaines de milliards d'octets mais leur fonctionnement séquentiel limite leur temps d'accès à la dizaine de millisecondes *(Fig. 5)*.

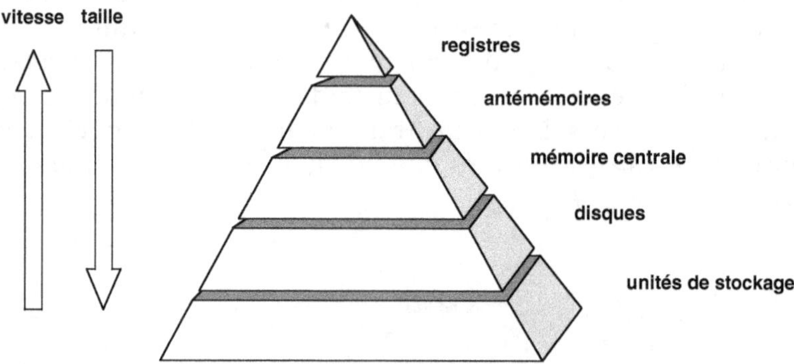

Figure 5 – Hiérarchie des organes de mémorisation.

Comme l'idéal serait de disposer d'organes de mémorisation à la fois rapides et de capacité importante, on les simule par l'utilisation de *hiérarchies de mémoires* dans lesquelles une mémoire rapide de taille réduite est utilisée pour contenir les informations, utiles à un instant donné, extraites d'une grande mémoire plus lente. Cette technique exploite la propriété de localité de l'information qui fait que la probabilité de réutiliser de l'information est supérieure à celle d'accéder à de nouvelles. La mise en œuvre d'une hiérarchie de mémoire demande l'utilisation de dispositifs complexes pour faire migrer l'information utile de la mémoire de grande capacité vers la mémoire rapide ainsi que la réinscription de l'information modifiée dans la mémoire de grande capacité.

Familles de processeurs

On peut classer les processeurs en deux grandes familles suivant la complexité de leur jeu d'instruction :

— Les machines CISC (pour *Complex Instruction Set Computers*). Ces machines sont directement issues de la longue histoire des ordinateurs. Leurs instructions peuvent commander des opérations complexes comme la recherche d'un caractère dans une table. Ces instructions lisent souvent leurs opérandes dans la mémoire centrale et doivent donc en préciser le mode d'accès. Ce fut le type de jeu d'instruction de tous les processeurs conçus jusqu'au début des années 1980. À titre d'exemples citons : la gamme des machines IBM 360-370-390, la gamme des microprocesseurs Motorola 680x0 la gamme des microprocesseurs Intel x86.

— Les machines RISC (pour *Reduced Instruction Set Computers*). Ces machines sont nées des travaux de John Cocke des laboratoire IBM. Celui-ci remarqua dès 1975 que certaines instructions des machines CISC avaient un taux d'utilisation très faible qui ne justifiait pas le matériel mis en œuvre pour les exécuter. L'idée de réaliser des machines simplifiées vit le jour. Dans les machines RISC, les instructions sont très simples et très rapides. La majorité d'entre elles n'accèdent qu'aux registres (qui sont plus nombreux). Les accès à la mémoire centrale sont traités comme des accès aux organes périphériques. Cette approche permet de tirer un meilleur parti du matériel mais provoque un allongement sensible des programmes. Toutes les machines conçues pendant les années 1980 furent de ce type. Nous pouvons citer : la gamme des microprocesseurs PowerPC de IBM/Motorola, la gamme SPARC de Sun, celle des processeurs ALPHA de Digital Equipment/Compaq.

En plus de cette classification, il est intéressant de distinguer deux sous-classes importantes des machines CISC qui ont été développées avec l'idée de faire migrer des fonctions logicielles vers le matériel pour en améliorer les performances.

— Les *machines-langage* qui possèdent un jeu d'instructions adapté à l'exécution des langages informatiques évolués. De telles machines ont eu leur heure de gloire à la fin des années 1960 et au début des années 1970. Depuis cette époque, des résurgences périodiques font apparaître des machines de ce type pour des applications plus ou moins spécifiques. À titre d'exemple, nous pouvons citer la Pascaline de Western Digital apparue vers 1980 pour exécuter le langage Pascal et récemment, la série des machines SUN Pico-Java et MAJC 5200 adaptées à l'exécution du langage Java.

— Les *machines-système* qui possèdent un jeu d'instructions adapté à l'exécution des fonctions de base d'un système d'exploitation. Ce type de machine découle directement du projet Multics développé au MIT à la fin des années 1960. De nombreuses machines de ce type ont été conçues au début des années 1970. Certaines continuent d'exister comme la gamme BULL DPS 7000. Une gamme célèbre de machines de ce type a été lancée par Intel en 1982 sous la dénomination 80286 dont les successeurs : 80386, i486, Pentium®, équipent toujours les PC.

L'héritage des ordinateurs

Tout au long de leur histoire, les microprocesseurs ont réutilisé toutes les innovations techniques qui ont été développées pour accroître la puissance des gammes précédentes d'ordinateurs. Tous ces dispositifs sont maintenant utilisés dans les microprocesseurs modernes qui sont actuellement les processeurs les plus avancés disponibles sur le marché. Ceux-ci sont ainsi devenus les descendants de l'histoire technique des ordinateurs. Pour maintenir le rythme de cette évolution, il est nécessaire de découvrir de nouvelles techniques pour accroître encore la performance de ces machines. Les dernières en date sont spécifiques aux microprocesseurs car aucun ordinateur des gammes précédentes ne les avait jamais utilisées auparavant.

Les microprocesseurs sont devenus les composants principaux des ordinateurs. Réaliser un processeur d'une manière non monolithique, par exemple par l'assemblage de circuits à faible taux d'intégration, est maintenant complètement dépassé et loin de l'optimum économique. Actuellement, tous les nouveaux ordinateurs sont basés sur l'utilisation de microprocesseurs (par exemple le super-ordinateur CRAY T3E utilise des microprocesseurs ALPHA).

Les microprocesseurs
vus comme des circuits intégrés complexes

Les microprocesseurs sont des circuits intégrés complexes. Dans de tels composants, le circuit lui-même définit un monde interne qui est beaucoup plus petit et plus rapide que le monde extérieur. Les fonctions internes de ces circuits intégrés opèrent beaucoup plus vite que celles des circuits à moindre taux d'intégration (des cartes électroniques par exemple). C'est cet effet qui est responsable de la très grande rapidité des circuits intégrés complexes. Cette différence ne fait que s'accroître lorsque la dimension des motifs technologiques diminue.

Pour un signal électronique, le coût de passage du monde interne d'un circuit intégré au monde externe est très élevé. Des amplificateurs multi-étages et un adaptateur géométrique, constitué par le boîtier lui-même, sont nécessaires. La différence géométrique et électrique entre ces deux mondes est si importante qu'elle est comparable au fait de piloter des organes électromécaniques à partir d'une carte électronique. La différence de vitesse et de coût d'interface entre l'intérieur et l'extérieur d'un circuit conduit les concepteurs de circuits intégrés à mettre le maximum de blocs fonctionnels dans un seul circuit au lieu d'utiliser des architectures multi-boîtiers qui multiplient les (coûteuses) interfaces. Cet effet constitue le principal moteur de l'accroissement du niveau d'intégration et donc de la complexité des circuits.

Un autre paramètre important est la notion de distance sur le circuit intégré lui-même. À son échelle, un circuit complexe est un monde très grand ! Nous pouvons le comparer avec un pays carré de 1 000 km de côté parcouru par des routes de 10 m de large. L'organisation d'une telle surface demande que les différents blocs qui l'occupent s'imbriquent et s'interconnectent le mieux possible. Le coût de transfert de l'information d'une extrémité à l'autre d'un même circuit est très élevé. Les interconnexions entre les différents blocs doivent donc être minutieusement étudiées pour accroître les échanges locaux et diminuer les communications à longue distance.

Techniques d'accélération de l'exécution

L'histoire des microprocesseurs est celle d'une course effrénée à la vitesse. La pression économique qui pousse à l'augmentation continuelle de leurs performances conduit les concepteurs à trouver de nouvelles approches pour concevoir des machines de plus en plus rapides. Nous avons vu que cette accélération provient d'une part de la réduction de la dimension des motifs technologiques qui permet d'accroître la fréquence d'horloge et d'autre part de l'utilisation d'architectures plus rapides basées sur l'utilisation de superpositions dans l'exécution des instructions. Dans ces machines, l'exécution d'une nouvelle instruction démarre avant que celles qui la précèdent ne soient terminées. Le prix à payer pour l'utilisation de ces architectures est une importante augmentation de la complexité de la machine qui peut aller jusqu'à une multiplication par plusieurs unités de la taille du circuit.

EXÉCUTION *PIPELINE*

L'idée directrice de cette technique d'exécution est de découper le traitement d'une instruction en plusieurs sous-tâches exécutées par autant de modules matériels qui travaillent successivement comme dans une chaîne de montage industrielle. Chacun de ces modules reçoit ses données (une instruction en cours d'exécution) des modules qui le précèdent.

Avec cette technique, une nouvelle instruction entre dans la chaîne d'exécution à chaque cycle d'horloge, ce qui augmente fortement la puissance de la machine *(Fig. 6 et 7)*.

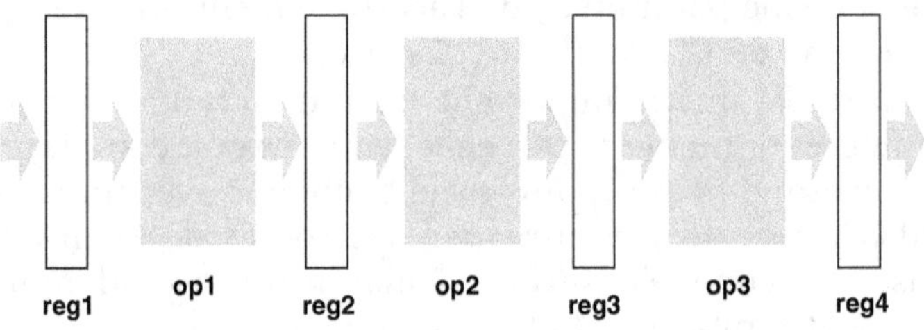

Figure 6 – Principe de l'exécution pipeline.

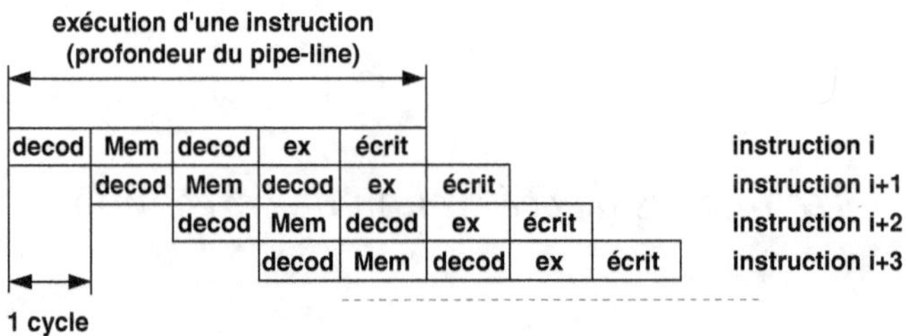

Figure 7 – Progression des instructions dans une exécution pipeline.

Le problème des architectures pipelines est celui des *dépendances*. Le parallélisme introduit dans l'exécution des instructions peut faire que certaines informations nécessaires à l'exécution d'une instruction particulière ne soient pas encore élaborées par celles situées en amont et dont l'exécution n'est pas encore terminée (elles sont encore dans la chaîne d'exécution). Des études statistiques montrent que la probabilité de rencontrer une telle dépendance est assez élevée.

Plusieurs techniques sont utilisées pour contourner les dépendances. Certaines consistent à établir des voies directes pour raccourcir le chemin entre la génération d'un résultat (par un opérateur) et son utilisation comme opérande d'une instruction suivante. D'autres mécanismes, plus avancés, consistent à faire des hypothèses (prédictions) sur la valeur de l'information manquante et à continuer l'exécution en espérant qu'elles soient confirmées. Il faut évidemment pouvoir revenir en arrière si elles se trouvent infirmées. Ce mécanisme intervient, entre autres, lorsque l'information manquante concerne l'enchaînement même des instructions. Lorsque l'hypothèse s'avère fausse, toutes les instructions qu'elle a permis de charger dans la chaîne d'exécution doivent être éliminées. La dégradation de performance qui en découle sera d'autant plus faible que l'hypothèse sera bonne. Des dispositifs de prédiction particulièrement efficaces (95 %) ont été développés pour les derniers microprocesseurs.

SUPER-PIPELINE ET SUPER-SCALAIRE

L'efficacité des techniques pour réduire les inconvénients des dépendances conduit les concepteurs de microprocesseurs à augmenter la longueur des chaînes d'exécution des machines pipeline pour diminuer la quantité de travail réalisée par chaque étage. Cette évolution architecturale, appelée *super-pipeline* permet d'augmenter le débit des instructions entrant dans la chaîne d'exécution. Le processeur démarre plus d'instructions par seconde et sa performance est donc augmentée. À titre d'exemple le microprocesseur MIPS R4000 utilise une chaîne d'exécution à huit étages *(Fig. 8 et 9)*.

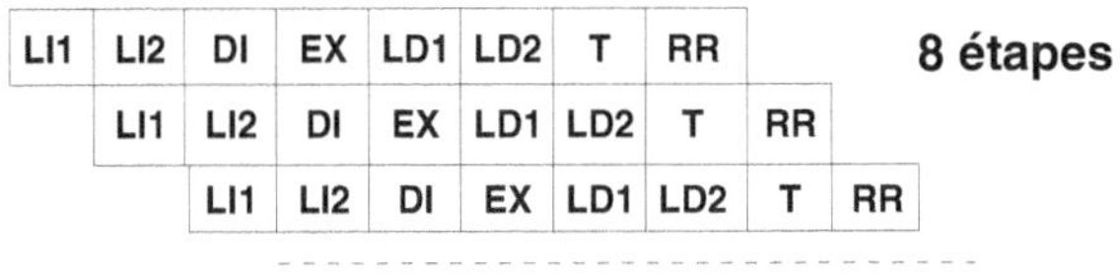

LI1	LI2	DI	EX	LD1	LD2	T	RR		
	LI1	LI2	DI	EX	LD1	LD2	T	RR	
		LI1	LI2	DI	EX	LD1	LD2	T	RR

8 étapes

Figure 8 – Exécution super-pipeline.

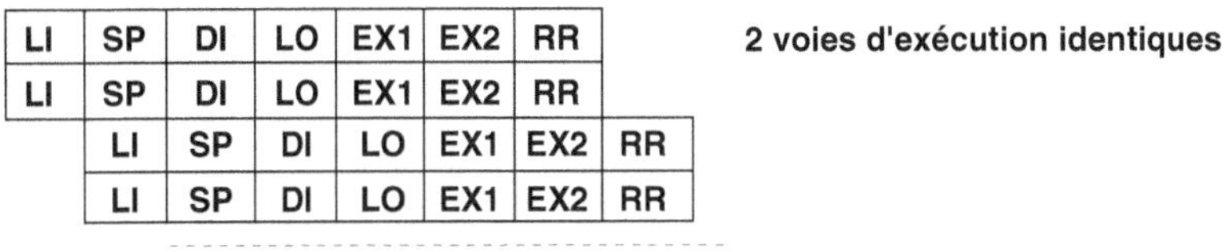

LI	SP	DI	LO	EX1	EX2	RR	
LI	SP	DI	LO	EX1	EX2	RR	
	LI	SP	DI	LO	EX1	EX2	RR
	LI	SP	DI	LO	EX1	EX2	RR

2 voies d'exécution identiques

Figure 9 – Exécution super-scalaire.

Une autre technique d'accélération, appelée *super-scalaire* consiste à disposer plusieurs chaînes d'exécution pipeline en parallèle de manière à augmenter le débit de traitement des instructions. Ces chaînes d'exécution peuvent être identiques ou spécialisés. Dans ce cas, chaque chaîne s'alimente avec les instructions qu'elle sait exécuter. Ainsi, le microprocesseur ALPHA utilise deux pipelines identiques tandis que le Pentium en utilise deux différents.

EXÉCUTION DANS LE DÉSORDRE

La technique d'accélération actuellement la plus puissante est l'exécution dans le désordre qui consiste à utiliser pour organiser la machine le modèle dual de la chaîne de montage, c'est-à-dire le « hall d'assemblage ». Ce mécanisme d'exécution est organisé autour d'un tampon particulier (appelé **ROB** pour *ReOrdering Buffer*) dans lequel les instructions sont progressivement exécutées (« construites ») par des opérateurs spécialisés qui travaillent indépendamment. Ceux-ci scrutent ce tampon pour y trouver les instructions qu'ils peuvent faire progresser (indépendamment de leur position dans le programme). Par exemple, l'opérateur chargé de la lecture des opérandes en mémoire cherche des instructions qui ont besoin de lire des données en mémoire. Il lit ces données et les charge dans des zones correspondantes du tampon. Les machines de ce type comportent plusieurs opérateurs spécialisés pour l'exécution (entiers, flottants, chaînes de caractères, calcul d'adresses...).

Cette technique revient à exécuter, indépendamment et dès que possible, les différentes fonctions nécessaires au traitement d'une instruction, sans attendre la fin des précédentes.

L'exécution dans le désordre soulève évidement des problèmes de dépendance dont la résolution est particulièrement complexe *(Fig. 10)*.

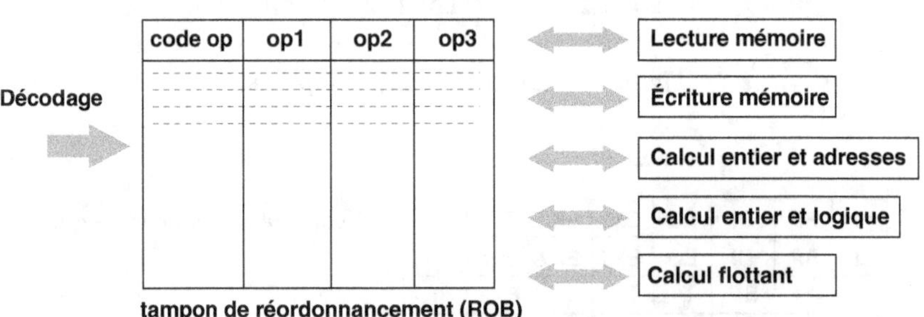

Figure 10 – Principe de l'exécution dans le désordre.

Cette technique d'exécution très puissante, mais aussi très coûteuse, est utilisée dans les microprocesseurs Pentium Pro, II, III, 4.

REGROUPEMENT DES INSTRUCTIONS EN MOTS TRÈS LONGS

Dans ce type de machines appelées VLIW (pour *Very Long Instruction Words*), plusieurs instructions élémentaires (supposées sans dépendance) sont groupées dans des mots très longs par les outils logiciels de préparation des programmes (compilateurs) ou dynamiquement en cours d'exécution. Ces instructions groupées sont extraites en parallèle de la mémoire exécutées ensemble par plusieurs voies matérielles d'exécution. Cette organisation architecturale semble très prometteuse car plusieurs constructeurs s'orientent dans cette direction pour leurs futurs produits, c'est le cas, par exemple, des machines Intel Itanium®, Transmeta Crusoe®, TEXAS TMS320C62xx et SUN MAJC 5200.

MULTIPROCESSEURS MONOLITHIQUES

Puisque les microprocesseurs ont déjà utilisé toutes les techniques connues d'accélération de l'exécution, plusieurs auteurs suggèrent périodiquement le regroupement de plusieurs processeurs sur un même circuit monolithique. Cette idée n'est pas nouvelle et plusieurs projets de tels *multimicroprocesseurs* ont déjà été envisagés (par exemple un projet de double MC 6800 a été envisagé à la fin des années 1970). Malheureusement, les nouvelles générations de monoprocesseurs monolithiques se sont montrées plus attractives et beaucoup de projets de multimicroprocesseurs furent abandonnés. Maintenant, la situation a peut-être un peu changé puisque pratiquement toutes les techniques d'accélération des monoprocesseurs ont été exploitées. En fait, tous les processeurs modernes peuvent être vus comme des structures multiprocesseurs (pipeline, exécution dans le désordre, VLIW) travaillant sur le même programme.

Conclusions

L'évolution des ordinateurs est l'une des plus excitantes histoires techniques de la fin du XXe siècle et probablement du début du XXIe. La puissance de traitement de ces machines a été multipliée par plus de vingt millions depuis leur apparition au début des années 1950. Aucun autre domaine technique n'a connu un tel rythme d'évolution sur une durée aussi longue.

Les microprocesseurs constituent maintenant le cœur des machines informatiques. Ils sont en train de se substituer à toutes les autres technologies de construction d'ordinateur.

Avec l'occurrence des microprocesseurs, l'humanité est en train de réaliser le composant « intelligent » qui permet de changer profondément la nature des objets de notre environnement et d'en créer de nouveaux.

Nous pouvons aussi nous poser la question de savoir où une telle évolution nous mène. Les puissances de calcul qui se profilent à l'horizon sont impressionnantes. Il y a pourtant fort à parier qu'elles resteront encore longtemps en deçà de la demande car celle-ci semble insatiable. Cette puissance de calcul, déjà impressionnante, ouvre à un large public l'utilisation de technologies réservées jusqu'alors à des spécialistes, faisant de l'ordinateur individuel le plus puissant des outils que l'homme ait jamais créé.

RÉFÉRENCES

– AMBLARD (P.), FERNANDEZ (J. C.), LAGNIER (F.), MARANINCHI (F.), SICARD (P.) et WAILLE (P.), *Architectures logicielles et matérielles*, Paris, Dunod, 2000.

– ANCEAU (F.), *The Architecture of Microprocessors*, New York, Addison-Wesley, 1986.

– ANCEAU (F.), « Architecture matérielle des PC Windows-Intel » dans *Techniques de l'Ingénieur*, H 1 008, 1998.

– ANCEAU (F.), « La saga des microprocesseurs, la course à la puissance » dans *Cerveau et machines*, V. Bloch (éd), Hermes Science, 1999.

– ANCEAU (F.), « La saga des PC Wintel » dans *Technique et science informatique*, vol. 19, n° 6, juin 2000.

– CHEVANCE (R. J.), *Serveurs multiprocesseurs, clusters et architectures parallèles*, Paris, Eyrolles, 2000.

– ÉTIEMBLE (D.), *Architecture des processeurs RISC*, Paris, Armand Colin, 1991.

– HENNESSY (J. L.) et DAVID A., PATTERSON (D. A.), *Architecture des ordinateurs, une approche quantitative*, traduction : International Thomson Publishing France, 1996.

– MESSER (H. P.), *Pentium et compagnie*, traduction : Addison-Wesley, 1994.

– VON NEUMANN (J.), *L'Ordinateur et le cerveau*, trad. franç., Paris, Flammarion, (coll. Champs) 1996.

– *Qui a inventé l'ordinateur ?*, *Les cahiers de Science & Vie, Grands ingénieurs*, hors série n° 36, décembre 1996.

– TANENBAUN (A.), *Architecture de l'ordinateur*, Paris, Dunod 2000.

– TEIFRETO (D.), *Cours d'architecture des ordinateurs*, 2000, http://lifc.univ-fcomte.fr/PEOPLE/teifreto/Teifreto.html.

– ZANELLA (P.) et LIGIER (Y.), *Architecture et technologie des ordinateurs*, Paris, Dunod, 1998.

Le nouveau défi du stockage de données

par Jacques Péping

Notre civilisation a produit plus d'informations durant ces trente dernières années que pendant les cinq mille ans qui les ont précédées. En 1999, on estimait à 4 % la quantité mondiale d'information numérique exploitable sur ordinateur, le reste étant sous forme papier, microfilms ou d'autres formes analogiques. Ce pourcentage sera de 15 % en 2004 ; à partir de maintenant, plus de la moitié de l'information que nous allons créer sera déjà sous forme digitale ! Enfin, quatre ans ont suffi pour atteindre cinquante millions d'utilisateur d'Internet, alors qu'il aura fallu vingt ans aux micro-ordinateurs et quarante ans aux postes de radio pour atteindre ce même nombre.

Ces quelques images montrent la fantastique accélération avec laquelle nous entrons dans l'âge de l'information. Cela montre aussi le défi difficile auquel est confronté le stockage de données. Nous verrons comment les technologies réagissent, comment les architectures évoluent. Nous mettrons l'accent sur le SAN, ce nouveau concept de stockage en réseau, qui est en train de révolutionner le stockage de données, pour terminer par une réflexion sur le stockage du futur.

Le défi posé au stockage de données

Avec l'ère de l'information, on change souvent d'échelle.
Premier changement d'échelle, la livraison annuelle mondiale de stockage externe, c'est-à-dire tout le stockage installé à l'extérieur

Texte de la 249ᵉ conférence de l'Université de tous les savoirs donnée le 5 septembre 2000.

des micro-ordinateurs et des serveurs. Elle s'exprime maintenant en millions de téra-octets alors qu'elle s'exprimait en milliers de téra-octets au début des années 1990, un rapport de un à mille ! Un téra-octet, c'est mille milliards d'octets (un octet, c'est huit bits 0 ou 1, ça représente un caractère) ; en équivalent papier, c'est 40 000 arbres, 20 millions d'images et 500 millions de pages de texte. Aujourd'hui c'est un système de 15 à 20 disques, pas plus volumineux qu'un tiroir de commode et bientôt ce sera sur une ou deux cartouches magnétiques.

Second changement d'échelle, le déploiement d'Internet. Il est difficile de faire des prévisions dans ce domaine, tant le développement est incontrôlable. Le nombre d'internautes progresse actuellement de 10 % par mois ; les analystes avancent le nombre de 300 millions en 2002. Comment répondre à ce déferlement de communications ? Comment accélérer les échanges de données, comment réduire les temps d'accès ?

Troisième changement d'échelle, le commerce électronique. En cinq ans le revenu passerait de 150 à 2 500 milliards d'euros pour l'année 2004. Comment gérer et protéger ces énormes quantités de données qui constituent le patrimoine de l'entreprise ? Comment être suffisamment réactif pour s'adapter en temps réel aux changements de comportement des clients et pour répondre à des charges de sollicitations souvent imprévisibles ?

La réponse des technologies

LA NOUVELLE HIÉRARCHIE DU STOCKAGE

La *figure 1* montre la pyramide des technologies de stockage. Au sommet on trouve les technologies les plus rapides, mais aussi les plus chères et les moins capacitives. En descendant vers la base, on trouve des technologies moins performantes, mais plus capacitives et meilleur marché. De haut en bas on trouve les mémoires RAM à semi-conducteurs, les disques électroniques, les disques durs magnétiques, les disques optiques et les bandes magnétiques.

À droite de la pyramide, le tableau donne les ordres de grandeurs pour des systèmes de stockage utilisant chaque technologie. Par exemple, des systèmes de disques rapides ont des temps d'accès inférieurs à 8 millièmes de seconde, sont capables de stocker des centaines de milliards d'octets à des coûts de 0,4 euros par méga-octet. À l'inverse, les librairies robotisées de bande magnétique peuvent stocker des centaines de téra-octets, à des coûts dix fois moins chers, mais avec des temps d'accès de quelques secondes.

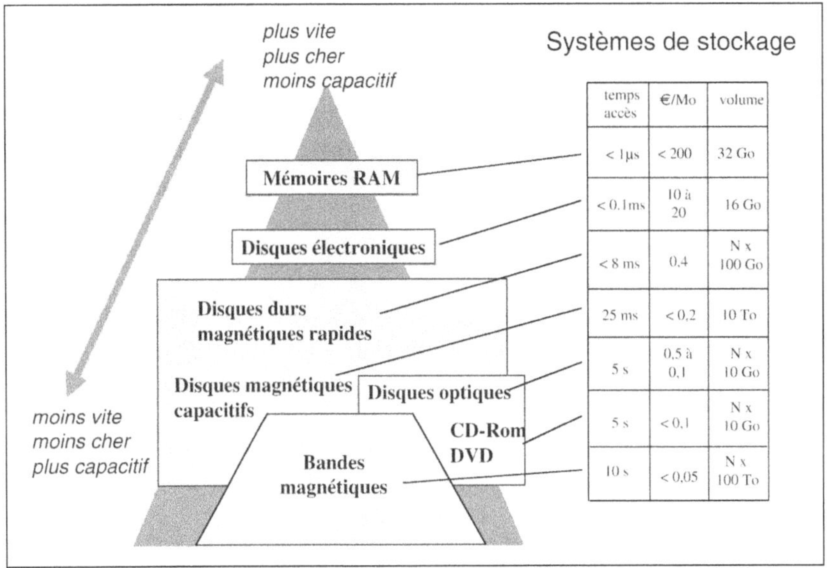

temps accès	€/Mo	volume
< 1 µs	< 200	32 Go
< 0.1 ms	10 à 20	16 Go
< 8 ms	0,4	N x 100 Go
25 ms	< 0,2	10 To
5 s	0,5 à 0,1	N x 10 Go
5 s	< 0,1	N x 10 Go
10 s	< 0,05	N x 100 To

Figure 1

Il y a deux leçons à retenir de ce schéma : d'une part, les disques durs magnétiques empiètent de plus en plus sur les domaines des disques optiques et des bandes magnétiques, grâce à de fortes capacités de stockage, bon marché. D'autre part, les disques optiques sont coincés entre les disques magnétiques et les bandes magnétiques et sont restreints à des marchés de niche.

LES DISQUES MAGNÉTIQUES : LA TECHNOLOGIE DOMINANTE

En 1956, la société IBM introduisait le premier disque dur à tête mobile, le *RAMAC 350*. Ce disque dur avait besoin de 50 plateaux de 60 cm de diamètre pour emmagasiner 5 millions de caractères et se louait 35 000 dollars par an. Aujourd'hui les disques ont un diamètre de moins de 10 cm et sont capables de stocker des dizaines de milliards de caractères, à moins d'un franc le million de caractères.

Deux paramètres caractérisent un disque.

La densité surfacique est le produit de la densité linéaire en kilobits par pouce par le nombre de pistes par pouce (1 pouce égale 2,54 cm). Aujourd'hui un disque dur de 36 Go a une densité surfacique de plus de 3 Gbit par pouce carré, une densité linéaire de 250 kilobits par pouce et plus de 12 500 pistes par pouce. Des densités de plus de 20 Gbit par pouce carré ont été expérimentées en laboratoire. La forte croissance de la densité magnétique ces dix dernières années est en échelle logarithmique.

Le temps d'accès est le temps mis pour accéder aux données, il se mesure en millièmes de seconde. C'est essentiellement une combinaison de deux temps. Le premier est le temps de recherche de piste, mis par l'ensemble du système de têtes pour se mouvoir entre les pistes. Le passage d'une piste à l'autre est de l'ordre du millième de seconde alors qu'un mouvement entre les deux pistes extrêmes d'un disque peut durer 15 millièmes de seconde. Le second est la latence de rotation : une fois que la tête est placée sur la bonne piste, il faut attendre que le secteur auquel on veut accéder passe sous la tête. En moyenne, ce temps d'attente correspond à une demi-rotation. Aujourd'hui les meilleurs disques tournent à 10 000 tours par minute, ce qui correspond à une demi-rotation de 3 millièmes de seconde.

Il faut retenir que la densité surfacique double tous les 18 mois et que le prix au méga-octet diminue de 40 % par an.

EN DESCENDANT LA PYRAMIDE

L'optique

L'optique subit trop de changements technologiques et les technologies deviennent vite obsolescentes ; elle est confinée à des applications sectorielles où on l'apprécie pour sa robustesse et sa durée de vie dans le temps.

Le 15 septembre 1995, les industries de la vidéo grand public et de l'informatique sont tombées d'accord pour promouvoir un standard mondial : le DVD (*Digital Versatile Disk*). Le standard DVD reprend les caractéristiques physiques du Compact Disc. Comme le CD-Rom, un disque DVD a un diamètre de 12 cm. Sur chaque face du disque, on peut implanter deux couches de matériau. Chaque couche offre 6 à 7 fois plus de capacité qu'un CD-ROM. Un DVD double face, deux couches par face, sera capable de stocker 17 Go.

La technologie DVD va bénéficier de l'effet de masse de l'industrie grand public et devrait redonner au stockage optique la place qu'il mérite dans la hiérarchie des technologies de stockage de données.

Les bandes magnétiques

Les bandes magnétiques deviennent de plus en plus capacitives. Il existe deux grandes techniques d'enregistrement : l'enregistrement hélicoïdal (combinaison de deux mouvements, les têtes sont sur un tambour en rotation faisant un certain angle avec la bande qui défile) et l'enregistrement longitudinal (on écrit en parallèle sur des dizaines de pistes dans le sens de la bande). Avec ces technologies, il est possible aujourd'hui de mettre 100 milliards de caractères sur une cartouche. Le téta-octet sur une seule cartouche se profile à l'horizon.

Certaines cassettes intègrent une petite mémoire qui contient la liste des fichiers et leur positionnement sur la bande, ce qui permet d'accélérer la recherche des fichiers sur la bande.

Enfin la fiabilité des bandes magnétiques a été considérablement accrue grâce à l'utilisation de puissants codes détecteurs et correcteurs d'erreurs.

L'évolution des architectures

Nous avons vu que les technologies sont prêtes à relever le défi de l'information, mais cela ne suffit pas, il faut qu'elles soient accompagnées d'une évolution des architectures. Deux avancées ont considérablement enrichi les technologies des disques magnétiques et des bandes magnétiques : le RAID et la bande virtuelle.

PRINCIPE DU RAID

Dans les années 1980, sous l'impulsion des ordinateurs personnels, les disques sont devenus de plus en plus petits et de moins en moins chers. Dans les gros systèmes, on a donc remplacé les gros disques par un ensemble de petits disques. Si les petits disques sont moins chers, ils sont aussi d'une technologie plus délicate et moins fiable que les plus volumineux. On a donc cherché à introduire une forme de redondance dans le groupe de disques. C'est ainsi qu'est né, en 1988, le concept de RAID *(Redundant Array of Inexpensive Disks)*, à l'Université de Berkeley. L'utilisateur voit un disque logique sur lequel il enregistre des blocs de données, bloc 1, bloc 2, bloc 3... En fait les blocs sont répartis sur plusieurs disques physiques et on utilise un disque physique supplémentaire appelé disque de parité *(Fig. 2)*.

Le bloc P est obtenu en opérant une disjonction ou « ou exclusif » bit à bit, sur l'ensemble des blocs dans la même bande. On a alors : Bloc P = bloc 1 + bloc 2 + bloc 3. La propriété de la disjonction fait que l'on a également la relation : Bloc 2 = bloc 1 + bloc P + bloc 3. En cas de perte du disque 2, on peut reconstituer son contenu à partir des autres disques de données et du disque de parité.

BANDE VIRTUELLE

Le principe est d'intercaler entre le système et la librairie un serveur de bande virtuel, constitué d'une grande mémoire cache sur disques. Le serveur émule les bandes magnétiques et contient les informations pour le montage et le démontage des volumes. Ce

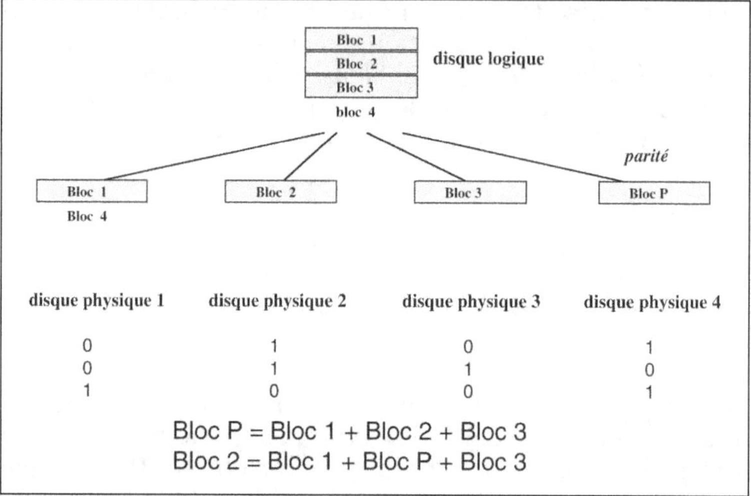

Figure 2

concept présente deux avantages. D'une part, il masque la réalité physique des différentes technologies et facilite leur interopérabilité, le système hôte ne s'aperçoit pas de la virtualisation. Tout se passe comme s'il manipulait ses bandes magnétiques habituelles. D'autre part, il accélère les échanges, grâce à la fonction cache. Étant donné qu'en moyenne 80 à 90 % des volumes sont rappelés moins de 24 heures après leur écriture, la plupart des opérations se font à la vitesse des disques.

LES TROIS PHASES D'ÉVOLUTION DES ARCHITECTURES

Il est intéressant d'observer le mouvement des architectures de stockage. Progressivement, les infrastructures d'entreprise passent d'un modèle où la fonction calcul était au cœur du système informatique à un modèle centré sur l'information. Les architectures de stockage ont accompagné et même précédé ce mouvement. On distingue trois vagues d'évolution des architectures.

Dans la première vague, le stockage est dédié au serveur. Il appartient totalement au serveur, c'est une simple boîte étroitement couplée à l'unité centrale du serveur et administrée par ce dernier. On lui demande de répondre vite aux sollicitations des applications, on exige de lui qu'il maintienne l'intégrité des données qu'il accueille, c'est pourquoi on y trouve systématiquement la fonction RAID.

Dans la seconde vague, on va chercher à partager localement la ressource de stockage entre plusieurs serveurs de différentes technologies et de différents systèmes d'exploitation. Le stockage se détache des serveurs, il a sa propre administration. Devenant plus indépendant, il devient aussi plus intelligent. Par exemple, le système de stockage va prendre en charge la recopie de données à distance et assurer le partage sécurisé des ressources entre les différents serveurs.

Avec la troisième vague, le stockage de données se met en réseau, il s'affranchit des distances et s'étend à toute l'entreprise. Il est devenu complètement indépendant des serveurs et constitue une dimension à part entière de l'informatique. Le déploiement du stockage en réseau repose aujourd'hui essentiellement sur le concept de SAN.

LE SAN, UN NOUVEAU CONCEPT *(FIG. 3)*

Dans une architecture classique, les serveurs échangent des messages et des données à travers les réseaux d'entreprise, tels qu'Ethernet. Ils ont leurs propres ressources de stockage.

Le SAN *(Storage Area Network)* est un nouveau réseau à haute vitesse, conçu pour le stockage qui vient s'installer derrière les serveurs, en complément des réseaux locaux de l'entreprise. Dans son concept, il autorise non seulement les liaisons entre n'importe quel serveur et n'importe quelle unité de stockage, mais aussi des liaisons directes entre unités de stockage. Dans les réseaux d'entre-

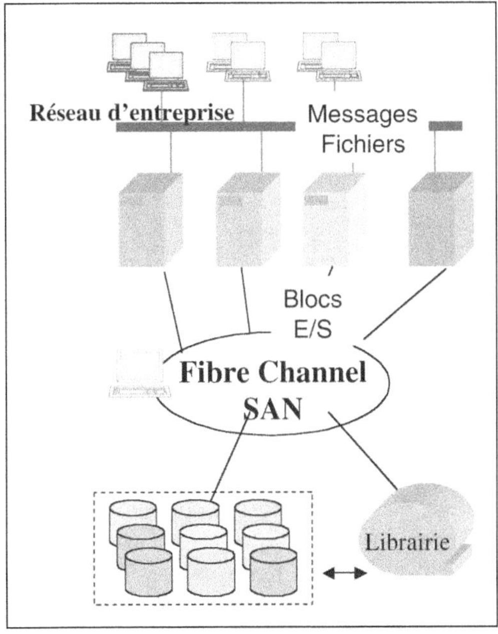

Figure 3

prise on échange des messages, on manipule des fichiers. Avec le SAN on échange directement des blocs physiques de données. Le SAN doit surtout son développement à la technologie optique Fibre Channel aujourd'hui largement adoptée par la communauté industrielle. Un lien Fibre Channel permet le transport de données sur plusieurs kilomètres à la vitesse de 100 millions de caractères par seconde.

Quels sont les avantages du SAN ?

— Les barrières de distance sont brisées. Les ressources de stockage peuvent être installées à des kilomètres des serveurs et la connectivité de Fibre Channel dépasse largement celle des interfaces traditionnelles (théoriquement près de 16 000 nœuds !).

— Chaque serveur ayant la possibilité d'accéder directement à l'ensemble des ressources de stockage, on conçoit qu'il soit plus facile d'adapter la capacité de stockage à l'évolution des applications. On dispose en quelque sorte d'un jeu de curseurs délimitant l'espace de stockage que l'on ajuste en fonction de la demande.

— Les ressources de stockage étant regroupées en réseau, elles deviennent visibles à partir d'un seul point d'administration. Le SAN permet donc une administration unifiée de l'ensemble des unités de stockage. Désormais les données peuvent s'échanger à travers un réseau rapide spécialisé. Cela va permettre d'alléger le trafic des réseaux d'entreprise et accélérer les sauvegardes de données.

— Grâce à la technologie Fibre Channel, il est désormais possible de recopier les données sur plusieurs kilomètres avec des temps de réponse identiques à ceux obtenus pour un attachement local de quelques mètres, ce qui est très utile pour se protéger contre les sinistres.

Le stockage de demain

Que sera le stockage de données dans les prochaines années ?

AU-DELÀ DU MUR DE L'EFFET SUPER PARAMAGNÉTIQUE (SPE)

Jusqu'où ira-t-on dans la course à la densité d'enregistrement magnétique ? Il semble bien qu'il faille franchir le mur du SPE. C'est un phénomène physique qui survient quand les grains magnétiques ne sont plus capables de maintenir un champ magnétique à une température donnée. L'influence des cellules adjacentes est telle que la mémorisation devient instable et l'on ne peut plus garantir la valeur binaire 0 ou 1. On situe généralement cette limite autour de 150 gigabits par pouce carré. Rappelons qu'aujourd'hui le disque dur le plus avancé du commerce a une densité de 3 à 4 gigabits par pouce carré, ce qui laisse un peu d'oxygène pour les années à venir.

Au-delà peut-être faudra-t-il oublier l'enregistrement magnétique et s'engager vers d'autres technologies.

Les disques magnéto-optiques

L'idée est d'utiliser un matériau magnétique plus dur, très coercitif. Le problème est qu'il est difficile d'écrire sur un tel matériau, alors on le chauffe au laser pour l'adoucir. En refroidissant, il retrouvera toute sa force de magnétisation. La difficulté est d'éviter que la chaleur engendrée par le laser ne perturbe les cellules voisines.

Plateaux et vallées

Pour éviter que les bits de plus en plus petits interfèrent les uns avec les autres, l'idée est de les enregistrer sur des plateaux magnétiques minuscules et de les isoler par des vallées. Cette technologie est pour l'instant freinée par les techniques de photolithographie, empruntées aux circuits intégrés qui ne permettent pas de dessiner des plateaux inférieurs à 80 nanomètres, ce qui correspond à une densité surfacique bien en dessous des espérances.

Stockage à résolution atomique

Une autre technologie, très prometteuse est le stockage à résolution atomique. Un atome = 1 bit ! L'idée est de construire un réseau de sondes capables de créer par injection thermique des taches de quelques nanomètres qui modifient l'état physique du matériau de stockage (il passe de l'état amorphe à l'état cristallin). Imaginez la complexité du micro-moteur qui doit positionner les sondes avec une précision du nanomètre ! Avec cette technologie on pourrait atteindre des densités de 1 térabit par pouce carré.

La nouvelle bande perforée

Dans d'autres laboratoires, on cherche à faire revivre la bande perforée. Avec un stylet on chauffe le plastique vers 400 degrés pour le faire fondre légèrement créant ainsi une entaille correspondant à un bit. Pour la lecture le stylet est chauffé à 350 degrés, en dessous du point de fusion. Quand il passe sur l'entaille il y a concentration de l'énergie thermique qui se traduit par une variation de résistance électrique du stylet. Grâce aux technologies des circuits intégrés, il est possible de réaliser des matrices de 1 000 stylets sur un carré de 3 mm de côté. Des densités de 400 gigabits par pouce carré sont déjà en cours d'expérimentation.

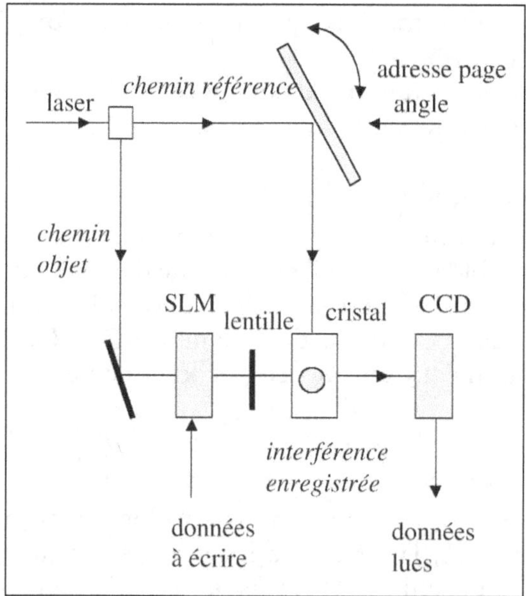

Figure 4

Le stockage holographique (Fig. 4)

Cette technologie se démarque des précédentes. Un faisceau laser est séparé en deux faisceaux respectivement appelés « référence » et « objet ». Le faisceau « objet » illumine complètement un modulateur spatial de lumière. C'est en fait un panneau à cristaux liquides de technologie comparable à celle utilisée pour les écrans d'ordinateurs portables. C'est à ce niveau que sont introduites les données à enregistrer. Après avoir traversé le modulateur, le faisceau objet, porteur de l'information, est dirigé sur le cristal photosensible où il interfère avec le faisceau « référence », caractérisé par un certain angle d'incidence. Cette interférence constitue en quelque sorte la substance de l'hologramme, pléiade de propriétés optiques mémorisées par le cristal.

Pour lire les données, il suffira d'éclairer le cristal sous le même angle avec le faisceau de référence. Le faisceau résultant est ensuite dirigé vers une caméra CCD, qui permettra la récupération des données. En faisant varier l'angle du faisceau de référence (correspondant à l'adresse de la page), on peut ainsi enregistrer différentes pages dans le même volume de cristal.

Une des difficultés à laquelle se heurtent les chercheurs est la volatilité du matériau. Plus on met d'hologrammes dans le même volume de cristal, plus ils sont affaiblis, car les propriétés dynamiques du matériau sont finies. Le choix d'un matériau qui ait des bonnes propriétés optiques, une bonne sensibilité et qui soit bon marché est fondamental pour l'avenir du stockage holographique.

Cependant, le stockage holographique est la technologie la plus prometteuse. Elle permet d'enfermer un téra-octet dans un morceau de sucre, d'enregistrer des pages entières de millions de bits en un seul coup, sans mouvements mécaniques. C'est une technologie fiable, vous cassez le morceau de sucre, il conserve l'information !

C'est surtout une technologie capable de mémorisation associative, c'est-à-dire que l'on accède à l'information non plus par son adresse mais par son contenu. Pour rechercher de l'information sur un sujet donné, on interrogera le cristal holographique à partir en quelque sorte d'une empreinte digitale, qui caractérise pleinement l'information que l'on recherche. C'est donc une technologie qui nous aidera à extraire de l'information la connaissance qui nous intéresse.

LES AUTOROUTES DU STOCKAGE

Internet devient le réseau sur lequel va s'appuyer l'économie mondiale ; d'énormes quantités de données à forte valeur économique résident dans les systèmes de stockage. Une convergence naturelle se dessine entre le besoin d'échanger d'énormes masses d'information sur Internet et de les conserver dans les systèmes de stockage, à l'échelle mondiale.

Dans les années à venir cette convergence sera facilitée par une percée technologique dans les vitesses de transmission optique. Grâce à la technologie DWDM *(Dense Wavelength Division Multiplexing)*, il sera possible de transmettre des dizaines de térabits par seconde sur une même fibre optique. La technique DWDM consiste à multiplexer plusieurs canaux de transmission de longueurs d'onde différentes sur une même fibre optique. On peut ainsi multiplier par 100 voire par 1 000 la capacité de transmission d'une fibre optique.

Dans cinq ans on aura installé 30 milliards de kilomètres de fibre optique dans le monde soit 1 000 fois plus qu'aujourd'hui. On disposera alors d'une bande passante multipliée par un million (1 000 × 1 000), pratiquement infinie et quasiment gratuite ! En même temps le stockage sera au prix du papier. On verra alors des réseaux de stockage se constituer à l'échelle d'une ville, puis s'étendre à la planète, constitués de SAN locaux reliés entre eux par les autoroutes optiques. De Paris on pourra accéder à un système disque implanté à New York aussi rapidement qu'on accède au disque dur de son micro-ordinateur.

L'ESPACE DE STOCKAGE VIRTUEL *(FIG. 5)*

En se mettant en réseau, le stockage doit satisfaire à trois

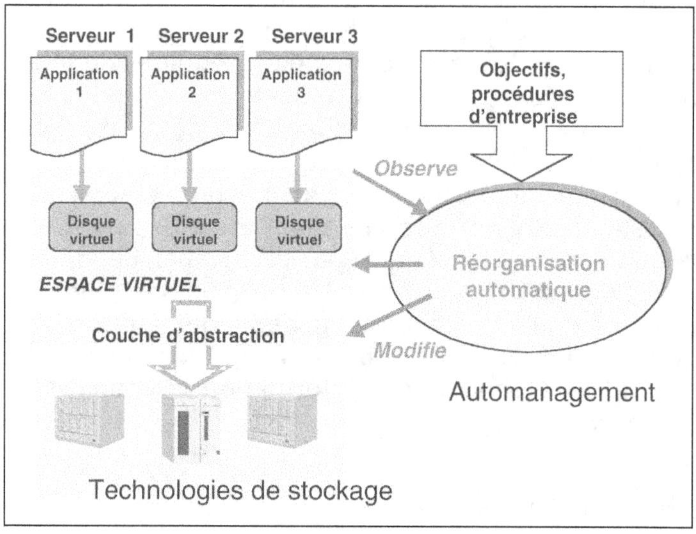

Figure 5

exigences. D'un côté il y a les ressources de stockage, réparties sur plusieurs sites, de différents types, de différentes technologies et de différents constructeurs. D'un autre côté il y a des serveurs dispersés, de différentes plates-formes, issues de différents constructeurs et tournant diverses applications dans des environnements d'exploitation multiples. Enfin l'entreprise a des objectifs globaux d'exploitation économique de son information et l'architecture informatique qu'elle a mise en œuvre doit continuellement s'adapter à l'évolution de ses besoins.

Pour résoudre cette complexité, il est nécessaire d'introduire le concept d'espace de stockage virtuel :

— Chaque application ne voit que des disques virtuels.

— Le système d'automanagement va matérialiser ces disques virtuels en choisissant les ressources les mieux appropriées parmi la hiérarchie des objets de stockage dont il dispose.

— Le système d'automanagement sera capable de réorganiser automatiquement l'espace virtuel en fonction de l'évolution des applications.

— De plus il saura tenir compte des exigences économiques de l'entreprise exprimées sous forme de règles et de procédures.

LE STOCKAGE GRANDE CONSOMMATION

Le stockage de données prend de plus en plus d'importance dans notre vie quotidienne et s'apparente de plus en plus à la grande consommation.

Stockage à la demande

Le stockage de données tend à devenir une utilité, on va consommer de l'espace de stockage comme on consomme de l'électricité ou comme on utilise le téléphone. Déjà certaines entreprises confient à des sociétés spécialisées le soin d'héberger et de gérer leurs données et ce type de service s'étend aux particuliers qui pourront par Internet stocker leurs données à distance dans des endroits sécurisés. On estime que dans 5 ans, un particulier aura besoin en moyenne de 100 Go de stockage personnel. On s'achemine progressivement vers la notion de stockage à la demande.

Le stockage sur disque va conquérir l'électronique grand public

Les disques magnétiques sont devenus suffisamment compacts pour tenir dans les appareils photos numériques ou les téléphones mobiles. Le temps n'est pas loin où l'on pourra mettre des dizaines de giga-octets dans les portables. Témoin, le micro-drive développé par IBM, capable de stocker dans le volume d'une pièce de monnaie 1 giga-octet, l'équivalent de 1 000 photographies haute résolution, 1 000 romans de 200 pages ou 18 heures d'audio hi-fi.

La télévision personnelle

Un autre axe de développement est la télévision personnelle. Le stockage sur disque, devenu suffisamment bon marché, est prêt à entrer dans les foyers. On a récemment observé une baisse du coût au méga-octet de plus de 1 % par semaine ! Avec la télévision personnelle, le consommateur pourra stocker sur le disque dur les programmes vidéo et les visualiser en temps réel, les suspendre, les reprendre, se créer sa propre chaîne de télévision.

Conclusion

La technologie magnétique est prête à fournir les énormes capacités de stockage pour les prochaines années ; d'autres technologies prendront la relève. Pour qu'une technologie soit adoptée par la communauté industrielle, il faut qu'elle apporte au moins un ordre de grandeur dans l'amélioration des performances tout en maintenant le prix des technologies courantes.

On va vers un rapprochement du stockage et des télécommunications sur fibre optique. Le résultat est l'apparition de réseaux de stockage s'affranchissant des distances. Une partie du stockage de données va s'apparenter à la grande consommation.

Les progressions conjointes des technologies de stockage et des technologies de transmission sur fibres optiques font que l'on s'oriente vers du stockage et de la bande passante quasiment illimités et très bon marché ; c'est peut-être le plus important pour débloquer l'ère de l'information.

Le stockage de données est prêt à relever le défi posé par la croissance exponentielle de l'information. Le problème qui se pose maintenant, est d'extraire de cette masse d'information, la connaissance qui nous sera directement utile.

Internet par satellite, protocoles
et performance

---

par WALID DABBOUS

La recherche dans le domaine des réseaux a connu pendant la dernière décennie une grande évolution qui a accompagné le formidable déploiement d'Internet. IP a gagné son pari d'assurer l'interopérabilité des différentes technologies de réseaux. De très nombreux travaux de recherche ont été menés au niveau des protocoles et des applications réseaux.

Les services fournis par Internet sont en cours d'évolution. Ces évolutions ont porté entre autres, sur le support du routage multipoint inter-domaine ainsi que sur le support du contrôle de congestion dans le réseau. Parallèlement à cela, les besoins des utilisateurs et les progrès technologiques amènent de plus en plus d'hétérogénéité dans l'infrastructure du réseau et des machines.

Nous allons nous concentrer sur l'hétérogénéité du réseau. En effet, Internet est caractérisé par une grande hétérogénéité des liens et sous-réseaux le constituant. On retrouve ainsi des liaisons ATM, satellite, des réseaux locaux haut débit (avec ou sans fil), le câble, des liaisons téléphoniques, GSM, etc. Ces différents « sous-réseaux » utilisent différentes technologies et fournissent des services de niveau liaison très différents en termes de qualité de service, coût et disponibilité. Cette hétérogénéité est motivée par des raisons techniques mais également par des raisons économiques et politiques.

Un petit nombre de principes fondamentaux sont à la base de l'architecture de l'Internet et ont guidé son évolution malgré l'hétérogénéité de ses composants. Parmi ces principes on cite le principe « de bout-en-bout » et « IP par-dessus tout ». Le principe de bout en bout décrit la répartition des tâches entre le réseau et ses

---

Texte de la 250ᵉ conférence de l'Université de tous les savoirs donnée le 6 septembre 2000.

extrémités (c'est-à-dire les ordinateurs connectés au réseau). Il stipule que le réseau doit être le plus simple possible et ne faire que son travail, qui est l'acheminement des messages (découpés en ce que l'on appelle des paquets ou datagrammes), et que toutes les autres procédures liées à la communication doivent être faites à l'extérieur du réseau. L'approche de bout en bout, qui implique qu'ajouter de l'intelligence dans les réseaux est inutile et qu'il est préférable de garder l'intelligence chez les utilisateurs, permet également une évolution plus simple des réseaux car il est plus simple de changer les procédures aux extrémités que dans le réseau (c'est-à-dire changer un programme dans un ordinateur que changer un programme dans les routeurs ou commutateurs d'un réseau). Cette approche permet une meilleure tolérance aux pannes au niveau inter-réseau, de même que la simplification des routeurs IP permettant l'interconnexion de différentes technologies de réseaux (comme Ethernet, FDDI, X.25, ATM, etc.). D'ailleurs, le deuxième principe de l'architecture Internet stipule qu'il faut concaténer des réseaux de technologies variées en y surimposant un protocole unique. Ce principe de « IP par-dessus tout » permet d'éviter la traduction de services (par exemple la mise en correspondance de services identiques dans les deux réseaux) par des passerelles. Au contraire, et plus simplement, le protocole Internet est superposé aux protocoles natifs des réseaux connectés.

Contrôle de transmission dans un environnement hétérogène

Parmi les protocoles de contrôle de bout-en-bout de l'Internet on trouve le protocole TCP permettant d'assurer la fiabilité de la transmission afin de supporter des applications diverses de transfert de fichier, d'accès au Web et de connexion à des machines distantes. TCP intègre en particulier un mécanisme de contrôle de congestion basé sur le démarrage lent de la phase de transfert de données afin de ne pas surcharger le réseau. En effet, l'émetteur commence par envoyer un seul paquet (fenêtre d'émission de 1 paquet), puis incrémente sa fenêtre à chaque accusé de réception. À la détection d'une perte, la fenêtre est réduite à 1 paquet et l'opération est recommencée. Quand la fenêtre dépasse un certain seuil on passe à un mode permettant d'éviter la congestion : l'augmentation de la fenêtre sera plus lente que la phase de démarrage lent (qui, en effet, est un démarrage rapide, mais moins rapide que l'envoi en rafale d'un grand nombre de paquets par l'émetteur). La fenêtre sera augmentée de 1 pour chaque groupe d'accusé de réception représentant une fenêtre complète et non plus pour chaque accusé de réception.

L'optimisation du fonctionnement du protocole TCP dans un environnement très hétérogène est difficile. Certains mécanismes tels que le contrôle de congestion ont été conçus en considérant qu'une perte de paquet est un signal de congestion, ce qui n'est pas les cas pour les liaisons sans fil et pour certaines liaisons satellitaires. La difficulté provient du fait que des mécanismes conçus pour résoudre un problème particulier dans un contexte donné peuvent dégrader les performances dans un autre contexte. En effet, même si les protocoles des couches réseau et transport de l'Internet ont été conçus en se basant sur ce principe afin de supporter une large plage de technologies ayant des caractéristiques très variées, certaines liaisons ont des caractéristiques spécifiques qui ont un impact très important sur les performances des protocoles de l'Internet. Parmi ces spécificités au niveau physique ou au niveau liaison on trouve : un taux d'erreur de transmission élevé (liaisons sans fil), un délai de transmission élevé (liaisons satellites GEO), un délai de propagation variable (liaisons satellites LEO), l'asymétrie ou l'unidirectionalité de la liaison (satellite ou câble), ainsi que le support de fonctionnalités redondantes avec les couches supérieures (GSM, ATM ou *Frame Relay*).

L'application stricte du principe de bout en bout se heurte donc à l'existence de telles liaisons. Les problèmes qui en découlent sont multiples :

— Le non fonctionnement de certains protocoles (comme par exemple ARP, DVMRP et autres sur liaison unidirectionnelle).

— La forte dégradation des performances de certains protocoles (tels que TCP et IGMP sur des liaisons à délai élevé ou variable, TCP sur HFC ou xDSL).

— La difficulté de concevoir des mécanismes d'adaptation de bout en bout (à cause de la grande variabilité des caractéristiques des liaisons).

— L'interfonctionnement des mécanismes de contrôle de congestion au niveau liaison et transport (TCP sur ATM).

— La mise en correspondance des mécanismes de support de la qualité de service au niveau IP et au niveau liaison (diff-serv sur ATM ou sur *Frame Relay*, IP sur satellite).

Plusieurs travaux de recherche sont menés autour de l'étude de l'impact des nouveaux supports de transmission sur le fonctionnement et les performances des protocoles de l'Internet et en particulier sur le routage unicast et multicast, les protocoles de transport et les mécanismes de support de la qualité de service. Nous allons nous concentrer dans la suite de ce texte sur l'impact des liens satellite géostationnaires sur les performances du protocole TCP.

Spécificités des liaisons satellitaires

Les liaisons satellites sont actuellement utilisées pour la transmission numérique de données. Ces liaisons fournissent un support « naturel » pour la diffusion vers des utilisateurs éventuellement mobiles, éloignés géographiquement les uns des autres et situés en dehors des grandes agglomérations. Cependant, ces liaisons ont des caractéristiques particulières en terme de délai et de bande passante qui pourraient dégrader les performances de TCP. En effet, le délai entre l'émission et la réception d'un paquet par des stations terrestres via le satellite est de 250 ms. Le produit bande-passante/délai représentant le nombre de paquets en transit sur la liaison est aussi important. D'autre part, le rapport signal sur bruit étant relativement faible à cause de la distance (36 000 km pour les satellites géostationnaires), des mécanismes de codage avancés sont utilisés pour la correction d'erreurs. Ces systèmes très coûteux en bande passante permettent un fonctionnement quasiment sans erreur en bande Ku. Cependant, les systèmes futurs en bande Ka risquent de présenter un taux d'erreur de transmission non nul. Ces caractéristiques ont un impact sur les performances du protocole TCP. Nous allons donner deux exemples de dégradation des performances dues au délai important sur la liaison satellite.

Le premier exemple *(Fig. 1)* concerne l'impact de l'importance du produit bande passante/délai sur le débit moyen. Supposons que l'émetteur dispose d'une fenêtre de 4 paquets de 1 Koctet. Si son débit d'émission maximal est de 1 Mbit/s, l'émission des 4 paquets au moins prendra en gros 32 ms. L'émetteur devrait alors attendre 218 ms (avec un retour terrestre) avant de pouvoir émettre d'autres paquets même si aucun paquet n'est perdu et que le réseau n'est pas congestionné. Cela réduit fortement le débit moyen du protocole.

Le deuxième exemple *(Fig. 2)* concerne l'impact de l'importance du délai sur le temps de réponse à cause du mécanisme de démarrage lent. Considérons un réseau avec un lien satellite bi-directionnel entre l'émetteur et le récepteur. Comme il a été mentionné ci-dessus, la fenêtre est incrémentée à chaque accusé de réception, ce qui risque de ralentir fortement la transmission d'un fichier qui s'étend sur plusieurs paquets.

Ces problèmes ainsi que d'autres ont été largement étudiés par la communauté scientifique et des propositions de solutions ont été avancées. D'abord une extension du protocole TCP permettant d'avoir des fenêtres de plus en plus grandes (extension décrite dans le RFC1323). D'autre part, en ce qui concerne le démarrage lent, il a été proposé de démarrer avec une fenêtre initiale de plus qu'un

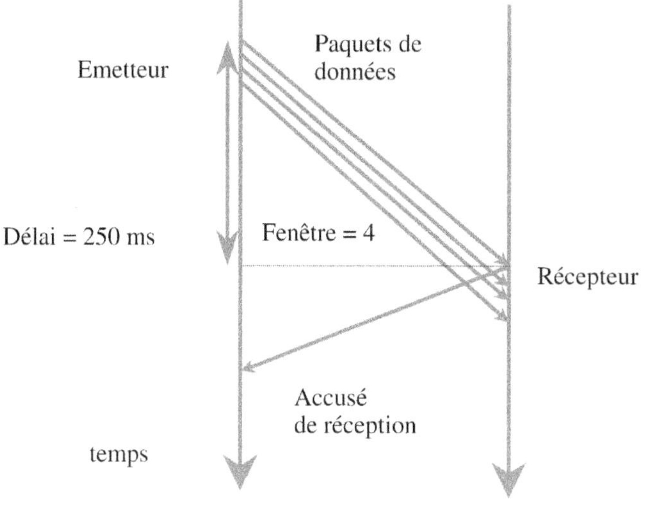

Figure 1

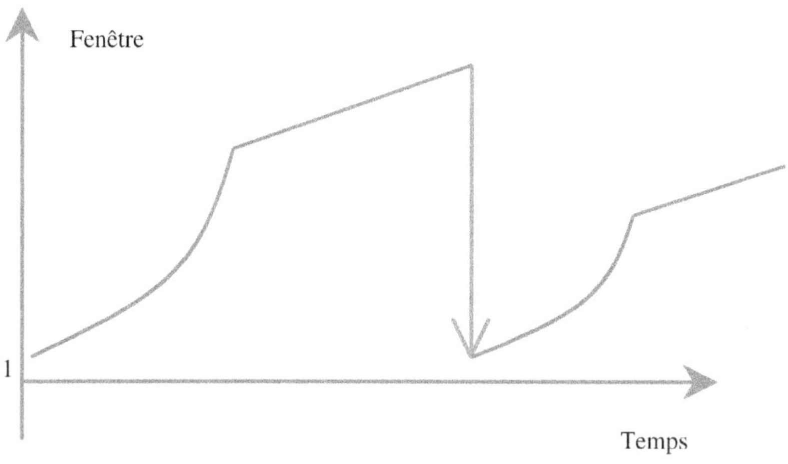

Figure 2

paquet, ou bien d'incrémenter la fenêtre en se basant sur le nombre d'octets acquitté et non sur le nombre d'accusé de réception. Ces propositions permettent d'améliorer les performances de TCP sur le lien satellite, mais remettent en cause le fonctionnement optimal du protocole dans un réseau hétérogène. Pour cela, des solutions basées sur le partitionnement de la connexion TCP ont été proposées. Cela signifie que la connexion sera divisée en trois parties dont une au-dessus du lien satellite, avec un réglage adéquat des paramètres et des mécanismes mis en œuvre *(Fig. 3)*.

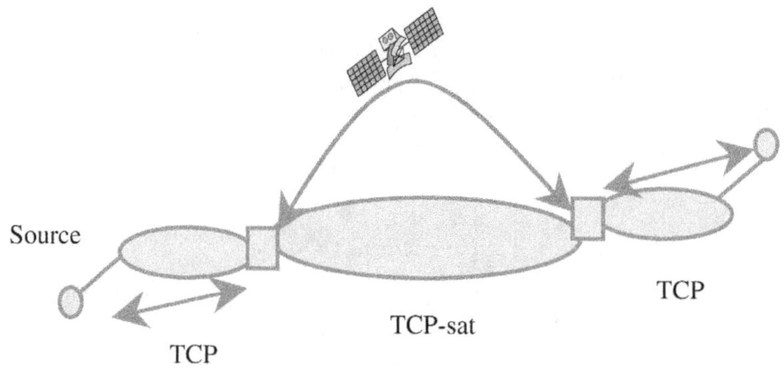

Figure 3

Conclusion

Les travaux du groupe de tcp-over-satellite de l'IETF sont ter-
minés depuis mars 1999 sans qu'il y ait de recommandation claire
ni de version de TCP pour les satellites. Par crainte de démultiplication des versions du protocole de transport, les solutions étudiées
ont été jugées non applicables dans tout l'Internet et des solutions
transitoires basées sur l'utilisation de « proxy » transport ont été
adoptées. Le groupe de travail pilc continue les travaux sur l'impact
des spécificités des liens sur les performances protocoles de l'Internet. L'optimisation globale des performances de TCP sur un réseau
hétérogène reste donc un problème ouvert.

RÉFÉRENCES

– BARAKAT (Ch.), ALTMAN (E.) et DABBOUS (W.), « On TCP Performance in
a Heterogeneous Network : A Survey », *IEEE Communication Magazine*,
Vol. 38, n° 1, p. 40-46, janvier 2000.
– BOLOT (J.) et DABBOUS (W.), « L'Internet : histoire et évolution. Quel avenir
prévisible ? » *Administration* n° 175, p. 44-51, avril-juin 1997.
– La page web du groupe de travail pilc de l'IETF : *www.ietf.org/html.char-
ters/pilc-charter.html*.

Puces et cartes à puce

par Roland Moreno

La puce est un carré en silicium (seul matériau avec lequel on soit arrivé à faire des semi-conducteurs), plus petit que l'ongle du petit doigt, avec de très nombreuses petites pattes qui font penser à une puce. On peut se faire une idée de la révolution qu'a introduite la puce, en consultant par exemple Internet, qui est de loin la manifestation la plus spectaculaire des possibilités. Il y a des microprocesseurs partout, c'est-à-dire l'intelligence ; il y a des mémoires. Je n'ai inventé que la carte à puce.

Les biopuces sont une sorte de fantasme journalistique : il n'y en a pas qui fonctionne. Les grands de l'informatique comme Intel, Texas Instrument ne travaillent pas dessus. C'est trop différent des circuits intégrés.

Il y a une différence spectaculaire entre mémoire informatique et mémoire humaine. Comment se fait-il qu'il est si difficile d'apprendre ? Qu'il soit impossible d'oublier sur commande ? Aujourd'hui j'ai une veste jaune, si demain vous voulez chasser cette image de votre mémoire, ça vous sera complètement impossible. Il n'y a pas d'intersection entre la volonté et la mémoire.

La mémoire artificielle la plus simple : une feuille de papier, une vitre embuée sont des mémoires, au sens où l'on peut inscrire une information et elle reste. Toutes ces mémoires sont effaçables. Il suffit de frotter avec un chiffon et l'information s'évapore.

Rien de tel n'est concevable avec notre mémoire. La mémoire humaine est infinie ; ce soir, ayant déjà dans notre tête tout ce que nous avons, nous allons voir un film d'action, on sort avec le film dans la tête mais ça n'a pas chassé de précédent souvenir.

Transcription d'après la 251ᵉ conférence de l'Université de tous les savoirs donnée le 7 septembre 2000.

Les mémoires artificielles sont finies, elles ont un espace délimité. Une cassette de magnétoscope, une fois remplie, ne peut prendre une seconde d'image supplémentaire.

Sur cet étonnement, j'ai voulu créer une mémoire artificielle ayant les traits de fonctionnement de la mémoire humaine, son irréversibilité. Une information enregistrée est irréversiblement enregistrée. Les informaticiens adorent ce type de situation stable.

Si mon adresse est inscrite sur ma carte et que je déménage, on va juste pouvoir ajouter ma nouvelle adresse, mais sans effacer la précédente. Dans le quotidien, la carte téléphone qui a 50 unités, ne peut être rechargée. Une unité consiste à inscrire un point mémoire.

La surface d'une puce correspond à quelques bits de mémoire. Comment réaliser une telle fonction ?

Le processus comprend plus de 100 étapes. On part d'un disque de silicium, on vient le graver en une centaine d'étapes, des gravures de l'ordre de un millième de millimètre. On dope cette puce avec des matériaux rares : bore, phosphore, antimoine, arsenic, on creuse des galeries, on édifie des fortifications d'un millionième de millimètre de hauteur, et à la fin on a une mémoire ou plutôt un microprocesseur, capable d'intelligence, c'est-à-dire de faire de la traduction automatique, de la reconnaissance de forme.

La carte à puce dans ce décor ne représente qu'un dix millième des utilisations que l'on fait de la microélectronique, mais occupe une grande place dans la vie quotidienne : carte bancaire, carte téléphone, carte sim ; chez vous, carte du décodeur Canal plus.

Cette banalité de l'objet constitue un précédent dans l'histoire industrielle, car cet objet est uniforme ; par exemple le velcro de mes chaussures n'a pas la même forme sur votre vêtement.

Les cartes à puce est un identifiant qui transporte de l'argent — et non de l'information. La carte est si complexe à faire, elle ne peut être contrefaite, elle correspond à deux de nos préoccupations : l'identification et notre portefeuille.

L'identification se fait par un code à quatre chiffres. Une fois la puce autorisée à travailler, elle révèle la véritable identité du porteur, par exemple son RIB.

Beaucoup de gens réclament la carte d'identité à puce, ou la carte d'électeur. Pour la carte d'identité, un traité réunissant 17 pays dans le monde interdit qu'une information d'état civil ne soit pas directement lisible par l'homme. Sinon, nous transporterions un objet avec des secrets sur nous-même. Quant à la carte d'électeur, la démocratie est une chose si ancienne qu'il ne faudrait pas l'acoquiner avec une trouvaille des années 1970 ; pour gagner quoi ?

La carte à puce se résume donc à deux fonctions : identité et argent.

La carte à puce est inconnue aux États-Unis, depuis son invention il y a 26 ans. Or, les Américains font tous les objets qui comptent : Polaroid, blue-jean, Macintosh, pilule, Tampax, Viagra. Toutes les grandes mutations depuis 1945 sont américaines. Le progrès vient des États-Unis, un peu du Japon (photo), marginalement d'Allemagne.

La carte à puce est en revanche implantée au Japon, en Europe du Nord de l'Est, Moyen-Orient, Amérique latine. La France est encore leader dans ce domaine : 25 000 emplois directs liés à la carte à puce. Le leader de la carte à puce, la société marseillaise Gem plus, réalise 85 % de son chiffre d'affaires à l'exportation. L'Allemagne nous talonne, les Allemands ont un porte-monnaie à puce, diffusé à 60 000 millions d'exemplaires ; en Chine, il y a quatre usines Schlumberger de cartes à puce.

La carte à puce est un objet utile, citoyen, qui joue un rôle dans notre système économique, mais n'est pas un gadget. Elle remplit des fonctions que ne pourraient remplir d'autres supports, comme les pistes magnétiques.

Le Minitel est derrière nous, mais il a facilité la pédagogie de l'informatique. Il marque un des rendez-vous manqué de la carte à puce, car l'industrie n'a pas été assez réactive. Le Minitel aurait pu être payé par carte à puce. Le 3615 fut une grosse erreur, coûtait très cher (60 francs de l'heure). La connexion télécommunication/carte à puce passera par Internet — même s'il y a des fraudes au numéro de carte. Le commerce électronique, le e-buisness se développent.

Mes brevets tombent dans le domaine public le 13 septembre 2000, et les Américains risquent de s'approprier la découverte. Mais est-ce pour une raison de coût ? Sur une carte de téléphone de 50 francs, l'objet coûte 2 francs à faire, on met 3 francs de publicité, le buraliste gagne 2,50 francs et l'inventeur touche 4 centimes par carte. Mais il s'agit plutôt du syndrome NIH, *not invented here*, le truc qui n'a pas été inventé ici. J'aurais été italien, je n'aurais pas imposé la carte en France ; j'ai été ici accueilli à bras ouverts par les gouvernements car j'étais français. Le lendemain de mon idée, toute la communauté bancaire française était partante. Vous connaissez peut-être la formule d'Edison, qui dit que l'invention c'est 10 % d'inspiration et 90 % de transpiration. J'ajouterais : et trois quarts de chance. Je n'aurais pas rencontré un banquier le lendemain matin de mon idée, je ne serais peut-être pas devant vous ce soir.

Une source de malentendu est de confondre la carte à puce avec la mémoire informatique, qui est dépourvue de moyen de protection. La carte à puce rend l'information secrète (code confidentiel) et irréversible.

En mars dernier, un ingénieur informaticien a contourné le système de sécurité bancaire et a fait une fausse carte à puce, pour acheter des tickets de métro. *Libération* titrait « la puce n'était pas inviolable ». C'était faux, j'ai offert un million de francs à qui lirait le code secret d'une carte ou écrirait une information sur une carte dans les zones qui sont protégées par mes brevets : personne n'a pu le faire.

Cryptologie et sécurité informatique :
de la guerre des codes
au commerce électronique

———

par JACQUES STERN

La cryptologie est la science du secret. Son objet d'étude est l'ensemble des méthodes qui permettent de garantir ce qu'on peut appeler la trilogie fondamentale de la discipline : intégrité, authenticité, confidentialité. Elle se partage entre la cryptographie, qui inclut la conception des mécanismes destinés à assurer ces fonctions et la cryptanalyse dont le but est de déjouer les protections ainsi mises en place. Après avoir longtemps été considérée comme un art sans fondements théoriques profonds, où se confrontaient d'ingénieux concepteurs de codes secrets et des cryptanalystes acharnés, elle s'est progressivement transformée vers la fin du XIXe siècle en un ensemble de techniques structurées suivant un mode essentiellement militaire. Elle est brusquement devenue une science quand, arrivée aux trois quarts du XXe siècle, elle a dû faire face aux demandes d'une ère de l'information en gestation. Les réponses qu'elle a données, en forme de paradoxes, l'ont fait sortir des cabinets noirs et des états-majors pour donner naissance à une communauté scientifique de recherche. Aujourd'hui, elle ne se restreint plus au simple chiffrement des messages pour en garantir la confidentialité : elle s'attache aussi à la question de l'authentification dans un environnement symbolique éliminant toute présence physique, à celle de la signature de documents numériques immatériels, à celle de la garantie d'intégrité des données dans des réseaux ouverts face aux malveillances des pirates informatiques.

L'art de la cryptologie, du Moyen Âge à la Renaissance, met en œuvre, pour cacher la substance d'un texte, un enchaînement d'opérations simples, substitutions et permutations. Les premières remplacent un symbole par un autre suivant des règles déterminées,

———

Texte de la 252e conférence de l'Université de tous les savoirs donnée le 8 septembre 2000.

les secondes changent l'ordre des lettres. Naturellement, les règles doivent être tenues secrètes par les participants et les capacités humaines limitent forcément la complexité de la suite d'opérations qu'elles définissent. Il faut parfois faire appel à des instruments, tels celui conçu à l'usage des diplomates de la Curie romaine par le grand architecte florentin Alberti. Ce « cadran », formé de deux disques concentriques, l'un fixe, l'autre mobile, réalise mécaniquement une substitution, remplaçant une lettre par un signe conventionnel. Des substitutions portant, non sur des lettres, mais sur un plus ou moins vaste corpus de termes, sont aussi mises en œuvre à l'aide de codes ou répertoires, sortes de dictionnaires à double entrée. Pour compliquer la tâche des cryptanalystes, on fait parfois appel au « surchiffrement », consistant à combiner le texte chiffré aux symboles successifs d'un carnet ou d'un livre gardé secret.

Tout change avec la « cryptographie militaire », pour reprendre le titre de l'ouvrage d'Auguste Kerckhoffs, paru à la fin du XIXe siècle. Le livre de Kerckhoffs énonce clairement les exigences opérationnelles requises par la cryptographie en termes de sécurité, mais aussi de simplicité et de rapidité. Le premier, Kerckhoffs affirme que le mécanisme de chiffrement, c'est-à-dire ce qui définit le passage du « texte clair » au « texte chiffré » ou « cryptogramme », doit « pouvoir tomber sans inconvénient aux mains de l'ennemi ». Répertoires et carnets sont ainsi éliminés. La sécurité ne peut venir que de l'insertion, au moment même du chiffrement, d'une combinaison secrète appelée clé. Cette clé, suite de lettres ou de chiffres, permet aussi le déchiffrement, opération qui restitue le texte clair à partir du chiffré. En revanche, le décryptement, qui a pour but d'obtenir le texte clair sans le secours de la clé, doit être, suivant Kerckhoffs, « matériellement sinon mathématiquement » impossible.

Des principes de Kerckhoffs aux machines chiffrantes, il n'y a que quelques dizaines d'années, rythmées par les progrès de la technique. Les machines électromécaniques comme la Hagelin ou l'Enigma, voient le jour entre les deux guerres. Ces machines sont fondées sur le principe du rotor. À l'aide de tambours et — pour certaines — de contacts électriques, elles réalisent des substitutions qui sont considérablement plus complexes que celles qu'autorisaient les méthodes artisanales. L'ennemi est face à des centaines de millions de combinaisons possibles et les états-majors croient leurs correspondances stratégiques à l'abri. Ils ont tort : en 1939, le gouvernement britannique réunit, à Bletchley Park près de Londres, une équipe de nombreux savants qui s'attaquent aux chiffres allemands. Parmi eux, le logicien Alan Turing, qui dans sa thèse publiée en 1936, avait présenté une formalisation prémonitoire de la notion de calculateur, la « machine de Turing », et avait pu ainsi apporter une solution négative au problème de la décision, *l'Entscheidungsproblem*, du mathématicien David Hilbert. Dès 1941, les Alliés lisent les messages chiffrés allemands.

La cryptologie bascule ainsi dans l'ère de l'informatique, avant même que celle-ci n'ait commencé : le décryptement de l'Enigma a requis la construction de machines dédiées et c'est Turing lui-même qui suggère la construction du Colossus, doté d'électronique qui, vers la fin de la guerre, attaque avec succès d'autres machines chiffrantes de l'armée allemande, les Lorentz. Réfléchissant lui aussi à ce qui sépare le « pratiquement impossible » du « mathématiquement exclu », le mathématicien américain Claude Shannon arrive à une conclusion décevante : pour atteindre la sécurité parfaite, on doit utiliser une clé qui soit au moins aussi longue que le texte à chiffrer. Il réalise ainsi que, dans un cadre opérationnel où le nombre de symboles de la clé est forcément limité, on ne peut garantir qu'un certain niveau de sécurité, qui doit si possible excéder les moyens de calcul à la disposition de l'adversaire. Il considère les mécanismes de chiffrement comme des transformations symboliques, des « algorithmes » et énonce en 1949 les principes de diffusion et de confusion des données, qui rendent ces algorithmes résistants aux attaques : idéalement, l'ennemi ne doit pas pouvoir faire mieux que d'essayer successivement toutes les combinaisons de clés possibles. Avec l'apparition des ordinateurs, ces algorithmes donnent naissance à des programmes informatiques qui les exécutent de plus en plus rapidement.

C'est suivant les principes de Shannon qu'a été conçu l'algorithme DES (*Data Encryption Standard*), norme de chiffrement américaine adoptée en 1976 pour répondre à une demande civile, en provenance notamment des milieux bancaires. Cet algorithme, qui est un peu le point d'orgue de l'âge technique de la cryptologie, met en œuvre des clés constituées d'une suite de 56 bits, c'est-à-dire de 56 symboles égaux à 0 ou 1. Il opère sur des blocs de 64 bits et un texte plus long doit donc être séparé en blocs successifs. Chiffrement et déchiffrement ont une structure analogue et mettent en jeu la même clé. Chacun est la répétition de 16 étapes où diffusion et confusion sont réalisées par des transformations suffisamment simples pour permettre des temps de calculs très faibles mais suffisamment subtiles pour que leur empilement se joue des statistiques de l'adversaire. De ce point de vue, le DES s'est montré étonnamment robuste. On y reviendra. Ce qu'on peut lui reprocher, c'est d'avoir choisi d'utiliser des clés secrètes de 56 bits. Soixante-douze millions de milliards de combinaisons ! Le chiffre paraît gigantesque mais n'était-il pas, dès les années 1980, à la portée des ordinateurs de la NSA, l'agence de sécurité américaine qui avait elle-même imposé la taille des clés ?

Les algorithmes de chiffrement comme le DES ont pour objet principal la confidentialité. Il ne faudrait pas croire cependant qu'ils soient incapables d'assurer les autres fonctions de la cryptologie. Dans l'identification IFF (*Identification Friends and Foes*), utilisée en guerre aérienne, un message aléatoire chiffré est envoyé avec le signal radar. La capacité à le déchiffrer prouve qu'on a bien affaire à un appareil ami. Cela dit, la cryptologie conventionnelle est impuissante à résoudre deux problèmes. Le premier est inhérent à son caractère symétrique : quelle procédure suivre pour s'accorder initialement sur une clé secrète partagée ? Il existe bien sûr des réponses en termes d'organisation, notamment au sein des forces armées, mais ces réponses ne sont pas de nature à s'appliquer aux grands réseaux ouverts à l'image d'Internet. L'autre problème est celui de l'authentification des données : comment reproduire dans le monde numérique l'équivalent d'une signature ? L'identification IFF fournit « presque » la réponse mais bute, là encore, sur la symétrie du chiffrement. Accompagner un message de son chiffré est certes un acte non reproductible par un tiers qui ne dispose pas de la clé secrète, mais la vérification d'une telle forme de signature nécessite cette même clé et permet donc la contrefaçon.

Pour résoudre les deux problèmes d'un coup, il faut entrer dans une démarche paradoxale et admettre qu'on peut pousser à son terme ultime la logique de Kerckhoffs pour énoncer : « la clé de chiffrement doit pouvoir tomber sans inconvénient aux mains de l'ennemi ». C'est ce que font deux chercheurs américains, Whitfield Diffie et Martin Hellman en 1976. Dans leur article *New Directions in Cryptography*, ils comprennent que seule l'opération de déchiffrement doit être contrôlée par une clé gardée secrète : le chiffrement peut parfaitement être exécuté à l'aide d'une clé connue publiquement, à condition qu'il soit virtuellement impossible d'en déduire la valeur de la clé secrète. On parle de cryptographie asymétrique par opposition aux mécanismes conventionnels qualifiés de symétriques. Un tel concept permet de communiquer de manière confidentielle sans avoir à partager préalablement la moindre information secrète. Il résout donc le problème de la distribution des clés. Diffie et Hellman réalisent qu'il résout aussi le problème de la signature : joindre à un message le résultat de l'algorithme de déchiffrement secret appliqué à ce message prouve la possession d'une clé secrète ; la vérification, quant à elle, ne met en jeu que la clé publique correspondante.

Les deux inventeurs ne parviennent cependant pas à proposer un véritable cryptosystème à clé publique et ce sont trois chercheurs du MIT, Ronald Rivest, Adi Shamir et Leonard Adleman, qui mettent en œuvre concrètement les idées de Diffie et Hellman. Le mécanisme qu'ils proposent en 1978 reçoit le nom RSA, formé des initiales de ses inventeurs. Il repose sur une branche des mathématiques, la théorie des nombres, et notamment sur les travaux du célèbre savant allemand du XIXe siècle, Carl Friedrich Gauss. Pour les décrire, on doit reprendre l'arithmétique des écoliers et lui substituer le calcul « modulo n », où le résultat de chaque opération est « réduit modulo n », c'est-à-dire remplacé par son reste dans la division par n : modulo 77, le produit de 12 et 10 vaut 43. Une clé publique RSA se compose d'un très grand nombre entier n appelé module et d'un petit nombre e appelé exposant. On peut prendre par exemple $e = 3$

et n = 1094173864157052742180970732204035761200373294544920599091384213147634998428893478471799725789126733249762575289978183379707653724402714674353159335433897.

Le nombre n est le produit de deux nombres premiers p et q. Rappelons que cela signifie qu'ils n'ont aucun diviseur autre que 1 et eux-mêmes. Le chiffrement RSA s'applique à un message m qui est un entier plus petit que n. Il calcule le chiffré par la formule :

$$c = m^e \text{ modulo } n$$

Le déchiffrement est lié à la capacité de résoudre l'équation :

$$x^e = c \text{ modulo } n$$

La théorie des nombres établit que c'est possible à qui connaît p et q.

Il est naturel de se demander si le système de chiffrement RSA est réellement inviolable. Il repose sur l'hypothèse qu'il est très difficile de « factoriser » l'entier n, c'est-à-dire de recouvrer p et q. Cette hypothèse est satisfaite, en l'état actuel de nos connaissances, si le module n est assez grand. À cet égard, l'exemple ci-dessus constitué pourtant d'un nombre de 155 chiffres décimaux, soit en écriture binaire 512 bits, n'a pas une taille suffisante. En août 1999, une équipe de scientifiques de six pays différents, aidés de plusieurs centaines d'ordinateurs, a pu montrer, qu'il est égal au produit suivant :

102639592829741105772054196573991675900716567808038066803341933521790711307779

*

106603488380168454820927220360012878679207958575989291522270608237193062808643

C'est le record actuel et, avis au lecteur, d'autres nombres dont la factorisation est tenue secrète sont proposés dans le cadre d'une compétition ouverte sur Internet. On recommande en conséquence des tailles de clés d'au moins 768 bits ou mieux, 1 024 bits. On va jusqu'à 2048 bits pour une sécurité à long terme.

En faisant entrer la théorie dans le monde clos de la cryptologie, l'invention de Diffie et Hellman l'a radicalement transformée. La cryptologie est en effet presque instantanément devenue un domaine de recherche ouvert, servi par une communauté scientifique structurée et dont la taille augmente rapidement. Il n'est pas possible de résumer les nombreux chantiers qu'ont ouverts les cryptologues modernes durant le dernier quart de siècle. On se contentera donc de quelques points de repères. La question la plus naturelle qui s'est posée après l'invention du RSA est celle des alternatives. On a donc considéré d'autres équations dont la solution soit hors d'atteinte, notamment l'équation

$$y = g^x \text{ modulo } p$$

où l'inconnue est x, les autres paramètres étant fixés avec p premier et très grand. Il s'agit du problème du « logarithme discret » et il s'énonce en fait dans un cadre plus général qui englobe des structures algébriques plus complexes dont les applications en cryptographie semblent prometteuses, les « courbes elliptiques ». En se fondant sur la difficulté du logarithme discret, on n'obtient pas directement un analogue de RSA mais on peut résoudre les deux questions qui sont à l'origine de la découverte de Diffie et Hellman. Ces derniers l'ont montré pour la distribution des clés : deux entités qui échangent g^a modulo p et g^b modulo p, en gardant secrètes les valeurs respectives de a et b, disposent de la quantité g^{ab} modulo p, qui reste inaccessible aux tiers. On peut définir aussi des algorithmes de signature, tant dans le cadre « classique » que dans celui des courbes elliptiques, et l'un deux a été normalisé aux États-Unis en 1991, sous le nom de DSA (*Digital Signature Algorithm*). Toutefois, leur construction est bien moins simple et est passée, une fois encore, par un détour paradoxal. Le DSA est en effet issu de recherches sur la question du *zero knowledge* : puis-je prouver que je connais la solution d'une équation

$$y = g^x \text{ modulo } p$$

sans donner la moindre information sur la solution ? La réponse, étrangement, est oui et la solution permet l'authentification et la signature.

La communauté scientifique n'a pas non plus délaissé la cryptologie conventionnelle. Deux méthodes de cryptanalyse du DES ont ainsi été proposées : la première, nommée cryptanalyse différentielle et la seconde cryptanalyse linéaire. Elles reposent sur une étude statistique fine de la propagation de certaines propriétés du clair au chiffré. Les deux méthodes nécessitent l'obtention de quantités massives de couples clair/chiffré. Elles sont donc plus des outils d'évaluation pour la construction de nouveaux systèmes conventionnels que des méthodes d'attaque. De fait, le DES doit être remplacé : en 1998, une association sans but lucratif, l'EFF (*Electronic Frontier Foundation*) a fait construire pour 250 000 dollars une machine capable d'effectuer un décryptement DES en moins d'une semaine ! Il faut donc augmenter la taille des clés utilisées et envisager des algorithmes utilisant des clés de 128 bits et plus. Les temps ont changé, le successeur du DES, nommé pour le moment AES (*Advanced Encryption Standard*), a fait l'objet d'un appel d'offre international auquel la communauté a largement répondu et a vu la victoire d'un algorithme belge.

Il existe donc désormais toute une « culture cryptographique », qui s'appuie sur les recherches académiques mais se diffuse largement au-delà, notamment dans l'industrie, à travers les travaux de normalisation. L'apparition d'Internet, réseau mondial facilement accessible, crée en effet une véritable explosion de la demande en cryptologie. L'architecture même d'Internet le rend particulièrement vulnérable : le protocole IP, totalement décentralisé, fait circuler les datagrammes ou « paquets » sans qu'ils soient protégés. Les adresses IP elles-mêmes, gérées par les DNS (*Domain Name*

Servers) ne sont pas à l'abri d'actions de malveillance. Les systèmes d'exploitation, en particulier le plus répandu d'entre eux, ont des failles de sécurité. D'où une liste impressionnante de menaces : *sniffing* (écoute de paquets), *spoofing* (substitution), piratage de DNS, déni de service, intrusions, dissémination de programmes malveillants : virus et chevaux de Troie... Il ne faudrait pas croire pourtant que la cryptologie a réponse à toutes ces questions. Simplement, elle offre des services de sécurité dont il est devenu impossible de se passer. Elle ne se substitue pas aux méthodes traditionnelles, fondée sur le contrôle d'accès, la gestion des « privilèges » des utilisateurs ou des programmes, l'isolement du réseau local par des *firewalls*, le filtrage des paquets IP par ces derniers etc. Elle les complète.

Les différentes normes de sécurité disponibles, pour le courrier électronique, pour les sessions de communication du WEB (*SSL, Secure Socket Layer*), pour le protocole IP lui-même (IPSec), mettent en œuvre tout l'arsenal des méthodes modernes : authentification et signature, échange d'une clé conventionnelle, chiffrement symétrique. Des centaines de millions de clés RSA ont ainsi été produites. Les problèmes changent alors de nature : comment gérer ces clés ? Il est illusoire d'utiliser un chiffrement RSA en laissant « traîner » ses clés secrètes sur un disque dur mal protégé contre les intrusions. À cet égard, la carte à microprocesseur offre à l'utilisateur, pour un coût acceptable, une excellente solution, à condition que les clés ne sortent jamais de la « puce ». Les exposer dans la mémoire vive de l'ordinateur constitue un risque. On le voit, les erreurs potentielles de conception ou d'implantation sont nombreuses et un logiciel de cryptographie doit être particulièrement soigné.

Il demeure cependant un problème : comment lier une clé publique RSA à son propriétaire légitime ? La cryptologie donne une réponse benoîte : il suffit de signer l'ensemble des informations, clé comprise, par une clé de plus haut degré. Cette dernière est elle-même signée, et ainsi de suite, jusqu'à atteindre un niveau dans la hiérarchie où la clé est parfaitement connue, par exemple des navigateurs Internet. La suite des signatures constitue le « certificat ». En pratique, les choses ne sont pas si simples. Que faire par exemple si je perds la carte à puce où se trouve ma clé secrète ? On voit bien que toute une infrastructure doit être mise en place pour gérer le cycle de vie des clés, de la génération à l'expiration en passant par la révocation. Cette dernière implique la mise à jour de bases de données contenant la liste des clés invalidées. Une technologie nouvelle est à inventer, celle des PKI (*Public Key Infrastructures*) et leur mise en place est urgente. Elle doit s'accompagner d'une diffusion encore plus grande de la culture cryptographique.

Est-ce à dire que la recherche en a terminé ? Au contraire, elle est face à de multiples défis. La question d'une alternative au RSA qui ne repose pas sur la théorie des nombres reste posée. Un second enjeu majeur est celui des « preuves de sécurité ». Il s'agit en somme d'approfondir le « matériellement sinon mathématiquement impossible » de Kerckhoffs, en quantifiant plus précisément, par des preuves et par des calculs, le niveau de sécurité. Un autre axe de recherche concerne la mise au point d'algorithmes asymétriques, moins gourmands en termes de ressources de calcul et donc mieux adaptés aux dispositifs de faible puissance comme les cartes à puce « sans contact ». L'Internet fournit lui aussi son lot de nouveaux problèmes : comment sécuriser les enchères en ligne, le vote électronique ? Comment assurer l'anonymat de certaines données personnelles sensibles, médicales notamment ? D'une certaine façon, l'usage de la cryptologie s'impose dès qu'une opération symbolique est susceptible d'être détournée ; et ces opérations foisonnent dans le monde virtuel d'Internet. La cryptologie n'est plus un moyen de donner un avantage stratégique à un État ou à une organisation, mais un ensemble de méthodes assurant, à l'ère de l'information, la protection des échanges de chacun. Elle n'est plus seulement la science du secret mais la science de la confiance.

RÉFÉRENCES

– Diffie (W.) et Hellman (M. E.), « New Directions in Cryptography », *IEEE Transactions on Information Theory*, v. IT-22, n° 6, nov. 1976, p. 644-654.
– Kahn (D.), *La Guerre des codes secrets : des hiéroglyphes à l'ordinateur*, Paris, InterÉditions, 1980.
– Menezes (A. J.), van Oorschot (P. C.) et Vanstone (S. A.), *Hanbdook of Applied Cryptography*, New York, CRC Press, 1997.
– Rivest (R.), Shamir (A.) et Adleman (L. M.), « A Method for Obtaining Digital Signatures and Public Key Cryptosystems », *Communications of the ACM*, v. 21, n° 2, feb 1978, p. 120-126.
– Schneier (B.), *Applied Cryptography*, 2nd edition, New York, John Wiley & Sons, 1996.
– Stern (J.), *La Science du secret*, Paris, Odile Jacob, 1997.
– Stinson (D.), *Cryptographie, théorie et pratique*, Paris, Thomson Publishing France, 1996.

Traitement numérique des images
et vision par ordinateur

par Olivier Faugeras

Le mot d'image recouvre des choses très diverses : on parle d'images naturelles lorsqu'on entend des images du monde dans lequel nous vivons, on parle d'images de synthèse lorsqu'on entend des images qui ont été calculées par un programme d'ordinateur sans que la scène représentée existe nécessairement, on parle enfin, et sans épuiser le sujet, d'images médicales quand on pense à une représentation picturale du corps humain obtenue à l'aide des modalités d'exploration telles que l'imagerie par résonance magnétique ou IRM.

Les images d'aujourd'hui sont dans leur immense majorité des images numériques c'est-à-dire que les différents paramètres dont elles dépendent tels que le temps, les coordonnées d'espace, l'intensité lumineuse, la couleur, ont été contraints à ne prendre leurs valeurs que dans des ensembles de nombres entiers. Ces processus dits de quantification et d'échantillonnage permettent de représenter sans perte d'information les images comme des tableaux de chiffres sur lesquels on peut calculer. Les tableaux étant très grands, il est en général nécessaire pour effectuer les calculs de faire appel à un ordinateur — l'image numérique et son traitement sont nés.

Ces traitements peuvent être classés grossièrement en deux catégories : si le résultat du calcul est une nouvelle image, meilleure que l'original selon certains critères de qualité, on parle d'amélioration ou de restauration d'images ; si le calcul a pour but d'extraire de l'image une certaine information pour effectuer une tâche ou prendre une décision, on parle d'analyse d'images.

Texte de la 253ᵉ conférence de l'Université de tous les savoirs donnée le 9 septembre 2000.

Un peu d'histoire

Du point de vue historique on peut dire que le traitement et l'analyse des images numériques sont nés aux États-Unis dans les années 1960, sous l'impulsion des militaires nord-américains. Le point de vue des chercheurs de l'époque était soit pragmatique (« il faut que le traitement marche et résolve le problème qui m'est posé »), soit naïf comme dans le cas de Marvin Minski, professeur au Massachusetts Institute of Technology, qui confia, dit-on, à quelques étudiants désœuvrés la mission de résoudre le problème de la vision (comment calculer automatiquement à partir de quelques images d'une scène la structure tridimensionnelle de celle-ci). Il est notoire que les étudiants échouèrent puisque ce problème est aujourd'hui encore largement ouvert.

Cette situation perdura jusqu'au début des années 1980 où elle changea soudainement avec l'arrivée en scène d'une personnalité tout à fait remarquable, David Marr, neurophysiologiste et mathématicien ; anglais d'origine, il fut recruté au MIT par le même Marvin Minski et mit sur pied un programme de recherche en vision par ordinateur qui fut interrompu par sa mort prématurée. L'une des idées force de Marr est que la vision biologique, donc humaine, a pour but de construire une représentation tridimensionnelle des surfaces des objets qui nous entourent.

Cette idée, dont on peut penser qu'elle est un peu réductrice, s'est avérée très féconde en permettant de définir un programme de recherche précis : comprendre en détail comment une telle représentation peut être construite. Sa fécondité n'aurait pas été aussi grande si elle n'avait pas été complétée par deux autres idées qui ont permis d'échafauder une méthodologie pour atteindre ce but.

La première est que la vision ainsi définie est un problème de traitement de l'information qui peut s'étudier en quelque sorte indépendamment de l'organisme qui le résout : l'animal ou l'ordinateur ont à effectuer la même tâche. La seconde idée est une idée réductionniste : les différentes fonctions visuelles telles que la perception de la couleur, des textures, du mouvement ou de la distance sont dans une très large mesure indépendantes les unes des autres et peuvent donc être étudiées séparément. On sait aujourd'hui qu'il ne s'agit là au mieux que d'une approximation mais qui a permis de faire avancer de manière très significative notre connaissance de la perception visuelle.

À partir de ces prémisses, David Marr propose de mener l'étude en distinguant soigneusement trois niveaux : le niveau de la théorie computationnelle où l'on construit la théorie du processus visuel étudié, où l'on analyse les équations qui le décrivent et les contraintes qui le caractérisent ; le niveau de l'étude algorithmique, où l'on cherche à construire les représentations, les schémas numériques et les algorithmes, qui permettront de résoudre effectivement les équations qui ont été proposées au premier niveau ; enfin le niveau de la réalisation physique de ces algorithmes où l'on précise comment ces représentations peuvent être construites, ces calculs effectués soit dans un ordinateur, dans une rétine ou un cerveau.

Outre David Marr, il est évident aujourd'hui que les progrès remarquables de notre connaissance des mécanismes biologiques et computationnels de la perception visuelle ont été accomplis grâce aux apports des deux sciences que sont les mathématiques et l'informatique. Les mathématiques ont apporté des outils d'analyse précis comme la géométrie algébrique, la géométrie différentielle, le calcul des variations, la théorie des équations aux dérivées partielles qui, comme en physique, ont permis de construire des théories computationnelles de nombreuses fonctions visuelles. L'informatique a apporté ses théories des représentations des structures de données et des algorithmes, de l'analyse de leur complexité, ses langages et ses outils de programmation, ses architectures à base de microprocesseurs permettant d'expérimenter avec des structures de calcul non conventionnelles.

Je vais prendre deux exemples qui illustrent assez bien, je crois, ces apports. Le premier est tiré de la géométrie, le second du calcul des variations.

Géométrie et vision par ordinateur

Felix Klein, mathématicien allemand de la fin du XIXe siècle, s'intéressa beaucoup aux propriétés des figures géométriques qui ne changent pas, dites invariantes, lorsque l'on applique à ces figures des transformations. Celles-ci peuvent être des déplacements (rotations, translations) ou bien des transformations plus compliquées. L'une des notions importantes dans ce contexte est celle de groupe de transformations qui permet de donner un sens à la concaténation de plusieurs transformations. Les déplacements forment un groupe mais des groupes plus grands comme le groupe affine ou le groupe projectif jouent un rôle important en vision par ordinateur. Le jeune Felix Klein dès 1872, alors qu'il était professeur à l'université d'Erlangen, développe l'idée selon laquelle les propriétés importantes des figures géométriques sont celles qui sont invariantes sous l'action d'un groupe particulier. Réciproquement, toute quantité invariante d'une figure exprime une propriété géométrique intéressante de cette figure. Le programme d'Erlangen comme on l'appelle aujourd'hui a donc consisté à explorer de manière systématique cette relation entre groupes de transformations et invariants des figures géométriques. Ce programme a été couronné de succès en mathématiques bien sûr, mais aussi en physique où il a donné naissance à des interprétations nouvelles des lois de conservation des grandeurs physiques et où il a fini par envahir pratiquement toutes les branches.

La raison de son succès en vision par ordinateur est qu'une caméra est une machine projective au sens où elle effectue une opération de projection de l'espace tridimensionnel sur la rétine qui, elle, est bidimensionnelle. On trouve une illustration de cette remarque dans des gravures d'Albrecht Dürer comme celles reproduites en *figure 1* où l'on voit un peintre s'efforcer par des moyens mécaniques, un modèle, de respecter les lois de la perspective récemment découvertes à l'époque. La version moderne de ce modèle utilise la géométrie projective ce qui permet de distinguer deux types de paramètres, ceux qui définissent la position et l'orientation de la caméra dans l'espace, dits paramètres extrinsèques, et ceux qui définissent la façon dont l'image fournie par la caméra est distordue, dits paramètres intrinsèques. Ces paramètres sont en général inconnus et l'un des problèmes que l'on rencontre dans de nombreuses applications est celui de les estimer.

La méthode traditionnelle, photogrammétrique, pour réaliser cette estimation est d'utiliser une grille d'étalonnage, c'est-à-dire un objet de géométrie connue : l'observation de la distorsion de la géométrie de l'image de cet objet permet de remonter aux paramètres intrinsèques de la caméra. Cette méthode est néanmoins difficile, voire impossible, à utiliser dans certaines applications comme la réalité augmentée. Un apport des chercheurs en vision par ordinateur est d'avoir remarqué que les paramètres intrinsèques de la caméra pouvaient être calculés directement à partir de l'image, sans faire intervenir de grille d'étalonnage, grâce à un objet purement mathématique : il s'agit d'un cercle de rayon imaginaire situé dans le plan à l'infini. Ce cercle s'appelle l'ombilic. L'image de l'ombilic par la caméra est une conique, également imaginaire, dont les paramètres sont liés de manière très simple à ceux de la caméra. Comme l'ombilic est toujours présent dans l'environnement on comprend qu'on puisse, grâce à lui, se passer d'une grille d'étalonnage.

Prenons un exemple. La *figure 2* montre quelques images du site de l'INRIA Sophia-Antipolis prises avec un appareil de photo. Aucun des paramètres de l'appareil n'était connu lors de la prise de vue. Néanmoins, ces paramètres ont pu être calculés avec précision en utilisant l'ombilic comme grille d'étalonnage. Une fois ceux-ci connus, on peut évaluer la structure tridimensionnelle de la scène par des méthodes de type stéréoscopique : on obtient le

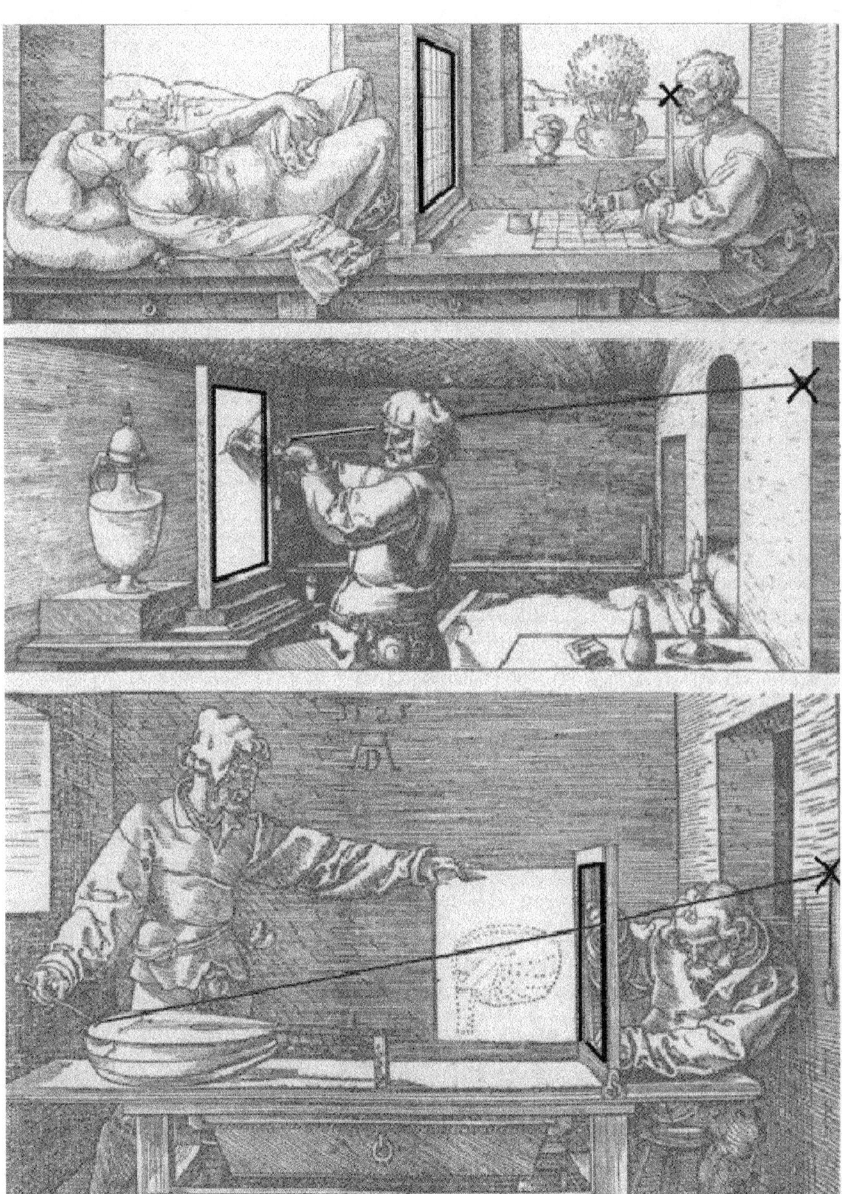

Figure 1

modèle géométrique de la figure. Ce modèle peut alors être enrichi à l'aide des images qui ont servi à le calculer et on obtient l'image de la *figure 3* dans laquelle sont combinées géométrie, intensité lumineuse et textures.

Une autre application de la géométrie projective sont les mosaïques d'images. Si l'on prend plusieurs images d'une scène d'un même point de vue, la géométrie de ces images peut être décrite

Figure 2

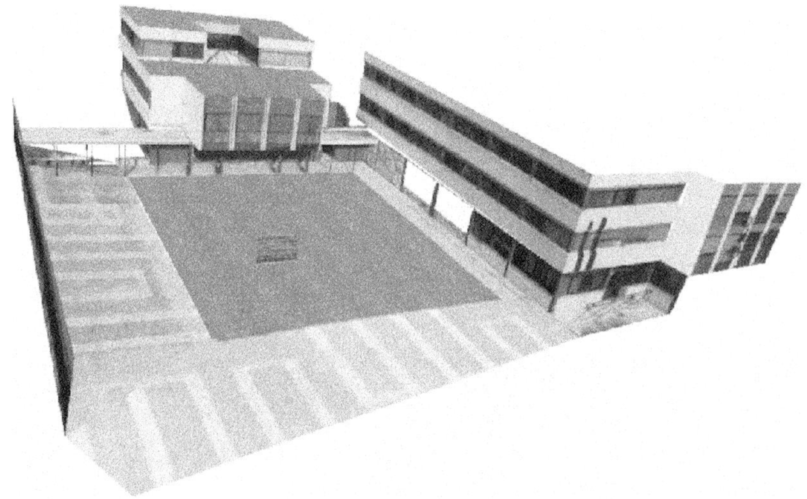

Figure 3

très simplement à l'aide du groupe projectif du plan. Concrètement cela veut dire que, étant données deux images quelconques de l'ensemble, on peut passer de l'une à l'autre à l'aide d'une transformation de ce groupe qu'on appelle une homographie. Pour illustrer mon propos, regardons la *figure 4* où sont présentées quelques images de la ville de Cannes prises d'un même point de vue. La *figure 5* montre comment on peut assembler ces images dans une même structure qu'on appelle une mosaïque : dans celle-ci, l'une des images a été prise comme référence (celle qui a conservé sa forme rectangulaire, au centre de l'image), et on applique à chacune des autres une transformation homographique ce qui a pour effet de les rendre compatibles avec l'image de référence au prix d'une distorsion parfois significative. La mosaïque ainsi obtenue a de multiples applications, notamment dans les domaines de la réalité virtuelle ou de la réalité augmentée.

Figure 4

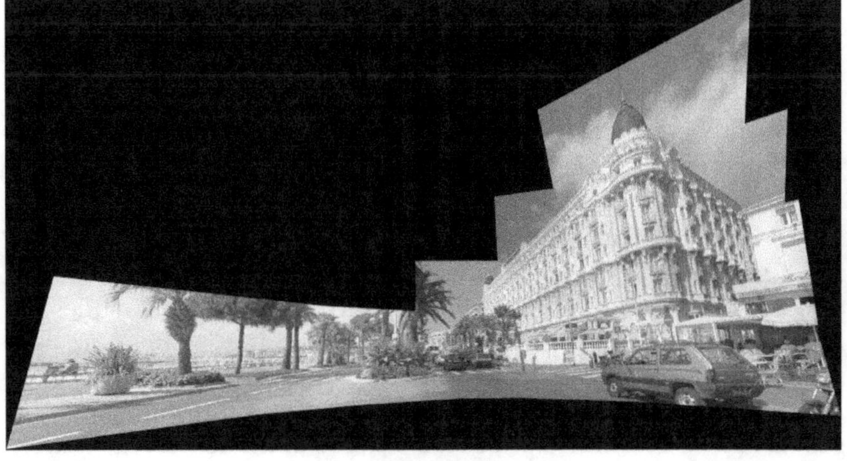

Figure 5

Calcul des variations et vision par ordinateur

Dans la section précédente, nous nous sommes principalement attachés à retrouver la structure tridimensionnelle de la scène à partir de quelques images sans nous soucier d'y identifier ou d'y reconnaître des objets ou des formes. Le but de cette section est de montrer comment une autre grande classe de techniques issues des mathématiques modernes, le calcul des variations, permet dans de nombreux cas de répondre à de telles questions.

La solution utilise deux grandes idées. La première est que l'objet recherché est représenté par un modèle mathématique, disons un ensemble de courbes et de surfaces qui dépendent d'un certain nombre de paramètres. La seconde idée est que l'on peut exprimer l'adéquation du modèle aux mesures, c'est-à-dire aux images, à l'aide d'un critère qui mesure une sorte d'énergie : plus l'énergie est faible, meilleure est l'adéquation et inversement, plus l'énergie est élevée et moins bonne est l'adéquation. Le problème est donc de rechercher quels sont les paramètres du modèle qui minimisent l'énergie. Une fois ces paramètres trouvés, si l'énergie correspondante est suffisamment basse, on en conclut que le modèle est effectivement présent dans la scène.

La question est maintenant de savoir comment minimiser notre énergie. La réponse se trouve précisément dans la théorie du calcul des variations qui permet, partant d'une hypothèse de départ (un jeu de paramètres plausible) correspondant à un modèle initial, de faire évoluer ces paramètres, par exemple en résolvant une équation aux dérivées partielles (EDP), jusqu'à ce que l'on ne puisse plus faire décroître l'énergie. Cette EDP va donc déformer le modèle initial et le transformer en un meilleur modèle, meilleur au sens où le modèle transformé explique mieux les mesures, c'est-à-dire comme nous le disions plus haut, les images.

Montrons ces idées à l'œuvre sur un exemple. En *figure 6* nous voyons trois images simultanées d'un homme en train de courir prises par trois caméras de télévision. Le but est de caractériser sa course en étudiant les vitesses de paramètres tels que son centre de gravité ou les angles de certaines de ses articulations. Pour cela on utilise un modèle tridimensionnel tel que celui qui apparaît en *figure* 7. Ce modèle est défini par un grand nombre de paramètres et on va chercher à les estimer à partir des trois séquences vidéo. Comment faire ? On part d'une hypothèse et on place le modèle dans une certaine position dans la scène. À partir de cette hypothèse, on va calculer les images de ce modèle telles qu'elles seraient formées par les trois caméras et on va les comparer aux trois images

Figure 6

Figure 7

réellement obtenues. Elles seront en général différentes et on va alors modifier (à l'aide de techniques issues du calcul des variations) les paramètres du modèle afin de rapprocher le plus possible les images hypothétiques et les images réelles. La *figure 8* montre l'un des résultats obtenus : on a superposé les images hypothétiques aux images réelles de la figure et on voit que les paramètres du modèle ont été correctement estimés : la superposition est bonne.

Figure 8

L'avenir

Je voudrais conclure par une évaluation des résultats obtenus par les techniques de vision par ordinateur. Je ne souhaite pas laisser le lecteur sur l'impression que le problème de la vision tel que je l'ai défini au début de ce texte est aujourd'hui résolu car ce n'est pas le cas. Certes des applications de plus en plus complexes et spectaculaires faisant intervenir de la perception visuelle peuvent être résolues automatiquement par informatique mais quand on y regarde de plus près, l'homme est souvent encore dans la boucle c'est-à-dire qu'il est nécessaire de faire appel à ce merveilleux système de perception qu'est la perception visuelle humaine pour pallier les défauts des systèmes de perception visuelle artificiels. Quelles sont les raisons de cet échec partiel ? Elles tiennent en quelques mots. Les systèmes de vision par ordinateur sont dans une large mesure incapable de s'adapter à des variations de l'environnement qui n'ont pas été explicitement prévues dans leurs programmes et de s'enrichir à partir de leurs erreurs, leurs capacités d'apprentissage sont voisines de zéro. Or cela est exactement à l'opposé de ce que l'on observe chez les singes dits supérieurs et chez l'homme. Il semblerait donc que la vision par ordinateur soit passée pour le moment à côté de quelque chose d'essentiel qui n'a pas encore été pris en compte dans les théories computationnelles.

Pour tenter d'aller de l'avant il me paraîtrait naturel de retrouver un peu de l'esprit de David Marr qui, je le rappelle, prônait l'étude simultanée ou en tout cas en liaison très étroite de la vision biologique et de la vision machine. Or si l'on fait l'état des lieux en cette année 2000, on s'aperçoit que très peu de laboratoires travaillant sur la perception visuelle ont à la fois une activité dans le domaine de la vision biologique et dans celui de la vision computationnelle. Comment faire pour que des liens se tissent à nouveau entre les deux communautés ?

Une piste s'ouvre peut-être du côté de ce qu'on appelle aujourd'hui les méthodes non invasives d'exploration fonctionnelle du cerveau. L'imagerie par résonance magnétique (IRM), la magnétoencéphalographie (MEG) complétée par l'électroencéphalographie (EEG), la caméra à positron (PET) permettent de mesurer certains aspects de l'activité cérébrale avec des précisions spatiales et temporelles qui s'améliorent chaque année. Appliquées à la perception visuelle elles peuvent fournir des renseignements précieux sur son fonctionnement qui pourraient potentiellement enrichir les théories et les algorithmes développés en vision par ordinateur. Inversement certaines des idées développées en traitement d'images numériques sont susceptibles de trouver des applications en vue d'améliorer la qualité et la précision des mesures fournies par l'IRM, la MEG et l'EEG, la PET.

On voit donc bien là s'esquisser une synergie entre des mondes trop éloignés les uns des autres aujourd'hui (neuro-sciences de la perception, informatique, mathématiques et vision par ordinateur) mais dont le rapprochement annoncé laisserait espérer le développement d'une théorie commune de la perception visuelle biologique et artificielle qui déboucherait sur une meilleure compréhension fondamentale de la perception visuelle en général et sur une efficacité accrue des méthodes de vision par ordinateur.

Le logiciel, objet du quotidien

par Gérard Berry

Grâce à sa souplesse intrinsèque et à la variété de ses applications, l'informatique a constamment accru sa pénétration dans notre vie quotidienne, modifiant profondément notre société. D'abord, dans les années 1980, l'arrivée du micro-ordinateur a sorti l'informatique de son rôle traditionnel de calcul scientifique ou de gestion des grands organismes pour lui ouvrir une foule de champs nouveaux : gestion de tous types d'organisation, automatisation des usines et des transports, aide à la conception dans presque tous les domaines, production de documents aussi bien techniques qu'artistiques, jeux, etc. Puis, dans les années 1995-2000, l'expansion d'Internet a profondément modifié le rôle de l'ordinateur, devenu un support localisé de la société de l'information plus qu'un organe de calcul indépendant. Maintenant, l'ordinateur perd son clavier et son écran pour s'enfouir dans les objets les plus divers : automobiles, appareils électroménagers et audiovisuels, téléphones mobiles, prothèses médicales, la liste ne fait que s'allonger. Les deux dernières évolutions vont se fondre, et les objets informatisés vont se connecter sur le grand réseau, ce qui nous mettra en contact constant avec un système d'informations touchant tous les aspects de notre vie.

Or, ce grand système nerveux synthétique repose sur des composants matériels ou intellectuels largement inconnus du grand public car parfaitement invisibles, contrairement par exemple aux composants mécaniques d'un vélo ou d'une automobile. Ni l'intérieur d'un circuit électronique, ni les programmes qui en guident le fonctionnement ne se voient, ne pèsent ou ne sentent. Les méthodes

Texte de la 254ᵉ conférence de l'Université de tous les savoirs donnée le 10 septembre 2000.

habituelles de compréhension et de choix des objets par impressions sensorielles sont inopérantes, ce qui explique en bonne partie la difficulté qu'ont bien des gens à intégrer l'informatisation de la société dans leur vision du monde. Cela vaut malheureusement aussi pour les concepteurs des objets informatisés, qui ne réalisent pas toujours la qualité optimale.

Dans ce bref article, nous essaierons d'expliquer ce qu'est le cœur de l'informatique, quelles sont ses difficultés intrinsèques, trop souvent largement sous-estimées, et comment on peut espérer améliorer la qualité globale des produits informatisés.

Le couple matériel — logiciel

La première chose à bien comprendre est le rôle du microprocesseur. C'est une machine capable de faire à une vitesse sidérante et avec une fiabilité quasi absolue des opérations individuellement sans le moindre intérêt, dont la principale est de prendre une information quelque part pour la ranger ailleurs après éventuellement une modification. Cela vaut pour quasiment tous les circuits, des grosses puces des PC aux petits pucerons qui contrôlent les freins de la voiture ou la saisie des images dans l'appareil photo. Tous fonctionnent exactement sur le même principe, à des variantes mineures près.

L'étonnante *loi de Moore* exprime que les performances doublent tous les 18 mois à coût constant. Elles ont donc été multipliées par *mille* entre 1985 et 2000 ! Cette loi se vérifie depuis plus de quinze ans et n'a pas de borne temporelle clairement visible. Le progrès résulte d'une conjonction de phénomènes : réduction constante de la taille des éléments électroniques, progrès des techniques de fabrication, augmentation concomitante de la fréquence de fonctionnement (les fameux mégahertz), et progrès constant de l'architecture logique des processeurs.

Mais le circuit n'étant qu'un serviteur fidèle, la valeur ajoutée qu'il produit ne peut venir que de la séquence des ordres qu'on lui donne, fournie par le logiciel. Concevoir un logiciel, c'est déterminer la suite des opérations à effectuer pour obtenir un résultat intéressant pour nous, comme d'imprimer un texte, de prendre une photo, d'écouter de la musique, ou de téléphoner. Puisque chaque opération ne fait à peu près rien, il en faut énormément pour faire ce que l'on veut. Il faut effectivement des milliards d'opérations sur des dizaines d'ordinateurs pour donner un simple coup de téléphone. Certaines servent à coder la voix sous forme d'éléments d'information 0 et 1, d'autres à faire des paquets de ces éléments, d'autres encore à établir les connexions et à transmettre les bons paquets aux bons interlocuteurs, et le reste bien sûr à calculer la facture.

La plupart des opérations élémentaires sont exécutées plusieurs fois sur des données successives, ce qu'on appelle « en boucle » ; il n'y a donc pas de relation directe entre le nombre d'opérations effectivement exécutées et la taille des programmes qu'écrit le programmeur. Mais cette taille reste très grande : pour des applications courantes, on parle de centaines de milliers, même de millions de lignes distinctes de programme à écrire.

Même la conception des microprocesseurs devient principalement une affaire de logiciels. Encore récemment, pour concevoir un circuit, on assemblait des transistors suivant des règles électriques et logiques, et on cherchait à miniaturiser ces composants pour que les fronts électriques en traversent le plus possible en un temps donné. Maintenant, les composants se comptent par dizaine de millions dans un seul circuit, et il n'y a plus d'autre moyen de les manipuler que par des logiciels spécifiques. Cela veut dire que le serpent informatique a mordu sa propre queue, et qu'il est indispensable d'utiliser les machines du passé pour concevoir celles de l'avenir.

La difficulté intrinsèque du logiciel

Ces ordres de grandeurs étant posés, on peut déjà mieux comprendre les deux grandes difficultés du logiciel : comment dirige-t-on une machine totalement stupide et comment gère-t-on des millions d'instructions ? Donnons un parallèle simple : supposez-vous à la tête d'une grande entreprise dont tout le personnel est parfaitement obéissant et efficace mais ne prend jamais la moindre initiative ; auriez-vous une chance quelconque d'obtenir ce que vous souhaitez, et même d'arriver à écrire tous les détails de toutes les opérations pour tous les agents ? Les sociétés humaines reposent sur la capacité d'adaptation locale des acteurs et leur compréhension de l'effet de leurs actions ; pas les microprocesseurs. Si on leur donne le moindre ordre faux, ils l'exécutent avec une conscience professionnelle sans faille et un manque total d'humour. Supposez cependant que vous ayez réussi à préciser complètement les opérations à effectuer. Comme vous avez dû donner absolument tous les détails, votre document est devenu très épais, mal structuré, et aussi passionnant qu'un annuaire téléphonique. Évidemment, au bout d'un an, vous décidez de changer quelques fonctions de votre logiciel. Pouvez-vous alors vous souvenir du pourquoi de la masse des détails que vous avez dû traiter, et pouvez-vous si nécessaire transférer le travail de modification à quelqu'un qui n'a pas vécu la genèse du premier document ? Ce sont exactement les difficultés que rencontrent les informaticiens dans tous leurs projets.

En plus de ces difficultés, il existe un ennemi particulièrement sournois : le *bug* (« bogue » en francisation moderne). Ce terme rappelle qu'une des premières pannes d'ordinateurs était due au coincement de deux engrenages par un petit insecte. Un bug est une erreur minuscule, ne concernant quelquefois que quelques caractères dans le programme, mais qui peut conduire à des réactions en chaîne aux effets redoutables : pannes de réseaux téléphoniques, explosions de fusées, pertes de satellites, blocages à répétition dans les PC, trous de sécurité dans les réseaux, la liste noire est interminable et elle ne va pas aller en diminuant. Par exemple, dans le navire super-informatisé *Smart Ship* américain, un opérateur a entré par mégarde une valeur 0 au lieu d'une valeur positive pour un paramètre banal. Cela a provoqué une division par 0, qui, mal protégée dans le logiciel, a propagé d'autres problèmes dans la machine concernée puis dans le réseau. Au bout de quelques minutes, le bateau était hors contrôle, moteurs arrêtés ! Contrairement aux pannes mécaniques de nature aléatoire, les bugs n'obéissent pas à des lois de probabilités multiplicatives simples. L'explosion d'Ariane V à son premier lancement aurait eu lieu 100 fois au même endroit en 100 lancements, le bug étant parfaitement déterministe (et maintenant corrigé, bien sûr).

L'existence même des bugs a été une grande surprise pour les créateurs de l'ordinateur. Voici une réflexion étonnante de Maurice Wilkes, l'un des pionniers de l'informatique, écrite en 1949 : « Dès que nous avons commencé à rédiger des programmes nous avons découvert à notre grande surprise qu'il n'était pas aussi facile que nous avions pensé de bien le faire. Il nous fallut découvrir le "débogage". Je me rappelle l'instant où j'ai compris qu'une grande partie de ma vie allait désormais se passer à trouver des erreurs dans mon propre programme. » Mais pourquoi des hommes aussi experts font-ils quand même des bugs ? La raison est dans la complexité des « interactions » entre le logiciel et son environnement ou entre les différentes parties du logiciel. Même pour un logiciel apparemment simple comme celui qui gère un appel téléphonique, le nombre de cas à traiter peut être proprement astronomique et hors de la compréhension humaine directe. Comme le logiciel ne possède aucune faculté auto-adaptative ou auto-correctrice, la réaction à un événement sera exactement celle qui a été écrite dans le programme. Mais écrite ne veut pas forcément dire réfléchie ! En pratique, il est fréquent qu'un événement non explicitement prévu provoque le passage dans certaines parties du logiciel à des endroits et à des instants insoupçonnés, aboutissant à des actions aberrantes dont l'effet sur l'environnement peut devenir absolument quelconque. Ainsi, des erreurs très subtiles dans des détails de la gestion du clavier de commande d'un appareil d'irradiation ont provoqué la mort de patients par envoi de doses aberrantes.

D'autres, corrigées in extremis par télécommande, ont failli provoquer la perte du fameux robot martien Sojourner. Notons que les bugs existent aussi dans les circuits. Une erreur mineure dans un endroit apparemment inutile d'une table de division a provoqué un bug célèbre dans le circuit Pentium d'Intel, bug qui a coûté officiellement 475 millions de dollars à cette compagnie.

Le développement industriel des logiciels

Comme bien d'autres, les industries électroniques et informatiques sont principalement dirigées par le fameux *time to market*, qu'il s'agit de minimiser. Mais la situation change : désormais, il faut aussi maximiser le *time to bug*. De fait, les exemples se multiplient où le coût des effets d'un seul bug de programme ou de circuit devient supérieur au coût de l'ensemble des développements du système. Le coût n'est pas seulement celui de l'accident : si mettre à disposition des téléchargeurs une nouvelle version d'un jeu sur Internet est trivial, corriger le logiciel de contrôle moteur de tous les exemplaires d'une voiture ne l'est pas du tout. En dehors des bugs, il existe des problèmes importants de gestion de la convergence des projets, qui est loin d'être garantie par défaut. De grands projets comme l'informatisation de la bourse anglaise, celle du traitement des feuilles d'impôts aux États-Unis, ou celle du traitement des bagages dans certains aéroports ont dû être totalement arrêtés après avoir coûté des fortunes. Il n'est pas facile de gérer un projet qui travaille dans l'invisible.

Il y a des recettes simples pour écrire des logiciels de mauvaise qualité. Il est utile de les présenter car elles restent très employées, en particulier dans les endroits où la prise de conscience de l'existence du problème n'a pas été réalisée :

— *Se laisser aller à la souplesse apparente.* Comme il est techniquement simple de modifier le texte d'un logiciel, il est fréquent qu'un client ne définisse pas précisément ce qu'il veut, se disant qu'il pourra toujours apporter des modifications par la suite. Les sociétés de service n'y voient généralement pas beaucoup d'inconvénient (le client ne sait pas ce qu'il veut, mais, comme il paye, on va le lui faire). Quand les modifications arrivent en rafale, le système peut prendre rapidement l'allure d'un château de cartes.

— *Faire des économies sur les ressources humaines.* Le logiciel est un domaine peu automatisé, où la productivité des hommes est extrêmement variable et dépend étroitement de la qualité de leur formation et de leur encadrement. Les programmeurs ne sont pas du tout interchangeables et leur rendement en terme de produit fini varie couramment de un à dix ou plus (un moyen classique de faire diverger un projet est d'embaucher plus de programmeurs peu formés pour essayer de rattraper le retard). Par ailleurs, la conduite des tests est extrêmement coûteuse en personnes, souvent 30-50 % du projet. C'est un point sur lequel l'économie est évidemment tentante, avec les conséquences que l'on peut deviner.

— *Ne pas utiliser les bons outils*. Il est fréquent de voir des projets peu ou mal outillés. Il y a eu longtemps une certaine défiance vis-à-vis des outils logiciels : ils demandent plus de formation des personnels, rejoignant le problème précédent, et ils peuvent eux-mêmes contenir des bugs ou en engendrer. Il est donc fréquent de voir des projets repartir de zéro et reconstruire une bonne partie de l'outillage de base. Après la prise de conscience de l'inutilité de la réinvention de la roue, les donneurs d'ordre ont au contraire exigé de s'appuyer systématiquement sur des composants sur étagère (*COTS* en anglais). Mais cela a quelquefois conduit à s'appuyer sur des composants peu fiables ou suffisamment détournés de leur objectif initial pour devenir boiteux. L'équilibre n'est pas évident.

En résumé on peut dire qu'il existe un moyen simple et garanti de faire échouer un projet logiciel quelconque : *ne pas le prendre assez au sérieux*. Écrire des logiciels fiables demande bien sûr l'inverse : bien comprendre les besoins, limiter les fonctionnalités au strictement nécessaire, analyser au mieux les interactions, toujours garder la maîtrise intellectuelle et technique du projet, bien outiller pour rendre visible le maximum de propriétés du logiciel, réutiliser au maximum des composants logiciels solides, programmer de façon défensive en ne faisant jamais confiance aveugle au comportement des autres éléments, bien documenter, en bref, employer une rigueur de tous les instants.

Un point à surveiller tout particulièrement est l'« interface homme-machine », surtout pour les produits grand public. Il est étonnant de voir le nombre de guichets informatiques, de téléphones ou d'appareils photo apparemment sophistiqués mais largement inutilisables car conçus par des informaticiens sans souci de comprendre comment leurs utilisateurs du commun des mortels les appréhendent et les manipulent.

Les mathématiques du logiciel

Les bugs étant de nature particulièrement sournoise, la meilleure ingénierie du monde ne suffit pas à les éradiquer. Tout système un tant soit peu complexe garde des bugs s'il n'a été analysé que par des tests empiriques, car le nombre des interactions potentielles y est combinatoirement explosif et donc peu accessible à notre forme de pensée habituelle. Mais, depuis les débuts de l'informatique, les chercheurs ont aussi vu le logiciel comme un objet de nature profondément mathématique, auquel on peut donc appliquer des raisonnements formels et quelquefois automatisables. C'est par ce point que nous terminerons.

La notion mathématique d'« algorithme », ou suite d'opérations mécanisables, est fort ancienne, et a été développée initialement pour la manipulation des nombres et des figures. La naissance de l'ordinateur a donné un nouvel élan à la recherche en algorithmique. Les algorithmes modernes ont des champs d'application très divers : gestion d'informations de toutes sortes, recherche dans de très grands espaces de données, traitement de sons ou d'images, cryptage, etc. On dispose maintenant de bibliothèques d'algorithmes solides pour beaucoup de problèmes standards. Plus récemment sont apparus les algorithmes « distribués » faisant intervenir plusieurs unités de calcul ; ils sont essentiels pour les applications nouvelles comme le commerce électronique, mais s'avèrent très difficiles à concevoir et à analyser. Globalement, la recherche en algorithmique s'intéresse à la conception des algorithmes et à l'étude de leurs performances. Elle est de nature très mathématique. La difficulté centrale est que la plupart des problèmes importants sont exactement à la frontière du faisable et de l'infaisable en pratique. Déterminer et repousser cette frontière est le défi scientifique majeur du domaine.

L'autre pan de la science informatique est ce qu'on appelle la « sémantique ». Ici, on s'intéresse à comprendre et à maîtriser le sens des programmes qu'on écrit, et par exemple à montrer qu'un programme réalise sans la moindre erreur un algorithme conçu de façon abstraite. Les fondements de la sémantique remontent à l'étude de la déduction logique par les Grecs et à celle du fondement des mathématiques au début du XXᵉ siècle. Le domaine a pris un essor majeur avec les travaux de Church, Gödel et Turing sur les processus calculables, qui datent d'avant les ordinateurs. Il a ensuite trouvé sa maturité quand on s'est aperçu que les approches logiques et sémantiques étaient indispensables pour la conception de langages de programmation bien faits et bien définis : la qualité de ces langages est essentielle car ils sont le véhicule de l'écriture des programmes. Enfin, les progrès scientifiques du domaine ont permis de développer des techniques de vérification mathématique du bon comportement des programmes ou circuits, en réalisant mathématiquement un test exhaustif de l'ensemble de leurs actions possibles. Ce sujet, récemment encore du domaine de la recherche pure, fait actuellement une percée remarquable dans l'industrie, qui est évidemment très intéressée à détecter l'existence de bugs sournois avant d'avoir à en subir les conséquences.

Les programmes agents
et leur application commerciale

par Mauricio Lopez

La technologie de programmation à base d'agents

Un ordinateur exécute des programmes (des suites d'instructions écrites dans un langage particulier compréhensible par la machine) pour réaliser des tâches diverses : calculs arithmétiques, tri par ordre alphabétique, affichage à l'écran, mémorisation sur le disque. Pour exécuter un programme l'ordinateur fait comme vous lorsque vous suivez pas à pas les instructions d'une recette de cuisine. Il manipule des « ingrédients » qui sont des textes, des chiffres, des images, en utilisant des « ustensiles » : il fait des calculs dans sa mémoire, affiche des informations sur l'écran ou les stocke sur son disque. L'informatique « distribuée » apparaît dans les années 1980. Avant, l'ordinateur fonctionnait de manière centralisée et était utilisé surtout pour effectuer des calculs : gérer des payes ou des stocks de produits, décompter et trier les voix lors des élections, modéliser des réactions atomiques.

On est passé d'une étape où tout était fait par un seul ordinateur avec des programmes monolithiques à une seconde génération mettant en œuvre un ordinateur « client » et un ordinateur « serveur ». Les programmes sur l'ordinateur client sont principalement destinés à gérer l'interaction de l'utilisateur avec l'écran, l'imprimante, etc. L'ordinateur serveur est un ordinateur plus puissant et spécialisé dans la gestion de grands volumes de données et la réalisation de calculs lourds. Cette organisation est très utilisée dans les banques, les compagnies d'assurances et les administrations.

Texte de la 255ᵉ conférence de l'Université de tous les savoirs donnée le 11 septembre 2000.

Elle permet une utilisation plus efficace et plus souple des ressources informatiques où des ordinateurs plus petits et moins coûteux réalisent les tâches les plus simples.

L'évolution a finalement abouti à l'informatique distribuée d'aujourd'hui où tous les ordinateurs sont connectés, que ce soit à un réseau local, à l'intérieur de l'entreprise, ou à un réseau plus large comme Internet. Il y a alors des ordinateurs clients (des PC) connectés à des serveurs spécialisés. Certains serveurs sont spécialisés dans la gestion des bases de données, d'autres sont des serveurs d'application (calculent la paye ou gèrent des comptes bancaires par exemple) qui peuvent accéder aux serveurs de données. Les clients se connectent aux serveurs d'application ou aux serveurs de données.

Un logiciel est un programme ou un ensemble de programmes réalisant une tâche particulière. La manière dont on organise les logiciels a aussi évolué. On est passé d'une structure centralisée et assez rigide, où le logiciel, celui calculant la paye d'une entreprise par exemple, avait un « programme principal » qui coordonnait les différentes « procédures », comme celle qui calcule les charges sociales ou celle qui imprime les chèques. Aujourd'hui, les logiciels sont organisés comme une société humaine : de la même manière que dans la société humaine il y a un plombier, un charpentier, un comptable, etc., il existe des programmes spécialisés dans la réalisation de certaines tâches. Chacun de ces programmes est appelé un « objet » *(Fig. 1)*.

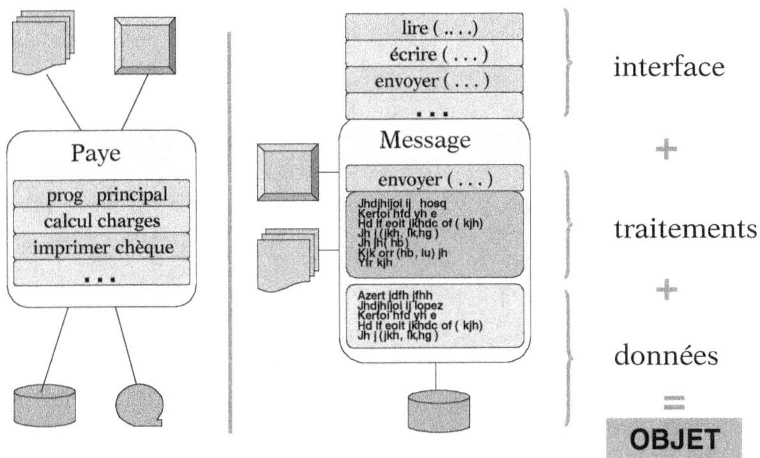

Figure 1 – Organisation des logiciels.

L'objet « Message » illustré dans la figure, qui peut par exemple gérer des messages électroniques, comporte trois parties. D'abord une interface où l'objet annonce ce qu'il peut faire : écrire des messages, les lire, les envoyer. Ensuite une partie traitements groupant les suites d'instructions réalisant les tâches dont il est capable, par exemple celle qui envoie un message. Enfin, les données manipulées, comme le texte du message, qui peuvent être gérées en mémoire ou stockées sur un disque.

Dès lors, un logiciel peut être organisé comme un ensemble d'objets qui interagissent entre eux : on parle de « programmation à objets ». La figure illustre le cas où un logiciel de gestion de courrier électronique est composé des objets *courrier, boîte aux lettres* et *message*. L'objet courrier peut demander à une boîte aux lettres particulière de se remplir avec les messages arrivant ou demander à un objet message de s'envoyer à un destinataire donné *(Fig. 2)*.

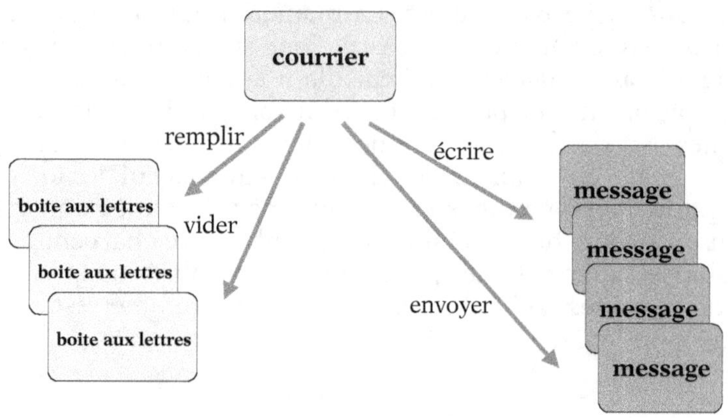

Figure 2 – Programmation à objets.

Les *agents* sont des objets remplissant, dans le cas général, quelques-unes des caractéristiques suivantes :

— Ils sont autonomes, indépendants, contrôlent leur action, sur laquelle on ne peut interférer.

— Ils sont sociables, interagissent directement avec d'autres logiciels.

— Ils sont réactifs : ils perçoivent l'environnement et réagissent au changement. Par exemple, un agent qui surveille un site Web sur les cours de la Bourse peut lire en permanence les cours et envoyer automatiquement un message lorsqu'un titre change ou atteint une certaine valeur.

— Ils sont proactifs, ils prennent l'initiative avec un but précis. Dans le cas du commerce électronique, ils peuvent négocier le prix d'un produit sous certaines conditions.

Exemples d'utilisation des agents

Un agent utilisé pour le commerce électronique peut se connecter à un site marchand, chercher un produit particulier et obtenir son prix. Éventuellement, s'il a l'intelligence nécessaire, il peut négocier le prix mais pour cela il doit avoir un agent négociateur en face de lui. Un autre exemple dans le cadre du courrier électronique : l'agent trie le courrier (amis, professionnel, urgent, etc.), met en évidence les informations que vous lui avez signalées comme importantes et peut même se connecter au réseau pour rechercher des informations complémentaires. Plus complexe encore, le programme agent peut détecter un message d'acceptation de l'article que vous avez soumis à une conférence à l'étranger et déclencher la procédure d'organisation du voyage correspondant.

On peut distinguer trois sortes principales d'agents.

Les agents *normaux*, capables par exemple de trier du courrier ou de rechercher des produits sur le Web. La plupart des agents utilisés dans des applications commerciales appartiennent à cette catégorie.

Les agents dits *intelligents* : comme dans le cadre de l'intelligence artificielle, on essaie de leur donner un comportement humain intelligent ; on va parler de la « connaissance » de l'agent et non plus des « informations » qu'il manipule. Il connaît des faits, mais est aussi capable de déduire de nouveaux faits. Il peut avoir des croyances : par exemple, si des informations ne sont pas très précises, il peut les interpréter et leur donner une valeur définitive élaborée à partir de sa croyance. Il peut agir avec une intention particulière ou parce qu'il se sent obligé. Il pourra résoudre des problèmes en collaboration : si, dans le cas de l'organisation d'un voyage, il peut régler l'hébergement mais pas le transport, il s'adressera alors à un autre agent dont c'est la spécialité. Ce type d'agent est actuellement au stade de prototype dans plusieurs laboratoires de recherche et des applications commerciales expérimentales commencent à apparaître.

Les agents *mobiles* peuvent se déplacer à travers le réseau pour s'exécuter sur différents ordinateurs selon les tâches qu'ils ont à accomplir. Ainsi, s'il est nécessaire de manipuler beaucoup d'informations sur un autre ordinateur, plutôt que de rester sur l'ordinateur d'origine et obtenir les informations à travers le réseau, ce qui génère un lourd trafic, l'agent navigue et s'exécute sur l'ordinateur où sont stockées les données. L'agent peut s'exécuter sur un ordinateur, migrer sur un autre et finir sur celui-là ou migrer encore ; son cycle de vie comporte donc plusieurs états possibles : exécution, arrêt, déplacement, reprise, fin d'activité.

L'activité des agents est rendue possible par une plate-forme d'exécution qui leur fournit les ressources nécessaires à la réalisation de leurs tâches. Un « serveur d'agents » répertorie les agents existants, leur localisation et leur état, ce qui permet de les activer ou de communiquer avec eux. Il utilise une « infrastructure de communication » pour permettre aux agents d'accéder à des informations distantes, communiquer avec des agents localisés sur d'autres ordinateurs ou migrer vers ces ordinateurs. Le serveur d'agents fournit aussi les ressources d'exécution locale comme l'utilisation de la mémoire ou l'accès à des fichiers sur disque mais il limite aussi les agents dans leur action. Par exemple, lorsqu'un agent mobile arrive sur un ordinateur il est traité comme un « étranger » : il doit prouver qu'il a le droit de s'exécuter sur cet ordinateur et toutes les actions qu'il réalise sont contrôlées par le serveur d'agents pour éviter, par exemple, qu'il accède ou modifie des données appartenant à quelqu'un d'autre. À titre d'exemple, l'environnement d'exécution disponible aujourd'hui pour le langage Java, largement répandu dans le domaine du Web, fournit déjà beaucoup des fonctions constitutives d'un serveur d'agents *(Fig. 3)*.

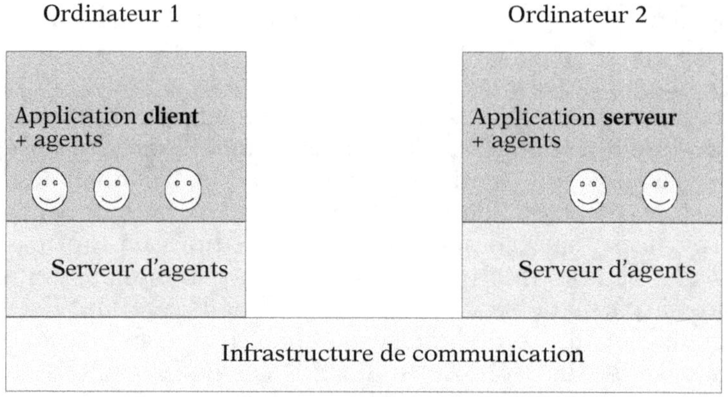

Figure 3 – Plateforme d'exécution.

Supposons une « application client », à base d'agents, chez un grand distributeur de matériel photographique, qui est capable de trouver et négocier le prix d'appareils photo numériques avec divers fabricants. Chaque fabricant dispose d'une « application serveur » qui permet d'interroger son catalogue de produits et réaliser une vente négociée. Un agent client spécialisé dans la recherche de produits migre vers l'ordinateur du fabricant où il interagit avec un agent local qui lui fournit des informations sur les produits vendus. Une fois qu'il a trouvé les produits qui l'intéressent, il revient à l'ordinateur du distributeur et communique les informations correspondantes à un agent spécialisé dans la négociation des achats. Celui-ci interagit avec son homologue côté fabricant pour négocier un prix selon la quantité commandée, les lieux et conditions de livraison, les conditions de paiement, etc. Bien entendu, tout ceci n'est possible que si un modèle commun de négociation a été défini au préalable.

Un exemple d'exploitation commerciale

Le guide d'achat sur Internet *Kelkoo.com* utilise des agents pour mettre en place son service de recherche de produits et comparaison de prix. Le problème est le suivant. Si vous souhaitez acheter un livre, par exemple *Le Zèbre* d'Alexandre Jardin, vous serez amené à vous connecter et à consulter plusieurs sites marchands sur Internet à la recherche dudit livre et des meilleures conditions de prix et de livraison. Chacun de ces sites, par exemple celui de La Fnac, Alapage ou Bol, aura une organisation différente, une manière différente de rechercher des produits et une manière différente de présenter les informations.

Kelkoo vous aide en vous permettant d'exprimer simplement ce que vous voulez, un livre dont le titre est *Le Zèbre* et l'auteur est Alexandre Jardin, pour effectuer pour vous la recherche de ce produit chez tous les sites susceptibles de le vendre. Vous obtenez un résultat clairement présenté vous indiquant quels marchands vendent le livre et dans quelles conditions de prix et de livraison. Pour ce faire, votre demande est transformée en une requête du langage standard SQL qui est alors traitée par une infrastructure de « médiation d'information » à base d'agents écrits dans le langage Java *(Fig. 4)*.

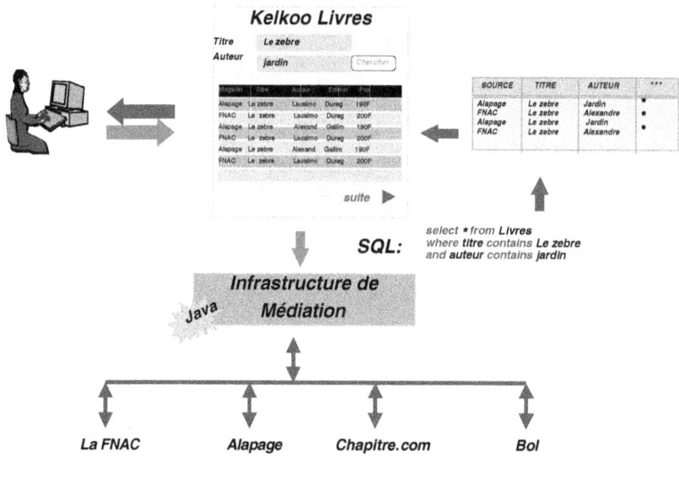

Figure 4

Pour chaque site marchand à consulter il existe un agent spécialisé qui prend en charge toutes les tâches nécessaires pour obtenir l'information souhaitée : se connecter au site, l'interroger pour savoir s'il vend le livre, naviguer à travers plusieurs pages si nécessaire en extrayant les informations sur la description des produits, leur prix, les conditions de livraison, etc. Les informations obtenues par les différents agents sont alors consolidées dans une seule réponse sous la forme d'une table à partir de laquelle s'effectue l'affichage pour l'utilisateur.

Pour illustrer plus en détail les fonctions réalisées par les agents Kelkoo, considérons le cas où un agent reçoit une requête lui demandant de trouver des informations sur des appareils photo numériques vendus par le site Internet de La Fnac pour un prix inférieur à 5 000 F. L'agent se connecte d'abord au site et interagit avec lui en utilisant le protocole HTTP *(HyperText Transfer Protocol)* pour l'interroger sur les produits vendus. Le site répond en lui envoyant des pages au format HTML qui doivent être analysées par l'agent pour extraire les informations dont il a besoin (description, prix, etc.), ce qui peut l'amener à naviguer à travers plusieurs pages. Les informations obtenues sont structurées sous la forme d'une table et certaines peuvent subir des transformations, par exemple pour mettre tous les prix au même format en francs et en euros. Finalement, l'agent filtre les données pour ne garder que celles qui répondent aux critères exprimés dans la requête qui lui a été adressée : appareils de type numérique à moins de 5 000 F *(Fig. 5)*.

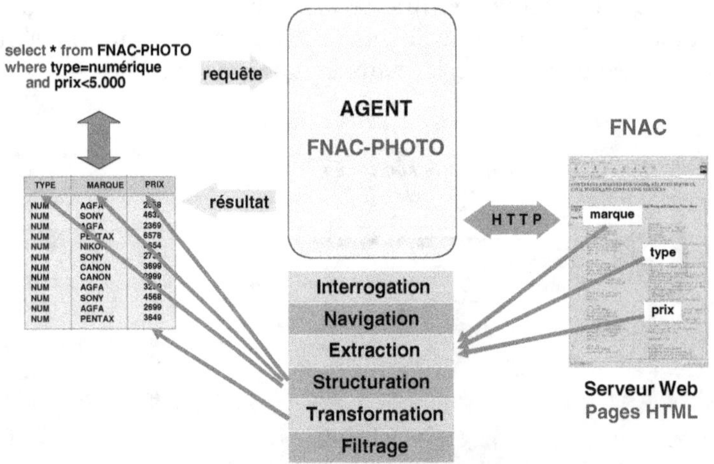

Figure 5 – Fonctions des agents.

Kelkoo a mis en place près de 2 000 agents pour offrir ce service dans plusieurs pays européens et latino-américains. Ceci a été possible grâce au fait que tous les agents ont la même structure interne et sont produits en utilisant une boîte à outils qui permet aussi de les déployer dans différents environnements, de les administrer et de les maintenir.

De la recherche à l'industrialisation
et à la commercialisation

La technologie d'agents utilisée par Kelkoo a été initialement développée par Bull et par l'INRIA dans le Groupement d'intérêt économique (GIE) Dyade pour être ensuite acquise par Kelkoo. Un travail de trois ans a abouti à un prototype des logiciels constituant les agents et l'infrastructure de médiation de l'information. Ce prototype a été alors industrialisé pour le rendre plus robuste et plus performant et la boîte à outils pour produire et gérer les agents a été développée. Ce dernier point a été fondamental pour pouvoir exploiter commercialement la technologic car il est essentiel de produire les agents de manière fiable et efficace ainsi que de garantir leur bon fonctionnement en permanence.

L'effort d'industrialisation s'est accompagné d'une prospection commerciale, d'abord dans le domaine des intranets d'entreprise ou des grandes administrations car la technologie développée permet de traiter le problème plus général de l'accès à des informations hétérogènes distribuées sur un réseau d'ordinateurs. Cette vision a rapidement évolué vers une exploitation dans le cadre d'Internet qui s'est concrétisée par un contrat pour mettre en place un service d'accès à des sites de petites annonces (auto, moto, emploi, immobilier) pour un grand portail généraliste français. Finalement le choix s'est porté sur la mise en place d'un portail guide d'achat offrant les services décrits précédemment et qui exploite avantageusement les techniques de programmation à base d'agents.

III

LA SOCIÉTÉ INFORMATIQUE :
VERS LA SOCIÉTÉ DE LA COMMUNICATION
ET LA SOCIÉTÉ DE SURVEILLANCE

Croissance et évolution d'Internet

***

par Jean-François Abramatic

Un peu d'histoire

Internet est né il y a trente ans. C'est un réseau de réseaux d'ordinateurs, conçu par la communauté des informaticiens, pour permettre l'échange (ou le partage) de données et de programmes. Les premières expériences conduites par les inventeurs d'Internet remontent à 1969. Quatre ordinateurs situés dans des universités californiennes formaient le premier réseau d'ordinateurs reposant sur un réseau de télécommunications. En 1971, le réseau se déploie sur le continent américain. Durant les années 1970, le processus de déploiement d'Internet se met en place au niveau international, essentiellement dans la communauté universitaire et celle de la recherche. L'architecture d'Internet permet en effet à tout nouveau réseau de se connecter à Internet en mettant en place une connexion avec un réseau déjà « membre » d'Internet.

Internet est, en effet, une infrastructure logicielle qui permet de construire un réseau de réseaux « au-dessus » de n'importe quelle infrastructure de communication. L'infrastructure disponible dans les années 1970 a bien entendu été construite par les opérateurs de services téléphoniques. Internet utilise, sans intervenir sur leur architecture, les ressources de télécommunications existantes.

Beaucoup de légendes courent sur l'origine d'Internet. En particulier, le fait que le financement des travaux de recherche informatique ayant produit les protocoles de base d'Internet soit issu de la Défense américaine a été largement commenté. Si ce financement a été fondamental en permettant aux chercheurs de mener

***

Texte de la 256ᵉ conférence de l'Université de tous les savoirs donnée le 12 septembre 2000.

leurs travaux, le principal élément structurant tient dans le fait que les chercheurs n'avaient pas accès aux caractéristiques internes des réseaux de télécommunications. Ils ont ainsi conçu une architecture où l'intelligence est repoussée aux extrémités du réseau. Ce choix est au cœur du succès d'Internet.

Internet repose ainsi sur un protocole universel simple, le protocole IP (pour *Internet Protocol*), qui permet à chaque ordinateur du réseau d'envoyer et de recevoir des informations d'un autre ordinateur. Cette couche isole les applications (les services) de l'infrastructure du réseau, comme le montre la *figure 1*. Cette architecture apporte à Internet ses propriétés de robustesse, de capacité de passage à l'échelle et d'ouverture à l'innovation.

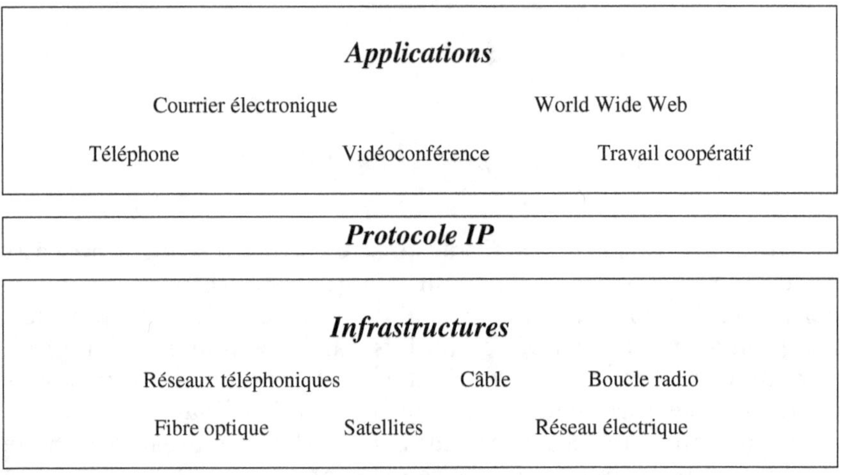

Figure 1 – Architecture logicielle d'Internet.

En effet, chaque nouvelle contribution peut directement tirer parti des innovations apportées par d'autres initiatives. Internet tire son succès de sa capacité à bénéficier des progrès technologiques à tous niveaux (matériels de communication, protocoles de base, matériels informatiques, logiciels et contenus).

C'est pourquoi Internet deviendra la plate-forme de la convergence de l'informatique, de l'audiovisuel et des télécommunications. Si les inventeurs d'Internet, au début des années 1970, ne pouvaient prévoir que le réseau de réseaux pourrait véhiculer des signaux qui dépendent du temps, tels que la voix ou la vidéo, ils ont conçu une architecture ouverte qui peut, en entrant dans le XXIe siècle, intégrer ces signaux grâce aux progrès technologiques accomplis depuis trente ans.

Quelles sont les applications d'Internet ?

Les deux applications les plus connues sont le courrier électronique et le *World Wide Web*. Le courrier électronique est un des plus anciens des services disponibles sur Internet. Il est désormais considéré comme un constituant de base d'Internet. De nombreuses organisations à travers le monde en ont fait leur mode de communication privilégié. Pour une personne physique, la présence sur Internet se matérialise par l'usage d'une adresse électronique.

Le *World Wide Web (ou Web)*, plus récent (il n'a que dix ans) a joué un rôle essentiel dans le déploiement d'Internet dans le grand public. Le Web permet en effet à l'usager d'accéder à l'espace d'informations mis à disposition par les fournisseurs de contenus. Deux tiers du trafic sur Internet au niveau mondial vient de l'usage de cette application.

Le transfert de fichiers a été disponible dès la création d'Internet. L'émergence du Web a permis au grand public d'utiliser aisément ce service. De nombreuses autres applications et services sont en cours de développement depuis le début des années 1990 (téléphonie, vidéoconférence, par exemple).

De la variété des réseaux à l'accès universel

La généralisation de l'usage du protocole IP pour le support de nouveaux services a encouragé les fournisseurs de matériels et de services de télécommunications à offrir de nouvelles infrastructures pour Internet. En plus des infrastructures de base des télécommunications (fibre optique, réseaux téléphoniques filaires), on peut utiliser Internet sur les réseaux téléphoniques mobiles, le câble, la boucle radio, les satellites, les réseaux électriques.

La richesse de l'infrastructure de télécommunications ainsi disponible permet d'envisager de donner à l'usage d'Internet un caractère universel. Ainsi est née durant les années 1990 l'ambition de faire d'Internet l'infrastructure de la société de l'information.

L'évolution d'Internet et de ses applications

Internet depuis le milieu des années 1990 est ainsi sorti des laboratoires de recherche et a été à l'origine de la création de nouveaux métiers, de nouvelles organisations, de nouvelles fonctions au sein des entreprises ou organisations existantes. Pour faire face aux défis de l'universalité, pour que les applications se développent, il faut disposer d'une base commune de protocoles et de langages. Dès sa naissance, Internet a mis au point un processus d'évolution au sein d'une organisation, appelée IETF *(Internet Engineering Task Force)*. L'IETF est encore aujourd'hui l'endroit où les débats sur l'évolution technique d'Internet ont lieu. Une culture de conception collective de l'infrastructure s'est ainsi développée. Elle a comme principe de base que les composants fondamentaux d'Internet doivent appartenir à la communauté tout entière de manière à encourager le maximum d'initiatives innovatrices. Parmi celles-ci, la plus célèbre est l'invention du *World Wide Web* par Tim Berners-Lee, alors chercheur au CERN à Genève. Les premiers composants du Web, son protocole HTTP *(HyperText Transfer Protocol)* et son langage HTML *(HyperText Markup Language)* ont ainsi fait l'objet de spécifications au sein de l'IETF.

En 1994, le succès du *World Wide Web* a incité Tim Berners-Lee à créer une nouvelle organisation, le W3C *(World Wide Web Consortium)* pour prendre en charge le développement des nouvelles fonctionnalités du Web. Depuis lors, le consortium s'est développé pour rassembler plus de 400 organisations à l'automne 2000. W3C a ainsi développé plus de vingt spécifications. Il a pris le relais de l'IETF pour l'évolution d'HTML, il a développé XML et de nouveaux langages relatifs à la représentation de données graphiques, de signaux multimédia par exemple. W3C s'intéresse également à des spécifications relatives à l'usage du Web par la société. Ces spécifications portent sur la protection des données personnelles, la signature électronique ou la protection des droits de propriété intellectuelle. De manière transversale à l'ensemble de ses activités, W3C s'attache à rendre ses spécifications compatibles avec l'usage du Web par les personnes handicapées grâce à son initiative WAI *(Web Accessibility Initiative)*.

Comme l'IETF, les résultats de W3C sont accessibles à tous. Les spécifications peuvent ainsi être utilisées par tout nouvel innovateur pour développer de nouveaux produits ou de nouveaux services avec la garantie d'interopérabilité avec les produits et services disponibles ou développés par d'autres.

Les nouveaux défis posés à Internet et au web

LES DÉFIS TECHNIQUES

Fort d'une large base installée, d'un processus d'évolution, Internet est confronté à de nouveaux défis pour progresser vers une infrastructure universelle. En premier lieu, Internet doit être capable d'atteindre l'ensemble de la population en offrant une bonne qualité de service. En second lieu, Internet doit être capable d'enrichir l'ensemble des informations disponibles en incluant de manière efficace les signaux temporels tels que le son ou la vidéo. Enfin, Internet doit être disponible à partir d'objets mobiles.

LES DÉFIS DU DÉPLOIEMENT

Une fois les nouvelles technologies disponibles, il faut assurer leur déploiement et leur mise à disposition des utilisateurs. Internet a connu, par exemple, des difficultés dans le déploiement de la nouvelle version du protocole IP, appelé IPV6. De même, les nouvelles versions d'HTML, l'introduction d'XML et de ses dérivés constituent des charges significatives en termes d'investissement et doivent trouver les raisons économiques indispensables à leur succès.

LES DÉFIS DE LA CONFIANCE

Pour qu'Internet devienne l'infrastructure de la société de l'information, il est essentiel que les utilisateurs y trouvent un espace de confiance. Les questions de sécurité des données, de protection des données personnelles, de la protection contre les contenus illicites doivent être traitées. Enfin, la gestion des droits de propriété intellectuelle doit être abordée sous plusieurs aspects (droits de propriété des contenus, droits de propriété industrielle en particulier). De nombreuses initiatives sont en cours sur tous ces sujets. Il reste que si le développement des technologies nécessaires a bien progressé, dans de nombreux cas, leur déploiement est encore à la recherche de modèles économiques.

LES DÉFIS DE L'UNIVERSALITÉ

Internet ne méritera le qualificatif d'universel que si des efforts importants sont consacrés aux problèmes d'internationalisation pour prendre en compte la variété des langues et des cultures. De même, l'objectif d'universalité requiert des efforts particuliers en matière d'accessibilité pour permettre à toute personne quels que soient ses moyens et les matériels dont elle dispose d'avoir accès aux informations disponibles sur le réseau.

L'avenir du Web :
mettre les ordinateurs au service des utilisateurs

Le Web atteindra son plein potentiel lorsqu'il sera devenu l'espace d'information universel. Dans cet espace d'information, chacun pourra mener des activités individuelles (écrire un article, publier une photo de famille), des activités collectives, au sein d'une équipe, d'une organisation, ou partager les informations avec le public le plus large. Pour cela, le Web doit devenir un moyen de communication symétrique où chacun peut avec la même facilité écrire (ou publier) et lire (ou naviguer).

Quand le Web se rapprochera de ce premier objectif grâce à la généralisation de connexions permanentes et d'outils auteurs accessibles au grand public, l'ensemble d'informations disponibles évoluera de manière trop rapide pour que l'utilisateur puisse retrouver les informations dont il a besoin sans l'aide de machines. Pour que ceci soit possible, il faut que les machines disposent d'informations « compréhensibles » sur lesquelles elles puissent effectuer les calculs (recherche, authentification, évaluation) qui permettront à l'utilisateur de consacrer son temps à l'exploitation des informations reçues et non à leur recherche ou à leur validation.

Pour qu'un tel espace d'information se développe, il faut que le Web fournisse, en plus des informations directement utiles pour l'usager, des informations utiles pour que les machines puissent effectuer les tâches répétitives qui leur reviennent. On dit que le Web doit disposer de métadonnées, « informations au sujet des informations » exploitables par des ordinateurs. On appelle cette nouvelle génération du Web, le Web sémantique. Le langage RDF *(Resource Description Framework)* développé au W3C est le premier composant du Web sémantique. Le Web permet d'accéder aujourd'hui à des documents (comprenant généralement du texte et des images). Il permet également d'accéder à des bases de données où les informations sont rangées en respectant une structure définie à l'avance. Cependant l'exploitation de ces données reste difficile dans le Web d'aujourd'hui où le langage de représentation des informations est le langage HTML. Pour que les ordinateurs puissent tirer parti de l'information de structure des bases de données, il faut que le Web repose sur un langage permettant de décrire cette structure. XML a été développé au W3C, en particulier pour répondre à cette demande.

XML sera également utilisé pour décrire les données déjà disponibles sur le Web grâce à une nouvelle incarnation du langage HTML appelée XHTML. XML fournit également l'environnement nécessaire pour décrire d'autres données telles que les données graphiques ou multimédia, par exemple.

Enfin, la disponibilité d'XML a également permis d'aborder la question de la transformation des données. Cette fonctionnalité est devenue fondamentale dans l'évolution du Web. Elle permet, par exemple, d'aborder la question de l'indépendance des données par rapport aux terminaux utilisés pour les consulter. Il est en effet essentiel pour que le Web soit un espace d'information universel que les informations soient préservées dans un format indépendant du terminal utilisé pour les lire (penser aux horaires de train que l'on peut vouloir consulter en fonction de notre situation depuis un téléphone portable, depuis un **PC** ou depuis une télévision).

Conclusion

Internet et le Web ont connu un succès étonnant alors que les produits et services disponibles étaient encore susceptibles de nombreux développements pour offrir de nouvelles fonctionnalités. La convergence de l'informatique, des télécommunications et de l'audiovisuel ouvre des perspectives dont il est difficile d'imaginer les limites. Favoriser la communication entre les hommes a souvent conduit sur le long terme vers des horizons nouveaux au bénéfice de tous. Internet et le Web offrent de nouveaux modes de communication qu'il convient à chacun d'exploiter voire d'enrichir.

Le Web, du texte à la connaissance

par Sophie Cluet

Une bibliothèque universelle et anarchique

Le *World Wide Web* est un ensemble de documents auxquels on peut accéder par le réseau Internet. Ces documents sont souvent petits (on parle plutôt de pages que de documents) et s'entre-référencent, formant ainsi une structure rappelant une toile d'araignée (*web* en anglais), dont les fils seraient des références et les nœuds des documents.

Créé par des chercheurs du CERN en 1989, le Web était à l'origine essentiellement utilisé par les différentes communautés scientifiques. Il a rapidement dépassé ce cadre et représente actuellement une banque de données considérable touchant tous les sujets et accessible à tous. Ainsi, on estime sa taille actuelle à un milliard de pages et on prévoit une multiplication par 100 d'ici les deux prochaines années. Si certaines pages ne peuvent être lues que par des abonnés, un grand nombre est gracieusement mis à la disposition de tous par des organismes dont la mission est d'informer, des sociétés pour qui le Web est un support de publicité ou de vente et des individus qui veulent communiquer leur savoir au monde.

Si la taille du Web croît de façon aussi spectaculaire, c'est qu'il y règne une grande liberté. N'importe qui peut facilement rajouter son nœud à la toile (même si certains pays tentent de légiférer). Cette liberté a un prix, le Web n'est pas organisé. Imaginez une immense bibliothèque où chacun ajouterait non pas des livres mais de simples feuillets, quand il veut, n'importe où et sans remplir de

Texte de la 257ᵉ conférence de l'Université de tous les savoirs donnée le 13 septembre 2000.

fiche descriptive. La seule façon d'accéder à une information dont on ignore l'emplacement consiste alors à parcourir tous les feuillets. À l'évidence, cette tâche est au-dessus des capacités d'un humain. Mais pas d'un ordinateur…

Des bibliothécaires dépassés

De fait, les bibliothécaires du Web sont des logiciels. Ils sont appelés moteurs de recherche (par exemple Voila, Altavista ou Google) et reposent sur des programmes dits « robots » (en anglais *crawlers* ou *spiders*) qui parcourent le Web en continu. Le parcours s'effectue en utilisant comme point de départ les adresses Internet de certains documents (c'est-à-dire, quelques nœuds de la toile) et en suivant les liens de référence entre les documents (c'est-à-dire, les fils de la toile). La collecte systématique de tous les documents autorise la construction d'index qui permettent de retrouver toutes les pages contenant un mot donné.

Cependant, un mot peut apparaître dans des milliers, voire des millions, de documents et les regarder tous peut nécessiter plusieurs jours de travail. La qualité d'un moteur de recherche va donc dépendre de sa capacité à filtrer les pages retournées. Plusieurs techniques sont utilisées à cet effet. L'une permet à l'utilisateur d'affiner sa recherche en combinant des mots de façon plus ou moins sophistiquée (par exemple, rechercher le mot « vitesse » à côté du mot « Puma »). Une autre consiste à privilégier dans les réponses certains documents « jugés » plus intéressants. Pour cela, différentes métriques sont utilisées, l'une d'entre elles prenant en compte le nombre de références vers un document. Enfin, la nouvelle génération de moteurs de recherche (par exemple Askjeeves ou Zapper) utilise des techniques d'analyse du langage naturel (à savoir humain) et propose de rechercher des concepts plutôt que des mots (par exemple, le concept de vitesse peut s'exprimer de différentes façons : km/h, rapidité, etc.), ou encore des mots mais dans un contexte sémantique (par exemple, rechercher puma dans le contexte des sciences naturelles). Hélas, l'analyse informatique de la langue naturelle n'est pas encore parfaitement maîtrisée. Les techniques existantes sont adaptées au traitement de quelques documents sur un thème donné plutôt qu'à celui de milliards de pages couvrant une multitude de sujets. Quiconque utilise les moteurs de recherche sait que même les meilleurs sont souvent insatisfaisants, retournant des centaines de documents sans rapport avec l'objet de la recherche.

Les moteurs de recherche reposent sur une utilisation exclusive de l'informatique et, notamment, de l'intelligence artificielle.

Les portails, une autre famille de logiciels de recherche sur le Web, privilégient l'intelligence humaine. Pour reprendre l'analogie avec le monde des livres, un portail peut être comparé à une encyclopédie, qui ne contiendrait que des informations trouvées sur le Web, que l'on ne pourrait pas feuilleter librement mais seulement consulter en suivant la table des matières. La plupart des portails traitent d'un domaine particulier (par exemple, le commerce pour Kelkoo), mais d'autres (par exemple Yahoo) ont la vocation de couvrir toutes les thématiques. La construction de chaque rubrique d'un portail repose sur des spécialistes qui (1) recherchent sur le Web les pages pertinentes, (2) analysent leur contenu et la façon dont elles sont organisées, (3) conçoivent la table des matières, et enfin (4) remplissent les pages de l'encyclopédie à partir de morceaux de texte sélectionnés. L'énormité de la tâche explique le fait que les portails sont incomplets.

Une équipe d'hommes, même nombreuse et bénéficiant des meilleurs outils informatiques, n'est pas à même de suivre les modifications apportées quotidiennement au Web par des milliers de personnes à travers le monde. De plus, la table des matières qu'ils proposent n'est certainement pas adaptée à toutes les questions que l'on peut se poser. Certaines questions restent tout simplement informulables.

XML, le sens en plus

En résumé, s'il n'existe pas d'outil réellement satisfaisant pour rechercher des informations sur le Web c'est que les hommes ne sont pas assez rapides pour suivre son évolution ou les machines assez intelligentes pour comprendre le contenu des documents qui s'y trouvent. Tout indique que le Web va continuer à croître de façon exponentielle. Le progrès ne peut donc venir que des machines. En l'occurrence, il est déjà en marche.

Pour accéder au Web, une personne doit utiliser un logiciel appelé « navigateur ». Pour reprendre l'analogie avec la toile d'araignée, un navigateur permet de suivre les fils de la toile en « cliquant » sur les références présentes dans un document nœud. À chaque « clic », le navigateur va chercher un document et l'affiche. Ce que voit la personne est le résultat d'un travail d'affichage et est assez différent du texte récupéré par le navigateur. Actuellement, ce texte est au format HTML (pour *HyperText Markup Language*), un mode de représentation dont le défaut majeur est qu'il ne donne aucune aide aux logiciels d'analyse de contenu des documents.

Le *World Wide Web Consortium* (W3C), un consortium regroupant plus de 400 organismes (gouvernements, sociétés, laboratoires de recherche, etc.) et dont la mission est de promouvoir des standards pour une meilleure infrastructure du Web, propose l'adoption d'un nouveau format : XML *(eXtensible Markup Language)*. Comme HTML, XML fait partie de la famille des langages informatiques à balises (en anglais *mark*). En d'autres termes, un document XML ou HTML contient du texte annoté par des balises. Cependant, alors que les balises sont utilisées en HTML pour décrire la façon d'afficher le document, les balises XML donnent de l'information sur son contenu. La manière de présenter le document à l'écran est décrite séparément par une « feuille de style ».

Pour mieux comprendre cette différence fondamentale dans l'utilisation des balises, considérons la même information en HTML puis en XML.

L'auto-radio <b>ARX24</b> est le dernier né de la série et remplace le <b>ARX14</b> . Bien qu'équipé d'enceintes d'une valeur de <i>590 F</i> , il ne coûte que <i>1 200 F</i>

Le texte ci-dessus comprend quatre balises HTML de deux types différents. Il en existe de nombreuses autres. La première balise « <b></b> » encadre le code de l'auto-radio, indiquant ainsi qu'il doit être affiché en caractères gras (*bold* en anglais, d'où le « b » utilisé seul en ouverture de balise et préfixé d'une barre « / » en fermeture). Les balises « <i></i> » indiquent quant à elles un affichage en italique. Un simple coup d'œil suffit à un humain pour comprendre ce texte. Par contre, il est très probable qu'un logiciel d'analyse de textes quelconques l'interprétera mal. Il comprendra sans doute qu'il s'agit de la description d'un produit mais, par exemple, associera le prix « 590 F » au produit de code « ARX24 » ou « ARX14 ».

Voyons maintenant une représentation XML possible de cette information (il en existe de nombreuses autres) :

<produit>
       <référence>ARX24</référence>
       <désignation>auto radio</désignation>
       <prix>
              <montant>1 200</montant>
              <unité>FF</unité>
       </prix>
       <description>
              Dernier né de la série, cet auto-radio est équipé d'enceintes d'une valeur de 590 F.
       </description>
</produit>

Tout le texte est maintenant contenu dans une balise dont le nom est « produit », laquelle comprend d'autres balises, chacune englobant l'information relative à son nom. Clairement, il faut maintenant un peu plus de temps à un humain pour comprendre le texte. Mais rappelons que les formats HTML et XML ne sont pas destinés aux personnes mais aux logiciels. De fait, le sens du texte étant maintenant « balisé », ceux-ci ne vont avoir aucune difficulté à l'extraire et être ainsi à même de l'exploiter. Bien sûr, l'exemple choisi est volontairement simple. Le langage XML ne repose pas sur un ensemble prédéfini de balises mais donne au contraire aux programmeurs la possibilité de créer leur propre balisage. La même information pourrait ainsi être codée de façon un peu (ou beaucoup) moins lisible. Par exemple :

```
<prod ref = ARX24>
        <désiProd>auto radio</désiProd>
        <P>1 200 F</P>
        <desc>Dernier né de la série, cet auto-radio est équipé
                d'enceintes d'une valeur de 590 F.
        </desc>
</prod>
```

Il est important de comprendre que, bien que certainement porteur d'ordre, XML n'a pas pour vocation de brider la liberté qui règne sur le Web. Les utilisateurs qui lisent ou publient de l'information ne devraient pas voir de grande différence entre un Web HTML ou XML. Ce sont les logiciels qui s'adapteront, pas les hommes.

Xyleme ou le bibliothécaire idéal

Bien que soutenu par le W3C depuis déjà près de trois années, XML n'est hélas pas encore très présent sur le Web. À notre connaissance, il représente moins de cinq pour mille de l'information librement accessible. L'absence ou le peu de diffusion de logiciels adaptés à la navigation et à l'édition XML est sans aucun doute responsable de cet état de fait. Mais, ces logiciels sont en cours de réalisation et devraient faire leur apparition dans le courant 2001. Nous croyons qu'il se passera alors un véritable renversement en faveur d'XML. Nous, l'équipe VERSO de l'INRIA aidée de deux équipes amies des universités de Mannheim et de Paris-XI, misons sur cette révolution. Depuis un an, nous travaillons à l'élaboration d'un système nommé Xyleme qui utilisera les bonnes propriétés d'XML pour analyser finement les documents du Web, permettant ainsi une interrogation pertinente et précise de la masse de connaissances qu'ils contiennent.

Examinons les spécificités de Xyleme. Bien sûr, comme un moteur de recherche, Xyleme fait tourner des robots en continu pour collecter l'information. Également, il indexe les documents. Cette indexation est en fait assez différente de celle actuellement pratiquée par les autres systèmes dans la mesure où, comme nous allons le voir, Xyleme répond à des questions beaucoup plus élaborées que de simples recherches par mots-clé. Mais, l'expliquer nous forcerait à rentrer dans des détails assez techniques. Voyons plutôt trois autres particularités de Xyleme par rapport aux autres outils de recherche d'information sur le Web.

STOCKAGE

Quelle que soit la question, les moteurs de recherche et portails donnent actuellement pour toute réponse une liste d'adresses de documents. L'utilisateur doit ensuite parcourir les pages correspondantes, à la recherche de l'information proprement dite. Celle-ci se trouvant rarement en un seul endroit, ce travail peut être long et, de fait, l'utilisateur abandonne souvent en cours de route. Xyleme se propose de retourner des réponses précises et synthétiques. À la question « quels sont les noms et adresses des grossistes parisiens spécialisés dans les jeux de société ? », Xyleme répondra par une liste contenant les noms et adresses des sociétés en question qui sont présentes sur le Web. Pour cela, il devra donc extraire de l'information provenant de différents documents. Cela ne peut se faire en un temps raisonnable que si les documents sont présents dans le système. Xyleme stockera donc tous les documents XML du Web. Ce stockage permettra également de conserver l'historique de certains documents. Ainsi, le système sera à même de répondre à des questions telles que « combien de personnes ont été embauchées par la société X ces 12 derniers mois ? » ou encore « quelles sont les nouveautés de la semaine en littérature espagnole ? ».

ANALYSE

Nous avons vu qu'un texte au format XML contenait des balises dont les noms étaient porteurs de sens. L'idée est d'utiliser ces balises pour poser des questions plus fines que de simples recherches par mot-clé et obtenir ainsi des réponses plus pertinentes. Imaginez un formulaire construit à partir des balises du document XML introduit précédemment. On voit bien comment des balises tels que « produit », « référence » et « prix » pourraient aider une personne à formuler une étude de prix sur, par exemple, un auto-radio et comment des documents balisés de manière similaire se prêteraient à la construction d'une réponse pertinente. Pour automatiser un tel mode d'interrogation, il reste cependant quelques difficultés à résoudre.

La plus importante est sans doute due au fait que deux documments traitant d'un même sujet peuvent contenir des balises très différentes. Cela a été illustré précédemment. Il n'est évidemment pas concevable de donner à l'utilisateur autant de formulaires qu'il existe de balisages distincts. Xyleme va donc analyser les balises, comprendre leurs similitudes et proposer sa ou ses visions d'une thématique donnée. À l'échelle du Web, cela peut paraître irréalisable. Plusieurs éléments font qu'il n'en est rien, même si la tâche reste extrêmement difficile, nécessitant parfois une intervention humaine restreinte. Tout d'abord, l'analyse ne porte pas sur des phrases d'une langue complexe mais sur des ensembles relativement petits de mots dont un logiciel peut, dans la majorité des cas, facilement comprendre le sens. Cela est vrai même lorsque les mots sont abrégés comme « desc » ou « désiProd ». De plus, le balisage indique une certaine relation entre les mots. Par exemple, « prix » est contenu dans « produit » ce qui peut laisser entendre qu'il s'agit là d'un composant du produit. Enfin, XML nous apporte une aide considérable : les DTDs (pour « Document Type Déclaration »). Ainsi, si un document XML peut porter son propre balisage (on parle alors de documents bien formés), il arrive plus souvent qu'il se déclare conforme à un balisage particulier décrit par une DTD (on parle alors de documents valides). Xyleme n'a donc pas à analyser tous les documents du Web, mais seulement toutes les DTDs, ce qui réduit considérablement la tâche. Cela est vrai aujourd'hui et devrait l'être encore plus demain. En effet, des DTDs standards sont créées dans de nombreux domaines ce qui laisse présager une diminution de leur nombre et une stabilisation de leur contenu.

Une autre difficulté, plus légère, est liée à la multitude de thématiques présentes sur le Web. Cela soulève essentiellement deux questions, comment reconnaître un document comme appartenant à un thème donné (et donc interrogeable par un formulaire donné) et comment ne pas noyer l'utilisateur dans une multitude de formulaires. Pour les raisons précédemment évoquées, associer thèmes et documents ne pose pas de problème insurmontable. Quant à l'ergonomie du système face à de trop nombreuses informations, une multitude de solutions existent. Par exemple, on peut personnaliser le système en fonction des intérêts d'un utilisateur particulier ou encore lui demander de formuler sa requête en langage naturel et utiliser certains des mots donnés pour sélectionner un formulaire et le remplir partiellement. Libre à l'utilisateur de préciser alors davantage sa question ou de la soumettre telle quelle au système.

Rappelons qu'à l'heure actuelle, les portails qui proposent un mode d'interrogation similaire ont été construits manuellement. Ils sont très spécialisés et ne couvrent qu'une faible portion du Web. En d'autres termes, il y a de fortes chances que vous ne trouviez pas le formulaire que vous recherchez quand vous en avez besoin et vous n'obtiendrez qu'une partie des réponses. De plus, ces systèmes reposent sur des formulaires fixes. Xyleme, parce qu'il repose sur des techniques d'analyse automatique des documents, permet la personnalisation des formulaires d'interrogation.

DYNAMICITÉ

Comme tous les moteurs de recherche, Xyleme est à l'écoute permanente du Web pour se maintenir à jour. Cependant, contrairement à ceux-ci, Xyleme analyse chaque nouveau document pour comprendre en quoi il peut intéresser certains de ses utilisateurs. Ainsi, une personne peut demander à être prévenue chaque fois qu'un nouveau site de vente par correspondance apparaît ou qu'un film de science-fiction se joue dans le cinéma de son quartier. Ce type de service existe déjà sur le Web. Mais, encore une fois, les systèmes qui le proposent ont été construits manuellement et sont donc incomplets. Parce qu'il est capable d'analyser automatiquement et finement toute l'information du Web, Xyleme couvre tous les sujets de façon exhaustive.

Demain Xyleme ?

Notre année de recherche a abouti à la réalisation d'un prototype qui confirme la faisabilité technique du projet. Le succès de celui-ci dépend maintenant d'un certain nombre de facteurs, un des plus importants, et hélas, des moins maîtrisés, étant le succès que rencontrera XML sur le Web. Mais, rêvons un peu, imaginons notre pari réussi dans un futur riche de documents XML. Il y a 2 250 ans, Ptolémée Ier chargeait Démétrios de rassembler toute la connaissance de l'humanité dans la bibliothèque d'Alexandrie. Xyleme est la version moderne de ce rêve. À la fois bibliothèque et bibliothécaire, Xyleme est universel. Constamment mis à jour, il réorganise ses rayons pour mieux vous satisfaire, répond pertinemment à vos questions les plus précises, vous informe dès qu'un événement que vous attendiez se produit. Il ne lui manque que la parole...

Insécurité informatique : épouvantails et dangers réels de la révolution numérique*

par Thomas-Xavier Martin

Le cadre technique : la révolution numérique

Tout l'intérêt des ordinateurs vient de ce qu'ils sont programmables : ils peuvent suivre une série d'instructions conçues *ad hoc* pour le problème à traiter. Depuis l'EDSAC, un des premiers ordinateurs construit à Cambridge (Royaume-Uni) en 1949, tous les ordinateurs sont des machines de von Neumann, ce qui veut dire qu'ils ne font pas de différence interne fondamentale entre les données qu'ils doivent traiter et les instructions (numérisées) pour les traiter. L'architecture de von Neumann est plus souple et plus efficace que les architectures concurrentes, ce qui a conduit à son adoption universelle, mais nous verrons que cette souplesse se paie en termes de sécurité.

La révolution industrielle a attendu le développement des réseaux de chemin de fer pour exploser : seul le réseau de distribution rendait rentable la fabrication de masse. De la même façon, la révolution numérique n'affecte profondément nos vies que depuis la naissance d'un réseau mondial d'échange de données entre les ordinateurs. Ce réseau est Internet.

L'architecture Internet a été développée initialement pour permettre des échanges entre des centres de calcul militaires. Le réseau devait pouvoir survivre à la destruction de certains de ses nœuds ; en conséquence, il n'y a ni centre ni point vital (qui serait une trop belle cible), et les itinéraires empruntés pour transmettre

Texte de la 258ᵉ conférence de l'Université de tous les savoirs donnée le 14 septembre 2000.
* Ce texte est dédié à l'ingénieur général des Mines Jean-Michel Yolin.

des données d'un point A à un point B sont imprévisibles (car l'acheminement des données ne doit pas dépendre d'un point vital).

Dans les années suivantes, Internet a surtout été utilisé pour des échanges entre chercheurs. Les deux caractéristiques précédentes convenaient parfaitement aux habitudes des communautés universitaires :

— Pas de centre, donc pas d'autorité capable de censurer certains travaux, et pas d'autre évaluation du travail publié que celle de ses pairs connectés au réseau.

— Une diffusion imprévisible, et donc incontrôlable, car les idées doivent circuler librement pour porter fruit ; de même, on peut seulement revendiquer la paternité d'une idée, sans aucun moyen de restreindre les applications ou l'usage qui en sont faits. En effet, c'est quand une vieille idée est utilisée de façon nouvelle que la science avance !

Pendant cette période a été inventé l'essentiel des procédés techniques aujourd'hui utilisés. Directement issus de la recherche publique, aucun brevet ou copyright ne restreint leur usage, ce qui a considérablement facilité leur adoption (une conséquence intéressante est qu'Internet, qui n'avait ni centre administratif ni centre politique, n'a pas non plus de centre technique). Sur ces bases, le réseau s'est développé jusqu'à atteindre une taille critique qui tue dans l'œuf tout projet concurrent. En s'étendant au grand public, la communauté des utilisateurs a cependant gardé les valeurs « morales » des pionniers : Internet est libre et ouvert, décentralisé, non commercial, sans gouvernement ni censure. Tout est alors en place pour faire exploser deux siècles de droit et de constructions politiques...

L'ordinateur de Satan

Après avoir planté le décor, il nous faut maintenant expliquer pourquoi il est si difficile de sécuriser les systèmes traitant des données numériques.

La plupart des objets conçus aujourd'hui le sont en suivant une approche « fonctionnelle » : l'objet doit avoir une certaine fonctionnalité, rendre un certain service, permettre d'accomplir quelque chose. La méthode de conception consiste à créer, tester, corriger ce qui ne va pas, et recommencer jusqu'à l'obtention d'un résultat satisfaisant.

Certains produits potentiellement dangereux sont quant à eux conçus selon une approche « antiaccident »* : on peut notamment

---

* L'anglais, langue usuelle des ingénieurs, fait une distinction entre *safety engineering*, terme rendu ici par « approche antiaccident », et *security engineering* traduit plus loin par « approche de sécurité ». Le français traduit *safe* et *secure* par le même mot : « sûr », ce qui complique l'exposé des différences entre les deux approches.

mentionner tout ce qui a trait aux transports (avions, trains, voitures, etc.) ou à l'accueil du public (stades, hôtels), ce qui est utilisé par des enfants (jouets), ou par des adultes de façon répétitive et machinale (machines-outils) ou même par le grand public (outils mécaniques divers). L'objectif ici n'est plus de garantir que l'objet fonctionnera comme on l'attend dans la plupart des cas ; il s'agit simplement de faire en sorte que dans des circonstances exceptionnelles, les dysfonctionnements ne virent pas à la catastrophe…

L'ingénieur chargé d'éviter les accidents dès la conception se bat contre la loi de Murphy : cet aphorisme formalisé dans l'aéronautique américaine des années 1950 stipule que tout ce qui peut arriver de nocif arrivera *(Whatever can go wrong, will !)*. L'objectif de l'approche antiaccidents est d'éviter une catastrophe face à des conditions exceptionnelles ; il n'est pas nécessaire que la fonctionnalité initiale du produit persiste, il est juste suffisant d'empêcher le pire. Pour lutter ainsi contre le hasard, on imagine les pires conditions vraisemblables, et on essaie de prévoir une façon de limiter les conséquences néfastes. Là encore, les tests jouent un grand rôle.

L'approche de sécurité est complètement distincte : elle n'est utilisée que pour concevoir des produits protégeant des biens contre la malveillance. Il ne s'agit plus de lutter contre le hasard, l'inattention ou des conditions difficiles ; il faut contrer un adversaire intelligent et déterminé, qui va provoquer des dysfonctionnements au pire moment et de la pire façon. Contrairement aux autres produits issus de l'approche fonctionnelle, un produit de sécurité n'est pas utile pour ce qu'il permet de faire, mais pour ce qu'il interdit.

Pour un produit de sécurité, les tests ne sont pas un élément central de la conception. Un test de sécurité ne prouve rien : imaginez qu'on fasse tester une serrure par un cambrioleur professionnel ; s'il parvient à la crocheter, le test prouve que la serrure n'est pas suffisamment sûre. Mais s'il ne parvient pas à la crocheter, le test n'a rien prouvé, et en tout cas certainement pas que personne n'arrivera jamais à crocheter la serrure…

Il est impossible de prouver la sûreté d'un produit. Tout au plus peut-on l'analyser en profondeur et vérifier que des attaques classiques ne marchent pas. De tels audits doivent s'exercer sur un périmètre très large et inclure la totalité du système utilisé : il est inutile de blinder sa porte et de renforcer sa serrure si les murs ne sont pas solides…

L'image de la serrure est utile, mais aussi trompeuse. Les serrures modernes sont devenues extrêmement complexes, et on pourrait penser qu'un système complexe sera plus sûr qu'un système simple. En général, c'est faux, et les systèmes complexes sont peu sûrs pour deux raisons.

La première raison tient directement à leur taille : plus il y a d'éléments et de tâches à accomplir, plus il y a de chances qu'au moins une faille existe. Le caractère modulaire des systèmes complexes aggrave le problème : les ingénieurs divisent pour régner et fragmentent un problème complexe en de nombreux sous-problèmes plus simples. La modularité est nécessaire pour résoudre des problèmes difficiles, mais elle a aussi pour conséquence de multiplier les failles potentielles : chaque module, mais aussi chaque interaction entre plusieurs modules est le lieu potentiel d'une faille de sécurité et le nombre d'interactions augmente exponentiellement avec le nombre de modules.

La deuxième raison est directement liée aux analyses nécessaires pour rechercher des failles de sécurité : un système complexe est plus difficile à comprendre, à se représenter, à analyser. Au-delà d'une certaine taille, l'analyste ne peut plus avoir en tête une image mentale complète et correcte du système et la probabilité qu'une faille passe inaperçue augmente.

Rappelons qu'il suffit d'une seule faille pour compromettre l'usage d'un système : la sécurité de l'ensemble est égale à la sécurité du maillon le plus faible... Un système complexe perd sur tous les fronts : la chaîne est plus longue, la modularité rajoute des maillons, le grand nombre de maillons empêche de tous les tester, voire même d'avoir conscience de leur existence à tous. Prenons ce que nous venons de voir sur l'ingénierie de la sécurité et appliquons-le aux systèmes numériques : nos ordinateurs peuvent-ils être sûrs ? Au contraire, il est très probable qu'ils soient de vraies passoires... Tout concourt à cet effet !

D'abord, le marché pousse inlassablement à la complexité : plus de choix, plus d'options, plus de capacités, plus de fonctionnalités, plus de choses possibles ! Les décisions d'achat des ordinateurs se prennent en comparant des listes de fonctionnalités et la concurrence effrénée de ces marchés pousse chaque fabricant à rendre ses machines encore plus complexes, encore plus souples, encore plus puissantes, de façon à encourager l'obsolescence des matériels installés et leur renouvellement d'année en année.

Rappelons ensuite qu'améliorer la sécurité d'un système coûte cher : il faut des études sans fin, des analyses coûteuses, et tout ça pour un résultat sans garantie, car la sécurité ne se prouve pas. Comme les fabricants ne peuvent pas se targuer de la sécurité de leur système (ils n'en sont pas certains, même après avoir dépensé beaucoup d'argent), la sécurité de leurs produits n'est pas un argument de vente ; elle est donc maintenue au minimum acceptable par le client.

Ici comme ailleurs, c'est le client qui fixe le niveau de sécurité des produits du marché ; presque tout le monde a une idée du niveau de sécurité acceptable pour une serrure, un antivol de vélo ou une porte blindée, alors que presque personne ne dispose des compétences nécessaires pour évaluer le niveau de sécurité d'un ordinateur.

Enfin, les données numériques qui circulent sur Internet ont quelques particularités gênantes... Prenons pour exemple une suite de chiffres qui représentent un document envoyé par Alice à Bob. Ces chiffres circulent sur Internet entre l'ordinateur d'Alice et celui de Bob, et il se trouve qu'ils passent sous les yeux de Charlie. Si Charlie copie la suite de chiffres, il obtient une copie de la lettre d'Alice absolument identique à celle reçue par Bob. Cette copie est si parfaite que la notion d'original disparaît : les deux copies sont originales. Pire encore, ni Alice ni Bob n'ont aucun moyen de détecter à partir de leurs exemplaires qu'une copie a eu lieu. Si Charlie intercepte le flux de chiffres destiné à Bob, puis le renvoie à Bob sous son propre nom, Bob n'a aucun moyen de savoir que le document provenait initialement d'Alice et non de Charlie. Si Charlie intercepte le flux de chiffres et le modifie avant de le renvoyer à Bob sous le nom d'Alice, Bob n'a aucun moyen de détecter que le document a été modifié entre Alice et lui.

En d'autres termes, quand on parle des données numériques circulant sur Internet, on peut dire que la copie est parfaite et indétectable, la modification est indécelable et l'attribution est impossible.

La dernière touche sur le tableau est encore plus subtile : comme nous l'avons indiqué plus haut, les ordinateurs sont utiles parce qu'ils sont programmables et donc adaptables à différents problèmes. Mais ces programmes sont eux-mêmes numérisés et gérés par la machine indifféremment des données numériques qu'ils doivent traiter (c'est le concept de machine de von Neumann). Donc, ils ont les mêmes propriétés : copie parfaite et attribution impossible, mais surtout modification indécelable...

Récapitulons :

— L'ingénierie de la sécurité est extrêmement difficile.

— Le marché de l'informatique génère des systèmes de plus en plus complexes, et donc de moins en moins sûrs.

— Ce même marché n'a aucune tendance à améliorer la sécurité de ses produits.

— Les données numériques sont intrinsèquement difficiles à sécuriser.

— Les programmes des ordinateurs sont eux-mêmes numériques, et donc difficiles à sécuriser. Le professeur britannique Ross Anderson a donc pu dire à juste titre que la sécurité informatique était un défi similaire à la programmation contre son gré de l'ordinateur de Satan*.

L'illusion cryptographique

La cryptographie est la science des codes secrets. La cryptographie traditionnelle proposait une solution au problème de la

---

* Anderson (R.), *Programming Satan's Computer* ; http://www.cl.cam.ac.uk/ftp/users/rja14/satan.ps.gz

confidentialité, mais pas aux autres questions soulevées ci-dessus. Un immense espoir naquit au début des années 1980, avec la naissance de nouvelles techniques de cryptographie, dites « asymétriques ». On allait pouvoir signer des documents numériques, les transmettre en toute confidentialité, en garantissant leur intégrité, aux destinataires prévus et seulement à eux.

Petit à petit, les universitaires honnêtes ont commencé à se rendre compte que le problème n'était pas si simple, comme nous allons l'expliquer. Mais avec l'explosion d'Internet, ce qui n'était qu'une discipline universitaire dont l'application se limitait à la diplomatie est devenu un secteur industriel en plein essor, où le discours convenu est toujours celui d'un avenir radieux et fortement sécurisé sans aucun nuage. L'illusion cryptographique, entretenue par ceux qui y trouvent un intérêt financier, consiste à prétendre que l'ajout d'une couche de cryptographie sur nos ordinateurs suffira à nous préserver de tous les maux décrits ci-dessus.

Malheureusement, la sécurité d'un système doit s'envisager globalement et ne peut donc se réduire à la cryptographie. Pour sécuriser un ordinateur connecté à un réseau, il faut vérifier la qualité des primitives cryptographiques, mais aussi analyser les protocoles d'utilisation (quelles informations sont échangées et sécurisées, et dans quels buts ?), puis s'intéresser à l'architecture de l'ordinateur (les données numériques à sécuriser sont-elles accessibles directement et en clair quelque part ?), à la structure du réseau, aux interactions avec les autres ordinateurs, à l'environnement physique des machines, et enfin à l'utilisateur, qui peut être complice ou manipulé...

La sécurité des systèmes numériques apparaît ainsi comme un véritable oignon aux multiples couches. Chaque couche s'analyse et se sécurise de façons différentes, et il suffit d'une seule faille dans une seule couche pour compromettre la sécurité de l'ensemble. La cryptographie est ainsi replacée à sa juste valeur : une solution de sécurité pour la couche la plus profonde, qui ne règle en rien les problèmes des couches supérieures...

Tout ceci reste très théorique, et le fonctionnement réel des systèmes numériques prétendus sécurisés n'a fait l'objet que de peu d'études jusqu'en 1995. Ross Anderson publia cette année-là un article intitulé *Pourquoi les systèmes cryptographiques échouent**, qui fut un coup de tonnerre dans le ciel bleu des cryptographes. Après avoir étudié près d'une centaine de cas de pénétration de systèmes numériques prétendus sécurisés (essentiellement bancaires), Anderson démontra que toutes les failles qui avaient été exploitées se trouvaient dans les couches supérieures de l'oignon, et pas dans la couche cryptographique.

---

* Anderson (R.), *Why Cryptosystems Fail* ; http://www.cl.cam.ac.uk/users/rja14/wcf.html

Anderson a distingué deux grandes catégories de causes ayant permis les pénétrations : les erreurs d'implémentation et les décisions de gestion ineptes. Dans le premier cas, des failles béantes persistaient dans les couches intérieures de l'oignon. Anderson cite le cas d'un fabricant de distributeurs à billets dont les couches cryptographiques étaient parfaites, mais qui, pour les besoins des tests du mécanisme de distribution des billets, avait programmé l'ordinateur de façon telle qu'un code de 10 chiffres tapé sur le clavier avait pour résultat la distribution automatique des dix premiers billets de la pile. Tant que cette manipulation fut réservée aux opérateurs de l'usine chargés des tests, il n'y eut pas de problème ; mais une série de distributeurs fut livrée aux banques avec cette fonctionnalité toujours en place et le code mentionné explicitement dans le manuel d'utilisation. Le chiffre des pertes survenues en quelques jours ne fut jamais divulgué. Anderson matérialisait ainsi la réalité de l'oignon ; mais sa contribution la plus importante réside dans l'analyse de la deuxième catégorie de causes (les décisions de gestion) et dans la prise de conscience publique qu'un système sécurisé devait vivre avec ses utilisateurs, loin du laboratoire où on l'avait conçu. L'utilisateur, évoluant dans une structure sociale et hiérarchique donnée, prenait ainsi toute l'importance qui est la sienne dans l'analyse de la sécurité d'un système.

Au fil des années, à la suite d'Anderson, on se rendit compte par exemple que :

— Une politique de sécurité trop stricte sera contournée par ses utilisateurs.

— Les spécialistes de la sécurité d'une banque préféreront se taire plutôt que d'attirer l'attention sur les conséquences néfastes d'une décision prise très haut dans leur échelle hiérarchique.

— Il est facile de manipuler au téléphone un employé bancaire pour obtenir la communication d'informations sensibles disponibles dans le système sécurisé de la banque.

Le facteur humain devient alors central dans la mise en place de systèmes sécurisés, dans leur cycle de vie et d'utilisation. La publication en 1998 par une doctorante de l'université américaine Carnegie-Mellon (Pittsburgh, Pennsylvanie) d'un article intitulé « Why Johnny can't encrypt* » a orienté les recherches modernes dans une nouvelle direction : Alma Whitten a demandé à une série d'étudiants habitués à manipuler un ordinateur d'utiliser un logiciel commun de cryptographie pour envoyer un courrier électronique sécurisé à un correspondant fictif. Bien qu'ayant à leur disposition un ordinateur où tous les logiciels étaient parfaitement installés, ainsi que les manuels du logiciel de cryptographie, aucun parmi la vingtaine de cobayes n'a réussi à envoyer le message

---

* Whitten (A.) et Tygar (J.D.), « Why Johnny can't encrypt » ; http//www.cs.cmu.edu/~alma/johnny.pdf

crypté au bout d'une heure et demie d'essais. Pire encore, plus de la moitié des étudiants ont envoyé le message en clair sans s'en rendre compte.

Dans la continuation des travaux de Whitten et à partir de ma propre expérience des systèmes sécurisés, j'ai été amené à formaliser un principe empirique conçu sur le modèle du principe de Heisenberg (qui stipule qu'on ne peut connaître précisément à la fois la position et la vitesse d'une particule élémentaire).

PRINCIPE DE WHITTEN

Pour un système numérique, le produit du niveau de sécurité par la facilité d'utilisation ne peut dépasser une constante fixe. En d'autres termes, il y a un moment où l'on ne peut augmenter la sécurité d'un système sans diminuer sa facilité d'utilisation. Une troisième formulation, plus lapidaire : un système facile à utiliser ne peut pas être sûr et un système sûr est difficile à utiliser.

Reprenons : la sécurité d'un système installé peut être anéantie par une seule décision de gestion inepte ; le facteur humain garantit une instabilité importante ; les systèmes sûrs sont quasi inutilisables par le grand public.

« Et pourtant, elle tourne ! » aurait dit Galilée à l'annonce du verdict de son procès ; et pourtant, chacun d'entre nous utilise chaque jour des systèmes numériques prétendus sécurisés : cartes bancaires, téléphones portables, distributeurs à billets, etc. Pour les spécialistes du sujet, aucun de ces systèmes destinés au grand public n'a un niveau de sécurité adéquat ; et pourtant, nous les utilisons !

Deux logiques s'affrontent : pour les industriels, le manque de sécurité de leurs systèmes est géré comme un risque : si le coût de la fraude à la carte bancaire est significativement inférieur au montant des commissions encaissées par les banques, pourquoi celles-ci dépenseraient-elles de l'argent pour améliorer la sécurité du système ?

Pour les citoyens, il est impossible, sauf à une minorité, d'avoir un avis objectif sur le niveau de sécurité d'un système. Tout se joue sur l'image perçue et sur la confiance placée, souvent aveuglément dans le système.

Les enjeux financiers autour de ces systèmes sont énormes, et conduisent souvent les industriels à employer tous les moyens à leur disposition pour contrôler l'image perçue par le public, et par là même préserver leurs bénéfices, parfois au détriment de quelques individus, de plus en plus aux dépens de la société tout entière. Nulle part ceci n'est plus visible aujourd'hui que dans le domaine de la propriété intellectuelle.

Le grand massacre des droits de propriété intellectuelle

À partir du moment où un texte, un enregistrement, une photo ou un film sont numérisés, la quasi-totalité des droits de propriété intellectuelle qui leur sont rattachés meurent. En effet, comme nous l'avons mentionné plus haut, la copie et la diffusion des données numériques sont incontrôlables et anonymes.

Seul le droit d'être reconnu comme l'auteur persiste dans le monde numérique : la qualité d'auteur se prouve toujours par l'antériorité matérialisée par une copie physique (déposée chez un notaire ou auprès d'une société d'auteurs). Par contre, la possibilité pour les détenteurs des droits (qui sont souvent distincts des auteurs) de gagner de l'argent en contrôlant la distribution ou la reproduction des œuvres disparaît. La révolution numérique induit sur ce point une rupture complète avec le droit existant.

En fait, toute la construction juridique et sociale autour de la propriété intellectuelle n'existe que parce que jusqu'à présent la copie et la diffusion étaient chères et lourdes à mettre en œuvre. Il est rentable de poursuivre un contrefacteur qui produit et distribue des copies « pirates » d'un CD parce que le résultat de l'enquête sera la saisie de l'usine de duplication, et le démantèlement du réseau de distribution. La perte prévisible pour le contrefacteur est dissuasive et l'enquête se conclut par une diminution notable du nombre de copies « pirates » en circulation, au bénéfice du détenteur des droits.

À partir du moment où chacun peut, pour quelques dizaines de francs, diffuser, copier, échanger, modifier tous les contenus numériques disponibles, les lois deviennent obsolètes : quand tout ordinateur peut dupliquer pour un coût quasi nul, quand Internet sert de réseau de distribution, quand personne ne gagne d'argent avec les copies réalisées, quand il est extrêmement difficile d'identifier avec certitude chacun des nombreux individus impliqués, que peut-on faire ?

Face à ce constat, de nombreux Cassandres annoncent la mort de l'art et de la culture, puisqu'on ne peut plus rémunérer les artistes. C'est oublier un peu vite que la propriété intellectuelle est une création récente et faire bon marché de tous les artistes antérieurs au XVIIIe siècle dont les œuvres, pourtant produites en des temps où la propriété intellectuelle n'existait pas, remplissent les musées et les bibliothèques.

On pourrait aussi rappeler que le système actuel ne rémunère pas vraiment les créateurs, mais plutôt les employés et surtout les patrons des cartels de la distribution. Peu d'écrivains vivent aujourd'hui de leur plume en France, mais rares sont les éditeurs affamés. Le cas des chanteurs à succès est encore plus instructif : comme l'a récemment rappelé la star américaine Courtney Love, l'essentiel des profits réalisés sur la vente des disques revient aux maisons de disques et pas aux artistes, qui ne sont même plus en général propriétaires de leurs œuvres*.

Le financement de la création artistique se fera toujours, mais par des méthodes nouvelles ou oubliées : le sponsorat et le mécénat vont refleurir ; le pourboire réhabilitera la représentation (une expérience en direct qui ne peut être numérisée !) ; quelques écrivains deviendront feuilletonistes, genre qui a quand même donné Balzac ; on peut même envisager des méthodes inédites de financement, qu'expérimentent dès aujourd'hui des artistes comme les chanteurs Courtney Love, Prince, David Bowie, ou des écrivains comme Stephen King.

On pourrait aussi considérer que la décommercialisation prochaine de l'art n'est pas une mauvaise chose, et qu'il n'est pas forcément nécessaire de rémunérer tous les créateurs pour les inciter à créer... Mais ceci ne fait certainement pas les affaires de tous ceux qui gagnent de l'argent avec des droits de propriété intellectuelle.

Aux États-Unis, les « empereurs du contenu » (sociétés de distribution de disques, de livres, de films, détentrices de droits de propriété intellectuelle) constituent un lobby organisé, riche et puissant. Le Congrès américain, complètement dépendant des dons finançant les campagnes électorales, a ainsi été amené au cours des dernières années, à étendre l'ensemble des droits de propriété intellectuelle, à la fois sur ce qu'ils couvrent et sur leur durée de vie. Le résultat est un appauvrissement marqué du domaine public et une perte nette pour la société dans son ensemble.

Pire encore, des lois pénales ont été adoptées, qui se traduisent par des pouvoirs accrus aux forces de police, des peines allongées, et une réduction importante de droits traditionnels proches des libertés fondamentales (droit de citer, droit de critiquer, droit d'archiver, droit de prêter). Le renforcement de la propriété intellectuelle conduit à plus de répression, plus de contrôle des citoyens.

Droit et stabilité sociale : les vrais enjeux de la révolution

Les évolutions des techniques peuvent sembler effrayantes ; il serait cependant naïf de croire qu'elles détermineront à elles seules

---

* Love (C.), Conférence de presse du 16/05/2000 ; http://www.salonmag.com/tech/feature/2000/06/14/love/

la physionomie de nos sociétés futures. Les décisions législatives façonnent notre monde ; le rôle d'arbitrage entre les diverses parties de la société revient à l'État et aux organes législatifs, qui doivent définir l'intérêt général.

Il est quasiment inconcevable qu'un système numérique déployé à grande échelle soit parfaitement exempt de dysfonctionnement et parfaitement inattaquable. Quand ces problèmes se présenteront, la question majeure restera : qui, des industriels ou des citoyens utilisateurs, portera le chapeau ? L'attribution des responsabilités financières et pénales pour chacun de ces systèmes, existants ou futurs est un enjeu majeur dont les résolutions auront une énorme influence sur la structure même de nos sociétés.

Deux exemples largement répandus illustrent la question de la responsabilité financière : dans le cas de la carte bancaire, l'État a tranché par la loi ; l'essentiel du coût de la fraude est supporté par les banques exploitantes. Les conséquences des faiblesses du système sont donc assumées par ceux qui peuvent avoir une action correctrice sur celui-ci. Inversement, pour les téléphones portables (ou pour l'accès à Internet par le câble), les exploitants industriels ont réussi à faire porter le chapeau financier aux utilisateurs, en rédigeant des contrats de service léonins et abusifs. (On ne peut que constater l'insupportable lenteur des services de l'État chargés de protéger les consommateurs à s'attaquer à ces pratiques.)

Au-delà de la question importante de savoir qui paiera les pots cassés, reste un sujet peu abordé en France jusqu'à présent : qui ira en prison ? Compte tenu de ce qui a été exposé ci-dessus quant au manque de fiabilité intrinsèque de tout ce qui est numérique, on pourrait penser que des données numériques n'auraient aucun caractère de preuve en matière pénale. En France, peu de juges ou d'avocats sont au fait de ces notions (les juristes sont le plus souvent issus des filières littéraires et non scientifiques) ; peu d'experts sont appelés à démonter devant les tribunaux les faiblesses ontologiques des systèmes numériques, et la jurisprudence s'oriente assez mal pour l'instant.

Mais il suffit de quelques procès importants pour changer une jurisprudence. La loi se change moins facilement, et les gouvernants de tous les pays occidentaux rivalisent de rapidité pour promulguer des lois nouvelles traitant du monde numérique. À de rares exceptions près, ces lois sont rédigées par des gens trop âgés, méconnaissant les problèmes, influencés par les lobbies industriels, pressés par des impératifs démagogiques. Souvent, ces lois font fi des réalités les plus évidentes et sont quasiment inapplicables. Parfois, leur application résulte en une très forte diminution des libertés publiques auxquelles nous sommes habitués.

Comme l'a écrit John Katz : « tout ceci laisse le citoyen lambda, l'utilisateur principal de la technologie, dans une position insupportable, coincé entre une élite technique qui le dépasse rapidement et une structure de pouvoir ignorante qui répond sans comprendre et promulgue des lois idiotes*. »

La première crise est déjà sur nous : comme nous l'avons mentionné plus haut, de nombreuses lois récentes étendent et renforcent la propriété intellectuelle. Ces nouvelles lois instaurent un contrôle accru sur la copie, c'est l'essence même du *copyright*. Mais dans le monde numérique, la lecture, c'est la copie ! Pour lire un document disponible sur Internet, il faut le répliquer d'ordinateur à ordinateur. Une fois une copie du document parvenue à l'ordinateur du lecteur, plusieurs copies internes sont encore nécessaires avant l'affichage final sur l'écran ou l'impression. Permettre à certains de contrôler la copie, c'est, très vite, leur donner un droit de regard sur ce que nous serons autorisés à lire.

RÉFÉRENCES

- Le site de Jean-Michel Yolin : http:/yolin.net
- Le site professionnel de l'auteur : http://nulladi s.com/txm/
- Le site de cette conférence : http://nulladies.com/utls/
- Adresse électronique de l'auteur : txm@m4x.org

---

* Katz (J.), *Selfish Society* ; http://slashdot.org/features/00/07/24/202207.shtml

Protection de la vie privée
et société de surveillance et d'information

par Cécile Alvergnat

L'avènement d'une société et d'une économie de l'information dont Internet est l'infrastructure la plus importante, représente l'un des phénomènes majeurs de la fin du XXe siècle. L'actualité nous permet d'assister en direct au bouleversement apporté par les nouvelles technologies de l'information et de la communication (NTIC) dans la vie quotidienne de chacun, que ce soit à travers l'école, le lieu de travail, le domicile. De nouvelles formes d'échanges s'imposent, que ce soit au niveau de l'information, de l'économie et du commerce, de la politique, de l'administration ; son accessibilité mondiale en fait un formidable outil au service de la liberté d'expression et des échanges entre les personnes.

Avec la micro-informatique, nous avions déjà mesuré et constaté les avantages et les inconvénients des capacités sans cesse améliorées de traitement, de stockage et de transfert des informations. Aujourd'hui, avec l'essor d'Internet et sa mondialisation, nous découvrons réellement ce que change dans notre vie, l'accès généralisé aux informations, la facilité de leur collecte et de leur traitement, mais également la facilité de leur transmission.

Les NTIC créent de nouvelles formes d'échanges

Plusieurs phénomènes complémentaires y contribuent. L'accès à Internet se développe d'une manière importante : à ce jour, sont

Texte de la 259e conférence de l'Université de tous les savoirs donnée le 15 septembre 2000.

connectés au réseau Internet 7 millions de personnes en France, 90 millions en Europe et 360 millions dans le monde.

Internet n'est pas un monde homogène et uniforme, de ce fait ce n'est pas un monde stable : par leur nature, ces technologies ouvrent de nombreuses voies pour de nouveaux usages dont à ce jour nous n'avons perçu qu'une faible part. D'autant plus que la technologie évolue avec une rapidité sans précédent, due au fait que les transformations sociales et techniques se nourrissent directement les unes des autres et s'enrichissent en continu.

Une découverte faite à l'un des bouts du monde peut être testée immédiatement sur plusieurs continents, observée, transposée et déployée très vite. Ce raccourcissement de l'espace temps et cette réactivité immédiate changent radicalement les donnes en matière d'échange. Ajoutons qu'Internet est constitué d'un ensemble de fonctionnalités qui permettent d'imaginer des usages très nombreux et totalement nouveaux. Si bien qu'Internet n'est pas encore un monde stable.

Internet est une technologie universelle, pensée pour convenir à tous types de réseaux et d'ordinateurs. Les protocoles de communication d'Internet sont bien plus flexibles que ceux que nous connaissions jusqu'à présent.

De ce fait, Internet offre de nombreuses possibilités. Il s'adapte à de multiples terminaux : télévisions, téléphones mobiles, assistants numériques personnels, voire autres objets, livre électronique *e-book*, terminaux MP3 pour la musique, four à micro-ondes, etc. qui peuvent communiquer chacun et ensemble avec le réseau. Il réunit sur un même support des médias jusqu'alors séparés : le son, l'image fixe et animée et le texte. Il s'achemine au travers de réseaux divers : téléphonie, câble, satellite, électrique, etc.

Cette convergence des terminaux, des réseaux et des médias facilite la création de bases de données de plus en plus riches et nombreuses, qui ne se contentent plus de garder en mémoire notre état civil, mais enregistrent également des données comportementales souvent à notre insu (*cookies*, *tracking*, analyse des pages vues, webcam, etc.) de manière de plus en plus riche, précise, et ce, à de multiples occasions au travers de nos navigations. La dimension internationale du réseau Internet permet les flux trans-frontières de données et une circulation internationale des informations — entre des pays où les cultures et les législations ne sont pas en harmonie.

Chaque nouveau mode de transport a changé les modes de distribution et de commerce. La voiture a permis la création des hypermarchés, hors des villes. Internet apporte le marketing et la vente personnalisée. Le marketing *one to one* entraîne des changements sans précédent dans la manière de penser marketing et dans les processus de mise en application ; le but étant de se rapprocher le plus possible du client, par une connaissance affinée de ses goûts et de ses préférences.

C'est à ce moment qu'Internet, les nouvelles technologies et les bases de données comportementales prennent toute leur dimension. Cela permet de passer d'un consommateur universel auquel on proposait un produit standard, à un consommateur unique, reconnu, auquel on propose le produit spécialement conçu pour lui.

L'importance de la boîte aux lettres électronique (e-mail) et des techniques dites *Push* (possibilité de pousser de l'information, par exemple *Newsletter* dans l'e-mail d'une personne) est un phénomène apparu avec le réseau Internet et le *one to one*. Selon le communiqué de presse de l'AFA (Association française des fournisseurs d'accès Internet), le nombre de mails envoyés par jour par leurs membres a progressé de 9,1 % et s'élève à 3 460 000 (un message adressé à de multiples correspondants est compté comme un seul mail).

L'exemple du *spamming* est à ce titre intéressant. Le rapport établi par la Commission nationale informatique et libertés (CNIL) sur ce thème rappelle la véritable portée du problème. En effet, en matière de publipostage électronique, il existe trois situations radicalement différentes : le publipostage électronique à l'égard de clients ou visiteurs ayant communiqués leur e-mail, à l'égard de prospects à partir de listes d'e-mails obtenues auprès de tiers, ou, enfin, à l'égard de prospects à partir d'e-mails captés dans les espaces publics de l'Internet.

Les deux premières situations sont encadrées par la loi comme dans le publipostage en marketing direct ; seule la troisième situation dans le cas de prospections non sollicitées pose problème, car la collecte constituant les fichiers d'e-mail utilisés pour la prospection a été faite de façon automatisée dans les espaces publics d'Internet à l'insu des personnes.

Il en est de même pour les nouveaux modes de fonctionnement de la publicité sur Internet qui permettent à l'internaute d'interagir sur la réception des messages publicitaires qui lui sont réservés. Prenons un exemple comme le site Bananalotto où un jeu gratuit oblige l'internaute à cliquer sur une pub pour pouvoir valider son jeu. Ce qui fait qu'il est automatiquement rerouté sur le partenaire publicitaire. Bien entendu, cela permet d'avoir au passage des informations sur le joueur.

Ajoutons que les fichiers clients sont l'une des richesses principale des sociétés de commerce en ligne.

Un puissant instrument de collecte
de données personnelles

Sur Internet,

— Le coût d'acquisition des données personnelles est quasiment nul puisque le client saisit lui-même ses données sur le réseau. Elles arrivent donc directement numérisées auprès du collecteur.

— Un grand nombre de traces invisibles sur nos comportements, nos goûts, nos lectures, etc. sont générées qui pourront être exploitées dans le but de mieux nous connaître.

— Sont possibles un stockage, un traitement, un accès et une transmission de l'information plus larges et moins chers.

La constitution d'un fichier de données personnelles résultait jadis d'une volonté, d'un choix de l'administration ou d'une entreprise, les fichiers étaient physiquement éloignés les uns des autres, exploités sur des supports et avec des formats différents, ce qui rendait les opérations d'interconnexion complexes et onéreuses.

Aujourd'hui, nous pouvons être « fichés » de façon très fine du fait de la performance des technologies et des réseaux, de la standardisation des logiciels et de la vulgarisation et simplification de la technologie. Rappelons que cela concerne la vie quotidienne de chacun. Quels sont les divers moyens qui permettent de nous suivre et de nous ficher avec le réseau Internet que ce soit dans notre vie personnelle ou professionnelle.

LES DONNÉES DE CONNEXION

À chaque connexion, le fournisseur d'accès récupère des données d'identification : adresse IP identifiant la machine, numéro de téléphone, heure et durée de la connexion.

LES DONNÉES DÉCLARÉES

Ce sont les informations que l'on choisit de communiquer :

— données d'identification personnelle : noms, adresse, téléphone, e-mail, nécessaires dans beaucoup de cas pour que l'on puisse livrer la commande (voir par exemple www.Telemarket.fr).

— préférences, pôles d'intérêt, profil. C'est un questionnaire auquel il faut répondre pour avoir accès à un service, exemple : meilleur taux de crédit (voir www.meilleurtaux.com).

LA TRACE DE LA NAVIGATION

La quasi-totalité des sites utilisent des *cookies*. Ce sont des petits fichiers émis par les serveurs des sites visités, qui sont déposés sur le disque dur du micro-ordinateur et permettent ainsi au responsable des sites de mémoriser toutes les informations sur la navigation effectuée, à savoir les sites consultés, la fréquence des visites, la date de la dernière visite, les thèmes qui intéressent, etc.

Premier complice de cette surveillance, les navigateurs (Internet Explorer ou Netscape Communicator). Pour vous aider à comprendre et savoir vous protéger, voir le dossier Vos traces sur le site de la *CNIL*, sur www.cnil.fr.

LES INFORMATIONS ISSUES DES FORUMS DE DISCUSSIONS ET DES ESPACES PUBLICS DE L'INTERNET

La capacité des moteurs de recherche est sans limite et pratiquement aucune information diffusée en clair sur le réseau n'y échappe. Ces moteurs permettent à quiconque d'obtenir :

— L'adresse électronique d'une personne inscrite dans une base de données, ou sur des espaces publics tels que les forums de discussion, des sites d'entreprise, accessibles à partir du réseau.

— L'ensemble des sujets de discussion auxquels une personne a contribué ainsi que leurs contenus ; en fait des informations de toutes natures, opinions, goûts, etc. que cette personne transmet dans le contexte particulier d'un échange entre plusieurs personnes et dont la seule finalité est une discussion.

— La fin de l'anonymat sur Internet. En effet, il suffit de saisir le nom d'une personne dans un moteur de recherche pour que s'affiche la liste des sites où cette personne est mentionnée, que ce soit dans des listes de membres de groupes de discussion, d'annuaires d'associations mis en ligne sur le web, d'une référence bibliographique, d'une participation à un colloque, etc. cela peut suffire à constituer un dossier assez détaillé sur quelqu'un.

LA LOCALISATION GÉOGRAPHIQUE

L'explosion de la téléphonie mobile (25 millions de portables en France aujourd'hui, dont 10 000 connectables au réseau Internet, qui devraient passer à 40 millions de connectables dans les 3 ans), permet d'offrir des services basés sur le fait que l'utilisateur du mobile est joignable à tout moment et instantanément. Demain, avec le système de la triangulation (à partir de trois bornes d'un opérateur il sera possible de localiser un portable en s'appuyant sur la technologie GPRS — localisation à 10 mètres — et demain sur la technologie UMTS — localisation à 1 mètre), de nouveaux services enverront sur un portable des informations locales, telles que l'adresse du restaurant, de la station d'essence la plus proche le tout accompagné d'un plan d'accès.

La vidéosurveillance : avec des webcams, petites caméras reliées au réseau Internet, il est possible de mémoriser des images selon des critères définis (suivi comportemental dans un lieu physique par exemple) qui permettent de constituer des fichiers structurés.

DANS L'ENTREPRISE

Disque dur, e-mail et connexions sur Internet regorgent d'informations sur l'activité des salariés sur le lieu de travail. Elles peuvent être utilisées par les employeurs pour contrôler la productivité de leurs employés. Selon une enquête de l'American Management Association, 45 % des entreprises américaines surveillent électroniquement leurs employés en lisant leurs e-mails, leurs fichiers informatiques ou en contrôlant l'usage qu'ils font d'Internet.

Rappelons le cas de la société Orange en Grande-Bretagne qui a licencié 60 personnes sous le prétexte qu'ils consultaient des sites pornographiques pendant les heures de travail. En France, la plupart des grandes entreprises s'appuient sur des chartes d'utilisation. Pour exemple, chez Renault, il existe un code de déontologie précisant les règles de conduite de base des salariés de l'entreprise.

Selon la CNIL, certaines chartes ne seraient pas négociées avec les représentants du personnel et les syndicats qui ne sont pas encore assez sensibilisés sur les modes de traitement des données nominatives.

LA BIOMÉTRIE

C'est la reconnaissance de la personne à partir de l'une de ses composantes comportementales ou physiques, à savoir la reconnaissance vocale, l'identification par l'iris, par la morphologie du visage ou par l'empreinte digitale. S'appuyant sur le réseau Internet, l'utilisation de la biométrie permettra de constituer, là encore, des bases de données personnelles.

Des moyens pour créer la confiance et la sécurité

La communication, le commerce électronique sur le réseau Internet privent les deux parties du contact physique qui est bien souvent nécessaire à l'établissement d'une relation de confiance.

La sécurité des transactions ne concerne pas les seuls échanges monétaires sur Internet. En effet, la dématérialisation des échanges électroniques couvre de larges secteurs. Qu'il s'agisse de l'envoi de documents personnels ou professionnels, de publications juridiques ou autres comportant des informations nominatives, de bases de données qui revêtent un caractère public, de bases de données privées, l'ensemble diffusé sur le réseau international et grand public qu'est Internet, appelle à une grande vigilance.

Les derniers sondages effectués auprès des utilisateurs d'Internet montrent bien où se situent les craintes dans l'utilisation du réseau. 70 % des internautes américains déclarent quitter les sites qui leur demandent des informations, ou fournir de fausses informations aux sites auxquels ils répondent (source OCDE, 1999).

Comment répondre à ces craintes ? Par des règles claires et précises et des technologies permettant leur effectivité. C'est le rôle de la régulation après concertation des citoyens, des consommateurs et des professionnels. Il en est ainsi de la cryptographie, de la signature électronique, des données personnelles et de la vie privée, du commerce électronique, des télécommunications...

Les principes généraux, les obligations et les droits concernant ces domaines, indispensables à la sécurité sur Internet, ont été chacun validés par des directives européennes acceptées par l'ensemble des États membres de l'Europe. Elles sont d'ores et déjà transposées ou sur le point de l'être, dans le droit national de chaque pays de la Communauté.

À cela, ajoutons les solutions technologiques qui peuvent permettre de rendre effectif ce droit et qui existent dans de nombreux domaines, et les chartes, labels, certificats et codes de bonne conduite, instaurés par le monde des professionnels et des consommateurs.

Le retour aux valeurs de la République

La Déclaration des Droits de l'homme et du citoyen de 1789 précise dans son article IV : « La liberté consiste à pouvoir faire tout ce qui ne nuit pas à autrui, ainsi l'exercice des droits naturels de chaque homme n'a de bornes que celle qui assurent aux autres membres de la société, la jouissance de ces mêmes droits. Ces bornes ne peuvent être déterminées que par la loi. »

La Déclaration universelle des Droits de l'homme du 10 décembre 1948 précise : « Nul ne fera l'objet d'immixtions arbitraires dans sa vie privée, sa famille, son domicile ou sa correspondance, ni d'atteinte à son honneur ou sa réputation. »

En France, la loi du 6 janvier 1978 relative à l'Informatique, aux fichiers et aux libertés rappelle dès son 1er article : « L'Informatique doit être au service de chaque citoyen. Son développement doit s'opérer dans le cadre de la coopération internationale. Elle ne doit porter atteinte ni à l'identité humaine, ni aux droits de l'homme, ni à la vie privée, ni aux libertés individuelles ou publiques. »

Les questions de fichiers, de protection des données personnelles et de respect de la vie privée sont un souci récurrent dans les sociétés démocratiques.

Les NTIC et tout particulièrement Internet apportent un saut qualitatif dans les applications de la technologie, ce qui a pour conséquence directe que toutes les questions soulevées il y a plus de vingt ans ressurgissent avec un nouvel éclairage. Historiquement, la prise de conscience des enjeux de la technologie prend place, en Europe, avec le développement de l'informatique administrative et en France avec le débat sur la création d'un identifiant unique sur la base du numéro de sécurité sociale, permettant une interconnexion généralisée des bases de données publiques. Au nom des risques pour la démocratie et les libertés, la France se dote d'une loi, le 6 janvier 1978, quelques années après la Suède.

C'est cette loi qui a inspiré, moins de trois ans après son adoption, la première Convention Internationale sur le sujet, la Convention du 28 janvier 1981 du Conseil de l'Europe. Cette convention, qui est la sœur cadette de la Convention européenne de sauvegarde des droits de l'homme et des libertés fondamentales, est aujourd'hui ratifiée par vingt États.

La Directive européenne du 24 octobre 1995 a confirmé l'engagement des quinze États membres de l'Union européenne et consacré les principes généraux, les obligations et les droits que la loi française avait énoncés dix-sept ans plus tôt. Ainsi, désormais, tous les États membres de l'Union européenne disposent, sur le modèle français, d'une loi « Informatique et Libertés » et d'une autorité indépendante de contrôle.

À ce jour, quarante États dans le monde ont adopté une législation « informatique et libertés » (Canada, Singapour, Australie, Nouvelle-Zélande, Corée, Hong Kong, Israël, Hongrie, Pologne, Russie, etc...).

Rappelons simplement les principes de la loi « Informatique et Libertés » française repris dans la Directive européenne :

— Principe de finalité : les données se rapportant à une personne ne peuvent être utilisées sans son consentement, pour une finalité autre que celle qui a justifié leur collecte.

— Principe de proportionnalité : on ne peut exiger de la personne sur le compte de laquelle on collecte des informations des données non nécessaires à la prestation pour laquelle ces données sont collectées.

— Principe de loyauté : on ne peut effectuer de collecte et de traitement à l'insu des personnes.

— Principe de l'exactitude et de la mise à jour des données et de la sécurité des traitements.

— Principe de transparence reconnu aux personnes : droit d'accès et de rectification des données les concernant.

— Droit d'opposition : les personnes peuvent s'opposer à l'utilisation commerciale de leurs données ou à leur transmission à des tiers.

— Droit à l'oubli : la durée de conservation des données nominatives est définie, limitée et proportionnelle à la finalité poursuivie.

Une autorité administrative indépendante : la Commission nationale de l'informatique et des libertés (CNIL), a été instituée par la loi pour veiller au respect des dispositions de celle-ci, suivre les évolutions technologiques et les usages qui en découlent, recenser les fichiers, garantir le droit d'accès et informer les personnes de leur droit et obligations.

Avec la transposition de la Directive européenne dans le droit français, une actualisation de la loi va donc voir le jour et permettre ainsi à la France de réaffirmer que la protection des données personnelles et de la vie privée est un droit fondamental et un enjeu majeur de la société de l'information.

De plus, l'Europe s'apprête maintenant à donner à ce droit une consécration constitutionnelle dans l'ensemble de l'Union européenne dans le cadre des travaux en cours en vue de l'adoption d'une Charte des droits fondamentaux.

Ces valeurs doivent être défendues lors des négociations internationales entre les divers pays. C'est ce qui a été fait lors des négociations entre l'Europe et les États-Unis avec le *safe harbor* pour les flux trans-frontières. On s'aperçoit d'ailleurs que ces pays où l'autorégulation dominait réclament de plus en plus un encadrement législatif. C'est ce qui ressort d'une conférence organisée par la *US Chamber of Commerce* réunissant les membres du Congrès, de l'administration et du secteur privé le 20 juillet 2000.

Propriété intellectuelle
et nouvelles technologies
À la recherche d'un nouveau paradigme

par Michel Vivant

Propriété intellectuelle et nouvelles technologies : voilà ce qu'à la manière du *Canard Enchaîné* on pourrait appeler un « apparentement terrible ». C'est que ces « nouvelles technologies » (bel anglicisme et figure de style convenue, soit dit en passant) sont les technologies de l'information et de la communication, technologies de *l'informatique* et d'*Internet*, deux univers qui, en quelques décennies, ont bousculé notre appréhension du monde, au point qu'il est usuel de parler de société post-industrielle ou de société de l'information sans d'ailleurs toujours l'esprit critique souhaitable.

Cette information qui en est le soubassement, est, cependant, présente ailleurs et là encore déstabilisante pour les propriétés intellectuelles : qu'on songe à l'épineuse question de la brevetabilité des séquences génétiques qui sont aussi, codée en une certaine forme, de l'information.

À toutefois en rester aux seules technologies de l'information et de la communication, qu'en est-il donc de leur confrontation à la propriété intellectuelle, *aux* propriétés intellectuelles plus exactement puisque celles-ci sont multiples, des brevets aux droits des artistes-interprètes en passant par les droits sur les obtentions végétales ? Elle se présente de manières très diverses. Je ne me hasarderai pas à un tableau exhaustif, mais j'évoquerai la marque, le brevet, le droit d'auteur et les droits apparentés qui sont au cœur de notre réflexion.

Les *marques* ont beaucoup fait parler d'elles dans leur confrontation avec les noms de domaine qui sont un élément clef de la navigation sur Internet. Il faut assigner à l'une, la marque, comme

<hr>

Texte de la 260e conférence de l'Université de tous les savoirs donnée le 16 septembre 2000.

à l'autre, le nom de domaine, la place qui lui revient. Ce nom est-il plus qu'une adresse, doit-il être tenu pour un nouvel identifiant (comme existent, outre la marque, l'enseigne ou le nom commercial, par exemple), quel statut lui réserver ? Nous en sommes aux premières interrogations. Tout au plus peut-on noter qu'avec le nom de domaine, la règle ne se borne pas à gérer la rareté comme il en va souvent… mais peut-être l'organise.

Avec le *brevet*, c'est une question d'adaptation d'un droit, qui fut pensé au XVIIIe siècle pour la mécanique, qui se pose. Le modèle était alors la machine animée de rouages telle l'horloge servant à Voltaire à fonder son Grand Horloger et voici que l'information, avec le logiciel, devient l'âme de la technique, lors même que, pour le sens commun, information et technique appartiennent à deux ordres différents. L'Office européen des Brevets de Munich n'échappe pas, d'ailleurs, à ces ravages du sens commun. Le nominalisme y triomphe. L'essentiel est d'éviter les mots interdits. Et pourtant il y a peu de mots plus polysémiques que celui d'information ; ceux qui font valoir que la machine de ce temps est une « machine virtuelle » et qu'on peut par le détour des *bits* obtenir ce qui passait naguère par roulements à billes et roues dentées sont dans le vrai.

Si la Convention dite sur le Brevet européen de Munich de 1973 interdit la prise de brevets sur des programmes d'ordinateur, cela n'empêche pas l'Office — qui vit des brevets — de délivrer de tels titres, dans un grand bricolage que la doctrine viendra, plus ou moins, doter de rationalité. Sous forte pression américaine, la question n'est peut-être déjà plus de savoir si un logiciel, voire un moteur de recherche, est brevetable. Car, sous cette pression, le brevet tend à changer de visage et à quitter le monde de l'industriel ou du technique pour investir tout le champ de l'« utile » avec le vague extrême que comporte ce mot.

Impérialisme pour impérialisme, c'est vers le *droit d'auteur* et ce que j'ai appelé les « droits apparentés », droits dits voisins mais aussi autres droits dans la mouvance du droit d'auteur, qu'il faut se tourner. C'est dans la perspective qui est ici la nôtre que la confrontation conduit aux remises en cause les plus radicales.

Car le droit d'auteur de cette charnière entre deux millénaires est bien éloigné de celui dont Beaumarchais puis Hugo s'étaient faits les promoteurs. Qu'il s'agisse du droit d'auteur proprement dit que connaissent l'Europe continentale, l'Amérique latine, bien des pays arabes, les pays de l'Afrique noire francophone, ou du *copyright* anglo-saxon (qui n'est ni tout à fait semblable, ni tout à fait un autre), la brèche est apparue avec l'idée que droit d'auteur ou *copyright* appréhendaient des formes, comme telles, littéraires, musicales, plastiques… mais des formes. Or tout est forme. Il n'y a pas de produit de l'esprit humain qui soit informe. Mais, à ce compte-là, le droit d'auteur est partout, s'il est vrai, selon un mot que j'affectionne, que l'immatériel, produit de l'esprit, est partout.

Un mélange détonant

Technologies de l'information et de la communication, immatériel, information, droit d'auteur : voilà qui va se conjuguer en un mélange étonnant et détonant et obliger à de sévères révisions. Ce sont des créations nouvelles qui surgissent : logiciel, base de données, multimédia... De vieilles créations sont « revisitées » : musiques ou images numérisées par exemple. De nouveaux instruments sont disponibles : synthétiseur ou logiciel de création assistée. De nouveaux modes de création se font jour : *sampling* ou animation 3D pour ne citer que ceux-là.

Le vieux droit est-il caduc ? Certains l'affirment, comme John P. Barlow, fondateur de l'*Electronic Frontier Foundation*, qui a déclaré péremptoirement : « *Everything you always knew about intellectual property is wrong.* » Mais il y a aussi les tenants d'un droit marmoréen pour qui les « nouvelles technologies » ne sont que péripéties et qui reste et doit rester (à moins que cela ne soit l'inverse) intact, à travers vents et marées, coups de boutoirs logiciels et bourrasques des réseaux.

Comme souvent la vérité se trouve entre les deux extrêmes. Avec le surgissement des « biens informationnels » dans le champ du droit, une autre perception du droit d'auteur et des droits apparentés pointe. Le triomphe de la logique marchande va de pair avec le spectre de la mondialisation. On ne s'étonnera donc pas que toutes sortes d'antagonismes s'exacerbent. D'où il paraît nécessaire, au-delà des interrogations « de cuisine » (juridique s'entend), de se demander vers quel nouveau paradigme il faudrait se tourner.

LA MONTÉE EN FORCE DE L'INFORMATION COMME VALEUR

Avec le passage de ces œuvres que sont le poème ou la statue à ces nouvelles créations que sont logiciels, bases de données, multimédia, pages Web, liens hypertextes, etc., ce n'est pas à un simple élargissement du champ de la matière que nous avons assisté. L'objet de droit, qu'il soit saisi par le droit d'auteur ou ce que j'ai appelé un « droit apparenté », a en effet acquis une profonde ambiguïté.

On a commencé à parler de « biens informationnels » avec les logiciels. Il est couramment question aujourd'hui d'« œuvres informationnelles ». Et, pourtant, les puristes du droit d'auteur ne manquent pas de rappeler, à juste titre, que le droit d'auteur, s'il ne se cantonne certes pas aux Beaux-Arts, saisit la forme d'une œuvre et rien d'autre, la mise en forme mais point le contenu, point le message si message il y a, point l'« information ». Hélène peut fuir cent

fois avec Pâris, voilà qui est du domaine public, mais c'est au seul
Giraudoux qu'appartient cet « or gris » de la paix qui s'enfuit irré-
médiablement. Et la théorie de la relativité, restreinte ou généralisée, n'est pas, comme telle, protégeable, alors que le petit ouvrage
du même nom publié par Einstein bénéficie de la protection du
droit d'auteur. Mais quand l'objet appréhendé par le droit n'est
qu'un « ensemble informationnel » comme l'est, par exemple, une
base de données, il est bien difficile de faire admettre que le droit
se désintéresse de ce qui est information. L'observation vaut aussi
pour le logiciel qui est de l'information traitée qui traite de l'information. Cette confusion explique, pour une part, les incompréhen-
sions qui existent entre éditeurs de presse et journalistes quant au
fait de savoir si les premiers disposent du droit de mettre en ligne,
pour une édition électronique du journal, les articles des seconds :
papier ou en ligne, le journal reste toujours en effet une égale source
d'information, mais à travers présentation, mise en page, conception, linéaire en un cas, hypertextuelle dans l'autre, à considérer
donc la forme, ce sont bien de deux *œuvres* distinctes qu'il s'agit,
dans le plus grand nombre des cas.

Ce surgissement de l'information comme valeur propre à prendre en compte a suscité de nouveaux aménagements des droits
existants, voire de nouveaux droits. Par exemple, la reconnaissance, à propos des logiciels, d'un droit de décompilation permet,
à certaines conditions et dans le but précis d'assurer l'interopérabilité entre programmes, d'accéder au code source d'un logiciel
protégé. Que diable cela pourrait-il signifier s'agissant de l'œuvre
de Faulkner ou de Thomas Mann — ce rapprochement, incongru
d'apparence, m'étant autorisé par le fait qu'aux États-Unis comme
en Europe le logiciel est assimilé à une œuvre littéraire ? Exemple
de nouveau droit : ce droit *sui generis* sur les bases de données,
instauré voici quelques années à peine, que je me borne à citer ici
car je reviendrai dessus par la suite.

Surtout le surgissement de l'information comme valeur propre
est à la source de nouvelles approches. On peut fabriquer la cote
d'un peintre. Avec le cinéma (qui, d'ailleurs, aujourd'hui devient pour
partie numérique), on est déjà dans une logique d'« industries culturelles » (l'expression est significative). Avec l'information comme
valeur, on est de plain-pied dans une logique de marché et le droit
pensé dans la contemplation du marché ne peut évidemment pas
être le même qu'un droit conçu pour des œuvres qui peuvent éventuellement, au mieux ou au pire, être précipitées dans celui-ci.

LE TRIOMPHE DE LA LOGIQUE MARCHANDE

Nous assistons au triomphe de la logique marchande.

Celle-ci devient un élément de justification pour une protection étendue à ceci ou à cela. Il y a investissement dit-on, il doit y

avoir protection. On a entendu l'argument il y a quelques années pour les bases de données ; d'ailleurs, ceux qui avançaient cette thèse et le faisaient en faveur des éditeurs électroniques, reprenaient, vraisemblablement sans le savoir, l'argumentaire des « libraires » du XVIIIe siècle, c'est-à-dire, dans le langage de l'époque, des éditeurs, c'est-à-dire encore : des investisseurs qui revendiquaient des droits contre les auteurs.

Car il faut encore noter que cette logique marchande, triomphante, sert de plus en plus d'élément de référence. Le droit d'auteur (et le droit d'auteur *stricto sensu*, pas le *copyright*) était — est — un droit des *auteurs*. Le droit nouveau qui se dessine sous nos yeux est un droit qui s'intéresse fortement à l'investissement et qui, par le fait même, est souvent conduit à se désintéresser de la création et ne considère plus guère la création, reflet de la personne de l'auteur. La volonté de protéger logiciels et bases de données s'est traduite ainsi par un affaiblissement de l'exigence d'originalité traditionnellement posée pour qu'il y ait protection, souvent conçue aujourd'hui comme simple « apport intellectuel ». Il en résulte que peuvent accéder à la protection du droit les œuvres les plus plates qui souvent n'auront d'œuvre que le nom. Il faut beaucoup de complaisance pour qualifier ainsi une compilation ou une page d'accueil sur le *net*, alors que, plus ou moins lourd, il y a indiscutablement, dans l'un et l'autre cas, investissement (ne serait-ce qu'en temps).

Il ne faut pas s'étonner de voir simultanément l'investisseur objet d'une sollicitude qui, dès lors, va moins aux auteurs. Deux exemples seulement. Si la règle du droit français demeure que le droit d'auteur appartient bien à l'auteur même salarié, l'irruption du logiciel dans le droit d'auteur s'est traduite par l'adoption pour ce cas précis d'une règle particulière transférant les droits à l'entreprise et l'explosion du multimédia *on line* a été le point de départ d'une réflexion, au demeurant très justifiée, sur le statut de la création salariale. Réflexion aussi sur la force à reconnaître au droit moral de l'auteur dont l'un des attributs est le « droit au respect » dû à l'œuvre, dès l'instant où la pratique des réseaux, l'« hypertextualité », l'interactivité obligent à admettre en raison une « mobilité » de l'œuvre antinomique de toute idée d'intangibilité. Je dis que la solution est de raison car je le crois. Mais il ne faut pas être dupe. Si cette mobilité est de la substance même du « cyber-art », il est clair que ce sont les investisseurs qui demandent à pouvoir disposer aussi librement que possible des œuvres qu'ils vont mettre en ligne (et n'oublions pas qu'une page Web est potentiellement à la fois une œuvre et un complexe d'œuvres, des graphismes à la musique). Nous sommes bien dans un mouvement marchand.

J'ajouterai que ce triomphe de la logique marchande se traduit encore par une étonnante expansion de la propriété intellectuelle au-delà de ses terres traditionnelles. Certains droits, comme le droit *sui generis* offert aux producteurs de base de données, n'ont d'autre but, affiché, que d'assurer la défense d'un investissement.

L'article L. 431-1 de notre Code de la Propriété intellectuelle, directement issu d'une directive européenne de 1996, est d'une parfaite clarté à cet égard : « Le producteur d'une base de données, nous dit-il, entendu comme la personne qui prend l'initiative et le risque des investissements correspondants, bénéficie d'une protection du contenu de la base lorsque la constitution, la vérification ou la présentation de celui-ci atteste d'un investissement financier, matériel ou humain substantiel. »

LE SPECTRE DE LA MONDIALISATION

Les « nouvelles technologies » suscitent partout les mêmes défis. Il est naturel que la communauté des interrogations conduisent à des réponses analogues quand bien même les traditions juridiques ne seraient pas les mêmes. L'exemple du logiciel est remarquable à cet égard. Le droit d'auteur français ou le *copyright* américain, le *copyright* canadien ou le droit d'auteur allemand ne divergent guère à son endroit.

Parfois, il est vrai, on a vu un *diktat* imposer la règle universelle, comme lorsque les États-Unis ont décidé en 1984 de protéger les *chips* (les « puces »), enjoignant aux pays étrangers de le faire et ce précisément suivant les normes américaines ! Les Accords de Marrakech du 15 décembre 1993, derniers accords du Gatt et prolégomènes à l'OMC, significativement dénommés « Accords relatifs aux aspects de droits de propriété intellectuelle *qui touchent au commerce* », procèdent, pour une bonne part, de la même démarche. Les États-Unis en furent les initiateurs. Ils y distillèrent leur philosophie, obligeant *de facto* la planète à se plier à la loi de la propriété intellectuelle (alors que sa pertinence pour *tous* pays mériterait au moins discussion) et à leurs options, comme celle consistant à déclarer le programme d'ordinateur œuvre littéraire.

Mais le plus remarquable est encore dans le bouleversement radical qu'emportent les réseaux et Internet. La circulation des œuvres, de l'information, des « œuvres informationnelles » y est ici sans frontière, alors que les lois restent nationales. Quand la numérisation fait que la copie non seulement ne requiert qu'un instant mais encore ne se distingue plus de l'original, cette dissémination totale prive, quant à elle, de beaucoup de pertinence la traditionnelle distinction entre droit de reproduction — fixation sur un support — et droit de représentation — communication au public. Tout est communication. Tout est partout communication.

Cela oblige à revoir les notions reçues ; ainsi l'Organisation mondiale de la propriété intellectuelle, dans un Traité du 20 décembre 1996, a été amenée à redéfinir ce droit de communication afin de répondre aux spécificités d'Internet. Plus radicalement, cela signifie que le droit d'auteur traditionnel se révèle malhabile à saisir la réalité du *net* et surtout à le faire avec légitimité, doublement par rapport à une certaine philosophie libertaire du savoir fortement reliée à Internet des origines et par rapport au fait que rien ne justifie que la Vérité s'exprime plus à Paris qu'à Ottawa ou à Tokyo. Sans doute, quand une contrefaçon d'œuvres françaises est réalisée par un Français qui numérise et lance sur le *net* sans autorisation une œuvre protégée (comme ce fut le cas dans une affaire concernant des poèmes de Queneau), peu importe qu'il s'agisse de réseaux, le droit d'auteur français peut fort bien jouer et le contrefacteur être sanctionné. Mais quand agissements et œuvres se perdent dans cet univers qu'on dit virtuel, les choses sont moins simples. On l'a vu quand, sur d'autres questions (je songe à la répression de l'apologie du nazisme), des juges français ont voulu faire appliquer la loi française. Or il ne faut pas être faussement naïf. Dans l'attente de la loi universelle qui régirait pour le bien de tous cet espace qu'on voudrait commun, si une loi a vocation à s'imposer, ce ne peut être que la loi américaine puisque mondialisation rime avec américanisation. Quand le *copyright* est célébré pour son réalisme, il ne faut pas y voir autre chose : le *copyright* dont un des traits premiers est de protéger l'investissement est bien dans cette logique marchande que j'évoquais, qui n'est autre aussi que celle de la mondialisation.

L'EXACERBATION DES ANTAGONISMES

On ne s'étonnera donc pas que la propriété intellectuelle, bousculée par les nouvelles technologies, soit le lieu de tous les antagonismes. En effet, autrement pensée que naguère, cette propriété est omniprésente. Il est difficile de ne pas s'y heurter. Ainsi à proportion du développement des « bastilles » que sont les droits d'auteur et autres droits de la même parentèle, se développent divers mouvements d'opposition.

Des bastilles au pays du libéralisme ou : quand le libéralisme découvre les charmes du féodalisme...

La formule mérite un mot d'explication mais l'idée est simple. Il n'est pas de vraies propriétés intellectuelles en dehors des sociétés libérales où existe un marché puisque ces droits, tels que conçus depuis en gros le XVIIIe, sont un moyen pour leur titulaire de se réserver un marché. Mais quand tout est prétexte à réservation, quand le parcours est semé d'embûches et de péages, que reste-t-il du modèle libéral ?

Or aujourd'hui les droits se multiplient. Les droits dits voisins, comme le sont les droits des artistes-interprètes qui participent à la création sans qu'on leur reconnaisse le statut d'auteur, sont de plus en plus reconnus à l'échelle de la planète : 1985 pour la France, 1992 pour l'Europe communautaire. Ils sont autant d'occasions d'interdits... et de paiements pour qui veut obtenir levée de l'interdit. Et cela point toujours au bénéfice du créateur car si tel est, de mon point de vue, l'artiste-interprète, de tels droits sont reconnus encore à l'investisseur : producteur de phonogramme, de vidéogramme (pour suivre le jargon juridique), entreprise de communication audiovisuelle, tous très présents sur le *net*. On retrouve l'investisseur avec ce droit, déjà évoqué, qui permet aux producteurs de base de données de s'opposer à l'extraction (c'est le terme adopté) du contenu de leurs bases. Et quand le législateur ne s'en mêle pas, c'est le juge qui prend le relais. C'est ainsi que depuis une vingtaine d'années on voit sanctionner les pratiques dites de parasitisme, définies comme l'ensemble des comportements par lesquels un agent économique s'immisce dans le sillage d'un autre afin d'en tirer profit. Reprendre un slogan, pourtant jugé dans le même temps non protégeable au titre du droit d'auteur, ou bien des travaux d'analyse informatique, devient de la sorte condamnable.

Ce sont encore les prérogatives qui se multiplient au sein de droits par ailleurs existant. L'auteur doit ainsi normalement tolérer la copie privée mais il n'y est plus tenu si l'œuvre protégée est un logiciel ou une base de données et certains plaident pour la disparition de cette exception dans l'univers numérique.

Ce sont enfin les revendications qui se multiplient, témoin l'âpre débat sur le prêt public qui a défrayé la chronique. Mais, pour rester dans l'univers des nouvelles technologies, c'est ainsi que, si une sorte d'accord tacite faisait que les langages de programmation étaient jusqu'à aujourd'hui tenus pour librement utilisables, on voit surgir des études pour avancer qu'ils pourraient bien être protégés ; à la protection par le droit d'auteur dans l'univers parfois dit « présenciel » des circuits de randonnée répond la sollicitation de ce même droit pour protéger dans l'univers dit virtuel les cheminements hypertextes.

Des bastilles assiégées

Le droit d'auteur et ses droits apparentés ne sont pourtant pas tout puissants. Internet est, par définition, un lieu fragile. La copie qu'on veut interdire y est facile, la diffusion pirate tout autant. Les *majors* tiennent là-dessus des discours alarmistes. Si la technique qui fragilise le droit peut venir à son secours en autorisant le marquage des œuvres et la pose de verrous, elle soulève ce faisant de nouvelles interrogations, car ces systèmes sont indiscrets et propres à violer la vie privée. Et, un verrou pouvant être placé à volonté, la question se pose de savoir si la prétention d'un individu de se réserver un espace clos est acceptable quand le législateur a opté pour le libre accès : quand une exception est prévue par la loi, peut-on par le jeu de la technique l'ignorer ?

La critique peut se faire plus radicale et le principe même du pouvoir que représentent ces bastilles plus haut évoquées être contesté. Y a-t-il toujours des auteurs, s'interrogent certains, dans un univers où, l'interactivité régnant, la création se fait et se refait à plusieurs, à travers des échanges constants, et doit-il donc y avoir des droits d'auteur ? C'est là un beau sujet de causerie mais il y a longtemps que nous savons, avec les sémiologues, qu'une œuvre est inlassablement réécrite par ceux qui la reçoivent. Mais, auteurs ou non, auteurs réinventés peut-être, y a-t-il toujours une légitimité à des monopoles — car c'est bien de cela qu'il s'agit — quand derrière l'œuvre se cache l'information et peut-être aussi le savoir ? Certains discours sont clairs à cet égard quand il s'agit, par exemple, d'affirmer l'existence d'un patrimoine commun de l'humanité et/ou le refus de voir accaparer les connaissances. Où il faut évoquer dans le champ du droit d'auteur bases de données, produits multimédia pédagogiques ou systèmes-experts, mais aussi, moyennant un rapide retour au domaine du brevet, la question de la brevetabilité du génome. Certaines pratiques sont claires aussi et coupent court à toutes difficultés comme celles des promoteurs des logiciels dits libres qui usent du droit d'auteur, de manière quasi subversive, pour réaliser un partage de l'information et de l'exploitation.

Mais le propos et les revendications ne sont pas toujours exempts d'ambiguïté. Il est tentant, pour qui ne veut rémunérer ni auteurs, ni autres créateurs, ni investisseurs concurrents, d'invoquer un grand principe de liberté. Il faut considérer avec prudence à qui profite la construction proposée car il serait malvenu de substituer un dogmatisme à un autre.

En revanche, au risque d'être minoritaire parmi les spécialistes, je dirai que le tribunal de grande instance de Paris s'est avancé dans la bonne direction en jugeant qu'il existait un droit du public à l'information, susceptible de justifier la représentation de l'œuvre d'un artiste à l'occasion d'un journal télévisé, tendant à illustrer « de manière appropriée » un reportage sur un événement culturel (TGI Paris 23 février 1999). D'ailleurs, en Allemagne comme dans les pays scandinaves, les idées sont de ce point vue beaucoup plus avancées qu'en France. Avec la montée en force de ces « œuvres informationnelles » dont j'ai parlé, avec une ébauche de droit *sur* l'information, il faudra bien admettre que le droit *à* l'information soit un légitime élément du débat.

À LA RECHERCHE D'UN NOUVEAU PARADIGME

Nous sommes certainement à un instant où un nouveau paradigme va devoir se substituer aux anciens. L'observation sur l'information n'en est qu'un exemple topique. Jusqu'à présent, tout notre droit de la propriété intellectuelle repose sur le « pouvoir d'interdire » reconnu au titulaire des droits qui peut monnayer les autorisations qu'il juge bon de donner. Ajouté à cela pour le droit d'auteur et le droit des artistes-interprètes, dans les systèmes juridiques continentaux, un droit moral qui, entre autres choses, interdit de porter atteinte à l'œuvre ou à l'interprétation. Mais quand, comme nous l'avons vu, ce pouvoir d'interdire peut être mal assuré, quand, aux côtés du Grand Opéra, figurent désormais non seulement le boulon ou le panier à salade depuis longtemps protégés comme œuvres mais encore le logiciel ou la page Web qui manifestement sont d'une autre nature, quand il faut affronter un espace sans frontières où les points de vue se heurtent frontalement, est-il raisonnable de se crisper sur un dogme, fût-il vécu comme l'expression de la vérité ?

Il me semble que le cheminement importe moins que le résultat. Or ce qui est essentiel, c'est, d'abord, que le créateur — auteur, artiste-interprète, mais aussi inventeur ou concepteur de marques par exemple — soit reconnu comme tel, ce qui est assez aisé à mettre en place. C'est ensuite que ces créateurs mais aussi tous ceux qui sont associés à la création, les investisseurs donc, y trouvent profit. Cela peut passer par la reconnaissance de ce pouvoir d'interdire monnayable dont je parlais, mais pourquoi ne pourrait-il s'agir de formules de redevances si l'objet en cause (je songe en particulier à l'information) est jugé devoir être largement disséminé pour le bien de tous ? Ou par d'autres mécanismes à imaginer encore ? Reste, s'agissant de droit d'auteur et du droit des artistes-interprètes, le respect dû à l'œuvre. J'en suis le premier défenseur et je préfère la solution française qui prohibe la colorisation d'un film contre la volonté du réalisateur, à la solution américaine qui la permet. Mais, rappelant quand même au passage qu'il fallut, sur l'ordre du pape Jules II, détruire des peintures de Piero della Francesca ou d'Andrea del Castagno, pour permettre aux *Stanze di Rafael* de voir le jour, je dis qu'une position est tenable si elle est crédible. Entre le *Saint François d'Assise* de Messiaen, le boulon et le logiciel, je ne peux croire à un droit moral un et indivisible.

J'ajouterai pour finir, et revenant à une vue d'ensemble de la propriété intellectuelle, que nous ne sommes qu'aux prémices d'une révolution qui nous obligera à revoir nos schémas de pensée. Demain, les hologrammes « physiquement » mêlés à notre univers, les ordinateurs quantiques, les « puces moléculaires », les œuvres inscrites dans le vivant nous contraindront inévitablement à sortir de nos certitudes tranquilles et à créer d'autres modèles. En présence, par exemple, d'une puce moléculaire qui serait un brin d'ADN, mais synthétique, comment imaginer de continuer à raisonner dans les cadres reçus... même « bricolés » ? Droit des brevets ? Droit d'auteur (parce que cela ressemble à un logiciel) ? Droit des topographies (parce qu'il s'agit de puce) ? Droit du vivant ? Œuvre ? Information ? Machine ?

Un des mérites du droit de la création est qu'il oblige à être créatif.

La programmation du sens

par Jean-Pierre Balpe

Un exemple

Sur les murs d'une ville, une affiche : elle porte sur un fond totalement noir, en grosses lettres grises, l'inscription suivante : « Le problème avec le dernier verre c'est que c'est parfois le dernier. » Tout locuteur français comprend cette affiche. Elle a pour lui un sens évident. Et pourtant, un examen plus attentif en révèle toutes les ambiguïtés : prise au pied de la lettre, en ne tenant compte que de ce que disent les mots qu'elle porte, elle énonce une tautologie sous forme de pléonasme : « un dernier verre est un dernier verre », comme « $H_2O = H_2O$ »... Or tout lecteur de cette affiche sait que le sens exprimé n'est pas celui-là car ce sens-là ne l'intéresserait pas. En fait, ce qu'il comprend est plus complexe : il perçoit immédiatement le jeu sur les mots qui fonde le sens et repose sur la métonymie. Ce qui est en jeu, n'est pas le verre, mais la consommation éventuelle de son contenant ; d'autre part « un dernier verre n'est pas un dernier verre ». Il y a plusieurs « derniers verres » possibles, autant que d'échelles temporelles : un verre peut-être le dernier d'un moment donné. Or la liste de ces moments possibles est aussi infinie que les possibilités de fractionnements temporels. C'est ce que, sans le dire, affirme le slogan. Et c'est parce que cela va sans dire que ce slogan pose problème car le sens qu'il porte n'est pas dans les mots, mais dans un extérieur à ces mots que le lecteur convoque. Ce que le lecteur comprend est à la fois un avertissement — trop boire est dangereux : un dernier

<hr>

Texte de la 261ᵉ conférence de l'Université de tous les savoirs donnée le 17 septembre 2000.

verre implique une série indéfinie de verres vidés dans une courte période donnée —, un conseil — ne buvez pas trop car vous risquez un accident, une constatation : toute vie a une fin — et une position philosophique — la vie vaut la peine d'être vécue le plus longtemps possible. La chaîne sémantique qui s'établit est donc la suivante : si vous buvez trop dans une période courte de temps et que vous preniez votre voiture, alors, parce que vous serez ivre, donc moins lucide, vous risquez un accident qui peut vous coûter la vie et ce serait trop bête de mourir pour cette raison-là. Ce qui se cache sous les mots est à la fois une connaissance et une philosophie du monde qui ne pourraient s'exprimer sans les mots, avec d'autres mots, mais pour laquelle ces mots-là ne sont qu'un *pré-texte*.

Il serait facile de multiplier de tels exemples et de trouver pour chacun une explication *ad-hoc* : le sens de tout texte est bien plus en dehors du texte que dans le texte lui-même. Pour autant, sans texte, sans tissage de liens, il ne peut y avoir de sens.

Qu'est-ce que le sens ?

Le sens est un tissage de relations. Lorsque du sens apparaît, c'est-à-dire lorsqu'un locuteur est capable, au-delà de la signification d'un texte, d'en tirer des conséquences pragmatiques, ce qui se construit, c'est une organisation de relations entre objets du texte et du monde : sans connaissance des pratiques consommatrices en terme de boissons, sans connaissance des divers types de boissons, sans connaissance des effets sur l'homme des boissons alcoolisées, sans connaissance des modes de déplacements humains, sans connaissance des véhicules automobiles, etc. Le slogan cité est asémantique. Le sens n'est pas un « donné en soi ». Il n'existe pas dans la langue mais à travers elle, qui n'est qu'un instrument de médiation. C'est pour cette raison précise que toute langue est apte à porter n'importe quel sens, y compris des sens contradictoires. Tout établissement de sens repose sur un tissage de relations effectives dans un ensemble de relations possibles : le sens est une mise en contexte, une mise en réseau d'informations, de significations et de connaissances. Ce qui entre en jeu est un enchevêtrement complexe de systèmes de mises en relations. Pour aller vite, un ensemble de structures emboîtées de contextualisation qui peut être décrit ainsi *(Fig. 1)* :

Texte	relations entre les signes réellement présents dans un message particulier donné
Phénotexte	relations entre les signes du message et tous les signes de tous les messages du même auteur
Intertexte	relations entre les signes du message et l'ensemble des messages du même type
Péritexte	relations entre les signes du message et son entour pragmatique immédiat
Métatexte	relations entre les signes du message et l'ensemble pragmatique des mondes

Figure 1

Le sens se calcule toujours entre le prévisible (les choses ont déjà été dites, sont connues et immédiatement acceptées) et l'aléatoire (les choses n'ont pas encore été dites et sont de l'ordre d'un possible ouvert) : une partie en est toute faite, alors qu'une autre se construit. Ce qui implique une dissymétrie : comme le montrent à l'envie toutes créations fictionnelles ainsi que les usages quotidiens de chacun. Produire du sens et interpréter du sens ne sont pas deux mécanismes inversés faisant appel en miroir aux mêmes opérativités.

L'informatique ne traitant que des formes descriptibles, tout le problème de la programmation du sens est là, à la fois dans l'asymétrie fonctionnelle et dans les possibilités d'établissement de divers niveaux de relations.

LE TRAITEMENT DU TEXTE

Si programmer du sens consiste à produire ou analyser du texte, c'est-à-dire une forme, alors cela ne pose pas de problème majeur. En effet, analyser du texte et produire du texte consistent à ne reconnaître ou construire que des formes. Bien entendu, il y a un certain niveau de complexité bien connu des spécialistes du traitement automatique du langage. En voici quelques exemples :

— Les formes et leurs relations internes sont propres à chaque langue et sont arbitraires : *dog* et *chien* sont et ne sont pas le même mot ; le français connaît des relations d'accord qu'ignore l'anglais, *pretty* ne change pas devant *dog* ou *dogs*, alors que *beau*, reste *beau* devant *chien* et devient *beaux* devant *chiens*, etc. Mais la totalité de ces formes est descriptible — c'est le rôle des dictionnaires — et la totalité, ou presque de leurs relations l'est également — c'est le rôle des *grammaires*.

— Dans certaines langues comme le français, les formes sont polysémiques, sous une même forme peuvent se cacher des entrées différentes. *Livre* par exemple diffère suivant son contexte immédiat : *il livre, le livre, la livre*... Cette difficulté oblige à concevoir des analyseurs disant soit la nature syntaxique de la forme, soit conservant les multiples sens possibles, mais elle n'est pas rédhibitoire. Elle implique simplement que les dictionnaires utilisés comportent des informations intralinguistiques comme la nature syntaxique et une certaine forme de synonymie.

— Il n'y a pas homogénéité entre formes (entrée d'un dictionnaire) et mots (définis, en français par exemple, par un ensemble de lettres entre deux signes de ponctuation). La plupart des formes sont composées et cette composition peut revêtir des aspects divers : radical-terminaison dans la plupart des cas — formes = forme + *s* — mais aussi adjonction d'une séquence indéterminée de formes : un *chien assis* n'est pas plus un chien qui s'est assis qu'un *hot dog* n'est un chien chaud, et aucune règle ne permet de savoir si la forme totale est composée de deux ou *x* formes élémentaires comme dans *garde-boue, corps de garde* ou *garde du corps*... Cette difficulté complique l'analyse d'une part parce qu'elle multiplie les synonymies, d'autre part parce qu'elle oblige à accroître, de façon considérable, les entrées, mais elle n'est pas de l'ordre de l'impossible... La difficulté principale réside dans la dynamicité du système linguistique qui, chaque jour, produit de nouvelles entrées.

— L'ensemble des relations possibles dans un texte entre les formes et l'incidence de ces relations sur les formes — les *règles* de syntaxe —, s'il n'est pas totalement ouvert, comme le montrent bien les faiblesses des analyseurs syntaxiques, est complexe, parfois mal fixé (exceptions, tolérances, etc.), mais descriptible pour plus de 90 % des textes.

Ces difficultés concernent essentiellement l'analyse. La production du texte peut en effet être réalisée à partir d'un sous-ensemble restreint de dictionnaires et de syntaxes sans que son lecteur n'y trouve à redire. Le lecteur est en effet habitué à produire des textes à partir de sous-ensembles, aucun locuteur d'une langue n'en connaissant ni tous les mots ni toutes les possibilités syntaxiques. Cependant, il faut souligner que ces niveaux de traitement ne produisent pas du sens : ils produisent une description formelle de la langue. En ce qui concerne la production, ils produisent une séquence acceptable en langue sans aucune idée de ce qu'elle peut bien vouloir signifier. Aussi un générateur maîtrisant les règles symétriques : connaissance des termes, des groupes de termes et de leurs relations d'accord, peut écrire : « le couple avait raccourci la vengeance » ou « le cheval avait entêté le synonyme ». Il est à remarquer que, dans ce cas, il est très génératif puisque, à partir d'un dictionnaire donné et de quelques règles, il produit un nombre infini de séquences.

LE TRAITEMENT DU MÉTATEXTE

Cela montre bien les manques : pour qu'un analyseur aille au-delà d'une simple description formelle, pour qu'un générateur produise des séquences susceptibles d'avoir du sens, il faut dépasser le texte et envisager l'ensemble des autres niveaux de contextes et notamment considérer les relations formes-monde ; donc considérer le monde comme un ensemble d'objets en relations où objets et relations peuvent être formellement définis.

Deux exemples encore :

Représenter un *chien* en terme de métatexte consiste à dire que :

— Le chien est un animal généralement domestique.

— Le chien est représenté par des variétés de formes appelées races.

— Le chien a quatre pattes.

— Le chien est omnivore, mais plutôt carnivore.

— Le chien est un animal diurne.

— Etc.

Évidemment, une telle description n'est opératoire que si chacun des termes qui définissent les liens et les nœuds de liens fait partie du réseau. Ainsi dire que le chien est utilisé pour la chasse suppose que le terme chasse soit défini comme « action de poursuivre, de prendre et de tuer le gibier » (Petit Larousse). Tous termes qui doivent figurer à leur tour dans le réseau.

Représenter l'aboiement du chien en terme de formes est possible. Il suffit d'établir qu'il existe une relation entre une classe d'animaux et une production sonore audible par l'homme, relation générique qui permet aussi de traiter « la pie jacasse », « l'éléphant barrit » ou « la vache meugle » et de déterminer le cas de l'application de cette relation à la classe des animaux désignés par la forme *chien*.

Il y a bien entendu autant de cas d'applications que de sous-classes dans la catégorie des animaux à cris que de cas intermédiaires. Par exemple, dire que « l'oie cacarde » oblige à distinguer au moins trois classes d'oiseaux : ceux qui ne chantent pas, ceux qui chantent et ceux — dont l'oie — qui ont un cri spécifique. Ces ensembles de descriptions relationnelles constituent autant de représentations de connaissances sur le monde. La puissance d'un programme sémantique dépend strictement de l'ensemble de ces représentations de connaissances. Et là est bien la difficulté qui n'est pas de l'ordre du théorique mais du pragmatique : la possibilité de description se heurte à l'infini du réel et à sa mobilité. Si le monde était fini, fermé, une telle approche, même si elle prenait du temps, serait envisageable — et elle l'est d'ailleurs tout à fait dans le cas de micromondes spécialisés et bien définis — mais elle ne l'est pas dans un monde ouvert et dynamique où les relations entre objets du monde ne cessent de se reconfigurer. L'apparition récente, par exemple, des pitbulls et autres rottweilers ainsi que des nouvelles relations maîtres-chiens et chiens-public qui y sont liées oblige à remodifier une part importante des relations. Les objets du monde et les relations que les objets entretiennent dans le monde sont dans une reconfiguration permanente. Pour obtenir une programmation du sens aussi efficace que celle réalisée par le cerveau humain, il faut un programme qui ait des caractéristiques humaines, c'est-à-dire qui, captant sans cesse des informations, soit capable de reconfigurer sans cesse ses représentations. Dans ce cas, à moins d'être une intelligence collective, c'est-à-dire de ne négliger aucune information émise où que ce soit et n'importe quand, cette programmation aura également les défauts humains de la non-exhaustivité et de la non-homogénéité : elle ne permettra pas une maîtrise sémantique de tout sur tout et comportera des zones spécialisées.

Produire du sens

Il n'est pas ici possible d'examiner l'ensemble des problèmes liés à la programmation du sens. La suite de l'exposé sera donc centrée sur un aspect particulier du problème, celui de la génération automatique.

Un générateur automatique est un programme particulier qui, à partir d'algorithmes et de données, peut rédiger le texte suivant :

« Crépuscule bleu, tombée de nuit, ciel noir sombre : le vent emplit l'espace de son poids horrible ! Alors que le jour tombe, sous les vociférations du peuple, sous des milliers de regards agressifs, les nuages se déchirent ! Trois charrettes débouchent sur la place. Un nuage se met à couvrir le soleil, lent, large et gris ; gris, le cercle du soleil tourne. Les Tuileries et les Champs-Élysées regardent, la nuit tombe comme un couperet, des barboteuses font de l'œil aux hommes qui passent ! Trois chariots peints de rouge débouchent sur la place. Sur une des charrettes une condamnée harangue le peuple, un autre chante une chanson, un autre encore menace. Il fait noir ; une jeune fille, immobile, descend du chariot, monte lentement les escaliers de l'échafaud, s'approche du bourreau et de ses aides, grand ciel rouge, nuages ; des voix s'élèvent : « sale putain, boucaneuse ! » Les nuages obscurs couvrent la ville d'un voile de deuil, les aides du bourreau s'emparent de la condamnée ! Le soleil lance dans les nuages de grands jets de sang. À son tour le bourreau rouge s'avance, approche de la guillotine, libère le couperet. Le ciel traîne. La tête coupée roule sur l'échafaud ! Le bourreau se tourne vers le peuple comme en quête d'applaudissements ! Le sang coule en abondance sur le pavé — le soleil lance de grands jets de sang ; le corps est jeté dans une carriole... Des cris traversent la foule — la chaleur est terrible ! L'espace sombre du ciel lourd enferme l'âme — sur le chariot plusieurs condamnés pleurent... »

Si l'on s'en tient à ce qui vient d'être dit, produire de tels textes — issus du roman *Trajectoires* installé à l'adresse *www.trajectoires.com* — est une gageure. En effet, le programme génératif semble avoir une connaissance assez riche du monde dont il traite. Or il n'en est rien ! Ce générateur romanesque utilise une particularité intéressante de la sémantique : à partir du moment où une séquence formelle semble bien formée dans une langue donnée, qu'elle n'est constituée que de termes de cette langue et que le lecteur accepte de la considérer comme telle, alors il accepte d'importer en elle le sens qui ne s'y trouve pas. Par exemple, que le programme de génération ignore totalement ce que signifie « un grand ciel rouge » ne gêne en rien le lecteur qui, à partir de ses connaissances du monde, attribue un sens à cette expression. Lorsque cette règle n'est pas respectée, le fonctionnement sémantique n'est pas immédiat et demande au lecteur un plus grand effort de coopérativité comme dans l'extrait de poème suivant produit par le générateur de *Trois mythologies et un poète aveugle* :

> *La mer triture son plectre again arbres d'hiver colours in the sky glacée*
> *Par les pluies et les vents d'automne*
> *Sous le souffle vide de la mort restes de vent dans la plaine d'Ivry*
> *Lumière interne ai piedi d'una estinta cheval de pluie thick*
> *Air and wet ciel couleur de loque nuage et pluie les fleurs éclatent comme des étoiles*
> *Compter les frissons du jour a little movement in the leaves ombre*
> *Verte pâlissante glacée par les pluies borough polluted wich provides colours*
> *When the poppies are out of flowers les fleurs éclatent*
> *Derrière les genévriers obscurs obscurs haies...*

Cependant, le lecteur ne recule généralement pas devant cet effort pourvu qu'il accepte l'intertexte « poésie contemporaine ». En effet, à cause de l'emboîtement des contextes définissant des situations multiples de communication, il y a toujours possibilité de sens. Le problème est de savoir quel sens il y a, donc qu'est-ce qui doit être programmé pour quel usage. S'il n'y a pas possibilité d'un programme universel de traitement sémantique, existe la possibilité de nombres d'algorithmes spécifiques efficaces dédiés à des traitements particuliers. Dans certains cas limites, la production de sens peut être même entièrement abandonnée au lecteur, le programme se contentant de faire des propositions aléatoires syntaxisées dont il ne maîtrise aucune signification.

Scénarii

Ce n'est quand même généralement pas le cas.

L'exemple ci-dessus du roman *Trajectoires* se contente de maîtriser trois types de relations :

— La première est l'appartenance à un univers. Cet univers est strictement défini par les possibles relationnels qu'il contient. Sa définition n'est donc pas théorique mais pragmatique. *Trajectoires* est un roman policier sur la Terreur dont l'action se déroule à deux périodes : 1793 et 2009. Ses dictionnaires de description contiennent des représentations de connaissances adéquates à ce propos : ils ne contiennent pas la totalité des informations possibles sur 1793, mais un nombre suffisant de représentations de connaissances sur cette époque pour que le lecteur accepte cette affirmation. Par exemple, les personnages ne se déplacent pas en 1793 comme en 2009.

— La deuxième est le fractionnement d'un univers de connaissances en un emboîtement de micro-univers plus spécifiques et plus maîtrisables. Chacun de ces micro-univers essaie d'explorer un aspect particulier du réel avec une connaissance suffisante pour que le générateur puisse produire à son sujet une variété de textes de surface. Parmi les micro-univers, celui d'une exécution capitale en 1793, ou celui d'une soirée mondaine, ou celui de la pluie, ou celui d'une journée ensoleillée d'août. Ces micro-univers ne peuvent produire que sur un thème et un seul : le micro-univers de la pluie ne peut ainsi que dire sans arrêt « il pleut », même s'il peut le dire avec une infinie variété. Ces micro-univers sont gigognes, chacun peut contenir de nouveaux micro-univers spécifiques : le bruit de la pluie ou les cris de la populace… Ces micro-univers une fois constitués, rien n'interdit de les réemployer dans d'autres univers différents. Ainsi un univers est constitué par un ensemble de micro-univers et c'est cet ensemble qui distingue un univers d'un autre.

— La troisième est la scénarisation des séquences de micro-univers. Cette scénarisation dit quelle place peut, lors de la génération, occuper tel micro-univers par rapport à tel autre. Le texte ci-dessus décrivant une exécution capitale est ainsi guidé par le scénario suivant :

datation → arrivée des condamnés → montée sur l'échafaud d'un condamné → prise en charge du condamné par les bourreaux → exécution proprement dite

Ce *scénario* constitue l'ossature de la scène où l'ordre des événements n'est pas interchangeable. Pour citer Barthes, il s'agit des fonctions qui structurent le récit. Cependant deux autres possibilités viennent se greffer sur cette ossature :

— La définition d'un des micro-univers spécifiques comme une séquence de micro-univers encore plus spécifiques, l'exécution est ainsi décrite comme : *placement du condamné sur la machine → chute du couperet → chute de la tête coupée → saignement du corps → enlèvement du corps de l'échafaud*. L'intérêt de cet emboîtement de micro-univers est que le générateur peut détailler les événements. L'exécution peut être évoquée rapidement ou, au contraire, minutieusement détaillée.

— La possibilité d'introduction, sur cette ossature, de micro-univers spécifiques non contraints par l'enchaînement des séquences. Les cris de la foule ou la météorologie, par exemple, sont de ceux-là. Le générateur peut, à tous moments, parler du temps qu'il fait, quel que soit le point de la séquence en cours auquel il est parvenu. Certains de ces micro-univers sont obligatoires, d'autres facultatifs, certains peuvent être définis comme contraints et d'autres comme aléatoires. Le programme peut ainsi générer la séquence :

météorologie → datation → météorologie → arrivée des condamnés → montée sur l'échafaud d'un condamné → …

ou :

datation → arrivée des condamnés → montée sur l'échafaud d'un condamné → prise en charge du condamné par les bourreaux → météorologie → exécution proprement dite →…

L'ensemble constitue un moteur de génération qui, tout en n'ayant que des connaissances limitées sur le monde, est suffisamment génératif pour, quel que soit le nombre de séquences produites, ne jamais devoir se répéter à l'identique.

Les mots et le monde

Le dernier problème qui reste à évoquer est la relation des graphes de représentation des connaissances à l'usage linguistique proprement dit. Si un graphe de relation peut « dire » qu'un homme peut sourire et que, par ailleurs, un sourire peut recevoir divers qualifiants, ce graphe de relation ne dit rien sur la façon dont cette relation peut être exprimée et il n'y a aucune règle formelle qui détermine cette relation à la langue :

— L'homme affichait un sourire aimable.

— L'homme arborait un sourire aimable.

— L'homme avait un sourire affable.

— L'homme montrait un <grand> sourire aimable.

— L'homme souriait avec <gentillesse>.

— Le sourire de l'homme était <des plus> aimables.
— Un <grand> sourire <aimable> illuminait le visage de l'homme.
— Un sourire <aimable> éclairait le visage de l'homme.
— Etc.

Si le but fixé au générateur est de produire de la variété et non un message standard, la seule solution est de recenser les modes d'expression possibles et de les codifier de façon à densifier les dictionnaires qu'ils constituent. Cela revient à dire que ces modes d'expression sont constitués de noyaux autour desquels, à des places définies, fixes ou non, peuvent venir se greffer des satellites facultatifs, noyaux et satellites étant chacun constitués de classes de termes non syntaxisés. Ce n'est en effet qu'une fois la structure fixée que la syntaxisation de surface peut se produire. Dans le cas ci-dessus, il y a recours à quatre modes d'expression différents pour exprimer un sens identique. Et si un déplacement de la classe des qualifiants soit sur le sourire, soit sur l'action de sourire, n'est considéré que comme une variante d'un même cas, il n'y a plus alors que deux modes d'expression distincts.

La constitution des graphes de relation et des classes qui y sont attachées dépend à la fois des conventions acceptées par la langue et de l'inventivité de leurs auteurs. Le rôle de l'écrivain, bien souvent, est de définir de nouveaux graphes, de modifier les classes conventionnelles et de faire en sorte que ces modifications soient acceptées par le récepteur du texte. Dans ce cadre, programmer le sens consiste à constituer des dictionnaires de scénarii, de modes d'expression et de classes de termes de façon à ce que le texte soit constitué et acceptable à l'issue de leurs parcours.

Fiction/non-fiction

Une dernière remarque : si l'homme ne disait que les déjà-là des sens possibles du monde, il lui serait loisible de n'utiliser que des modes d'expression préfabriqués, donc de disposer d'un ensemble restreint de dictionnaires à programmation relativement facile. La contrainte viendrait du monde, non de la langue. Ainsi réaliser un générateur de lettre commerciale est assez facile sauf que ce générateur ne dispose d'aucune marge de liberté : si la lettre est une lettre de commande d'un livre donné, les possibilités de modes d'expression sont pauvres — à moins de vouloir en faire de la littérature — et les variations nulles car il n'est pas pensable d'inventer un titre au livre désiré. La pragmatique du monde impose ses contraintes et l'expression sémantique ne consiste qu'en leur mise en évidence. Ainsi un générateur de petites annonces n'aurait aucun sens car il ne pourrait que mettre dans une forme élémentaire les informations qui lui auraient été préalablement communiquées. Le sens se passe de la langue et la sémantique n'est que celle du métatexte :

« Travaux d'intérieur. Peint, carr, papier, élec, maçonnerie, plomberie. Tél. : 0145325420 ou 0676645620 Mr Bunac » est plus proche de la base de données — qui tire l'efficacité indéniable de son sémantisme de l'appartenance de ses termes à une classification reconnue — que d'un texte. Analyser le sens de cette annonce ne présente pas de difficulté majeure mais en produire ne présente aucun intérêt. À l'inverse, la fiction n'a pas à tenir compte du monde. Ce qu'elle demande, c'est la simulation d'un fonctionnement linguistique assez crédible pour que le lecteur accepte de le considérer comme vrai. Elle est davantage forme que monde. Rien de ce que dit la littérature n'est de l'ordre du réel pragmatique et si Madame Bovary est Flaubert dans ses romans, elle ne l'a justement pas été dans la réalité. Analyser le sens des fictions, dans ce cas, est presque de l'ordre de l'impossible car ce qu'il faudrait analyser ne serait guère que de l'ordre du texte à ses extérieurs. Par contre, dans la grande liberté où elle se situe par rapport au pragmatique, produire une sémantique acceptable de la fiction est beaucoup plus facile et intéressant. Car elle ne repose que sur les mécanismes d'ancrage à la production sémantique qui agit sur chaque locuteur d'une langue donnée.

IV

ARTIFICES

La vie artificielle

par HUGUES BERSINI

Nul ne s'étonnera d'apprendre que des chercheurs informaticiens consacrent leur temps à fabriquer de l'« intelligence artificielle », de la « réalité artificielle » et, pour nous ici, de la « vie artificielle ». Par « vie artificielle », on entend l'utilisation massive de l'ordinateur pour reproduire dans un substrat autre que biochimique des mécanismes communs aux organismes vivants. Dans la vie artificielle, on s'emploie à sous-estimer le substrat au profit de la fonction. La vie apparaît à l'intersection d'un ensemble de processus qu'il est important d'isoler, de différencier et de dupliquer dans l'ordinateur. Dès l'instant où les processus se suffisent à eux-mêmes, conséquence naturelle mais osée, l'ordinateur qui les reproduit se retrouve consacré vivant parmi les vivants.

Rien de nouveau sous le soleil ?

La biologie partage depuis toujours ce même souci de compréhension des organismes vivants ; de modélisation, sans doute un peu moins. Le biologiste n'a pas vocation d'apprenti-sorcier ; il reste en grande partie les yeux rivés sur la Nature, la disséquant, la détaillant, tentant d'en comprendre et d'en prédire le fonctionnement. Or dans la vie artificielle, l'ordinateur s'empare du premier rôle, c'est la biologie qui vient à lui plutôt que l'inverse. Il s'agit de faire fonctionner l'ordinateur de manière biologique, d'intégrer

Texte de la 262ᵉ conférence de l'Université de tous les savoirs donnée le 18 septembre 2000.

algorithmiquement les leçons du vivant et de les tester par le biais de ce cobaye informatique. Parmi ces leçons, trois sont à l'origine de la plupart des travaux repris dans cette nouvelle discipline : « émergence fonctionnelle », « adaptabilité » et « autonomisation environnementale ». L'informaticien se donne pour nouvelle mission de réaliser des plates-formes logicielles expérimentales où ces trois mécanismes, isolés ou réunis, sont testés, simulés et, plus systématiquement, analysés. Le projet aura d'autant plus de vigueur que ces mécanismes se retrouvent à l'œuvre, à un niveau d'abstraction donné, dans une multitude de systèmes biologiques : génétiques, neuronaux, hormonaux, immunitaires, cellulaires, société animale, etc. Une meilleure expérimentation et compréhension de chacun d'eux pourra avoir un large impact, se propageant sur toutes les disciplines biologiques d'où ces mécanismes sont abstraits.

Le biologiste reste évidemment l'interlocuteur privilégié, mais que peut-il espérer de la part de cette « vie artificielle », de ces nouveaux *merlins hackers* aux ambitions, apparemment naïves ? Ces plates-formes informatiques peuvent avoir plusieurs utilités, présentées dans la suite par importance croissante. Elles peuvent d'abord déboucher sur une nouvelle didactique des grandes idées biologiques : il en va ainsi de Richard Dawkins, qui porte la bonne nouvelle darwinienne à l'aide d'une simulation informatique où des créatures appelées « biomorphes » évoluent par algorithmes génétiques sur l'écran de son ordinateur*. Elles peuvent ensuite, pour peu qu'elles soient suffisamment malléables, paramétrables et universelles, se prêter à une exploitation précise du biologiste, qui trouvera là, un moyen simplifié de réaliser la simulation d'un système biologique étudié. Elles s'apparenteraient alors à d'autres environnements de développement informatique, très prisés chez les ingénieurs ou autres scientifiques qui les utilisent pour faciliter leurs travaux d'expérimentation ou de modélisation ; je pense à un *matlab* ou *mathematica* pour biologistes. Automates cellulaires, réseaux booléens, algorithmes génétiques, chimie algorithmique sont d'excellents logiciels à insérer dans cet environnement informatique. Finalement, ces plates-formes peuvent mener, à force d'expérimentations systématiques, à la découverte de nouvelles lois naturelles, dont l'impact sera d'autant plus important que les systèmes biologiques concernés par les abstractions simulées sont nombreux. Ainsi, lorsque certains** découvrent que le nombre d'attracteurs dans un réseau booléen ou un réseau de Hopfield dépend linéairement du nombre d'unités dans ces réseaux, ces résultats pourraient tout autant concerner le nombre de cellules exprimées par un réseau génétique que le nombre d'informations mémorisables dans un réseau de neurones. Je pense alors à un langage algorithmique nouveau, aussi propice à la biologie que le sont les mathématiques à la

---

* Dawkins (R.), *The Blind Watchmaker*, New York, W. W. Norton & Company, 1986.
** Kaufmann (S.), *At Home in the Universe*, Oxford, Oxford University Press, 1996.

physique ; un langage qui s'habillerait très naturellement des réalités biologiques qu'il permet de mieux appréhender, mais dont le fonctionnement, mis à nu, est déjà porteur d'un ensemble d'inférences et de prédictions à portée universelle.

L'ingénieur est un autre interlocuteur naturel. La nature a toujours constitué une réserve d'inspirations pour la réalisation d'artefacts utiles à l'homme. Il suffit de voir comment Léonard de Vinci passait avec bonheur de ses croquis d'anatomie à ceux d'ingénierie. La vie artificielle a conduit à de nouveaux outils informatiques, à l'instar des algorithmes génétiques, des réseaux booléens, des automates cellulaires et bien d'autres, par lesquels se dessine une nouvelle vision de l'informatique pour l'ingénieur : parallèle, adaptable et autonome. Dans cette informatique, les problèmes complexes sont affrontés à l'aide de mécanismes simples, mais itérés infiniment dans le temps et l'espace. Dans cette informatique, paradoxe suprême, l'ingénieur doit se résigner à partiellement perdre le contrôle pour aboutir à la chose utile.

Je développerai les trois leçons du vivant déjà esquissées, portant indifféremment la casquette du biologiste ou celle de l'ingénieur.

Les trois leçons du vivant

ÉMERGENCE FONCTIONNELLE

C'est à la fois la leçon la plus importante et la plus incomprise. Un système complexe se caractérise habituellement par son fonctionnement à plusieurs niveaux d'abstraction. Chaque niveau se suffit à lui-même, possède ses propres mécanismes de contrôle et ses règles de comportement, étant entendu que ce fonctionnement ne dépend *in fine* que du niveau juste en dessous. Lorsque mon enfant, jouant à « FIFA 2000 » sur son PC, sélectionne les joueurs de l'équipe tricolore, il ne se doute pas que la sélection du joueur se fera par un imbroglio électronique complexe où du courant traversera une suite effarante de portes électroniques. Pourtant le fonctionnement de chacune de ces portes prise individuellement est d'une simplicité enfantine. Ainsi, la sélection de Zidane, d'une certaine manière, « émerge » de ce trafic électronique intense. Il est vrai que les règles du foot existent et se pratiquent indépendamment des niveaux sous-jacents. Il est vrai également qu'un comportement, suffisamment intéressant pour captiver un enfant pendant des journées entières, a pour ultime réalisation une interaction entre des portes électroniques d'un intérêt autrement plus limité.

Cependant, rien n'est émergent là-dedans, dans la mesure où, de ce niveau le plus supérieur au niveau électronique le plus inférieur, tout est parfaitement sous contrôle ingénieriste. Le passage d'un niveau à son niveau juste précédent est programmé, planifié, et prédictible. Un nombre réduit d'informaticiens travaille au câblage de cette circuiterie électronique. D'autres, parmi les meilleurs, interagissent avec un premier niveau d'abstraction, constitué par les instructions élémentaires du processeur. La plupart travaillent au niveau supérieur, en programmant l'ordinateur à l'aide de langages de programmation, programmes qu'un système de traduction automatisé réécrira pour le niveau juste inférieur. De plus en plus travaillent à un niveau d'abstraction fonctionnel, encore supérieur, comme lorsqu'on commande ou paramètre le fonctionnement d'applications telles que Word ou Excel. Ce principe d'abstraction fonctionnelle est la clef du fonctionnement informatique, ce qui en fait sa richesse.

L'informatique et les systèmes biologiques ont ces différents niveaux d'abstraction fonctionnelle en commun. Tous deux peuvent présenter des fonctionnalités nouvelles, parfois complexes, à un niveau supérieur, alors que la réalisation au niveau juste inférieur se fait par interactions et itérations multiples de processus plus simples. Quand peut-on, dès lors, parler d'émergence fonctionnelle ? On réservera cette expression à la découverte par le chercheur d'un système original mis au point par la biologie pour imiter l'ordinateur, c'est-à-dire pour faire apparaître des fonctionnalités nouvelles à un niveau supérieur, et cela à l'aide de mécanismes sous-jacents, habituellement plus simples, qui, au niveau inférieur, semblent n'avoir aucune implication directe sur ce niveau supérieur. À la différence d'une dépendance entre niveaux, parfaitement maîtrisée de manière descendante par l'ingénieur, il y a dans l'émergence fonctionnelle, un travail quasi archéologique, mais cette fois ascendant, où l'on s'interroge sur des mécanismes originaux à défricher et déchiffrer, inventés par la nature, pour que du « simple », connu à un premier niveau de fonctionnement, donne naissance à du « nouveau », souvent plus complexe.

Dans la figure qui suit, une colonie de fourmis, devant choisir entre deux chemins pour atteindre la nourriture, finira toujours par choisir le plus court. Il n'existe aucune fourmi guide, et aucune n'a la capacité d'établir lequel des deux chemins est le plus court. La sélection de ce chemin est une propriété émergente de l'exécution répétée dans le temps et par chacune des multiples fourmis de deux règles élémentaires. Chaque fourmi laisse sur son chemin et à vitesse constante une trace odorante. Quand une fourmi doit choisir entre deux chemins, la tendance sera de privilégier celui des deux qui « sent le plus » *(Fig. 1)*.

Un de mes collaborateurs à l'IRIDIA, Marco Dorigo, s'est inspiré de ce phénomène émergent pour réaliser un des algorithmes les plus performants de « routage Internet », où les paquets Internet, comme les fourmis, décident à chaque nœud du réseau quelle direction suivre, en se basant sur l'intensité de la trace laissée par

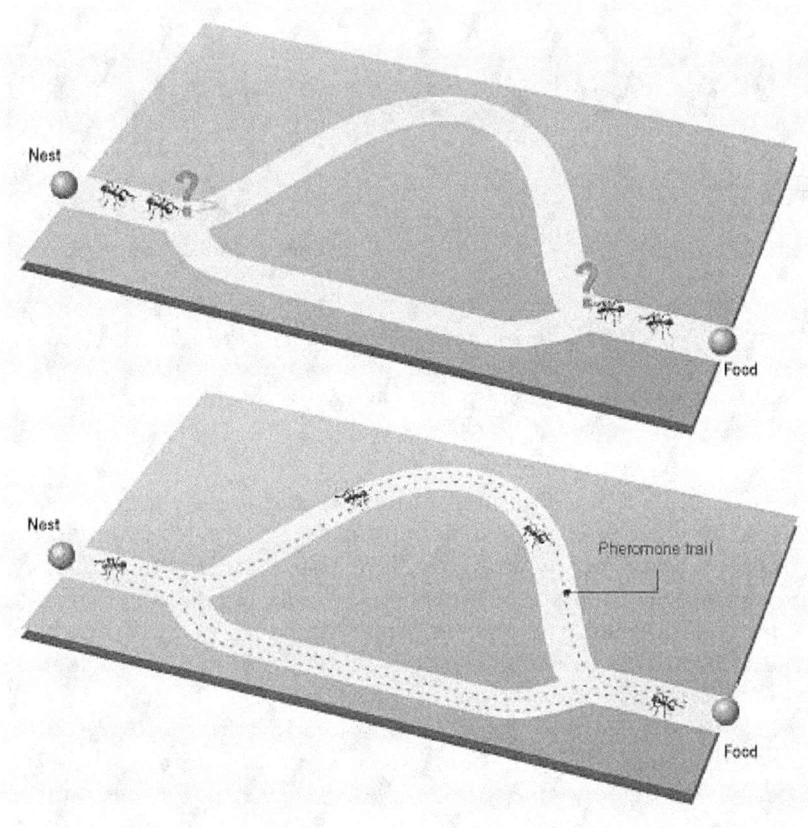

*Figure 1 – Comment une colonie de fourmis trouve le chemin le plus court
pour relier le nid à la nourriture.*

les paquets qui ont circulé jusqu'ici. Cet algorithme a de plus
l'immense avantage d'être totalement adaptatif, ce qui n'est pas
négligeable dans un réseau dont la charge est essentiellement non
stationnaire.

Les automates cellulaires sont des plates-formes informatiques
idéales, pour expérimenter et visualiser les phénomènes d'émergence. Dans un automate cellulaire, chacune des cellules change
d'état comme une simple fonction (en général quelques règles suffisent) de l'état des cellules voisines. C'est le comportement collectif
de toutes ces cellules dans le temps qui permettra, comme dans la
figure 2, à une petite créature nommée « glider » de simplement se
déplacer, à cette espèce de figure, proche d'un « a », de s'autore-
produire. Le déplacement du « glider » tout comme l'autoreproduction du « a » émerge de la simple exécution des règles de l'automate

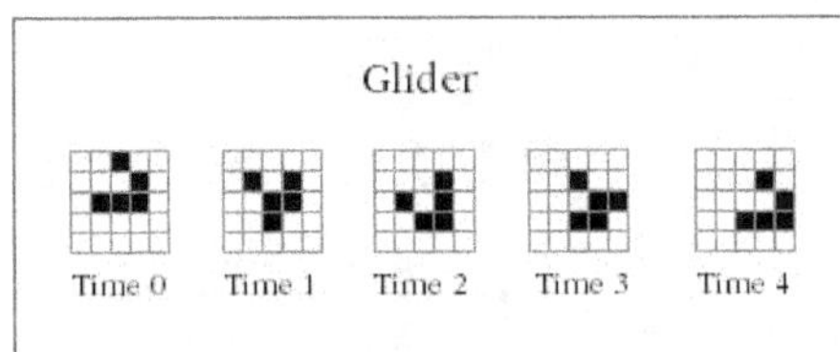

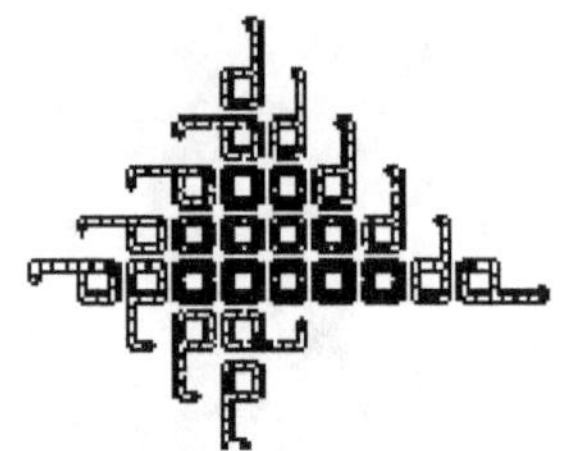

automate cellulaire autoreproductif

*Figure 2 – Le « glider » du jeu de la vie se déplace par la simple itération
des trois règles. La figure dans l'automate autoreproductif se réplique
à l'infini par la simple exécution de quelques règles également.*

cellulaire. Nul déplacement ni autoreproduction n'est codé ou ne
transparaît dans les règles élémentaires du fonctionnement de
l'automate. Pour le jeu de la vie, le comportement de l'automate
est à ce point complexe, nonobstant les trois règles qui suffisent à
le faire fonctionner, que des centaines de pages ne suffisent pas à
décrire l'immense variété des petits phénomènes se déroulant
devant nos yeux.

Les physiciens et biologistes sont déjà fort friands de ces automates cellulaires, qui leur permettent aisément de modéliser des
situations où des agents simples, distribués spatialement, entrent
en interaction.

ADAPTABILITÉ

Face à cette immense variété de comportements émergents,
comment un système biologique, quel qu'il soit, fait-il pour sélectionner celui ou ceux qui lui servent de manière bénéfique ? Comment
devient-il adaptable ? Il agit par des mécanismes de sélection ou
de renforcement, qui lui permettent d'isoler, parmi cette multitude,
un comportement profitable. Lors de l'exploitation ingéniériste de
ces processus d'adaptabilité, c'est l'ingénieur qui se substitue à la
nature pour sélectionner un comportement permettant de résoudre
un problème donné. Dans les algorithmes génétiques, un problème
est posé. À chaque itération, une population de candidats solutions
est proposée. Chaque candidat est évalué en lui associant une
« valeur d'adaptabilité », qui correspond à la qualité de la solution
proposée. Suivent alors trois mécanismes de type génétique : la
sélection, la mutation et la recombinaison. Lors de la sélection,
on ne retient dans la population suivante qu'un sous-ensemble
des meilleurs candidats obtenus dans la population précédente.
Les manipulations à venir se font sur ce sous-ensemble. Lors de la

mutation, on altère délibérément, mais de manière aléatoire certains de ces candidats ; l'espoir étant qu'une recherche erratique autour des bons candidats permette d'en découvrir de meilleurs ou au contraire que le candidat s'étant perdu dans un cul-de-sac, cette secousse bienvenue pourrait l'en délivrer. Lors de la recombinaison, deux candidats se combinent, afin d'en créer deux nouveaux, obtenus à partir d'une sous-partie de l'un et d'une sous-partie de l'autre. L'espoir étant que le nouveau candidat, l'enfant, pourrait ainsi hériter de ce qui fait la qualité de ses deux parents, qualités jointes afin de déboucher sur une solution encore meilleure.

Ce sont ces mêmes algorithmes génétiques que Dawkins exploite dans sa croisade darwinienne, lorsqu'il fait évoluer ses biomorphes *(Fig. 3)* et qu'on retrouve dans de nombreuses simulations d'écosystèmes, où ils sont à l'origine de la naissance de nouvelles espèces, cherchant à améliorer leur valeur adaptative. Pour l'ingénieur, ces mécanismes élémentaires, reproduits un nombre incommensurable de fois, apportent d'excellentes solutions à des problèmes qualifiés d'insolvables (par exemple, les problèmes NP complets comme le « fameux voyageur de commerce »), et qui parsèment le monde de l'entreprise : ordonnancement, planification, horaire, regroupement et gestion de stocks... C'est par sa « force brute » et cette petite touche de biologie que l'ordinateur, tout en fonctionnant de manière élémentaire, attaque des applications fort complexes. C'est aussi à travers eux que l'ingénieur accepte cette perte de contrôle évoquée en introduction : il se « borne » à guider, à orienter le processus de recherche, mais s'exclut de la production des solutions. Il n'a pas les moyens mentaux d'accompagner l'ordinateur dans sa production effrénée de possibles solutions et se contente d'avaliser les bonnes propositions, de séparer le bon grain de l'ivraie.

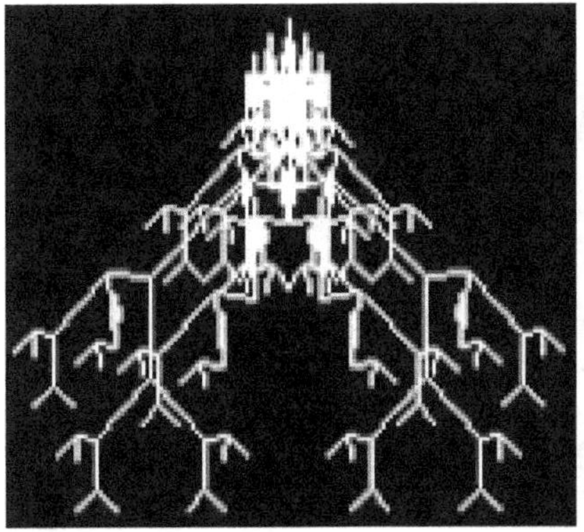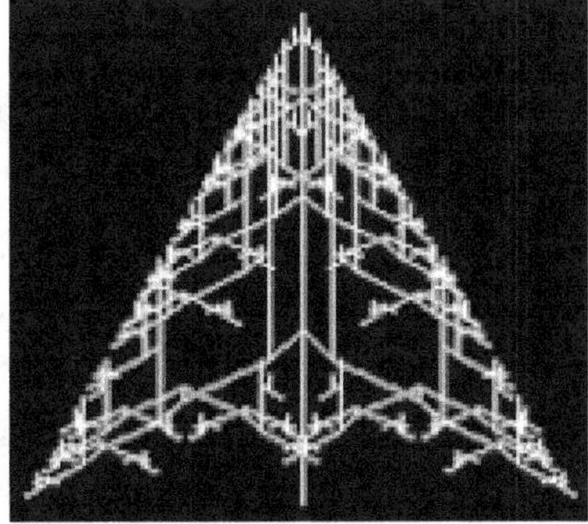

Figure 3 – Deux biomorphes de Dawkins.

Si les algorithmes génétiques sont un mécanisme d'adaptabilité biologique se déroulant sur de multiples générations, l'apprentissage par renforcement, lui, se déroule sur une échelle de temps bien plus réduite, puisqu'il s'agit d'un apprentissage de type neuronal, ayant lieu pour le vivant du système biologique. Ici, on renforce positivement des paramètres, liaison ou agent (il s'agit bien souvent des synapses liant deux neurones entre eux), ayant contribué positivement à l'obtention d'une bonne solution et l'on inhibe, au contraire, les paramètres ayant contribué positivement à l'obtention d'une mauvaise solution. De nombreux robots ajustent leur fonctionnement de cette manière pour découvrir, parmi les multiples combinaisons paramétriques possibles (par exemple lorsque ceux-ci possèdent de nombreuses articulations à calibrer), celle qui les conduira à bon port.

AUTONOMIE ENVIRONNEMENTALE

Parallélisme, émergence fonctionnelle et adaptabilité sont les conditions nécessaires pour permettre à ces nouveaux artefacts d'inspiration biologique de se confronter à leur environnement, de se « mettre au monde ». Nous entrons de plain-pied dans la branche robotique de la vie artificielle dont les mascottes les plus populaires sont présentées à la *figure 4*. C'est aussi ici que nous trouvons les meneurs d'une des campagnes critiques les plus féroces dirigées contre l'intelligence artificielle*, qui voient la vie artificielle comme l'émanation d'une sécession irréversible. Ils reprochent à l'intelligence artificielle de négliger l'incarnation ou la mise au monde de leurs systèmes prétendument experts ou intelligents, en les faisant raisonner, toujours, à partir d'un arrière-fond symbolique ou représentationnel, fourni par l'utilisateur. Or, un robot en situation doit se construire sa propre symbolisation du monde, et cela de manière opérationnelle et autonome, c'est-à-dire une représentation utile qui lui permette de se mouvoir dans ce monde, d'y rester viable. Imaginons un système expert capable de diagnostic médical, fleuron de l'intelligence artificielle, dans son lieu naturel, le cabinet du médecin. Le patient arrive. Sans que le médecin ait mis l'expert informatique en situation, lui ait « installé » l'arrière-plan symbolique à partir duquel le raisonnement s'opérera, par exemple la description du patient et de ses symptômes, l'expert s'y trouvera complètement inefficace.

Certains véhicules peuvent aujourd'hui rouler sans chauffeur sur une autoroute américaine. Là encore, il est parfaitement envisageable de prédire toutes les situations possibles et de fournir cette présymbolisation à l'automatisme. Mais qu'advient-il de ce même conducteur informatique s'il croise un cadavre sur sa route ou, pire

---

* Brooks (R.), *Cambrian Intelligence*, Cambridge, MIT Press, 1999.

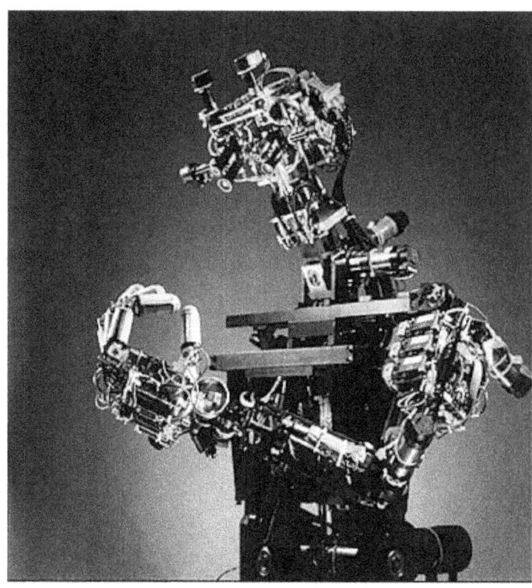

Figure 4 – Quelques créatures robotiques du monde de la vie artificielle.

encore, si nous lui demandons de quitter l'autoroute pour rentrer dans Paris ? La difficulté devient pour lui la prise en considération de manière automatisée de toutes les situations, des plus classiques au plus inhabituelles, qu'il pourrait rencontrer. Pour les partisans de cette nouvelle robotique, d'inspiration biologique, la réponse est dans la mise en situation des robots, en leur conférant de multiples primitives sensori-motrices, un support représentationnel quasi vierge qu'il faudra alimenter, des besoins primaires (par exemple maintenir leur charge énergétique), et d'importantes facultés d'apprentissage. Muni de ce kit de base, c'est en situation que le robot s'enrichira des représentations de son monde, adéquates pour lui permettre de trouver les réponses nécessaires au maintien de sa viabilité. La critique est féroce et reprend celle adressée par de nombreux philosophes à l'intelligence artificielle. Ce n'est pas parce qu'un système informatique peut manipuler (traduire, résumer...) de manière syntaxique des scénari stéréotypés de restaurant, qu'il comprend un restaurant comme un être humain le comprend. Pour ces philosophes, la syntaxe ne suffit pas à la sémantique. Seul un robot, un jour de baisse de régime, se baladant en ville, avec quelques sous en poche, et découvrant ravi l'enseigne lumineuse d'un Mac Donald pour androïde, comprend vraiment ce qu'il en est d'un « restaurant ».

L'interfaçage au monde, requis par ces robots, nécessite un mécanisme parallèle de réception d'information, car soumis constamment aux stimulis de l'environnement. Ils doivent construire leurs propres concepts, nourris et stimulés par cet environnement, pour en retour leur permettre de maîtriser celui-ci. Les concepts naissent à partir des interactions sensori-motrices et servent de support à celles-ci. De même, la motricité de ces robots est également multifactorielle, émergente, et nécessite une régulation adaptative.

L'on conçoit alors, que sur la route vers de vraies créatures artificielles autonomes, les trois leçons du vivant, à peine ébauchées, se conditionnent et s'influencent mutuellement. Pour percevoir et se mouvoir dans son monde, le robot sera sujet à de multiples fonctionnalités émergentes et adaptatives.

Conclusion : de la vie hors des vivants

Mes conclusions s'adressent aux trois interlocuteurs déjà rencontrés dans l'article : le biologiste, l'ingénieur et le philosophe. Au premier, la vie artificielle a pour finalité de faire ressortir ce que l'ordinateur et la biologie partagent de manière intime : un fonctionnement élémentaire au niveau ultime, mais qui, par la force brute du parallélisme et des itérations sans cesse répétées, peut faire émerger des processus originaux aux niveaux supérieurs. Ces processus généreront une multitude de possibles « manières d'être » qu'une phase ultérieure de sélection triera. Le biologiste doit nécessairement prendre conscience de cette hiérarchie fonctionnelle, clef de voûte du fonctionnement informatique. Quoi de mieux, dès lors, que reproduire ces mécanismes par l'entremise des plates-formes informatiques proposées par la vie artificielle, seul réel moyen de permettre le défrichage de toute simplicité dissimulée, d'opérer cette lecture à plusieurs niveaux, et de dévoiler le bas en observant le haut. L'ingénieur est vivement encouragé à utiliser l'ordinateur dans ce qu'il a de meilleur, cette faculté infinie d'essais et d'erreurs. Il doit s'exclure de la boucle qu'il ne peut saisir, le temps pour l'ordinateur de proposer cette immense gamme de solutions au problème qu'il affronte. Il a ensuite tout loisir, comme l'enfant au jeu du « chaud et du froid », de guider l'ordinateur, car lui seul connaît *in fine* la nature du problème et lui seul est capable d'apprécier la qualité des solutions. C'est une synergie parfaite où les deux acteurs, pour peu que l'ingénieur reconnaisse la puissance de calcul de la machine mais compensée par sa finesse de jugement, se complètent idéalement.

Le philosophe, déjà, avait eu fort à faire avec la thèse fonctionnaliste de l'intelligence artificielle, tentant de le convaincre que la machine pourrait, à moyen terme, se confondre en tout point avec un être conscient. Même la conscience, dernier bastion, finirait par déposer les armes au pied de l'ordinateur. Son système de défense extrêmement efficace, reposait sur la nature purement subjective du phénomène conscient. Comment peut-on honorer de conscience une machine, dès lors que la nature même de cette conscience la rend imperméable à l'analyse objective, préalable indispensable à la possibilité d'une quelconque réplication ? Il faut pouvoir extraire la conscience de soi et en faire un objet de science, par l'entremise d'une définition du phénomène accepté par tous, pour seulement se préoccuper de sa reproduction dans la machine. Or la conscience se prête mal à cet exercice d'objectivation. Qu'en est-il du vivant ? Le philosophe peut-il déployer la même stratégie défensive devant la thèse fonctionnaliste, attribuant, plus modestement, en place de la conscience, du vivant dans les machines ? Rappelons-nous que pour Descartes, l'animal en tant que machine était vivant mais non conscient. L'attribution du vivant pose au philosophe un problème d'une toute autre nature. Il s'agit de s'accorder sur une définition mécaniste qui fasse l'unanimité. Or, celle-ci se heurte à plusieurs obstacles. Sans doute le plus lourd de conséquences est que toute définition mécaniste ou opérationnelle, à l'instar de l'autoreproduction, le maintien homéostatique, le métabolisme, la dynamique évolutive et bien d'autres, se trouve directement confronté à une version informatique du même phénomène. Il n'est pas du goût de tout le monde d'accorder à l'ordinateur l'accès au règne du vivant, ce qui aurait pour premier effet de désacraliser cette appartenance. S'il est impossible pour un ordinateur de savoir ce qu'il en est d'être une chauve-souris, vivre comme elle pourrait bien être plus à sa portée*.

---

* Nagel (T.), « What's like to be a bat », *Philosophical Review*, 83, 1974, p. 435-450, repris in *Mortal Questions*, 1979, trad. franç., Paris, PUF, 1983, pp. 193-209.

L'intelligence artificielle

par Jean-Paul Haton

Dès le début de l'intelligence artificielle (IA) dans les années 1950, deux grandes approches ont été adoptées par les chercheurs pour concevoir des machines « intelligentes ». Une approche *(Making a mind)*, que l'on peut qualifier d'IA symbolique, consiste à doter un système d'IA de mécanismes de raisonnement capables de manipuler les données symboliques qui constituent les connaissances d'un domaine. Cette approche fait appel aux modèles et méthodes de la logique. Elle a donné lieu aux systèmes à bases de connaissances. Une autre approche *(Modeling the brain)*, que l'on peut qualifier d'IA connexionniste, consiste à s'inspirer du fonctionnement du cortex cérébral. L'entité de base est un modèle formel du neurone, un système étant formé par l'interconnexion d'un grand nombre de tels « neurones ». Cette approche a débouché sur les réseaux neuromimétiques actuels. Depuis les années 1990, une tendance prometteuse est de concevoir des modèles hybrides combinant ces deux approches qui présentent des caractères complémentaires. Par ailleurs, des modèles statistiques sont de plus en plus mis à profit pour rendre compte de la grande variabilité des phénomènes étudiés. Ces trois grandes approches de l'IA (symbolique, connexionniste et statistique) sont décrites dans la suite de cet exposé.

Un aspect fondamental de l'IA (et plus généralement de l'intelligence) est celui de l'apprentissage qui permet à un système (ou à un animal) d'améliorer ses performances*. Ce processus intervient dans les différentes approches, comme on le verra. La

---

Texte de la 263ᵉ conférence de l'Université de tous les savoirs donnée le 19 septembre 2000.
* Nilsson (N.), *Artificial Intelligence : A New Synthesis*, Morgan-Kaufmann, 1998.

conception de méthodes efficaces d'apprentissage et d'adaptation à de nouvelles conditions de fonctionnement est ainsi un domaine d'activité important de l'IA. Pour caractériser l'ensemble des activités de l'IA, il faut introduire d'autres domaines méthodologiques, en particulier :

— La résolution de problèmes : il s'agit de concevoir des stratégies efficaces d'exploration d'espaces de solutions souvent très vastes*. L'étude des jeux (échecs, dames, etc.) a permis de concevoir et de tester des méthodes de résolution de problèmes que l'on trouve désormais dans de nombreux systèmes d'IA, dès lors que ces systèmes abordent des problèmes complexes. Pour plus d'efficacité, ces méthodes font appel à des heuristiques, éléments d'informations et de connaissances spécifiques du problème à résoudre.

Dans de nombreux cas, la recherche d'une solution à un problème nécessite de prendre en compte un ensemble de contraintes spécifiques. La programmation avec contraintes permet de décrire ce genre de problèmes à forte combinatoire et propose des algorithmes de recherche de solutions reposant sur les mécanismes de satisfaction de contraintes et exploitant également des heuristiques. L'IA apporte ainsi une dimension supplémentaire aux méthodes mathématiques classiques de la recherche opérationnelle et a obtenu de beaux succès dans des domaines tels que la gestion de production industrielle, la planification de transports, la gestion de réseaux informatiques, la conception de circuits VLSI, etc.

— La gestion de connaissances et le raisonnement symbolique : ce domaine central de l'IA symbolique fait l'objet du paragraphe suivant.

Enfin, pour compléter ce panorama, on peut citer les grands domaines de l'IA en termes de types d'activité** :

— La reconnaissance et l'interprétation de données : ces données peuvent être de nature très variée et, par suite, nécessiter des traitements très différents (informations symboliques, signaux temporels, images, etc.). Les applications pratiques ont trait à la reconnaissance de l'écriture (lecture optique de textes), le traitement d'images (télédétection, biomédical, industrie), le diagnostic (médical, industriel, financier), la surveillance et la conduite de procédés industriels (par exemple, parmi beaucoup d'autres, le système SACHEM d'Usinor pour l'aide à la conduite de hauts fourneaux), la compréhension de signaux industriels ou biomédicaux, etc.

— L'aide à la décision : le but est d'aider un décideur humain dans les choix qu'il a à faire en présence d'informations diverses et incertaines. Les applications se trouvent dans tous les domaines : bancaire, financier, industriel, médical, militaire, etc.

---

* Polya (G.), *How to Solve it*, Princeton University Press, 1965.
** Haton (J.-P.) et Haton (M.-C.), *L'intelligence artificielle*, coll. Que-sais-je ?, PUF, 3e éd., 1993.

— La planification d'actions et la robotique : il s'agit de définir précisément la suite d'actions élémentaires permettant de mener une tâche complexe, telles que celles que doit mener un robot mobile dans un environnement plus ou moins bien connu.

— Le traitement de la langue naturelle, écrite et parlée : des progrès importants ont été faits dans ce domaine complexe. Même si le problème est loin d'être résolu, des applications réelles existent dans la traduction de textes techniques, l'analyse et l'indexation de documents écrits (moteurs de recherche sur Internet), la reconnaissance de la parole (dictée vocale de textes, accès à des informations par télématique vocale).

Systèmes à base de connaissances

La conception de systèmes à bases de connaissances et, notamment, de systèmes experts, constitue un domaine majeur en IA. Les systèmes experts sont conçus pour atteindre les performances d'experts humains dans des domaines limités en exploitant un ensemble de connaissances acquises pour l'essentiel auprès de ces experts. Apparus vers 1975 (*cf.* le système de diagnostic médical MYCIN*), ils ont eu un impact certain sur l'IA, et aussi un retentissement médiatique parfois exagéré. Le terme de système expert disparaît, au profit du concept plus général de système à bases de connaissances (SBC). Ce concept est fondé sur une séparation entre les connaissances nécessaires pour résoudre un problème et les mécanismes de raisonnement exploitant ces connaissances, illustrée par la *figure 1*.

Le raisonnement sur des connaissances dans un système d'IA implique leur formalisation selon un certain mode de représentation. Les modes de représentation les plus courants sont les suivants :

— *Les représentations logiques* : la logique mathématique a figuré parmi les premiers outils utilisés pour formaliser des connaissances dans les systèmes d'IA. En logique, toute connaissance est représentée par une formule construite selon une syntaxe précise. Une base de connaissances est alors constituée exclusivement d'un ensemble de formules décrivant l'univers du discours sur lesquelles s'appliquent des règles de raisonnement, comme dans le langage de programmation en logique PROLOG.

— *Les réseaux sémantiques*, graphes étiquetés dans lesquels les nœuds figurent des objets ou des concepts et les arcs étiquetés des relations de sens entre ces concepts. Ces réseaux sont issus des

---

* Shortliffe (E.), *Computer-based Medical Consultation : MYCIN*, Elsevier, 1976.

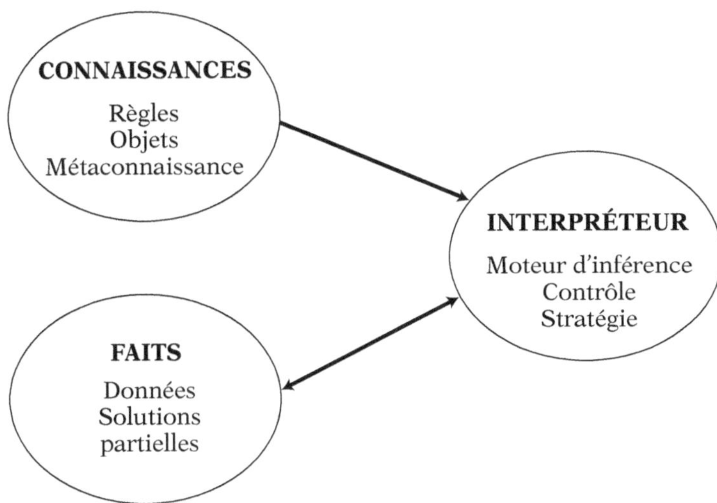

Figure 1 – Principe d'un système à base de connaissances.

travaux de psychologie cognitive sur l'organisation de la mémoire (mécanismes d'association) et de traitement de la langue naturelle.

— Les règles de production, de la forme : SI *condition* ALORS *conclusion*

La partie condition (antécédent) est constituée d'une formule logique qui doit être vérifiée pour que la règle s'applique. La partie conclusion (conséquent) peut correspondre à l'ajout ou au retrait d'un fait ou d'une hypothèse, au déclenchement d'une action, etc.

Les règles sont exploitées par un moteur d'inférence selon deux mécanismes de base pouvant éventuellement être combinés :

1) Un raisonnement en chaînage avant, guidé par les données, au cours duquel les règles sont utilisées dans le sens « conditions vers conclusion ».

2) Un raisonnement en chaînage arrière, guidé par un but ou un modèle, revenant à utiliser une règle dans le sens « conclusion vers condition ».

— *Les objets structurés* : la notion de schéma *(frame)* a été proposée comme modèle de représentation prototypique d'expériences passées mises à profit pour résoudre un problème nouveau, au départ en vision par ordinateur et en compréhension du langage naturel. Les « frames » sont des entités regroupant de façon structurée l'ensemble des connaissances relatives à un objet, un concept, une situation typiques. Une extension de cette notion se trouve dans les langages à objets de l'informatique moderne.

Le caractère pluridisciplinaire de l'IA se retrouve dans les origines des divers modes de représentation ci-dessus : les sources d'inspiration sont aussi bien l'informatique et la logique que la psychologie cognitive. Le choix d'un mode dépend de la nature des connaissances, du degré de contrôle que l'on veut exercer sur le raisonnement et du type de problème à résoudre (diagnostic, planification, etc.). La tendance actuelle en IA est de faire coexister dans le même système plusieurs modes de représentation, de façon à mieux rendre compte de la diversité des connaissances mises en œuvre.

Les connaissances contenues dans les bases d'un SBC sont exploitées pour mener des raisonnements*. Outre les mécanismes de base associés aux modes de représentation, ces systèmes mettent en œuvre d'autres types de raisonnement, notamment :

— *Le raisonnement approximatif* : dans ses activités de la vie courante ou professionnelle, chacun est en permanence confronté à l'imperfection des connaissances et des données sur lesquelles il raisonne. La conception de systèmes à bases de connaissances performants nécessite donc de disposer de mécanismes de raisonnement approximatif efficaces, capables de prendre en compte ces imperfections.

— *Le raisonnement temporel* : il s'agit de raisonner sur ce qui s'est passé (historique) aussi bien que sur ce qui se passera ou pourrait se passer dans l'avenir (prévisions, etc.). Prendre en compte le temps dans un raisonnement nécessite d'abord d'en concevoir une représentation adéquate. Il existe de nombreuses représentations possibles, symboliques ou hybrides numériques/symboliques.

— *Le raisonnement fondé sur un modèle* : ce raisonnement s'appuie sur une modélisation du système étudié, que ce soit un être vivant, une machine, un processus industriel. Un tel raisonnement est souvent de type causal ; il associe effets et causes, par exemple sous la forme d'un graphe causal.

Plusieurs systèmes de ce type ont été développés, notamment dans le domaine du diagnostic, notamment le système CASNET pour le diagnostic de divers types de glaucomes ou encore plusieurs systèmes en diagnostic de pannes (circuits électroniques, automobiles).

Les modèles utilisés dans de tels systèmes correspondent à une connaissance plus profonde des mécanismes sous-jacents, par opposition aux règles heuristiques des systèmes à règles de production dans lesquels la connaissance est plus superficielle et plus directement opératoire. Le raisonnement qualitatif est un cas important de raisonnement fondé sur un modèle. Issu des travaux sur la physique naïve et aussi de recherches dans le domaine économique, il s'appuie sur une modélisation purement qualitative (par exemple en termes d'ordre de grandeur ou de sens de variation) des phénomènes.

---

* Haton (J.-P.) et al., *Le raisonnement en intelligence artificielle — Modèles, techniques et architectures pour les systèmes à bases de connaissances*, Paris, InterÉditions, 1991.

— Analogie et raisonnement à base de cas : le raisonnement à partir de cas *(case-based reasoning)* repose sur l'hypothèse que la résolution d'un problème consiste en une remémoration d'expériences précédentes. Ce raisonnement est organisé autour d'une mémoire de cas, un cas étant constitué d'un problème et de sa solution. Le principe consiste à rechercher un cas analogue au nouveau problème à traiter et à adapter la solution correspondante. Des applications en vraie grandeur ont été réalisées dans différents domaines, par exemple la conception de projets d'architecture ou le diagnostic de pannes.

L'IA distribuée est un des grands courants de recherche actuels*. L'idée de résolution distribuée de problèmes en IA remonte aux années 1970 avec les langages d'acteurs et le modèle de tableau noir *(blackboard)*. Ce dernier modèle, initialement proposé en reconnaissance de la parole, a été également appliqué notamment à la vision par ordinateur, l'interprétation de signaux. Il s'agit d'un premier exemple de systèmes multi-agents, un agent étant une entité matérielle (par exemple, un robot) ou logicielle qui interagit avec d'autres agents pour résoudre des problèmes que chaque agent ne saurait pas résoudre seul. Dans le cas du tableau noir, l'interaction se fait indirectement via une mémoire commune, le tableau noir, sur lequel les agents peuvent lire et écrire *(Fig. 2)*. La tendance est à la conception de modèles permettant une communication directe entre agents par l'échange de messages. Cela permet de mettre en

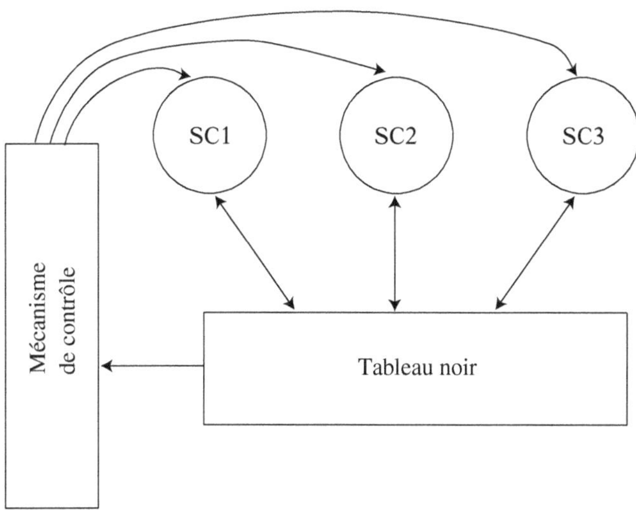

Figure 2 – Architecture d'un système à tableau noir.

---

* Ferber (J.), *Les systèmes multi-agents : vers une intelligence collective*, Paris, Inter-Éditions, 1995.

œuvre des mécanismes élaborés d'interaction : compétition, négociation, contrats, modification dynamique des « accointances » d'un agent, etc. De tels agents sont de type cognitif : ils possèdent une capacité de raisonnement et de prise de décision. On étudie aussi des systèmes dans lesquels les agents sont de type réactif : ils déclenchent simplement une action à réception d'un certain stimulus. Dans ces systèmes, on constate l'émergence de comportements intelligents à partir de la seule pertinence des interactions.

Modèles neuromimétiques

Ces modèles reposent, comme il a été dit, sur une inspiration neurobiologique, même très rudimentaire*. À l'heure actuelle, le processeur élémentaire le plus couramment utilisé est le neurone formel proposé par McCulloch et Pitts *(Fig. 3)*.

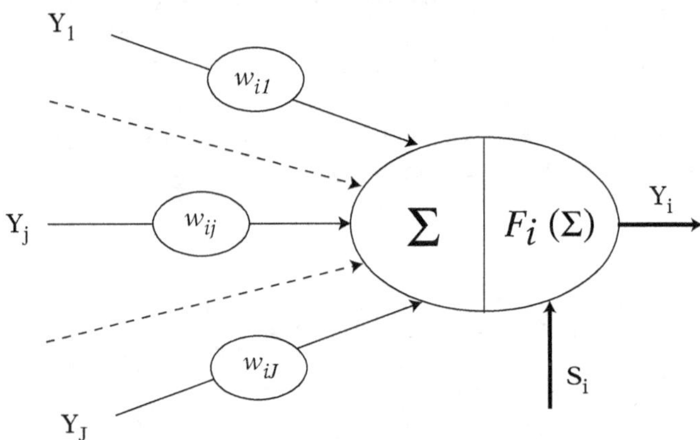

Figure 3 – Le neurone formel de McCulloch et Pitts.

Il s'agit d'une modélisation très rudimentaire du fonctionnement du neurone, dans laquelle l'accumulation des activités synaptiques du neurone est assurée par une simple sommation pondérée. L'interconnexion d'un ensemble de telles unités fournit un système connexionniste neuromimétique, appelé aussi réseau neuronal, qui présente des propriétés intéressantes dont la principale est certainement la capacité d'apprendre à partir d'exemples. Diverses architectures ont été proposées : réseaux à couches, cartes

---

* Rumelhart (D. E.) et al., *Parallel Distributed Processing*, vol. 1 and 2, Harvard, MIT Press, 1988.

auto-organisatrices, réseaux récurrents, etc. À titre d'exemple, la *figure 4* montre un perceptron multicouches qui peut être utilisé pour des applications de reconnaissance de formes.

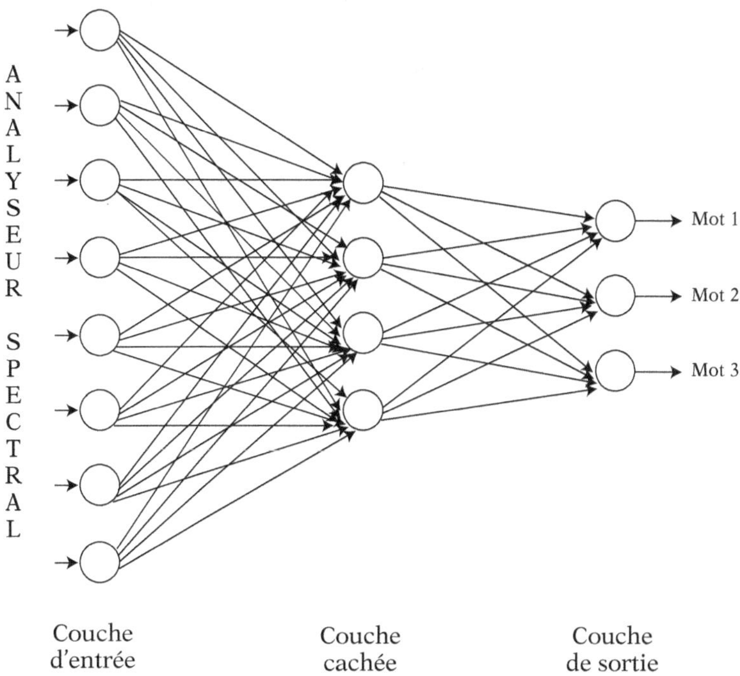

Figure 4 – Architecture d'un perceptron à une couche cachée.

Dans les réseaux neuronaux, l'apprentissage consiste à ajuster de façon incrémentale les poids, ou forces, des connexions entre neurones à partir d'exemples qui sont présentés en entrée d'un réseau. Il fait appel, selon le modèle de réseau, à deux types de lois : une loi d'inspiration biologique ou psychologique qui revient à augmenter la force de la connexion entre deux neurones qui sont simultanément excités (loi de Hebb), et une loi mathématique fondée sur une méthode d'optimisation d'une fonction de coût calculée à partir de l'erreur commise par le réseau (par exemple, la méthode de rétropropagation du gradient d'erreur utilisée dans les réseaux à couches).

Cette capacité d'apprendre à partir d'exemples permet aux réseaux neuronaux d'approximer une fonction, même fortement non linéaire. Ces réseaux ont également une capacité de généralisation leur permettant de traiter un cas ou de reconnaître une forme dans des conditions différentes de celles de l'apprentissage.

Ces propriétés ont été mises à profit dans de nombreux champs d'application tels que la classification de données, la reconnaissance de formes (lecture optique de caractères écrits, reconnaissance de la parole, caractérisation de signaux biologiques), l'approximation de fonctions à partir d'ensembles de points expérimentaux, la prédiction et la prévision de l'évolution d'un phénomène, l'optimisation, les mémoires associatives permettant d'accéder à une information à partir d'une description incomplète de celle-ci.

L'inspiration neurobiologique des réseaux neuronaux est extrêmement faible et le neurone formel est le résultat d'une très forte simplification de la réalité. Simultanément, de nombreux travaux sont menés pour mettre au point des modèles informatiques du neurone et des architectures neuromimétiques qui soient biologiquement plus réalistes (voir par exemple le modèle de colonne corticale*, parmi beaucoup d'autres). Il s'agit d'une entreprise difficile car le système cortical est d'une très grande complexité et son fonctionnement réel est encore incomplètement connu malgré les énormes progrès effectués dans l'exploration fonctionnelle du réseau et dans le comportement du neurone. De tels travaux nécessitent un dialogue constant entre neurosciences et intelligence artificielle. Leur intérêt est double : d'une part, aider à élucider les mécanismes cérébraux et, d'autre part, déboucher sur de nouveaux « réseaux neuronaux » aux performances accrues.

Modèles statistiques

Les modèles probabilistes et statistiques présentent un cadre formel pour capturer et rendre compte de la variabilité inhérente au monde réel. Ces modèles, tout comme les modèles neuromimétiques, sont capables d'apprendre à partir d'exemples, mais l'apprentissage consiste ici à mémoriser des distributions de probabilités à l'aide d'algorithmes souvent complexes mais dont les propriétés sont parfaitement connues.

Un modèle largement utilisé est celui des réseaux bayésiens. Ces réseaux sont des graphes constitués de nœuds représentant les concepts d'un domaine et d'arcs représentant des relations de causalité probabilisées entre deux concepts (par exemple, tel état pathophysiologique d'un patient peut être la cause de tel symptôme, avec telle probabilité). Un réseau bayésien permet de mener un raisonnement probabiliste sur des faits multiples grâce à des mécanismes de propagation de probabilités à travers le réseau. Il est ainsi très intéressant dans des problèmes à choix multiples tel que le diagnostic, notamment médical.

---

* Burnod (Y.), *An Adaptive Neural Network : the Cerebral Cortex*, Masson, 1989.

Le temps est une dimension essentielle dans de nombreuses activités en IA. Ainsi, les modèles statistiques intégrant la variabilité temporelle, ou modèles stochastiques, comptent parmi les plus utilisés en intelligence artificielle.

Le modèle stochastique le plus répandu est le modèle de Markov caché, ou MMC *(Hidden Markov Model, HMM)*. C'est le cas en reconnaissance de la parole où chaque entité à reconnaître est représentée par une source de Markov capable d'émettre le signal vocal correspondant à ce mot*.

La reconnaissance consiste alors à calculer la vraisemblance de la suite d'observations acoustiques constituant l'entité à reconnaître (mot, unité phonétique) par rapport à chacun des modèles appris. Le modèle présentant la plus grande vraisemblance d'avoir émis cette suite d'observations fournit la réponse.

Un des intérêts des MMC réside dans l'automatisation de l'apprentissage des différents paramètres et distributions de probabilités du modèle à partir de données acoustiques représentatives de l'application considérée. Cet apprentissage est assuré par des algorithmes itératifs d'estimation des paramètres, en particulier l'algorithme de Baum-Welch.

Les MMC ont également été utilisés avec succès dans d'autres domaines que la parole, en particulier l'interprétation d'images, la reconnaissance de l'écriture, l'interprétation de signaux (radar, sonar, biologiques, etc.) ou la robotique.

Conclusion

L'IA permet d'utiliser plus intelligemment un ordinateur en facilitant la communication entre l'homme et la machine et en exploitant au mieux la puissance de traitement. Des applications sont opérationnelles dans de nombreux domaines. L'IA contribue par ailleurs à une meilleure compréhension des processus perceptifs et cognitifs de l'homme, notamment grâce une collaboration pluridisciplinaire. Les tendances actuelles concernent l'augmentation de la robustesse des systèmes de façon à éviter les dégradations de performances en face de situations imprévues, ainsi que la diversification des traitements liés aux connaissances : apprentissage, mise en place de mémoires d'entreprise capitalisant le savoir et l'expérience de ses membres, aide à la recherche d'informations par fouille de base de données, recherche sur Internet, etc. Il ne fait pas de doute que l'IA fera de plus en plus partie intégrante des systèmes d'informations du futur.

---

* Rabiner (L.) et Huang (B. H.), *Fundamentals of Speech Recognition*, Prentice-Hall, 1993.

Demain, quelles technologies
pour quelle défense ?

par Jean-Yves Helmer

Les militaires ont toujours soutenu la recherche et exploité les progrès technologiques. La recherche à des fins de défense a même longtemps constitué un moteur des avancées scientifiques et techniques. Elle a accéléré le développement de pans entiers de la technologie, dans les domaines de l'aéronautique, de l'espace, de l'électronique, de l'informatique et des télécommunications. Les lanceurs spatiaux sont dérivés des technologies développées à l'origine pour les missiles ; les premiers circuits intégrés ont été construits dès 1959 à l'instigation du département de la défense américain ; l'informatique est née des besoins en calcul pour le déchiffrement ; les turboréacteurs, les radars et les systèmes de localisation par satellite sont d'origine militaire, tout comme les matériaux composites ou les technologies d'Internet, développées pour le réseau militaire Arpanet.

Cette logique s'est aussi transformée en surenchère technologique dans la course aux armements de la guerre froide, avec pour aboutissement l'initiative de défense stratégique lancée par Ronald Reagan dans les années 1980. Cette surenchère contribua à la chute de l'Union soviétique, financièrement et technologiquement essouflée par le rythme imposé par les Américains.

Aujourd'hui, le contexte a beaucoup évolué. Les adversaires, les risques, les menaces ne sont plus de même nature. Les évolutions technologiques des systèmes de défense sont encore, dans certains domaines, le fruit des efforts de recherche menés spécifiquement pour la défense. Mais elles sont aussi, et de plus en plus, liées aux progrès des technologies civiles, qu'il s'agisse des systèmes

---

Texte de la 264ᵉ conférence de l'Université de tous les savoirs donnée le 20 septembre 2000.

de télécommunication, d'information ou de navigation, ou encore des composants électroniques.

De nouvelles menaces dans un cadre géostratégique aux évolutions très ouvertes

Avec la fin de la guerre froide, nous avons quitté un monde bipolaire caractérisé par une menace majeure clairement identifiée, pour entrer dans un monde dominé par une hyperpuissance, les États-Unis. Forts de leur supériorité tant militaire qu'économique, ils proposent à leurs partenaires leurs doctrines, leurs systèmes, leurs technologies, leurs normes et leurs modes de conduite des opérations, qu'il est souvent difficile de récuser. Comment une telle situation, qui présente un certain confort sur le plan géostratégique, évoluera-t-elle dans les prochaines décennies ? La suprématie militaire américaine paraît aujourd'hui inébranlable, mais les États-Unis souhaiteront-ils vraiment jouer le rôle de gendarmes du monde ? Seront-ils prêts à intervenir sur toute la planète ? Le pourront-ils et les tendances isolationnistes de leur opinion publique ne prendront-elles pas le dessus ? Les réponses à ces questions ont un impact direct et majeur sur les besoins de défense, la politique de défense et la définition des systèmes de défense français et européen. Déjà, au Kosovo, nous n'aurions pas pu intervenir de la même manière sans les Américains qui étaient les seuls à maîtriser certaines capacités militaires.

De son côté, l'Europe aura-t-elle réussi, demain, à mettre en œuvre une politique extérieure de sécurité et de défense ? Disposera-t-elle de véritables capacités militaires communes ?

Plus à l'Est, la Russie sera-t-elle parvenue à sortir de son marasme économique ? Se repliera-t-elle sur elle-même ou assisterons-nous à une affirmation nationale nouvelle, l'amenant à retrouver sa position sur l'échiquier diplomatique et militaire ? Quelle sera la place de la Chine ? Quelles puissances régionales émergeront et où se situeront les foyers de tension ?

Dans un cadre géopolitique aux évolutions très ouvertes, les menaces se sont faites plus diverses et les risques moins maîtrisables. Si la situation paraît consolidée dans le centre de l'Europe, l'instabilité demeure sur ses marches au Sud et au Sud-Est. Au-delà de l'Europe, les foyers de tension sont multiples. Ils sont attisés par des réactions identitaires violentes, expression d'un nationalisme ou d'un fondamentalisme religieux, mais aussi par l'instabilité de sociétés en transition qui maîtrisent mal les conséquences d'un développement économique accéléré, d'une explosion démographique ou d'une urbanisation anarchique.

À ces foyers de tension s'ajoutent de nouveaux risques. La prolifération des armes de destruction massive et des vecteurs associés s'étend, au-delà des armements nucléaires, aux moyens chimiques et biologiques, auxquels peuvent désormais avoir accès de nombreux États, mais également des organisations terroristes.

En outre, de nouvelles formes de vulnérabilité naissent du développement des nouvelles technologies. L'espace et les satellites qui le peuplent, le cyberespace qui tisse sa toile jusque dans notre intimité pourraient ainsi devenir demain des champs de bataille pour des agresseurs d'un genre nouveau.

Une nouvelle doctrine d'intervention pour les démocraties occidentales

Cette diversification des menaces et des risques s'accompagne pour les démocraties occidentales de l'affirmation d'une nouvelle doctrine d'intervention pour prévenir et régler les crises et les conflits militaires.

Le recours à la force n'est envisagé qu'une fois la recherche de solutions politiques et diplomatiques épuisée et l'assurance de l'emporter acquise. Il s'inscrit dans le respect du droit international. Il trouve légitimité et efficacité dans la conduite d'opérations en coalition multinationale.

Respect du droit et poids des opinions publiques renforcent la volonté d'économiser les vies humaines et de limiter l'usage de la force au strict effet recherché. Ces exigences entraînent un contrôle politique plus étroit sur toutes les phases de l'action militaire, désormais suivie en direct sur tous les écrans de télévision de la planète. Comme l'illustre la mise au ban des mines antipersonnel, l'emploi des armes doit s'attacher, dans la mesure du possible, à ne pas infliger de traumatismes excessifs aux combattants, à respecter les populations pendant l'action militaire, à éviter des effets résiduels inacceptables une fois la paix revenue.

Les conflits changent de nature. Nous sommes de plus en plus confrontés à des engagements dissymétriques, dès lors que les niveaux technologiques des adversaires sont très éloignés, voire asymétriques lorsque ces adversaires ne partagent pas le même système de valeurs, et n'adoptent pas les mêmes comportements ni les mêmes règles de conduite au combat. L'emploi de boucliers humains dans des conflits récents en est une illustration.

Les formes de combat s'en trouvent profondément affectées, allant du combat de haute intensité jusqu'au maintien de la paix, voire au maintien de l'ordre. Les environnements géographiques doivent être tous considérés, des étendues désertiques au milieu urbain, où les opérations sont de plus en plus souvent menées au contact avec la population.

Les deux impératifs de la maîtrise technologique

Dans ce contexte nouveau, la maîtrise technologique répond à deux impératifs. Le premier demeure, aujourd'hui comme hier, de prendre l'avantage sur l'adversaire. L'adversaire ou les adversaires potentiels n'ont plus les mêmes capacités technologiques que ceux d'hier et nous ne sommes plus dans une logique de course aux armements. Mais nous avons toujours besoin de technologies — et de manière croissante — pour répondre aux nouvelles conditions dans lesquelles nous voulons engager nos forces. L'intervention au Kosovo l'a mis en évidence, avec l'emploi des missiles de croisière tirés, à très grande distance, d'avions ou de bâtiments à la mer et dotés d'une précision métrique *(Fig. 1)*.

Figure 1 – Tir d'exercice d'un missile de croisière Apache.

Le second impératif a trait au rôle que nous souhaitons jouer au sein des coalitions. Si nous voulons être interopérables, si nous voulons peser politiquement sur les décisions, nous devons éviter qu'un niveau technologique insuffisant nous disqualifie dans la conduite des opérations. Nous devons par exemple garantir que le niveau de sécurité de nos systèmes d'information et de communication permet d'échanger des informations sensibles avec nos partenaires. Nos avions doivent disposer d'un niveau de furtivité homogène avec celui de nos partenaires pour pouvoir participer à des raids conjoints. Ainsi, à la logique de la « référence à l'adversaire » se superpose maintenant une logique de « référence au partenaire ».

Une stratégie technologique adaptée à nos moyens financiers

Notre stratégie technologique, fondée sur la perception des menaces futures et des nouveaux besoins de défense, doit aussi être adaptée à nos moyens financiers.

Aujourd'hui, le ministère de la Défense finance la recherche de deux manières. Il finance tout d'abord directement, à hauteur de 4 ou 5 milliards de francs par an, des organismes de recherche effectuant notamment, mais pas exclusivement, des recherches de base. Dans le domaine nucléaire, le CEA se voit ainsi largement financer des travaux de recherche fondamentale et de nouveaux moyens d'expérimentation et de simulation comme le laser mégajoule. Les financements bénéficient également à d'autres organismes de recherche, qu'ils soient sous tutelle du ministère de la Défense comme l'ONERA et l'Institut franco-allemand de Saint Louis, ou sous une tutelle partagée avec d'autres ministères, comme le CNES, sans oublier les laboratoires des écoles d'ingénieurs dépendant du ministère de la Défense. Le ministère de la Défense finance par ailleurs, avec un budget annuel de l'ordre de 3 milliards de francs, des actions de recherche appliquée et de technologie sur des thèmes précis. Confiées principalement à des industriels, ces actions visent à explorer le potentiel militaire de nouvelles technologies et à mettre l'industrie de défense en position de pouvoir développer les équipements de défense dont nous avons et dont nous aurons besoin, grâce à la maîtrise des technologies qui leur sont liées.

Au total, l'effort financier annuel en faveur de la recherche et technologie représente près de 15 % des investissements en équipements* du ministère de la Défense. À titre de comparaison, cet effort représente le tiers des efforts de l'ensemble des pays de l'Union européenne, mais seulement le dixième de celui qui est

---

* C'est-à-dire la recherche et développement et les fabrications financées par les programmes d'armement, et les achats de munitions.

consenti par les Américains. En ajoutant la part des développements financés par les programmes d'armement, l'effort français en matière de recherche et développement militaire s'élève pour l'année en cours à près de 22 milliards, soit environ 40 % des investissements en équipements. Ces niveaux marquent bien la priorité donnée aux travaux de recherche et développement, mais n'en demeurent pas moins relativement restreints (environ 13 %) par rapport à l'effort global consenti en France en matière de recherche et développement.

Des choix technologiques fondés sur une vision prospective

Compte tenu de ces moyens limités, il est essentiel de faire les bons choix technologiques et d'exploiter toutes les synergies possibles à la fois avec les industriels de défense, avec la communauté civile de la recherche et avec nos partenaires au sein de l'Europe et de l'OTAN.

Les bons choix technologiques se fondent nécessairement sur une vision prospective. Cette vision est le fruit d'analyses qui croisent et entremêlent des simulations des évolutions géostratégiques, opérationnelles et technologiques envisageables dans les décennies à venir. Ces réflexions s'attachent à dégager les conditions d'engagement, les types de conflit et les formes de combat susceptibles d'être rencontrés dans le futur. Elles intègrent les évolutions technologiques, qui sont porteuses d'opportunités nouvelles, mais aussi de nouveaux risques et de nouvelles menaces. Elles visent à déterminer les capacités technologiques clés nécessaires pour répondre aux besoins opérationnels de demain.

La pertinence des orientations ainsi dégagées repose en grande partie sur notre capacité à anticiper les ruptures technologiques. Ces dernières recouvrent naturellement les avancées scientifiques et techniques, par exemple dans le domaine des biotechnologies, de la microélectromécanique ou des armes à énergie dirigée. Elles s'étendent à la diffusion très large de technologies nouvelles comme Internet. Notre analyse porte également sur l'utilisation de technologies existantes dans des emplois nouveaux, comme l'illustre la bombe au graphite utilisée au Kosovo par les Américains pour neutraliser la production et la distribution d'électricité.

Cette réflexion prospective doit pouvoir faire émerger les besoins prioritaires, qui eux-mêmes guident nos choix technologiques. Plusieurs points viennent illustrer cette démarche.

L'amélioration de la rapidité d'action et de la conduite des opérations militaires. Il faut pouvoir intervenir sur un théâtre d'opérations avant que la crise ne se développe de manière irréversible, prendre l'adversaire de vitesse dans la prise de décision, gérer simultanément sur un même théâtre une grande variété et une grande dispersion d'objectifs et de menaces. Ce besoin de réactivité et de maîtrise de la complexité nous amène à porter l'accent sur les technologies d'acquisition du renseignement, les télécommunications à très haut débit ou le traitement distribué de l'information.

Une meilleure efficacité des armements. Sa recherche implique d'augmenter la précision des capteurs et des systèmes d'armes, qui doivent s'adapter à la nature des cibles, ponctuelles et bien définies. La volonté d'agir toujours plus en profondeur du dispositif ennemi suppose d'augmenter la distance de projection des moyens, la portée des armes, la furtivité des plates-formes.

L'exigence de pouvoir maîtriser la violence dans l'usage de la force. Elle implique des formes souples et rapidement réversibles de l'action militaire, la limitation des dommages collatéraux, notamment vis-à-vis des populations civiles, la préservation des infrastructures en anticipation de la sortie de crise. La panoplie des outils répondant à ces objectifs inclut la guerre électronique et la lutte informatique, les armes à énergie dirigée et les moyens de neutralisation et d'incapacitation provisoire. La gamme des technologies couverte est très large.

La protection du combattant bénéficie d'une priorité accrue. L'homme peut et doit être mieux protégé par son équipement individuel, désormais conçu comme un véritable système d'armes, mais aussi grâce au déploiement de systèmes de défense collectifs pour le protéger par exemple des attaques de missiles balistiques de théâtre. Sa résistance aux contraintes du combat — fatigue, douleur, stress, conditions climatiques — doit être augmentée. Les capacités d'intervention médicale en milieu contraignant voire hostile doivent être renforcées, y compris dans les cas d'agression biologique, chimique ou radiative. Enfin, les progrès de la robotique et le développement des systèmes pilotés à distance, que préfigurent les drones, visent à réduire l'exposition du combattant aux risques tout en s'affranchissant des limites de la résistance humaine *(Fig. 2)*.

Des capacités technologiques développées en synergie

Pour développer ces différentes capacités technologiques, nous exploitons toutes les synergies possibles avec les autres acteurs, publics ou privés, du monde de la défense et de la recherche.

Figure 2 – Lancement d'un drone d'observation.

Une synergie, tout d'abord, avec l'industrie de défense. Nos travaux visent à acquérir la maîtrise des technologies nécessaires au développement d'un système de défense donné ou d'une technologie utilisable par plusieurs types de systèmes. Ils sont principalement confiés aux industriels responsables de la réalisation ultérieure de systèmes ou d'équipements de défense. Ce sont eux qui doivent *in fine* maîtriser les capacités technologiques.

Une synergie, ensuite, avec l'ensemble du monde scientifique et technique, pour tirer le meilleur parti des recherches menées dans le monde civil et ne développer que ce qui est spécifiquement militaire. Un lien étroit et un dialogue efficace doivent être entretenus avec l'ensemble de la communauté de recherche. Nous voulons être réactifs vis-à-vis de l'émergence de toute nouveauté ou rupture technologique pouvant intéresser la défense. Nous veillons à associer le monde scientifique et technique à nos travaux de prospective. L'évaluation de nos programmes et travaux de recherche s'appuie largement sur des réseaux mêlant expertise interne et externe à la défense. Nous développons des relations directes avec les laboratoires de recherche en finançant de nombreuses thèses de doctorat et nous incitons les industriels assurant la maîtrise d'œuvre des travaux de recherche et technologie de défense à faire appel à toutes les compétences, des laboratoires de recherche universitaires, du CNRS et autres organismes de recherche jusqu'aux PME/PMI dont la capacité créative est souvent remarquable.

Une synergie, enfin, avec nos partenaires de l'OTAN et de l'Europe. La France ne peut pas maîtriser seule la totalité du spectre des sciences et techniques de défense. En dehors des domaines de souveraineté nationale tels que la dissuasion, la coopération s'impose désormais pour mieux exploiter, ensemble, des ressources limitées. La France s'appuie ainsi sur le réseau d'experts scientifiques de haut niveau mis en place par l'OTAN afin de garantir l'interopérabilité des matériels et préparer les architectures des futurs systèmes de défense collectifs de l'Alliance. Elle se montre très active, principalement en Europe, dans de nombreuses structures bilatérales et multilatérales de recherche de défense. Elle consacre aujourd'hui 20 % environ de ses ressources à des coopérations européennes, essentiellement avec l'Allemagne et le Royaume-Uni.

Les conflits et armées de demain

par JACQUES LANXADE

Au temps de la Guerre froide, l'ordre international était caractérisé par la confrontation entre le bloc de l'Ouest et celui de l'Est et il était régulé par la dissuasion nucléaire. Cinq puissances nucléaires officielles, membres permanents du Conseil de sécurité où elles avaient le droit de veto, constituaient une sorte de directoire suprême. Cependant, tout était dominé par la relation spéciale que leurs capacités de dissuasion nucléaire imposaient aux deux superpuissances, les États-Unis et l'URSS, qui constituaient ensemble une sorte de condominium. L'équilibre stratégique était celui de la terreur et il était garanti par la stricte application du traité ABM sur les armements antibalistiques et par la mise en œuvre des accords de limitation SALT, puis de réduction START des armements nucléaires. Il fallait en effet qu'aucun des deux grands ne puisse obtenir une supériorité momentanée sur l'autre, ce qui aurait comporté le risque corrélatif qu'il soit tenté d'en user. Dans le même temps, chacun des deux blocs cherchait à accroître la zone qu'il contrôlait : aucune partie de la planète n'échappait aux règles de la bipolarité.

Cet ordre international était injuste mais relativement stable dans la mesure où les crises et les conflits devaient être soigneusement contenus dans leur extension géographique sinon dans leur violence, afin d'éviter qu'ils ne mettent les deux superpuissances en confrontation directe.

Ce monde bipolaire disparaît en 1989 à partir de la chute du mur de Berlin (le 9 novembre) puis de l'éclatement et la disparition de l'Union soviétique. Un nouvel ordre mondial s'établit. Une seule

---

Texte de la 265ᵉ conférence de l'Université de tous les savoirs donnée le 21 septembre 2000.

superpuissance subsiste, les États-Unis. La dissuasion nucléaire continue d'exister mais elle perd sa fonction régulatrice et aucun autre système de régulation ne se met en place.

Le système de l'économie libérale s'impose et il détermine les motivations des acteurs internationaux et d'une certaine façon, la confrontation économique se substitue à la confrontation stratégique, mais elle n'en assume pas la fonction régulatrice.

Ce processus de dérégulation de l'ordre international est amplifié par le développement technologique, en particulier les progrès de l'information qui font que le phénomène de globalisation affecte l'ensemble des activités mondiales.

L'interdépendance est aujourd'hui telle entre les différentes régions du monde que toute crise qui éclate en un lieu a des répercussions immédiates sur le reste de la planète.

La régulation politique du nouvel ordre international devrait être celle des Nations unies, agissant au nom de la communauté internationale. La France s'est efforcée, à partir de 1989, de donner au Conseil de sécurité un rôle central dans la gestion de la paix. Elle s'est heurtée à la réticence des grandes puissances et surtout à celle des États-Unis qui ne souhaitent pas mettre leur politique sous la conduite d'une organisation dont ils considèrent qu'elle doit être réformée.

Quant à la régulation économique, qui est la responsabilité des institutions de Bretton Woods auxquelles sont venus s'ajouter le G7 ou G8, elle a donné longtemps le sentiment d'être inefficace et il aura fallu les crises économiques en Asie pour que la situation commence à se modifier.

Cette dérégulation a des conséquences importantes car elle favorise le développement de l'instabilité dans le monde et la propagation des nouveaux risques.

Les crises liées aux rivalités entre États ou groupes ethniques ou religieux se multiplient. Les zones les plus pauvres du monde dont l'intérêt stratégique a beaucoup diminué ne sont plus les bénéficiaires d'une coopération politique et surtout économique et le sous-développement s'y accroît. Le terrorisme, la drogue, les mafias trouvent dans ce monde instable des terrains propices à leur extension.

Alors que l'on avait espéré en 1989 un monde régi par la communauté internationale et orienté vers la paix et le développement, tout se passe comme si l'on revenait au conflit des intérêts et au jeu des puissances.

On peut cependant avoir une vision plus optimiste de l'évolution du monde en disant que nous vivons une période de transition qui nous mènera à un nouvel ordre international.

Il faudra pour cela trouver les moyens d'assurer la régulation politique et économique par la communauté internationale, c'est-à-dire par un ensemble d'institutions au sommet desquelles se trouveront effectivement les Nations unies. Il n'est pas certain qu'un monde géré par un consortium de quelques grandes puissances, celles du G8, puisse être un monde stable si le moyen n'est pas trouvé d'y associer l'ensemble de la communauté internationale.

Les types de conflit

À quels types de conflits pouvons-nous être confrontés ?

Clausewitz distinguait les guerres totales des guerres limitées. Mais il réfléchissait à l'affrontement entre les États, et l'arme nucléaire n'existait pas. Aujourd'hui, la multiplication des conflits, leur forme de plus en plus complexe et le caractère interne des crises font appel à une autre classification : le conflit nucléaire, le conflit de type classique, c'est-à-dire la guerre entre des États avec des moyens conventionnels et les crises internes aux États.

Le conflit nucléaire est demeuré virtuel durant toute la Guerre froide.

La fin de l'opposition entre les blocs a modifié cette donne dans la mesure où la confrontation a fait place à la coopération avec une Russie déterminée à entretenir avec le reste du monde une relation fondée sur la paix et le développement. Si les armes nucléaires continuent d'exister, la dissuasion est néanmoins devenue, pour le moment, implicite.

Cependant cette situation a commencé à se modifier pour deux raisons :

— Les Américains développent un système de défense anti-missile, la National Missile Defense ou NMD, sorte d'avatar de la guerre des étoiles destinée à préserver le territoire américain de toute agression nucléaire. Ce projet pose de nombreuses questions : y a-t-il une véritable menace ? Si oui, y a-t-il d'autres moyens de s'en préserver ? Enfin, le risque de relancer une course aux armements n'est-il pas très lourd en regard de l'avantage de se doter d'une protection à l'efficacité non confirmée ? La Russie s'en inquiète fortement et rappelle son attachement au traité ABM, tandis que la Chine, dont les forces nucléaires sont encore relativement restreintes, pourrait être encouragée à développer son arsenal stratégique.

La seconde raison qui modifie les perspectives de la dissuasion est l'accession à la puissance nucléaire d'autres pays que les cinq puissances reconnues, notamment l'Inde et le Pakistan.

La dissuasion nucléaire, telle que nous la concevons, repose sur une analyse rationnelle de leurs vulnérabilités réciproques par les États nucléaires. Cette rationalité n'est sans doute pas celle qui existe entre l'Inde et le Pakistan. Ces deux puissances sont engagées dans une guerre larvée qui mobilise leurs opinions publiques. Si les affrontements conventionnels devaient se développer et faire que l'un des camps estime que ses intérêts vitaux sont menacés, il n'est pas certain que l'on puisse contrôler le processus de la violence et éviter de passer de la virtualité à la réalité. Il y a donc un risque qui n'est pas nul de guerre nucléaire en Asie, qui serait peut-être limitée mais dont les conséquences seraient considérables pour beaucoup de régions du monde. En outre, le tabou nucléaire serait levé.

Le deuxième type de conflit est celui des guerres classiques entre États. L'invasion du Koweït par l'Irak, la guerre entre l'Éthiopie et l'Érythrée en sont des exemples clairs. La fin du monde bipolaire, en supprimant les contraintes que faisait peser le maintien de l'équilibre stratégique entre les deux blocs a laissé le champ libre à des conflits régionaux.

Cependant, en même temps, le développement des institutions internationales donne à la communauté internationale davantage de moyens pour limiter le recours à la force, pour résoudre les oppositions et pour mettre un terme aux engagements par l'arbitrage ou la médiation.

Le troisième type de conflit est celui des crises internes aux États, dont on voit bien qu'elles se multiplient. Elles naissent d'oppositions ethniques, religieuses ou culturelles qui trouvent souvent dans le sous-développement un terrain favorable à leur naissance puis à leur croissance.

L'émergence de ces crises est facilitée par une certaine indifférence des grandes puissances lorsqu'elles concernent des zones dont l'intérêt stratégique a beaucoup diminué et dont l'intérêt économique dans le système libéral qui domine aujourd'hui est limité. Le sous-développement s'y accroît de ce fait, ce qui favorise l'instabilité interne des États. L'Afrique subsaharienne est la zone la plus touchée par ce processus.

L'éclatement de l'Union soviétique et la disparition du bloc communiste sont une autre cause de l'extension des crises internes. Ainsi le Caucase, l'Asie Centrale et les Balkans sont le théâtre de multiples affrontements.

La gestion des crises et des conflits

La communauté internationale est confrontée à cette situation d'un monde instable et incertain et il lui faut désormais gérer cette phase de transition vers le nouvel ordre international. C'est à elle, et non aux seules grandes puissances qu'il revient de créer les conditions de la stabilité, de la paix et de promouvoir le développement. L'ONU et les organisations régionales telles que l'OSCE pour l'Europe ou l'OUA pour l'Afrique devraient ainsi être les acteurs essentiels de maintien de la paix.

Du point de vue du droit international, la compétence de l'ONU est clairement reconnue lorsqu'il s'agit de conflits entre États. La charte des Nations unies a été bâtie sur le principe de la souveraineté des États et ses différents articles donnent au Conseil de sécurité la capacité de dire le droit. Il n'en est pas de même dès lors qu'il s'agit de crises internes. Se pose alors le problème de l'ingérence. Lorsque les Droits de l'homme sont bafoués ou que des agressions sont commises contre des minorités au sein d'un État, le Conseil de sécurité est encore largement incompétent.

Cependant, sous la pression des opinions publiques, des avancées significatives ont été réalisées depuis la fin de la Guerre froide comme en témoignent par exemple les interventions en Irak au profit des Kurdes, puis des Chiites après la guerre du Golfe, l'intervention en Somalie ou encore plusieurs opérations en ex-Yougoslavie. Il reste néanmoins à compléter le droit international en ce domaine, comme cela a été fait en créant des tribunaux internationaux.

En tout état de cause, c'est bien au Conseil de sécurité qu'il revient de légitimer une intervention, que celle-ci vise à rétablir le droit international battu en brèche par un État ou qu'elle s'attache à résoudre une crise interne.

Ensuite, et avec un mandat précis, l'intervention militaire proprement dite pourra être le fait d'une force des Nations unies, d'une organisation internationale ayant une capacité militaire, telle que l'OTAN, ou enfin d'une coalition *ad hoc*. Cette intervention sera donc, dans la très grande majorité des cas, une intervention internationale.

MODES D'ACTION

Les modes d'action que l'on a vu se développer pour le maintien ou le rétablissement de la paix et qui devraient continuer à être mis en œuvre à l'avenir peuvent se réduire à trois.

Le premier est la coercition par la force aérienne, qui vise à obtenir des parties en conflit qu'elles cessent leur affrontement sous peine d'être soumises à des frappes de l'aviation ou des missiles de croisière. C'est ce mode d'action qui a été employé dans la guerre du Golfe face à l'Irak ou plus récemment contre la Serbie au Kosovo. Il permet de tirer le maximum de profit de la supériorité technologique et de réduire les risques de pertes.

Au plan politique, la mise en œuvre de ce mode d'action est une sorte de pari sur le comportement des parties en présence. Si la dissuasion joue, le pari est gagné. Mais le risque existe de voir l'un des camps, confronté à un ultimatum, faire le choix de la guerre. Dès lors, la violence s'ajoute à la violence et ce sont les populations qui en subissent les conséquences, comme la crise du Kosovo l'a montré.

Le deuxième mode d'action est l'interposition, c'est-à-dire le placement des forces internationales entre les parties opposées pour arrêter les combats et stabiliser la situation. Ce mode d'action a été utilisé à de nombreuses reprises en Croatie et en Bosnie.

Mis en œuvre avec l'accord des parties, il présente l'avantage politique de permettre une intervention très en amont dans la crise, mais militairement, il comporte un risque sérieux si l'un des deux camps cesse à un moment donné d'appliquer les accords qu'il a signés.

Le troisième mode d'action est l'occupation du terrain qui peut se faire soit avec l'accord de ceux qui s'affrontent, soit dans le cas contraire par la force. Il vise à contrôler la zone occupée afin d'en assurer la sécurité tant interne que vis-à-vis de l'extérieur.

L'occupation du terrain est en tout état de cause nécessaire après une campagne aérienne afin de concrétiser le résultat et de permettre la mise en œuvre du processus de résolution durable de la crise.

Cependant, ce mode d'action pose très vite le problème du maintien de l'ordre public, c'est-à-dire d'une justice pour dire le droit et d'une police pour le faire respecter.

Il faut enfin insister sur le point que le rétablissement de l'ordre par les forces armées n'est que la condition préalable à l'engagement d'un processus de résolution durable de la crise qui relève d'une action politique et économique.

L'évolution des forces armées

Il appartient aux responsables politiques de chaque État d'apprécier les menaces qui pèsent sur le pays, d'évaluer, dans son environnement les soutiens qui peuvent être obtenus et enfin de définir, compte tenu des choix de politique étrangère, la politique de défense.

Il n'est donc pas aisé de catégoriser les différentes armées qui se développeront dans le futur mais il est possible de dégager les grandes tendances d'évolution pour l'avenir.

La première de ces tendances est la recherche d'un progrès qualitatif des forces au détriment de leur volume. Cette tendance résulte de la sophistication croissante des armements. La complexité des moyens utilisés s'accroît considérablement.

La deuxième tendance est que les opérations militaires seront de plus en plus des opérations mettant en œuvre des forces de différentes natures dont il faut coordonner les actions. Ainsi, les opérations sont non seulement interarmes, par exemple la combinaison de blindés et d'infanterie sur le champ de bataille, mais aussi interarmées, associant les moyens spécifiques des trois armées (marine, air, terre).

La troisième tendance est le passage des armées de conscription à des armées professionnelles. Elle trouve sa justification :

— D'une part dans la modification de la menace qui, en Europe en particulier, fait passer du concept de défense à celui de sécurité. Il s'agit de plus en plus pour les armées des grandes puissances de contribuer à la gestion des crises plutôt que d'être en mesure de contrer une menace directe contre le territoire national.

— D'autre part, dans la sophistication croissante des armements qui s'accommode difficilement d'un service militaire dont la durée est généralement égale ou inférieure à une année.

Certes le service militaire permet aux armées de disposer de personnels déjà formés, tels que des informaticiens ou des scientifiques. Mais dans l'ensemble, la formation et l'entraînement requis sont trop longs et coûteux pour être dispensés à des appelés qui ne sont présents sous les drapeaux que pour un temps court et ne peuvent facilement être employés en opération extérieure.

Ce changement considérable dans la nature des forces armées, si elle trouve sa justification du point de vue opérationnel, n'est pas sans présenter par ailleurs de sérieux inconvénients notamment la suppression d'un lieu d'intégration de la société à une époque où les migrations de population sont relativement importantes.

Une dernière tendance est le souci croissant de donner une priorité élevée à la réduction des pertes humaines. Le concept de zéro mort qui s'est développé aux États-Unis, notamment à cause du Vietnam, commence à faire son chemin en Europe. Les responsables politiques prennent conscience de cette nouvelle contrainte qui s'impose lorsque les opérations ne sont pas reliées à la défense du territoire national. C'est pourquoi ils sont enclins à choisir les modes d'action opérationnels qui mettent à profit la supériorité technologique pour imposer la force avec le minimum de risques.

Si l'on regarde maintenant les capacités qui sont requises pour constituer une armée moderne, c'est-à-dire adaptée à l'évolution des concepts opérationnels et au progrès technologique, on peut distinguer :

— Les capacités classiques qui sont celles permettant de mener un combat terrestre, aérien ou maritime. Tous les États du monde en disposent, à des niveaux divers.

— Des capacités générales, qui sont l'apanage des puissances mondiales ou régionales et qui couvrent un ensemble de domaines beaucoup plus large, allant de la dissuasion nucléaire à la projection des forces loin du territoire national. On les qualifie quelquefois de multiplicateur de forces.

Ce sera la cohérence obtenue par le dosage entre les capacités classiques et les capacités générales qui déterminera la qualité d'un système de forces considéré.

Il ne suffit pas cependant pour disposer d'une armée moderne efficace d'accumuler les moyens. Il faut en plus disposer des hommes formés et entraînés à la mise en œuvre des systèmes complexes. Il faut aussi que dans l'État les responsables politiques, diplomatiques et militaires soient organisés pour élaborer une doctrine de défense puis déclencher le processus de décision politico-militaire aux opérations militaires proprement dites. Au sein des forces elles-mêmes doit exister enfin une organisation de commandement opérationnel qui soit capable de constituer les groupements de forces nécessaires à l'exécution des missions.

En France c'est dans des conseils ministériels restreints auxquels participent le Premier ministre, les ministres de la Défense et des Affaires étrangères et le chef d'état-major des armées que le président de la République élabore ses décisions. Ces réunions de conseil, dont le rythme est adapté à la situation internationale, sont préparées par une cellule de crise qui fonctionne au ministère des Affaires étrangères et à laquelle participent les différents ministres concernés par la crise.

Ainsi est assurée la cohérence des décisions politico-militaires puisque le président, chef des armées, est en mesure de donner ses instructions au chef d'état-major des armées en présence du Premier ministre et du gouvernement.

Ensuite, le chef d'état-major des armées conduit les opérations militaires à partir du centre opérationnel interarmées, qui contrôle la chaîne opérationnelle jusqu'au théâtre d'engagement des forces.

Quelles sont les capacités générales importantes ?

La première est un système de recueil de renseignements qui est essentiel car la connaissance de la situation est à la base de toutes les opérations : des satellites d'observation optique et radar, des stations d'écoute, des avions et des drones de reconnaissance et, sur le terrain, le renseignement humain. Ces différents moyens sont complémentaires.

Il faut ensuite traiter les informations et les acheminer vers ceux qui dans la chaîne opérationnelle en ont le besoin.

Aujourd'hui, seuls les États-Unis et la Russie détiennent la totalité d'un tel système, mais la France, et surtout l'Europe, ont décidé de s'en donner les moyens. Progressivement, l'Union européenne disposera de son propre système de renseignement, élément indispensable à une gestion autonome des crises.

La deuxième capacité générale est celle de commandement. Elle correspond à l'ensemble des systèmes informatisés mis en œuvre pour les différentes forces et aux moyens de transmission qui les relient. Disposer d'un système de commandement qui assure en temps réel une parfaite intercommunication entre les états-majors et les forces jusqu'au plus bas échelon de l'action est un facteur d'efficacité. Mais il faut aussi que ce système puisse être connecté avec ceux des autres pays qui interviennent ensemble dans une opération.

La troisième capacité est celle de dissuasion nucléaire. Je n'y insisterai pas car elle est bien connue.

La capacité de frappe de précision à grande distance est une quatrième capacité générale. Elle est aujourd'hui le fait de missiles de croisière dont la portée est de l'ordre du millier de kilomètres et qui sont lancés par des navires ou des avions.

La mise en œuvre de ces missiles oblige à disposer d'un véritable système qui va de l'observation des objectifs jusqu'au guidage. La décision de frappe relève du plus haut niveau de l'État ou de l'alliance qui conduit les opérations. Le choix des types d'objectif est une responsabilité politique que les autorités de l'exécutif n'entendent pas déléguer à un commandant d'opération sur le terrain.

La dernière capacité est celle de protection des forces à distance. Elle vise à permettre le déploiement rapide à grande distance des bases nationales de groupements de forces significatifs, puis à assurer leur protection et enfin leur soutien logistique.

Les moyens requis sont un ensemble d'avions de transport, d'hélicoptères lourds, de navires capables d'embarquer des éléments terrestres et des hélicoptères de combat. La protection des forces déployées doit pouvoir être assurée et il faudra être capable de contrer la menace de missiles balistiques de courte ou moyenne portée tels que les Scuds utilisés par les Irakiens.

Ces diverses capacités générales, ajoutées aux capacités classiques, détermineront à l'avenir le véritable niveau des armées.

Les capacités classiques sont définies par chacune des trois armées.

Du point de vue conceptuel, l'espace aérospatial est celui qui sera le moins marqué, du moins en apparence, par les mutations technologiques. Il a bénéficié jusqu'à ce jour d'un effort continu de modernisation des moyens employés. Dans cet espace, l'objectif recherché est d'en assurer le contrôle.

Dans l'espace aérien national, les systèmes de défense aérienne reposent sur une combinaison de radars pour la détection, d'avions spécialisés dans la défense aérienne et de batteries de missiles, complétés par l'artillerie antiaérienne.

Inversement, s'il s'agit de prendre le contrôle de l'espace aérien adverse, il faut :

— Détruire l'infrastructure de radars et de transmissions afin de rendre inopérant le système de défense aérien. Ceci peut être fait initialement par les missiles de croisière et poursuivi par les avions d'attaque dont la furtivité alliée à la précision de leurs missiles seront à l'avenir les qualités essentielles.

— Réduire l'aviation de défense aérienne adverse en l'attaquant au sol si possible et en l'engageant ensuite en l'air par les avions de défense aérienne guidés par des gros avions radars, les Awacs.

L'espace aéroterrestre est celui qui, à l'inverse, devrait voir les progrès les plus importants se réaliser dans l'avenir.

Le premier de ces progrès est la capacité, par une combinaison de moyens, d'établir en temps réel la situation des forces sur le terrain. La détection sera de plus en plus le fait d'avions, d'hélicoptères ou de drones équipés de radars qui utilisent l'effet Doppler permettant la localisation et l'identification des mobiles. Toutes les informations seront centralisées puis restituées aux forces armées sur le terrain, terrain qui aura lui-même été numérisé à cette fin.

À partir de cette connaissance de la situation, le deuxième domaine de progrès est dans la capacité des systèmes d'armes agissant dans cet espace, c'est-à-dire l'infanterie, les blindés, l'artillerie et les hélicoptères, d'opérer de nuit ou par mauvais temps. Cette capacité tout temps, déjà largement acquise, va modifier profondément la physionomie du combat terrestre qui pourra se dérouler de manière continue.

Le troisième domaine de progrès est celui de la portée et de la précision des missiles offensifs utilisés tant par les forces terrestres elles-mêmes que par les hélicoptères armés et par l'aviation d'assaut qui leur apporte son soutien. Le fantassin enfin disposera d'un ensemble de moyens de positionnement et de vision tout temps qui accroîtra à la fois sa sécurité et son efficacité.

Ce combat dans l'espace aéroterrestre demeurera cependant largement tributaire des qualités du combattant individuel. C'est sans doute dans les opérations terrestres que l'homme continuera, malgré tous les progrès technologiques, de jouer le rôle le plus central. Ainsi des partisans opérant sur leur propre territoire avec des armements légers et manifestant une extrême mobilité poseront toujours beaucoup de problèmes à des forces terrestres modernes. Il en sera de même du combat de rue, qui réduit beaucoup l'avantage que procure la technologie.

Le troisième espace à considérer est l'espace aéro-maritime qui lui-même est partagé en deux selon que l'on agit au-dessus de la surface de la mer ou au-dessous.

L'espace maritime sous la mer trouve sa spécificité dans le fait que les ondes radar n'y pénètrent pas et que, dans les ondes radio, seules les très basses fréquences peuvent y être reçues jusqu'à une profondeur de quelques mètres. Cet espace est donc celui des ondes sonores ou ultrasonores.

Les sous-marins qui opèrent dans cet espace cherchent donc à être les plus silencieux possible afin de ne pas être détectés par les systèmes d'écoute. Dans l'avenir, les sous-marins les plus modernes, que leur propulsion soit classique ou nucléaire, émettront à basse vitesse un bruit inférieur au bruit ambiant de la mer.

Le contrôle de l'espace sous-marin peut s'avérer nécessaire dans des zones déterminées, afin de permettre la navigation en sécurité des forces et du trafic marchand. Il suppose le développement d'un ensemble de moyens aptes à traquer les sous-marins. Ce sont les avions de patrouille maritime, les hélicoptères équipés de sonars, les bâtiments de surface et les sous-marins nucléaires d'attaque.

Au-dessus de la surface de la mer, la situation est tout à fait différente. Notamment le contrôle de l'espace aérien fait appel à des techniques identiques à celles utilisées au-dessus de la terre. Les bases aériennes à terre sont complétées ou remplacées par les porte-aéronefs qui mettent en œuvre des avions d'assaut ou de défense et des hélicoptères.

Les espaces maritimes sont, en dehors des eaux territoriales des États, d'un usage libre du fait du statut juridique de la haute mer. Ils permettent le déploiement sans contrainte des navires de combat qui agissent au profit des opérations à terre pour lancer des missiles de croisière, mettre en œuvre l'aviation embarquée ou débarquer des forces terrestres acheminées par les bâtiments de transport.

Parmi les moyens qui déterminent le niveau d'une marine à capacité océanique, le porte-avion est à l'évidence une pièce maîtresse, et en particulier le porte-avion à catapulte dont seules les marines américaine, russe et française disposent aujourd'hui. La catapulte permet l'emploi d'avions de combat aux performances équivalentes à celles des avions opérant à partir des bases à terre.

Conclusion

Nous vivons une phase de transition vers un nouvel ordre international, et le monde demeure à la fois incertain, instable et finalement dangereux. La vigilance s'impose.

L'Union européenne a un rôle essentiel à jouer pour que le nouvel ordre qui s'établira soit un ordre de paix, de stabilité et de développement, effectivement géré par la communauté internationale. La mise en œuvre d'une politique étrangère commune et la réalisation d'une réelle capacité de gestion autonome des crises sont des objectifs extrêmement importants auxquels il sera nécessaire de consacrer à l'avenir davantage de moyens.

V

EXPLORATION
ET EXPLOITATION DE L'ESPACE :
UNE AVENTURE ET SES ENJEUX

Les lanceurs spatiaux

par HUBERT CURIEN

Le lancement de Spoutnik 1, le 4 octobre 1957 fut un remarquable succès technique et un événement politique de premier plan. Américains et Soviétiques entretenaient un climat de Guerre froide. Le fait que les Soviétiques aient été les premiers à mettre en orbite un satellite artificiel de la Terre fut ressenti par les Américains comme une secousse politique de grande ampleur. Certes, ils n'étaient eux-mêmes pas loin du but, puisque le 31 janvier 1958 ils lançaient avec succès leur premier satellite Explorer 1. Mais, aux yeux du monde, les Soviétiques avaient marqué un point essentiel dans une technologie dont les applications militaires potentielles étaient claires.

Après la question de savoir qui lancerait le premier satellite, se posait celle de la mise en orbite du premier homme. Ici encore, ce sont les Soviétiques qui gagnent. Gagarine est satellisé le 12 avril 1961. Il faudra attendre le 20 février 1962 pour que John Glenn fasse son petit tour dans l'Espace. Pour la deuxième fois, les Soviétiques donnaient la preuve de leur capacité technique : dans un domaine très difficile, ils étaient capables d'être les meilleurs.

L'Amérique voulait sa revanche. Elle y mit les moyens. C'est une équipe américaine qui a marché sur la Lune le 21 juillet 1969. Sur la Lune, il fallait y aller et il fallait aussi en revenir. C'est la difficulté des opérations de retour qui a empêché les Soviétiques de se lancer dans l'aventure avant les Américains. Un aller sans retour eût été, à tous points de vue, catastrophique.

J'aimerais insérer dans cette liste des « jours de gloire » une date importante pour l'Europe et pour la France, celle du lancement

---

Texte de la 266ᵉ conférence de l'Université de tous les savoirs donnée le 22 septembre 2000.

par la fusée française Diamant du satellite Astérix, à partir de la base d'Hammaguir au Sahara. Certes, le satellite était modeste, mais huit ans après Spoutnik et sept ans après Explorer, Astérix lancé par Diamant faisait de la France la troisième puissance spatiale. Nous étions dans le peloton et tous les espoirs nous étaient permis.

De l'homme solitaire dans l'Espace à la station spatiale habitée, un pas important restait à franchir. Les Soviétiques mirent en place Saliout 1 en avril 1971 et les Américains suivirent en satellisant le laboratoire Skylab mais en 1973.

La compétition était rude, mais, entre champions, on peut aussi, à l'occasion, échanger des bonnes pensées et faire de beaux gestes. C'est ainsi que le 17 juillet 1975 un cosmonaute de Soyouz serra, dans l'Espace, la main d'un astronaute américain.

Pour terminer cette liste des jours de gloire du passé, pourquoi ne retiendrions-nous pas le 24 décembre 1979, date du premier lancement de la fusée Ariane ?

Rendons aussi hommage à quelques pionniers.

Robert Esnault-Pelterie, né en 1881, est l'inventeur du manche à balai des avions. Il fut aussi le promoteur de la propulsion par réaction. Il démontra la possibilité de réaliser des fusées en vue de missions interplanétaires. Robert Goddard (1882-1945) lance, aux États-Unis en 1926, la première fusée à ergols liquides. Elle n'atteignit que l'altitude de 12,5 mètres, mais c'était la première !

Les ingénieurs allemands ont joué un rôle considérable dans le développement de la technologique des fusées. Hermann Oberth (1894-1989), qui avait publié en 1929 un remarquable traité d'astronautique, a terminé sa carrière aux États-Unis où il a rejoint von Braun.

C'est un Ukrainien, Serguei Korolev (1906-1966), qui va fabriquer en 1933 la première fusée soviétique à ergols liquides. Il est aussi le père de la fusée Zemiorka qui lancera Spoutnik en 1957.

Dans cette liste de quelques pionniers, Wernher von Braun mérite une mention toute spéciale. Directeur, pendant la dernière guerre, de la base de Peenemünde en Allemagne, il fut, hélas, l'homme des V2. Il poursuivit, immédiatement après la guerre, sa carrière aux États-Unis. Wernher von Braun n'avait qu'une patrie : les fusées...

Les militaires français ont développé eux aussi, bien sûr, des fusées, auxquelles ils donnèrent, élégamment, des noms de pierres précieuses : Topaze, Émeraude, Saphir... Une série qui nous mène à Diamant. C'est le lanceur Diamant qui, en mettant en orbite, en 1965, le petit satellite Astérix, nous a fait entrer dans le club des nations spatiales. Diamant nous a permis de mettre en orbites d'altitudes voisines de 500 km une douzaine de satellites d'une masse de l'ordre de 100 kg. C'est aussi à cette époque que nous avons aménagé le site de lancement de Kourou, en Guyane. Hammaguir était devenu algérien.

Diamant fut un bon lanceur, mais il fallait lui donner un successeur plus puissant. Les Français entraînèrent alors leurs voisins européens dans une entreprise commune. Un organisme fut créé, l'ELDO *(European Launcher Development Organization)*, dont l'objectif était de concevoir et construire un lanceur nommé, tout naturellement, « Europa ». En schématisant, on peut dire qu'Europa était formé par la superposition de trois étages : l'un britannique, le deuxième français, le troisième allemand. Cette fusée devait initialement lancer, depuis un champ de tir en Australie, une charge utile d'une tonne sur une orbite circulaire à 500 km. L'objectif fut ensuite modifié : lancer un satellite de 200 kg, mais à 36 000 km (orbite géostationnaire, voir ci-dessous).

Dix essais d'Europa : dix échecs. Puis, explosion de la fusée lorsqu'elle fut tirée pour la première fois de Kourou en 1971. Il fallait se ressaisir. La conception et la gestion du programme Europa avait quelques analogies avec celles qui avaient conduit nos lointains ancêtres à l'échec de la construction de la tour de Babel. Les Français proposent donc un nouveau programme, avec un maître d'œuvre unique et un architecte industriel responsable. Ainsi naquit le programme Ariane, qui fut mené par la nouvelle agence spatiale européenne l'ESA *(European Space Agency)*, qui elle-même délégua la maîtrise d'œuvre à l'agence spatiale française, le CNES (Centre national d'études spatiales), créé dès 1961. Le CNES désigna la compagnie Aérospatiale comme architecte industriel.

Le nom d'Ariane fut le choix du ministre français de l'Industrie, Jean Charbonnel, agrégé d'histoire. Il pensait au fil qui allait redonner forme et vigueur à l'Espace européen. Les programmes menés par l'Agence spatiale européenne, l'ESA, sont de deux types. Les uns sont dits « obligatoires ». C'est le cas des programmes scientifiques. Ils sont financés au prorata du PIB (produit intérieur brut) des quatorze États membres. Les autres sont optionnels : chaque État membre y participe au niveau qui lui convient. Tel est le cas des programmes de développement de lanceurs. La France participe pour 20 % aux programmes obligatoires, l'Allemagne pour 25 %. Dans le programme Ariane, la France a pris au départ une part voisine des deux tiers du total. Nous voulions réussir, nous prenions nos responsabilités.

Les tâches des lanceurs spatiaux

Un lanceur doit accomplir trois tâches : la première est de vaincre le champ de gravité pour amener la « charge utile » (le ou les satellites) sur une orbite stable. Il faut, deuxièmement, traverser au départ, à grande vitesse, une atmosphère dense dont le frottement échauffe le lanceur. Il faut, enfin, donner à la charge utile une vitesse horizontale élevée, plusieurs kilomètres par seconde, pour la placer sur une orbite circumterrestre.

Les orbites les plus usuelles peuvent être classées sous quatre rubriques.

— L'orbite géostationnaire : le but est de placer le satellite sur une trajectoire telle que, pour un observateur terrestre, il apparaisse fixe. Il faut donc qu'il tourne avec une vitesse angulaire égale à celle de la rotation naturelle de la Terre. Cette orbite circulaire équatoriale est à une altitude de 36 000 km. Par définition sa période est de 24 heures, égale à la période de rotation terrestre. Cette orbite dite **GEO** (*Geostationary Earth Orbit*) est d'un usage courant pour les télécommunications : il est commode d'envoyer et de recevoir des messages en visant un point, le satellite, qui est géométriquement fixe dans le repère des bases terrestres. De nombreux satellites étant placés sur cette orbite, on peut se poser la question d'un encombrement possible à terme. Aussi a-t-on mis en place des autorités internationales pour la régulation de l'occupation de ce cercle privilégié.

— Les orbites héliosynchrones : ce sont des orbites quasi polaires, d'une altitude de 900 à 1 000 km. Elles sont calculées pour que le couplage avec le champ de gravité terrestre fasse que le satellite passe et repasse au-dessus du même point de la Terre à la même heure. D'où la dénomination d'héliosynchrone (**SSO** : *Sun Synchronons Orbit*). Cette orbite est très prisée pour l'observation de la Terre (revoir le même paysage dans les mêmes conditions d'éclairement).

— Les orbites basses : il s'agit d'orbites situées à des altitudes de 1 000 à 2 000 km, plus ou moins fortement inclinées par rapport à l'équateur. Leur période de révolution est de l'ordre de 1 h 30. Elles sont intéressantes pour les télécommunications car elles permettent une large couverture du globe terrestre. Des systèmes d'essaims de satellites peuvent être imaginés, tels que, quelle que soit votre position sur Terre, vous ayez toujours un satellite en vue, pour capter votre message.

— N'oublions pas enfin les missions interplanétaires. Nous savons envoyer des sondes sur Mars, sur Vénus, au voisinage des comètes... Pour l'instant, ces sondes ne sont pas habitées : de tels voyages sont longs !

Comment fonctionne un lanceur spatial ?

Le principe à appliquer pour construire une bonne fusée est d'éjecter à la plus grande vitesse possible le plus grand débit de gaz. Les meilleures fusées sont celles qui débitent à la fois beaucoup et vite.

Que débitent-elles ? Les gaz provenant de la combustion de ce qu'on appelle les ergols, c'est-à-dire un combustible et un comburant, en termes chimiques un réducteur et un oxydant. Ces couples sont variés. Le plus classique est hydrogène/oxygène, deux gaz qu'on liquéfie pour les stocker dans les réservoirs de la fusée au départ. Citons aussi le couple diméthylhydrazine/tétra-oxyde d'azote que la fusée emporte sous forme liquide. Le couple d'ergols peut aussi être solide : les deux gros pousseurs latéraux d'Ariane V sont remplis d'un mélange de poudre d'aluminium et de perchlorate d'ammonium qui est un puissant oxydant. Ariane V, outre ces deux pousseurs, comporte un moteur central (Vulcain) à hydrogène et oxygène liquides.

La conception d'un lanceur est orientée par la nécessité de réduire le plus possible la « masse sèche », c'est-à-dire la masse de ce qui n'est pas les ergols. On sait maintenant réduire cette masse à 15 % du total.

On pose souvent la question : pourquoi les lanceurs comportent-ils plusieurs étages ? La réponse est simple : c'est pour se délester le plus vite possible des masses de structures devenues inutiles.

Ariane

La masse totale d'Ariane V au lancement est de 740 tonnes, sa hauteur est de 51 mètres. Elle met actuellement en orbite des charges utiles de 6 tonnes, mais des modifications prévues lui permettront d'emporter dans l'avenir plus de dix tonnes. La France qui, au début du programme Ariane, dans les années 1970, avait pris une participation supérieure à 60 %, est toujours en tête avec 46 %. Nous avons créé, en 1980, la société Arianespace qui est en charge de la gestion et de la commercialisation du lanceur. Plus de 130 fusées de la famille Ariane ont déjà été lancées. Huit échecs seulement ont été déplorés. Personne, à ma connaissance, n'a fait aussi bien. La qualité du champ de tir de Kourou est aussi à souligner.

Ariane ne manque pas de concurrents sur le marché mondial. Il y a une trentaine d'années, les responsables de la NASA aux États-Unis ont promu un nouveau mode d'accès à l'Espace : la Navette spatiale *(Shuttle)*, lanceur réutilisable. Le Shuttle est un engin habité qui part comme une fusée et revient comme un avion. Le Shuttle serait, disaient ses promoteurs, l'engin à tout faire : taxi et camion pour l'Espace, laboratoire spatial... Il devait être plus économique que les lanceurs consommables puisqu'il est réutilisable. Le miracle ne s'est pas produit. L'entretien des navettes s'est révélé coûteux : un engin qui emporte un équipage ne doit pas risquer de pannes ! Les lanceurs dits classiques sont donc restés le fondement des activités de type commercial. Le « briquet » indéfiniment réutilisable n'a pas détrôné l'« allumette » consommable. Les producteurs américains continuent à proposer sur le marché des lanceurs de type classique : Delta, Atlas-Centaur, Titan. Les Russes, dont l'activité spatiale a faibli depuis l'effondrement du régime soviétique, sont toujours très présents. Ils ont aussi passé des accords internationaux, notamment avec les Français (société Starsem). La Chine et le Japon proposent également leurs services sur le marché des lancements.

Marchés et révolutions techniques

L'administrateur de la NASA, Daniel Goldin, a adopté une ligne de conduite pour la définition et la gestion des programmes spatiaux américains : « meilleur, plus vite, moins cher ». Qui pourrait le lui reprocher, si toutefois il ajoutait *safer*, plus sûr. Lancer un gros satellite coûte actuellement plus cher qu'acheter un gros avion. Les usages sont, évidemment, totalement différents, mais les compagnies industrielles productrices sont, pour l'essentiel, les mêmes ; d'où l'intérêt de la comparaison. Chacun s'accorde sur la nécessité de réduire le prix de revient des lanceurs. Une économie, notamment grâce à des restructurations de gestion, de 15 à 25 % paraît possible. Elle serait bienvenue, à condition qu'elle ne se traduise pas par une baisse de qualité et de sûreté.

Le marché des satellites évolue, lui aussi. Il y a dix ans, la masse des satellites plafonnait à 2,4 tonnes. Aujourd'hui, la moyenne se situe plutôt entre 2,5 et 4 tonnes. Le lanceur Ariane V pourra bientôt emporter 7 à 8 tonnes, puis 10 tonnes et même plus. Avec une telle fusée on pourra donc satelliser, en un seul vol, deux gros satellites. Le marché des petits satellites n'est pas non plus à négliger. L'Agence spatiale européenne soutient un programme de développement d'un lanceur adapté à l'emport de ces charges.

On peut s'étonner du fait que la propulsion des lanceurs spatiaux soit restée jusqu'ici invariablement fondée sur l'éjection de gaz de combustion. Si une évolution spectaculaire peut être constatée dans la mise en œuvre des principes, le choix de ceux-ci n'a pas varié. Mais n'en est-il pas de même des automobiles qui, depuis cent ans, utilisent des moteurs à explosion ?

Les idées ne manquent pas : l'utilisation, par exemple, de la propulsion électrique qui consiste à éjecter un gaz ionisé qu'on accélère dans un champ électrique.

En fait, les technologies spatiales font appel aux progrès de la science dans tous les domaines : la physico-chimie des matériaux, la mécanique, l'électronique, l'informatique. L'Espace est une « locomotive » de l'innovation. Les applications civiles pour une meilleure gestion de notre planète, pour l'exploration du système solaire et l'observation de l'Univers lointain, viennent très heureusement compléter les programmes militaires qui furent à l'origine du développement des fusées.

L'homme dans l'Espace
et les vols habités

par Arlène Ammar-Israël

Les vols habités, avant même leur réalisation, ont occupé une large place dans l'imaginaire collectif. Alors que la technologie spatiale prend chaque jour plus d'importance dans la vie quotidienne, la participation aux vols habités est controversée, surtout au moment qui précède la décision, compte tenu du coût de ces missions.

L'espace est particulièrement hostile à l'homme. Comme nous le montrerons, les difficultés ont été surmontées, grâce à l'analyse des mécanismes en jeu, aux progrès de la technologie, à l'emploi de mesures prophylactiques, à une sélection et un entraînement des astronautes adaptés.

Nous essaierons aussi de faire comprendre les enjeux scientifiques et économiques de ces missions à partir d'exemples tels que le télescope Hubble et la mission *Perseus* sur MIR.

L'environnement spatial

L'accès à l'orbite basse est désormais bien maîtrisé. Ce sont des orbites situées entre 300 et 500 km de la Terre, dont la période est de l'ordre de 1 h 30. En orbite, la quasi-disparition des effets liés à la force de pesanteur caractérise l'état de micropesanteur. La micropesanteur est à la fois un outil pour la recherche fondamentale et pour la recherche appliquée, en physique, chimie, biologie, physiologie, dans des conditions expérimentales non reproductibles au sol. C'est également un paramètre important de l'environ-

Texte de la 267ᵉ conférence de l'Université de tous les savoirs donnée le 23 septembre 2000.

nement spatial dont il faut maîtriser les conséquences pour la vie et le travail à bord et dont il faut s'accommoder dans la conception ou l'amélioration des systèmes spatiaux. Les autres caractéristiques du milieu spatial sont les radiations, le confinement et l'isolement générateurs de stress, les accélérations et vibrations pendant les phases d'atterrissage et de décollage. Enfin, les sorties extravéhiculaires exigent un scaphandre spécifique qui protège non seulement du vide spatial mais également des radiations et des écarts importants de température. Micropesanteur, radiations et confinement ne sont pas sans effet sur l'organisme humain. Une grande partie des connaissances actuelles a été acquise dans la station MIR (le médecin Valeri Poliakoff a passé en 1994-1995 environ quatorze mois à bord). Des mesures de précaution et d'hygiène draconiennes doivent être prises pour éviter toute maladie non spécifique à l'Espace. Pour les missions de très longue durée, un chirurgien devra probablement faire partie de l'équipage.

De tous les troubles de l'organisme possibles en micropesanteur, les problèmes cardiovasculaires sont certainement les plus redoutés. Dès les premiers instants, un litre et demi de sang va passer de la moitié inférieure à la moitié supérieure du corps et cette nouvelle répartition est interprétée par le cerveau comme une quantité de liquide supplémentaire. Le cerveau réagit en modifiant la sécrétion des hormones responsables du maintien de la quantité d'eau et de sel constant dans notre corps. Après une semaine de vol, le volume sanguin est diminué d'environ 10 %, ce qui correspond à un état de déshydratation. Au retour sur Terre, l'astronaute présente une diminution de la tension artérielle qui se traduit par une incapacité à se tenir debout. Il s'agit du type de malaise que l'on retrouve dans de nombreuses maladies du système nerveux ainsi que chez 30 % des personnes âgées. Un programme de mesures prophylactiques, ou contre-mesures, permet de lutter contre un déconditionnement de l'organisme avec par exemple des exercices sur tapis roulant et vélo ergomètre ainsi que le port de vêtements de contrainte.

Le système neuro-sensoriel doit également s'adapter instantanément aux conditions de micropesanteur. Pour les chercheurs s'ouvre tout un champ d'applications sur les processus de perception et d'action dans l'Espace et de la plasticité du système nerveux.

Après quelques semaines vont apparaître les altérations du système musculo-squelettique qui se traduiront par une perte de densité osseuse (modèle expérimental d'ostéoporose) et une atrophie du tissu musculaire. Là encore, des contre-mesures permettront de lutter contre ces effets.

En orbite terrestre, à l'intérieur du vaisseau spatial, les radiations de haute énergie, les ceintures de Van Allen autour de la Terre et les éruptions solaires ne constituent pas un risque majeur, pourvu que l'on prenne un certain nombre de précautions. Les mesures en vol confirment les évaluations. Pour des missions lointaines (Mars) les risques sont plus élevés, et l'exposition continue au rayonnement cosmique ainsi que la probabilité de subir des éruptions solaires imposeront des contraintes sur l'aménagement du véhicule, le calendrier de la mission et le choix de l'équipage.

Pour les astronautes, la préparation à la mission au sol est longue (deux à trois ans), car elle concerne l'apprentissage du fonctionnement de la station et du programme expérimental à réaliser, ainsi que la préparation au vol. L'astronaute doit pouvoir résister aux contraintes du vol pendant les phases dynamiques et lors du séjour en micropesanteur ainsi qu'au stress engendré par le confinement et l'isolement. La préparation comprend un entraînement sur table basculante, tabouret tournant et vols paraboliques. Cet entraînement, s'il ne diminue pas la fréquence d'apparitions des symptômes, en diminue l'intensité et en favorise le règlement rapide. Il comprend également des séances en piscine avec port du scaphandre et en centrifugeuse pour simuler les phases dynamiques du vol.

Le séjour à bord est découpé en journées de 24 heures, rythme artificiellement rétabli puisque les orbites sont accomplies en 90 minutes (soit seize levers/couchers de soleil). Il permet une synchronisation avec les équipes au sol et le respect des rythmes biologiques. L'activité professionnelle de l'astronaute diffère selon la catégorie à laquelle il appartient (spécialiste de mission ou expérimentateur) mais les différences ont tendance à s'atténuer et l'astronaute doit être polyvalent.

De la conquête à l'exploration spatiale

LA COURSE À L'ESPACE

On ne peut parler de l'exploration spatiale sans commencer par Sergueï Korolev dont la contribution au développement de l'astronautique est immense. Grâce à la mise au point de la fusée R7 constamment perfectionnée, son nom est associé à la plupart des grandes premières spatiales, premier satellite artificiel de la Terre *Spoutnik 1* (1957), premier vaisseau spatial habité avec Youri Gagarine (1961), première sortie d'un homme dans l'espace (1965). Après la mise en orbite de *Spoutnik 1*, l'Humanité est entrée dans l'ère de l'espace et les deux grandes puissances vont se lancer dans une lutte acharnée. Aux États Unis, Werner von Braun met au point la fusée *Jupiter* qui lancera le premier satellite scientifique *Explorer* quelques mois après *Spoutnik 1*. Dès 1958 la NASA est créée et prend en charge le programme spatial. Un mois après le lancement de Youri Gagarine, J. F. Kennedy engage le 25 mai 1961 la Nation américaine dans le programme *Apollo,* construit autour de la fusée *Saturne V.* Le premier homme sur la Lune (N. Armstrong) atterrit le 20 juillet 1969. Le programme est cependant interrompu pour raisons financières après *Apollo 17,* alors que les trois dernières missions étaient les plus intéressantes sur le plan géologique.

La course à la Lune fait place à l'occupation de l'orbite basse avec les premières stations spatiales habitées en 1970 : stations *Saliout* pour les Soviétiques et *Skylab,* premier laboratoire orbital pour les Américains. En 1975 c'est la mission *Apollo-Soyouz.* Depuis, près de 400 astronautes ont séjourné dans l'espace mettant à profit les exceptionnelles conditions de micropesanteur dans les stations.

Les Russes et les Américains font alors des choix fondamentalement différents. Les Russes vont se lancer dans la réalisation de vols de longue durée, à bord d'une station en orbite basse habitée de façon permanente, les Américains dans le développement d'un avion spatial réutilisable, la navette prévue pour des missions autonomes de courte durée. Le programme *Shuttle-MIR* a réuni ces deux composantes. La Guerre froide est remplacée par la coopération internationale et on se prépare à la Station spatiale internationale.

LA STATION SPATIALE INTERNATIONALE

Après de nombreux retards liés en particulier à l'état économique de la Russie, nous assistons aujourd'hui au développement et à l'assemblage en orbite de la Station spatiale internationale (ISS). Les partenaires majeurs du programme sont les États-Unis, la Russie, l'Europe, le Japon et le Canada. Actuellement en orbite, la Station en est à sa phase initiale de construction, le module russe *Zaria* « aube » et le nœud de jonction américain *Unity* lancés en 1998 ont été complétés par le module russe *Zvezda* « étoile » le 26 juillet 2000 qui va permettre l'exploitation réelle du complexe en fournissant en particulier les systèmes de support-vie aux équipages. À son achèvement en 2005, l'*ISS* représentera un gigantesque complexe orbital de 415 tonnes avec un espace habitable de 1 300 m^3 et une puissance électrique de 110 kW. Le premier équipage permanent est attendu pour octobre 2000, le laboratoire américain (*Destiny*) sera amarré en janvier 2001. Il faudra 28 vols navette et près de 40 vols russes pour terminer l'assemblage et commencer l'utilisation opérationnelle de cette infrastructure. Successivement les éléments techniques et les modules scientifiques nécessaires vont être amarrés jusqu'en 2005. La Station est un des programmes scientifiques et techniques majeurs de ce siècle, même s'il a été décidé pour des raisons politiques de coopération internationale et stratégiques de soutien à l'industrie spatiale. La Station sera un laboratoire multidisciplinaire de longue durée, habité de façon permanente sur une durée de plus de dix ans par un équipage de sept astronautes qui travailleront à bord pendant des périodes de trois mois. Ce programme qui offre aux principales agences spatiales mondiales la possibilité d'apprendre à travailler ensemble permet d'envisager la réalisation des missions futures d'exploration du système solaire qui ne sont pas réalisables par une seule puissance.

La participation de l'Europe à l'*ISS* a été décidée lors de la réunion au niveau ministériel du conseil de l'Agence spatiale européenne (ESA) qui s'est tenue à Toulouse en octobre 1995, puis précisée lors du conseil de Bruxelles en mai 1999. Ce programme comprend : le développement du laboratoire pressurisé *Columbus* dont le lancement est maintenant prévu en octobre 2004, le véhicule de transfert automatique *ATV (Automated Transfert Vehicle)* qui doit être lancé par *Ariane 5* en avril 2004 pour s'amarrer au segment russe, des études de définition détaillée concernant un véhicule de secours d'équipage *CRV (Crew Rescue Vehicle)*, des activités de préparation à l'utilisation de ces éléments et le financement nécessaire au fonctionnement du corps européen de seize astronautes dont quatre Français. Le conseil ministériel de Toulouse a aussi décidé d'engager le programme *MFC (Microgravity Facilities for Columbus)* destiné à équiper la partie du laboratoire Columbus réservée à l'utilisation européenne. Ce programme comporte essentiellement le développement d'un laboratoire de sciences des matériaux *MSL (Material Science Lab)*, le développement d'un laboratoire modulaire de sciences des fluides *FSL (Fluid Science Lab)*, l'adaptation et l'intégration d'équipements de physiologie *EPM (European Physiological Modules)* et le développement d'un laboratoire de biologie *Biolab*. Ces instruments seront mis à la disposition de la communauté scientifique. Des appels à propositions établis sur une base annuelle depuis 1997 par les agences spatiales, permettent un choix de ces projets qui seront sélectionnés par des experts internationaux indépendants sur la base de la « meilleure science ».

La participation française à l'utilisation de la station spatiale de l'ESA est organisée pour la première phase du programme autour de deux pôles majeurs :

— Dans le domaine des sciences de la micropesanteur sur la partie pressurisée de la station, les industriels français participent au développement des quatre instruments des *MFC* de l'ESA. Le CNES réalise le module *Cardiolab* d'étude de la physiologie cardiovasculaire qui équipera l'EPM, à des fins de recherche fondamentale et de contrôle médical des astronautes, ainsi que l'instrument *DECLIC* (Dispositif pour l'étude de la croissance et des liquides critiques), mini-laboratoire intégré pour l'étude des fluides au voisinage du point critique et de la solidification des matériaux transparents.

— Dans le domaine des sciences de l'univers, des expériences seront installées à l'extérieur de la station, sur la grande structure en treillis en 2004-2005. L'horloge atomique par refroidissement d'atomes *PHARAO*, développée par l'École normale supérieure ainsi que le CNES, est une étape essentielle à la préparation des projets spatiaux en physique fondamentale. La mission européenne *ACES (Atomic Clock Ensemble in Space)* prévue en 2005 sur la station comprend *PHARAO*, combinée à une technique de transfert de temps par lien laser et à un Maser à Hydrogène dans un but de comparaison. Des retombées majeures sont attendues pour la métrologie du temps, les fréquences et pour les futurs systèmes de navigation. L'expérience de physique solaire *Solspec*, du service d'aéronomie du CNRS, mesurera quant à elle la distribution énergétique spectrale solaire dans l'ultraviolet et dans le visible infrarouge. Cette mesure est d'une grande importance pour l'étude des processus photochimiques qui régissent le comportement des espèces chimiques dans l'atmosphère et pour les études de climatologie en corrélation avec l'activité solaire.

L'EXPLORATION FUTURE DE MARS

Après la conquête de la Lune, celle de Mars est également un des vieux rêves qui hantent l'humanité. L'exploration de la planète Mars représente un objectif majeur de la connaissance. Planète de type terrestre, Mars a pu accueillir ou voir se développer des formes primitives de vie. La présence humaine résulterait d'une combinaison entre la « pulsion d'exploration » et la complémentarité apportée aux missions automatiques par l'homme *in situ*. Bien que très ambitieuse, l'entreprise paraît réalisable avec les moyens actuels ou disponibles prochainement (horizon 2020/ 2030). La NASA prévoit un premier vol piloté vers Mars à l'horizon 2020 (projet de Robert Zubrin) : un véhicule de retour serait dans un premier temps déposé sur Mars avec sa propre usine à propergols (méthane et oxygène liquide obtenu à partir du gaz carbonique martien). L'équipage de 6 personnes rejoindrait le sol martien 2 ans plus tard avec son habitat et un second véhicule de retour associé à son usine à propergols. La mission serait composée de plusieurs phases : 6 mois de voyage aller, 18 mois à la surface et 6 mois de voyage pour le retour. Des tests de faisabilité sont prévus dans le programme d'exploration de Mars de la NASA par moyens automatiques.

Les enjeux scientifiques et les applications sur Terre

On évoquera ici deux exemples de missions, le premier pour montrer l'apport de l'intervention humaine nécessaire à la réalisation du télescope spatial Hubble, le second pour insister avec la mission Perseus sur les transferts entre les sciences de la micropesanteur et les applications quotidiennes, qu'elles soient médicales ou industrielles.

LE TÉLESCOPE SPATIAL HUBBLE

C'est une des plus exceptionnelles missions spatiales et l'un des exploits les plus spectaculaires accomplis par des astronautes pour la réparation des satellites en orbite démontrant ainsi la grande complémentarité entre les missions habitées et les satellites automatiques. La mission du télescope spatial lancé en 1990 a été prévue pour une durée de 20 ans pour explorer l'Univers lointain. Cet observatoire NASA/ESA en orbite terrestre rassemble des observations pour la communauté des astronomes répartie dans le monde entier qui étudie toutes les composantes de l'Univers.... Après 10 ans de fonctionnement en orbite, 2 400 articles scientifiques ont été publiés à partir des données de Hubble. Trois missions de réparation et de maintenance en orbite à partir de la navette spatiale ont déjà été accomplies et une autre mission est programmée pour améliorer encore cet extraordinaire outil qui avait au départ souffert d'un défaut pénalisant pour ses performances.

LES OBJECTIFS DE LA MISSION *PERSEUS*

Les vols habités franco-russes ont permis aux scientifiques français de réaliser des expériences, dans le domaine des sciences de la vie, des sciences de la matière et de la technologie. Les expérimentations incluent des équipes du CNRS, du CEA, de l'INSERM, des universités, du service de santé des armées... La mission Perseus effectuée par Jean-Pierre Haigneré en 1999 à bord de la station MIR était la septième mission franco-russe organisée par le CNES. Cette mission présentait les caractéristiques suivantes : vol de longue durée (188 jours), avec un programme expérimental ouvert à la coopération européenne, fonctions d'expérimentateur et d'ingénieur de bord pour l'astronaute français et une sortie extravéhiculaire.

En sciences de la vie, il s'agit de comprendre les questions fondamentales de physiologie gravitationnelle, de faire avancer la médecine spatiale, pour la santé et l'efficacité des astronautes dans l'Espace, et de transférer vers la médecine les progrès techniques ou thérapeutiques qui en sont issus. Le laboratoire *Physiolab* a été développé pour analyser les divers composants veineux, artériels, neuro-végétatifs et assurer à bord en temps réel un suivi et un diagnostic de l'état de « déconditionnement » de l'astronaute. Le laboratoire *Cognilab*, dédié aux neurosciences et à la robotique, est un outil performant d'analyse des processus cognitifs et sensori-moteurs. La situation de micropesanteur permet aussi d'aborder des questions fondamentales relatives au rôle de la gravité dans la croissance et la structuration de la matière vivante. C'était le propos de l'expérience *Genesis* de biologie du développement utilisant les pleurodèles pour analyser les possibilités de fécondation et de développement embryonnaire (général, neuromusculaire et vestibulaire).

Dans le domaine des sciences de la matière, la microgravité agit sur la matière par l'intermédiaire des phases fluides dans lesquelles elle supprime la pression hydrostatique, la convection et la sédimentation. Le laboratoire de physique des fluides *Alice II* avait pour objectif d'établir les fondements d'une mécanique des fluides denses hyper-compressibles en exploitant pleinement le voisinage du point critique gaz-liquide des fluides purs. Les résultats obtenus ont été accompagnés par un transfert de connaissances vers l'industrie qui a permis à la société Air Liquide d'améliorer les opérations de gestion des réservoirs de pressurisation supercritique d'*Ariane V* ainsi que celles des réservoirs de xénon supercritique des propulseurs ioniques. Ce bilan constitue une contribution des recherches en micropesanteur à l'évolution d'un domaine dont l'intérêt socio-économique, souligné par le succès des applications aux technologies spatiales, est confirmé par l'attribution, aux responsables scientifiques de l'expérience, du grand prix Gaz de France de l'Académie des sciences en 2000 pour les applications de ces découvertes à l'extraction et au stockage du gaz naturel.

En sciences de l'Univers, l'expérience *Comet* consistait à récupérer des poussières cométaires en orbite terrestre en vue de l'analyse chimique des constituants d'origine du système solaire avant qu'ils n'interagissent avec l'atmosphère. La mise en place de cette expérience à l'extérieur de *MIR* en novembre 1998 a permis de récupérer des grains constituant l'essaim des Léonides et provenant de la queue de la comète Temple-Tuttle. L'analyse au sol avec les moyens des laboratoires les plus performants permettra l'étude de ces grains. L'expérience *Exobiologie* consistait à exposer des échantillons de nature biologique, acides aminés et bactéries, pour étudier leur stabilité et leur réactivité aux conditions de l'Espace, principalement au rayonnement ultraviolet solaire et visait à conforter l'hypothèse d'une importation sur terre d'acides aminés d'origine extraterrestre.

Les résultats des missions scientifiques internationales sur MIR, en particulier ceux de la dernière mission *Perseus*, seront présentés lors d'un symposium scientifique international en mars 2001 à Lyon de manière à en faire le bilan et à mieux se préparer à l'utilisation de la Station spatiale internationale.

LES RETOMBÉES EN MÉDECINE

Le terrain d'expérimentation spatiale a permis aux sciences de la vie de faire progresser les connaissances sur l'homme et son adaptation au milieu, permettant un transfert des connaissances vers la médecine : déminéralisation osseuse, régulation cardiovasculaire, atrophie musculaire. Ce terrain favorise aussi des avancées technologiques en matière de santé avec des retombées industrielles. Certains appareils qui ont bénéficié pour l'Espace d'un développement instrumental miniaturisé sont utilisés dans les hôpitaux. La téléassistance et le télétraitement mis au point lors des vols spatiaux pourront être utilisés pour la surveillance des personnes âgées ou le soin de personnes en sites éloignés.

Les retombées industrielles des transferts technologiques vers la médecine représentent 7 milliards de francs par an aux États-Unis. On peut citer comme exemple le holter, système développé par la NASA à l'occasion des missions Skylab permettant d'enregistrer en continu pendant 24 heures l'électrocardiogramme. Quasiment tous les cabinets de cardiologie et tous les services hospitaliers en sont équipés. Les pompes à insuline implantables sont dérivées de travaux réalisés par la NASA dans le domaine de la surveillance en physiologie animale.

En France ces retombées industrielles représentent 60 millions de francs par an. Le CNES, par le biais des programmes de Recherche et Technologie et par les développements instrumentaux réalisés au cours des missions de vols habités, a été à l'origine de la création des PME suivantes spécialisées dans la fabrication et la commercialisation d'appareils médicaux : la société Vermon à Tours pour la réalisation de sondes ultrasonores en cardiologie, gynécologie, la société Diatecnic à Toulouse pour la réalisation de vélocimètres-Doppler en cardiologie-neurologie, la société Gip Ultrasons à Tours pour la recherche et la technologie ultrasonore dans le domaine de l'imagerie médicale ou la société Steel à Mazères pour des dosimètres utilisés en médecine nucléaire.

L'exploitation de la Station spatiale internationale va commencer et de nouveaux axes directions sont explorés : domaines scientifiques tels que la physique fondamentale, recherche d'applications et d'utilisation non conventionnelle de l'Espace comme le multimédia ou l'éducation. Ce programme arrive enfin à maturité et nul doute que les agences spatiales et la communauté scientifique tireront le meilleur parti de ce laboratoire de recherche unique*.

---

* Je remercie très chaleureusement Claudie André-Deshays pour son aide dans la préparation de cette conférence.

Espace et domination

par Jacques Blamont

Un facteur décisif : les exponentielles de la croissance

La perspective historique est aujourd'hui dominée par la loi énoncée en 1965 par Gordon Moore, qui semble régir depuis 1962 l'évolution des composants électroniques : les performances des composants doublent tous les dix-huit mois. La loi de Moore verra sa validité prolongée au-delà de 2010 par de nouvelles technologies déjà envisagées. Après 2020 apparaîtront des méthodes vraiment nouvelles, comme les ordinateurs optiques, l'utilisation des molécules d'ADN ou les transistors quantiques.

La première conséquence du progrès des composants a été la croissance et le développement de la micro-informatique, dont la part de marché est passée en 25 ans de 0 à 60 %. Si la dissémination universelle de l'informatique avait été pressentie de bonne heure, son influence sur les télécommunications était difficile à prévoir. La micro-informatique dans les entreprises a introduit les réseaux locaux, qui se sont interconnectés, imposant des équipements, des logiciels d'administration et des protocoles la plupart du temps nés aux États-Unis. En même temps, la libéralisation du marché des services de télécommunications a été un des phénomènes porteurs les plus puissants dans la société dite aujourd'hui de l'information. Le démantèlement d'ATT en 1982 a été le point de départ de cette libéralisation. La conséquence immédiate de la restructuration générale des réseaux a été l'augmentation de la quantité d'information totale transmise dans le monde, dont le

Texte de la 268ᵉ conférence de l'Université de tous les savoirs donnée le 24 septembre 2000.

rythme, exponentiel lui aussi, est encore plus rapide que la loi de
Moore, même si Internet est très fortement centré sur les États-
Unis. Qu'on choisisse pour critère la localisation des sites, celle des
utilisateurs ou la direction des flux de trafic, les États-Unis se
taillent la part du lion.

Au centre de cette évolution des échanges informationnels se
trouve une série de grandes activités de nature globale. Nous ana-
lyserons le rôle de l'une des plus importantes d'entre elles, l'espace.

L'importance des techniques spatiales

Dans le développement des situations de dépendance liées à la
maîtrise des techniques informationnelles, l'importance des techniques spatiales tient à trois caractères : leur aptitude à établir un
service à couverture mondiale, leur capacité à faire pénétrer un
service sur un territoire national sans enfreindre la souveraineté
nationale et l'absence, fréquente, d'option autre que la technique
spatiale pour remplir certaines fonctions.

Dans le domaine militaire, l'essentiel a été résumé par le journal
Jane's Defense Weekly : « Dominer le spectre de l'information est
aujourd'hui aussi critique pour la conduite d'un conflit que jadis
l'occupation du terrain ou le contrôle de l'espace aérien. » Dans le
domaine civil, on peut affirmer en pastichant *Jane's Defense Weekly* :
« Dominer le spectre de l'information est aujourd'hui aussi critique
pour l'économie et la culture que naguère la puissance politique. »

Les satellites sont le moyen d'apporter l'accès mondial universel
à tous les utilisateurs, qu'ils soient placés dans des zones urbaines,
rurales ou éloignées. Puisqu'ils fournissent une couverture globale
instantanée, les satellites offrent le potentiel d'un accès universel à
la culture et à la connaissance, aussi bien qu'à Internet ou à des
banques de données.

Tel est l'enjeu de l'Espace, la domination du monde par la
domination des flux d'information. Or il se trouve que cet enjeu a
été adopté par les États-Unis.

Si la volonté hégémonique des Américains dans et par l'Espace
pouvait être mise en doute dans le passé, les objectifs de leur
politique spatiale définis dans un document diffusé par la Maison
Blanche dès septembre 1996 ne permettent pas d'en douter. La
réorganisation de l'industrie spatiale américaine imposée par le
Pentagone, qui a abouti à la création de géants tels que Boeing et
Lockheed-Martin n'a fait qu'accentuer la maîtrise de l'État sur
l'espace civil, conçu comme un outil de domination au même titre
que le militaire.

La politique américaine vise à dominer la société de l'information en contrôlant les flux par le biais de trois types de systèmes spatiaux (télécommunication, navigation et télédétection) répartis dans de vastes constellations civilo-militaires. La marginalisation des capacités des autres pays dans ces trois domaines est un des enjeux majeurs des années à venir.

Ainsi sont introduits deux concepts qui sont désormais au cœur de la pensée politique américaine : *Information Dominance*, dont l'un des facteurs principaux est *Space Dominance*. Par la poursuite de ces deux objectifs, les États-Unis comptent, grâce à leur état de superpuissance mondiale, imposer leur modèle de société ; ils dépensent cinq fois plus dans l'Espace que les Européens.

Les systèmes spatiaux

Au début les applications de l'Espace étaient très limitées, à établir par exemple des communications téléphoniques entre un point de l'Amérique et un point de l'Europe. Mais aujourd'hui le besoin est la connectivité mondiale, c'est-à-dire la desserte de tout utilisateur, privé ou professionnel. Un système spatial, constitué de plusieurs satellites, doit désormais assurer les trois fonctions essentielles suivantes : transmission en temps réel entre deux points quelconques du globe, couverture complète et permanente, (présence d'un satellite remplissant une fonction à tout moment au-dessus de tout point du globe) et robustesse (exécution sans interruption de la fonction que doit remplir le système).

On est amené à un nouveau concept engendré par la nécessité de remplir ces trois fonctions, celui de *constellation*. Une constellation est un ensemble de satellites identiques placés dans différents plans d'orbite avec le même nombre de satellites dans chaque plan, permettant ainsi une couverture totale de la Terre et une liaison permanente avec un utilisateur.

Les constellations exploitent trois types d'orbites : basses (LEO) avec une altitude comprise entre 700 km et 1 500 km, moyennes (MEO) aux environs de 10 000 à 20 000 km, et enfin géostationnaire (GEO), située dans le plan de l'équateur et sur laquelle les satellites, tournant à la même vitesse angulaire que la Terre, apparaissent comme fixes vus du sol.

LES CONSTELLATIONS DE TÉLÉCOMMUNICATION

Les radiocommunications spatiales constituent, de loin, le premier secteur d'application de l'espace. La place prise par l'espace dans les réseaux de communication (aujourd'hui environ 3 %, en

2005 peut être 7 % sur le total et 12-14 % sur le segment des services) correspond à une activité économique, engendrant des bénéfices assez substantiels pour que les satellites de télécommunications soient devenus des produits commerciaux, financés par le marché.

Trois remarques s'imposent.

Si l'essentiel de l'activité spatiale, c'est-à-dire les satellites de communication, n'est plus financé par les États au moyen d'agences spécialisées mais grâce au marché financier, il ne faut pas oublier que le seul marché financier mondial se trouve à Wall Street. Toutes les acquisitions récentes dans la banque d'investissement se sont faites au profit d'acteurs déjà puissants, élargissant le fossé entre eux et les autres. Soutenues par le dynamisme de leur capitale financière, les acteurs américains ou américanisés sont partis à l'assaut du reste du monde. Ils s'imposent à la City de Londres, à Paris et à Francfort, comme les interlocuteurs de tous les directeurs financiers des grandes entreprises et de tous les gros investisseurs.

La deuxième remarque porte sur l'importance du programme spatial militaire des États-Unis. Alors que le budget de la NASA s'élève à 13,5 milliards de dollars, le budget spatial du DoD *(Department of Defense)* dépasse 15 milliards. Les retombées des programmes militaires financent en fait le développement des équipements civils nouveaux. Les États-Unis jouent depuis 1994 à fond la dualité dans les programmes de Recherche et Développement (R & D) et de télécommunications spatiales militaires disposant de montants considérables et conduits sous l'égide du DoD.

En Europe la situation est différente. Les marchés publics, qui ont constitué pendant longtemps l'essentiel des activités des industriels européens et ont permis de développer leurs compétences et de les placer honorablement sur les marchés d'exportation, marquent le pas avec la baisse des budgets aussi bien du côté civil que du côté des programmes spatiaux militaires. La France a diminué considérablement son effort spatial ; en particulier ses dépenses spatiales militaires ont été divisées par deux en trois ans. La réduction des budgets ne touche pas seulement les programmes, mais surtout les budgets de recherche en amont. Dans le domaine civil, on constate le niveau stagnant et, récemment, en diminution régulière, du budget du CNES, et l'arrêt du financement venant de France Télécom en matière de soutien de recherche et développement pour les charges utiles de télécommunications.

Dernière remarque : l'accès à l'espace sans aucune contrainte politique est assuré aujourd'hui aux Européens par le complexe Ariane-CSG (champ de tir guyanais). Ariane s'est révélé un excellent produit commercial, et grâce à son succès, le maintien de cette activité est garanti sans trop d'effort étatique financier par un chiffre d'affaires à l'exportation d'environ un milliard de dollars. Or, en 1999, 5 tirs d'Ariane sur 9 ont été consacrés au lancement de satellites américains de télécommunication. L'activité du champ de tir de Kourou s'arrêterait instantanément s'il ne fallait plus compter sur ces précieux clients.

La domination américaine sur les télécommunications spatiales devrait à court ou moyen terme se renforcer, à moins d'une improbable prise de conscience par les gouvernements européens.

Aujourd'hui les communications sont assurées par câble ou par satellite. Bien que le volume d'investissements soit quinze fois supérieur pour les fibres optiques que pour le spatial (ainsi, la capacité mondiale de transmission par câble sous-marin double chaque année depuis 1996), la position future des satellites dans leur compétition avec les réseaux terrestres n'est pas menacée dans deux niches :

— Les transmissions dites point à multipoints, c'est-à-dire la diffusion directe de télévision ou de radio numérique aux particuliers. Là, le satellite a rencontré un immense succès.

— Les transmissions dites large bande qui assurent l'acheminement à haut débit des données, des images fixes ou mobiles et des combinaisons de voix, données et images. Dans ce domaine l'expansion du volume va conduire rapidement à une saturation des canaux qui imposera l'emploi de tous les moyens spatiaux ou placés au sol.

La croissance rapide d'Internet lui ouvrira dans moins de cinq ans la porte du réseau spatial. Le mouvement a déjà commencé avec la technologie actuelle. Au début de 1997 le marché Internet n'existait pas pour les satellites. Aujourd'hui 11 % des serveurs utilisent un satellite pour se connecter à un *backbone* Internet.

Dans les deux domaines liaison point à multipoints et large bande, l'avantage des satellites GEO est manifeste. Aujourd'hui 219 d'entre eux sont en service orbital ; 25 à 30 seront lancés par an jusqu'en 2010. L'industrie des satellites GEO a empoché 66 milliards de dollars en 1998 et plus de 70 en 1999, année qui sera dépassée de 20 % en 2000. Cette croissance repose sur celle des services, dont le chiffre d'affaires est vingt fois supérieur à celui de l'industrie des satellites.

LES CONSTELLATIONS DE NAVIGATION ET DE LOCALISATION

La navigation par satellite constitue un cas d'école en stratégie spatiale. Bien que sous direction militaire, les systèmes GPS (américain) et GLONASS (russe) fournissent aujourd'hui à des millions d'utilisateurs, une information instantanée sur leur position partout sur le globe. De plus, de très nombreuses applications utilisent le temps qu'ils distribuent, typiquement pour synchroniser les stations de base des réseaux de communication entre mobiles.

La technique de navigation et de localisation par satellites a été développée par les États-Unis et l'Union soviétique pour des besoins militaires. Or l'apport de ces systèmes à de très nombreuses activités humaines est tel qu'ils débordent aujourd'hui largement leur vocation initiale et tendent à s'imposer comme un service de grande consommation, utilisé dans de nombreux secteurs de l'économie. Par exemple, le contrôle de l'ensemble de la navigation aérienne civile par GPS est envisagé.

Cette technique est aujourd'hui l'apanage des États-Unis. La directive de mars 1996 de la Maison Blanche a placé GPS sous l'autorité de l'US Air Force. À court terme, l'existence d'un monopole mondial sur la navigation par satellite risque de créer une relation de dépendance stratégique pour un grand nombre de domaines relevant de la souveraineté nationale, par exemple l'ensemble du trafic aérien civil et militaire.

En plus des applications au sol précédemment citées, le GPS peut entrer dans la conception même d'autres systèmes spatiaux. Il est déjà utilisé pour assurer plusieurs fonctions essentielles dans le fonctionnement de certains satellites. Ainsi apparaît la configuration future de l'Espace : nous disposerons d'un système spatial intégré où les fonctions de localisation, de synchronisation de contrôle d'attitude, de télécommande et de reconfiguration seront fournies aux satellites portant certains capteurs par d'autres satellites remplissant ces grandes fonctions pour les autres. Contrôlant GPS, les États-Unis contrôleront-ils l'ensemble des constellations spatiales ?

L'Europe pourrait-elle se satisfaire d'une situation où de nombreuses catégories d'utilisateurs attendraient que leur fussent fournis des services indispensables à la gestion des flottes, au transport maritime et fluvial, au sauvetage, à la gestion des trains, au guidage des automobiles et taxis, à la synchronisation des communications, aux transactions de banques etc., tandis que les exigences de sécurité et d'indépendance du système ne seraient pas satisfaites ?

L'Union européenne a estimé pour les dix-huit premières années le chiffre d'affaires d'un éventuel système européen à 120 milliards d'euros pour les récepteurs et 110 pour les services. Il se situe déjà à 8 milliards pour l'an 2000. Le marché à l'exportation est estimé à 50 milliards d'euros. Son potentiel de croissance se compare à celui d'Internet. En fait le marché n'est pas limité à l'industrie spatiale mais s'étend à des fournisseurs locaux de services. Le chiffre de cent vingt mille emplois qui pourraient être créés sur le vieux continent a été avancé pour les prochaines années.

Toutes ces raisons (économiques, stratégiques et politiques) ont amené le 17 juin 1999 la conférence européenne des ministres des Transports à financer les études de définition d'un système spatial de navigation européen appelé Galileo, qui devrait devenir opérationnel vers 2008. Le problème de la coexistence de ce nouveau système avec GPS est posé ; les États-Unis ne voient pas d'un bon œil l'établissement d'une indépendance européenne.

LES CONSTELLATIONS DE TÉLÉDÉTECTION

Les missions de télédétection ou d'observation consistent en la collecte d'informations sur la surface du globe ou son atmosphère, principalement sous forme d'images dans les bandes visible, infrarouge ou radar. On parle alors de satellites imageurs. La particularité de cette information est son caractère dual, c'est-à-dire qu'elle présente un très grand intérêt à la fois pour des applications civiles et militaires.

Pendant longtemps, seuls les États-Unis ont disposé de satellites imageurs, soit civils soit militaires. Ils y attachaient une grande importance stratégique et ont vu avec mécontentement en 1986 la naissance du programme français SPOT. La France avec ses satellites civils SPOT successifs et ses satellites militaires Hélios a en effet bousculé le monopole américain dans un domaine sensible. Le nombre de pays disposant de satellites de télédétection devrait doubler sur la période 2000-2010, avec une concurrence commerciale s'établissant autour de la résolution de un mètre. L'enjeu réside dans la capacité de ces programmes à déplacer une fraction du marché traditionnel des images aériennes classiques.

La perspective n'est pas la même aux États-Unis et en Europe. Aux États-Unis, l'intérêt des programmes financés par des fonds publics n'est pas remis en cause. Leur mise en place s'adosse à des structures gouvernementales destinées à centraliser l'ensemble des demandes en devenant ainsi des acteurs incontournables de la chaîne image au plan mondial. En même temps, des projets à vocation commerciale sont nés. Le gouvernement américain a encouragé les initiatives privées qui se donnaient pour but de conquérir le marché de la résolution métrique. Ainsi Ikonos a-t-il été mis sur orbite en 1998 avec cette résolution ; les agences de renseignement américains et le DoD garantissent l'achat de 50 % de ses produits. Les compagnies américaines Earth Watch et Orbital Imaging s'apprêtent à lancer des satellites similaires en 2001. L'objectif est évidemment d'assécher le marché SPOT.

La réponse des Européens à cette offensive a été marquée par la confusion. D'une part la nécessité de maintenir en vie grâce à des fonds publics la collecte et la vente d'images satellitaires SPOT, n'a pas été perçue clairement par les autorités ; d'autre part dans le domaine militaire le projet de collaborer avec l'Allemagne pour ajouter des satellites d'observations par radar aux satellites imageurs Hélios développés par la France avec l'Italie et l'Espagne n'a pas abouti.

Le premier travail serait de concevoir un système spatial dual suffisamment attractif pour qu'un certain nombre de pays européens s'entendent à son sujet. Il faut donc avant tout répondre aux besoins de l'utilisateur militaire qui sont, répétons-le : temps réel dans la collecte et distribution d'information, permanence sur les objectifs, robustesse du système.

Seule une constellation peut les remplir. Quels que soient les concepts qui finalement émergeront, il est certain qu'à partir de 2005 environ il existera des constellations de télécommunication financées et gérées par des opérateurs commerciaux, offrant des services multimédias. Tous les autres services spatiaux devront donc être conçus à partir de leur existence. On aboutit de nouveau à un système spatial intégré où les trois types de constellations sont impliqués.

La doctrine américaine du spatial militaire

Le DoD a adopté la conception de l'*Information Warfare*, où les conflits, armés ou non, sont livrés et gagnés sur le champ de bataille de l'information. Tout repose sur la notion de connectivité, qui permet à chaque acteur, soit pendant la gestion de crise précédant un conflit, soit sur le champ de bataille, d'avoir accès en temps réel à toutes les sources d'information nécessaires à son action et à celle de tous les autres acteurs qui doivent être informés de cette action. Ces considérations font comprendre le rôle central confié à l'Espace dans la planification militaire américaine. Dans ses projections *Vision 2010* et *Vision 2020*, le DoD met en avant l'idée que dans toutes les fonctions opérationnelles, l'Espace est appelé à tenir une place majeure.

Joint Vision 2010 représente la vue du futur entérinée en 1996 par les forces armées des États-Unis. Cette doctrine repose sur quatre concepts opérationnels, découpage où les considérations liées aux flux d'information jouent un rôle essentiel. L'ensemble des quatre concepts est lié par la supériorité d'information *(Information Superiority)*, c'est-à-dire la capacité de recueillir, traiter et disséminer un flux ininterrompu d'information. La doctrine *Joint Vision 2010* rentre dans le détail en ce qui concerne les moyens principaux de mettre en œuvre les quatre concepts, et expose ouvertement qu'ils reposent tous sur l'emploi des trois constellations spatiales que nous avons décrites : télécommunications, navigation, télédétection.

Ainsi le DoD dans son ensemble a-t-il développé une doctrine militaire qui repose tout entière dans les mots *Information Superiority* magnifiés jusqu'à *Information Dominance*. Si cette supériorité repose sur les moyens spatiaux, il va sans dire que les moyens spatiaux ne remplacent pas les forces armées qui, à leur niveau, doivent manifester une supériorité sur l'adversaire.

L'USSPACECOM, le commandement des forces spatiales militaires américaines, a traduit dans la doctrine *Joint Vision 2020* les

conséquences de la doctrine *Joint Vision 2010* pour les forces armées spatiales américaines. Les idées principales en ont été incorporées dans un mémorandum du secrétaire pour la Défense du 9 juillet 1999. Il repose sur quatre concepts opérationnels déduits de la mission du Space Command, des concepts opérationnels de *Joint Vision 2010* et de ce que l'on peut prévoir de l'environnement stratégique du futur.

Il est de bon ton de considérer l'importance attribuée par les États-Unis à la composante spatiale de leurs forces avec ironie. « Trop de valeur attachée à la technique au détriment du combattant », disent beaucoup de militaires européens de haut rang. Nous ne les suivrons pas dans cette critique. Les États-Unis sont la première puissance spatiale du monde et ils sont à même de comprendre l'évolution des techniques de l'information qui se produit chez eux. Ils s'appuient sur les réflexions de leurs *Think tanks* dont nous n'avons pas l'équivalent, voient juste lorsqu'ils développent la doctrine de l'*Information Warfare*. Où sont nos RAND et nos DARPA ? On peut prévoir que la domination de l'information donnera aux États-Unis une hégémonie géopolitique reposant sur leur puissance militaire et sur leur puissance économique. Les alliés des États-Unis assez formés du point de vue technique pour comprendre et exécuter des instructions seront réduits au rôle de harkis. Les États-Unis projetteront leur information et les alliés leur chair à canon.

Conclusion

L'Europe ne peut pas se passer de l'espace : la nécessité de maîtriser le flux d'information est aujourd'hui acceptée par les plus obtus comme un impératif stratégique s'imposant à toutes les nations qui prétendent jouer un rôle sur la scène du monde.

La maîtrise du secteur spatial civil est un enjeu majeur de puissance et d'indépendance dont les États ne peuvent se désintéresser. Dès lors il est aisé de comprendre que la priorité absolue de la politique spatiale de l'Europe est de disposer d'un système de lancement, c'est-à-dire d'un lanceur et d'un champ de tir placés sous la souveraineté européenne, adapté au transport d'information. La politique de la France, centrée sur le lanceur de satellites de télécommunications Ariane, s'est révélée lucide et doit être poursuivie. Mais sa justification est stratégique et non économique.

Le marché des satellites est trop petit en Europe pour maintenir rentable sur le plan commercial le complexe Ariane 5-Kourou. Si notre pays et l'Europe ne voulaient faire que du commerce, il faudrait arrêter la production d'Ariane, fermer le champ de tir de

Kourou et aller tirer à Baikonour ou à Plessetsk, avec l'autorisation du Kazakhstan et de la Russie.

Quel diagnostic ? Toutes les difficultés, d'aujourd'hui et de demain, qui entravent la consolidation de l'activité spatiale européenne, proviennent d'un seul fait : il manque une moitié à cette activité pour qu'elle atteigne sa masse critique. Ni le marché des services civils dans l'état actuel caractérisé par la domination américaine, ni la science spatiale, ni l'homme dans l'espace ne suffisent à maintenir l'activité spatiale à un niveau stable. Pour être saine, l'activité spatiale a besoin d'une composante militaire de même dimension au moins que la composante civile.

Le remède passe par la création d'une composante militaire spatiale européenne qui de toute façon possède en elle-même sa propre justification.

Malheureusement, il n'y a pas de pensée stratégique et en particulier militaire en Europe adaptée à la rapidité des évolutions techniques, alors qu'un énorme effort intellectuel se poursuit dans ce domaine aux États-Unis. En France, le ministère de la Défense ne croit pas à l'importance décisive des moyens spatiaux dans la conduite de la guerre future et privilégie le matériel classique avec lequel, évidemment, le combat est mené.

Il faut reprendre le problème à la base, au niveau des idées. Comment incorporer le progrès scientifique et industriel dans la mise à jour permanente de notre doctrine et de nos moyens ? Quel emploi devons-nous faire des moyens civils, tels que les systèmes spatiaux commerciaux de télécommunication et demain de navigation ? Et surtout, nous devons placer cette analyse dans une vision synthétique où l'espace, maître de l'information, doit occuper une place centrale, comme un système de systèmes, comme l'irrigateur de toutes les actions de force descendant jusqu'au niveau du théâtre.

VI

BATTERIES, PILES, ATOMES ET MOTEURS BIOLOGIQUES : QUELLES ÉNERGIES ?

Les batteries
et piles dans un environnement durable

par Jean-François Fauvarque

Volta, la découverte de la pile

L'énergie électrique a commencé à être utilisable à partir du moment où l'homme a su fabriquer des générateurs de courant électrique. L'énergie électrique est alors simultanément produite, transportée et utilisée (ou perdue !) car, en pratique, l'électricité ne se stocke pas.

L'électricité cesse d'être un objet de curiosité des salons mondains du XVIIIe siècle, ou un sujet d'étude mal maîtrisé des savants, avec l'invention par Volta en 1800, de la première pile, constituée d'un empilement d'éléments. Chacun de ces éléments est composé d'un disque de zinc, d'un papier imbibé d'eau salée et d'un disque d'argent. Volta avait compris que l'électricité était produite par l'association de deux métaux différents séparés par une solution aqueuse conductrice de l'électricité.

Nous savons maintenant que les interfaces métal-solution saline sont à des potentiels électriques différents. Quand les métaux sont différents (les électrons du métal le plus électropositif, au potentiel le plus négatif (ici le zinc), ne peuvent pas atteindre le métal le moins électropositif (ici l'argent), à un potentiel plus élevé en passant par l'électrolyte aqueux, non-conducteur électronique). Le courant électrique ne passe que si les deux métaux sont mis en relation par un conducteur électronique extérieur, dans lequel circule alors un courant électrique *(Fig. 1)*.

Texte de la 269e conférence de l'Université de tous les savoirs donnée le 25 septembre 2000.

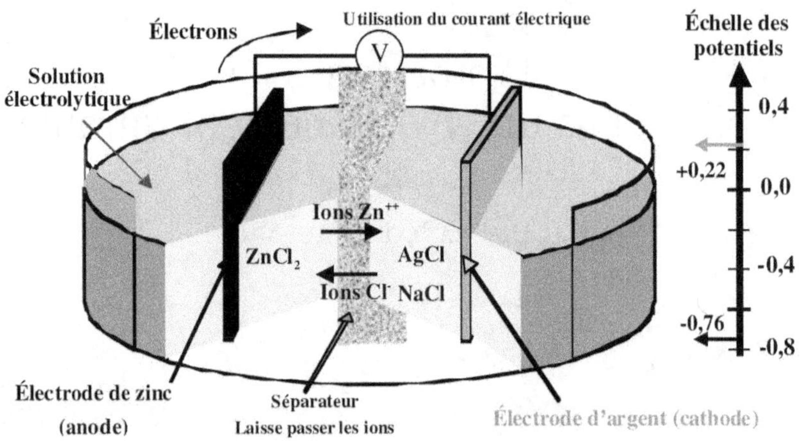

Figure 1

L'autre intuition géniale de Volta fut d'augmenter la « force » de son générateur en empilant des assemblages élémentaires, à une époque où les notions de force, d'énergie, de puissance étaient encore confuses et mal définies. La pile mise au point par Volta constitua la première utilisation de l'additivité d'une grandeur intensive liée à l'énergie électrique, le potentiel ; on lui donna son nom : le volt.

Cependant, Volta ne comprit jamais que la production de courant était reliée à l'existence de transformations chimiques à la surface des métaux. En effet, la génération de courant électrique correspond à une conversion de l'énergie chimique en énergie électrique.

Exemple de fonctionnement d'un générateur électrochimique, l'accumulateur plomb-acide sulfurique*

Il existe trois classes de générateurs électrochimiques : les piles jetables, les accumulateurs rechargeables et les piles à combustible, que nous examinerons successivement. Prenons l'exemple de l'accumulateur plomb-acide sulfurique. Du côté de l'électrode positive, la masse active positive contient de l'oxyde de plomb, PbO_2. Lors de la décharge, des électrons venus de l'extérieur réduisent PbO_2 en $PbSO_4$. Du côté de l'électrode négative, la masse active

---

* *Nota* : Les lecteurs peu familiers avec les bases de chimie et de thermodynamique pourront passer directement au développement suivant.

négative contient du plomb métallique ; lors de la décharge, le plomb s'oxyde en sulfate de plomb et fournit des électrons au milieu extérieur.

Les électrons, repoussés par un potentiel négatif ont tendance à quitter la masse active négative pour se diriger vers la masse active positive qui est à un potentiel positif. Ils ne peuvent pas le faire à travers le séparateur qui n'est pas conducteur électronique, mais exclusivement conducteur ionique. Ils le font par les collecteurs de courant exclusivement conducteurs électroniques, qui les transportent vers le milieu extérieur. Ce faisant, l'électron cédera au milieu extérieur une énergie égale à sa charge multipliée par la différence de potentiel.

Dans notre exemple, lors de la décharge, la transformation d'une mole de plomb produit une quantité d'électricité égale à deux faradays, qui circule dans le circuit extérieur à travers une différence de potentiel d'environ deux volts. Cela correspond à une production d'énergie électrique de 386 000 joules, soit 107 Wh. Cette énergie électrique provient de la conversion de l'énergie chimique, elle est au maximum égale à la variation d'énergie chimique ΔG de la réaction globale :

— À l'électrode positive :

$$PbO_2 + HSO_4^- + 3H^+ + 2e^- \rightleftharpoons PbSO_4 + 2H_2O \qquad E_0 = +1,69\ V$$

— À l'électrode négative

$$Pb + HSO_4^- \rightleftharpoons PbSO_4 + H^+ + 2e^- \qquad E_0 = -0,36\ V$$

— Réaction globale

$$PbO_2 + Pb + 2HSO_4^- + 2H^+ \rightleftharpoons 2PbSO_4 + 2H_2O \qquad E_0 = 2,05\ V$$

La réaction de décharge s'arrête quand une des masses actives est épuisée, ou quand le système cesse d'être conducteur de l'électricité. Dans le cas de l'accumulateur au plomb, les réactions électrochimiques sont réversibles et l'accumulateur au plomb peut être rechargé par inversion du courant et transformation d'énergie électrique en énergie chimique.

La nature des réactions électrochimiques nécessite des ions et des électrons. Les masses actives doivent donc posséder une double conduction électrique, conduction électronique assurée par le PbO_2 dans la positive, par le plomb divisé dans la négative, et conduction ionique, assurée par l'acide sulfurique qui imbibe les masses. La transformation totale des masses actives en $PbSO_4$ non conducteur bloquerait le fonctionnement du système.

Cette double exigence de la percolation ionique et de la percolation électronique constitue une caractéristique générale des générateurs électrochimiques. Elle est souvent méconnue, mais elle explique pourquoi le nombre de systèmes électrochimiques possibles est relativement limité.

Le *tableau 1* fournit les caractéristiques des principaux générateurs actuellement utilisés.

Tableau 1 – Qualités et limites des générateurs électrochimiques.

	Wh/kg	Wh/dm³	Puissance	Cyclabilité
Zn-MnO$_2$ alcaline :	90	200		
Li-SO$_2$	330	550	élevée	
Li- SOCl$_2$	500-600	1 200	bonne	
Métal-air	<300	<1 200	limitée	
Plomb acide	30-40	70/100	bonne	bonne
Cd-Ni	60	120	élevée	élevée
MH-Ni	80	180	bonne	bonne
H$_2$ -Ni	60-70	60/90	bonne	très élevée
Zn-AgO	80/120	300	très élevée	mauvaise
Na-NiCl$_2$	80/100	140/150	modérée	élevée
Li-C	100/120	240	bonne	bonne
Li-Li$_x$ MO$_2$	120-170	300	modérée	limitée

Qualités d'usage

Les piles et accumulateurs commercialement disponibles, ceux dont vous vous servez quotidiennement, présentent des qualités d'usage intéressantes à rappeler car nous avons tendance à les oublier tant elles sont devenues familières. Ce sont des sources de courant électrique autonomes, souvent portables (autonomie), de mise en service instantanée (disponibilité), qui fournissent une puissance adaptable instantanément dans la limite de leur puissance maximale (souplesse), ne comportant pas de pièces mobiles, et fonctionnant donc sans bruit (discrétion) et de capacité limitée par leur masse (systèmes fermés).

AUTONOMIE

L'autonomie est la qualité essentielle : elle libère de la connexion au réseau. Il en résulte les applications portables, citons la pile zinc-air minuscule pour prothèse auditive, la pile argent-zinc de nos montres, les alimentations du téléphone mobile, des caméscopes, des radiocassettes, les batteries de démarrage des véhicules automobiles, sans oublier l'alimentation des satellites quand ils passent dans les zones d'ombre de la terre.

DISPONIBILITÉ

La disponibilité immédiate constitue une deuxième caractéristique intéressante des générateurs usuels. Le délai de mise en route se situe en dessous de la milliseconde. C'est une qualité essentielle pour les installations de sécurité : onduleurs pour ordinateurs, armoires d'énergie des centraux de télécommunication, systèmes de sécurité des centrales électriques. En comparaison, la mise en route d'un moteur diesel couplé à un générateur tournant peut prendre plusieurs minutes.

SOUPLESSE

La puissance fournie par le générateur électrochimique s'adapte instantanément à la demande de l'utilisateur, dans la limite de la puissance maximale du générateur. (Il n'est pas conseillé de travailler au plus près de la puissance maximale, le système devient instable et la moitié de l'énergie chimique est transformée en chaleur dans le générateur électrochimique, qui peut se mettre à chauffer de façon excessive).

PUISSANCE

La puissance d'un générateur électrochimique va de quelques microwatts pour les piles zinc-air d'appareils auditifs, à plus de 1 kW/kg pour les piles argent-zinc qui fournissent l'alimentation électrique des lanceurs Ariane pendant la phase de lancement.

DISCRÉTION

Par rapport aux systèmes classiques de production d'électricité comprenant des pièces tournantes, sources de bruit et d'usure mécanique, les générateurs électrochimiques usuels ont l'avantage d'être silencieux, qualité indispensable pour de nombreuses applications, en particulier le téléphone portable !

CAPACITÉ

Systèmes fermés, les générateurs électrochimiques ont une capacité limitée par l'importance de leur masse et de leur volume. Leur capacité peut apparaître comme limitante.

Les meilleures piles, celles au lithium-chlorure de thionyle permettent d'obtenir 500 Wh/kg. Avec une pile alcaline, on atteint 70 à 100 Wh/kg. Les meilleurs accumulateurs, les accumulateurs lithium-ion (Li-C), fournissent maintenant 150 Wh/kg alors que les accumulateurs au plomb ne fournissent que 35 à 40 Wh/kg.

Pour les applications électroniques, qui requièrent une forte miniaturisation, l'énergie volumique est déterminante. La pile zinc-air (qui utilise l'air ambiant) présente la plus grande densité d'énergie volumique, mais sa puissance spécifique reste faible (limitée par celle de l'électrode à air).

Parmi les accumulateurs, ce sont le nickel-hydrure métallique (Ni-MH) et le lithium-ion (Li-C) qui possèdent les meilleures capacités volumiques. Le lithium-ion possède de loin la meilleure capacité massique ; ils sont utilisés pour les téléphones mobiles. L'accumulateur le plus puissant est l'argent-zinc, malheureusement très peu cyclable. Le générateur le plus fiable, le plus durable et le plus robuste est le nickel-hydrogène haute pression utilisé dans les satellites géostationnaires. Très coûteux, il est maintenant talonné par le lithium-ion. L'accumulateur chaud sodium fondu-chlorure de nickel, dans le tétrachloro-aluminate de sodium fondu à 350 °C, possède le titre de champion du rendement faradique ; il restitue 100 % de la quantité d'électricité injectée grâce à un séparateur solide conducteur par ions Na^+. L'accumulateur nickel-cadmium présente un bon compromis capacité, puissance à froid, cyclabilité, robustesse et coût. Les accumulateurs au plomb restent, sans conteste, les moins chers et les plus utilisés.

Notons, à propos des capacités, que les comparaisons sont parfois biaisées. On crédite les produits pétroliers d'une énergie thermique de 10 kWh/kg, que l'on compare à une énergie de 35 Wh/kg pour un accumulateur au plomb. Mais ce dernier est un système fermé qui cycle 1 000 fois, il est donc capable de stocker et rendre 35 kWh/kg sur l'ensemble des 1 000 cycles.

Les piles (primary batteries *en anglais*)

Les piles sont, par nature, des objets à usage unique. Les deux principaux types de piles ont des électrodes négatives soit en lithium soit en zinc.

Le lithium, métal très électropositif, passivable réversiblement, de masse atomique faible (un faraday est obtenu en en consommant 7 g) est un métal idéal pour fabriquer des piles. Il est coûteux car préparé par électrolyse en sel fondu. Son usage a d'abord été réservé aux militaires, principalement pour les télécommunications, en raison des performances exceptionnelles des piles $Li\text{-}SO_2$ à froid et des piles $Li\text{-}SOCl_2$ en puissance. Son usage se répand maintenant dans le civil pour les applications électroniques, notamment en photographie avec les piles $Li\text{-}MnO_2$ 3 V et $Li\text{-}FeS_2$ 1,5 V.

La majeure partie des piles utilisées par les ménages est à base de zinc. Le zinc est un métal assez électropositif ; $E_0 = -0,76$ V, donc en principe il réduit l'eau en hydrogène, mais il se rend inactif (ne réagit plus avec l'eau) facilement, et cela de façon réversible, devenant électroactif en tant que de besoin. Il fournit 2 faradays pour 65 g. C'est le métal le plus électropositif utilisable commodément en milieu aqueux. Les principales piles à base de zinc sont les piles Leclanché, les piles alcalines $Zn\text{-}MnO_2$, les piles bouton à l'argent

AgO-Zn, les piles bouton zinc-air et les grosses piles zinc-air pour les clôtures électriques. Le Français consomme en moyenne 10 piles par an.

Le zinc présente l'avantage d'être abondant et relativement bon marché. MnO_2 est également abondant et bon marché, le coût de la pile alcaline est en majeure partie celui de la fabrication et de la distribution. En raison de son caractère électropositif, et malgré sa passivation réversible, le zinc réagit lentement avec l'eau de l'électrolyte, conduisant à une autodécharge lente de la pile. Il y a quelques années, sa stabilité était améliorée en y ajoutant une faible proportion de mercure. Cette pratique est maintenant interdite dans les pays occidentaux pour éviter la dissémination du mercure dans l'environnement.

Le rejet dans les ordures ménagères des piles usagées ne constitue donc plus une menace sérieuse pour l'environnement. Il reste qu'un concept de développement durable suppose la collecte et le recyclage des matériaux. C'est possible. Nous reviendrons sur ce point.

Les accumulateurs (secondary batteries *en anglais*)

Une meilleure solution pour économiser nos matériaux consiste à recharger électriquement les générateurs, c'est-à-dire à utiliser un accumulateur. La quantité d'électricité cumulée par kilo de matière devient alors beaucoup plus importante. Malheureusement, la condition de cyclabilité limite considérablement le nombre de couples électrochimiques disponibles. Par exemple nous ne savons pas encore faire cycler un grand nombre de fois les électrodes de zinc.

Seuls fonctionnent un grand nombre de cycles les accumulateurs au plomb, les accumulateurs alcalins Ni-Cd, Ni-MH, Ni-Fe (disparu), $Ni-H_2$ (spatial), certains accumulateurs fonctionnant à haute température et le lithium-ion.

LES ACCUMULATEURS PORTABLES

Ces dix dernières années ont été marquées par l'arrivée des accumulateurs Ni-MH et Li-ion qui sont en train de révolutionner les systèmes portables. Leur fabrication constitue maintenant une industrie très importante principalement japonaise et américaine.

La dispersion de ces accumulateurs dans le grand public pose maintenant le problème de la collecte et du recyclage des matériaux. Cette collecte deviendra obligatoire en 2001 en France. Une fois la collecte effectuée, le recyclage ne représente qu'une faible part du coût de vente.

MARCHÉ DES ACCUMULATEURS (HORS PORTABLE)

Le marché des accumulateurs est dominé par celui des accumulateurs au plomb qui représente les 3/4 des ventes en valeur. Parmi les accumulateurs au plomb, les accumulateurs de démarrage représentent les 3/4 des ventes. Ces accumulateurs au plomb sont bon marché : prix de vente public environ 500 F/kWh stocké (250 F pour un accumulateur 12 V, 40 Ah), mais peu robustes. Des technologies plus coûteuses doivent être mises en œuvre pour les autres applications, dont les plus importantes sont indiquées ci-dessous :

La traction :	Plomb ouvert	35 Wh/kg	2 000 cycles
	Plomb étanche	35 Wh/kg	500 cycles
	Nickel-cadmium	50 Wh/kg	3 000 cycles
	Nickel-MH	65 Wh/kg	en développement
	Lithium-ion	120 Wh/kg	> 2 000 cycles
			en développement

Véhicule hybride : Pb, Ni-Cd, Ni-MH, Li-ion
Armoires d'énergie de secours : Pb, Ni-Cd
Stockage des énergies renouvelables : solaire, éolienne, PAC dans les sites isolés du réseau électrifié : Pb, Ni-Cd.

Les applications « véhicule électrique » sont présentées dans une autre conférence par M. Aucouturier. Penchons-nous sur les coûts du kWh : à 30 USD/baril, le pétrole brut vaut à peu près 1 F le kg, fournissant 10 kWh thermique ; le fioul domestique vaut environ 3 F le kg, l'essence passe aux environs de 10 F le kg, soit 1 F le kWh thermique. Si le rendement moyen d'un moteur thermique à essence est pris égal à 20 % (400 g d'essence par kWh), il faudra 5 F pour obtenir une énergie mécanique de 1 kWh.

En comparaison, EDF vend le kWh entre 20 et 60 centimes, disons 50 centimes. Un accumulateur au plomb de traction étanche vaut 1 000 F/kWh ; s'il fait 500 cycles cela revient à 2 F + 0,50 F d'électricité soit 2,5 F le kWh. Un accumulateur Ni-Cd vaut 3 000 F/kWh ; s'il fait 3 000 cycles, cela revient à 1 F + 0,50 F d'électricité, soit 1,5 F/kWh. Le véhicule électrique est donc réellement économique par rapport au véhicule à essence, pour autant qu'il circule suffisamment, et, bien sûr, est nettement moins polluant en ville (La Poste indique 10 000 km/an comme seuil de rentabilité) *(Fig. 2)*.

Les véhicules hybrides ont l'avantage d'utiliser en permanence le moteur thermique au mieux de son rendement (250 g d'essence par kWh) et disposent d'une batterie d'accumulateurs pour fournir les pointes de puissance et la récupération de l'énergie au freinage. Toyota annonce une consommation de 3,5 l/100 km pour son véhicule hybride Prius muni d'une batterie Ni-MH.

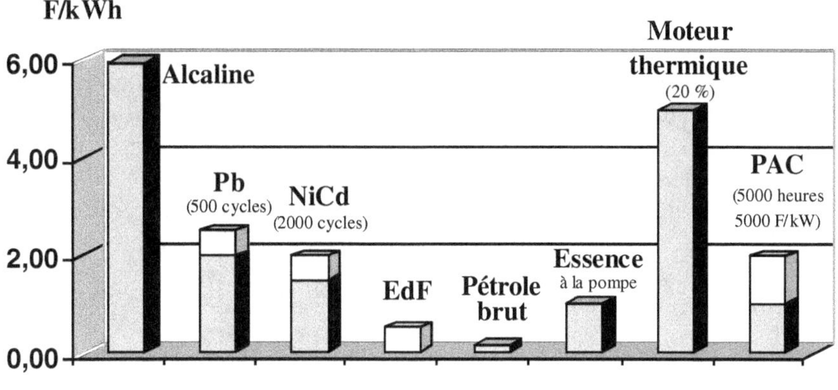

Figure 2

Les batteries d'accumulateurs permettent donc une meilleure utilisation des ressources énergétiques disponibles, notamment pour les transports urbains et routiers, meilleure utilisation des combustibles fossiles avec les véhicules hybrides, suppression de la pollution aérienne et sonore avec les véhicules électriques urbains. C'est une étape importante vers un développement durable.

D'autre part, le recyclage des grosses batteries ne pose aucun problème car il est rentable, et réalisé *(Tab. 2)*.

Tableau 2 – Coût de recyclage des piles et accumulateurs.

Format	**Alcalines**				**Ni-Cd**			
	Poids pour une alcaline (g)	Valeur matière dans l'élément (F)	Prix de vente moyen (F/unité)	Rapport coût recyl./ prix de vente (%)	Poids pour un Ni-Cd (g)	Valeur matière dans l'élément (F)	Prix de vente moyen (F/unité)	Rapport coût recyl./ prix de vente (%)
AAA	12	0,17 - 0,20	4,3	5	13	0,13 - 0,22	17,2	1
A A	22	0,34 - 0,43	4,3	10	24	0,26 - 0,88	23,7	2-3
C	55	0,77 - 0,86	6,9	12	70	0,56 - 0,86	35,5	1,5 - 2,5
D	120	1,85 - 1,72	10,3	16	140	1,55 - 0,22	47,3	4
100g	100	1,5	8,6	15	100	1,14	34,4	4

Tableau tiré de la conférence « Design for Recyding – The future of Portable Rechargeable Batteries » présentée à « Batteries 2000 » en mars 2000.

Les piles à combustible (fuel cell *en anglais)*

Contrairement aux autres générateurs électrochimiques que j'ai mentionnés jusqu'ici, la pile à combustible est un système ouvert. On y injecte un combustible et un comburant. Il s'y produit des réactions électrochimiques comme dans une pile, avec production d'électricité et accessoirement de chaleur (il en sort des produits de réaction et de l'énergie répartie en énergie électrique et énergie calorifique). La commodité impose d'injecter des fluides. Comme on le fait dans les moteurs thermiques et dans la pile zinc-air, le carburant idéal est l'air, qui contient de l'oxygène. Il est également avantageux d'avoir un combustible gazeux. L'hydrogène est actuellement le combustible de choix pour les faire fonctionner. Il n'est plus question maintenant de capacité massique, mais de puissance massique en W/kg, actuellement de l'ordre du kW/kg de cœur de pile, pour caractériser ces systèmes *(Fig. 3)*.

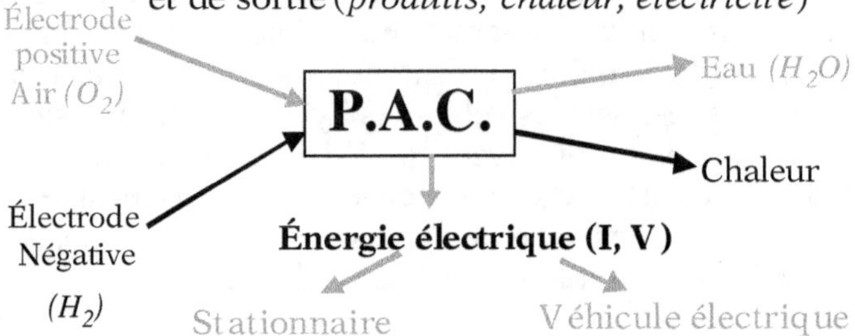

Figure 3

Alors que l'électrolyse dissocie l'eau en ses éléments constitutifs H_2 et $1/2\ O_2$, la pile à combustible, à l'inverse, combine électrochimiquement H_2 et O_2, formant H_2O non polluant et de l'électricité *(Fig. 4)*.

Réaction de base

$H_2 \rightarrow 2\ H^+ + 2\ e^-$

$\underline{1/2\ O_2 + 2\ H^+ + 2\ e^- \rightarrow H_2O}$ **(liquide)**

$H_2 + 1/2\ O_2 \rightarrow 2\ H_2O$ **(liq.)** $\Delta H^0 = -286$ **kJ/mole**

soit 2 faradays et 1,5 volt ; soit 40 kWh/kg de H_2

La pile fournit l'énergie électrique

2 faradays x Ep   par élément avec   0,7 V < Ep < 1 V

le reste de l'énergie : **2 faradays x (1,5 – Ep)** est transformé en chaleur utilisable en fonction de la température

Figure 4

La formation d'une mole d'eau fournit deux faradays d'électricité, soit 53,6 Ah ; l'énergie de formation d'une mole d'eau correspond donc au produit de 53,6 Ah par 1,5 volt. Le rendement en énergie électrique peut atteindre 70 % (53,6 Ah/mole sous 1 volt), valeur bien supérieure au rendement des meilleures machines thermiques fonctionnant dans les meilleures conditions (40 à 45 %).

Mais si le concept est simple, la réalisation des piles à combustible est très complexe et donne lieu actuellement à de nombreuses études de par le monde. Les systèmes électrochimiques étudiés diffèrent par la nature de l'électrolyte et les températures de fonctionnement. Deux cents piles à combustible à acide phosphorique sont déjà en fonctionnement pour la production d'électricité dans des installations stationnaires d'environ 200 kW (électriques), dont une à Chelles en région parisienne, mise en service cette année conjointement par EDF et GDF. De leur côté, les constructeurs automobiles multiplient les démonstrations de véhicules électriques alimentés par des piles à combustible.

Parmi les diverses technologies (voir *tableau 3*), les plus prometteuses sont celles qui fonctionnent avec des électrolytes solides et notamment les PEMFC *(proton exchange membrane fuel cell)* qui utilisent un électrolyte solide polymère conducteur protonique. Elles fonctionnent à relativement basse température : 70-80 °C. Elles conviennent bien aux constructeurs d'automobiles qui apprécient leur capacité à fonctionner en régime variable *(Fig. 5)*.

Tableau 3

Filières	$t_{fonctionnement}$ (°C)	Électrolyte	Application
Alcaline AFC	60	KOH (aqueux)	Espace (depuis 1968) Autobus hybride (évaluation)
Acide phosphorique PAFC	200	H_3PO_4	Petite centrale (1996) Cogénération (1992-1995) Autobus hybride (1994)
Carbonates fondus MCFC	650	Carbonates de Li et K	Petite centrale (1996) Cogénération (1996) Centrale au charbon (après 2000)
Oxydes solides SOFC	1 000	Céramiques Y_2O_3 et ZrO_2	Cogénération (2002) Centrale au charbon (après 2000) VE commercial (?)
PEMFC	70	Membrane de type Nafion™	VH petit & moyen (1996) VE (depuis 1994)

Les SOFC *(solid oxide fuel cell)* contiennent un électrolyte céramique conducteur par anions O^{2-} à 700-800 °C. La chaleur produite à cette température est utilement convertie en électricité en y associant une turbine à vapeur. Elle séduit les producteurs d'électricité présents et futurs, EDF et GDF notamment.

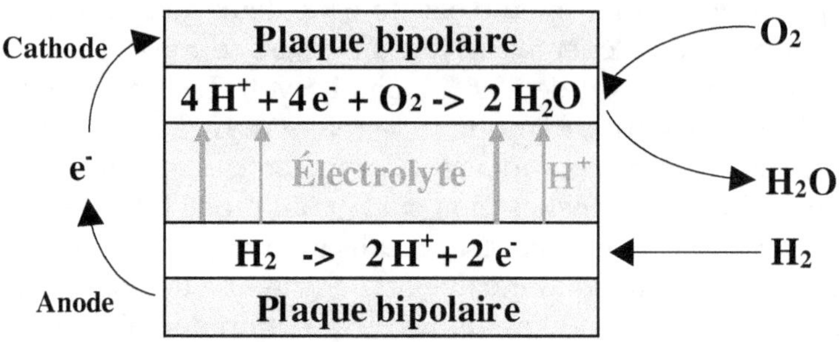

Figure 5 – Unité élémentaire de PAC, de 0,6 à 0,7 volt.
Une PAC est constituée par l'empilement de plusieurs de ces éléments,
en nombre adapté à la tension continue voulue par l'utilisateur.

Dans tous les systèmes, la gestion de flux est complexe et de nombreux dispositifs doivent être associés au cœur de pile (*stack* en anglais), alimentation en H_2, en air, échangeurs de chaleur, convertisseurs courant continu-courant alternatif, régulation et automatismes.

L'ensemble est encore d'un coût beaucoup trop élevé, surtout pour le marché automobile grand public qui voudrait une PAC à 500 F le kW et de durée de vie supérieure à 5 000 heures. Plus raisonnables sont les exigences des producteurs d'électricité qui demandent 5 000 F le kW pour 30 000 heures de fonctionnement (60 centimes le kWh + le coût du combustible + le coût d'opération). Dès maintenant, l'installation de piles à combustible devient rentable pour l'alimentation des sites isolés. Aux États-Unis, des piles à combustible alimentent en électricité des panneaux de signalisation routière.

Mais le verrou technologique majeur à lever reste celui de l'alimentation des piles en hydrogène de pureté suffisante, notamment pour les piles à basse température qui exigent un hydrogène ne contenant pas de CO.

Production, purification et stockage de l'hydrogène

L'hydrogène est un gaz, coûteux à l'état pur, difficile à stocker et à transporter (sauf par pipeline).

Théoriquement, l'hydrogène peut provenir de différentes sources hydrocarbonées, notamment les combustibles fossiles (après reformage à la vapeur d'eau, conversion du CO et purification de l'hydrogène). Dans le cas de la pile à combustible, le rendement électrique global de fourniture d'énergie est environ le double de celui obtenu par les systèmes thermiques classiques, ce qui réduit d'autant les émissions de CO_2 par kWh produit, mais ne les annule pas.

L'hydrogène peut également provenir des énergies renouvelables :

— Soit à partir de la biomasse, transformée en méthanol, ou en éthanol à partir de déchets sucrés, stockables et reformables facilement en hydrogène.

— Soit à partir d'autres énergies renouvelables produisant de l'électricité : énergie hydroélectrique, énergie solaire, énergie éolienne, éventuellement connectables au réseau, mais susceptibles de produire du courant à des moments de faible demande, et leur énergie doit alors être transformée et stockée sous une forme chimique, dans des accumulateurs si les énergies sont faibles, sous forme d'hydrogène pur si les énergies sont importantes.

Dans un schéma sans production de CO_2, l'hydrogène peut également provenir d'électricité nucléaire par électrolyse de l'eau.

Conclusion

On voit ainsi que l'évolution des systèmes électrochimiques a conduit les chercheurs à trouver des solutions de plus en plus propres pour l'environnement : suppression du mercure dans les piles, puis économie de matière en passant des piles aux accumulateurs, avec collecte et recyclage des générateurs, enfin apparition des piles à combustible. Celles-ci permettent une meilleure utilisation des combustibles fossiles, donc moins d'émission de CO_2, voire l'utilisation des énergies renouvelables à travers une économie de l'hydrogène, vecteur d'énergie du futur.

L'électrochimie a apporté les premiers générateurs de courant électrique avec les piles, l'autonomie avec les accumulateurs. Elle offre maintenant avec la pile à combustible un moyen de production d'électricité propre et renouvelable.

RÉFÉRENCE

– FAUVARQUE (J.-F.), « Les générateurs électrochimiques », *L'Actualité chimique*, publié par la Société française de chimie, 250, rue Saint-Jacques, 75005 Paris, janv-fév. 1992, p. 87-113.

L'énergie nucléaire

par Bertrand Barré

De quoi s'agit-il ?

Pour un physicien, l'énergie nucléaire résulte des forces qui maintiennent ensemble les « nucléons », protons et neutrons qui constituent les noyaux des atomes, en dépit de la répulsion électrostatiques entre les protons.

Pour le géographe, c'est une source d'énergie nouvelle qui est récemment venue s'ajouter aux sources traditionnelles, fossiles et renouvelables.

Pour l'ingénieur, c'est un procédé compliqué pour produire économiquement de l'électricité sans émettre de gaz de combustion dans l'atmosphère.

Pour l'économiste, c'est un facteur de stabilisation des prix de l'énergie, et d'équilibrage de la balance des paiements.

Pour le sociologue, c'est une question qui cristallise la contestation de certains aspects des sociétés occidentales industrialisées par divers groupes « écologistes ».

Enfin, pour le poète, c'est une parcelle de l'énergie cosmique qui vient s'ajouter à celle de notre soleil, parce que l'uranium est né dans les supernovae...

Mais revenons à la physique. Tout le monde connaît la formule d'Einstein $\Delta E = mc^2$, qui s'écrit plus exactement : $\Delta E = -c^2 . \Delta m$, et qui signifie que masse et énergie sont deux formes de la même réalité, qui peuvent se substituer l'une à l'autre sous certaines conditions, et qu'à une petite variation de masse correspond une énorme variation d'énergie. La masse totale d'un noyau est ainsi

Texte de la 270ᵉ conférence de l'Université de tous les savoirs donnée le 26 septembre 2000.

plus faible que la somme des masses de tous les protons et tous les neutrons qui le constituent, et la différence de masse est l'« énergie de liaison » du noyau.

Cette énergie de liaison est considérable : elle est environ « un million de fois » plus grande que l'énergie mise en jeu dans les réactions chimiques entre atomes ou molécules. Ce facteur 1 million est très important. C'est grâce à lui que la fission d'un gramme d'uranium ou de plutonium produit plus d'énergie que la combustion d'une tonne de pétrole.

Or il se trouve que cette énergie de liaison qui maintient la cohésion du noyau dépend du nombre de nucléons qui le constituent. Rapportée à chaque nucléon, elle présente un optimum aux environs de 60, ce qui correspond au fer dans la classification périodique des éléments. Cela veut dire que si on réussit à fusionner ensemble deux noyaux légers pour faire un noyau moyen, on libérera de l'énergie de liaison, et si l'on réussit à couper un noyau lourd en noyaux moyens, on récupère également de l'énergie. Nous venons de décrire respectivement la fusion thermonucléaire et la fission.

Nous ne parlerons pas de la fusion, qui alimente en énergie les étoiles et notre soleil : c'est une source potentielle d'énergie formidable, mais qui ne sera pas disponible avant des décennies.

L'autre façon de récupérer de l'énergie nucléaire, c'est donc de casser les noyaux les plus lourds en fragments plus petits. Quand on bombarde un noyau d'uranium avec un neutron, qui n'est pas électriquement chargé et n'est donc pas repoussé par le noyau, celui-ci se casse en deux fragments, il relâche de l'énergie (sous forme de vitesse communiquée à ces fragments, puis de chaleur quand ces fragments sont freinés dans le milieu) et il éjecte aussi deux ou trois neutrons surnuméraires.

Ces neutrons peuvent, à leur tour, aller « fissionner » un autre noyau d'uranium, et ainsi de suite : c'est le phénomène bien connu de la réaction en chaîne. L'avantage, c'est que l'on sait déclencher la réaction, l'amener et l'entretenir au niveau voulu de puissance, et l'arrêter à volonté, en contrôlant à tout moment la population de neutrons. On peut le faire en introduisant ou retirant des noyaux de « poison », qui absorbent les neutrons sans produire de fission*.

Dans la nature, seul un des isotopes de l'uranium, celui qui a une masse atomique 235 et que l'on note ^{235}U, est facile à fissionner par les neutrons : il est « fissile ». Il ne représente que 0,7 % de l'uranium naturel. L'autre isotope naturel de l'uranium, ^{238}U, ainsi que le thorium ^{232}Th ne sont pas fissiles, mais ils capturent les neutrons, et les noyaux excités qui résultent de cette capture se

---

* Cela n'est possible que parce que tous les neutrons ne sont pas émis instantanément lors de la rupture du noyaux : quelques-uns sont expulsés un peu plus tard par certains des fragments issus de la fission. C'est ce retard qui permet le contrôle. Sans ces « neutrons retardés », tout irait beaucoup trop vite : on saurait faire des bombes atomiques, mais pas des réacteurs nucléaires.

désintègrent et donnent naissance à de nouveaux noyaux fissiles, respectivement le plutonium ^{239}Pu et un autre isotope de l'uranium, ^{233}U. On dit que ^{238}U et thorium sont « fertiles ». C'est par un mélange judicieux de noyaux fissiles, de noyaux fertiles, et de poisons de contrôle que l'on peut entretenir la réaction en chaîne sur de longues périodes dans le cœur des « réacteurs » nucléaires.

L'inconvénient de la fission est que presque tous les fragments qui en résultent sont radioactifs et continuent à se désintégrer en série avant d'aboutir, plus ou moins vite, à un noyau stable. La fission produit donc des « déchets radioactifs » dont il faut protéger l'homme et l'environnement.

Cette radioactivité des fragments de fission signifie aussi qu'ils continuent à dégager de l'énergie quand la réaction est arrêtée. Cette énergie « résiduelle » est beaucoup plus faible que l'énergie de fission et elle décroît rapidement, mais il faut continuer à l'évacuer quelque temps après l'arrêt.

À quoi ça sert ?

On l'a dit, l'énergie nucléaire, c'est compliqué et ça produit des déchets radioactifs. En a-t-on vraiment besoin ? On ne fait pas des réacteurs nucléaires, on n'étudie pas la fusion par simple fascination scientifique et technologique, on fait de l'électricité nucléaire parce que l'on a besoin d'énergie, et que c'est l'une des façons d'en produire de façon économique et avec un impact minimum sur la santé publique et l'environnement.

Les besoins en énergie viennent de la combinaison de la croissance démographique avec les besoins individuels de niveau de vie, de développement, le tout modéré par le progrès technologique, qui permet d'augmenter l'efficacité énergétique, d'obtenir le même service final en utilisant moins d'énergie.

Il n'y avait qu'un demi-milliard d'hommes sur terre au début de l'ère chrétienne. Il a fallu plus de 18 siècles pour doubler ce chiffre, et atteindre le milliard entre 1830 et 1850. En 150 ans seulement, nous sommes alors passé de 1 à 6 milliards d'hommes, et ce n'est pas fini : au cours du XXIe siècle, nous atteindrons, peut-être même dépasserons-nous, les fatidiques 10 milliards d'êtres humains. Il faut souligner que ce nouvel accroissement ne touchera ni les pays de l'OCDE, ni les « économies en transition » issues de l'ancien bloc soviétique, mais ne concernera que les autres pays, dont l'appellation collective de « pays en voie de développement » cache des situations fort différentes, mais qui sont tous aujourd'hui peu gourmands en énergie par habitant.

Car la consommation individuelle d'énergie ou d'électricité et le niveau de vie sont fortement corrélés. En matière de niveau de vie, de développement, les disparités régionales sont abyssales et constituent la cause majeure d'instabilité de notre monde. Si l'on traduit la consommation d'énergie primaire*, en tonnes d'équivalent pétrole « tep » ou ses multiples Mtep et Gtep (1 Mtep = 1 million de tonnes équivalent pétrole, 1 Gtep = 1 milliard de tonnes équivalent pétrole), *1 milliard d'hommes — nous — consommons 6 Gtep, tandis que les 5 autres milliards d'hommes ne consomment que 3 Gtep***. Cela ne peut pas durer.

Le *tableau 1* donne la répartition de la consommation mondiale d'énergie entre les différentes sources primaires (en 1998) :

Source	Million tep	%
Combustibles solides	2 347	28,3
Pétrole	3 324	40
Gaz	1 810	21,8
Nucléaire	608	7,3
Hydraulique	215	2,6
ENR	36	0,4
Total (commercial)	**8 341**	**100**
Bois, déchets, etc.	904	

Tableau 1

Sauf à renoncer à tout espoir de combler en partie le fossé Nord-Sud, on ne peut que prévoir une augmentation des consommations énergétiques « supérieure » à la croissance démographique*** *(Fig. 1)*.

Les combustibles fossiles totalisent 90 % de l'énergie primaire commerciale utilisée sur la planète. Il n'y a aucune chance pour que l'accroissement de la contribution des énergies nouvelles renouvelables (ENR) puisse à lui seul couvrir l'augmentation des besoins — *a fortiori* remplacer le nucléaire comme le souhaitent certains. En tout cas, pas dans les décennies qui viennent.

Il faudra faire appel à toutes les sources d'énergie et améliorer aussi notre efficacité énergétique. On aura besoin des ENR, de l'hydraulique, et du nucléaire, et malgré tout cela il faudra encore augmenter notre appel aux énergies fossiles : on ne peut espérer

---

* L'énergie « primaire » est celle que l'on comptabilise à la source, en tête de la chaîne de transformations : le pétrole au puits plutôt que l'essence à la pompe, l'électricité au barrage plutôt qu'à la prise de courant, etc.
** *World Energy Outlook*. IEA/OECD, 1998.
*** *L'Énergie pour le monde de demain : le temps de l'action*, Conseil mondial de l'énergie et éditions Technip, 2000.

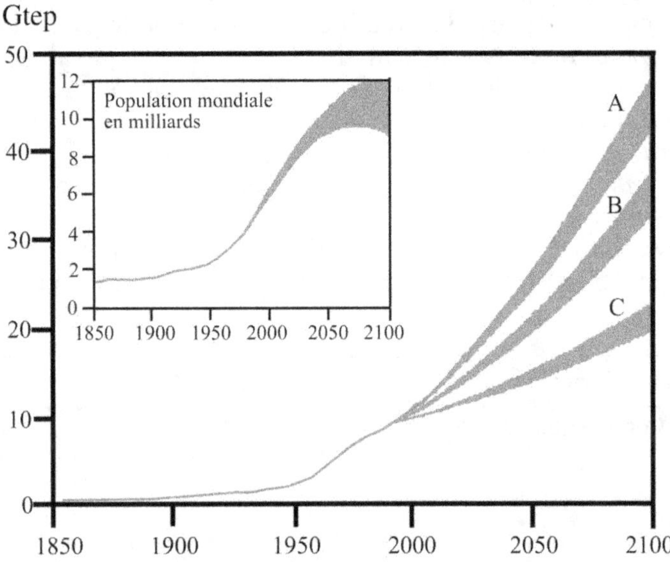

*Figure 1 – Consommation mondiale d'énergie primaire 1850-2100 (Gtep)
WEC98.*

Trois scénarios :
A : Poursuite de la tendance actuelle
B : Scénario intermédiaire
C : Réussite de politiques volontaristes de maîtrise de l'énergie

que « freiner l'augmentation » de leur usage, pour limiter le taux d'émission dans l'atmosphère de gaz à effet de serre. Il faudra aussi probablement mettre en œuvre des techniques de « séquestration » du CO_2 à la sortie des centrales fossiles, ce qui aura un coût qui s'ajoutera à celui de la raréfaction des ressources les moins chères d'hydrocarbures.

Comment ça marche ?

Les réacteurs électrogènes comprennent deux ensembles principaux : un *îlot conventionnel* où de la vapeur d'eau actionne un groupe turboalternateur très analogue à ceux des centrales classiques à combustible fossile, et un *îlot nucléaire* qui fournit cette vapeur. Dans l'îlot nucléaire se trouve d'abord le cœur proprement dit, où les réactions de fission se produisent dans les «éléments» ou « assemblages » combustibles. La réactivité du cœur est contrôlée par des dispositifs d'insertion de poisons neutroniques, et le cœur est refroidi par un fluide *caloporteur*.

Dans les *réacteurs à peau pressurisée*, REP, qui constituent le parc français, le fluide caloporteur est de l'eau à haute température (-300 °C), maintenue à l'état liquide sous une pression d'environ 150 bars, et qui circule en circuit fermé dans un *circuit primaire* en acier très épais.

Cette eau circule au travers d'une forêt d'assemblages combustibles, longs fagots de minces tubes métalliques (en alliage de zirconium) où sont empilées des pastilles céramiques d'oxydes d'uranium ou de plutonium. Il n'y a pas de paroi entre les assemblages, le cœur est « ouvert* ». Cette eau primaire cède ses calories en faisant bouillir l'eau d'un « circuit secondaire » dans un « générateur de vapeur ». La vapeur ainsi produite va actionner le turboalternateur.

L'essentiel de l'îlot nucléaire est logé dans une massive enceinte de confinement, qui joue le rôle de troisième barrière contre la dispersion dans l'environnement des produits de fission, après la gaine du combustible et le circuit primaire.

Après s'être détendue dans les turbines dans l'îlot conventionnel, la vapeur est condensée grâce à un nouveau circuit d'eau, luimême ouvert ou fermé sur un échangeur avec la source de froid ultime *(Fig. 2)*.

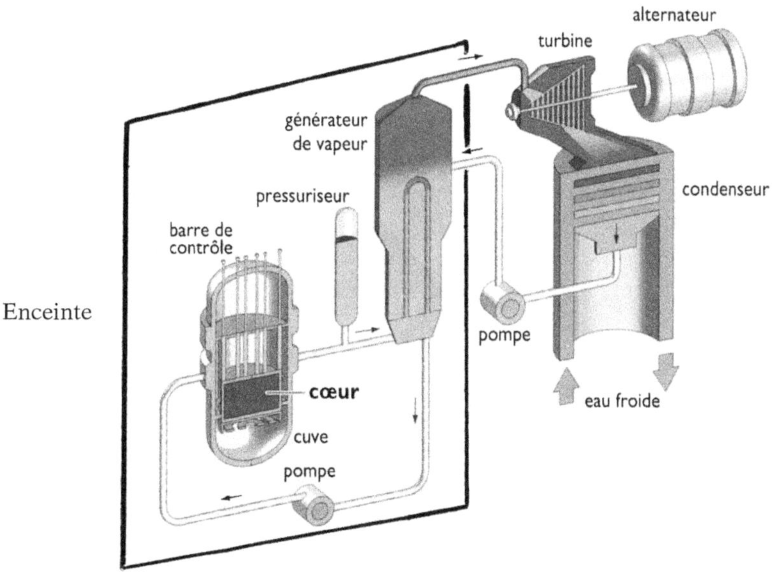

Figure 2 – Schéma d'une centrale REP.

---

* L'eau primaire ne sert pas seulement à refroidir le cœur : les noyaux d'hydrogènes servent aussi à ralentir, par chocs successifs, les neutrons émis à grande vitesse lors de la fission, pour les amener le plus rapidement possible à la vitesse où ils seront le plus efficaces pour produire les fissions suivantes. Ce rôle de « modérateur » est joué, dans d'autres types de réacteurs, par le deutérium (eau lourde) ou le graphite. Les « réacteurs à neutrons rapides » n'ont pas de modérateur car leur cœur est optimisé différemment.

On ne met pas directement dans le réservoir de sa voiture le pétrole brut jailli du puits, on ne branche pas des ampoules électriques directement sur un barrage. De même ce n'est pas directement le minerai d'uranium qui constitue le combustible nucléaire : pour que les noyaux lourds puissent fournir de la chaleur utile par fission, ils doivent suivre un « cycle du combustible », qui combine de nombreuses étapes industrielles schématisées ci-dessous *(Fig. 3)*.

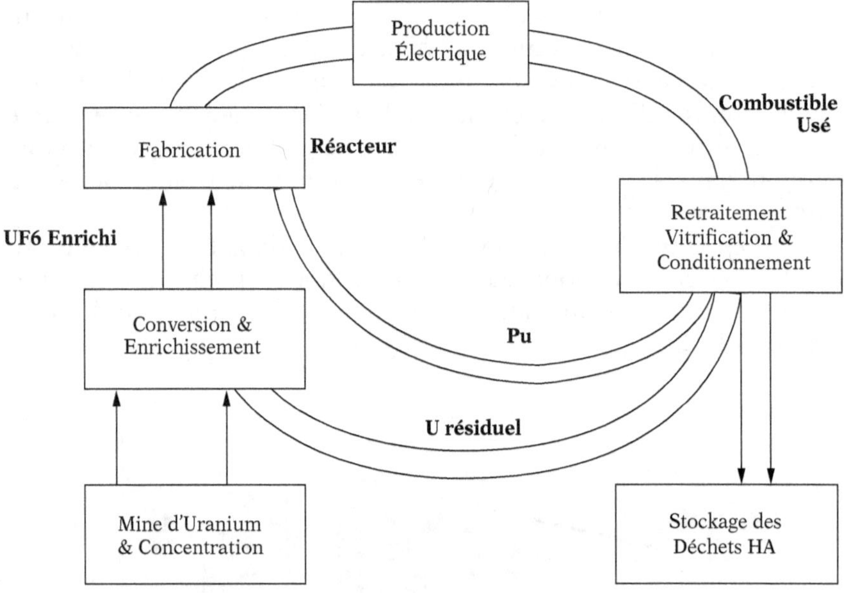

Figure 3 – Schéma simplifié du cycle de combustible REP.

Le cycle habituel du combustible des REP comporte les étapes suivantes :

— Extraction du minerai d'uranium en mines souterraines, carrières à ciel ouvert ou par lixiviation *in situ*.

— Concentration du minerai (qui contient souvent moins de 1 % d'uranium) sur le site même de l'extraction.

— Conversion des concentrés d'uranium en hexafluorure UF_6, solide à l'ambiante et gazeux à température modérée.

— Enrichissement isotopique de UF_6, pour augmenter la proportion de noyaux fissiles ^{235}U, trop faible dans l'uranium naturel.

— Fabrication du combustible (conversion du fluorure en oxyde d'uranium enrichi UO_2, pastillage, frittage des pastilles, crayonnage, assemblage des crayons mêm faisceaux).

— Production d'électricité pendant 4 ans environ dans le réacteur.

— Entreposage temporaire, sous eau, du combustible usé. Gestion du combustible usé.

Entre chaque étape, il y a de nombreux contrôles et pas mal de phases de transport. Chaque étape est elle-même un processus industriel complet : nous l'avons illustré en détaillant un peu l'étape de fabrication. La dernière étape, la gestion du combustible usé, diffère selon que l'on choisi un « cycle fermé », comme celui décrit sur la figure 5, qui correspond au choix français, ou un « cycle ouvert », retenu notamment aux États-Unis.

Dans le cycle fermé, on trouve les sous-étapes suivantes :

— Retraitement chimique du combustible usé pour récupérer les matériaux fissiles et fertiles qu'il contient encore, en vue de les recycler.

— Conditionnement des déchets, et, en particulier, vitrification des déchets très radioactifs, résidus de la fission.

— Disposition finale des déchets conditionnés.

Le cycle ouvert — qui n'est pas un cycle du tout — se termine par la disposition finale du combustible usé, considéré alors en bloc comme un déchet.

Chaque installation du cycle, usine d'enrichissement, de fabrication ou de retraitement est dimensionnée pour alimenter plusieurs dizaines de réacteurs de grande taille.

Avantages et inconvénients de l'énergie nucléaire

Il n'y a pas de source d'énergie sans inconvénient. C'est pourquoi augmenter l'efficacité énergétique est préférable si c'est techniquement possible et si le coût n'est pas prohibitif. Mais toutes économies d'énergie faites, il faut bien satisfaire la demande, et optimiser son mix énergétique en fonction des qualités et défauts propres à chaque source. En ce qui concerne l'énergie nucléaire, on peut dresser le bilan comparatif ci-dessous *(Tableau 2)* :

Avantages du Nucléaire	**Inconvénients du Nucléaire**
Indépendance énergétique Ressource à long terme Découplage des prix de matières premières Protection de l'environnement global Localisation des emplois Balance des paiements Exportations	Lourds investissements Peur des radiations (faibles doses) Sûreté – Accidents graves Gestion des déchets ultimes Non-prolifération

Tableau 2

ÉCONOMIE COMPARÉE DES SOURCES D'ÉLECTRICITÉ

Entre 1974 et 1985, le nucléaire a joui, notamment en France, d'une confortable marge de compétitivité. Puis le contre-choc pétrolier a très rapidement ramené le prix des énergies fossiles au niveau qu'ils avaient avant 1974, et cette situation a duré jusqu'en 1998, changeant dramatiquement les perspectives. En outre, les turbines à gaz, bénéficiant des retombées technologiques de l'industrie aéronautique, ont réalisé des progrès spectaculaires de rendement, de taille unitaire et donc de prix alors que le renforcement de la sûreté et l'alourdissement de la réglementation ont plutôt renchéri l'investissement nucléaire.

Aujourd'hui, si les centrales nucléaires existantes, amorties en partie, constituent de juteuses « vaches à lait », de nombreux pays considèrent que dans les conditions économiques qui prévalaient avant le dernier envol des cours du pétrole, un nouvel investissement nucléaire ne serait pas rentable.

En fait la comparaison, vue d'aujourd'hui, entre de coûts de construction puis d'exploitation qui s'étaleront sur 50 ans à venir dépend fortement des hypothèses que l'on peut faire sur l'évolution des prix des combustibles sur toute cette période. L'étude la plus récente, qui nous vient de Finlande*, conclut que le nucléaire est le plus économique dès lors que les centrales fonctionnent plus de 6 000 heures par an. Une éventuelle *écotaxe* sur le carbone améliorerait encore la comparaison.

Ce qui est sûr, c'est que les coûts du nucléaire sont stables et prévisibles, que 90 % des dépenses sont effectuées sur le territoire national, avec la localisation correspondante des emplois, et que la balance des paiements en est fort heureusement affectée.

IMPACT SUR LA SANTÉ

En fonctionnement normal un réacteur nucléaire est peu polluant. C'est ce qui ressort sans ambiguïté de l'Avis de l'Académie Nationale de Médecine, dont voici l'article 1 :

« Les risques pour la santé de l'utilisation de l'énergie nucléaire doivent être comparés à ceux d'autres filières énergétiques. Il convient de rappeler ainsi que le recours à des combustibles fossiles (charbon, pétrole, gaz) a pour inconvénient de produire, lors de leur combustion, du CO_2 (qui contribue à l'effet de serre) ainsi que des agents cancérogènes et autres polluants. Dans ce contexte, l'utilisation de l'énergie nucléaire apparaît bien comme un des modes

---

* S. Rissanen, R. Tarjanne, *The Competitiveness of Nuclear Power and its Impact on Reduction of Carbon Dioxide Emissions*, Research Report, Lappeenranta University of Technology, 2000.

de production de l'électricité les moins polluants et ayant le moins d'inconvénients pour la santé. »*

Mais qu'en est-il du risque d'accident catastrophique ? En quarante-cinq ans de production d'électricité (plus de 5 000 années/réacteur), l'énergie nucléaire n'a provoqué qu'un seul accident catastrophique, celui de Tchernobyl en avril 1986 et deux accidents « sérieux », celui de Windscale en 1957 et celui de Three Mile Island en 1979, ces derniers n'ayant pas eu de conséquence sur les personnes.

Il est très difficile d'imaginer un scénario qui puisse conduire à un accident de l'ampleur de celui de Tchernobyl sur les réacteurs de type occidental en opération aujourd'hui et les modèles nouveaux, comme l'EPR franco-allemand, comportent par conception des dispositifs permettant de rendre négligeables les conséquences d'un accident de fusion de cœur, accident dont la probabilité est, elle-même, extrêmement faible. Des modèles de réacteur encore à l'étude aujourd'hui, par exemple dans la filière des réacteurs à hautes températures HTR, permettront même de ne plus retenir du tout la fusion de cœur parmi les scénarios crédibles.

IMPACT SUR L'ENVIRONNEMENT

L'énergie nucléaire ne contribue pas à l'effet de serre mais produit des déchets radioactifs en très petite quantité, dont certains ont une durée de vie extrêmement longue.

Le danger de la radioactivité a été identifié et réglementé avant même la découverte de la fission. Dès sa naissance, l'industrie nucléaire civile a pris conscience que les déchets radioactifs issus de la fission étaient dangereux et très vite on a choisi de concentrer et confiner les plus actifs d'entre eux, plutôt que de les diluer et les disperser. Sous forme de combustibles irradiés ou de déchets dûment conditionnés après retraitement, les déchets hautement radioactifs de l'industrie nucléaire sont aujourd'hui entreposés en toute sécurité, comptabilisés et contrôlés.

Il y a quinze ans, le sort final de ces déchets ne faisait pas de doute : ils seraient stockés définitivement dans une couche géologique profonde, assurant un confinement tel que, le temps d'être dissous et de revenir à la surface via les eaux souterraines, leur radioactivité serait devenue négligeable.

Devant l'opposition de certaines des communautés voisines de sites potentiels de stockage géologique, les pouvoirs publics français ont décidé en décembre 1991 de lancer un programme de recherche de solutions alternatives et de ne décider qu'en 2006, au vu du résultats de ces recherches. Vaut-il mieux stocker défi-

---

* G. de Thé, *Énergie nucléaire et santé*, Bulletin de l'Académie Nationale de Médecine, t. 3, n° 6, 1999.

nitivement les déchets en évitant ainsi de les léguer aux générations futures, ou les entreposer en laissant ainsi à nos successeurs la possibilité de mettre au point des solutions plus satisfaisantes que celles qui sont à notre portée ? La solution moyenne est-elle le « stockage réversible » que l'on s'efforce de définir plus précisément ? Ce qui est sûr, c'est que les volumes concernés sont faibles, que les scénarios les plus pessimistes ne prévoient que des impacts très limités dans l'espace — « rien de global dans le problème des déchets nucléaires » — et que les solutions actuelles d'entreposage en surface sont « passivement sûres » pour de nombreuses décennies.

DURABILITÉ DES RESSOURCES NATURELLES

Le nucléaire n'est pas une énergie renouvelable au sens où peut l'être l'énergie solaire, mais l'épuisement des ressources de la croûte terrestre en uranium (ou en thorium) n'est vraiment pas une préoccupation à notre échelle. Elle pourrait l'être si nous étions pour toujours limités à la technologie des réacteurs à eau ordinaire, qui ne tirent guère parti que de moins de 1 % du contenu énergétique de l'uranium naturel, le « valorisant » ainsi au niveau des réserves de pétrole tout au plus.

Mais pour peu que l'on utilise une autre technologie, celle des surgénérateurs (FBR), les réserves d'uranium deviennent aussi importantes que celles de charbon... et même bien davantage, car on peut sérieusement envisager d'y valoriser l'uranium contenu dans l'eau de mer, ce qui porterait alors les réserves d'énergie nucléaire de fission à des chiffres astronomiques. Non compétitifs aujourd'hui, les surgénérateurs pourraient le devenir par un doublement du prix des combustibles fossiles. Superphénix a démontré que ce type de réacteur est aussi sûr que les REP, mais que leur technologie est compliquée et leur maintenance, difficile.

Ce n'est donc pas l'épuisement des matières premières qui peut limiter la durabilité du nucléaire.

PROLIFÉRATION

Est-ce que le développement de l'énergie nucléaire civile accroît ou « diminue » les risques de prolifération des armements nucléaires ? La question se pose vraiment en ces termes et la réponse n'est pas forcément évidente.

On ne « désinventera » pas la fission, et il existera toujours un risque qu'un État ou un groupe subnational important décide de fabriquer des armes nucléaires et d'en accepter les conséquences politiques. Le fait de disposer sur son territoire d'une industrie nucléaire civile peut accélérer l'accès aux matières fissiles nécessaires, mais une industrie nucléaire civile signifie aussi des accords et traités internationaux, des engagements de non détournement des matières, des inspections internationales disposant de moyens de mesures extrêmement sensibles et qui ont fait la preuve de leur efficacité. La menée d'un programme clandestin en serait rendue beaucoup plus difficile.

Plus profondément, un des moteurs de la course aux armements est l'insécurité. Les risques de tension sur le marché de l'énergie sont sources d'insécurité : on pourrait presque dire que le coût du baril de pétrole devrait être grevé du coût des « marines » américains dont la présence assure la stabilité du trône Saoudien ! Assurant une diversification partielle d'un marché dominé par les hydrocarbures, le développement de l'énergie nucléaire contribuerait à la stabilité géopolitique mondiale, ce qui diminuerait les motivations de la prolifération.

Bilan de 45 ans d'électricité nucléaire et perspectives...

L'énergie nucléaire a 45 ans : c'est très jeune comparé à toutes les autres formes d'énergie ! Le bilan de ces 45 années dépend de l'état d'esprit dans lequel on le considère : dans une optique pessimiste, le bilan est décevant. Il y a en l'an 2000 quatre fois moins de réacteurs nucléaires en fonctionnement dans le monde qu'on ne le prédisait en 1975. D'un autre côté, l'an dernier, les 430 réacteurs électronucléaires du monde ont quand même produit 2 500 milliards de kWh. C'est autant que tous les barrages hydroélectriques du monde, c'est 16 % de la consommation mondiale d'électricité. Pour produire la même quantité d'électricité avec des centrales au fuel, il aurait fallu 550 millions de tonnes de pétrole de plus, une deuxième Arabie Saoudite.

En revanche, aujourd'hui, les programmes stagnent aux États-Unis et en Europe, la dissolution de l'Union soviétique et l'accident de Tchernobyl ont porté un coup d'arrêt aux ambitieux programmes nucléaires de l'Est. L'Asie reste la seule zone où le nucléaire est en croissance, une croissance qui ne compensera peut-être plus la mise à la retraite des centrales en fin de vie dans le monde occidental. L'Agence Internationale de l'énergie prévoit ainsi que la part nucléaire dans la production mondiale d'électricité, selon la tendance actuelle, descendrait à 12 % en 2010, puis à 8 % en 2020.

Est-ce sans importance ? Est-on si sûr de l'approvisionnement en énergie de l'humanité et de notre future maîtrise de l'effet de serre que l'on puisse se résigner à renoncer à la seule énergie « nouvelle » qui sorte aujourd'hui de l'épaisseur du trait sur nos beaux graphiques ?

L'avenir des énergies fossiles

————

par Didier Houssin

Les différentes énergies fossiles

Les énergies fossiles constituent la réponse dominante aux besoins énergétiques actuels. Elles assurent la couverture de 85 % des besoins mondiaux en énergie primaire *commerciale*, (donc biomasse non incluse), le complément étant assuré pour 6 % par le nucléaire, pour 7 % par les ENR et principalement l'énergie hydraulique.

LE PÉTROLE EST AUJOURD'HUI L'ÉNERGIE DOMINANTE *(FIG. 1)*

La célèbre formule de l'économiste de l'énergie Paul Frankel, *oil is liquid*, illustre en trois mots l'un des principaux avantages dont bénéficie le pétrole. Ce caractère liquide, qui permet un stockage ainsi qu'un transport aisés et peu coûteux du pétrole, est pour beaucoup dans son essor. Le pétrole est l'énergie mobile par excellence. L'éloignement entre ressources et débouchés ne constitue pas un obstacle à son développement. Le coût de transport d'une cargaison de pétrole brut entre les États-Unis et le Moyen-Orient est ainsi inférieur à 2 $/b.

Le pétrole joue le rôle d'énergie de bouclage du bilan énergétique, conduisant à utiliser son prix comme prix directeur de l'énergie. Ses débouchés sont nombreux et variés : les produits obtenus après raffinage du pétrole brut sont ainsi utilisés comme matière première pour l'industrie, comme combustible industriel, pour les

---

Texte de la 271ᵉ conférence de l'Université de tous les savoirs donnée le 27 septembre 2000.

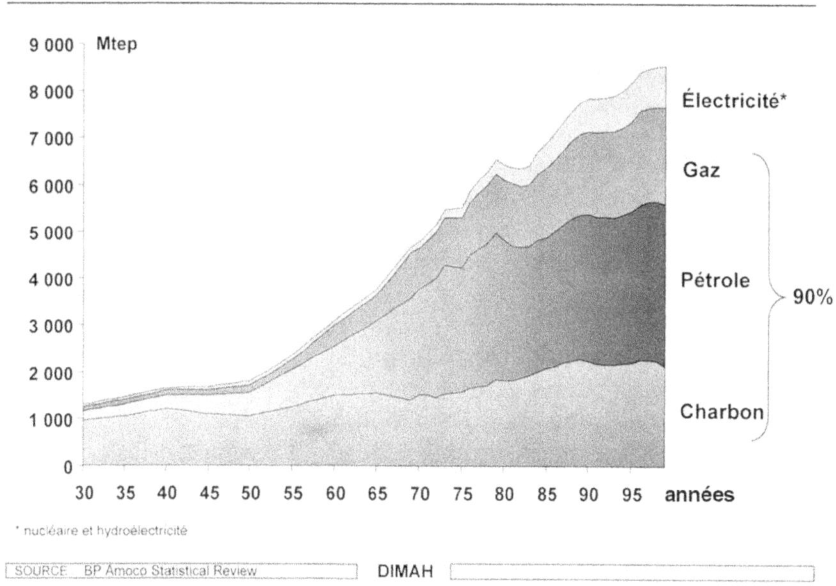

Figure 1 – Consommation mondiale d'énergie primaire.

besoins en chauffage domestique, pour ceux du secteur de la génération électrique.

Le domaine des transports constitue son marché principal. Force est de constater qu'il n'y a pas aujourd'hui d'alternative économique aux produits pétroliers sur ce segment qui connaît la croissance la plus forte dans les pays industrialisés. Entre 1973 et 1995, la consommation pétrolière liée au transport a crû de 60 %. Le besoin de mobilité des personnes et des marchandises, entraîné par le développement des échanges économiques, a en effet conduit à une croissance ininterrompue des besoins de transport.

LE GAZ NATUREL EST AUJOURD'HUI LA SOURCE D'ÉNERGIE QUI CONNAÎT LA PLUS FORTE CROISSANCE, MAIS IL RESTE HANDICAPÉ PAR LE COÛT DE SON TRANSPORT

Le gaz et le pétrole sont deux énergies très proches. Le méthane, le plus léger des hydrocarbures, présente un processus de formation similaire à celui du pétrole. Les gisements d'hydrocarbures renferment très fréquemment du pétrole et du gaz, qui font souvent l'objet d'une exploitation conjointe.

Toutefois, du fait de son caractère gazeux, le méthane est peu dense en énergie aux conditions de pression et de température ambiante. À pression et température normales, 1 m³ de pétrole contient la même quantité d'énergie que 1 000 m³ de gaz naturel. Il est donc nécessaire de densifier le gaz pour rendre son transport plus économique soit par gazoduc à haute pression, soit par des chaînes de gaz naturel liquéfié.

Du fait de ces investissements élevés, le transport du gaz naturel revient donc 4 à 5 fois plus cher que le transport du pétrole et cet écart de coût croît avec la distance. Cette barrière de coût explique que les marchés du gaz naturel obéissent à des logiques régionales, seuls 20 % du gaz faisant l'objet d'échange international.

En dépit de cette contrainte, le gaz naturel est l'énergie fossile qui connaît le développement le plus rapide. La consommation mondiale de gaz naturel a ainsi crû au rythme moyen de 2,4 % par an sur les vingt dernières années. Pendant cette période le gaz naturel s'est progressivement imposé grâce à la souplesse de son utilisation en réseau et à ses qualités environnementales.

Le gaz naturel connaît aujourd'hui une croissance forte sur le segment de la génération électrique. Ce mouvement est lié au développement de la technologie des cycles combinés (production simultanée d'électricité et de vapeur).

LE CHARBON COUVRE 27 % DES BESOINS MONDIAUX D'ÉNERGIE PRIMAIRE GRÂCE À SA PLACE DE PREMIER COMBUSTIBLE POUR LA GÉNÉRATION ÉLECTRIQUE

La consommation du charbon est en effet essentiellement destinée à la sidérurgie et à la génération électrique. C'est la croissance de ce second secteur qui a permis la poursuite de la progression de la consommation mondiale de charbon. Le charbon présente en effet l'avantage d'être abondant dans la plupart des régions et notamment dans les pays en voie de développement où les nouveaux besoins en électricité sont les plus importants. L'Asie représente à elle seule 43 % de la consommation du charbon, la Chine absorbant 24 % de la production charbonnière mondiale. Néanmoins le recours à cette énergie est limité par ses caractéristiques de pondéreux et la nécessité de dépolluer les émissions résultant de sa combustion (poussières, SO_2, etc.).

Les énergies fossiles permettront-elles de faire face aux besoins liés au développement économique ?

L'ÉVALUATION DES BESOINS : CROISSANCE ÉCONOMIQUE ET CROISSANCE ÉNERGÉTIQUE

La corrélation entre croissance économique et croissance énergétique est extrêmement forte. La production de richesse nécessite de l'énergie. La hausse des revenus disponible se traduit par une aspiration croissante au confort et à la mobilité. Ce lien évolue dans le temps et cette évolution semble obéir à un même modèle quels que soient les pays. L'intensité énergétique indicateur qui évalue la quantité d'énergie nécessaire à la production de 1 000 $ de richesses semble pour un pays donné suivre dans le temps une « courbe en cloche », de type courbe de Gauss.

En phase première de développement, l'économie d'un pays est essentiellement structurée autour de l'agriculture et de l'artisanat, activités faiblement consommatrices d'énergies commerciales et fondées sur une utilisation massive de la biomasse. Le passage à une économie industrielle conduit à des comportements plus consommateurs en énergie commerciale. Dans une troisième phase, on assiste à une tertiairisation de l'économie avec le développement des services qui requièrent moins d'énergie, ce qui se traduit par une baisse de l'intensité énergétique. Il faut toutefois souligner que la diminution historique du contenu énergétique de la croissance ne signifie en rien la baisse de la demande énergétique. Ainsi, lorsque la richesse s'accroît de 1 %, la consommation en énergie augmente de 0,7 % dans les pays industrialisés et de près de 1 % dans les pays en voie de développement.

La consommation mondiale globale d'énergie est appelée à augmenter tout d'abord du fait de la croissance démographique. Notre planète compte aujourd'hui près de 6 milliards d'êtres humains. Elle pourrait en compter 8 milliards en 2025, la prévision étant beaucoup plus hasardeuse à l'horizon 2050.

La plupart des scénarios de prévisions de demande d'énergie disponibles présentent de nombreux points de convergence, au moins jusqu'en 2020. La croissance économique mondiale serait de l'ordre de 3 % par an, avec une croissance plus forte dans les PVD (4 à 6 %) que dans les pays OCDE (2,5 % environ) et les pays de l'Europe de l'Est (2 % environ) ; l'intensité énergétique diminue de 1 % par an environ et la croissance annuelle de la demande d'énergie est de l'ordre de 2 %.

Selon les scénarios retenus par le Conseil mondial de l'énergie, la consommation mondiale s'établirait entre 11 et 12 Gtep (1 Gtep = 1 milliard de tonnes équivalent pétrole) à l'horizon 2010. En 2020 elle s'établirait entre 11 Gtep (scénario de croissance modérée avec de fortes contraintes environnementales) et 15 Gtep (forte croissance économique, prix modéré de l'énergie). Le scénario « le plus probable » situe à 13 Gtep environ la demande d'énergie totale à cet horizon :

— Le pétrole resterait l'énergie dominante. Sa part dans le bilan global évoluerait peu et sa consommation en valeur absolue augmenterait et devrait approcher, voire nettement dépasser, 4 Gtep en 2020.

— La production mondiale de gaz pourrait passer de 2 Gtep en 1995 à plus de 3 Gtep en l'an 2020.

— Le dynamisme de la croissance de la consommation de charbon s'explique par la croissance des besoins électriques. Deux milliards de personnes n'ont pas aujourd'hui l'électricité : dans les PVD, la demande en électricité croît à un rythme deux fois plus rapide que celui de la demande énergétique.

— L'électricité d'origine hydraulique pourrait se développer dans des proportions importantes dans les grands bassins d'Afrique, d'Amérique du Sud, ou du continent indien, la production de cette énergie atteignant environ 0,9 Gtep en 2020 contre 0,6 Gtep en 1995.

— Les problèmes d'acceptation de cette énergie par les opinions publiques ont entraîné à la fin des années 1990 une forte révision en baisse des prévisions pour le nucléaire, qui s'établissent maintenant à moins de 1 Gtep en 2020.

QUELLES SONT LES RESSOURCES EN ÉNERGIES FOSSILES DISPONIBLES À LONG TERME ?

Face aux perspectives de croissance de la consommation d'énergies fossiles, disposerons-nous à l'horizon 2020/2050 de ressources suffisantes ?

Les ressources en pétrole brut

L'estimation des réserves de pétrole brut est un exercice complexe. On les évalue d'abord à partir de la notion de réserves prouvées qui correspond à des quantités présentes dans des réservoirs identifiés pour lesquelles on peut évaluer avec une certitude raisonnable qu'elles seront récupérables de façon rentable dans des conditions économiques, techniques et réglementaires actuelles. L'évaluation des réserves prouvées repose sur des hypothèses techniques et économiques, comme le prix du baril et l'évolution des coûts de production.

Les méthodes d'évaluation des réserves prouvées sont désormais très normées pour les compagnies cotées à la bourse de New

York, qui ont obligation de publier, le niveau de leurs réserves prouvées, audité par les autorités boursières américaines.

En revanche, les évaluations fournies par les pays producteurs présentent un degré d'imprécision plus élevé. Il est en effet probable qu'elles soient en partie biaisées, le niveau des ressources prouvées étant l'un des paramètres pris en compte dans la détermination des quotas des membres de l'OPEP depuis 1988.

Il est possible d'évaluer à près de 140 Gtep les réserves prouvées de pétrole, soit environ 1 000 milliards de bep (1 bep = 1 barril équivalent pétrole). Le niveau actuel des réserves prouvées équivaut à 41 années de production (à son niveau actuel).

Le ratio « réserves sur production » associé au pétrole oscille autour de 40 ans depuis plus de 10 ans en dépit d'une production pétrolière en croissance. Rappelons-nous également qu'il y a 30 ans, ce même ratio s'élevait... à 30 ans ! Certes, les nouvelles productions viennent chaque année réduire les ressources, mais, simultanément, l'amélioration des taux de récupération, les nouvelles découvertes résultant des efforts d'exploration, la réévaluation des quantités présentes sur les gisements développés, contribuent à augmenter le niveau des réserves.

Les réserves prouvées ne représentent donc que le niveau visible de l'iceberg constitué par les ressources pétrolières ultimes. Cet iceberg présente une taille finie dont l'estimation est controversée entre les optimistes et les pessimistes. Les ressources ultimes de pétrole sont estimées entre 1 800 à 3 000 Gbep (1 Gbep = 1 milliard de barrils équivalent pétrole) aujourd'hui. La différence entre la valeur haute et la valeur basse de l'estimation est donc considérable, de l'ordre de 1 000 Gbep, soit la valeur des réserves prouvées...

Selon les pessimistes, nous ne disposons plus que des seules réserves prouvées, soit l'équivalent de 40 ans de production actuelle, et nous atteindrons un pic de production pour le pétrole conventionnel vers 2010/2020. Selon les optimistes, 1 200 Gbep à 1 400 Gbep restent encore à découvrir, ce qui conduirait à un doublement des réserves prouvées.

À ces ressources de pétrole conventionnel viennent s'ajouter les ressources de pétrole dit « non conventionnel ». Ce vocable recouvre aussi bien les pétroles extralourds (bitumes du Venezuela), que les sables asphaltiques (Canada), forme de pétrole dégradé par oxydation. Les ressources complémentaires que pourraient apporter ces pétroles non conventionnels pourraient être de l'ordre de 600 Gbep *(Fig. 2)*.

Les ressources en gaz naturel

Les réserves prouvées de gaz naturel sont en valeur absolue du même ordre que les réserves prouvées de pétrole. La production de gaz naturel étant aujourd'hui inférieure de près d'un tiers à la production de pétrole, cette base de réserves gazière confère une

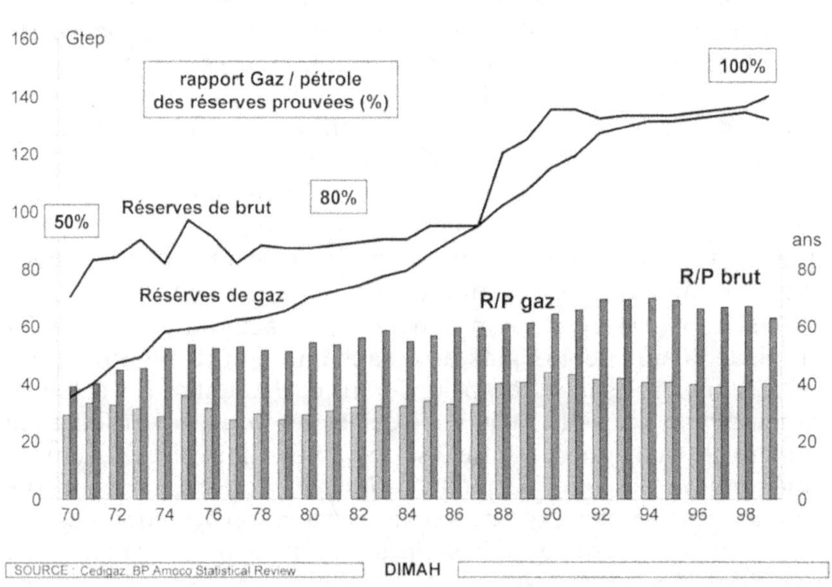

Figure 2 – Évolution des réserves prouvées.

longévité apparente plus forte au gaz naturel. Le ratio des réserves gazières ramenées à la production atteint aujourd'hui 60 ans contre 45 ans, trente ans plus tôt.

S'agissant de l'évaluation des ressources ultimes, il n'y a pas la même perspective d'augmenter les taux de récupération sur les gisements de gaz (hors gisements de gaz associé), celui-ci étant naturellement éruptif. C'est donc dans la recherche de nouvelles accumulations ou de réévaluation de gisements existants que réside principalement le potentiel de ressources non prouvées de gaz. L'exploration spécifiquement gazière ayant cependant été moins poussée que l'exploration pétrolière, cette piste pourrait permettre, selon les optimistes, de trouver 120 Gtep de gaz supplémentaires.

La conversion du gaz en hydrocarbures liquides dite *Gas To Liquid*, qui consiste à convertir sur site le gaz naturel en carburants liquides aisément transportables et par ailleurs extrêmement propres, paraît désormais économique avec des prix du brut inférieurs à 18 $/b. La mise en œuvre industrielle de cette technologie permettrait de disposer de 100 Gbep d'hydrocarbures liquides supplémentaires, bien adaptés aux besoins du secteur des transports.

Les ressources en charbon

Le charbon constitue la source d'énergie fossile la plus répandue. Les ressources prouvées (540 tep) représentent près de 250 années de production.

Au regard de ces réserves il pourrait paraître intéressant, en cas de pénurie future d'hydrocarbures, de synthétiser des carburants liquides à partir de ces ressources colossales. Cette transformation, utilisée dans des moments très exceptionnels de l'histoire de ce siècle (Seconde guerre mondiale, embargo en Afrique du Sud) est technologiquement maîtrisée, mais ne paraît pas exploitable économiquement à horizon 2020.

La répartition géographique des ressources

L'offre d'énergie fossile est diverse par sa nature mais aussi par sa répartition géographique. Les ressources charbonnières sont présentes sur tous les continents à l'exception du Moyen-Orient ; 3/4 des réserves prouvées pétrolières sont situées dans des pays de l'OPEP (et pour 2/3 au Moyen-Orient) ; 80 % des ressources gazières sont localisées en ex-URSS et dans l'OPEP.

Ces chiffres qui illustrent la très forte concentration des ressources de pétrole et de gaz en dehors de l'OCDE posent le problème de la dépendance des pays consommateurs vis-à-vis des hydrocarbures. La dépendance de l'Union européenne vis-à-vis des importations pétrolières s'élève déjà aujourd'hui à 75 % et elle atteint 40 % pour les importations de gaz.

Cette situation se détériorera encore à l'avenir, les producteurs hors OPEP fournissant aujourd'hui 60 % de la production de pétrole alors qu'ils ne détiennent que le quart des réserves mondiales. Par ailleurs, les sources d'exportation de pétrole seront géographiquement plus concentrées dans un nombre de plus en plus réduit de pays producteurs.

Cette concentration de la production rendra donc l'Europe plus vulnérable aux aléas géopolitiques, mais également physiques (tremblement de terre, accident maritime dans une zone de fort trafic...) : ainsi, près du tiers de la production mondiale pourrait transiter d'ici 2020 par le détroit d'Ormuz *(Fig. 3)*.

*Quels facteurs joueront sur les parts de marché
des différentes énergies à long terme ?*

IMPACT ENVIRONNEMENTAL DES ÉNERGIES FOSSILES

Quelle que soit la filière énergétique utilisée, la production et la consommation d'énergie induisent des impacts sur l'environnement. (Pollution atmosphérique locale, rejet de déchets, pollution sonore, encombrement de l'espace, modification des flux hydrologiques, déforestation). Les effets négatifs associés à l'utilisation des énergies fossiles constituent depuis plusieurs décennies une

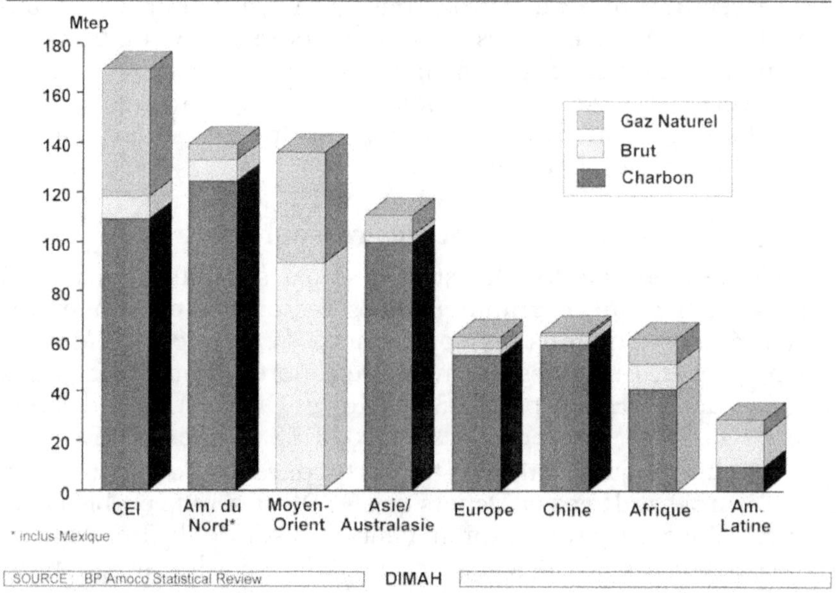

Figure 3 – Réserves prouvées d'énergie primaire (fin 1999).

préoccupation majeure pour les pays consommateurs, essentiellement du point de vue de la qualité de l'air. La dernière décennie a
vu la croissance d'une préoccupation complémentaire, plus globale,
liée à l'effet de serre. Il y a aujourd'hui un consensus de la communauté scientifique sur la réalité du réchauffement de la planète,
suite aux nombreux travaux qu'ont suscités les débats sur ce thème
depuis la conférence de Rio. Or, le gaz carbonique est l'un des principaux gaz contribuant à l'effet de serre et toute combustion réalisée à partir d'énergie fossile conduit fatalement à la formation de
CO_2. Le niveau des émissions de dioxyde de carbone lors de la
combustion dépend évidemment de la source d'énergie utilisée. On
obtient ainsi en moyenne :
    — 1,09 t de carbone par tep de charbon consommée.
    — 0,86 t de carbone par tep de produits pétroliers consommée.
    — 0,64 t de carbone par tep de gaz naturel consommée.
Deux voies permettent la diminution des émissions de CO_2 :
l'accroissement des efforts d'économie de l'énergie et la modification de la structure de la consommation en énergies. Le rythme de
croissance des énergies fossiles sera fortement influencé par le
choix des mesures qui seront adoptées par les États pour faire face
aux risques liés à « l'effet de serre ».
    À la suite des conférences de Rio et de Kyoto, 39 pays, dont la
France, se sont engagés à réduire leurs émissions de gaz à effet de

serre de 5,2 % (en moyenne) par rapport à 1990. Les pays européens signataires ont convenu de répartir entre eux les efforts de réduction pour aboutir à une baisse commune de 8 % des émissions de gaz à effet de serre. L'effort demandé à la France est inférieur à l'effort moyen puisque notre pays a réussi à abaisser ses émissions de CO_2 de 25 % sur la période 1980-1990 et à les contenir entre 1990 et 1999.

Il ne faut pas sous-estimer le caractère ambitieux de ces objectifs. Dans notre pays, après une baisse pendant la décennie 1980, les émissions de CO_2 suivent à nouveau un mouvement de hausse fortement imputable au secteur des transports. Parvenir à une limitation des émissions dans ce secteur, serait fondamental pour assurer le respect des objectifs de Kyoto : c'est l'un des objectifs du programme de relance des économies d'énergie que le gouvernement vient de décider.

COMPÉTITIVITÉ DES ÉNERGIES FOSSILES

Chaque État devra agir, entre autres par le biais de sa fiscalité, pour s'assurer que ces externalités seront prises en compte. Il devra s'assurer aussi que le coût de l'énergie, payé par le consommateur national, soit compétitif avec celui pratiqué dans les autres pays. L'énergie reste en effet un facteur de production important, même si sa part globale dans le PIB des pays de l'OCDE a été réduite.

Dans un contexte d'intégration des marchés européens et de mondialisation, le maintien de cette compétitivité des prix de l'énergie est crucial. C'est le principal objectif de la création d'un marché intérieur de l'énergie en Europe. L'ouverture des marchés est depuis longtemps un état de fait pour le charbon comme pour les produits pétroliers. C'est un sujet d'actualité en revanche pour l'électricité et le gaz pour lesquels les processus de transposition des directives européennes sont en voie d'achèvement.

La crise que nous connaissons sur le marché pétrolier vient toutefois nous rappeler que le marché ne peut constituer l'alpha et l'oméga des politiques énergétiques. L'objectif est de pallier les fluctuations de volume et de prix des énergies importées et de disposer d'une énergie la plus avantageuse possible à court et à long terme. Il serait inconséquent de s'en remettre exclusivement aux signaux de prix issus de marchés de l'énergie aux fluctuations très marquées, pour orienter les choix du long terme.

Le prix du pétrole reste un prix « politique » et selon une boutade bien connue, l'OPEP et le marché se partagent par moitié la fixation du prix, l'OPEP décidant des 2 chiffres avant la virgule, et le marché les 2 chiffres après la virgule. Le pétrole a été disponible à des prix relativement bas pendant les années 1990. Les cours du brut ont évolué, en moyenne annuelle entre 13 et 21 $/b. Ils sont restés, exprimés en dollars constants, à un niveau inférieur à celui atteint en 1974, mettant en défaut les prévisions qui, il y a vingt ans, annonçaient des prix du pétrole supérieurs à 50 $/b à l'aube de l'an 2000. L'année 2000 ne s'inscrit cependant pas dans ces limites puisque le prix du brut a dépassé 28 $/b.

La prévision des prix du pétrole à moyen terme reste un exercice extrêmement aléatoire, toutefois ces derniers devraient évoluer dans un intervalle compris entre 10 et 30-35 $/b. Le plancher, situé aux alentours de 10 $/b, est donné par le coût marginal de production en mer du Nord ou en Alaska. Il correspond également à un niveau de prix insupportable pour les pays producteurs, fortement dépendants de leurs recettes d'exportations en hydrocarbures et qui connaissent une forte croissance démographique. Au-delà du plafond supérieur de 35 $/b, la demande serait ralentie par la relance des économies d'énergie et des investissements permettraient à terme d'augmenter l'offre.

Le Commissariat général du Plan a défini dans son rapport Énergie 2010-2020 trois scénarios. Un scénario bas qui prend pour hypothèse une stabilité des prix du pétrole sur le long terme à 17 $/b. Un scénario médian qui propose une hausse des prix jusqu'à 25 $/b en 2005, puis une stabilité. Le scénario haut consiste en une hausse des prix jusqu'à 30 $/b entre 1995 et 2010 suivie d'une stabilité.

COÛTS DE PRODUCTION DES ÉNERGIES FOSSILES

Il faut souligner l'avantage en termes de prix relatifs dont ont bénéficié les énergies fossiles au cours des quinze dernières années. La baisse des coûts de production du pétrole entre 1985 et 1995 laisse augurer que cet avantage pourrait se maintenir.

La pression des prix bas a conduit à une formidable accélération du progrès technique dans l'exploration production de pétrole avec le développement du forage horizontal, la sismique à 3 dimensions, une meilleure intégration des géosciences... Les progrès technologiques et des gains de productivité ont conduit à une réduction des coûts techniques de production de pétrole de 1 $/b par an en moyenne entre 1985 et 1995. Les compagnies pétrolières privées développent désormais les gisements dont la rentabilité est assurée sur la base d'un prix du brut de 15 $/b.

La compétition des énergies non fossiles sur les coûts de production de l'électricité sera également un facteur déterminant dans la compétition entre les différentes sources d'énergie.

Entre 1971 et 1993, la demande électrique a crû au taux moyen de 4,1 % par an alors que la demande globale en énergie primaire progressait dans le même temps au rythme de 2,1 %. Les énergies nucléaires, hydrauliques, ou les autres énergies renouvelables ont montré leur aptitude à pénétrer ce secteur en forte croissance et à concurrencer durablement les énergies fossiles. Le nucléaire représente ainsi 17 % de la production d'électricité mondiale, les énergies renouvelables (et essentiellement l'hydraulique) couvrant 19 % des besoins. L'investissement de la France dans la voie du nucléaire lui a permis de disposer d'un coût moyen du Kwh tout à fait compétitif et qui a permis de diminuer considérablement notre dépendance par rapport aux importations d'hydrocarbures. Au niveau mondial, la question de l'avenir du nucléaire aura un impact important sur l'évolution de la consommation d'énergies fossiles.

Conclusion

Le monde ne manquera pas de pétrole dans les vingt prochaines années mais la question se posera à l'horizon 2050. Dès que le pic de production sera en passe d'être atteint, le renchérissement du prix du pétrole poussera à concentrer son utilisation sur ses usages à plus forte valeur ajoutée, essentiellement les secteurs du transport ou de la chimie où il n'est pas aujourd'hui substituable. Quant au gaz, même si les ressources sont plus durables, son développement restera obéré par son coût de transport. Enfin, l'usage du charbon sera de plus en plus handicapé par les émissions de gaz carbonique (effet de serre). Le bouclage du bilan énergétique supposera donc des politiques d'économies d'énergie volontaristes, une énergie nucléaire mieux acceptée au plan mondial et des progrès de compétitivité des énergies renouvelables. Le passage à une économie post-pétrolière est très difficile à dater compte tenu des ruptures possibles au plan de la croissance démographique, de l'organisation de la société avec une dématérialisation des échanges, ou encore des ruptures technologiques. Je citerai le développement des ressources d'hydrocarbures non conventionnelles telles que les schistes bitumineux ou les hydrates de gaz ou encore le développement de technologies nouvelles telles que la pile à combustibles.

Quoi qu'il en soit, il faut dès aujourd'hui prolonger et intensifier les efforts d'économies d'énergies et les encouragements aux filières alternatives.

Le rôle du citoyen dans les choix de la politique énergétique sera fondamental. Sommes-nous prêts, en tant que citoyens, à réduire nos déplacements, à accepter le co-voiturage ou à payer plus cher notre combustible, ou notre véhicule, pour réduire les émissions de CO_2 ?

RÉFÉRENCES

– BAUQUIS (P.-R.), « Un point de vue sur les besoins et les approvisionnements en énergie à l'horizon 2050 », *Revue de l'Énergie*, n° 509, 1999.
– BURUCOA (X.), DURAND (B.), *Place du pétrole et du gaz dans la couverture des besoins énergétiques futurs*, cours de l'ENSPM, 1999.
– CEA, 1988.
– Commissariat général du Plan, « Énergie 2010-2020 », rapport de l'atelier « Le contexte international », 1998.
– FAVENNEC (J.-P.), *Exploitation et Gestion de la Raffinerie*, Paris, Technip, 1998, chap. I et III.
– GERMAIN (J.), *Pétrole et gaz dans le panorama énergétique mondial*, rapport 53 065, ifp, 2000.
– International Energy Agency, World Energy Outlook, IAE/OCDE, 1996.
– NGO (C.), *Quelles énergies pour demain ?*, Commissariat à l'énergie atomique, Direction de la stratégie et de l'évaluation, 1998.

Les moteurs biologiques

par Jacques Prost

Ce n'est que depuis au plus une trentaine d'années et dans bien des cas plutôt une vingtaine d'années, que la communauté scientifique a réellement compris l'existence et l'importance de véritables machines fonctionnant à l'échelle moléculaire dans le monde biologique. Pourtant l'élément moteur des muscles, appelé myosine, avait été isolé, certes sous forme composite, dès la fin du XIXe siècle : il aura fallu un siècle de travail pour arriver à la maîtrise de cette machine *in vitro* ! À la fin des années 1950 on avait une vision assez « raisonnable » du fonctionnement des muscles, mais l'élément moteur était loin d'être dominé au niveau moléculaire. On sait maintenant qu'essentiellement trois types de machines jouent un rôle fondamental dans le vivant : les moteurs « linéaires », dont le prototype est le moteur des muscles déjà évoqué, les moteurs « rotatifs », comme celui qui fait tourner les flagelles de la bactérie E. Coli et finalement des machineries plus complexes impliquées dans la réparation et la réplication du code génétique, dans la synthèse des protéines, etc.

Je n'aborderai pas le troisième type de machines dans ce bref descriptif, mais ce qu'on apprend sur les moteurs linéaires et rotatifs servira à la compréhension des systèmes plus complexes que sont les « usines » de synthèse des protéines et les machines de réparation du code génétique.

Texte de la 272e conférence de l'Université de tous les savoirs donnée le 28 septembre 2000.

À *quoi servent ces moteurs ?*

Les moteurs rotatifs ont deux grandes classes de fonction. Chez les êtres primitifs (prokaryotes), ils sont utilisés à promouvoir le mouvement de certaines bactéries. Ils sont rigidement liés à des cils et leur rotation donne une forme hélicoïdale à ceux-ci. La rotation de cette forme hélicoïdale agit un peu comme un tire-bouchon, d'où le mouvement. Chez les êtres capables de reproduction sexuelle (eukaryotes), l'exemple le plus important est celui du complexe de synthèse de l'ATP (adénosine triphosphate, véritable carburant cellulaire). L'ATP n'est pas le seul carburant cellulaire, mais elle domine largement le « marché ». Par exemple chaque individu synthétise journellement un poids d'ATP égal à son propre poids : la connaissance de la machinerie impliquée est donc fondamentale !

Ces moteurs peuvent atteindre des vitesses de rotation de plusieurs milliers de tours par minute, comparables à celles des moteurs de nos voitures, bien que leur taille latérale soit de l'ordre de quelques dizaines de milliardièmes de mètre. Si on était capable de faire l'équivalent par inflation des distances, on saurait faire des moteurs rotatifs de taille comparable à la distance de la terre à la lune, et tournant toujours à plusieurs milliers de tours par minute ! La lune est beaucoup plus lente...

Les moteurs linéaires sont ubiquitaires dans la vie eukaryote. Ce sont des protéines capables de se déplacer sur des filaments formés d'autres protéines (appelés filaments du cytosquelette), un peu comme un semi-remorque se déplace sur une autoroute. Le sens du déplacement est donné par la structure du filament. Dans ma brève introduction, j'ai déjà mentionné leur rôle dans les muscles : des protéines appelées myosines II sont capables à l'échelle moléculaire de tirer sur les filaments, un peu comme on tire sur une corde pour lever un poids. Cette action est responsable de la contraction. Ce rôle dans les muscles, à lui seul, justifierait des recherches importantes, puisque sous-tendant aussi bien les problèmes de motricité que de comportement cardiaque. De fait, le champ d'utilité des moteurs linéaires est beaucoup plus vaste. Le transport chimique dans la cellule est assuré dans son immense majorité, par des moteurs moléculaires : l'idée la plus simple est celle de petites sphères délimitées par une membrane, contenant le composé à acheminer au bon endroit (par exemple le neurotransmetteur qu'il faut adresser aux synapses dans les axones). Dans notre image du semi-remorque, le moteur moléculaire joue le rôle du tracteur et la petite sphère (vésicule) celui de la remorque. Nous verrons que la réalité est plus flexible et plus complexe. Tout le processus de reproduction cellulaire est contrôlé et orchestré par des moteurs : certains rassemblent puis séparent les chromosomes, d'autres coupent la cellule en deux cellules filles et tout cela doit se faire pratiquement sans faute. De nombreuses structures cellulaires aux fonctions très particulières comme les cellules épithéliales de l'intestin, des reins, les cellules auditives, etc., utilisent les moteurs moléculaires de manière très spécifique. Souvent des structures ciliées sont impliquées dans le fonctionnement. Cils et flagelles sont en général capables de battements dont le rôle peut aller de la propulsion au positionnement des organes pendant le développement embryonnaire, en passant par l'évacuation des mucosités dans les bronches ! On réalise donc aisément l'importance que revêt une bonne compréhension et une bonne maîtrise de ces systèmes.

Les questions du biologiste

Le type de question qui vient à l'esprit du scientifique s'intéressant aux moteurs moléculaires dépend fortement de sa culture initiale. Le biologiste dans un premier temps voudra évidemment inventorier toutes leurs fonctions dans le monde vivant, répertorier les différentes classes de moteurs, construire des familles d'homologie. Trois grandes familles ont pu être identifiées :

— Les myosines, dont quinze sous-familles sont connues ; l'unité est apportée par la partie motrice, mais les parties non motrices peuvent différer fortement en fonction du rôle spécifique qu'elles ont à jouer au niveau cellulaire.

— Les kinésines, dont quarante-sept sous-familles sont connues ; là encore l'unité est apportée par la partie motrice, et les parties non motrices sont différentes ; par exemple, une et une seule de ces kinésines intervient dans la phase ultime de la mitose ; je reviendrai sur l'importance de cette remarque dans la conclusion.

— Les dynéines sont généralement classées en deux sous-familles, les dynéines cytosoliques (par exemple, celles qui interviennent dans les cellules) et les dynéines flagellaires (par exemple, celles qui sont responsables du battement des cils eukaryotes, c'est-à-dire les cils des bronches, les flagelles des spermatozoïdes, etc.), bien qu'il y en ait probablement plus.

Il est rare qu'une fonction biologique fasse appel à un seul type de moteur : en général tous participent d'une manière ou d'une autre, contribuant à la robustesse de l'ensemble. L'identification de nouveaux moteurs codant pour des fonctions précises est loin d'être épuisée, et nous avons au moins un exemple récent de découverte d'une nouvelle kinésine à l'Institut Curie.

Une autre question importante pour le biologiste concerne les différentes possibilités de réguler l'activité des moteurs. Cette régulation se fait par l'intermédiaire d'autres protéines qui se lient soit directement au moteur, soit aux filaments du cytosquelette, soit à des complexes eux-mêmes interagissant avec les moteurs. Il s'agit de problèmes centraux en biologie. Il paraît aussi naturel de vouloir comprendre le détail du fonctionnement des moteurs ; l'idéal serait de corréler tous ces détails avec la structure génomique. Enfin, la place et la diversification des moteurs au cours de l'évolution sont aussi des questions de choix. Par exemple, l'apparition des moteurs linéaires a permis aux cellules de devenir plus grandes en remplaçant le transport diffusif trop lent à des échelles spatiales dépassant le micron, par le transport directif plus efficace des moteurs.

Les questions du physicien

À l'exception de celles concernant les mécanismes détaillés du mouvement, communes aux deux communautés, les questions que se pose le physicien sont souvent de nature différente. Par exemple, une des questions qui a passionné la physique statistique concerne la possibilité d'obtenir un fonctionnement presque aussi fiable que celui de nos moteurs de voiture, à une échelle moléculaire où l'agitation thermique produit un bombardement aléatoire incessant. En fait la réponse est assez simple, même si les techniques théoriques qui y conduisent ne le sont pas forcément : l'échelle des énergies mises en jeu dans le mouvement est de l'ordre de une à quelques dizaines de fois l'énergie thermique. Cette remarque est d'ailleurs assez générale : les énergies trop proches de l'énergie thermique ne permettent pas de construire des comportements structurés, alors que des énergies trop grandes donnent des liaisons trop fortes qui inhibent tout mouvement. Le juste milieu est de l'ordre de dix !

Une autre question concerne le rendement de ces moteurs. En préalable, a-t-on le droit de parler de moteur, et peut-on mesurer une relation entre une force externe appliquée et la vitesse du moteur ? Quelles règles générales gouvernent le rendement ? Pourquoi les moteurs rotatifs sont-ils capables de fonctionner soit en consommant de l'ATP et produisant de l'énergie mécanique, soit à l'inverse en consommant de l'énergie mécanique et en produisant de l'ATP, alors que les moteurs linéaires ne fonctionnent que dans le premier mode ? D'autres questions plus techniques concernent par exemple le temps d'interaction des moteurs linéaires avec le cytosquelette. Obtenir des réponses tenant compte du détail moléculaire n'est pas envisageable à l'heure actuelle, mais il est important de déterminer les règles générales.

Bien que la communauté internationale se soit beaucoup focalisée sur le comportement individuel des moteurs, sans doute pour des raisons esthétiques, la compréhension de leur comportement collectif est plus importante : dans de très nombreuses situations biologiques, les moteurs interviennent en grand nombre. En quoi une collection de moteurs peut-elle se comporter de manière très différente d'un moteur isolé ? De manière plus générale, que se passe-t-il lorsqu'on laisse interagir les filaments du cytosquelette, les moteurs et les membranes de la cellule ? Y a-t-il des règles générales d'auto-organisation ?

Le mécanisme moléculaire et le rendement

La *figure 1* à gauche donne une représentation à l'échelle moléculaire d'une kinésine en interaction avec un filament appelé microtubule. On distingue clairement en regard du filament deux parties appelées « têtes » susceptibles de se lier à celui-ci l'une après l'autre, en effectuant un mouvement très semblable à la marche à pied. Cette marche ne peut se faire qu'en présence d'apport d'énergie, c'est-à-dire d'hydrolyse d'ATP. De nombreuses expériences concourent à donner cette image très simple du mécanisme moléculaire. En particulier, on sait que la progression des kinésines se fait par sauts égaux à la période spatiale des filaments, et la dynamique de l'hydrolyse est très bien connue. Cependant le détail du processus ne l'est toujours pas. Nous mettons en œuvre, à l'Institut Curie, une expérimentation nouvelle par laquelle nous comptons gagner un facteur 100 sur la résolution temporelle de l'acte élémentaire de déplacement. Qui plus est, une équipe japonaise a été capable de synthétiser une chimère ne possédant qu'une seule tête et avançant presque aussi bien que la kinésine conventionnelle à deux têtes ! Si cette expérience est réellement fiable c'est toute l'image traditionnelle du mouvement qu'il faut revoir. L'image du fonctionnement des myosines est assez différente (*figure 1* à droite) : le cycle fixation d'ATP, hydrolyse puis relargage d'ADP et ion phosphate, implique un cycle détachement du filament (actine dans ce cas), changement de conformation, réattachement à un nouveau site, qui revient à l'image d'un humain grimpant à la corde en utilisant seulement les bras. Personne ne sait actuellement à quel point ces images sont fiables, mais on sait développer des théories génériques qui peuvent quantifier les comportements attendus, quels que soient les détails du mécanisme.

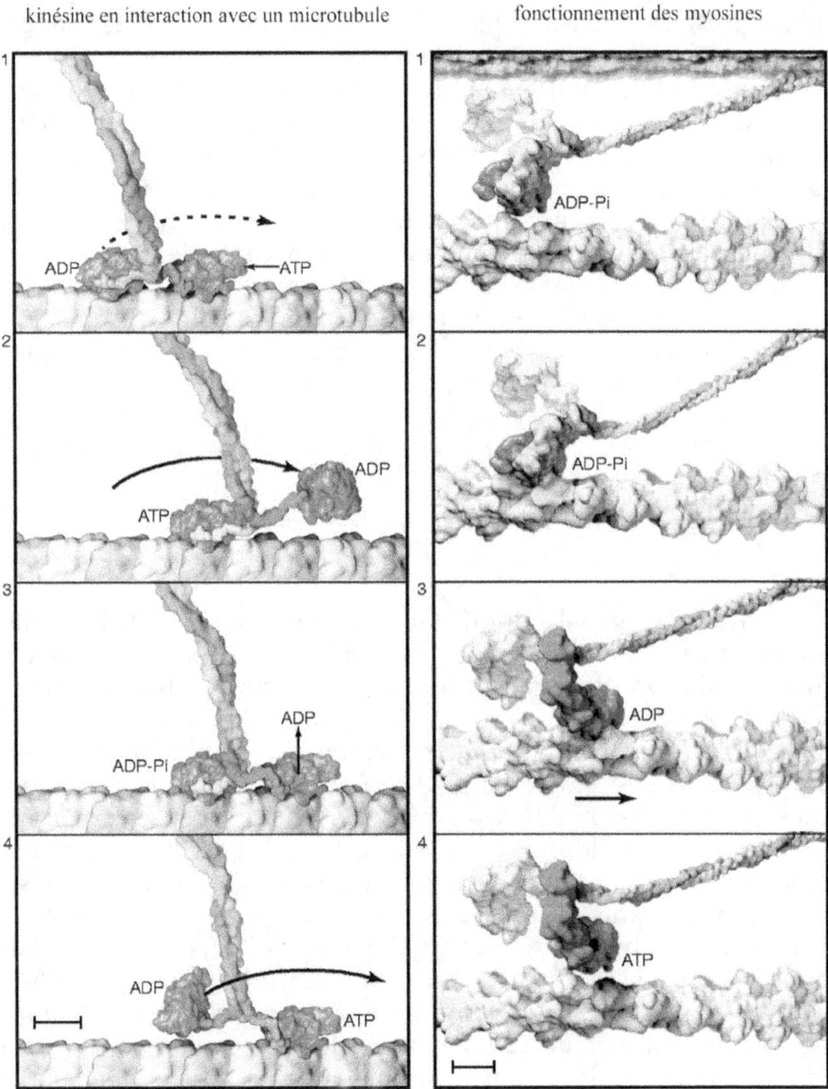

Figure 1 – Kinésine et myosine, d'après « The way the things move :
Looking under the hood of molecular motor proteins »,
Science, 7 avril 2000, 238, p. 88-95.

On sait aussi qu'il est parfaitement légitime de parler de moteur. Les protéines dont nous parlons ont en effet, malgré leur petite taille, toutes les caractéristiques des moteurs de nos voitures : elles peuvent se déplacer (ou tourner dans le cas des moteurs rotatifs) en consommant de l'énergie, et en fournissant un travail mécanique au monde extérieur. De très belles expériences, faites à la fois par des biologistes et des physiciens, montrent que ces protéines sont capables de faire reculer des objets exerçant une force sur celles-ci (ou exerçant un couple dans le cas des moteurs rotatifs) : elles donnent donc du travail mécanique aux objets, caractéristique essentielle d'un moteur.

Dans le cas du moteur rotatif F1 ATPase, une superbe expérience schématisée *(Fig. 2)* a permis de montrer que la rotation se faisait par sauts de 120°, et de mesurer un rendement proche de l'unité, bien meilleur que celui de nos moteurs à explosion. La valeur élevée de ce rendement a surpris la communauté. Ceci n'aurait pas dû être le cas pour deux raisons.

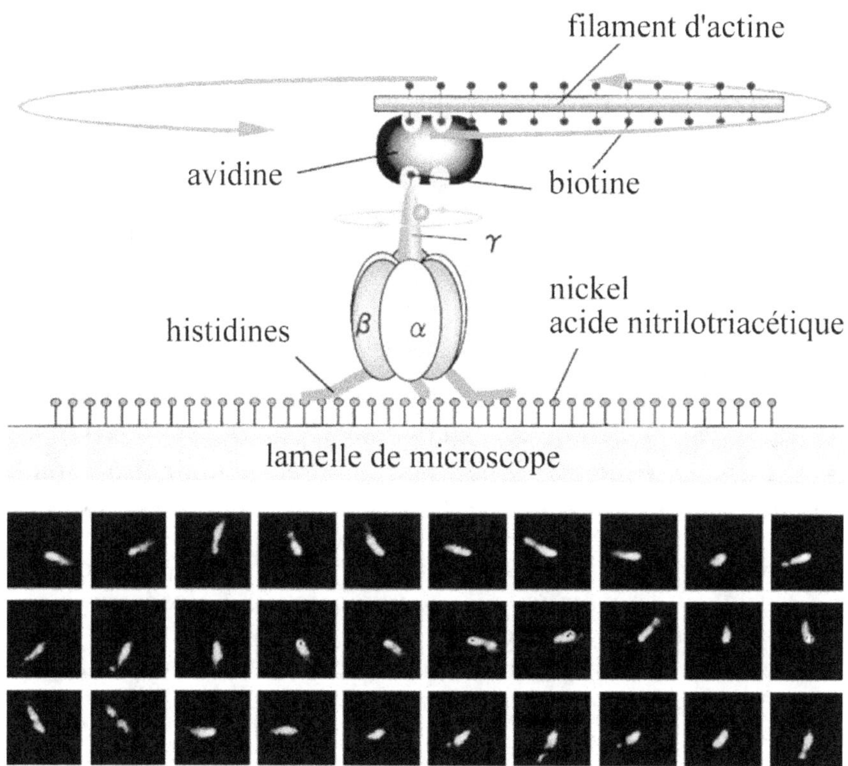

Figure 2 – F1 ATPase, d'après « F1 ATPase : a rotary motor made of single molecule » Cell, 3 avril 1998 ; 93 (1), p. 21-24.

D'une part, la comparaison aux moteurs thermiques n'est pas correcte : Carnot avait défini le rendement en considérant que la chaleur rendue au monde extérieur (source froide dans le jargon des physiciens) était perdue ; ceci était vrai pour les machines à vapeur et pour les moteurs à explosion, mais pour les moteurs isothermes que sont les moteurs moléculaires, l'énergie chimique rendue est tout à fait utilisable ; l'équivalent pour les moteurs thermiques serait de considérer que la chaleur rendue au monde extérieur est utilisable (par exemple pour chauffer nos appartements), ce qui augmenterait artificiellement les valeurs des rendements, et leur donnerait l'unité pour valeur supérieure ; la bonne comparaison est en fait avec les moteurs électriques ou avec les piles à combustible.

D'autre part, cette valeur élevée ne reflète que la valeur élevée des énergies contraignant la rotation à un seul sens ; nous avons en effet montré que la perte d'efficacité essentielle était due aux mouvements stochastiques dans le mauvais sens ; les barrières énergétiques contraignant le mouvement étant de l'ordre de 40 fois l'énergie thermique, le nombre d'erreurs (comme des sauts de 120° dans le mauvais sens) est très faible, d'où la valeur élevée du rendement.

Les autres questions mentionnées acceptent aussi des réponses génériques mais leur discussion dépasse le cadre de cet exposé.

Le comportement collectif

On peut suspecter l'existence de phénomènes qualitativement neufs par analogie avec les transitions de phase : l'étude d'une molécule d'eau unique aussi belle soit-elle ne permet pas de prévoir qu'à pression atmosphérique, lorsqu'on refroidit un très grand nombre de molécules d'eau en dessous de zéro degré Celsius, l'ensemble se change en glace. Des comportements analogues sur le plan dynamique sont-ils possibles avec les moteurs moléculaires ? Peuvent-ils avoir un rôle physiologique ? La réponse à ces deux questions est positive. Nous avons montré à l'Institut Curie l'existence de transitions analogues à la transition liquide/vapeur, dans laquelle la force exercée sur les moteurs joue le rôle de la pression, et leur vitesse celui du volume. Sous cette forme, le résultat peut sembler ésotérique, mais il implique la possibilité de commande et d'adressage, qui peut se révéler très importante pour la compréhension des mécanismes cellulaires. Il permet aussi de décrire les comportements oscillants de certains muscles d'insectes (abeilles et guêpes). Il implique même plus généralement que tout muscle est susceptible d'osciller, même s'il n'est pas conçu pour le faire dans la nature, pourvu qu'il soit mis dans des conditions appropriées : c'est ce qu'ont observé des chercheurs japonais avec des muscles de dos de lapin !

La généralisation de ce type d'analyse permet de décrire les battements des cils et des flagelles : c'est une autre facette des comportements biologiques qui s'ouvre ainsi à la description physique. De nombreuses cellules ciliées ont des fonctions biologiques importantes. Pour ne donner qu'un seul exemple, on comprend maintenant pourquoi les cellules de l'oreille interne sont des émetteurs mais aussi des récepteurs capables de détecter d'autres sons dans une gamme allant de un à un million en amplitude, pourquoi elles peuvent détecter le fondamental quand seuls les harmoniques 3 et 5 sont présents (« effet Tartini », connu depuis 1754), pourquoi elles détectent mieux que leur bruit propre mais présentent le phénomène de fatigue au bout de quelques secondes !

Un travail de fond est aussi entrepris pour étudier théoriquement et expérimentalement les processus d'auto-organisation des systèmes mettant en jeu simultanément des moteurs moléculaires, des filaments du cytosquelette et des membranes. Nous sommes actuellement capables de reconstituer des systèmes comportant ces éléments essentiels uniquement et sur lesquels nous pourrons faire du travail quantitatif. À la clé, la compréhension des mécanismes de base de l'organisation du réticulum endoplasmique et de l'appareil de Golgi. À plus longue échéance, la mitose, la morphologie et la motilité cellulaire pourront aussi être étudiées de cette manière. Pour ne citer là encore qu'un exemple, l'image de l'appareil de Golgi qui émerge, est celle d'un « centre de tri postal », où les sphères membranaires que nous avons précédemment évoquées sont remplacées si nécessaire par des tubes tirés en permanence par les moteurs moléculaires, et dont la topologie fluctue en fonction des besoins. Les implications au niveau physiologique sont encore à découvrir.

Que peut-on attendre ?

Une question communément posée concerne l'aspect « énergie du futur » de ces moteurs, car leur rendement proche de 1 fait rêver bien des esprits. Une chose est certaine : ces moteurs représentent la source d'énergie mécanique du passé, et ce depuis des centaines de millions d'années. Je ne crois pas que, sous cette forme du moins, ce sera une source d'énergie dans le futur.

Une des applications possibles concerne l'utilisation des concepts dérivés des moteurs moléculaires pour inventer de nouvelles méthodes de séparation d'objets biologiques ou colloïdaux. Leurs capacités de séparation sont potentiellement largement supérieures en sélectivité aux techniques traditionnelles comme l'électrophorèse.

L'utilisation de moteurs moléculaires pour effectuer des tâches non biologiques en nano-chimie ou nano-physique est envisageable, mais relève pour l'instant de la science-fiction. La synthèse directe de moteurs moléculaires « purement » chimiques commence à peine et a peut-être un avenir, mais le plus grand intérêt est dans les applications potentielles en médecine. En effet, la compréhension des mécanismes cellulaires mettant en jeu les moteurs moléculaires doit permettre de mettre au point des thérapies beaucoup plus douces que les thérapies actuelles. Par exemple, j'ai signalé l'existence d'une kinésine n'intervenant que dans la phase ultime de la mitose : si l'on trouve un composé qui inhibe l'action de cette kinésine sélectivement, on a un antimitotique (donc un anticancéreux), qui n'agresse absolument pas le système nerveux, ce qui est un progrès considérable par rapport aux antimitotiques actuels.

RÉFÉRENCES

– JULICHER (F.), ADJARI (A.), PROST (J.), « Modeling molecular motors », *Review of Modern Physics. Colloquium*, n° 69, 1997, p. 1269-1281.
– SCHNITZER (M.) et BLOCK (S.), *Nature*, n° 388, 1997, p. 386-390.
– SVOBODA (K.), SCHMIDT (C. F.), SCHNAPP (B. J.) et BLOCK (S.), *Nature*, n° 365, 1993, p. 721-727.
– OKADA (Y.) et HIROKAWA (N.), *Science*, n° 283, 1999, p. 1152.
– SPUDICH (J. A.), *Nature*, n° 348, 1990, p. 284.
– ISHIJIMA (A.), DOI (T.), SAKURADA (K.) et YANAGIDA (T.), *Nature*, n° 352, 1991, p. 301.
– NOJI (H.), YASUDA (R.), YOSHIDA (M.) et KINOSHITA (K.), *Nature*, n° 386, 1997, p. 299.
– CAMALET (S.), DUKE (T.), JULICHER (F.) et PROST (J.), « Auditory sensitivity provided by self-tuned critical oscillations », *PNAS*, n° 97, 2000, p. 3183-3188.

Pour une introduction générale à la biologie cellulaire :
– ALBERTS (B.) et coll., *Molecular Biology of the Cell*, New York & London, Garland Publishing, Inc.
– Consulter aussi sur Internet *Harvard virtual Library* : http://VL.BWH. HARVARD.EDU/

VII

MATÉRIAUX EN TOUS GENRES :
L'ANCIEN ET LE NOUVEAU

Les matériaux biomimétiques :
de la nacre aux muscles artificiels

par Pierre-Gilles de Gennes

Le désir de retour à la nature touche la société occidentale à intervalle régulier. Celui que nous connaissons actuellement dépasse sans doute les précédents par son intensité, mais il a la même chaleur et la même naïveté qu'au temps de Jean-Jacques Rousseau. Ainsi lorsque nous souhaitons remplacer les sacs en plastique des supermarchés par des sacs de papier en oubliant qu'il faudrait y sacrifier des forêts entières et surtout que la production du papier requiert de grandes quantités de produits toxiques. Cependant, ce retour à la nature offre aussi la possibilité d'apprendre un certain nombre de leçons de la nature. On découvre en particulier que les matériaux du vivant ont des propriétés extraordinaires, très souvent bien supérieures à ce que nous savons faire avec nos procédés industriels, aussi perfectionnés soient-ils : par exemple le collagène dont sont faits les tendons, les ligaments, ou les disques vertébraux qui nous permettent de nous tourner à peu près dans tous les sens, tout en supportant des contraintes physiques importantes.

Il y a là un enseignement important pour ceux qui essayent d'élaborer des matériaux nouveaux. Nous commençons à comprendre les usines du vivant.

Cette compréhension dans toute sa complexité et ses approches est illustrée dans la conférence à travers quelques exemples :

— L'architecture de la carapace de petites algues, les diatomées.

— La résistance particulière de la nacre des huîtres ou des ormeaux, cette pellicule assez mince constituée principalement d'un carbonate de calcium structuré sous forme de lamelles très bien cristallisées entre lesquelles est intercalée une couche organique

Résumé d'après la 273ᵉ conférence de l'Université de tous les savoirs donnée le 29 septembre 2000 établi par l'équipe de l'Utls.

contenant principalement des sucres et des protéines. De là la résistance à la fracture de ce matériau.

— Le mucus de l'escargot fait d'eau et de certains polymères qui forment gel quand il n'y a pas d'agitation ou redeviennent liquides quand on exerce une traction et permettent ainsi le déplacement de l'animal.

— Les actionneurs (quartz piézo-électrique, caoutchouc, actionneurs mous divers) dont certains pourraient reproduire de manière approchée le comportement des muscles naturels (déformations importantes dans un temps court avec transformation de l'énergie chimique en énergie mécanique et retour final à l'état de départ).

Silice et verre

par Jean-Claude Lehmann

Un peu de physique : qu'est-ce qu'un verre ?

Comment peut-on se représenter, au niveau des atomes ou molécules qui le constituent, un gaz, un liquide ou un solide ? Un gaz est un ensemble d'atomes ou de molécules qui se déplacent librement au sein de l'enceinte qui les contient *(Fig. 1a)*. Lorsqu'on refroidit un gaz et que l'on atteint la température de condensation (par exemple pour la vapeur d'eau 100 °C), le gaz se transforme en liquide. Dans le liquide, les atomes ou molécules sont au contact les uns des autres, mais sans liaison entre eux, ce qui permet au liquide de se déformer, un peu comme le ferait le contenu d'un sac de billes *(Fig. 1b)*. Si enfin l'on refroidit le liquide, il se fige en un solide cristallisé : cette fois-ci, non seulement les atomes ou molécules sont liés les uns aux autres par des liaisons chimiques, donc ne peuvent plus glisser les uns sur les autres comme les billes du sac, mais ils sont rangés dans un ordre donné *(Fig. 1c)*. Cet ordre est imposé par la taille des atomes et la nature des liaisons chimiques. C'est ce que l'on nomme une structure de « cristal ».

Cette dernière transition du liquide au solide peut se décrire comme sur la *figure 2a* par la diminution brutale, à la température de solidification (appelée ici T_f pour « température de fusion », la fusion étant le phénomène inverse, de passage du solide au liquide, qui se produit à la même température lorsqu'on chauffe le solide), d'un paramètre thermodynamique appelé l'entropie. L'entropie est en quelque sorte une mesure du degré d'ordre d'un

Texte de la 274ᵉ conférence de l'Université de tous les savoirs donnée le 30 septembre 2000.

milieu : une foule désordonnée a une entropie plus grande qu'une troupe qui marche au pas. Sur la *figure 2a* on voit qu'après soli-

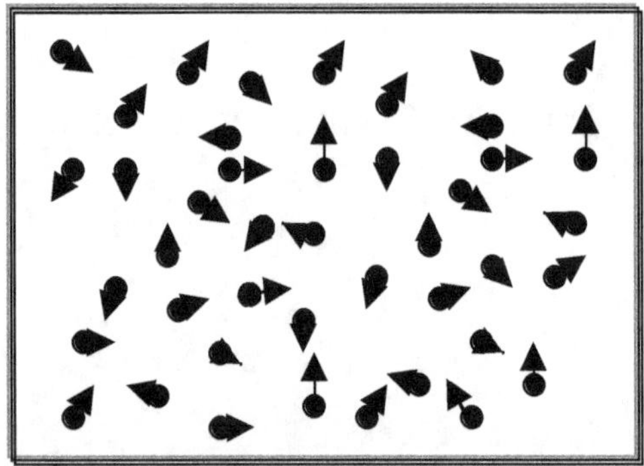

Figure 1a

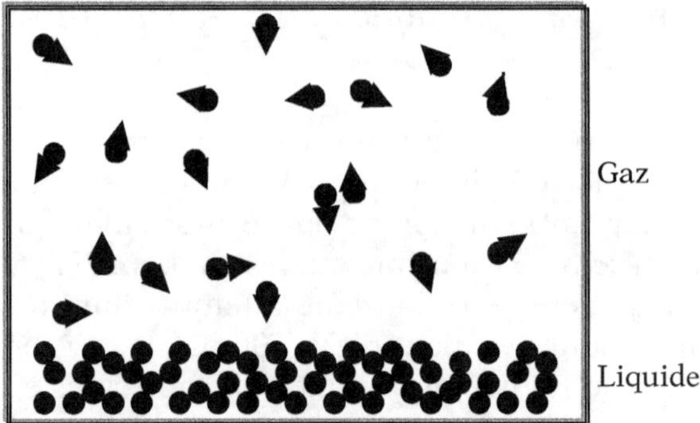

Figure 1b

Figure 1c

dification l'entropie du cristal continue à décroître jusqu'à être nulle au zéro absolu : cela est dû à de petits mouvements d'agitation thermique des atomes autour de leur position d'équilibre. Au zéro absolu, les atomes sont devenus immobiles au sein d'un cristal parfaitement ordonné : l'entropie est nulle. Pourtant, si ce processus de solidification est le plus fréquent, les choses peuvent se passer différemment. Tout d'abord, il peut arriver qu'un liquide très pur ne se solidifie pas à la température T_f. Le liquide continue à se refroidir au-dessous de T_f, ce qui constitue le phénomène de surfusion. Puis à une certaine température, dépendant des conditions expérimentales, on observe une brusque solidification, le milieu passant alors de la courbe d'entropie du liquide, à celle du solide *(Fig. 2b)*.

Enfin un troisième cas est possible : l'entropie du liquide part sur la courbe de fusion, mais au lieu de « tomber » vers le cristal, le milieu devient visqueux et évolue de façon continue vers un solide, selon une courbe d'entropie plus élevée et qui ne tend pas vers zéro ou zéro absolu *(Fig. 2c)* ! Que s'est-il passé ? Le liquide s'est progressivement figé sur place. Des liaisons chimiques se sont établies entre les atomes, mais ceux-ci ne se sont pas ordonnés pour former un cristal. On peut considérer que la phase solide obtenue est identique à un liquide, mais avec des atomes fixés les uns aux autres, comme si les billes de notre sac étaient maintenant collées les unes aux autres. C'est cette structure solide désordonnée qu'on appelle un verre ou de façon plus savante un solide amorphe (par opposition à un solide cristallisé).

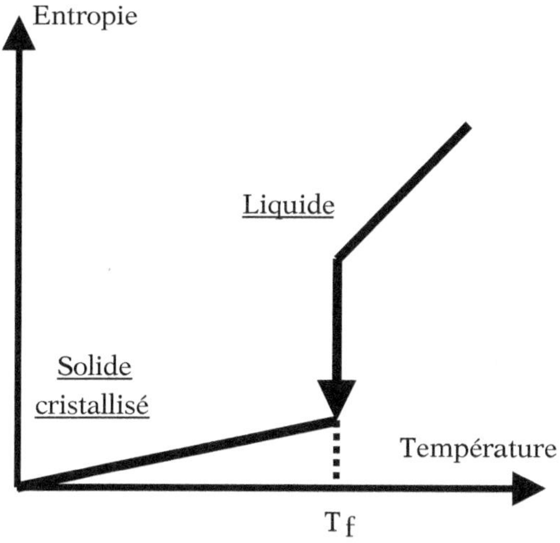

Figure 2a

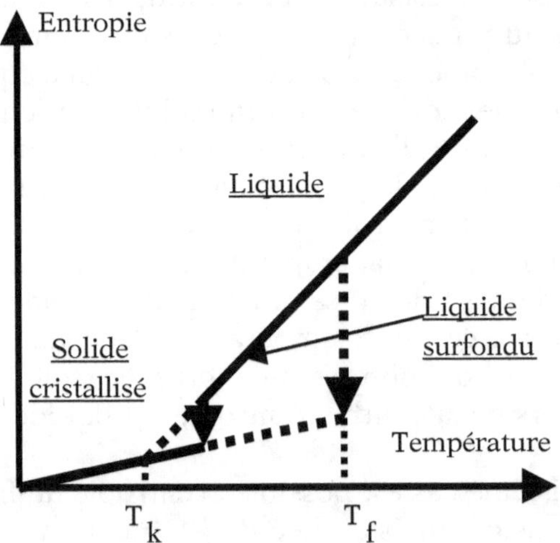

Figure 2b

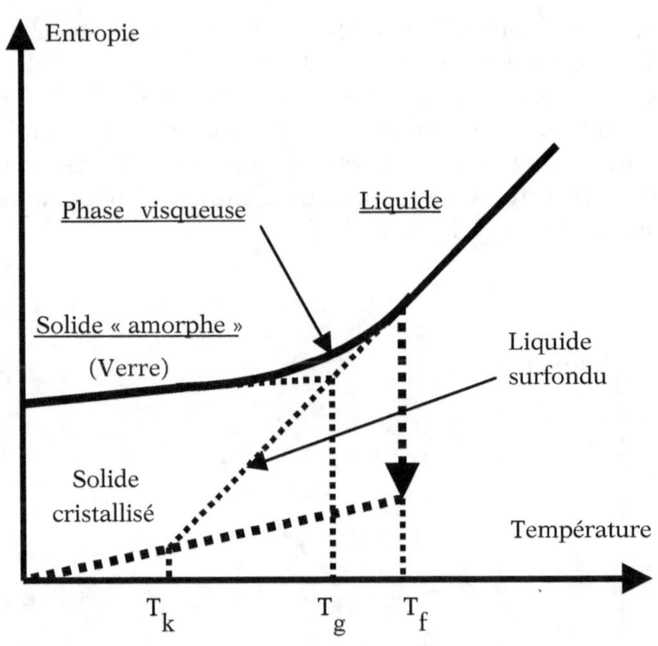

Figure 2c

La *figure 3* montre de façon schématique la structure d'un matériau qui, suivant le cycle de refroidissement, peut se trouver dans l'un ou l'autre des états solides. Il s'agit de la silice de formule SiO_2. Sur la *figure 3a* est schématisée la structure de la silice cristalline, le quartz. Les atomes de silicium et d'oxygène sont parfaitement ordonnés. Sur la *figure 3b* est représentée la structure de la silice amorphe. On voit que les atomes sont bien liés entre eux, mais dans une structure désordonnée. C'est un verre.

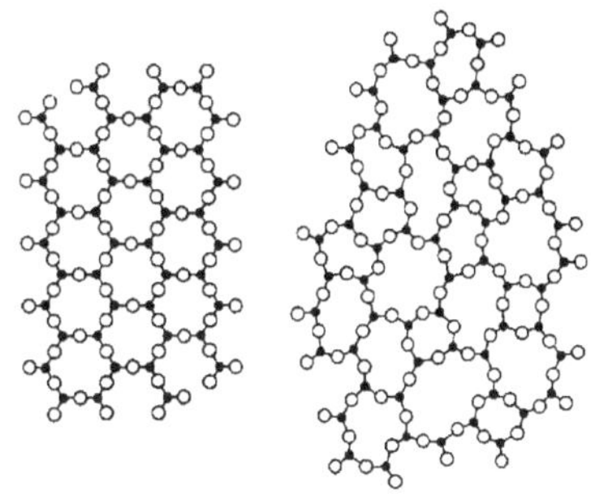

Figure 3a et 3b

De la silice au verre courant

La silice peut donc avoir la structure d'un verre. Cependant il ne s'agit pas d'un matériau d'usage courant, car sa température de fusion, T_f, est élevée : 1 850 °C. Un verre courant est une silice modifiée de la façon suivante :

Pour abaisser la température de fusion jusque vers 1 100 à 1 300 °C, on mélange la silice (en fait du sable), à un fondant. En effet on sait que l'ajout d'un second matériau a souvent l'effet d'abaisser la température de fusion (c'est ainsi que l'eau salée reste liquide au-dessous de 0 °C). Ce second matériau, appelé « fondant » est pour le verre à base d'alcalin, le plus souvent de sodium Na, parfois de lithium Li ou de potassium K. L'ajout de soude, sous forme Na_2O va donc permettre d'abaisser la température de fusion du mélange.

Pour donner au verre des propriétés spécifiques de couleur, de transparence, de dureté, de résistance mécanique, de résistance aux attaques chimiques (ou simplement à l'humidité), etc. On ajoute à la composition verrière (le mélange que l'on va fondre puis laisser refroidir pour former le verre), toutes sortes de constituants qui se retrouvent au sein du verre sous forme d'oxydes.

À titre d'exemple, la composition d'un verre courant pourra être la suivante :

SiO_2 : 73 % NaO : 13,7 % K_2O : 0,4 %
CaO : 10,6 % MgO : 0,3 % Al_2O_3 : 1,8 %

Il s'agit là d'un verre silico-sodo-calcique car ses trois principaux constituants sont la silice, la soude et la chaux.

Quelles sont alors les principales propriétés du verre ?

Tout d'abord l'existence de la phase visqueuse évoquée plus haut : elle est très importante car elle a pour conséquence que dans une plage de température, certes élevée, au-dessus de 1 000 °C, mais large de quelques dizaines de degrés, il est possible de donner au verre la forme que l'on veut, un peu comme de la pâte à modeler. Les procédés verriers relèvent tous de cette même approche : on chauffe vers 1 200 à 1 400 °C un mélange de matières premières (sable, soude, chaux etc.), éventuellement additionné de débris de verre à recycler (qu'on appelle du calcin). On forme ainsi un verre liquide. On laisse refroidir ce liquide jusqu'à la température de formage, vers 1 100 °C, température à laquelle il forme une pâte visqueuse à partir de laquelle on forme des bouteilles, des plaques pour les vitrages, des fibres etc. ; puis on laisse refroidir à la température ordinaire pour que l'objet ainsi formé devienne un objet en verre solide.

Au-delà de l'existence de cette phase visqueuse, le verre possède de nombreuses propriétés. Il est généralement transparent et peut être coloré en de nombreuses teintes. Il est dur, ce qui signifie que sa surface est difficile à rayer. Au demeurant il est fragile, il se casse facilement. Cette fragilité du verre n'est pas due à sa structure amorphe qui serait plutôt résistante, mais à l'existence de micro-fissures à la surface du verre, qui en se propageant conduisent à la rupture du verre. On peut d'ailleurs rendre un verre très résistant aux chocs en bloquant la propagation de ces fissures par un traitement physico-chimique approprié... mais cher ! Le verre est inerte chimiquement, ou plutôt très faiblement attaquable. C'est ce qui fait notamment la qualité du verre en tant qu'emballage de produits alimentaires ou pharmaceutiques. C'est un matériau complexe, dont la nature chimique comprend souvent 10 à 12 constituants, et pourtant bon marché. Les produits verriers les plus simples (vitrage, bouteilles...) se vendent au kilo à peu près au même prix que la pomme de terre, soit quelques francs au kilo ! Enfin, et ce n'est pas la moindre de ses qualités, ses propriétés optiques, son état de surface, font que le verre est beau, et c'est ce qui fait de lui l'un des matériaux à la fois les plus anciens et les plus modernes de notre usage quotidien.

Le verre, matériau traditionnel et matériau moderne

La composition des verres modernes, bien que beaucoup plus variée que par le passé, est souvent très voisine de celle des verres de l'Antiquité, ce qui pourrait faire dire que ce matériau est plutôt conservateur. Et pourtant, d'une part, de nombreuses variations autour des compositions majeures permettent aujourd'hui de produire des verres possédant une grande variété de propriétés, d'autre part, certains verres possèdent des propriétés totalement et radicalement nouvelles.

La *figure 4* présente schématiquement la transparence du verre à travers les âges. Les verres les plus anciens étaient totalement opaques du fait de la présence de nombreuses impuretés dans leur composition.

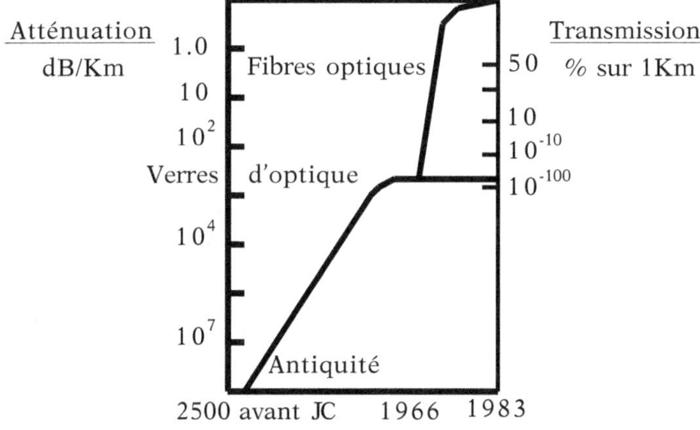

Figure 4 – Transparence du verre

Puis au cours du temps, les verriers ont appris à faire des verres de plus en plus transparents, tout d'abord pour faire des miroirs, puis des lentilles d'optique. Ces dernières représentaient, jusqu'aux années 1960, la perfection dans le domaine de la transparence du verre. En 1959 l'invention du laser est suivie de peu de l'idée que l'information qui jusque-là était transportée par des câbles téléphoniques ou par des ondes radios, pourrait être transportée par de la lumière circulant dans de très fines fibres de verre, les fibres optiques. Cependant ceci ne devient possible que si la transparence de ces fibres permet à la lumière de circuler sans atténuation sur des dizaines, voire des centaines de kilomètres. C'est ce que permettent aujourd'hui les fibres optiques, qui sont faites d'un verre tellement transparent que si une fenêtre était faite de ce verre, elle resterait parfaitement transparente même avec une épaisseur d'une centaine de kilomètres !

Un peu d'histoire du verre

On pense, comme le raconte Pline l'Ancien, que le verre a été découvert fortuitement il y a environ 4 000 ans, par des marchands mésopotamiens ou égyptiens qui transportaient du nitre, un carbonate de sodium qui servait notamment à l'embaumement des momies. Ayant allumé un feu dans le désert pour chauffer leurs vivres, ils auraient calé leurs casseroles sur des blocs de nitre qui, au contact du sable auraient servi de fondant et permis de former un verre dont ils auraient retrouvé des gouttes solides le lendemain matin !

Histoire ou légende, cette découverte est plausible, et de nombreux objets de verroterie (pendentifs, perles…) ont été découverts datant de cette époque. Plus tard, aux époques grecque et romaine, le verre, toujours peu transparent, sera utilisé pour fabriquer des vases et des coupes.

Ce n'est que dans les premiers siècles après Jésus-Christ que sera inventée la technique de soufflage du verre : on cueille au bout d'une canne métallique creuse, une grosse goutte de verre (la paraison), que l'on gonfle en la tournant et en la manipulant de façon à former une bouteille, un flacon, un vase, etc. Cette technique sera la principale utilisée par les verriers jusqu'au XVIIIe siècle, y compris pour faire le verre plat nécessaire aux miroirs ou aux vitres. Le verre était soufflé en forme de cylindre, puis celui-ci fendu selon une génératrice, le verre encore légèrement chaud s'étalait pour devenir une plaque à peu près plane.

En 1666, Colbert et Louis XIV, n'acceptant pas la primauté des verriers vénitiens dans la production des verres pour miroirs, créent la Manufacture Royale des Glaces, dont les activités s'établiront quelques années plus tard dans le petit village de Saint-Gobain dans l'Aisne, et qui deviendra la Compagnie de Saint-Gobain, aujourd'hui une entreprise industrielle de 150 000 personnes, dont un bon tiers de l'activité reste aujourd'hui encore dans le domaine du verre. Dans l'usine du village de Saint-Gobain sera développée une nouvelle technique de fabrication du verre plat, la coulée sur table : on versait le verre liquide sur une grande table métallique, puis on le laminait pour en faire une feuille qu'on laissait refroidir.

Cette technique fut la première qui permettait de réaliser de très grandes pièces de verre plat pour les fenêtres et les miroirs. La galerie des Glaces du palais de Versailles reste la marque des premières années d'activités de la Manufacture royale des Glaces, futur Saint-Gobain.

De façon générale, de très nombreux objets utiles ou décoratifs en verre jalonnent l'histoire de l'architecture et de l'art. Les vitraux des grandes cathédrales gothiques en sont un exemple éclatant. Dans un genre plus méconnu, on peut citer *Le Lion et le Serpent*, magnifique groupe animalier grandeur nature, réalisé par Lambourg vers 1850, entièrement en fils de verres, et visible au musée national des Arts et Métiers à Paris.

Quelques technologies verrières

Tout commence par un four dans lequel est fondue la composition verrière grâce à de puissants brûleurs ou parfois à des courants électriques amenés dans la masse du verre liquide par d'importantes électrodes. Le verre une fois fondu s'écoule vers une portion du four où il est légèrement surchauffé afin de permettre aux bulles de gaz qu'il contient de remonter vers la surface où elles éclatent, laissant un verre aussi homogène et exempt de bulles que possible. Cette phase d'évacuation des bulles est appelée l'affinage du verre. Un four de fusion et d'affinage peut avoir une centaine de mètres carrés de surface et 1 à 2 m de profondeur. Il contient plusieurs centaines de tonnes de verre et fonctionne de façon continue pendant une dizaine d'années, avant d'être détruit et reconstruit. Le verre s'écoule de ce four par des canaux et donne lieu à différentes techniques de formage.

LE VERRE PLAT

Les plaques de verre utilisées pour réaliser les vitrages des bâtiments ou des automobiles sont aujourd'hui réalisées par un procédé remarquable développé dans les années 1960 par le verrier britannique Pilkington. Le verre visqueux préparé dans le four et affiné, se déverse sur un bain d'étain liquide large de quelques mètres et long d'une centaine de mètres. Le verre flotte sur l'étain, s'étale et forme une feuille qui s'écoule le long du bain tout en se refroidissant, puis sort solide, à l'extrémité du bain. Ainsi une feuille de verre de 3,20 m de large s'écoule en continu, à une vitesse de l'ordre du mètre par minute, passe ensuite à travers un four de recuit qui lui permet de se refroidir lentement afin que les contraintes internes qui peuvent exister se relâchent, puis est découpée en grandes plaques de 3 m sur 6 qui sont expédiées pour être transformées en vitrage. Le caractère remarquable de ce procédé est que le verre sort du bain d'étain (le bain *float*) parfaitement poli sur les deux faces. C'est donc un procédé particulièrement efficace et économique, aujourd'hui utilisé par tous les verriers du monde. Une ligne *float*, du four jusqu'à la découpe du verre est longue d'environ 400 m, extrêmement automatisée et produit environ 600 tonnes de verre par jour, de façon continue pendant 10 ans, avant d'être démolie et reconstruite.

LES BOUTEILLES

La réalisation des bouteilles est issue de l'ancien procédé de soufflage du verre, mais réalisé par des machines entièrement automatiques. Dans le procédé dit « soufflé-soufflé », une goutte de verre chaud (la paraison) tombe dans un premier moule dans lequel un système pneumatique la souffle pour réaliser une préforme. Encore chaude, cette préforme est basculée vers un second moule où elle est soufflée à la forme définitive. Une machine moderne peut contenir 12 sections en parallèle, chacune traitant deux paraisons à la fois. Les bouteilles sont ensuite regroupées et recuites dans un four qui, comme pour le verre plat, leur permet de se refroidir doucement afin de relarguer d'éventuelles contraintes internes qui les rendraient fragiles. Une usine de bouteilles peut produire jusqu'à un million de bouteilles par jour.

LES FIBRES DE RENFORCEMENT

Parmi les matériaux nouveaux qui ont envahi notre vie quotidienne depuis quelques dizaines d'années, les plus surprenants sont peut-être les matériaux composites : il s'agit le plus souvent de matière plastique dont les propriétés mécaniques sont renforcées par l'inclusion de fibres de verre. En effet les propriétés mécaniques du verre sont très complémentaires de celles des plastiques et ces produits dits composites remplacent de plus en plus les matériaux traditionnels. On peut citer par exemple les coques des bateaux de plaisance, les skis, mais aussi certaines pièces de carrosseries automobiles ou d'avions. Les fils utilisés pour réaliser ces produits sont des fils de verre dont les brins sont de quelques microns de diamètre (1 micron est un millième de millimètre), qui se manipulent exactement comme des fils textiles. Pour les réaliser on fait s'écouler le verre à travers une filière en platine percée de quelques milliers de trous très fins. Chaque trou donne naissance à un brin, l'ensemble des brins étant rassemblé sous la filière, formant ainsi un fil recueilli sur une bobine. Ce qui est remarquable dans ce procédé est la rapidité d'écoulement des brins de verre : sous la filière, la nappe des brins réalisés s'écoule à près de 100 km/heure.

LA LAINE DE VERRE

Dernier produit verrier que je voudrais évoquer : la laine de verre, utilisée pour l'isolation thermique et acoustique des bâtiments. Le principe de l'isolation thermique et acoustique est ici qu'un matelas de fils très fins de verre entremêlés, emprisonne l'air et donc bloque tant le transfert de chaleur par convection que les transmissions acoustiques. Ces matelas de laine de verre sont produits par un procédé centrifuge très analogue à celui utilisé pour fabriquer la barbe à papa... sauf qu'il est réalisé avec du verre chaud aux environs de 1 200 °C : un filet de verre s'écoule dans une sorte de panier tournant à grande vitesse et dont les bords sont percés de plusieurs milliers de trous. Le verre est éjecté par ces trous puis étiré encore par des brûleurs qui le projettent vers le bas. Sous ce dispositif, la laine de verre ainsi produite est recueillie par un tapis roulant puis formée en plaques, rouleaux... qui seront disposés dans les murs ou les combles des bâtiments pour assurer l'isolation thermique et acoustique.

Deux exemples d'innovations récentes dans le domaine verrier

Je voudrais présenter en conclusion deux exemples d'innovations récentes, l'une d'ores et déjà commercialisée, l'autre en développement dans les laboratoires de recherche.

LES VITRAGES ÉLECTROCOMMANDÉS

Les vitres sont transparentes, ce qui est évidemment le but recherché. Malheureusement, on aimerait parfois qu'elles le soient moins, soit pour se protéger du rayonnement solaire, soit simplement pour, tout en laissant la lumière entrer, se trouver moins exposé à la vue de l'extérieur, un peu comme le font des voilages. Un vieux rêve des verriers est donc de réaliser des vitrages qui puissent à volonté s'obscurcir ou devenir translucides. Il s'agit en réalité de produits complexes dont voici un exemple : deux verres sont recouverts chacun d'une couche conductrice transparente. Entre les deux électrodes ainsi formées, un matériau polymère est introduit, au sein duquel sont dispersées de petites gouttelettes de cristaux liquides anisotropes. Si une tension est appliquée sur les électrodes, les gouttelettes de cristaux liquides, sensibles au champ électrique, sont orientées parallèlement les unes aux autres. Leur indice de réfraction est alors égal à celui du polymère qui les contient et le milieu est transparent. Si la tension électrique est relâchée, les gouttelettes de cristaux liquides se désorientent de façon aléatoire, ce qui conduit à ce que l'indice de réfraction de ces différentes gouttes devient aléatoire d'une goutte à l'autre, le milieu devenant dispersif donc prenant un aspect laiteux, laissant passer la lumière, mais non transparent. De tels vitrages sont notamment utilisés pour des salles de soins dans les hôpitaux, pour des salles de conférences ou d'expositions.

LES VITRAGES AUTONETTOYANTS

Cette fois-ci, il s'agit du rêve de la ménagère... ou de l'exploitant d'un bâtiment important comportant de grandes surfaces vitrées. On montre que dans une certaine structure cristalline, l'oxyde de titane, TiO_2, possède un effet photocatalytique : sous l'influence de la lumière, il provoque une destruction des composés carbonés (les graisses). Recouvert d'une mince couche de ce composé, un vitrage va donc se nettoyer lui-même ou du moins se salir infiniment moins vite, rendant les efforts et frais de nettoyage beaucoup moins importants. L'effet étant catalytique, l'oxyde de titane se régénère en permanence.

Des essais sont actuellement en cours sur des produits ainsi traités et donnent des résultats extrêmement encourageants, notamment sur des vitrages d'aéroports soumis à la présence importante de kérosène. Comme pour tout produit industriel au-delà de la performance, le développement de ce vitrage autonettoyant est soumis à des impératifs technologiques extrêmement sévères : la couche doit être assez dure pour résister aux intempéries, à l'abrasion lors des nettoyages restant nécessaires, au rayonnement solaire parfois très intense etc., et ceci pour une durée au moins égale à une dizaine d'années. En outre, tout ayant un prix, le coût du revêtement ne doit pas être trop élevé. Ces considérations font que ce produit, actuellement au point en laboratoire, doit encore faire l'objet d'un certain nombre de développements technologiques avant de pouvoir être, prochainement, commercialisé à un prix acceptable pour le consommateur.

Conclusion

Le verre, l'un des plus anciens et des plus beaux matériaux synthétisés par l'homme, continue à évoluer. Les produits qu'il permet de réaliser apportent des fonctionnalités de plus en plus sophistiquées, tandis que certaines de ses propriétés intrinsèques, comme la transparence, atteignent des limites inconnues auparavant.

Les marchés des matériaux verriers ne cessent de s'élargir. Le bâtiment et l'automobile contiennent de plus en plus de produits verriers (vitrages, matériaux composites, isolation...) tandis que la verrerie d'art continue de se développer et que le verre constitue avec les fibres optiques notamment, mais également avec les écrans de visualisation, les disques mémoires d'ordinateurs ou d'autres éléments, l'un des matériaux importants des technologies de la communication.

Et pourtant, nombreuses sont les inconnues qui subsistent quant à ce matériau complexe et fascinant. La notion même de désordre, associée à sa structure amorphe, reste imparfaitement décrite par la théorie. La lente propagation des microfissures qui peuvent apparaître à la surface d'un verre est encore l'objet d'études fondamentales, quant à la modélisation théorique de sa structure et des propriétés liées à sa composition, on en est encore aux balbutiements de la théorie.

Le verre existe dans la nature quoique très rarement : l'obsidienne est un verre naturel d'origine volcanique. La fulgurite est un verre provoqué par la foudre. Plus étrange encore, certaines éponges, au fond des océans, fabriquent par un procédé mal connu, de longues aiguilles de verre appelées spicules, extrêmement souples, qui leur permettent de s'accrocher sur le sol.

Nul doute que ce vieux matériau a encore un bel avenir devant lui.

Les bétons

par PAUL ACKER

On présentera ici ce matériau selon deux axes : celui de son extraordinaire aptitude à répondre à des cahiers des charges de plus en plus exigeants et celui d'un merveilleux champ d'expérience pour la Science.

La production annuelle de béton est, en volume comme en poids, supérieure à celle de tous les autres matériaux confondus. Si l'on ne faisait pas de béton, il nous serait totalement impossible de réaliser ce qu'on réalise annuellement au niveau mondial en matière de construction.

Le béton, lui, est inépuisable, puisqu'il faut de l'eau, du sable, des cailloux et, pour faire du ciment, il faut du calcaire et de l'argile, un ensemble d'ingrédients qu'on trouve partout, même sur la lune. À part quelques îles des Antilles ou du Pacifique, il n'y a aucun pays qui ne puisse avoir sa propre cimenterie, alimentée avec les matières premières locales. En plus, le béton est parfaitement recyclable.

Le problème avec le béton ne se pose donc pas vraiment en termes de compétition avec les autres matériaux : il faut l'utiliser au mieux, en association notamment avec les autres matériaux. Son affinité pour l'acier est connue, on connaît le développement du béton *armé*. Son alliance avec les aciers les plus performants, dans les années 1950 a donné le béton *précontraint*, qui a permis les plus belles réalisations du génie civil des cinquante dernières années. Plus récemment (à la fin des années 1980), sont apparus les bétons dits *de hautes performances (BHP)*, qui ont des résistances mécaniques 2 à 3 fois plus élevées, mais qui sont utilisés surtout pour leur meilleur comportement dans le temps, pour leur

Texte de la 275ᵉ conférence de l'Université de tous les savoirs donnée le 1ᵉʳ octobre 2000.

résistance aux échanges d'eau, d'humidité, à l'action des agents qui sont à la source de dégradations observées. Sans les BHP, on n'aurait pas pu construire le tunnel sous la Manche, l'Arche de la Défense, le Pont de Normandie ; ou en tout cas, pas de la même façon.

Non pas qu'on n'ait jamais réalisé, auparavant, des bétons performants et durables : il existe des ouvrages construits au XIXe siècle qui sont en très bon état et le resteront (voir l'immeuble construit en 1900 par Hennebique à Paris, 1 rue Danton). Le Panthéon, à Rome est un des ouvrages de l'Antiquité qui a le mieux résisté ; c'est un béton, il en a tous les ingrédients, en termes chimiques et granulaires. L'observation de ces performances a d'ailleurs servi d'appui et de guide aux recherches.

Mais ces performances ne pouvaient pas être exploitées parce qu'on ne savait pas les reproduire, parce qu'on ne savait pas quelle serait leur maintien dans le temps, et que, même si on l'avait su, on n'aurait pas su dire pourquoi, ni comment. C'est pourquoi ces performances ne pouvaient pas être *prescrites* par le maître d'œuvre.

Pour le tunnel sous la Manche, par exemple, lorsque les experts du *Consortium*, en 1988, ont exigé qu'on leur démontre que le béton tiendrait cent vingt ans sans aucune altération, on a pu leur répondre, en établissant d'abord la liste des mécanismes de dégradation possibles, puis en cherchant pour chaque mécanisme, à partir de grandeurs physiques mesurables, une *borne supérieure* à sa vitesse.

Autre exemple : aux États-Unis et au Canada les routes et les ponts en béton n'ont pas été construits avec les mêmes niveaux d'exigence qu'en Europe, se dégradent très vite, et les budgets d'équipement sont presque entièrement consommés par le coût des réparations et des reconstructions du réseau existant. Le Ministère des transports du Québec a pris en 1998 une décision courageuse : depuis deux ans il impose systématiquement, dans les appels d'offre, des bétons de hautes performances pour les ponts et les ouvrages extérieurs. Cela coûte un peu plus cher et grève encore un peu plus les budgets, mais c'est l'unique façon de sortir de l'impasse.

Cela aurait été inconcevable il y a quinze ans. Aujourd'hui l'ingénieur dispose d'outils, de méthodes, de logiciels, construits sur des bases scientifiques, qui lui permettent de déterminer la composition optimale du matériau pour une application donnée, pour un *cahier des charges* défini par le maître d'ouvrage en termes de propriétés d'usage.

Les derniers progrès, notamment, sont spectaculaires dans deux domaines :

— Celui de la mise en œuvre, avec les bétons *autoplaçants*, qui se mettent en place sans vibration (un chantier de bâtiment, aujourd'hui, peut être totalement silencieux), avec souvent de très beaux parements ; si ces bétons se développent, cependant, c'est d'abord à cause d'une mise en œuvre simple et plus rapide et d'une réduction significative de la durée des chantiers.

— Celui des *ultra-hautes performances*, sur lesquelles nous reviendrons.

Les moyens existent donc aujourd'hui pour améliorer significativement notre environnement quotidien et ils sont peu coûteux. En fait, si l'on prend en compte les coûts de nettoyage, de réhabilitation, de démolition, de reconstruction, ils conduisent à une réduction considérable des coûts globaux.

Le seul obstacle au développement de ces moyens, c'est le code des marchés publics qui repose sur la règle *du moins-disant*, qui pénalise systématiquement les solutions durables, malgré quelques mesures correctives. Il est donc urgent maintenant de normaliser des indicateurs *mesurables*, corrélés avec les coûts d'entretien et la durée de vie, afin de pouvoir les imposer dans les contrats.

Passons maintenant à la science.

Quelques heures après avoir mélangé les matières premières, on voit le mélange durcir tout seul, le ciment *fait prise*. Derrière ce changement, il y a *un cortège* de réactions chimiques, dont on connaît assez bien les équations. C'est de la *Chimie*.

Il y a aussi cette propriété quasi miraculeuse qui est que la prise ne se fait pas instantanément, mais seulement au bout de 2 ou 3 heures, ce qui est particulièrement intéressant sur les chantiers ! C'est de la *Physique*, et de la *Chimie physique*, avec des processus de *dissolution* à la surface des grains de ciment et de *diffusion*.

D'un autre côté, l'ingénieur qui calcule la structure, qui détermine les dimensions des poutres, la section des poteaux, les détails du ferraillage, etc., fait essentiellement des calculs *mécaniques* et utilise la *Mécanique des solides* et la *Résistance des matériaux*.

Dans ses calculs, l'ingénieur est obligé de prendre en compte deux particularités essentielles du béton : *le retrait et le fluage*, deux particularités exceptionnelles pour un matériau minéral, et qui ont longtemps gêné l'ingénieur, qui n'arrivait pas à les prendre en compte correctement.

Le retrait est une déformation lente, pas très importante, de l'ordre de 1 pour 1 000. On ne la voit pas à l'œil, mais, cette déformation est parfois suffisante pour produire des fissures qui, elles, peuvent être très visibles et compromettre la durée de vie de l'ouvrage.

En fait, il y a toujours des fissures à la surface du béton, simplement on ne les voit pas toujours à l'œil nu. Ces fissures sont liées au séchage du matériau, car il y a toujours un départ d'eau de la surface vers l'extérieur. Une poutre ou une dalle en béton armé est toujours fissurée, parce que, si le béton ne fissure pas, l'armature ne travaille pas, elle ne sert à rien : *la fissure fait partie du comportement normal du béton armé*, elle est même indispensable au bon fonctionnement de l'ouvrage.

En revanche, il est essentiel que ces fissures restent fines (moins de 3 dixièmes de millimètre), parce qu'alors l'eau liquide est fixée par les forces capillaires et ne peut déplacer les ions qui assurent un pH élevé, ce qui protège indéfiniment les aciers du risque de corrosion. Toute la théorie du béton armé est basée là-dessus et les règles de calcul ont été calibrées pour que les ouvertures des fissures restent en dessous de cette valeur critique. Cela fonctionne très bien, puisque les premiers ouvrages construits sur cette base ont maintenant plus d'un siècle.

En revanche, lorsque le retrait est mal pris en compte, l'ouverture des fissures peut dépasser cette valeur et les conséquences peuvent être très graves.

Le fluage est lui aussi une déformation lente, c'est la déformation qui s'ajoute à la précédente lorsque le béton est chargé. Le fluage, lui, est sans conséquence dans les bâtiments et les constructions en béton armé, mais pas dans les constructions en béton précontraint, dans lesquelles il conduit à une perte continue de la précontrainte, perte que l'ingénieur doit évaluer et prendre en compte dans ses calculs. On sait aujourd'hui que ces deux caractéristiques sont toutes deux liées à la présence d'eau non liée chimiquement au sein du matériau, dans les pores du matériau, et aux mouvements de cette eau dans les pores. Là, c'est le domaine de la *physique des milieux poreux*.

Les ingénieurs croient souvent, comme je l'ai moi-même longtemps cru, qu'il suffit de faire des essais, d'enregistrer des courbes et de les faire entrer dans les équations de la Mécanique. Quand on fait cela, on n'a rien, parce que cela ne dit rien de la façon de faire dans un autre cas de figure.

Voici un exemple simple qui montre que cette démarche — faire entrer des processus physiques par voie de *paramétrage* dans les lois de la Mécanique — est impossible. Il s'agit là de la partie en béton du tablier du Pont de Normandie *(Fig. 1)* :

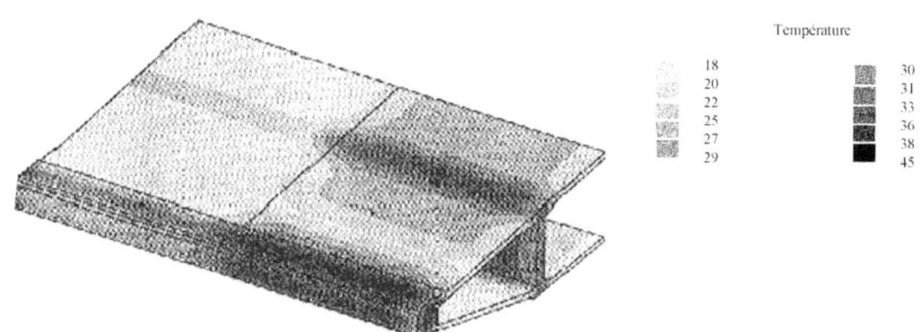

Figure 1 – Simulation numérique de la température dans les ségments

Pour des questions de résistance au vent, le tablier est dessiné comme une aile d'avion et comprend des parties massives aux deux extrémités latérales, dans lesquelles la température peut s'élever, dans les jours qui suivent le coulage du béton, jusqu'à 60 ou 70 °C, parce que la prise du ciment dégage une grande quantité de chaleur, dont les trois quarts en une dizaine d'heures. Dans le bâtiment, ce phénomène est ignoré ou négligé parce qu'on a rarement de telles épaisseurs et que les pièces peu épaisses refroidissent bien plus vite.

Les lois de la thermique montrent (par l'analyse dimensionnelle) que la durée de refroidissement d'un voile varie comme le carré de son épaisseur : ainsi, un voile de 1 m d'épaisseur, refroidit en 10 jours, un voile de 20 cm, donc, 25 fois moins, en un peu moins de 10 h. Dans le premier cas, toute la chaleur produite par la prise du ciment s'accumule au centre de la pièce, alors que sa peau a à peine commencé à refroidir. Dans l'autre cas, la chaleur diffuse vers l'extérieur et s'évacue plus vite qu'elle n'est produite.

Ainsi on voit sur la *figure 1* que les zones moins épaisses chauffent moins. Les zones fines vont être mises en traction avec un risque de fissuration. Ce calcul tient compte d'un *couplage thermochimique*, lié à l'effet accélérateur de la température sur la cinétique chimique, donc sur le flux de chaleur. Ce phénomène *d'auto-accélération* amplifie encore les gradients de température et l'effet d'échelle.

Ce type de logiciel est capable de prédire les températures dans les ouvrages en béton à quelques degrés près, et les contraintes qui en résultent peuvent dans certains cas être plus importantes ou plus critiques que les contraintes dues aux charges de service. On utilise ces logiciels soit pour vérifier que les tractions d'origine thermique restent acceptables, soit, dans le cas contraire, pour comparer les différentes solutions techniques, leur efficacité et leur coût. L'ingénieur est donc obligé de passer par un calcul thermique, et ne peut faire entrer la thermique par quelque « paramètre caché » dans ses équations mécaniques.

Les effets de l'eau et de l'humidité sont beaucoup moins évidents, mais je voudrais simplement ici expliquer deux mécanismes élémentaires qui nous ont permis de comprendre tout le reste et de reconstruire le *puzzle* complet.

Pourquoi l'eau a-t-elle une telle importance dans le béton ?

Pour comprendre le mécanisme de base du retrait, prenons une expérience simple, celle du tube capillaire que l'on plonge dans un récipient d'eau. Si l'eau monte dans le tube, c'est parce que l'énergie de surface entre le liquide et le solide impose un *angle de mouillage* (qui ne dépend pratiquement que de la nature chimique des deux corps, solide et liquide, et d'aucun autre paramètre), donc la courbure du ménisque. Plus ce ménisque est courbe, plus les molécules sont en déséquilibre et les forces moléculaires qui agissent ici entraînent un écart de pression entre les deux fluides, liquide et gaz, écart qui fait monter l'eau dans le tube d'une hauteur qui compense exactement cet écart.

Ainsi, si le tube est très fin (si son diamètre est inférieur à 1 micron), la pression dans le liquide est négative, et le tube est alors soumis à une traction sur sa face intérieure. Quand on souffle dans un ballon, on augmente la pression qui pousse sur la paroi intérieure de la membrane, mais celle-ci, tout le monde le sait, est tendue. Dans le tube, c'est simplement l'inverse : l'eau tire sur la surface, ce qui met le tube en compression.

Il y a encore aujourd'hui une réticence à accepter que l'eau puisse exercer des tractions de plusieurs mégapascals. Si l'eau présente une résistance négligeable au cisaillement (déformation qui peut se faire à volume constant), elle résiste fortement aux variations de volume, en traction comme en compression. Le béton est un matériau poreux dont les pores (15 à 20 % du volume total, soit 30 à 50 % dans la pâte de ciment) ne peuvent se voir à l'œil nu, à cause de leur taille (qui s'étend de 2 nanomètres au micron, avec une distribution de type *fractale*, et un pic de distribution autour de 1,7 nm — les pores des hydrates).

Si on mesure la pression dans le ballon gonflé et son rayon, on calcule aisément la tension de la membrane. De même, on sait calculer les contraintes et les déformations qui résultent des tensions capillaires dans un béton. La géométrie des pores est plus complexe, mais on a aujourd'hui tous les outils numériques et conceptuels pour le faire.

Voyons maintenant comment se constitue le matériau, du moins la phase active qui est la pâte de ciment, comment elle passe de l'état de suspension à l'état de solide *(Fig. 2)* :

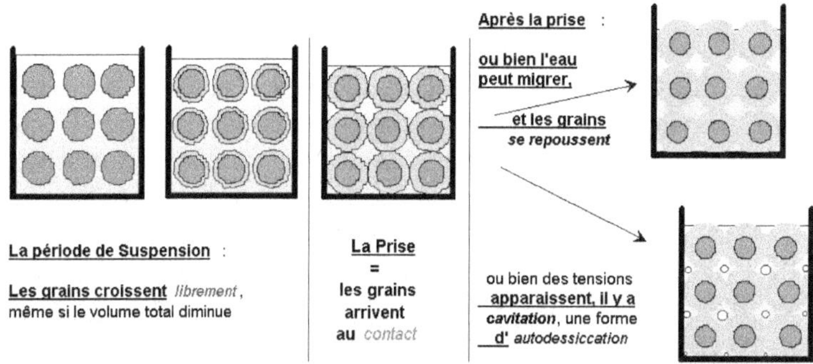

Figure 2

Retrait du matériau et croissance des hydrates ont longtemps été considérés comme contradictoires. En fait, on voit sur ce schéma que, au moins pendant une première phase, le volume total peut diminuer même si les grains solides croissent. Il y a cependant un moment où les grains vont entrer en contact, selon un processus de type *percolation*, et, après le seuil de percolation, il n'y a que deux solutions possibles :

— Soit l'eau pénètre à l'intérieur pour compenser le déficit volumique (encore faut-il que l'eau soit libre de se déplacer, ce qui n'est jamais totalement le cas). On sait aujourd'hui que ce processus existe effectivement en surface, mais qu'il est limité à une épaisseur qui dépend directement de la compacité du béton : plusieurs centimètres dans les bétons courants, quelques millimètres dans les BHP.

— Soit des bulles de gaz apparaissent ou croissent au sein du matériau (en fait, il s'agit essentiellement d'une augmentation de la taille des bulles, de ce qu'on appelle l'*air occlus*, car il y a toujours, dans un béton qui sort du malaxeur, au minimum 1 % du volume sous forme de petites bulles d'air).

Il y a donc désaturation du matériau. Pendant un moment, les bulles croissent, mais elles ne peuvent rester sphériques, de par la taille et la géométrie des pores. Ces bulles croissent en se propageant dans les pores et finissent par se rejoindre (encore un processus de percolation), généralement au bout de quelques heures. Ce seuil de percolation apparaît nettement avec un capteur hygrométrique noyé dans le béton, il est parfaitement instantané, ce qui signifie que la phase gazeuse connectée se met très vite en équilibre avec la pression atmosphérique.

C'est là que le mécanisme du tube capillaire se met en marche : l'interface est courbe, cette courbure ne dépend que de la géométrie des pores, on est largement en dessous du micron, donc l'eau est en traction, donc le squelette minéral en compression, ce qui se traduit par une déformation qui est le retrait.

Une autre étape importante a été franchie dans les années 1980, quand on a commencé à construire une théorie des mélanges granulaires. Cette théorie est basée sur l'idée présentée en *figure 3*.

Quand on n'a que des grains de même taille, on a toujours un volume de vides important, de l'ordre de 40 %. Ce taux est pratiquement invariant, car l'homothétie conserve les rapports volumiques. La propriété centrale des mélanges granulaires est que, si l'on mélange deux classes de grains de tailles différentes, alors la compacité est significativement supérieure et tend, pour un mélange construit par exemple comme celui-ci, vers une formule simple qui se généralise aux mélanges de n classes et qui converge très vite vers 1, c'est-à-dire vers l'absence totale de vides. D'autres effets doivent ensuite être pris en compte, et cette idée a permis de construire des modèles mathématiques puissants.

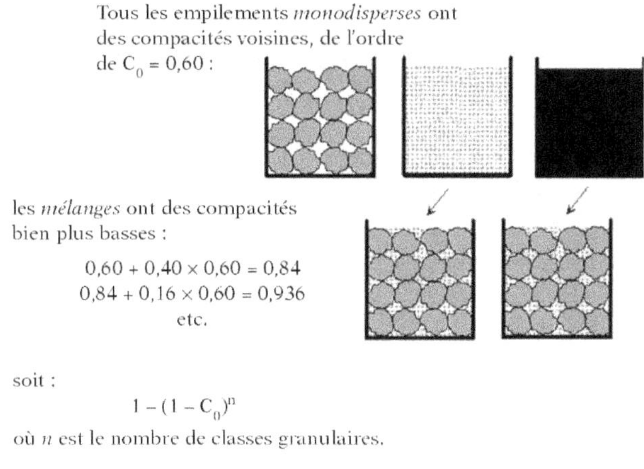

Figure 3

On peut dire qu'on a franchi une première frontière concep-tuelle et technologique quand on a ajouté au béton un constituant granulaire de taille inférieure à celle des grains de ciment (cela a produit la génération des bétons HP) et qu'on a franchi une deuxième frontière quand on a complété la gamme des tailles en continu jusqu'à celle de la molécule d'eau, ce qui a ouvert la voie à la génération des BFUP, les bétons fibrés ultra-performants.

Les premiers ne sont pas un véritable saut technologique, car ils restent fragiles et ne suppriment pas la nécessité du ferraillage. Ils sont cependant utilisés aujourd'hui, soit lorsque l'on veut assu-rer une certaine durée de vie (cf. les exemples du Canada ou du Transmanche), soit lorsqu'on veut augmenter une performance mécanique (une réduction significative du fluage comme pour les pylônes du Pont de Normandie).

Les seconds, en revanche, comme Ductal®, qui ont, grâce à une matrice très performante (plus de 200 MPa en compression) et des fibres, un comportement non fragile, permettent de supprimer tou-tes les armatures passives, ce qui ouvre un champ tout neuf pour le génie civil et l'architecture, en termes de légèreté, de durabilité, de forme et d'esthétique : passerelle de Sherbrooke, au Canada, structures internes des aéroréfrigérants EDF, etc.

Avec un matériau comme Ductal®, par exemple, on a fait d'autres progrès significatifs dans la compréhension du matériau, dont le plus spectaculaire, sans doute, a été apporté par une méthode d'analyse très puissante issue de la micromécanique : la *nano-indentation*.

Cet essai consiste à enfoncer, sur une surface polie, une fine pointe tétraèdrique de taille inférieure à celle des grains des différentes espèces chimiques qu'on trouve dans le ciment. On applique une force croissante et on mesure le déplacement vertical de l'aiguille. Avec quelques cycles de charge et de décharge et des paliers sous charge, on peut accéder aux trois composantes qui caractérisent le comportement mécanique de chaque espèce qui entre dans la microstructure du matériau : une composante élastique, avec la pente au premier déchargement, une caractéristique plastique, avec la part non linéaire au premier chargement et une caractéristique visqueuse, avec la vitesse de déformation au cours d'un palier. L'examen au microscope permet ensuite d'associer une courbe enregistrée à chaque espèce minérale.

Cette méthode a permis de montrer que seuls les hydrates, les produits formés par la réaction chimique entre l'eau et les silicates du clinker fluent de manière significative et que dans les matériaux de haute performance, et tout particulièrement dans un matériau comme Ductal®, seule la périphérie des grains était hydratée ; l'hydratation s'arrête par épuisement de l'eau des capillaires et le cœur des grains de ciment reste intact, avec un module élastique élevé (supérieur à 100 MPa). Ils se comportent donc comme des inclusions élastiques, et non viscoélastiques. De ce fait, non seulement le volume des hydrates est plus faible, mais la répartition spatiale en surface des grains fait qu'au cours d'un chargement, la redistribution de contrainte, caractéristique des matériaux composites, conduit à de rapides concentrations de contraintes, de sorte que le champ de contrainte tend vers celui d'un empilement sec de granulats.

Ces résultats ont permis de comprendre l'origine du fluage de tous les bétons (dont celui, significativement plus faible, des BHP et celui, presque nul, de Ductal®), mais aussi un dernier aspect mal compris du retrait : le retrait se poursuit plus longtemps que l'hydratation, il s'agit en fait d'un fluage des hydrates sous une contrainte permanente, la tension capillaire. On a dès lors une description complète du comportement mécanique, description qui fonde une méthodologie de formulation qui fonctionne aujourd'hui dans tous les secteurs de la construction.

Conclusion : le béton, paradigme d'une science des couplages

La Science des matériaux constitue aujourd'hui une vraie démarche scientifique, spécifique à l'approche des matériaux complexes, en cela qu'elle associe plusieurs sciences, avec des modes d'association et des concepts inédits.

Parmi ces disciplines une est nouvelle, originale, et joue un rôle particulier : la Micromécanique, la mécanique que l'on fait tourner à l'échelle de la microstructure, à une échelle où l'on peut identifier les différentes espèces chimiques, les échanges entre phases et décrire complètement des mécanismes physiques. La microstructure est le lieu du dialogue entre les représentants des différentes disciplines scientifiques, l'endroit où l'on démonte les couplages. Cette notion de couplage donne une structure et un statut à la Science des matériaux.

Véhicule et bateau électriques : vers un renouveau durable ?

par JEAN-LOUIS AUCOUTURIER

Le développement des véhicules électriques a connu depuis 1870 des fortunes diverses. Pour les véhicules évoluant en site propre ou partagé et qui peuvent, de ce fait, recevoir en permanence une alimentation en énergie électrique par caténaires ou captation au sol, c'est l'électricité qui l'a emporté sur la vapeur et sur le moteur à combustion interne.

Les véhicules automobiles autonomes ont connu pendant ces cent trente années une évolution cyclique. En reprenant les termes de l'excellent ouvrage de synthèse de Roland Wolf, *Le Véhicule électrique gagne le cœur de la ville*, on peut distinguer : la genèse (1870 à 1900), l'âge d'or des années 1900, le recul de l'entre-deux-guerres, les ersatz de 1940-1945, les années difficiles, le faux départ des années 1970, et la veille technologique des années 1980.

En 2000, cent ans après le premier âge d'or, les données ont changé. Les techniques ont évolué et de multiples solutions électriques sont proposées. Leur mise en œuvre ne suffira cependant pas pour assurer un développement significatif du véhicule électrique. Il convient maintenant d'aborder le problème dans son ensemble et de prendre en compte les données sociologiques et économiques liées à la mobilité.

Texte de la 276ᵉ conférence de l'Université de tous les savoirs donnée le 2 octobre 2000.

La situation à la fin du XIXe siècle

Sans prétendre faire une présentation historique exhaustive, il est instructif de comparer la situation du véhicule électrique à cent ans d'intervalle. On peut considérer que l'acte de naissance du premier véhicule électrique construit en France figure au *Journal officiel* du 20 avril 1881 : « L'ingénieur Trouvé a équipé un tricycle à pédales, Coventry Rotary de 55 kg, de deux petits moteurs électriques, accumulateurs à l'arrière, poids total 160 kg, il a parcouru hier plusieurs fois la rue de Valois à 10 ou à 12 kilomètres à l'heure. » Le même ingénieur, Gustave Trouvé, présente la même année un bateau électrique sur le lac du bois de Boulogne et sur la Seine.

En 1881, Raffard construit le premier véhicule électrique à quatre roues. En 1895, Jeantaud engage une voiture électrique dans la course Paris-Bordeaux-Paris et termine l'épreuve dans les délais impartis. Ses batteries chargées étaient transportées par le train pour leur permutation aux relais des étapes. L'histoire a surtout retenu le record de vitesse de Jenatzy qui, sur la *Jamais contente*, atteignit 105 km/h le 1er mai 1899 à Archères.

Mais c'est en ville que s'est développée naturellement la voiture électrique. Le concours des voitures de place de 1898, organisé par l'Automobile-Club de France eut un grand retentissement. Onze voitures électriques, ou électromobiles, et une seule voiture à pétrole prirent part au concours où Jeantaud et Krieger se partagèrent les prix. Krieger fut le pionnier le plus tenace puisqu'il lutta pendant trente ans pour promouvoir la voiture électrique.

À Aubervilliers, la Compagnie générale des voitures à Paris ouvre en 1898 un parcours-école pour les conducteurs de fiacres électriques. Des flottes de taxis et autobus électriques circulent vers 1910 à Berlin, Londres et Paris. Aux États-Unis, la voiture électrique connaît un grand succès. En 1914, Milburn Wagon Company produit une voiture électrique dont sept mille exemplaires seront vendus.

La situation actuelle

Un siècle s'est écoulé et après quelques rebondissements induits par les difficultés en approvisionnement en produits pétroliers, c'est essentiellement pendant les années 1990 qu'un regain d'intérêt est apparu. Plusieurs facteurs sont à l'origine de cette récente évolution :

— L'arrivée à la phase d'industrialisation des travaux de recherche et de développement des batteries d'accumulateurs.

— L'amélioration des moteurs et particulièrement de leur électronique de commande.

— La prise de conscience de la détérioration de la qualité de vie en centre-ville et des risques encourus pour la santé en raison de la pollution atmosphérique mais aussi des nuisances sonores.

— La réflexion sur les ressources en énergies fossiles et les risques que leur surconsommation induit pour l'équilibre de la planète.

— La réflexion d'un nombre encore bien trop faible d'usagers sur la finalité de l'automobile, incomparable moyen de mobilité et de liberté, devenue signe de réussite sociale, mais dont les excès en font aussi un incomparable moyen de destruction.

Aujourd'hui, 15 000 véhicules électriques ont été immatriculés en Europe de 1995 à 2000, dont 6 000 en France. Des expériences en grandeur réelle ont eu lieu pour des particuliers sur des sites tels que La Rochelle, Mendrisio et Zermatt en Suisse. Des flottes ont été constituées au sein d'organismes et de collectivités locales tels que EDF (1 100 véhicules), La Poste (500), La Rochelle (200), Bordeaux (130), Paris (120), Lyon (100). Des projets et des services de véhicules en usage partagé ont vu le jour : Liselec (50 véhicules), Praxitèle (30), et le concept Tulip (5).

Le véhicule tout électrique

Pour juger de la démesure en consommation d'énergie à laquelle a conduit l'automobile, il est bon de rappeler quelques grandeurs fondamentales.

Un homme circulant à vélo pendant une heure à 36 km/h (vitesse moyenne d'une automobile en ville) consomme 0,8 kWh. Pour une telle utilisation, une voiture thermique consomme environ 3 kg de carburant soit 30 kWh ; alors qu'une voiture électrique consomme 5 kWh. Ce rapport de 1 à 6 d'énergie consommée vient du rendement de la chaîne de traction qui est de l'ordre de 20 % pour la thermique alors qu'il est supérieur à 80 % pour l'électrique et aussi de la particularité du moteur électrique qui a une consommation nulle lorsque le véhicule est à l'arrêt alors que le moteur thermique continue à consommer. Pour une telle utilisation, le bilan est donc nettement en faveur de la voiture électrique.

En revanche, si l'on considère la masse transportée correspondant au stockage de l'énergie embarquée, elle est pour la voiture thermique d'environ 50 kg pour un réservoir de carburant, dont seulement 3 kg seront prélevés pour accomplir la mission. Pour les voitures électriques du type de celles choisies pour cet exemple, la masse des batteries nickel/cadmium est de 250 kg, dont la moitié de la charge sera utilisée pour la mission. Le rapport des masses embarquées pour stocker l'énergie est donc de 1 à 5 en faveur de la voiture thermique.

On touche là le véritable problème du véhicule tout électrique qui doit embarquer la totalité de l'énergie dans des batteries d'accumulateurs. Le progrès pour ce type de véhicule est donc directement dépendant des progrès des batteries.

ÉVOLUTION DES BATTERIES POUR LA TRACTION ÉLECTRIQUE

Depuis l'accumulateur de Planté (1852), de très nombreux couples électrochimiques ont été étudiés. Les batteries dédiées à la traction électrique et qui sont en production industrielle ou en l'état de prototypes prochainement industrialisables, sont les batteries au plomb, au nickel/cadmium, au nickel/hydrures métalliques et au lithium/ion.

Les caractéristiques d'un système de batteries d'un volume maximal de 200 litres, compatible avec son installation à bord d'un véhicule urbain, pesant 800 kg sans les batteries, sont présentées au *tableau 1*. On voit que l'autonomie du véhicule peut tripler grâce à l'évolution des batteries.

	Plomb	Ni-Cd	Ni-MH	Li-ion
Énergie (kWh)	11	12	18	28
Masse (kg)	458	246	303	245
Cycles	600	2 000	1 500	1 000
Autonomie (km)	67	87	118	200
Prix (kF)	12	25	39	28
Prix(F/km)[1]	*0,34*	*0,14*	*0,22*	*0,17*
En production	**Oui**	**Oui**	**2001**	**2004**

(1) Prenant en compte une durée de vie exprimée en nombre de cycles de charge-décharge et le coût de l'environnement de la batterie.

Tableau 1

Charge des batteries

Le véhicule routier électrique souffre de deux handicaps qui se cumulent. La masse des batteries embarquées en limite l'autonomie et de plus le temps nécessaire à leur charge est bien supérieur au temps d'utilisation. Si la pleine charge permet d'assurer la mission quotidienne du véhicule, la charge pendant la nuit sur une simple prise de courant (220 V-16 A) résout le problème.

L'expérience conduite à La Rochelle pendant un an sur cinquante véhicules Peugeot 106 et Citroën AX a montré que 93 % des utilisateurs chargent la nuit au domicile, 4 % utilisent des bornes normales installées en ville, 2 % chargent sur des prises normales à l'occasion de visites, et 1 % utilise des bornes de charge rapide.

Permutation des batteries

Certains véhicules routiers ont des missions bien définies qui nécessitent un passage à leur dépôt plusieurs fois par jour, c'est le cas des bennes de collecte d'ordures ménagères, des autobus, des véhicules de livraison. Le plein d'énergie peut alors se faire en échangeant les batteries déchargées contre des batteries rechargées. Cette opération, dite de permutation, peut être rapide et automatisée.

Les deux roues, scooters ou vélos se prêtent très bien à la permutation des batteries car leur poids est tel qu'elles peuvent être manipulées par une personne.

Les sources d'énergie d'appoint

Le dimensionnement de la batterie doit prendre en compte les divers régimes de fonctionnement du véhicule. Lors du démarrage, l'appel de courant est très important et peut atteindre cinq à six fois le courant nécessaire pour entraîner le véhicule à vitesse constante. Il peut, dans ces conditions, être intéressant d'associer à la batterie un élément de stockage de l'énergie capable de la restituer en un temps court à un niveau de puissance élevé. Cet élément est ensuite rechargé pendant un temps plus long par l'énergie prélevée sur la batterie principale et par l'énergie récupérée au freinage. Ces éléments peuvent être des supercondensateurs ou des accumulateurs cinétiques d'énergie.

Un supercondensateur est un élément qui stocke l'énergie électrostatique en polarisant une solution électrolytique. Dans ce mécanisme de stockage, il n'y a pas de réaction chimique. Ce mécanisme est totalement réversible et permet des dizaines de milliers de cycles de charge et de décharge.

Un accumulateur cinétique d'énergie fonctionne sur le principe d'un volant d'inertie couplé à un moteur électrique. Dans la phase de montée en vitesse du volant, le moteur électrique entraîne le volant d'inertie, en régime permanent il compense les pertes par frottement et maintient le volant à vitesse constante. La restitution de l'énergie cinétique emmagasinée se fait à travers le même moteur qui fonctionne alors en générateur électrique. Pour un volant de masse et de diamètre donnés, l'énergie cinétique est proportionnelle au carré de la vitesse de rotation du volant, l'intérêt est donc de travailler à grande vitesse. Des progrès substantiels ont été réalisés en utilisant des matériaux composites pour le volant, en remplaçant les roulements en acier par des roulements en céramique, puis par des paliers magnétiques, enfin en plaçant toutes les pièces tournantes dans une enceinte sous vide.

Le véhicule hybride

Des solutions au problème de l'autonomie ont été recherchées en produisant à bord du véhicule une partie ou même la totalité de l'énergie mécanique ou électrique qui lui est nécessaire. Ce type de véhicule est dit hybride, au sens étymologique du terme, puisqu'il marie deux sources d'énergie d'origine différente. On distingue la propulsion hybride série et la propulsion hybride parallèle.

Une chaîne cinématique est dite *série* lorsque seul le moteur électrique est couplé aux roues motrices et que son énergie lui est fournie par les batteries et/ou un générateur actionné par un moteur à combustion interne.

Une chaîne cinématique est dite *parallèle* lorsque les roues motrices reçoivent l'énergie mécanique du moteur électrique et/ou du moteur à combustion interne par l'intermédiaire d'un coupleur. Les véhicules hybrides les plus courants utilisent d'une part l'énergie stockée dans des batteries et d'autre part l'énergie produite à bord par un générateur électrique mû par un moteur à combustion interne. On pourra aussi considérer comme hybride un véhicule qui associe des batteries à une pile à combustible ou à des capteurs solaires.

LES VÉHICULES HYBRIDES THERMIQUE-ÉLECTRIQUE

Les véhicules à dominante électrique ont des batteries de capacité importante, chargées sur le réseau et ont un groupe électrogène d'appoint, de faible puissance qui peut apporter un complément de charge aux batteries et qui agit alors en « prolongateur » d'autonomie. Ce sont des hybrides séries.

D'autres véhicules sont à dominante thermique. Leurs batteries sont de faible capacité, ce sont plutôt des batteries de puissance que d'énergie. Leur moteur thermique a une puissance suffisante pour assurer la propulsion du véhicule sur autoroute et aussi pour charger les batteries. Ce sont des hybrides parallèles qui fonctionnent en électrique en cycle urbain et en thermique à grande vitesse. Un fonctionnement mixte peut exister pour apporter un supplément de puissance.

LES VÉHICULES À PILES À COMBUSTIBLE

Le principe de l'électrolyse inverse, énoncé en 1802, met en évidence la possibilité de produire de l'électricité à partir de la réaction chimique entre l'oxygène et l'hydrogène. Partant de ce procédé, Grove expérimente en 1839 la première pile à combustible produisant de l'électricité et de l'eau. Contrairement aux autres piles où le combustible est stocké dans le générateur, une pile à combustible fonctionne avec l'oxygène de l'air et reçoit l'hydrogène d'un réservoir extérieur. L'autonomie d'un véhicule électrique à piles à combustible ne dépend dans ces conditions que de son approvisionnement en hydrogène.

L'hydrogène peut être stocké à bord du véhicule sous une pression de 300 bars ou sous forme liquide. Il peut aussi être produit à bord à partir de méthanol par exemple.

Les piles à combustible dites à basse température (80 °C) et utilisées pour le véhicule électrique sont soit des piles alcalines soit des piles à membrane polymère.

LES VOITURES À CAPTEURS SOLAIRES

Le faible rendement des capteurs solaires et la surface disponible sur une voiture ne permettent pas de retenir cette solution d'autant plus que, même dans de très bonnes conditions d'ensoleillement, les véhicules doivent emprunter des trajets où les zones d'ombre sont nombreuses. Néanmoins, les réalisations les plus marquantes sont les véhicules qui concourent au *World Solar Challenge*. Ces véhicules, allégés au maximum, disposant d'une surface maximale de capteurs solaires, traversent l'Australie, soit 3 000 km, avec la seule énergie solaire, roulant de 8 heures à 17 heures, à plus de 80 km/h de moyenne.

MOTEURS ÉLECTRIQUES ET ÉLECTRONIQUE ASSOCIÉE

Dans le domaine de la traction, on peut distinguer deux modes de fonctionnement. Le premier correspond à une évolution urbaine du véhicule à faible vitesse mais où un fort couple est nécessaire pour relancer le véhicule. Le second correspond à un parcours routier voire autoroutier où le moteur travaille à puissance quasi constante.

Pour répondre à ce besoin en énergie mécanique, les véhicules à moteur à combustion interne utilisent une boîte de vitesse, de manière à placer en permanence le moteur sur des points de fonctionnement favorables.

Le moteur électrique, lui, outre son bon rendement, a la propriété de pouvoir délivrer son couple maximum dès les très basses vitesses. On peut ainsi espérer couvrir la totalité de la gamme de vitesse sans changer de rapport de réduction.

Le moteur à courant continu à excitation série est très utilisé dans le domaine de la manutention.

Les chaînes de traction pour les véhicules électriques routiers ont fait appel au moteur à courant continu à excitation séparée puis, pour s'affranchir du collecteur mécanique, aux machines alternatives : synchrone à inducteur bobiné, synchrone à aimants permanents, asynchrone à induction, à réluctance variance.

Ce sont les progrès de l'électronique de commande et de puissance qui ont permis la réalisation de systèmes aussi complexes, performants et fiables.

Le bateau électrique

Comme le véhicule routier, le bateau électrique a connu une évolution cyclique, on peut distinguer :

— Les pionniers de 1830 à 1900 : bien qu'il y ait eu des prédécesseurs tels que Von Jacobi et le comte de Molin, c'est à Gustave Trouvé que l'on attribue la réelle paternité du bateau électrique avec son bateau *Eurêka* équipé d'un moteur électrique hors-bord de son invention présenté en 1881.

— Le déclin de l'entre-deux-guerres : des applications pratiques et à usage professionnel, même restreintes, virent le jour en France consécutivement à l'invention de Gustave Trouvé. Elles furent néanmoins vite supplantées par le moteur à explosion utilisant un pétrole abondant et bon marché.

— Les péniches électriques des années 1940 : leur apparition sur l'étang de Thau et sur la Seine est liée, comme pour le véhicule électrique, à la pénurie de l'essence.

— 1970 : le renouveau par les loisirs. La propulsion électrique sur l'eau et pour des fins utilitaires disparut dans les années 1950 pour réapparaître, essentiellement aux États-Unis et dans les pays anglo-saxons sous la forme de moteurs hors-bord électriques pour équiper de petites embarcations de pêche.

LES ANNÉES 1990 : UN RÉEL MARCHÉ ÉMERGENT ET DES SOURCES D'ÉNERGIE DIVERSES

Le diesel-électrique

Ce type de propulsion est très largement utilisé pour l'entraînement de la ligne d'arbres de navires de fort tonnage.

Le tout électrique

Les progrès des batteries développées pour les véhicules électriques routiers sont intéressants pour le bateau électrique mais, d'ores et déjà, on peut obtenir des autonomies tout à fait satisfaisantes avec des batteries traditionnelles plomb ou plomb-gel. Une remarque fondamentale s'impose : pratiquement dès les débuts de la plaisance à moteur, l'habitude a été prise de surmotoriser les bateaux. Or, la puissance nécessaire à l'avancement d'une coque à déplacement varie en fonction du cube de la vitesse. Il suffit alors d'être raisonnable et de fixer un point de fonctionnement optimum, par exemple aux 2/3 de la vitesse limite de la coque pour minimiser considérablement la consommation d'énergie. Ainsi, *Egretta*, le bateau-laboratoire du Pôle véhicules électriques aquitain, consomme 12 kW pour atteindre la vitesse de 9 nœuds, mais seulement 3,5 kW à 6 nœuds.

Les bateaux de pêche-promenade constituent en France une flotte de plaisance électrique évaluée à plus d'un millier d'unités, pour une dizaine de constructeurs de tailles diverses (30 dans le monde). Il s'agit, pour la plupart, de bateaux de promenade, à usage locatif, n'excédant pas 5 mètres de longueur, munis d'un moteur d'une puissance moyenne de 1 kW. Les bases de location de bateaux électriques commencèrent à se développer en France il y a dix ans et connaissent de nos jours un réel succès.

De nouvelles perspectives s'ouvrent pour les bateaux à transport collectif de passagers : Venise fut, à la fin des années 1980, la première ville à équiper sa Compagnie de transport, ACTV, d'un *vaporetto elettrico*, de 23 mètres de long, transportant 210 passagers à 17 km/h.

L'exemple de Strasbourg est très significatif de cette nouvelle génération de bateaux pour le transport de passagers. La ville de Nantes a mis en place en 1995 un service public de navettes sur l'Erdre. La Communauté de villes de La Rochelle a mis en service, en 1998, un passeur électrique reliant le Vieux-Port au Port des Minimes. D'une longueur de 10 mètres, pour 3,50 mètres de large, le passeur électrique peut embarquer 30 passagers. Plus de 200 000 personnes ont utilisé ce passeur en 1999.

Le tourisme fluvial constitue une récente perspective, avec la définition et la réalisation de péniches habitables conçues pour naviguer en total respect de l'environnement et dans les conditions les plus confortables pour les utilisateurs.

Le solaire-électrique

Contrairement aux voitures, l'énergie solaire peut dans certains cas permettre une autonomie totale des bateaux. C'est le cas des bateaux à passagers qui sont en service régulier sur le lac Léman.

La pile à combustible

Son avenir peut être prometteur dans un contexte approprié ; il nécessitera des infrastructures de distribution et de stockage ou de production d'hydrogène à bord.

Conclusion

Les véhicules tout électrique existant et ceux qui sont annoncés pour les prochaines années répondent à la majorité des besoins de déplacement urbains et périurbains et ce d'autant mieux que beaucoup de foyers ont maintenant une deuxième, voire une troisième voiture. Leur intégration dans des flottes et dans des services en usage partagé est sans doute encore le moyen le plus efficace de prouver toutes leurs possibilités et leur intérêt.

À partir de là, le critère économique entre en ligne de compte. S'agissant de l'intérêt général, ce sont des décisions politiques au niveau de l'État et des collectivités territoriales qui doivent être prises et à un niveau qui permette de passer du bricolage à effet médiatique à la dimension nécessaire pour que l'impact soit sensible sur la qualité de vie. En France, des primes cumulées de l'État et de l'EDF ont été attribuées. Certaines mesures significatives ont été prises telles des aides à 50 % pour l'achat d'une voiture électrique dans la commune de Mendrisio en Suisse ou pour l'achat d'un scooter électrique à Rome.

En ce qui concerne les véhicules hybrides, à coût comparable, leur acceptation par l'usager sera plus facile car leurs performances se rapprochent beaucoup de celles des véhicules thermiques actuels. Ils bénéficieront des améliorations des moteurs thermiques et les constructeurs devraient voir là un prolongement de ce qui est l'essentiel de leur activité. Enfin, tout laisse à penser que l'hydrogène sera le combustible de l'avenir à plus long terme. Cela nécessitera encore des recherches et des développements techniques, une adaptation de la réglementation et la création d'infrastructures d'approvisionnement.

Les avancées techniques et les mesures économiques ne seront cependant pas suffisantes pour que le choix de la voiture électrique, comme celui du bateau, s'impose rapidement, même dans les milieux les plus sensibles. Des mesures réglementaires doivent les accompagner, mesures réglementaires qui pour la plupart existent mais qu'il faut avoir la volonté et le courage de faire respecter.

Chaque nuit des milliers de personnes sont réveillées par le bruit de motos circulant à 150 km/h en agglomération. Est-ce si difficile d'identifier le contrevenant ou faut-il le laisser devenir le héros des jeunes utilisateurs de vélomoteurs, bruyants eux aussi et dont l'éducation aura pour base le non-respect de leur prochain ? Quels comportements auront-ils quelques années plus tard au volant de leur automobile ? Les chiffres parlent clairement, il suffit d'observer que les accidents de la route sont la cause de 40 % des décès de la tranche d'âge de 15 à 24 ans.

La banalisation de la mort sur la route est un fait de société. Il est significatif d'observer que l'essentiel des mesures proposées contre le bruit et les risques de collision sont des mesures de protection. Cela n'est pas sans rappeler la compétition entre l'obus et le blindage. On propose toutes sortes de protections qui ne sont pas inutiles mais qui seraient bien plus efficaces si, corrélativement, on maîtrisait les nuisances à la source.

Un important effort d'éducation doit être fait à tous les niveaux. Une expérience d'apprentissage de la conduite sur voiture électrique est en cours, elle implique 30 voitures-écoles électriques et plus de 500 permis de conduire ont déjà été délivrés.

Les progrès techniques de la voiture et du bateau électriques, qui font prendre conscience de la nécessité de ne pas gaspiller l'énergie, dont la conduite est apaisante et qui respectent l'environnement offrent une chance à saisir d'urgence. Ce renouveau doit être durable si l'on se sent responsable des conditions de vie des générations futures.

Les biomatériaux

par LAURENT SEDEL

Définition

Les biomatériaux représentent une des grandes avancées thérapeutiques de ces quarante dernières années. Définis comme des matériaux travaillant sous contrainte biologique, voués au remplacement d'une fonction ou d'un organe, ils sont présents dans de très nombreuses stratégies thérapeutiques ; selon la définition de Chester (1981), il s'agit de tout matériau non vivant utilisé dans un dispositif médical et visant à remplacer ou traiter un tissu, un organe ou une fonction avec une durée du contact de plusieurs semaines. La liste sans être exhaustive comporte tous les vaisseaux artificiels, les valves cardiaques, les stents, les remplacements ventriculaires voire le cœur artificiel, les prothèses orthopédiques pour remplacer des articulations, traiter les fractures, corriger les déformations, les substituts osseux, les ligaments, les tendons, les remplacements du cristallin, des sphincters urinaires, des voies urinaires, de la peau, les osselets de l'oreille interne, des implants dentaires etc. On estime à environ 3,2 millions les personnes qui en France sont porteuses d'un biomatériau.

Ils posent des problèmes scientifiques qui seront abordés dans cet exposé, mais aussi des problèmes économiques, éthiques, réglementaires et industriels qui ne sauraient être passés sous silence

Texte de la 277ᵉ conférence de l'Université de tous les savoirs donnée le 3 octobre 2000.

sans avoir une approche par trop réductrice. Il y a souvent confusion entre biomatériau et biomatériel. Il est habituel de confondre ces deux notions, même si au sens strict il ne faudrait parler que de biomatériau, c'est-à-dire une partie constituante du biomatériel.

Élément primordial de certaines stratégies thérapeutiques, les biomatériaux partagent avec le médicament les exigences de sécurité, fiabilité, reproductibilité. D'utilisation plus récente, ils n'ont cependant pas atteint les mêmes niveaux d'exigence et pourtant la responsabilité est immense puisque si un traitement médicamenteux peut être interrompu à tout moment, un biomatériau une fois implanté ne pourra être retiré que lors d'une nouvelle intervention chirurgicale.

Quels matériaux utiliser ?

L'approche scientifique intègre une totale interdisciplinarité. Rien ne serait possible si l'on ne pouvait faire travailler en commun des spécialistes des matériaux (métaux, plastique, céramiques), des ingénieurs mécaniciens physiciens, des biologistes et des médecins.

L'enjeu global est d'introduire pour longtemps un matériau étranger, assurer qu'il puisse poursuivre de façon pérenne sa fonction et ceci sans entraîner de conséquences néfastes. Pour comprendre la complexité du sujet il faut donner quelques idées des contraintes du vivant.

Les contraintes du vivant peuvent se décliner de différentes façons. Il y a d'abord la notion générale de tolérance : infectieuse, immunologique, cancérologique, du produit de ses composants, des additifs, catalyseurs ou tout produit entrant dans sa composition ou intervenant à un moment ou un autre de son élaboration.

Les contraintes de type mécanique : ce sont les millions d'ouvertures ou de fermetures d'une valve cardiaque, les efforts répétés sur la hanche remplacée qui représentent plusieurs fois le poids du corps à chaque pas (sachant qu'un individu normal en fait plusieurs millions par an), ce sont les propriétés anticoagulantes indispensables des vaisseaux artificiels qui sinon seront occlus par des caillots sanguins. L'introduction d'un biomatériau modifie les contraintes locales ; cette adaptation des structures biologiques au nouveau régime des contraintes est un des aspects scientifiques les plus passionnants et aussi le plus mal connu de ce vaste domaine.

Tantôt il y aura adaptation aux nouvelles contraintes et la cohabitation se fera dans de bonnes conditions, tantôt cette adaptation ne pourra se faire et il y aura soit destruction du tissu support soit fragilisation progressive qui conduira à terme à une perte de tenue : ce sera l'échec. Comprendre et gérer cet interface, faire en sorte que l'on parvienne à prévoir le devenir de cet interface compte tenu des contraintes supportées, tel est un des enjeux de la recherche fondamentale. Cette compréhension devra se situer à différentes échelles : ionique, moléculaire, cellulaire et tissulaire en envisageant pour chacun de ces niveaux l'état de contraintes, qu'il s'agisse d'un environnement fluide ou solide. Il faudra aussi appréhender ces contraintes à partir des mesures biomécaniques, des connaissances structurelles et des outils dont on dispose : beaucoup font appel aux modélisations mathématiques qui permettent, si elles sont bien conduites, d'avoir indirectement accès à ces contraintes aux différentes échelles.

Les mécanismes de l'endommagement sont aussi très importants à comprendre : endommagement des structures remplaçantes qui permettront de prévoir la durée de vie après implantation, endommagement des structures vivantes receveuses, mécanismes de la cicatrisation tissulaire, gestion de l'inflammation tissulaire qui se développe normalement après introduction d'un corps étranger, mécanismes du remodelage des tissus en fonction du nouveau régime des contraintes.

Ces matériaux sont de plusieurs types : il en est d'inertes ou passifs à qui l'on demande uniquement de résister aux sollicitations en n'entraînant aucune conséquence sur le plan local ou général : prothèses articulaires, valves cardiaques ; il en est d'actives ou bio-actives avec des propriétés anticoagulantes, ostéoconductrices ou ostéoinductrices ; il est aussi des biomatériaux supports de cellules actives comme les cellules souches médullaires ou de cellules cutanées ou cartilagineuses ; il s'agit là d'une voie récente vraisemblablement vouée à un grand avenir et qui s'intègre dans la thématique particulière des *matériaux hybrides*. L'utilisation de plus en plus fréquente des cellules souches autologues ou embryonnaires pluricompétentes modifieront certainement de façon importante ce champ d'études mais ne permettront pas d'éliminer l'utilisation d'un matériau étranger qui servira de support. Certains biomatériaux relarguent des médicaments : drogues anticancéreuses, antibiotiques, facteurs de croissance ; là encore il s'agit de produits d'avenir, de même que les biomatériaux supports de gènes inducteurs de facteurs de croissance ou générateurs d'apoptose. On touche là au domaine de l'ingénierie tissulaire dans lequel le biomatériau n'est qu'un des éléments.

Les principes de précaution

Il s'agit d'un domaine où le principe de précaution doit s'appliquer de façon irréprochable ainsi qu'il en est pour le médicament. Les aspects sécuritaires comportent tous les tests indispensables avant de pouvoir implanter ces produits chez l'homme : des études de simulation au laboratoire : bancs d'essais de prothèses cardiaques, articulaires ou autres, tests biologiques en culture cellulaire, puis études quantifiées *in vivo* de préférence par comparaison à d'autres produits connus servant de référence, études chez le gros animal enfin pour valider l'ensemble. Les procédures ultérieures sont le marquage CE attribué par un organisme notifié à l'échelle européenne, les protocoles d'études cliniques selon la loi Huriet et enfin la mise sur le marché.

Là interviennent les particularités des systèmes de financement des soins différents selon les pays, différents aussi dans un même pays selon la structure de soins. Interviennent aussi la puissance des lobbies, comme celui des avocats aux États-Unis, qui parviennent parfois à faire interdire l'utilisation d'un produit en mettant l'entreprise productrice en faillite : c'est ce qui s'est passé pour les implants mammaires en silicone alors qu'aucune preuve n'avait été apportée de leur risque en utilisation normale. Des dizaines de milliers de femmes se sont vu ainsi refuser cette correction esthétique après un cancer du sein ou se sont senties soudain anxieuses de voir une maladie générale de type collagénose les atteindre. Seul le groupement d'avocats qui avait initié cette action espérait en tirer un bénéfice financier ; cette attitude qui pourrait se développer est très inquiétante puisqu'elle rend les grandes firmes susceptibles de réaliser des avancées significatives dans ce domaine, fragiles face à ces lobbies qui trouvent des relais complaisants dans une presse avide de sensationnel. Il est important d'avoir des tribunaux réellement indépendants des pressions et seuls compétents, pour prendre des décisions sereines en sachant que dans toute activité humaine et surtout en médecine il faut faire une évaluation soigneuse du gain potentiel face aux risques éventuels malheureusement toujours présents.

Les exigences normales sécuritaires imposent des délais extrêmement longs entre l'élaboration d'un nouveau produit et son utilisation chez l'homme : dix ans ou plus sont la règle. Ensuite il faudra continuer à suivre les patients, à étudier leurs réactions, à comprendre les raisons des échecs éventuels qui devront bien entendu être analysées avec la plus grande circonspection et en dehors de l'industriel, donc de façon indépendante et transparente, en informant la communauté médicale, voire les patients par le biais de clubs comme cela existe déjà pour les greffés.

La prothèse totale de hanche

L'épopée de la prothèse totale de hanche est intéressante, d'autant que la France y a pris une part éminente grâce à de grands noms comme Merle d'Aubigné, les frères Judet, de Postel, de Boutin et d'autres. Il s'agit d'une des avancées thérapeutiques majeures en termes d'amélioration de la fonction, de qualité du service rendu avec un rapport bénéfice/risque au plus haut. Il s'agit aussi de par sa popularité d'un domaine à haut risque : en effet plus de 80 000 patients sont opérés chaque année en France. Il s'agit d'une intervention relativement importante souvent pratiquée chez des sujets âgés avec un taux de mortalité d'environ 1/1 000 pour des patients programmés. En cas d'échec dont certains sont liés à la conception ou aux produits qui entrent dans la conception de la prothèse, l'intervention est beaucoup plus lourde avec un taux de mortalité qui atteint 1 à 2 %. Si l'on considère que 12 % des prothèses sont un jour réopérées, cela fait un chiffre important de patients à risque vital qui en subiront les conséquences — environ quelques centaines de patients, soit un ou deux avions qui s'écrasent. Il est donc essentiel de réduire les causes d'échec quelles qu'elles soient. Parmi les éléments du succès : la technique chirurgicale, le dessin de la prothèse, les matériaux constitutifs. La technique est maintenant bien codifiée, que nous enseignons aux jeunes chirurgiens, les formes sont assez comparables et liées essentiellement à la technique de pose ainsi qu'aux matériaux. C'est surtout le choix des matériaux qui peut être en cause. Les matériaux se déclinent en matériaux de support mécaniques, matériaux de frottement et matériaux d'accrochage.

Les matériaux-supports doivent résister aux efforts très importants que supporte l'articulation de la hanche : 3 à 5 fois le poids du corps en utilisation normale, 7 à 8 fois lors de la course, le lever d'une chaise ou la descente rapide d'un escalier ; ils sont faits d'acier, de chrome cobalt, d'alliage de titane qui est bien toléré, très résistants aux sollicitations répétées en fatigue. Certains ont tenté d'utiliser des matériaux thermoplastiques, polyétherkétone par exemple, mais ces produits ont peu de défenseurs ; l'accrochage des produits métalliques peut se faire soit par l'intermédiaire d'un ciment acrylique (le polyméthylmétacrylate) soit sans (ce sont les prothèses sans ciment) ; l'accrochage se fait alors soit dans des anfractuosités de la prothèse dont la surface est irrégulière soit, en plus, par l'intermédiaire d'un produit ostéoconducteur (l'hydroxyapatite) projeté par torche à plasma à la surface du métal sur des épaisseurs de quelques dizaines de microns ; ce produit a l'avantage d'accélérer la repousse osseuse au contact et donc de permettre une tenue plus rapide. L'utilisation du ciment acrylique a été très critiquée ; en fait, avec des reculs qui atteignent maintenant trente ans, il semble que cette technique soit très fiable à condition que le ciment soit épais, ou bien qu'il ne supporte pas tous les efforts, la prothèse étant partiellement supportée par l'os receveur. L'autre découverte des dernières années est que les surfaces de tiges cimentées lisses ont donné de meilleurs résultats que les surfaces rugueuses : cela s'explique par la corrosion sous petits débattements que subit l'interface et qui génère des débris de métal et de ciment d'autant plus nocifs et nombreux que la surface est rugueuse. Paradoxalement, alors que ce ciment est bien toléré à long terme, les études *in vitro* en culture cellulaire l'auraient sans doute fait exclure du champ des biomatériaux ; c'est dire l'extrême vigilance dans l'interprétation des tests précliniques ainsi que la prééminence dans tous les cas du devenir chez l'homme. Quel que soit le système de fixation avec ou sans ciment, le véritable problème sur le long terme paraît lié à la génération de débris d'usure essentiellement par le frottement ; d'où l'importance d'un choix judicieux des composants de frottement.

On a le choix entre plusieurs alliages matériaux. Le couple métal/polyéthylène : il a fait ses preuves et si on le choisit avec une épaisseur importante de polyéthylène, si la tête en regard est bien lisse et de petite taille et s'il n'y a pas de troisième corps interposé, la durée de vie peut être prolongée à condition toutefois que l'utilisation de la prothèse ne soit pas trop importante ; on réservera donc ce couple aux sujets plus âgés. À l'opposé le couple alumine/alumine a des qualités tribologiques exceptionnelles, avec une usure très faible (environ quelques milliers de fois moins que le couple métal/polyéthylène), et donc une possibilité d'autoriser des activités normales et d'opérer des sujets jeunes voire très jeunes avec une bonne chance de voir la prothèse tolérée plusieurs dizaines d'années. Le couple métal/métal, plus facile à mettre en œuvre, fait l'objet d'une poussée importante de l'industrie. Il a comme inconvénient principal d'être sensible à la rayure et de comporter du chrome et du cobalt dont la tolérance à très long terme est problématique. Les autres couples : céramiques/polyéthylène, zircone/zircone, zircone/alumine ou surfaces céramisées/polyéthylène ne sont pas validées par des expériences cliniques aussi importantes que les deux couples principaux. La réaction macrophagique aux débris d'usure a été bien décrite, elle entraîne une destruction de l'os support intitulée ostéolyse et c'est elle généralement qui sera responsable d'un descellement et d'une réintervention ; cette réintervention étant d'autant plus difficile que l'os aura été détruit. La céramique a contre elle sa rigidité qui paraît être un problème plus théorique que pratique et sa fragilité. En fait les céramiques actuelles, compte tenu de la qualité des produits et des contrôles réalisés, compte tenu d'un dessin judicieux et d'un positionnement adéquat, répondent parfaitement aux éléments du cahier des charges avec des risques de fracture que l'on estime inférieur à 1/2 000 dans un fonctionnement normal.

La connaissance que l'on possède de ces matériaux s'est enrichie de différentes façons. Par exemple, le suivi des patients qui fait appel à la méthode statistique de la survie actuarielle permet de prévoir les risques de réinterventions pour une prothèse donnée. Certains pays comme la Suède ont mis sur ordinateur toutes les prothèses de hanche implantées sur une période de vingt ans : outil unique de suivi. Les pièces retirées, quelle qu'en soit la raison, sont des éléments d'études importants, de même que le suivi clinique et radiologique des patients qui vont bien. Des mesures de périmètre de marche, de niveau de douleur, de mobilités articulaires sont faites couramment ainsi que des mesures radiologiques de migration des pièces implantées. Muni de tous ces éléments, on peut de façon très fiable proposer cette intervention et assurer au patient non seulement un risque réduit lors de la mise en place, mais aussi une longévité plus importante que ce que l'on a connu par le passé.

Ce domaine est l'objet de convoitises multiples compte tenu de l'ampleur des marchés et donc des profits potentiels, mais les produits qui régulièrement apparaissent comme révolutionnaires doivent faire leurs preuves et rester confinés pendant toute cette période à quelques départements qui en font les essais. Il en est ainsi des mises en place par l'intermédiaire de robots ou des prothèses dites sur mesure, toutes techniques pour l'instant non validées par l'expérience clinique.

Les différentes approches pour l'élaboration des biomatériaux

Le domaine des biomatériaux a connu différentes approches que l'on peut schématiser ainsi :

— L'approche « prométhéenne » : comme ce demi-dieu de l'Antiquité, le scientifique veut recréer le vivant. Il suffirait donc de l'analyser, d'en connaître tous les aspects : constitution chimique, propriétés physiques, etc. pour le copier. Cette approche très attractive pour beaucoup est pour l'instant vouée à l'échec : ce n'est pas en imitant le vol des oiseaux que l'homme a pu voler. Si le radar imite en partie le système de navigation des chauves-souris, la plupart des avancées scientifiques comme la roue, l'avion, le téléphone ou l'ordinateur n'ont pas d'équivalent direct chez les organismes vivants.

— L'approche marketing ou industrielle : un industriel a développé un produit qui pourrait se substituer à un produit du vivant ; appliquons-le d'autant qu'il y a un marché. Cette approche qui ne tient pas compte des besoins, des solutions alternatives et qui généralement occulte des aspects essentiels de biotolérance, de complexité des structures vivantes par essence évolutives a souvent mené à l'échec.

— La bonne approche est scientifique. Elle est basée sur les besoins en termes médicaux : appréciation des incapacités, analyse de leurs causes, prise en compte de l'environnement physique, chimique, mécanique et à partir des matériaux potentiellement utilisables par leur qualité, sélection de ceux qui seraient éligibles pour cette application ; ensuite élaboration des prototypes, test sur éprouvettes, en envisageant d'emblée l'ensemble des éléments du cahier des charges. Si un seul élément est négatif, il n'est pas utile de s'entêter.

Dans la pratique, l'attitude des essais, erreurs a été la plus employée avec des avancées incrémentales à partir des données recueillies. Le plus important dans ce processus d'élaboration est la compétence des équipes. La compréhension des phénomènes observés, qu'ils soient négatifs (la raison de l'échec) ou positifs, (pourquoi ça marche ?) est difficile mais productive en termes d'avancées potentielles.

Conclusion

Les biomatériaux constituent un domaine d'étude qui pose toujours les mêmes problèmes, quel que soit le matériau envisagé : problèmes de recherche rendue difficile par la non-structuration d'un domaine aussi pluridisciplinaire, quand on sait que les carrières sont plus faciles dans une discipline académique bien identifiée ; c'est aussi un domaine qui, à l'inverse du médicament, ne bénéficie pas d'un support important de l'industrie pharmaceutique : les industries y sont de petite taille, fondées sur des mono-produits, soumises à des contraintes de responsabilités très importantes et à de multiples pressions. Pourtant, c'est un domaine essentiel. Parfois comme dans les biomatériaux hybrides, le remplacement est assuré par un ensemble : biomatériau + cellules autologues triées. L'association au biomatériau de cellules, de protéines spécialisées dans l'adhésion comme les séquences RGD des intégrines, de facteurs de croissance et pourquoi pas de gènes induisant tel ou tel effet seront dans l'avenir des voies importantes. Ce domaine reste très dynamique, il le restera vraisemblablement très longtemps avant que d'autres types de stratégies thérapeutiques ne soient développées ou que les traitements préventifs des maladies n'aboutissent à leur obsolescence. Il faudra absolument trouver les moyens d'y attirer des jeunes biologistes, ou ingénieurs en leur offrant des possibilités de s'y épanouir. Pour cela, seule la création d'une discipline à part entière le permettra.

Les matériaux intelligents

par Joël de Rosnay

Les premières civilisations se sont construites grâce à des matériaux naturels : le bois, la pierre, le cuir, l'os, la corne, le lin ou le chanvre. Nous avons ensuite connu, mais plus récemment, l'émergence des matières plastiques, puis des composites, dans le bâtiment, l'automobile l'aéronautique, le sport ou le secteur militaire. Un objet naturel ou en matière plastique dépend des caractéristiques de la matière qui le constitue. Mais progressivement, les chercheurs et les ingénieurs ont eu le besoin d'utiliser des matériaux comportant eux-mêmes leurs propres fonctions. C'est l'avènement des matériaux intelligents, nés au début des années 1980 de travaux menés principalement aux États-Unis dans le domaine de l'aérospatiale et qui concernent aujourd'hui tous les secteurs d'activités. Grâce aux matériaux intelligents les fonctions sont inscrites dans la forme et dans la matière. Les matériaux deviennent adaptatifs et évolutifs. Cette révolution pour le XXIe siècle marque le grand retour de la chimie. Les matériaux intelligents célèbrent aussi le rôle grandissant des modèles biologiques dans la conception de produits nouveaux. Copier les systèmes vivants, les micromachines moléculaires ou cellulaires, les membranes actives ou sélectives, permet d'explorer des voies d'applications nouvelles dans le domaine médical ou de l'informatique. Les matériaux intelligents s'imposent aujourd'hui dans les secteurs les plus divers, allant du bâtiment aux équipements sportif en passant par la biomédecine, la robotique ou le secteur militaire.

Texte de la 278e conférence de l'Université de tous les savoirs donnée le 4 octobre 2000.

Qu'est-ce qu'un matériau intelligent ?
Définition et exemples d'applications

Un matériau intelligent est sensible, adaptatif et évolutif. Il possède des fonctions qui lui permettent de se comporter comme un capteur (détecter des signaux), un actionneur (effectuer une action sur son environnement) ou parfois comme un processeur (traiter, comparer, stocker des informations). Ce matériau est capable de modifier spontanément ses propriétés physiques, par exemple sa forme, sa connectivité, sa viscoélasticité ou sa couleur, en réponse à des excitations naturelles ou provoquées venant de l'extérieur ou de l'intérieur du matériau — variations de température, contraintes mécaniques, champs électriques ou magnétiques. Le matériau va donc adapter sa réponse, signaler une modification apparue dans l'environnement et, dans certains cas, provoquer une action de correction. Il devient ainsi possible de détecter des faiblesses de structures dans le revêtement d'un avion, des fissures dans un bâtiment ou un barrage en béton, de réduire les vibrations de pales d'hélicoptère, ou d'insérer dans les artères des filtres qui se déploieront pour réduire le risque de dispersion de caillots sanguins.

Quelles sont les différentes catégories de matériaux intelligents ? Il s'agit principalement de trois catégories de matériaux connaissant de nombreuses applications dans des secteurs divers : les alliages à mémoire de forme (AMF), les matériaux piézo-électriques, électrostrictifs et magnétostrictifs.

Les alliages à mémoire de forme sont les plus connus. Déformés à froid, ils retrouvent leur forme de départ au-delà d'une certaine température par suite d'un changement de phase. Le principe physique de base repose sur une transformation réversible (modification de la structure cristalline), en fonction de la température. Ces alliages sont le plus souvent fabriqués à base de nickel-titane (le Nitinol), avec différents éléments d'addition, comme du cuivre, du fer, du chrome ou de l'aluminium. Depuis la fin des années 1960, l'industrie de l'armement ou de l'électronique utilise ces alliages dans des conduites hydrauliques ou des collecteurs électriques. Pour le grand public, il existe déjà des thermostats, des carburateurs, des jouets, des sculptures utilisant ces propriétés. Il existe des filtres à mémoire de forme capables de piéger les caillots sanguins dans les vaisseaux.

Les matériaux piézo-électriques produisent une tension électrique lorsqu'ils subissent une contrainte mécanique. Par exemple lorsqu'ils sont comprimés. Soumis à un courant électrique ils peuvent aussi se déformer mécaniquement. La fréquence du signal électrique et son amplitude varient directement en fonction de la déformation mécanique qu'ils subissent. Ces matériaux sont généralement constitués de céramique et plus récemment de polymères. Les plus connus sont les quartz des montres à quartz permettant d'entretenir les vibrations de base servant à la mesure du temps. On utilise aussi les matériaux piézo-électriques pour amortir des vibrations et réduire le bruit. On peut, par exemple, entourer un axe rotatif avec des matériaux piézo-électriques afin de diminuer considérablement les vibrations. On utilise aussi des polymères piézo-électriques pour des applications médicales ou pour capter des ultrasons. Une application intéressante des matériaux piézo-électriques est le contrôle de santé de certains matériaux intervenant dans la construction des carlingues d'avions ou les bâtiments en ciment. Un capteur piézo-électrique pourra détecter des défauts localisés, comme des fissures, des trous ou des impacts. Des fibres de carbone en se brisant, vont modifier la résistance du circuit électrique qu'elles constituent. En voici une application : le « ciment intelligent ».

Ce ciment est doté d'une sorte de « système nerveux » qui lui permet de détecter des changements internes et de transmettre des informations à l'extérieur. Avec ce type de ciment on peut construire des ponts ou des barrages capables d'avertir les ingénieurs des zones de fragilisation aux endroits mêmes où des fissures ou des fractures peuvent apparaître. Soumis à des stress divers, poids, vibrations, gel, tremblements de terre, les constructions en ciment peuvent céder brutalement sans qu'aucun signe n'ait pu être détecté au cours de visites préventives. C'est pourquoi des chercheurs de l'Université de New York à Buffalo, dirigés par le professeur D. Chung, ont eu l'idée de créer dans le ciment un véritable système nerveux à base de fibres de carbone. Ces fibres de 10 microns de diamètre et de quelques centimètres de long sont mélangées au ciment au moment de sa préparation. Même si elles ne représentent que 0,05 % de son volume elles accroissent sa conductibilité électrique de 10 %. Ces fibres dépassent à l'extérieur ce qui assure un bon contact électrique. On peut donc placer des électrodes en n'importe quel point de la surface d'une construction en « ciment intelligent » et détecter un changement de stress. Il suffit pour cela de mesurer la résistance électrique du ciment. Désormais une alarme pourra sonner bien avant qu'un mur ne se fissure ou qu'un pont ébranlé par un tremblement de terre ne menace de s'effondrer.

Les matériaux magnétostrictifs peuvent se déformer sous l'action d'un champ magnétique. Il en est de même des matériaux électrostrictifs qui vont subir le même type de déformation, laquelle sera proportionnelle au carré de la puissance des champs appliqués. Ces matériaux ou ces polymères vont être capables de s'adapter automatiquement à l'environnement en prenant des formes utiles en réaction à des sollicitations extérieures d'ordre acoustique vibratoire, mécanique ou thermique.

Ces trois catégories de matériaux intelligents sont les plus étudiées, mais il en existe d'autres ; notamment les fluides électrorhéologiques capables de se rigidifier sous l'action d'un champ électrique, en raison de l'orientation de certaines particules polarisables suspendues dans un liquide. On peut ainsi obtenir des liquides qui se transforment en gel avec de nombreuses applications dans le domaine biomédical notamment. Il existe aussi des polymères conducteurs ou semi-conducteurs, des polymères à transparence variable en fonction de la température ou des vitrages pouvant se colorer en fonction de certaines sollicitations extérieures. Il faut bien entendu mentionner les célèbres cristaux liquides qui interviennent dans les écrans des ordinateurs portables, des téléphones ou des montres et les semi-conducteurs, qui peuvent être aussi considérés comme des matériaux intelligents.

Les nouvelles applications des matériaux intelligents

Ces matériaux que l'on pourrait qualifier de « classiques », connaissent de nombreuses applications dans l'industrie, l'habitat ou les loisirs. Mais des nouvelles générations sont en train d'apparaître grâce aux progrès réalisés dans la chimie des polymères, ainsi que par suite d'une meilleure compréhension des structures biologiques pouvant servir de modèles. On peut considérer que les maisons du futur ainsi que les bureaux seront peuplés de matériaux intelligents. Reliés à des capteurs, à des systèmes électroniques et à des robots domestiques, ces matériaux vont bouleverser notre façon de vivre dans les maisons de demain. À la différence des matériaux passifs capables de lutter contre le bruit ou contre la perte de chaleur, les matériaux intelligents pourront s'adapter à leur environnement comme une « peau » sensible. Par exemple, absorber l'humidité ou au contraire vaporiser de l'eau, comme un humidificateur. Ou encore créer une ventilation quand la température atteint un certain niveau, détruire des odeurs gênantes, tuer des bactéries ou éliminer des acariens dans des tentures ou des moquettes susceptibles de provoquer des allergies chez les occupants d'une pièce ; assombrir un vitrage quand la lumière devient trop forte et même, dans certains cas, être capable d'éliminer les vibrations, voire du bruit, par production d'un antibruit ou d'antivibrations neutralisant la gêne incidente.

Une des percées parmi les plus spectaculaires des matériaux intelligents a été réalisée dans le secteur des biopolymères. Ces biomatériaux trouvent de nombreuses applications dans le domaine des biotechnologies et de la médecine. La soie, le collagène, la cellulose, l'élastine, sont des biomatériaux naturels connus depuis longtemps. Récemment, on s'est aperçu que des biomatériaux de synthèse pouvaient être utilisés pour traiter ou remplacer certains tissus, organes, ou fonctions du corps. Par exemple, certaines capsules en polymères intelligents implantées dans l'organisme laissent passer des molécules capables de traiter en permanence des affections du corps. D'autres biomatériaux peuvent servir de prothèses, de valves cardiaques ou de membranes sélectives. Plusieurs laboratoires utilisent du collagène, de la cellulose ou même du corail comme matrice à partir de laquelle les cellules naturelles, en se divisant, reconstituent une partie abîmée ou manquante d'un organe. Par exemple des nez ont pu être reconstruits par croissance de cellules de la peau sur des matrices de ce type, constituant un échafaudage biodégradable.

Des « matériaux de soutien intelligents » vont jouer un rôle de plus en plus important dans le domaine du génie tissulaire. Des biomatériaux modifiés ou des polymères de synthèse exercent une influence directe sur les cellules qui les recouvrent en raison de leurs propriétés de surface. Des signaux moléculaires biologiques sont en effet intégrés à ces matériaux afin de leur conférer des caractéristiques de surface qui imitent des sites de reconnaissance naturels. Les cellules reconnaissent de tels signaux et se comportent comme dans l'organisme vivant. On peut ainsi diriger les cellules pour qu'elles se rassemblent ou s'organisent de manière programmée. Actuellement, des équipes de chercheurs sont parvenues à faire croître des nerfs sectionnés en réalisant un pontage entre les deux extrémités nerveuses avec de tels matériaux intelligents.

Nouveaux modèles et nouveaux outils

Les matériaux intelligents s'inspirent de plus en plus de modèles biologiques. Depuis quelques années, la structure des membranes, le rôle des protéines, de l'ADN, des polysaccharides ou des lipides sont mieux connus, ainsi que celui des micromoteurs moléculaires qui assurent le fonctionnement intime des cellules vivantes. Les chercheurs disposent ainsi de nombreux modèles dont ils peuvent s'inspirer ou qu'ils peuvent copier. De plus, de nouveaux outils sont venus apporter aux chercheurs un arsenal permettant un usinage à l'échelle moléculaire, voire atomique. C'est l'essor des nanotechnologies fondé sur des capacités d'assemblage de structures supramoléculaires, du « bas vers le haut ». En effet, la démarche traditionnelle de miniaturisation a surtout consisté à enlever de la matière par couches successives, grâce à des techniques comme la photolithographie optique intervenant dans la fabrication des microprocesseurs. Désormais, la connaissance des propriétés physiques et chimiques et des conditions d'assemblage de structures complexes, permet d'assembler ces matériaux nouveaux par ajout plutôt que par élimination. On peut ainsi fabriquer des couches minces aux multiples applications. De tels travaux ont été initiés il y a quelques années par les recherches de Langmuir et Blodgett. Ces chercheurs ont réussi à fabriquer des couches minces qui portent désormais leur nom (en abrégé : couches LB), à la pointe aujourd'hui de l'électronique moléculaire, un des secteurs parmi les plus prometteurs des matériaux intelligents du futur. Plusieurs laboratoires travaillent actuellement sur des nano-assembleurs programmés capables d'assembler de manière organisée, des structures complexes pouvant ainsi passer d'une échelle invisible à l'œil nu jusqu'à une utilisation macroscopique par l'homme. Dans des laboratoires d'usinage moléculaire on utilise le microscope à effet tunnel (MET ou STEM en anglais, *scanning and tunelling electron microscope*) ou le microscope à force atomique (AFM). On peut ainsi manipuler la matière, atome par atome, permettant la fabrication de matériaux sensibles ou réactifs à leur environnement. D'autres laboratoires travaillent sur des nano-machines et des nano-robots capables d'intervenir dans des « chaînes de montage moléculaires » pour fabriquer en série les matériaux du futur.

Ces différentes méthodes et ces technologies de production ouvrent la voie à des nouveaux types de polymères conducteurs et semi-conducteurs capables de servir de base à l'électronique moléculaire de demain. Les composants électroniques moléculaires se présentent actuellement comme les successeurs potentiels des semi-conducteurs. Ces composants de synthèse offrent de nombreux avantages par rapport aux semi-conducteurs classiques : assemblage tridimensionnel, matériaux de synthèse permettant d'obtenir des propriétés sur mesures, miniaturisation approchant celle des structures biologiques, possibilités d'interface avec des systèmes vivants.

Grâce au génie génétique et à la chimie organique, il devient possible de fabriquer des composants dotés de propriétés spécifiques, des transistors en plastique, et même des biopuces connectables aux organismes vivants. Pour la première fois, il deviendra possible de faire croître un circuit comme croît un cristal. Pour cela, les chercheurs devront maîtriser différentes étapes. D'abord produire des commutateurs moléculaires fiables capables de passer d'un état à un autre. De tels commutateurs ont été récemment obtenus par James Tour, de Rice University et Mark Reed, de Yale. Il faut aussi pouvoir interroger ces commutateurs pour connaître l'état dans lequel ils se trouvent. Ensuite, fabriquer des mémoires moléculaires réversibles pouvant être réutilisées un grand nombre de fois et relier ces composants par des fils moléculaires pour transporter de l'information à distance. Autre étape : le montage de ces commutateurs, mémoires et fils dans des structures ou réseaux organisés en différents niveaux de communication et d'interconnexion pour effectuer des fonctions coordonnées. Enfin, il faudra être en mesure de réparer ces systèmes. Les molécules ne fonctionnant pas correctement devront être détectées, les composants remplacés. Des progrès considérables ont été réalisés ces dernières années et l'on peut considérer que l'électronique moléculaire va jouer un rôle de plus en plus important dans les années à venir.

Une autre catégorie de matériaux intelligents et qui aura sans doute des applications spectaculaires dans notre vie quotidienne, sont les « textiles intelligents », dont certains vont avoir des usages spectaculaires. Il s'agit de polymères capables de changer localement de couleur en fonction d'un certain nombre de paramètres physiques, tels que le passage d'un faible courant électrique, une augmentation de température ou des contraintes mécaniques. La coloration du tissu ou les inscriptions qu'il porte ne sont pas imprimées avec des encres spéciales mais produites par des fibres de polymères capables de créer des images sur le corps ou en différents endroits spécifiques, comme s'il s'agissait d'un écran à cristaux liquides d'ordinateur porté sur le dos ou sur la poitrine. On imagine les applications de ces polymères dans le secteur militaire, notamment pour le camouflage. Des tenues de combat fabriquées à partir de ces polymères portent des minuscules caméras vidéo capables de détecter des changements dans l'environnement et d'adapter aussitôt la couleur de la tenue de combat aux conditions dans lesquelles elle se trouve. Le fantassin du futur devient ainsi une sorte de caméléon capable de se fondre dans son environnement.

Le couturier français Olivier Lapidus a déposé des centaines de brevets et réalisé des robes de haute couture faites à partir de ces textiles intelligents. Une robe pourra ainsi changer de couleur plusieurs fois dans la soirée ou porter des ornements se modifiant en fonction de l'ambiance dans laquelle on se trouve. Des survêtements ou des tenues de sport bourrés de capteurs peuvent transmettre à distance des paramètres du corps à l'intention de médecins ou d'entraîneurs.

Les matériaux intelligents de demain : vers l'homme symbiotique

Les progrès de la chimie, des biotechnologies et des nanotechnologies laissent entrevoir des voies nouvelles pour les matériaux du futur. L'ère des matériaux intelligents ne fait que commencer. L'ADN, les protéines, les polysaccharides, sont des matériaux biologiques intelligents. Ils sont capables de conduire de l'énergie à distance, de réagir à des stimuli venant de l'environnement, de changer de forme, de reconnaître d'autres molécules, de catalyser, la fabrication de structures supramoléculaires. L'ADN, notamment peut être considéré comme un véritable fil moléculaire conduisant des électrons à distance. Cette molécule est également capable de traiter de l'information. Une propriété mise à profit dans le bio-ordinateur à ADN. Progressivement une intégration de plus en plus étroite est en train de se réaliser entre matériaux biologiques intelligents et matériaux de synthèse avec lesquels ils s'interfacent. Cette évolution conduit ainsi à des puces biotiques implantables susceptibles de traiter de nombreux désordres métaboliques (rétine artificielle, audition artificielle, pompe à insuline, simulateurs ou défibrillateurs cardiaques), à des biopuces destinées à des tests biochimiques et médicaux ou à des machines moléculaires capables d'exécuter de nombreuses fonctions. Des nano-laboratoires fabriqués selon les techniques des microprocesseurs (*lab on a chip*), et renfermant de minuscules canaux dans lesquels circulent des molécules, des pompes miniatures, des microréacteurs, des systèmes de séparation, sont aujourd'hui capables de réaliser des centaines de milliers de tests à l'heure en fonctionnant en parallèle. Des « pilules intelligentes » utilisant la convergence de ces technologies vont permettre, à partir d'une implantation permanente dans le corps, de traiter des maladies graves.

Des chercheurs de l'Université de Berkeley dirigés par Boris Rubinsky et Yong Huang ont réussi à fabriquer une biopuce hybride composée de circuits en silicium et de cellules vivantes. Ce circuit électronique miniature, d'une taille inférieure à celle d'un cheveu humain, est contrôlable par un ordinateur extérieur. Le biotransistor a été produit par des techniques analogues à celles utilisées pour la fabrication des microprocesseurs. Grâce à une propriété cellulaire (appelée électroporation), connue depuis plusieurs années mais difficile à reproduire de manière fiable, il est possible de faire s'ouvrir de minuscules trous (pores) dans la membrane des cellules et d'y faire pénétrer différents types de molécules. L'ouverture de ces pores est contrôlée par un courant électrique provenant d'un ordinateur et relayé par la puce de silicium sur laquelle vivent les cellules. En retour, les cellules émettent un faible courant électrique indiquant de manière certaine que les pores de la membrane cellulaire se sont ouverts. Le circuit hybride agit ainsi comme une diode, faisant intervenir pour la première fois dans un circuit électronique, un intermédiaire vivant. Ces travaux conduisent à de nombreuses applications industrielles et des brevets ont été déposés à cette fin. D'autres laboratoires ont réussi à mettre au point des « neuropuces » en faisant croître des neurones sur des puces en silicium. On a même réussi à forcer les axones de ces neurones à emprunter un chemin programmé d'avance grâce à l'utilisation de surfaces faites des matériaux intelligents, afin de construire des circuits moléculaires fonctionnant à partir de cellules vivantes. Ces circuits ont été capables de traiter de l'information et de la transmettre à des ordinateurs électroniques classiques.

À un niveau de complexité supérieur, les matériaux intelligents sont intégrés dans de véritables machines, dans des processeurs ou des mémoires. On les appelle MEMS (*microelectromecanical systems*). Ce sont des usines à l'échelle miniature capables de synthétiser des structures complexes, de séparer des molécules, de procéder à la catalyse de processus variés. Une application spectaculaire des MEMS est la « pilule intelligente » fabriquée par Robert Langer du MIT. Depuis plusieurs années, des chercheurs de nombreux laboratoires pharmaceutiques dans le monde travaillent à la mise au point de systèmes à base de capsules ou de vésicules contenant les médicaments et capables de diffuser lentement leurs précieux produits au cours du temps. Ces capsules programmées sont contrôlables à distance par un courant électrique. Elles sont en effet fabriquées à partir de polymères formant un gel qui se dissout dans l'eau dès qu'il reçoit un très faible courant électrique. Le professeur Robert Langer a utilisé ce principe pour concevoir une pilule bioélectronique implantable dans le corps et libérant les produits qu'elle contient pendant des durées atteignant plusieurs mois. Cette pilule en silicium est creusée de milliers de petits trous remplis avec des médicaments puissants susceptibles d'être distribués au moment voulu à partir d'un signal reçu par des biocapteurs. Chaque trou est en effet recouvert d'un gel sensible à un courant électrique et capable de se dissoudre. Les médicaments sont ainsi libérés à l'endroit voulu et à la concentration désirée.

D'autres types de matériaux intelligents récemment découverts, permettent de suivre à la trace les processus vivants dans les cellules. Ce sont les *Quantum dots* ou taches quantiques. Ces nanoparticules sont capables d'émettre des couleurs vives lorsqu'elles sont excitées par une source lumineuse. Elles sont donc parfaitement visibles à l'aide d'un simple microscope optique. Leurs applications sont multiples, tant dans la recherche fondamentale et appliquée que dans la mise au point de médicaments, le diagnostic rapide et l'analyse génétique. Des chercheurs de Berkeley et du MIT ont réussi à fabriquer de tels cristaux formés d'un très petit nombre d'atomes et dont la taille est en relation directe avec leur couleur. La longueur d'onde de la lumière émise par ces cristaux varie dans un spectre allant de l'ultraviolet à l'infrarouge, avec une bande d'émission très étroite (et donc très spécifique). Une particule de 2 nanomètres va émettre une couleur verte intense, tandis qu'une particule de 5 nanomètres présentera une coloration rouge vif. Une famille de *Quantum dots* va donc générer des couleurs allant du violet au rouge en passant par le bleu, le vert, le jaune et l'orange. On comprend ainsi l'intérêt de ces nanoparticules : si on les enrobe d'une substance jouant le rôle de « velcro » chimique, on peut leur accrocher des molécules diverses, telles que des protéines ou de l'ADN. Il devient donc possible de suivre et de visualiser ces substances au cours de processus biologiques au sein de cellules et de s'en servir pour créer une batterie de tests de diagnostic très fiables, peu coûteux, ultrarapides et pouvant être mis en parallèle dans des appareils automatiques de lecture. On pourra, par exemple, détecter dans le sang plusieurs types de virus en même temps. Le coût des réactifs, la simplicité des usages sont aussi considérablement améliorés.

L'objectif de chercheurs dans le domaine des matériaux intelligents est d'arriver à fabriquer des bio-ordinateurs à ADN et des mémoires de masse utilisant des protéines photosensibles. L'idée d'une informatique à base d'ADN a été lancée pour la première fois en 1994 par Léonard Aldeman de l'Université de Californie. Dans un article désormais célèbre il explique comment on peut utiliser une méthode biologique de laboratoire pour résoudre un problème classique de mathématiques : organiser l'itinéraire d'un voyageur de commerce passant par 7 villes sans jamais en retraverser une seule. Plusieurs laboratoires dans le monde ont réussi à reproduire la technique bioinformatique de Aldeman en utilisant la biologie moléculaire classique et des méthodes enzymatiques. Les brins d'ADN comportant des éléments spécifiques, comme les codes chimiques correspondant aux villes de l'expérience originale, se combinent en parallèle dans les tubes à essai en un temps très court et donnent la solution du problème. L'extraction, le tri et la lecture des séquences de molécules d'ADN comportant la solution au problème posé ne peuvent se faire que par des opérations longues et routinières. C'est pourquoi de nombreux laboratoires dans le monde travaillent à l'automatisation de ces techniques par des nanolabos fonctionnant en parallèle. Le bio-ordinateur à ADN permettra de traiter en un temps record des problèmes d'une grande complexité, mais restera sans doute complémentaire de l'informatique utilisant des semi-conducteurs ou l'électronique moléculaire.

Des protéines naturelles pourraient servir de mémoires de masse pour les bio-ordinateurs du futur. Les protéines photoréceptrices, comme la bactériorhodopsine (BR), sont capables de convertir directement la lumière en un signal. Ce processus implique la formation d'un dipôle électrique et s'accompagne d'un changement de couleur de la protéine. Au cours de ce processus une charge positive est transférée depuis l'intérieur vers l'extérieur de la cellule. Ce qui constitue la base d'un mécanisme de stockage d'énergie dans la bactérie utilisant cette protéine. Ce principe peut être utilisé pour stocker des informations et des données. Des techniques d'ingénierie génétique peuvent être utilisées pour stabiliser les deux états naturels de la molécule de BR et passer de l'un à l'autre en utilisant des lumières de couleurs différentes. En affectant des valeurs binaires 0 et 1 aux deux états de la protéine, un ensemble de molécules peut servir de mémoire de masse. On peut en effet superposer plusieurs pellicules BR les unes sur les autres pour créer des mémoires en trois dimensions. Leur très petite taille permettrait de créer d'énormes capacités de stockage par unité de volume.

On peut imaginer pour l'avenir de combiner des systèmes de traitement d'information fonctionnant à partir de molécules, avec des polymères servant de base à des textiles intelligents. Il deviendrait ainsi possible de porter sur soi des ordinateurs où les systèmes de communication permettront à l'homme d'entrer en interface avec les réseaux qui l'entourent. Nous sommes en train de passer progressivement de l'ordinateur et du téléphone portables à l'ordinateur et au téléphone mettables. Pourquoi en effet compacter et dans des boîtiers de plus en plus petits, les circuits électroniques et informatiques puissants servant dans les téléphones ou les ordinateurs de poche plutôt que de les tisser dans les vêtements que nous portons ? C'est le principe fondamental choisi par les laboratoires qui travaillent sur ce que l'on appelle les *wearable computers*. Les outils de communication seront portés de plus en plus près du corps et en interface directe avec lui.

Ainsi, grâce à la discipline émergente que nous avons appelée, dès 1981, la « biotique » — mariage de la biologie et de l'informatique dans des matériaux intelligents —, l'homme entrera en symbiose avec les réseaux d'information qu'il a extériorisés de son propre corps. Les systèmes nerveux planétaires qui se mettent en place, constituent un superorganisme dont nous sommes les neurones. À nous de faire en sorte que cet homme symbiotique vive en harmonie avec l'organisme planétaire qu'il a créé, plutôt que de subir l'emprise d'un *Big Brother* à l'échelle du monde.

RÉFÉRENCES

– ALDEMAN (L.), « Molecular computation of solutions of combinatorial problems », *Science*, 11 novembre 1994, 266, p. 1021-1024.
– LANGER (R.) et coll., « A Controlled-release Microchip », *Nature*, 28 janvier 1999, 397, p. 335-338.
– REED MARK (A.) et coll., « Conductance of a molecular junction », *Science*, vol. 278, 10 octobre 1997, p. 252-254.
– ROSNAY (J.) DE, *L'Homme symbiotique, regards sur le 3ᵉ millénaire*, Paris, Seuil, 1995 (nouvelle édition, septembre 2000).
– ROSNAY (J.) DE, « Biologie et informatique : l'entrée dans l'ère des machines moléculaires », *Biofutur*, juin 1984, p. 7-9.
– ROSNAY (J.) DE, « Les biotransistors : la microélectronique du XXIᵉ siècle », *La Recherche*, n° 124, vol. 12, juillet-août 1981, p. 870-872.
– ROSNAY (J.) DE, « La biotique : vers l'ordinateur biologique ? », *L'Expansion*, 1ᵉʳ-21 mai 1981, p. 149-150.
– RUBINSKY (B.) et HUANG (Y.), « A microfabricated chip for the study of cell electroporation », *Biomedical Engineering Laboratory, Department of Mechanical Engineering, University of California*, Berkeley CA 94720, février 1999.
– Tour JAMES (M.) et REED MARK (A.), « Computing with molecules », *Scientific American*, juin 2000.

Coagulants et floculants

par Yves Mottot

Coagulants et floculants sont des réactifs chimiques représentatifs de l'évolution de la chimie dans la seconde moitié du XXe siècle, caractérisée par le passage d'une chimie de commodités à une chimie de spécialités.

Dans le premier cas les industriels visent surtout à réduire les coûts de production des molécules de la chimie dite « lourde » telles que les acides phosphoriques ou sulfuriques, la chaux ou le carbonate de soude, l'éthanol... fabriquées en très grandes quantités et sans distinction particulière de qualité d'un producteur à l'autre. À ce niveau de prix, le produit est souvent utilisé en tant que réactif dans un procédé conçu pour s'adapter aux caractéristiques et contraintes du produit considéré : par exemple, les équipements d'un atelier utilisant de l'acide chlorhydrique sont choisis pour résister à la corrosion.

Dans le second cas, les produits sont réalisés « sur mesure » pour répondre au cahier des charges très défini d'une application donnée : la silice utilisée dans la fabrication de pâte dentifrice n'a pas les mêmes caractéristiques que celle mise en œuvre pour des formulations des bétons de haute performance.

Ce cahier des charges précise les performances techniques attendues, mais également les contraintes sur les équipements, la sécurité des opérateurs, et l'impact sur l'environnement. Si l'on considère les coagulants et floculants industriels, cette transition se traduit par la substitution progressive à quelques produits (essentiellement le sulfate d'aluminium et le chlorure ferrique) de composés tels que les polychlorures d'aluminium ou les polymères hydrosolubles.

Texte de la 279e conférence de l'Université de tous les savoirs donnée le 5 octobre 2000.

La chimie de spécialités est en constante progression car les applications des produits évoluent rapidement. Dans le cas du traitement des eaux, application principale des coagulants et floculants, de gros efforts de recherche et développement sont nécessaires pour répondre à des exigences de qualités imposées par le renforcement permanent des contraintes environnementales. Les études menées dans les laboratoires de recherche permettent d'acquérir une connaissance précise des phénomènes physico-chimiques qui gèrent la mise en œuvre des produits et d'adapter leurs caractéristiques aux évolutions de l'application.

Qu'est-ce que la coagulation et la floculation ?

La coagulation est l'ensemble des phénomènes physico-chimiques amenant une suspension stable ou « sol » de particules de très petite taille en solution — les colloïdes — à se séparer en deux phases distinctes. Par exemple, le lait est une émulsion stable constituée de globules de matières grasses en suspension dans une solution aqueuse. L'ajout d'un acide ou d'une enzyme, la présure, va se traduire par la séparation du lait en deux phases : un gel de caséine, le « caillé » et un liquide surnageant, le « petit lait ». Le lait a coagulé.

La floculation est l'ensemble des phénomènes physico-chimiques menant à l'agrégation de particules stabilisées pour former des flocons ou « flocs ». Ce phénomène est réversible, c'est-à-dire que l'on peut casser ces agrégats, par exemple en agitant fortement le liquide, pour retrouver la solution de colloïdes initiale.

Coagulation et floculation sont des processus souvent indissociables. En effet, la coagulation, en diminuant les forces de répulsion entre les particules, favorise les collisions et la formation d'agrégats ; et la floculation, en permettant la croissance des agrégats accélère la séparation des phases.

Une application majeure : le traitement des eaux

Les applications industrielles de la coagulation et de la floculation sont nombreuses. On a cité la séparation de la caséine du lait qui est l'une des premières étapes de la fabrication de nombreuses spécialités fromagères. Toujours dans l'industrie agroalimentaire, on trouve également des étapes de coagulation ou floculation dans la clarification de boissons, vins ou bières par exemple. Dans un autre secteur industriel, la fabrication du papier, des coagulants et floculants sont utilisés pour retenir les pigments minéraux opacifiants au sein des fibres de cellulose lors de la formation des feuilles.

Mais la principale application des coagulants et floculants est le traitement des eaux. Une eau de rivière, une eau municipale usée ou une eau utilisée dans un procédé industriel contiennent de nombreux composés qui sont à l'origine de la turbidité, la couleur, voire la toxicité de cette eau : des matières en suspension, des colloïdes et des matières dissoutes. Les matières en suspension sont des particules solides minérales (sables, argiles, hydroxydes minéraux...) ou organiques (acides humiques ou fulviques, réactifs ou sous-produits d'une activité industrielle...) ainsi que des micro-organismes (algues, bactéries...) dont la taille est supérieure à un micron environ.

Les matières colloïdales sont des particules de même origine que les matières en suspension, mais dont la taille est comprise entre environ un micron et un nanomètre. Elles ne sédimentent pas.

Enfin, les matières dissoutes sont des molécules de petite taille, inférieure à quelques nanomètres : cations, anions, complexes métalliques, gaz dissous. Elles ne sont pas séparées par des technologies de filtration classiques.

Les coagulants et floculants sont utilisés en traitement des eaux pour rassembler les particules et colloïdes contenus afin d'augmenter leur taille pour faciliter leur séparation. Le traitement des eaux, en particulier à usage domestique, implique des opérations de très grande échelle. Aucun autre procédé de technique séparative ne met en jeu d'aussi grands volumes. Il est donc nécessaire, compte tenu de la qualité et de la constance du résultat attendu, de disposer d'un procédé performant.

Les techniques membranaires se développent dans ce domaine, mais la coagulation-floculation reste actuellement le procédé physico-chimique le moins cher par rapport à la quantité de particules éliminées. La sédimentation est en effet le procédé de séparation le plus économique en termes de consommation d'énergie. Les technologies les plus récentes exigent une vitesse de sédimentation minimum d'un mètre par heure. Ce qui correspond — selon la loi de Stokes, qui énonce qu'une particule sphérique isolée, tombant en régime laminaire dans un fluide atteint une vitesse V_0 proportionnelle au carré de son diamètre — à la vitesse de sédimentation d'une particule de silice de 1,7 micron dans une eau à 20 °C. Il ne serait donc pas possible par exemple de séparer correctement avec les équipements disponibles dans les stations d'épuration des bactéries isolées (vitesse de sédimentation de cinquante centimètres par heure) et encore moins un virus qui mettrait deux années pour parcourir un mètre ! La coagulation-floculation permet d'agréger ces particules colloïdales en flocs d'une taille comprise entre 100 microns et quelques millimètres, suffisamment denses pour sédimenter facilement *(Fig. 1)*.

Les coagulants utilisés sont des sels d'aluminium ou de fer hydrolysables ou des polymères organiques. Les phénomènes physico-chimiques à l'œuvre ne sont pas simples, et de nombreux laboratoires poursuivent des recherches d'optimisation de ces produits et de leur mode d'application.

Figure 1 – Essais au laboratoire : tests de coagulation et floculation (Jar tests) en traitement d'un effluent industriel.

Aspects théoriques : stabilité des suspensions colloïdales

Les particules en suspension dans l'eau sont soumises à des forces opposées qui varient avec la distance entre ces particules. L'énergie potentielle d'interaction entre deux particules est la somme de l'énergie d'attraction de van der Waals et de l'énergie de répulsion électrostatique liée aux charges de surface des colloïdes. Aux valeurs de pH habituelles d'une eau de surface (pH compris entre 5 et 8), la surface des colloïdes est en effet généralement chargée négativement *(Fig. 2)*.

Lorsque les particules se rapprochent sous l'effet du mouvement brownien ou de l'agitation de la solution, l'énergie d'interaction quasi nulle à grande distance devient négative : les molécules s'attirent. Puis les forces électrostatiques deviennent prépondérantes. Les particules se repoussent. Cette énergie de répulsion est maximale à un niveau correspondant à l'énergie d'activation ou « barrière d'énergie » E_{max}. Le système est d'autant plus stable que E_{max} est élevée. Si l'on arrive à surmonter cette barrière énergétique, les forces attractives deviennent à nouveau prépondérantes et il y a coagulation. Pour cela, il faudrait agiter ou chauffer l'eau pour que l'énergie cinétique des particules soit supérieure à E_{max}, ou bien il faut réussir à abaisser la valeur de la barrière d'énergie.

L'apport énergétique nécessaire étant considérable compte tenu des volumes mis en jeu, il est bien préférable de chercher à diminuer E_{max} par un ajout de cations susceptibles de neutraliser la charge de surface en s'adsorbant sur la surface des particules.

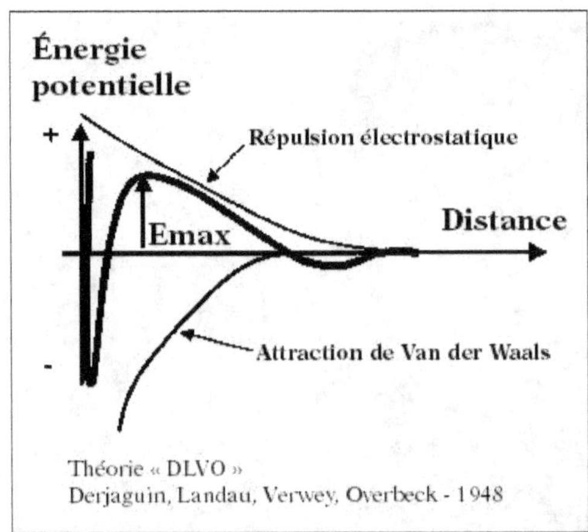

Figure 2 – Attraction et répulsion entre deux particules : théorie DLVO.

Il est possible de mesurer la différence de potentiel qui existe entre le voisinage d'une particule et le sein du liquide à l'aide d'un appareil appelé zêtamètre qui la détermine par observation de la migration des particules sous l'action d'un champ électrique. Sous l'influence du champ électrique, les particules se déplacent jusqu'à atteindre une vitesse limite correspondant à l'équilibre entre la force électrique d'attraction et la force de friction due à la viscosité du milieu. La valeur du potentiel électrique correspondant, appelée « potentiel zêta » ou potentiel électrocinétique, est indépendante du diamètre de la particule. Le potentiel zêta caractérise la stabilité d'une suspension de colloïdes : plus sa valeur absolue est élevée et plus le système est stable.

Les modes d'action des coagulants et floculants.

Les particules colloïdales présentes dans les eaux naturelles ne peuvent pas sédimenter en raison de leur faible dimension. Elles ne peuvent pas s'agglomérer puisqu'elles sont chargées négativement et que les forces électriques de répulsion prédominent sur les forces d'attraction. Pour favoriser la séparation des colloïdes, il faut d'une part déstabiliser la suspension par annulation du potentiel zêta — c'est l'étape de coagulation — et augmenter la taille des microflocs issus de la coagulation — c'est l'étape de floculation.

Il y a plusieurs modes de déstabilisation des colloïdes *(Fig. 3)* :
Si l'on ajoute des quantités croissantes d'ions sodium Na^+, calcium Ca^{2+} ou aluminium Al^{3+} à une suspension de kaolinite (dans

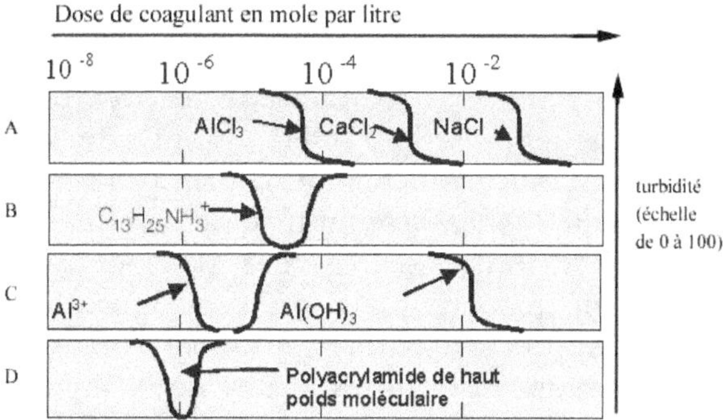

Figure 3 – Modes de déstabilisation d'une suspension de kaolinite.

le cas de l'aluminium, à un pH suffisamment acide pour éviter son hydrolyse), on observe, à partir d'une certaine concentration en sel introduit, une brusque diminution de la turbidité (cas A). Cette variation apparaît à des doses différentes selon la nature de l'ion introduit, mais ces doses sont pratiquement indépendantes de la concentration en colloïdes. Elles ne dépendent que de la charge ionique de l'espèce considérée. L'apport de cations (charges positives) dans la solution modifie le potentiel au voisinage des particules et permet aux particules de se rapprocher. C'est ce que l'on appelle « compression de la double couche ». En raison de la valence des ions, l'effet coagulant de l'aluminium trivalent est dix fois plus important que celui du calcium, et environ 700 fois plus important que celui du sodium.

La déstabilisation de la suspension de kaolinite par adsorption d'un sel d'ammonium sur la surface des colloïdes est plus efficace (cas B). Le résultat observé pour ce cation de valence un est très différent de celui observé par un apport d'ions sodium. En particulier, on constate que la variation de turbidité est réversible. Les doses correspondant à la déstabilisation puis à la stabilisation de la suspension sont proportionnelles à la concentration en colloïdes. Ces phénomènes s'expliquent par l'adsorption des molécules de coagulant à la surface des colloïdes. Dans un premier temps, les cations adsorbés neutralisent la charge négative à la surface du colloïde, jusqu'à annuler le potentiel de surface de cette particule. Cela correspond à la déstabilisation de la suspension. Puis, avec des quantités croissantes d'ions ammonium adsorbés, la charge de la particule devient positive. Le phénomène s'inverse, se traduisant par une nouvelle stabilisation de la suspension.

La figure correspondant au cas C montre l'effet d'ajouts croissants d'ions Al^{3+} dans des conditions de pH où l'aluminium est hydrolysable. La courbe présente une première zone de coagulation, puis une restabilisation de la suspension. Si l'on poursuit l'ajout du sel d'aluminium, on observe à nouveau la déstabilisation de la suspension de colloïdes. L'hydratation des ions Al^{3+} conduit à la formation de complexes successifs, ions polycondensés existant sous forme linéaire, ramifiée ou cyclique, d'autant plus polymérisés que l'on se rapproche de la précipitation de l'hydroxyde d'aluminium. Ces espèces telles que $Al_{13}O_4(OH)_{24}^{7+}$ sont très chargées et très facilement adsorbables. Cela explique, par un processus équivalent à celui observé pour l'ion ammonium quaternaire, une efficacité beaucoup plus importante que l'espèce Al^{3+} non hydrolysée tant pour la coagulation que pour la restalilisation de la suspension. Enfin, en raison de la charge cationique élevée, l'apport plus important de sel d'aluminium se traduit par une nouvelle déstabilisation de la suspension qui est due à la compression de la double couche.

Enfin, la figure D représente l'effet de l'ajout d'une solution d'un polymère cationique de haut poids moléculaire sur la stabilité d'une suspension de kaolinite. On note à nouveau que la déstabilisation est réversible et que la zone de déstabilisation est assez étroite. Cela est important en pratique, car cela indique qu'il faut éviter de surdoser un polymère en traitement de coagulation. Le polymère s'adsorbe à la surface des particules colloïdales via les groupements ammonium. Mais l'adsorption n'est pas seule à l'origine de l'efficacité des polymères. La molécule s'étend, crée des ponts entre les particules colloïdales et les rassemble : ces polymères cationiques sont de bien meilleurs floculants que les sels d'aluminium. Si l'adsorption est trop forte, ou lorsqu'il y a surdosage, le polymère se comprime sur la particule et il n'y a plus suffisamment de sites disponibles pour le pontage. On observe alors la restabilisation de la suspension. Il existe donc une dose optimale en polymère proportionnelle à la concentration en colloïdes. La zone de dosage optimal est très étroite, ce qui, outre leur coût, constitue le principal défaut des polymères *(Fig. 4)*.

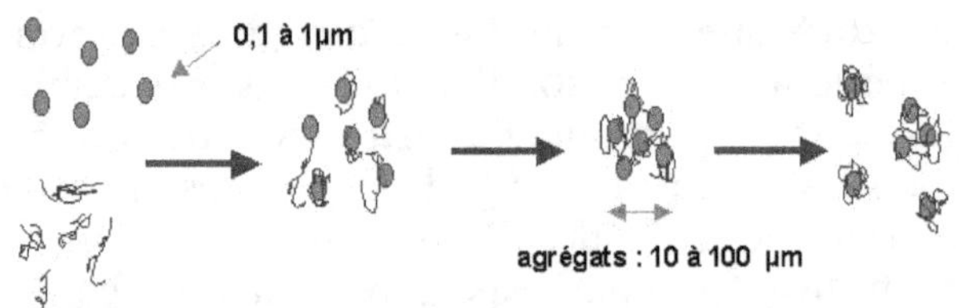

Figure 4 – Floculation par des polymères hydrosolubles.

Des données cinétiques indispensables pour la conception des ouvrages en traitement des eaux

En raison des volumes d'eau très importants à traiter, avec parfois des pointes de débits très élevés en période de fortes précipitations, les équipements de traitement sont souvent gigantesques. Des données cinétiques précises sont indispensables pour concevoir correctement la taille des décanteurs et bassins de sédimentation pour la séparation des particules agglomérées après coagulation et floculation.

L'étape de coagulation, correspondant à l'adsorption des cations et neutralisation des charges est un processus physico-chimique rapide, généralement d'une durée inférieure à la seconde. Les paramètres qui influent sur cette étape sont la charge des ions et surtout la concentration en colloïdes, mais les limitations techniques viennent principalement de la difficulté d'homogénéiser leur diffusion au sein de l'eau à traiter. Le choix des points d'injection des produits est primordial.

Après la phase de coagulation, les très petites particules contenues dans la suspension de colloïdes peuvent se rencontrer par mouvement brownien. Pendant cette phase d'agglomération dite péricinétique, la variation du nombre de particules est proportionnelle au carré de la concentration en particules. Elle est d'autant plus rapide que la température est élevée et la viscosité faible. En théorie indépendante de la vitesse d'agitation, cette phase a cependant lieu dans des conditions d'agitation intense nécessaire pour homogénéiser l'apport de réactifs, en particulier lors de la mise en œuvre de polymères. Cette phase dure typiquement quelques dizaines de secondes.

Lorsque les particules sont rassemblées en microflocs, la probabilité de collision devient faible, et la cinétique du processus est alors imposée par le gradient de vitesse dû à l'énergie d'agitation. On passe en phase dite de floculation orthocinétique.

Pour une suspension homogène, en régime laminaire ou turbulent, la vitesse de floculation orthocinétique est proportionnelle au gradient de vitesse, au carré de la concentration en particules ainsi qu'à la puissance trois de la taille des particules.

Il est possible d'optimiser l'agitation de façon à accroître le gradient de vitesse sans cisailler et casser les flocs formés qui sont de plus en plus fragiles au fur et à mesure que leur taille augmente. L'agitation, pendant les 10 à 30 minutes généralement nécessaires pour la floculation, est bien plus lente que lors de la coagulation. La cinétique du processus global est imposée par cette étape lente qu'est le grossissement des flocs par collision des particules.

Les produits commerciaux

Les réactifs de coagulation et de floculation sont des produits d'origine minérale (sels d'aluminium et de fer), des polymères naturels et des polymères de synthèse. Les polymères sont beaucoup plus chers que les coagulants minéraux, mais leur dose d'emploi est faible, ce qui peut compenser l'écart de prix. Le prix des sels d'aluminium et de fer varie entre environ 0,5 F et 2 F par kg. En Europe, les principaux producteurs sont les sociétés Rhodia, Atofina et Kemira. Les polymères anioniques sont vendus entre 15 et 30 F par kg et les polymères cationiques entre 20 et 50 F par kg. En Europe, les principaux producteurs sont les sociétés SNF Floerger, Ciba, Nalco et Stokhausen. Les prix dépendent aussi de la quantité achetée, du conditionnement et du transport.

Les sels de fer et d'aluminium sont souvent appelés « coagulants minéraux », bien que certains d'entre eux, comme les sels d'aluminium polymérisés aient des propriétés de floculants. Mais ce sont bien les coagulants les plus efficaces car ils présentent une densité de charge positive particulièrement élevée.

Les sels d'aluminium commerciaux sont généralement caractérisés par leur teneur en aluminium, exprimée en % Al_2O_3 (représentative de la « matière » active contenue) et par la « basicité » du produit, exprimée par le rapport molaire $(OH^-)/3\ (Al^{3+})$ (représentative du degré de polymérisation des ions aluminium). La réaction de base, lors de l'ajout d'un sel d'aluminium dans une eau, est la précipitation de l'hydroxyde d'aluminium et la libération d'acide.

$$Al^{3+} + 3H_2O \rightleftharpoons Al(OH)_3 + 3H^+$$

Les principaux produits commercialisés sont le sulfate d'aluminium, le chlorure d'aluminium, l'aluminate de sodium, et les sels polymérisés : polychlorure et polychloro-sulfate d'aluminium.

Le sulfate d'aluminium reste le produit le plus utilisé, mais il est peu à peu déplacé par des polymères minéraux plus performants. Dans le monde des coagulants et floculants, il est représentatif du produit de commodité, peu onéreux, mais sans valeur ajoutée particulière. Le seul critère différenciant les produits du marché est la pureté du produit. En effet, il est possible de trouver des produits recyclés contenant de nombreuses impuretés, mais les principaux producteurs proposent des produits de très bonne qualité, répondant aux critères d'acceptation pour le traitement des eaux potables.

Les polymères d'aluminium agissent à la fois par décharge électrostatique et par pontage des colloïdes. Ce sont des polychlorosulfates basiques (PACS) de formule générale $Al_nOH_mCl_{(3n-m-2k)}SO_{4(k)}$

Certains produits ne contiennent pas de sulfates : ce sont les polychlorures basiques d'aluminium (PAC). Plus cher que les sels non polymérisés, leur utilisation conduit à une dose de traitement inférieure et surtout à une excellente qualité de l'eau traitée, une meilleure cohésion des boues, une faible teneur en aluminium résiduel... Ces produits sont particulièrement recommandés pour le traitement des eaux de surface.

Les sels de fer commercialisés en traitement des eaux sont principalement le chlorure ferrique, le chlorosulafte ferrique et le sulfate ferreux. Ce sont des produits de commodité et contrairement aux sels d'aluminium, il n'existe pas de sels polymérisés à haut degré de basicité. Les sels ferriques, plus chargés, ont un meilleur pouvoir coagulant que les sels ferreux.

Comme pour les sels d'aluminium, des espèces polycondensées apparaissent au cours du traitement, et sont fortement dépendantes du pH. L'utilisation d'un sel ferrique à dose élevée induit souvent une coloration rouille de l'eau traitée : c'est le principal inconvénient de ces produits.

Les floculants organiques naturels sont des polymères hydrosolubles d'origine animale ou végétale. Généralement non ioniques, ils peuvent être modifiés chimiquement. Leur poids moléculaire est plus faible que celui des polymères de synthèse, ce qui leur confère de moins bonnes propriétés de floculation. Leur intérêt réside dans leur caractère « naturel », non toxique, biodégradable... Les plus utilisés sont les amidons, les alginates et les gommes guar ou xanthane. Ces produits sont cependant réservés à des applications très spécifiques car ils sont chers, parfois rares comparativement à la taille du marché de traitement d'eau (cas des gommes guar par exemple), et ont une efficacité réduite en raison de leur faible longueur de chaîne.

Les coagulants et floculants organiques synthétiques sont des polyélectrolytes hydrosolubles de haut poids moléculaire et de différentes ionicités, obtenus par polymérisation d'un ou de plusieurs monomères. On distingue les coagulants, à forte charge cationique et poids moléculaire relativement bas (10^4 à 10^5), dont un exemple est le DADMAC (chlorure de diallylmethylammonium) et les floculants, de très haut poids moléculaire (10^6 à 10^7) et charge ionique très variable dont les principaux sont les polyacrylamides. Les sociétés qui produisent ces produits proposent plusieurs dizaines de produits différents, parfois définis et fabriqués pour une application particulière, conditionnés sous forme de poudre ou d'émulsions prêtes à l'emploi : il s'agit réellement de chimie de spécialités *(Tableau 1)*.

On peut comparer les applications de ces coagulants organiques avec celles des sels minéraux. En fait, les deux gammes de produits sont plutôt complémentaires en raison de leurs tailles moléculaires différentes. Les meilleurs résultats sont souvent obtenus par des systèmes combinés. En France, ces produits organiques ne sont pas autorisés en traitement de potabilisation des eaux de surface, car leurs monomères sont toxiques.

**Tableau 1. – Domaines d'application
des floculants polymères synthétiques.**

Domaine d'application	non ionique	Anionique			Cationique		
		faible	moyen	fort	faible	moyen	fort
Floculation argiles et schistes en milieu neutre			X				
Décantation des argiles				X			
Floculation silice					X		
Floculation en milieu acide	X	X					
Floculation en milieu salin	X	X					
Décantation en milieu basique				X			
Floculation de suspensions organiques coagulées par un produit minéral	X	X	X				
Décantation de boues activées						X	X
Conditionnement de boues organiques					X	X	X
Conditionnement de boues urbaines						X	X
Filtration de boues minérales			X	X			

Exemple d'application : le traitement chimique des eaux de surface (eau potable)

Les eaux de surface sont rarement potables. Le grand public entend parler généralement de nitrates, de phénols, de PCB, de dioxines, de pesticides, de bactéries et virus... Chacun de ces polluants fait l'objet de contrôles analytiques spécifiques, et de traitements particuliers (ozonation, adsorption sur charbon actif...). Mais les polluants les plus abondants sont des acides humiques, issus de la décomposition des plantes, souvent responsables de mauvais goût ou de mauvaise odeur, les fines particules minérales responsables de la turbidité de l'eau, et les polluants organiques qui incluent les matières humiques, mais également les hydrocarbures, les huiles... Trois paramètres mesurés permettent d'indiquer la teneur en ces éléments polluants dans une eau : la couleur, la turbidité et la DCO. (demande chimique en oxygène).

Après dégrillage et ajustement du pH, le coagulant est introduit au niveau du réacteur de précipitation. L'opération de mélange est critique, et divers types de mélangeurs rapides peuvent être utilisés. Les flocs sont séparés par sédimentation ou flottation. Finalement, un filtre à sable permet de retenir les flocs résiduels. Les boues issues de ce traitement sont de nature essentiellement minérale, en raison de l'hydroxyde d'aluminium apporté par le coagulant. Ces boues peuvent être rejetées dans le milieu naturel, en aval de la station d'épuration.

Pour cette application « eau potable », la qualité des produits est importante, et ils doivent répondre à des normes de qualité strictes.

Un nécessaire effort de Recherche et Développement

Il est souvent difficile compte tenu de la multiplicité des produits commerciaux proposés de déterminer *a priori* le réactif optimal et surtout la dose d'emploi, que ce soit pour le traitement des eaux ou le conditionnement des boues. Des essais préliminaires en laboratoire sont indispensables pour définir le produit adapté et ses conditions de mise en œuvre. Ces essais doivent être renouvelés périodiquement, et bien entendu en cas de dysfonctionnement du système par suite de variations de la nature ou de la concentration des colloïdes de l'eau brute. D'autre part, les enjeux de qualité liés à l'application très sensible qu'est le traitement des eaux impose une constante recherche de nouveaux produits tels que des polymères plus facilement biodégradables, des polymères naturels fonctionnalisés, des formulations... ainsi que la recherche d'innovations pour des applications en développement telles que le conditionnement des boues ou l'association de ces produits avec des procédés membranaires.

Quels textiles
pour nos vêtements de demain ?

par Michel Sotton

Je ne résiste pas à l'envie de citer quelques lignes de *Voyage en Orient* de Gérard de Nerval qui, en 1850, décrit son étonnement ravi à la vue d'un « Colon anglais » :

« Imaginez un monsieur monté sur un âne avec ses longues jambes qui traînent par terre, son chapeau rond est garni d'un épais revêtement de coton blanc piqué. C'est une invention contre l'ardeur des rayons du soleil qui se transforme, dit-on, dans cette coiffure, moitié matelas, moitié feutre. Le gentilhomme a sur les yeux deux espèces de coques de noix en treillis d'acier bleu pour briser la réverbération lumineuse du sol et des murailles. Il porte par-dessus tout cela un voile de femme vert contre la poussière. Son paletot de caoutchouc est recouvert encore d'un surtout de toile cirée pour le garantir de la peste et du contact fortuit des passants... »

À cette échelle temporelle relativement courte, vous mesurez que nos textiles et vêtements fonctionnels ont de vrais ancêtres. Nos vêtements contemporains ont depuis acquis une extraordinaire technicité, une extrême légèreté, une fluidité et des fonctionnalités certaines dans les domaines de la protection, de l'hygiène et de la santé.

Dans les vingt années à venir, nous connaîtrons des changements accélérés, encore plus radicaux, dans notre façon de nous vêtir.

Texte de la 280e conférence de l'Université de tous les savoirs donnée le 6 octobre 2000.

Les vagues de l'innovation

L'industrie textile a toujours su merveilleusement tirer partie des progrès technologiques des industries connexes (mécanique, chimie...) pour accroître sa compétitivité et proposer des produits innovants, différenciateurs. Cette attitude nous a valu, à ce jour, deux grandes vagues de produits textiles innovants.

— La première a pris naissance lors de l'ère industrielle 1830-1900, au cours de laquelle l'industrie textile a profité de la mécanisation, de la machine à vapeur, de l'électricité, pour propulser une vague de produits innovants dont la valeur ajoutée se mesurait à l'aune de la préciosité des fibres, de leur valeur patrimoniale et bien sûr du savoir-faire des hommes de la filière. Pas étonnant donc de voir surfer sur cette première vague les textiles en laine et en soie.

— La seconde vague correspond à l'ère de la chimie et a donné des textiles dont la valeur s'apprécie d'abord au panier des performances et ensuite au baromètre des fonctionnalités naissantes. Elle a porté d'abord les premières fibres chimiques, substituts des fibres naturelles, ensuite les fibres à propriétés améliorées, plus près de nous les microfibres qui ont élargi les effets sensoriels au-delà des confins de la soie, les élasthannes et enfin au sommet de cette vague, les matériaux exceptionnels de résistance et de performance (fibres Aramide, Carbone, Céramique). Cette alliance avec la chimie a également permis de pousser sur le marché les premiers concepts de produits fonctionnels.

— La troisième vague qui s'initie aujourd'hui, à l'ouverture du IIIe millénaire, couvrira l'ère du savoir. Elle portera des produits à fort contenu de connaissance, à fort contenu immatériel et offrira au marché de réels textiles-services. Certes, le savoir et le patrimoine technologique acquis précédemment seront valorisés, mais l'industrie textile devra une nouvelle fois démontrer sa capacité à co-évoluer avec des industries et de nouveaux partenaires, porteurs de progrès, d'image et d'innovation comme la cosmétique, la santé, les télécommunications, l'informatique et en intégrant toutes les nouvelles technologies qui émergent de manière explosive (technologies du numérique, biotechnologie, nanotechnologie, etc).

Sans aucun doute, cette nouvelle vague mettra le consommateur et l'information au cœur des produits. Effectivement, le consommateur de plus en plus informé, averti, conscient de sa différence (même dans les grands courants de mode) sera capable d'exprimer de nouvelles attentes et de rédiger son propre cahier des charges pour ses vêtements.

Les textiles du bien-être et du mieux vivre

Les textiles devraient définitivement cesser de nous apparaître comme des matériaux « inertes » pour, progressivement, avec les fonctionnalités qui seront introduites via de nouvelles technologies, acquérir une activité, puis une interactivité avec notre corps et enfin une certaine forme d'intelligence de manière à réagir à notre environnement et éventuellement le modifier.

LES COSMÉTOTEXTILES

Le consommateur apprécie cette nouvelle intimité, mieux comprise, entre peau et textile. La mode *stretch* qui force le contact jusqu'à donner l'illusion d'une seconde peau et d'une meilleure perception de son corps, a contribué à cette évolution récente. Avec des fibres dont la surface spécifique est de l'ordre de 100 m^2 par gramme (parfois beaucoup plus), le textile est devenu un lieu de contact et d'échange idéal et privilégié avec la peau. De ce fait un certain nombre d'actifs, utilisés en cosmétologie, qui sont véhiculés sur la peau aujourd'hui par des gels, lotions, crèmes, etc. peuvent l'être par le textile.

Le défi est ouvert entre le textile et la cosmétologie... et les premiers concepts de cosmétofibres, cosmétotextiles, cosmétolingeries sont apparus. Ils permettront de délivrer, de manière douce, régulière tout au long de la journée, les arômes, les actifs amincissants, veinotoniques, hydratants, régénérants, anti-vergetures, autorégulateurs, dépilatoires, anti-odeurs, vitamines qui font la richesse de la palette des cosmétiques. Il est même possible d'envisager de créer de nouveaux actifs non formulables dans les applications cosmétiques classiques. Il faut donc dans cet esprit reconcevoir l'interface textile-peau et fonctionnaliser le textile pour « accrocher » ces actifs relargables à la carte selon les sollicitations (température, traction, compression, flexion, lumière, etc.). Certes, les fibres peuvent elles-mêmes se faire creuses pour devenir des « fibres-réservoir », perméables pour alimenter cette interface.

Reste néanmoins encore à installer sur ce concept, avec les consommateurs et le législateur, les outils de la confiance, c'est-à-dire les tests, normes, labels, certificats, qui font la preuve de l'efficacité de la fonction.

LES TEXTICAMENTS

Dans la mouvance de ce qui précède, les textiles actifs peuvent rejoindre la para-pharmacie et même le domaine de la pharmacie avec l'émergence de texticaments qui soignent. Au-delà des « patch », des pansements et dispositifs médicaux textiles actuels (orthèses, prothèses), l'alliance avec la pharmacologie et les industries de la santé, permettra l'émergence de textiles-vêtements pharmaco-dynamiques (analgésique, anti-inflammatoire, anti-infectieux...). Certes, cela exigera de maîtriser à nouveau les interfaces, de développer les techniques d'accrochage des molécules actives, via le greffage moléculaire, l'encapsulation dans des nanocapsules cages (dérivés de la cyclodextrine par exemple) et également d'élucider les aspects de chronothérapie, de biodisponibilité, etc.

Les texticaments n'échapperont pas au processus rigoureux des essais cliniques et aux agréments officiels requis avant la mise sur le marché.

Des textiles sains et sûrs

Dans ses rapports quotidiens avec le vêtement, le consommateur attend plus de confiance, plus d'hygiène, plus de sécurité.

LES TEXTILES ANTI-BACTÉRIENS

Ce concept de produits déjà testé sur le marché va prendre de l'ampleur. L'Institut textile de France a été pionnier dans ce type de travaux, en recherchant à greffer sur la surface des fibres de longues chaînes de polymère (polyacrylate par exemple) portant à leur extrémité des molécules aux effets anti-bactériens (type ammonium quaternaire, trichlosan) afin de tuer les bactéries qui viendraient en contact. Ce concept de fonctionnalisation permanente évite le relargage d'antiseptique et communique au produit une activité bactériostatique permanente.

L'Institut textile de France a également développé la norme d'essai qui permet de faire la démonstration de l'efficacité de cette fonction.

Ce concept de textile antibactérien à effet bactériostatique trouve de plus en plus d'applications dans nos vêtements, dans la mesure où il évite que certaines bactéries de la flore commensale, qui migrent de la peau vers le vêtement, y forment colonie en profitant d'un milieu nutritif alimenté par la sudation par exemple. Ce principe d'hygiène se trouve favorablement doublé de la disparition des odeurs attachées au développement bactérien dans le textile.

L'aboutissement des travaux de recherche plus fondamentale qui sont engagés sur ce sujet, afin de mieux comprendre les mécanismes d'action de ces antiseptiques solides sur les bactéries, d'élucider si il y a ou non consommation ou régénération de l'antibactérien, permettra sans aucun doute de préparer les générations montantes de ce type de produit textile.

LES TEXTILES BARRIÈRES

Les Jeux Olympiques de Sydney ont mis sous les feux de la rampe les textiles anti-UV, spécialement mis au point pour protéger les athlètes et accompagnateurs contre les UV dans cette région du monde où la couche d'ozone présente des faiblesses. Dans ces textiles à la contexture serrée afin d'obtenir l'effet d'ombrage maximum, les fibres incorporent des taux importants de céramique ou des pigments qui réfléchissent les UVA et UVB et en absorbent une partie.

Les textiles « barrière » antiparticulaires, antistatiques, antibactériens qui se développent actuellement pour le personnel qui travaille dans des conditions extrêmes de propreté et d'aseptie, en salle blanche et en milieu hospitalier, trouveront progressivement des applications dans les vêtements de ville. De même, les propriétés anti-feu, anti-flamme, développées pour les situations extrêmes (pompiers, militaires) se déclineront dans des applications grand public.

LES TEXTILES « DÉPOURVUS DE TOUTES SUBSTANCES NOCIVES »

Les textiles qui s'annoncent dépourvus de toutes substances pouvant causer de quelconque irritation, allergie, pathologie, etc., se généralisent, avec la prise de conscience progressive du public de l'utilité de certificats tel que « Confiance Textile » délivré par l'Institut textile de France aux industriels pour les produits qui satisfont les exigences de cette certification.

LES TEXTILES ÉCLAIRANTS

Dans la mouvance des vêtements de sécurité ou de certaines tenues de scène qui incorporent des matériaux fluorescents, photoluminescents, des microprismes ou des microsphères de verre, afin d'accroître le niveau de visibilité des individus, nous verrons apparaître des concepts totalement innovants permettant de passer de la signalisation passive à la signalisation active. Toutes les solutions actuellement disponibles imposent la présence d'une source extérieure (phares de voitures, spots, etc.). Dans le concept de signalisation active, c'est l'utilisateur qui va décider spontanément, dans une situation donnée, de se rendre hautement visible avec une enseigne lumineuse proportionnée au besoin qu'il apprécie.

La fibre optique, un peu détournée de sa vocation première (transport d'impulsion lumineuse d'un bout à l'autre) grâce à un judicieux procédé, peut être rendue éclairante latéralement sur un tronçon choisi lorsqu'elle est introduite dans une étoffe. Le développement des batteries modernes, légères et petites, permet de maîtriser l'alimentation en énergie du système éclairant sans contrainte de poids, de rigidité ou d'encombrement (Société Dubar Warneton).

Les biosensoriels

Ces textiles vont connaître un développement important car ils jouent, interagissent avec les sens de la vie. Les textiles vont constituer de plus en plus des vecteurs, des relais amplificateurs ou atténuateurs des stimuli et sensations.

LES TEXTILES DE CONFORT

Les échanges thermiques qui s'installent entre notre corps et l'environnement afin de maintenir l'homéothermie (une température interne autour d'une valeur de consigne de 37 °C) sont complexes : production de chaleur métabolique transformée en puissance mécanique (mouvements...) et en puissance thermique, transfert de chaleur du noyau interne de notre corps vers la surface cutanée, transfert de chaleur entre le corps et le milieu ambiant par échanges respiratoires et échanges au niveau de la peau. C'est ce dernier aspect qui concerne particulièrement les textiles. À cet égard, les recherches de modèles de simulation numérique progressent, bien que la prise en compte de tous les paramètres qui permettent de modéliser les échanges thermiques à travers les vêtements, complique l'approche. Le rôle essentiel des vêtements est de modifier favorablement les échanges thermo-hygrométriques (chaleur et eau) entre la surface cutanée et le milieu environnant en créant un microclimat sous-vestimentaire*.

Il apparaît entre la peau et le vêtement une couche d'air dont l'épaisseur varie selon la posture (assise, debout), le vêtement lui-même (type de confection, dimensions des ouvertures — col —

---

* Piniec-Varieras (S.), « Thermique de l'Homme dans une voiture : modélisation et expérimentation », Thèse, Université, Paul Sabatier, Toulouse, sept. 1994.

manches — jambes, porosité du tissu...) et selon l'activité de l'individu. Ces mouvements provoquent évidemment une convection forcée (effets de pompage, effets soufflet...) qui modifie les transferts thermiques qui se compliquent passablement si on rencontre plusieurs couches superposées de textile. Dans la couche de matière textile, les transferts de chaleur s'effectuent par conduction et les transferts de masse par diffusion pour la phase vapeur et migration pour la phase liquide. À la surface de la peau, les échanges ont lieu :

— Par convection perméodynamique : le textile est poreux et permet le passage d'air dès que l'individu bouge ou si la vitesse d'air en surface est importante

— Par convection pariétodynamique : dans la couche d'air sous-vestimentaire lorsque l'air entre par effets de pompage ou effet soufflet

— Par rayonnement entre la peau et le milieu environnement selon l'opacité du textile

— Par rayonnement directement avec le textile.

Ce modèle permet déjà de mieux concevoir les textiles et les vêtements afin de satisfaire les fonctionnalités d'échange et de transfert. Il reste néanmoins difficile à faire tourner car il nécessite la connaissance de beaucoup de caractéristiques sur le vêtement que porte l'individu, sur les textiles et sur les fibres qui le constituent, éléments qui ne sont pas pour l'instant disponibles.

C'est pourquoi se développent également de nombreux modèles de simulation analogique qui permettent de tester les textiles sur des modèles Peau (*Skin Model*) afin de mesurer de façon standard leur résistance thermique ou leur résistance évaporative *(Fig. 1)* et sur des mannequins thermiques et des torses transpirants afin de tester des vêtements en situation en chambre climatique *(Fig. 2)*.

Cette approche permet d'avancer significativement dans la compréhension de la composante objective de la sensation confort ; la composante affective est plus subjective et relève de l'analyse sensorielle et des tests consommateurs. Aujourd'hui, nous savons objectivement situer les performances relatives des textiles imper-respirants (membranes ou enductions microporeuses, membranes compactes à affinité chimique en polyuréthanne ou polyester hydrophile). Certains textiles et vêtements extrêmement performants sont mis au point pour des conditions extrêmes (exploits sportifs...) qui se déclineront progressivement pour les vêtements de ville.

Pour améliorer l'efficacité des textiles, la thermorégulation et la régulation de la transpiration, plusieurs pistes sont envisagées :

— Les textiles régulateurs d'humidité pour l'optimisation des matières imper-respirantes

— Des fibres qui absorbent la transpiration et l'éliminent rapidement : fibres microporeuses et à canaux de capillarité.

— Incorporation d'additifs sur le textile.

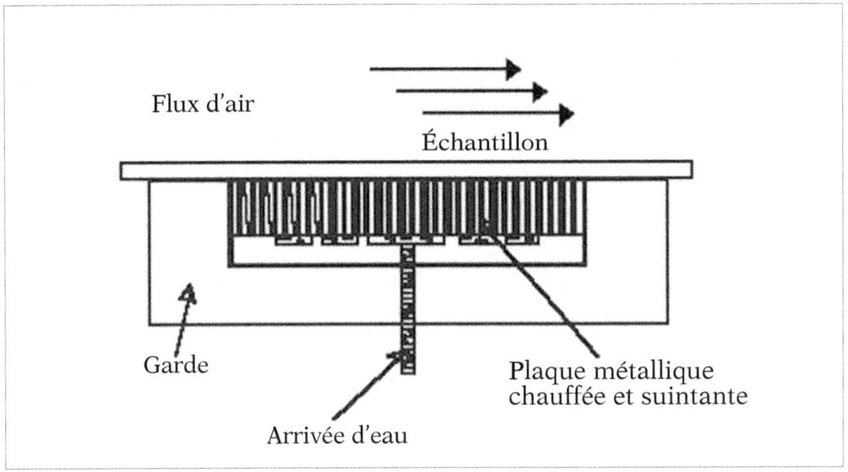

Figure 1 – La résistance évaporative est définie par : $R_e = (P_{skin} - P_{air})/H_e$
La résistance thermique est définie par : $R_c = (T_{skin} - T_{air})/H_c$
Skin model (iso 11092)

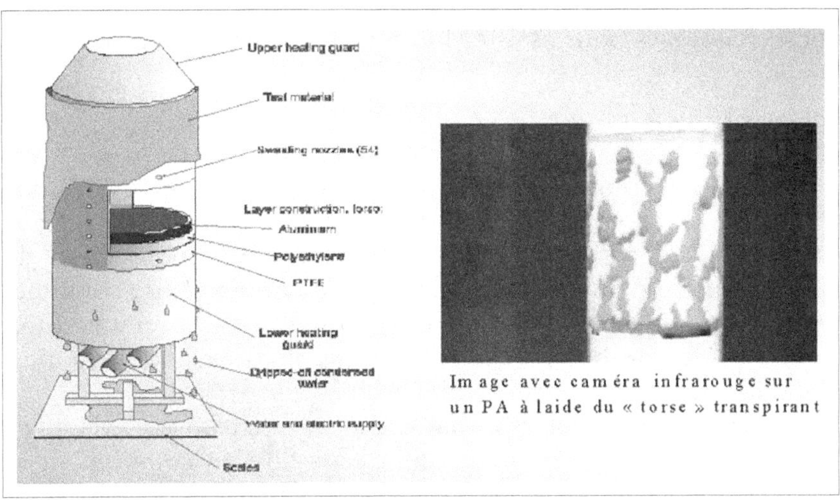

Figure 2 – « Torse » transpirant

Ces additifs peuvent être de deux sortes :

— Couche de matériau céramique liée à la surface du textile par un liant acrylique dont la fonction est de réduire le flux de chaleur qui traverse le textile et d'empêcher un échauffement trop important lié au rayonnement solaire ; le textile enduit reste respirant et imperméable.

— Enduction de polymères à changement de phase (tels que des paraffines hydrocarbonées : polyéthylène-glycol) microencapsulés. Les polymères à changement de phase sont des matériaux qui absorbent ou libèrent de grandes quantités de chaleur, sans changement significatif de température, en changeant d'état ou de phase. L'eau est un bon exemple de matériau à changement de phase : nous l'utilisons solide, sous forme de glace, pour conserver nos boissons froides parce qu'elle a la capacité d'absorber une forte quantité de chaleur tout en restant à 0 °C et en fondant. Cette température de 0 °C est sa température de changement de phase solide/liquide et l'absorption de chaleur à cette température à 0 °C correspond à la chaleur latente de fusion. Ces matériaux à changement de phase utilisés dans cette technologie textile initialement développée par la NASA et l'US Air Force, présentent également une forte chaleur latente dans un domaine de température proche de celle de la peau.

Malgré les progrès réels que connaîtront tous ces matériaux textiles de confort, il est probable que les vêtements de confort idéal intègreront, avec le développement des micro-capteurs et micro-machines, de nouveaux accessoires tels que des microventilateurs pour assister localement les effets de convection inter-couche, des microchauffages pour assister la protection thermique, etc.

LES TEXTILES À COULEUR ACTIVE

Aussi bien pour des raisons ludiques que pour la sécurité, nous verrons se développer des matériaux textiles qui intégreront des substances colorantes dont la couleur évoluera en fonction de divers stimuli : on connaît déjà l'utilisation en textile de colorants thermochromiques qui changent de couleur avec la température. On peut attendre des percées avec des colorants photochromes, piezochromes, tribochromes, biochromes, etc.

Certains effets colorés changeants peuvent être développés dans une approche biomimétique, c'est-à-dire en comprenant et reproduisant la nature. La nature offre des modèles de coloration dont le mode d'obtention et les effets d'irridescence n'ont rien à voir avec l'état de l'art aujourd'hui dans l'industrie textile. Ailes de papillons et plumes d'oiseaux servent de modèles pour de nouvelles tentatives de coloration physique des fibres. Ce ne sont plus exclusivement des pigments qui donnent la couleur, mais aussi des phénomènes de diffraction de la lumière par les réseaux et multicouches nanométriques ou nanoparticules qui constituent la structure des écailles des ailes de papillon ou celles des plumes d'oiseaux. Nous voyons apparaître les premières fibres colorées selon de tels principes physiques.

LES TEXTILES OLFACTIFS

Ils vont relâcher des arômes encapsulées dans des microréservoirs, soit la fibre elle-même si elle est creuse, soit des microcapsules rendues solidaires du textile. Ils peuvent également libérer des principes anti-odeurs afin de masquer une odeur désagréable de sudation ou de tabac. Ils peuvent enfin absorber les odeurs, car ils développent eux-mêmes une forte capacité d'absorption (textiles à très grande surface spécifique comme les fibres de carbone) ou embarquent des cages moléculaires ou nanométriques (cyclodextrine ou nanotube de carbone) capables de piéger les molécules odorantes.

Des textiles plus faciles à vivre

L'ENTRETIEN

L'attente du consommateur pour ce type de produit est grande et ce n'est pas innocent si nous voyons se multiplier sur le marché les vêtements identifiés comme *no-iron* (sans repassage), *easy-care* (entretien aisé), anti-taches, etc. Certes, les progrès ont été certains dans cette direction ces dernières années, sans atteindre des performances telles que le consommateur se trouve libéré de toutes les tâches d'entretien.

Avec le développement des polymères à mémoire de forme, des polymères électro-strictifs, de nouveaux élastomères, on peut raisonnablement attendre des fibres nouvelles ou des apprêts nouveaux qui permettraient aux vêtements de conserver leur aspect neuf, de s'auto-défroisser et même de s'auto-réparer après une éraflure ou une déchirure.

De même, la fonctionnalisation des surfaces textiles laisse présumer que nous maîtriserons progressivement, non seulement le développement des bactéries et des odeurs corporelles dans les vêtements, mais également l'accrochage des salissures : le concept des textiles anto-nettoyants n'est peut-être pas si lointain. Le problème de la conservation dans le temps de toutes ces fonctionnalités se pose pourtant. Ce point interpelle les acteurs en aval de la filière textile, à savoir les entreprises qui proposent des services d'entretien-nettoyage et le secteur de la détergence. Il faut imaginer les situations et solutions qui permettront de recharger les vêtements en fonctionnalités soit dans des stations-service d'un nouveau type, soit dans nos machines domestiques grâce à de nouvelles poudres à laver incorporant les actifs nécessaires.

DES VÊTEMENTS COMMUNICANTS
ET LES TECHNOLOGIES QUI PERMETTENT DE LES FABRIQUER

On commence à voir des initiatives, de la part des designers, pour l'intégration dans nos vêtements de toutes les technologies nouvelles de communication, depuis le téléphone portable jusqu'au lecteur audio et à l'écran. Le vrai défi est de « textiliser » les solutions et de coévoluer avec les industries des télécommunications et de l'information.

Dans la mesure où se développent, à l'instar des fibres optiques pour le transfert de signaux lumineux, des fils conducteurs d'électricité, des fils inductifs (filaments ferromagnétiques gainés de verre isolant, etc.) et que de tels fils peuvent être facilement tissés, tricotés ou tressés, on ouvre le champ des textiles réellement communicants. Ils vont pouvoir recevoir et transmettre de l'énergie et de l'information à des capteurs et dispositifs embarqués dans le vêtement. Ceci doit permettre, par exemple, d'effectuer un bio-monitoring (suivi de la température, pouls, de la tension...) pour des applications médicales, mais également dans le domaine des vêtements de sport.

On peut imaginer des vêtements confectionnés avec des fils inductifs à forte perméabilité magnétique pour l'alimentation d'un dispositif électronique portable (téléphone, calculatrice, agendas, etc.). Les fils inductifs s'étendent parallèlement le long du corps du porteur. La personne porte à sa ceinture une source d'énergie électrique à piles ou batterie, équipée d'une bobine d'induction pour l'émission d'un flux magnétique, qui est canalisé par les fils jusqu'au col. Le radiotéléphone est équipé d'un récepteur avec une bobine de réception traversée par le flux magnétique canalisé par le textile inductif jusque dans la région d'utilisation du radiotéléphone. Dans ce type de dispositif, il est possible d'affranchir les systèmes électroniques portables des contraintes de poids et de volume, liées à des sources d'énergie autonomes, remplacées ici par des récepteurs d'énergie magnétique particulièrement légers.

Certes, le patrimoine technologique installé aujourd'hui dans l'industrie textile et l'état de l'art ne permettent pas d'évoluer rapidement dans les voies évoquées ci-dessus. Il faut donc rechercher dans d'autres secteurs industriels et dans les laboratoires de recherches les pistes de progrès et les technologies transférables à la problématique textile. Citons simplement :

— La fonctionnalisation des surfaces textiles sous faisceau d'électrons accélérés et le traitement en phase plasma ; technologies qui sont couramment utilisées par ailleurs (stérilisation des aliments, réticulation des polymères, gravure des microprocesseurs...).

— Modification de l'état de surface des fibres par traitement sous laser thermique, photochimique et yag, ou par traitements enzymatiques.

— La micro-encapsulation qui consiste à isoler une substance active du milieu extérieur en l'enveloppant d'une membrane formant une capsule sphéroïdale micrométrique, est et sera de plus en plus utilisée pour fonctionnaliser les textiles. Les microcapsules peuvent être incorporées entre les fibres et libéreront leurs principes actifs (arômes, antibactérien, etc.) par effet mécanique, thermique, variation de pH, etc.

Conclusion

On entrevoit donc les enjeux importants et passionnants attachés au secteur textile et à ses débouchés dans nos vêtements de demain.

La vraie intelligence dans la démarche consistera à mettre le consommateur au cœur de la problématique et des produits et à lui offrir des produits-services avec une coque d'informations ayant du sens dans chaque contexte produits-usages. Les textiles vraiment intelligents seront ceux qui sauront véhiculer cette information.

Alliages métalliques
pour conditions extrêmes

____

par André Pineau

Parmi l'ensemble des matériaux existants, les métaux et les alliages métalliques ont toujours joué un rôle majeur. Ils ont servi à tracer diverses étapes dans l'évolution de l'humanité. On parle ainsi de la civilisation du bronze, de celle du fer et, plus récemment, celle de l'acier, de l'aluminium et du silicium. L'importance des métaux se traduit tout d'abord par leur quantité. Dans la table de Mendeleïev, ils occupent une place de choix. Pour chiffrer cette importance, il suffit de se référer à l'acier dont la production mondiale actuelle est voisine de 800 millions de tonnes. Il s'agit du matériau qui, après les bétons, représente le poids le plus important.

Contrairement à l'idée reçue, les métaux et alliages métalliques sont des matériaux modernes ; l'acier tel que nous le connaissons aujourd'hui ne remonte qu'au milieu du XIXe siècle avec l'invention du procédé Bessemer. La visite d'une usine sidérurgique actuelle permet de mesurer les évolutions accomplis depuis.

Dans le titre de cet exposé figure le qualitatif « conditions extrêmes ». Je voudrais tenter d'illustrer, à l'aide de quelques exemples, le rôle majeur que jouent les matériaux métalliques. Je me suis limité à des exemples pour lesquels les propriétés mécaniques obtenues avec les métaux et leurs alliages ont permis de résoudre des problèmes technico-économiques majeurs, ou encore d'améliorer notre qualité de vie. On se limitera ainsi aux alliages structuraux et on n'évoquera pas les alliages dits fonctionnels, en restant conscient du côté arbitraire et réducteur d'une telle distinction. On n'évoquera pas non plus les alliages métalliques qui ont permis de résoudre de très sérieux problèmes d'environnement ou encore de

____

Texte de la 281e conférence de l'Université de tous les savoirs donnée le 7 octobre 2000.

santé, comme ceux qui servent à lutter contre la corrosion, mode de dégradation qui demeure très pénalisant.

Avant de présenter les exemples retenus, il apparaît indispensable de rappeler quelques grands traits spécifiques des métaux. La métallurgie moderne ne résulte plus uniquement d'une approche strictement empirique et expérimentale mais s'appuie de plus en plus sur des connaissances approfondies en physique, en chimie du solide et en mécanique des milieux continus. Les développements récents de la modélisation et de la simulation numérique contribuent également largement au développement de cette discipline. Après avoir présenté ces traits spécifiques aux métaux, nous décrirons quelques grandes particularités de leur comportement mécanique.

Propriétés spécifiques des métaux et alliages métalliques

À l'échelle mésoscopique (de quelques dizaines de microns ou du millimètre), la plupart des alliages métalliques ont une structure granulaire. Les joints de grain ont un rôle primordial dans la tenue mécanique des alliages. La technique EBSD (diffraction des électrons rétrodiffusés) apparue il y a une dizaine d'années a permis de faire des avancées importantes dans l'étude des relations d'orientation grain à grain. Comme les joints sont des zones très perturbées, ils peuvent également servir de sites préférentiels pour piéger des impuretés (comme le phosphore dans la fragilité intergranulaire des aciers).

À plus faible échelle, la nature forte de la liaison métallique explique que les métaux ont, en règle générale, des forts modules d'élasticité et une température de fusion élevée, bien plus élevée que celle des polymères. Schématiquement, la liaison métallique est assurée par l'attraction électrostatique entre les atomes métalliques, à l'état d'ions et le nuage d'électrons qui les entourent. Contrairement à la liaison covalente rencontrée dans les polymères et les céramiques, cette liaison métallique n'est pas directionnelle, ce qui confère une propriété particulière aux métaux. En effet, l'énergie d'un cristal métallique est la plus faible quand les atomes sont arrangés de façon compacte — ce sont les structures cubiques à faces centrées (CFC) ou hexagonales compactes — ou encore lorsque les atomes sont organisés de telle sorte qu'ils aient un grand nombre de plus proches voisins — c'est le cas de la structure cubique centrée (CC). De tels arrangements atomiques conduisent à de fortes densités : 2 700 kg/m^3 pour l'aluminium, 8 900 kg/m^3 pour le cuivre, à comparer à 1 000 kg/m^3 pour les polymères.

Une autre propriété qui résulte de la liaison métallique est la conductibilité thermique et électrique liée au nuage d'électrons qui transmettent facilement la chaleur et l'électricité à travers le cristal. La conductibilité électrique des métaux est de l'ordre de 100 W/m.K, soit environ 500 fois plus grande que celle des polymères.

La dilatabilité est une autre caractéristique des métaux. Quand on chauffe un cristal, les vibrations atomiques qui absorbent l'énergie thermique augmentent également l'espacement entre les atomes, c'est-à-dire permettent la dilatation. Comme la liaison atomique est forte, les métaux ont un coefficient de dilatation beaucoup plus faible que celui des polymères.

Avant d'aborder les propriétés mécaniques, revenons à la densité. Dans un certain nombre d'applications pour lesquelles on recherche l'allègement, la relative forte densité des métaux et de leurs alliages peut être un handicap. Certains métaux, notamment le magnésium et ses alliages ont une relative faible densité (environ 1 750 kg/m^3) ; ces alliages sont utilisés dans des produits de grande consommation, comme les véhicules automobiles. Par ailleurs, récemment sont apparues les mousses métalliques, principalement de nickel et d'aluminium, qui ont des densités très inférieures à 1 000 kg/m^3. Les premières sont largement employées dans la fabrication des batteries d'appareils électroniques, comme les téléphones portables *(Fig. 1)*. On verra par la suite comment les secondes

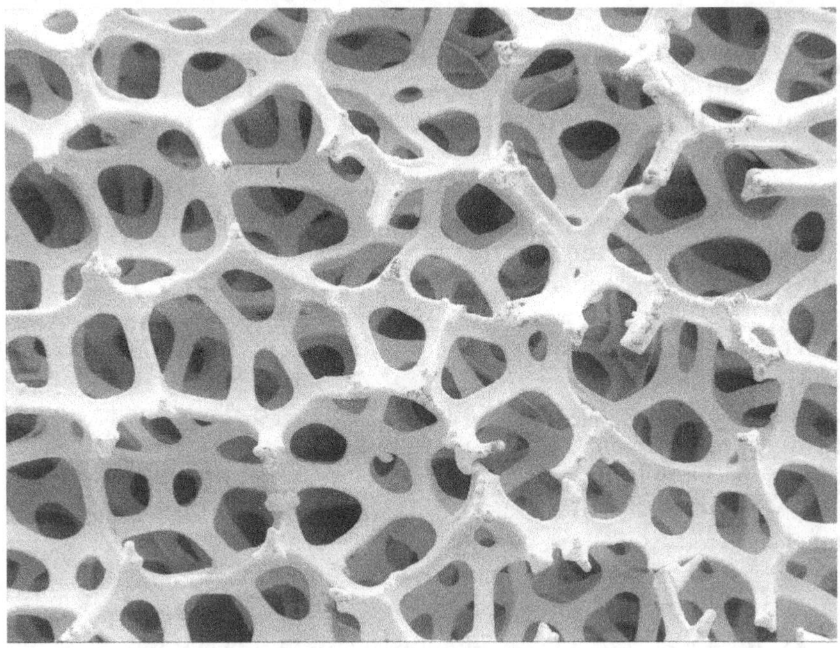

Figure 1 – Mousse de nickel.

pourraient être utiles pour améliorer la résistance mécanique aux très grandes vitesses.

Comportement mécanique des métaux et alliages métalliques

La réponse mécanique d'une éprouvette soumise, pour simplifier, à un cisaillement est schématisée à la *figure 2*. Aux faibles déformations ($\leq 10^{-2}$), la réponse est réversible, le plus souvent linéaire. On dit qu'elle est élastique. Elle se caractérise par le module d'élasticité E qui varie de façon notable avec la nature des métaux (E $\approx$ 70 000 MPa pour l'aluminium, E $\approx$ 200 000 MPa pour le fer, E $\approx$ 400 000 MPa pour le tungstène). À partir d'un seuil, appelé limite d'élasticité, Rp, la réponse n'est plus linéaire. En règle générale, cet écart à la linéarité est dû à l'apparition de la plasticité. Ce mode de déformation symbolisé par l'existence de plans de glissement séparant des blocs qui demeurent rigides sur la *figure 2* a fait l'objet de nombreuses études théoriques et expérimentales. En effet, les relatives faibles valeurs mesurées pour Rp ont posé

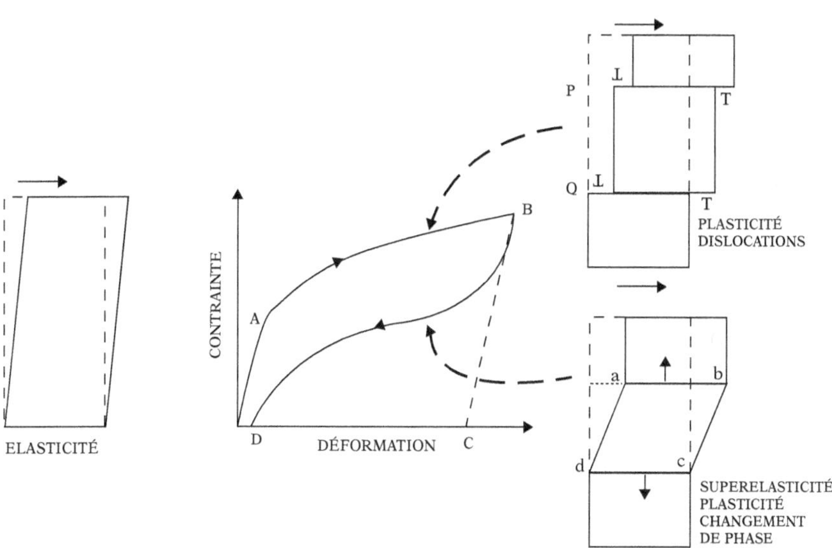

Figure 2 – Comportements mécaniques macroscopiques et microscopiques. Élasticité — Plasticité cristalline par déplacement de dislocations. Superélasticité et Plasticité de Transformation associée à un changement de phase (alliages à mémoire de forme).

rapidement aux théoriciens de la physique de la plasticité cristalline un sérieux problème. Dans un cristal parfait, sans défaut, on peut montrer que la limite d'élasticité théorique est de l'ordre de E/10, alors que les valeurs expérimentales sont 10 à 100 fois plus faibles. Cette grande différence a amené dans un premier temps, juste avant la Seconde Guerre mondiale, à inventer le concept de défauts linéaires, les dislocations, puis, dans un deuxième temps, à partir de la moitié des années 1960, à étudier ces défauts, leur formation, leur multiplication et leurs interactions, grâce à l'arrivée des microscopes électroniques à transmission qui ont permis de les observer. Ces phénomènes qui donnent lieu à ce qu'on appelle l'écrouissage (le métal devient d'autant plus résistant qu'on le déforme) sont maintenant qualitativement et, dans certains cas, quantitativement bien compris. L'idée directrice qui prévaut quand on songe à augmenter la résistance mécanique d'un alliage est de placer dans les plans de glissement des dislocations des obstacles qui s'opposent à la propagation de celles-ci (autres dislocations, atomes en solution solide, précipités, etc.). Il s'agit du durcissement transgranulaire. On conçoit que, dans un polycristal, les joints de grain constituent des barrières à la propagation de la déformation grain à grain. La limite d'élasticité est d'autant plus élevée que la taille de grain est faible (loi de Hall et Petch exprimant que, à un terme additionnel près, Rp varie proportionnellement comme l'inverse de la racine carrée de la taille de grain). Depuis une vingtaine d'années, notamment en France, suite aux travaux des métallurgistes physiciens, des métallurgistes mécaniciens, spécialistes de la micromécanique des matériaux cristallins, ont élaboré des modèles de plus en plus complets tenant compte des diverses échelles de durcissement. Ces modèles cherchent à rendre compte du comportement macroscopique des alliages métalliques en relation avec leur microstructure et s'inscrivent dans la démarche de ce qu'on appelle parfois la MAO (Métallurgie Assistée par Ordinateur).

Lorsque seuls opèrent les mécanismes qui viennent d'être évoqués, le déchargement (partie BC, *Fig. 2*) se produit en laissant une déformation rémanente, OC. Dans certains alliages métalliques très particuliers, le déchargement n'est pas linéaire, mais se produit selon la courbe AD, l'hystérésis entre les parties AB et BD étant plus ou moins marquée. On dit alors qu'on est en présence d'une super-élasticité. Ce phénomène a été découvert au début des années 1960 dans des systèmes exotiques, comme In-Ta ou Au-Cd. Depuis, il a été trouvé sur des alliages de plus grande diffusion qui ont donné lieu à des applications, comme Fe-Mn, Ni-Ti et Cu-Zn-Al ou Cu-Al-Ni. Dans ces alliages, la partie AB de la courbe de déformation n'est pas due principalement au déplacement des dislocations, mais à un changement de phase, comme indiqué sur la *figure 2*. La partie ABCD de l'éprouvette se transforme en cours de déformation et les fronts AB et CD délimitant la seconde phase se déplacent de façon plus ou moins réversible, ce qui explique qualitativement la forme de la courbe de déformation. Très souvent, dans ces alliages métalliques, il faut légèrement les réchauffer pour déclencher la réapparition de la phase mère. Dans ces conditions, lorsqu'ils sont déchargés (position BC) et légèrement réchauffés, ils retrouvent leur forme initiale. On dit que ces alliages ont une mémoire de forme. Ces matériaux et ces phénomènes qui ont été longtemps des curiosités de laboratoire, commencent à recevoir des applications, notamment dans le domaine médical (cf. le remplacement d'une valve cardiaque de façon non chirurgicale à l'hôpital Necker, grâce à l'utilisation d'un stent qui fait appel à l'utilisation d'un alliage Ni-Ti*).

L'ensemble des mécanismes élémentaires qui viennent d'être évoqués opèrent à relativement basse température (T/Tf ≤ 0,30). À plus haute température (T/Tf ≥ 0,50), d'autres mécanismes ne faisant plus intervenir le déplacement des dislocations, mais la diffusion, sont mis en jeu. À moyenne température, la diffusion est intergranulaire (fluage de Coble), tandis qu'à très haute température elle est transgranulaire (fluage de Herring-Nabarro). On conçoit aisément que la vitesse de déformation est d'autant plus lente que la distance que les atomes ont à parcourir est grande, c'est-à-dire que la taille de grain est conséquente ; en terme de taille de grain, la situation est opposée à celle observée à basse température. On verra les conséquences de ces considérations simples pour le développement des alliages résistants à chaud.

À partir de l'étude des mécanismes élémentaires et de leur modélisation, on dispose ainsi de cartes de déformation, développées notamment par M. Ashby. Un exemple est montré sur la *figure 3* qui a trait à un alliage de zirconium (Zircaloy 4) utilisé comme élément de gainage du combustible dans les réacteurs électronucléaires à eau sous pression.

Les métaux à très basse température

Pour nombre d'applications cryogéniques, les alliages métalliques sont incontournables. Dans tous les cas, il est indispensable de disposer de matériaux présentant non seulement de hautes résistances mécaniques, mais également l'absence de rupture fragile à très basse température. Ces raisons font qu'on a souvent recours aux alliages légers à base d'aluminium ou à certains alliages de titane (Ti-Al-Sn). Une autre difficulté rencontrée est celle liée à la dilatabilité dont on a parlé précédemment. Le meilleur

---

* *Le Monde* du 21 octobre 2000.

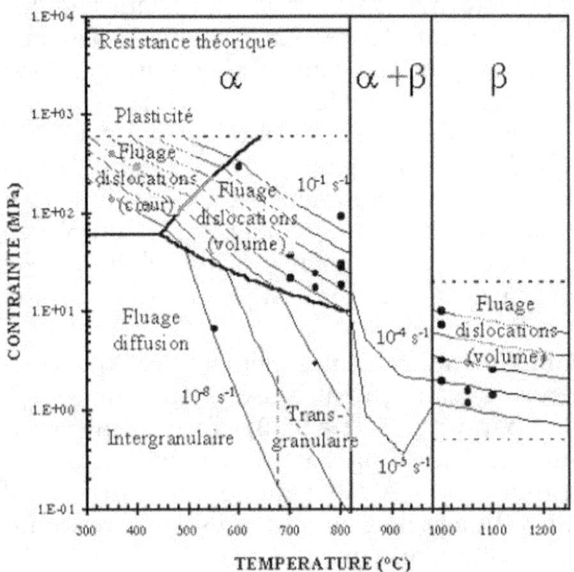

Figure 3 – Carte de déformation de l'alliage Zircaloy 4. Cet alliage se présente sous deux formes cristallines : α (HC) à basse température et β (CC) à haute température. Les domaines correspondant aux divers mécanismes de déformation sont délimités. Des courbes sont tracées donnant les vitesses de déformation.

exemple de l'utilisation pertinente des propriétés physiques de certains alliages métalliques est le cas de l'alliage INVAR découvert en 1896 par C. E. Guillaume, et développé à IMPHY par P. Chevenard. On a ainsi découvert que, dans le système binaire Fe-Ni, le coefficient de dilatation, α peut être largement réduit dans un intervalle de température pour une composition donnée. En dessous de la température ambiante, le coefficient de dilatation d'un alliage Fe-40Ni est extrêmement faible ($\approx 1,10^{-6}$), soit pratiquement 20 fois plus faible que celui d'un acier inoxydable austénitique. Même si tous les détails de cette anomalie ne sont pas encore complètement compris, on sait qu'elle est liée, pour grande partie, à l'existence d'une température de Curie dans ce système. On conçoit aisément le parti qui peut être tiré de cette propriété remarquable : alliages de haute précision, « shadow-masks » des tubes de télévision haute définition, alliages métalliques soudables au verre, etc. Le meilleur exemple industriel récent est l'utilisation de cet alliage pour la réalisation de cuves de méthaniers transportant du gaz liquéfié (≈ -160 °C).

La transition entre la rupture ductile à haute température et la rupture fragile à basse température (clivage dans les aciers de structure CC) est une caractéristique qu'il faut examiner avec soin tant elle est à l'origine de nombreux accidents graves. Son étude a été initiée en France par G. Charpy et A. Le Chatelier au début du XXe siècle. Le premier a laissé son nom à l'essai d'impact sur barreau entaillé qui permet d'évaluer cette température de transition. En plus des données expérimentales obtenues sur un acier de construction utilisé pour la fabrication de cuves de réacteurs électronucléaires à eau sous pression, on a fait figurer des résultats récents de modélisation de cet essai obtenus grâce à l'application de ce qu'il est convenu d'appeler maintenant l'approche locale de la rupture. Cette approche s'appuie sur une modélisation par la méthode des éléments finis des champs de contrainte et de déformation à fond d'entaille et l'utilisation de critères de rupture établis à partir de l'étude des mécanismes de rupture, en l'occurrence le clivage. Ce mode de rupture a un aspect probabiliste, ce qui explique que les courbes théoriques donnant l'évolution de la résilience (énergie absorbée lors du choc) en fonction de la température sont tracées pour diverses probabilités (10 %, 50 % et 90 %). De telles modélisations ouvrent la voie non seulement pour éradiquer l'empirisme en la matière, réduire le nombre d'essais, mais surtout développer de nouveaux aciers qui présentent des températures de transition ductile-fragile plus basses. Est-il nécessaire de rappeler l'accident de l'Erika de décembre 1999 pour justifier l'intérêt de telles études ?

Les métaux à très grande vitesse de déformation

L'exemple du « crash » automobile permet d'illustrer le comportement des alliages métalliques à très grande vitesse de déformation. Rappelons que la conception des véhicules modernes atteint maintenant des niveaux de sûreté autorisant des chocs frontaux à très grande vitesse (≈ 60 km/h). De telles performances sont possibles grâce non seulement à la conception mais également à la mise en œuvre de matériaux métalliques capables d'absorber une grande quantité d'énergie sans se rompre.

Si on se réfère au schéma de la *figure 2*, l'énergie absorbée (par unité de volume) se mesure par l'aire sous la courbe OABC. Pour un niveau de contrainte donnée, cette aire serait ridiculement faible si le matériau restait élastique. Deux stratégies se présentent pour accroître cette énergie : augmenter la limite d'élasticité (sans pour autant dégrader la déformation à rupture), et trouver des alliages présentant des déformations à rupture plus importantes. L'accroissement de la vitesse de déformation produit, notamment dans les alliages métalliques de structure CC comme les aciers, une augmentation de la limite d'élasticité.

Les métallurgistes disposent de nombreux leviers d'action pour améliorer le compromis résistance-déformation à rupture (ou ductilité). Le cas des aciers est illustré *figure 4* qui montre l'existence de nouvelles nuances présentant les facilités de mise en œuvre et les coûts que requiert l'industrie automobile. Parmi les leviers métallurgiques qui figurent sur ce schéma, on reconnaît l'influence favorable de la diminution de taille de grain évoquée précédemment. Grâce à un contrôle strict des procédés et beaucoup d'intelligence métallurgique, on produit actuellement des aciers dont la taille de grain est de quelques microns. On peut espérer encore abaisser cette taille de grain en utilisant toujours des traitements thermomécaniques contrôlés. En deçà, il faudra vraisemblablement inventer d'autres procédés. Sur la *figure 4*, on a fait apparaître d'autres leviers métallurgiques, comme le recours à des aciers biphasés (dual-phase) ou encore mieux, aux aciers TRIP (Transformation Induced Plasticity). L'idée sous-jacente au développement de ces aciers n'est pas neuve puisqu'elle remonte au début des années 1960 (Zackay). Mais alors, elle ne s'appliquait qu'aux aciers fortement alliés. Son application à des nuances faiblement alliées est beaucoup plus récente et est encore en cours de développement. Dans ces aciers TRIP, tout l'art et la science du métallurgiste consistent à fabriquer un matériau qui, en plus de la matrice essentiellement ferritique, renferme des îlots austénitiques métastables

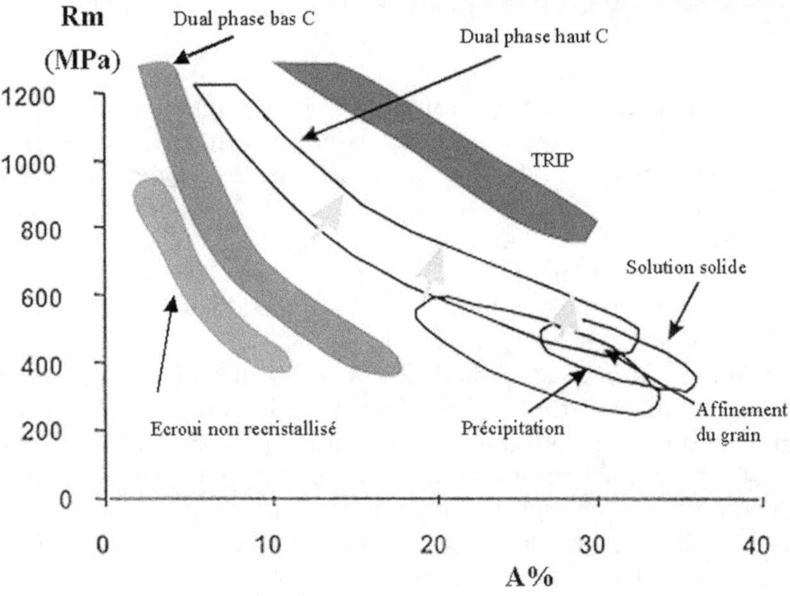

Figure 4 – Compromis résistance mécanique (Rm)
et ductilité (A %) de divers aciers.

enrichis en carbone. Ceux-ci, en cours de déformation (emboutissage et éventuellement lors du « crash ») se transforment en martensite. On retrouve ainsi localement le schéma figurant en bas et à droite de la *figure 2*. On conçoit qu'ainsi on puisse développer des alliages permettant d'atteindre un meilleur compromis entre la résistance et la ductilité.

Les mousses métalliques, à l'instar des mousses de polymères, comme celles de polyuréthane, peuvent également présenter d'excellentes qualités d'amortissement aux chocs, surtout quand on rapporte leur résistance à la densité, critère essentiel dans la conception des véhicules allégés. Il existe dès maintenant des mousses d'aluminium. Des structures creuses représentatives des longerons des véhicules automobiles remplies de ces mousses ont été testées et semblent présenter une résistance améliorée à l'écrasement. Dans ce domaine, de nombreux moyens d'action sont possibles : structures bi-métalliques, mousses à coefficient de Poisson négatif, c'est-à-dire qui augmentent de section en même temps qu'elles s'allongent, ce qui pourrait permettre de développer des solutions élégantes de liaison.

Les alliages métalliques à très haute température

Dans le domaine technologique, il existe divers indicateurs du développement d'un pays. La façon dont il maîtrise avec ses matériaux les très hautes températures nécessaires dans l'industrie chimique, les moteurs thermiques et les turbines est un excellent indicateur. Pour illustrer les enjeux liés à l'utilisation des alliages métalliques à très haute température, on se restreindra ici au cas des turbomachines utilisées pour la propulsion des avions. Il s'agit d'installations qui développent des puissances spécifiques considérables, surtout au décollage. Pour fixer les ordres de grandeur, chaque aube située dans la turbine haute pression d'un moteur avancé comme le CFM 56 ou le M 88 produits par SNECMA est soumise à des forces centrifuges considérables, ce qui engendre un effort axial de plusieurs dizaines de kiloneutons, et délivre une puissance directement comparable à celle de un, voire plusieurs véhicules automobiles. De telles performances ne peuvent être atteintes qu'avec des températures de gaz extrêmement élevées (≈ 1650 °C). Si les aubes n'étaient pas elles-mêmes refroidies ou protégées par une barrière thermique, elles seraient fondues à de telles températures. Même avec un refroidissement judicieux, le métal atteint dans certaines parties les plus chaudes des températures voisines de 1 100 °C. L'enjeu est de trouver des matériaux qui résistent à de telles températures et aux diverses sollicitations auxquelles ils sont soumis : corrosion, oxydation, fatigue thermique, fatigue thermo-mécanique, fluage, fatigue vibratoire.

Très rapidement, il est apparu que les superalliages à base de nickel durcis par précipitation de la phase γ' Ni$_3$ (Ti Al) et renfermant suffisamment de chrome pour assurer la tenue à l'oxydation étaient ceux qui permettaient de satisfaire ces conditions extrêmes d'emploi. Le travail de P. Chevenard en France dans ce domaine est à souligner. Il a largement contribué à la mise en évidence du durcissement structural de ces alliages, à l'instar du travail d'A. Guinier sur les alliages Al-Cu (zones de Guinier — Preston).

La métallurgie des superalliages à base de nickel nécessiterait une plus grande place que celle réservée à cet exposé. Le seul trait saillant que nous aimerions souligner est celui des nouveaux alliages monocristallins qui servent à la fabrication des aubes les plus avancées. On a déjà fait remarquer que les principes de base établis à partir de l'étude des mécanismes de déformation encourageaient le développement de matériaux à très gros grains pour les applications à très haute température. Comme ces superalliages sont fabriqués par fonderie — la forte teneur en éléments d'addition limitant, par ailleurs, leur forgeabilité — les premiers développements dès les années 1970 ont porté sur la solidification unidirectionnelle dirigée. Cette technique a permis, en produisant une structure de grains grossiers et colonnaires, d'éliminer les joints de grains transverses à l'axe des aubes et de gagner quelques centaines de degrés par rapport aux alliages moulés équiaxes. Le développement le plus récent a consisté à produire des aubes entièrement monocristallines et à rechercher des compositions (alliages AM1 et AM3) qui permettent avec des fractions volumiques de la phase durcissante γ' voisines de 70 %, d'améliorer la résistance au fluage et à la fatigue thermomécanique. Une micrographie montrant la microstructure de l'alliage AM1 est reproduite *figure 5* où on peut noter la présence de particules γ' de forme cubique orientées selon les directions < 100 > de la matrice. Un des problèmes cruciaux est la stabilité morphologique de cette phase, parfaitement cohérente avec la matrice, mais avec un léger désaccord cristallin avec celle-ci. Ce problème de stabilité a fait l'objet de nombreuses études expérimentales et théoriques et continue d'être étudié. Une des solutions consiste à ajuster au mieux l'accord cristallin entre la matrice et la phase γ', ainsi que le module des deux phases. Par ailleurs, l'addition d'éléments stabilisants de la phase γ' est en cours d'étude. L'utilisation des moyens d'investigation puissants et appropriés comme la microsonde atomique va certainement permettre des avancées dans ce domaine. Assurer ici une augmentation des températures d'emploi d'une cinquantaine de degrés constitue un enjeu technologique majeur.

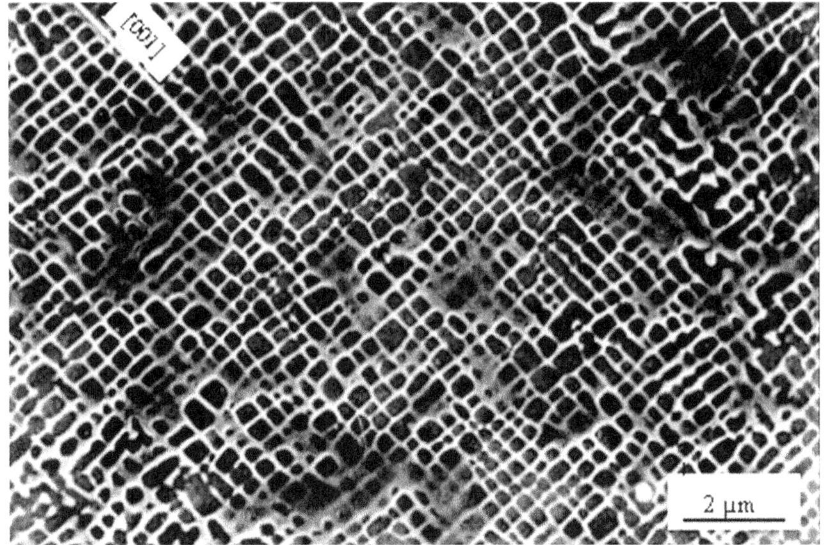

Figure 5 – Micrographie de l'alliage base nickel monocristallin AM1.

Un peu de prospective en guise de conclusion

De nouveaux alliages métalliques doivent être développés afin de faire face à nombre de problèmes techniques importants, comme ceux rencontrés dans les diverses filières de production d'énergie (thermique à haute température, fusion, etc.) dans les industries du transport, de l'habitat ou encore ceux rencontrés directement ou indirectement avec le respect de l'environnement (recyclabilité des matériaux, etc.).

De nombreux domaines restent à explorer : production sous forme industrielle d'alliages nano et microcristallins ; développement de morphologies et de compositions de seconde phase très stables ; accorder encore plus d'importance aux revêtements et aux surfaces ; greffer les polymères sur des oxydes judicieux ; encore mieux combattre l'endommagement des matériaux sous toutes ses formes, chimiques (corrosion), mécaniques (fatigue, rupture) ou mécano-chimiques (corrosion sous contrainte) ; encore améliorer la fiabilité et la durabilité des matériaux métalliques ; mieux comprendre l'aléatoire pour le contrôler.

Pour explorer ces domaines, une approche pluridisciplinaire s'impose. L'essor de la métallurgie au début du XXe siècle a été surtout assuré par les chimistes et grâce aux sciences de l'observation, en particulier la métallographie. Puis à partir des années 1960 pendant une vingtaine d'années, la contribution de la physique du solide au développement de la métallurgie a été considérable.

Durant ces vingt dernières années, ce sont plutôt les mécaniciens et les micromécaniciens des matériaux cristallins qui se sont attelés à la modélisation du comportement et de l'endommagement et ont largement contribué à la mise en place d'outils de changement d'échelle que nécessite cette modélisation. On dispose maintenant d'outils de simulation puissants, et qui le seront de plus en plus, à tous les niveaux. Rassembler toutes les communautés scientifiques serait utile pour résoudre les très nombreux problèmes qui restent en suspens. L'évidence qui me semble s'imposer est l'effort à faire pour plus de formation et d'éducation dans les sciences des matériaux.

RÉFÉRENCES

– ADDA (Y.), DUPOUY (J.-M.), PHILIBERT (J.) et QUÉRÉ (Y.), *Éléments de métallurgie physique*, Paris, Documentation Française, 1982.

– ASHBY (M. F.) et JONES (D. R. H.), *Deformation — Mechanism, Maps*, Oxford, Pergamon Press, 1982.

– BÉRANGER (G.), F. DUFFAUT (F.), MORLET (J.), TIERS (J.F.), *Les alliages de fer et de nickel*, Lavoisier Tec. Doc., 1996.

– FRANÇOIS (D.), PINEAU (A.) et ZAOUI (A.), *Comportement mécanique des matériaux*, Vol. I et II, Paris, Hermès, 1993.

– FRIEDEL (J.), *Dislocations*, Oxford, Pergamon Press, 1964.

– GUINIER (A.), *La Structure de la matière*, Paris, Hachette, 1980.

– SIMS (C. T.), STOLOFF (N. S.) et HAGEL (W. C.), *Superalloys II*, New York, John Wiley and Sons, 1986.

Les composites thermostructuraux

par PIERRE BÉTIN

Les composites

Les composites en général et plus spécifiquement les composites thermostructuraux : c'est une niche qui illustre bien les enjeux stratégiques, les défis technologiques et les espoirs économiques. C'est une niche de haut de gamme où le monde entier reconnaît l'excellence française.

Nous disons composites et non matériaux composites, tant il est vrai que, plus que pour tout autre matériau, la conception du produit et la formulation du matériau, la construction du produit et l'élaboration du matériau sont intimement liées.

Que veut dire composite ? Disparate, hétéroclite, composé, suggère le dictionnaire. Au-delà du mélange, au-delà de l'alliage, il s'agit en effet de réunir des matières disparates, de les assembler selon des architectures hétéroclites et de les utiliser de façon judicieusement composée, pour obtenir des propriétés, des produits, des services dont aucune des matières constitutives n'est capable, et qui vont au-delà des possibilités des matériaux plus classiques.

La combinaison gagnante consiste à faire vivre et travailler ensemble un renfort fibreux et un mélange matriciel, combinant tenue mécanique et adéquation chimique. La nature nous en offre d'excellents exemples. La plupart des végétaux sont fibrés et beaucoup ont un comportement composite. Les arbres tout particulièrement, le bois étant un exemple achevé de composite alliant, dans des concepts optimisés, une variété de textures et de matrices

Texte de la 282e conférence de l'Université de tous les savoirs donnée le 8 octobre 2000.

ligneuses destinées à résister ensemble aux agressions mécaniques et chimiques de l'environnement.

Très tôt l'homme a observé cela et cherché à en faire autant. Il a renforcé ses matériaux en y incorporant des fibres en vrac, puis il les a armés en y intégrant des textures fibreuses organisées. Les premiers Égyptiens mélangeaient paille et terre pour accroître la résistance de leurs briques. Le marché du torchis a été important et durable. Nos parents ont inventé le plastique armé, le béton armé...

Cependant, c'est la course à l'espace, l'effort consacré aux grands programmes balistiques et spatiaux, le besoin de constructions légères, résistantes et fiables, qui ont déclenché il y a environ trente ans le réel progrès des composites. Rapidement relayée par l'aéronautique, cette démarche a provoqué l'apparition, dans les pays impliqués, d'une véritable industrie spécialisée, adossée à un important réseau scientifique et technologique.

Où en sommes-nous aujourd'hui ? En bonne progression et en forte projection. La production 1999 de fibres de carbone, dont nous reparlerons, dépassait les 40 000 tonnes avec déjà une consommation équilibrée 50-50 entre l'aérospace et les applications industrielles. Elle a doublé en 2 ans et, signe encourageant, le ratio aérospace sur industrie est passé de 2 à 1. L'Airbus A340 est à 20 % composite, le Rafale comme le F22 américain à 25 % composite pour seulement 10 % au Mirage 2000 de la génération précédente. La faisabilité de voilures et de fuselages composites est désormais démontrée par les grands constructeurs.

Mais venons-en au b.a.-ba. du matériau composite. C'est un matériau constitué de phases physiquement distinctes jouant le rôle de renfort et distribuées dans une phase globalement continue appelée matrice. Les phases réparties peuvent être à base de particules, de *whiskers* (sorte de poils purs à haute caractéristique), de lamelles, de fibres courtes ou mieux de fibres longues plus ou moins organisées sous forme de textures. La propriété dominante de ces renforts est bien sûr leur grande résistance mécanique. Lorsque le matériau est soumis à une sollicitation, le renfort résiste et transmet une partie des contraintes à la matrice à laquelle il est lié. La matrice, qui en règle générale a été choisie plus souple que le renfort, se déforme, s'adapte, relâche et répartit ces contraintes, ce qui soulage l'édifice et équilibre au mieux l'effort demandé à chaque partie du renfort.

Renfort et matrice peuvent être chimiquement différents, chacun d'eux pouvant appartenir à la classe des polymères, des céramiques ou encore des métaux ; pour autant bien sûr que le couple soit compatible et que des réactions chimiques néfastes n'interviennent pas entre eux lors de l'élaboration ou de la vie en service du composite.

Par tradition, on désigne un composite par deux substantifs successifs indiquant la nature du renfort puis celle de la matrice.

On dit ainsi verre-époxy, pour un composite à base de fibres de verre et de résine époxy polymérisée ; de même kevlar-époxy, carbone-époxy lorsqu'on associe la fibre synthétique de kevlar ou celle de carbone à une matrice époxy. Ce sont actuellement les meilleurs composites structuraux. Ils sont largement utilisés dans la construction des avions et des fusées. Bien entendu, du fait de leur matrice polymère, leur tenue thermique est très médiocre.

Citons aussi les composites céramique-métal, tout particulièrement ceux à fibres de carbure de silicium et à matrice titane. Ils sont mécaniquement prometteurs et se situent thermiquement dans la gamme des métaux.

Et puis l'on parle de carbone-carbone, de carbone-céramique, de céramique-céramique lorsque l'on fait appel à des fibres de carbone ou de céramique (1er terme) et cette fois à des matrices carbone ou céramique (2e terme). Eux sont capables de hautes températures.

Les composites thermostructuraux (Fig. 1)

Rappelons d'abord les caractéristiques de base de la famille des céramiques. Le point de fusion est élevé, supérieur à 2 000 °C. Les céramiques distancent largement les aciers et les titanes. Le carbone se sublime vers 3 600 °C. Et la masse spécifique, la densité

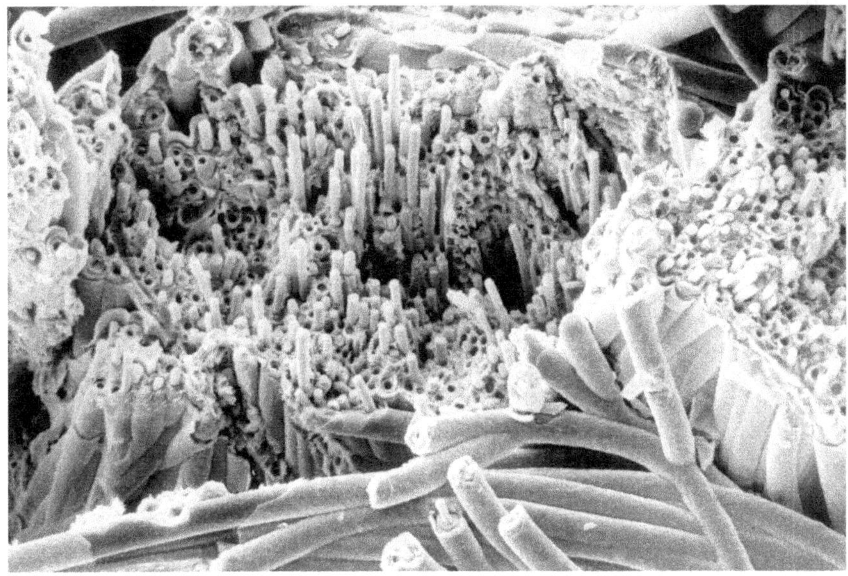

Figure 1 – Renfort fibreux.

est faible ; inférieure à 4 pour l'alumine, à 3,5 pour le carbure de silicium, à 2 pour le carbone. À partir de cela l'on devrait pouvoir construire chaud et léger ; le rêve pour les motoristes de l'air et de l'espace.

Encore faut-il que les propriétés mécaniques soient au rendez-vous. Or, si la résistance mécanique des céramiques est bonne, leur capacité d'allongement est faible. Elles sont raides, 3 à 5 fois plus raides que les aciers. Pire, elles sont fragiles, elles tiennent mal aux chocs, elles cassent sans prévenir. C'est un handicap grave que tous nos ancêtres fabricants et utilisateurs de terres cuites, de faïences ou de porcelaines se sont acharnés depuis des millénaires à surmonter avec un succès relatif. C'est en fait un handicap rédhibitoire pour de très nombreuses applications.

Pour profiter des caractéristiques exceptionnelles des céramiques (tenue à la température et légèreté, inertie chimique, dureté, résistance à l'usure, à l'abrasion) on les renforce en les armant par des textures fibreuses en céramique, en créant des composites à fibres et à matrices céramiques, des céramique-céramique, des composites thermostructuraux.

Reformulons la raison d'être de ces composites : pourquoi donc un concept de composites à base de fibres et de matrices en carbone ou céramique ? Pour répondre aux besoins de la mécanique thermique.

D'abord pour tenir thermiquement à des températures supérieures à 1 000 °C. La plupart des composites et plus généralement des matériaux en sont incapables. Ensuite, pour répondre mécaniquement mieux que les graphites et céramiques monolithiques, vulnérables aux chocs thermiques et mécaniques. Enfin, pour le faire plus légèrement que les métaux réfractaires, ce qui est d'autant plus aisé que la température est élevée.

La raison d'être du composite thermostructural est parfaite : armé et léger comme un composite, réfractaire comme un carbone ou une céramique.

C'est le besoin stratégique des missiles balistiques qui a présidé à la naissance et au développement des carbone-carbone. Les tuyères des moteurs et les corps de rentrée de ces missiles ont été leur parrain et marraine. Les carbone-carbone ont parfaitement répondu à l'attente des pionniers de la construction composite thermostructurale. Il est vrai que ce premier créneau se caractérise par une utilisation unique *(one shot)* de courte durée (quelques minutes) en atmosphère réductrice ou rare.

En effet, le bonheur légitime des charbonniers fait notre malheur. Le carbone brûle, il s'oxyde, lentement mais sûrement. Quel dommage que ce manque de tenue à l'oxydation du carbone ; autrement le carbone-carbone eût été le composite thermostructural universel… À défaut, le carbure de silicium a été retenu pour son bon compromis résistance mécanique, densité, tenue à l'oxydation.

C'est en France, à Bordeaux, que les composites à matrice en carbure de silicium ont vu le jour au milieu des années 1970, inventées par les chercheurs de l'Université et du CNRS, travaillant déjà en étroite relation avec les industriels de la propulsion. Depuis, de nombreux laboratoires ont étudié ces composites, tout particulièrement aux États-Unis, en France, au Japon et en Allemagne. Notre pays demeure en excellente position et le professeur Roger Naslain, à l'origine de la découverte et directeur du LCTS (Laboratoire des composites thermostructuraux), est reconnu par ses collègues internationaux pour être la référence.

Mais quelles sont donc les applications stratégiques qui tirent la technologie des céramique-céramique ?

Premier tracteur technologique : les moteurs aéronautiques auxquels ils peuvent procurer à la fois un gain de consommation, une réduction des débits de refroidissement et un affaiblissement sonore, jouant ainsi sur les trois tableaux : énergie, pollution et bruit.

Second tracteur technologique : les futurs avions spatiaux, les véhicules spatiaux réutilisables comme on dit désormais, qui, tant pour leurs carrosseries lors de la rentrée dans l'atmosphère que pour leurs moteurs, ont un besoin absolu de constructions thermostructurales, très légères et cependant fiables et durables.

Entre-temps, un marché volumique a vu le jour, grâce à une vertu supplémentaire du carbone. Son coefficient de frottement est non seulement bon, mais, fait exceptionnel, il s'améliore lorsque la température augmente ! Le freinage carbone a supplanté le freinage métallique pour les avions militaires puis civils. Le carbone-carbone a apporté des gains significatifs en matière de masse, de performance, de sécurité et de maintenabilité. La production mondiale annuelle de disques en carbone dépasse déjà 1 000 tonnes. Elle a pratiquement doublé en cinq ans et son avenir est d'autant plus prometteur que désormais le carbone est économiquement compétitif pour ce type d'application.

Voyons maintenant comment l'on fabrique un composite thermostructural et comment il fonctionne.

Fibres et textures

Tout commence par les fibres, longues de préférence : sans elles, pas de textures et pas de composites thermostructuraux de haut de gamme.

Les fibres de carbone *(Fig. 2)* sont réalisées à partir de différents précurseurs, mais le procédé de fabrication est essentiellement le même : une fibre de polymère (rayonne, polyacrylonitrile ou brai) est pyrolysée en atmosphère contrôlée et soumise à une tension pour augmenter sa résistance. Elle peut ensuite être traitée

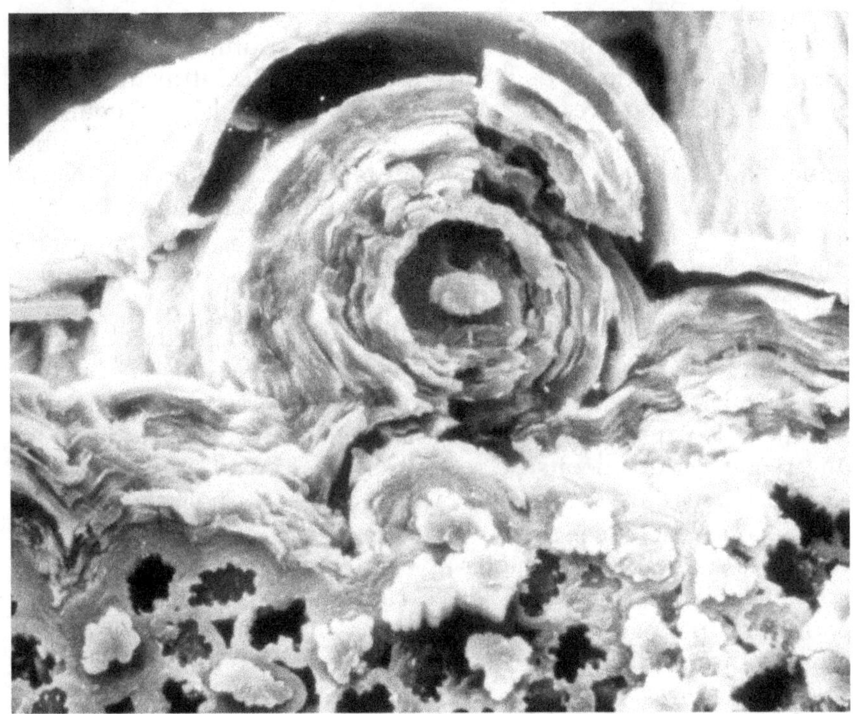

Figure 2 – Fibre de carbone.

thermiquement jusqu'à 3 000 °C. On constate alors qu'elle est formée de longs faisceaux de plans graphitiques liés entre eux, selon une structure cristalline en couches parallèles à l'axe de la fibre. C'est la raison pour laquelle les fibres de carbone sont tout particulièrement anisotropes.

Les fibres de carbure de silicium sont obtenues à partir d'un polymère comme le polycarbosilane qui est fondu puis filé. Il est ensuite réticulé puis pyrolysé pour donner du carbure de silicium. Les fibres obtenues peuvent être utilisées dans l'air jusqu'à 1 000-1 500 °C, alors que le carbone commence à s'oxyder vers 500 °C.

Les fibres de carbone et de carbure de silicium offrent des capacités à rupture excellentes, respectivement, de 5 000 et 3 000 Mpa contre seulement 800 pour l'acier. En revanche, elles sont très rigides. Elles rompent sous charge après une très faible déformation plastique, contrairement aux métaux qui font, en général, preuve d'une bonne plasticité.

Ces fibres, dont le diamètre élémentaire est de l'ordre de 5 à 10 microns, sont présentées et vendues sous forme de câbles constitués de quelques milliers d'entre elles. Pendant longtemps des câbles de 1 000 à 12 000 fibres ont été utilisés. La tendance actuelle est à l'augmentation du nombre de fibres en vue de la réduction du coût.

À partir de ces câbles et en fonction des pièces à produire, il convient ensuite de réaliser le renfort fibreux du composite selon un modèle de texture résistant au champ de sollicitations mécaniques prévues en service et de s'efforcer d'approcher le plus possible la forme finale de la pièce. On fabrique alors ce que l'on appelle une préforme en choisissant le procédé textile le mieux adapté. Selon le cas, on tisse, on tresse, on tricote, on croise, on bobine...

Encore faut-il assurer la cohésion d'ensemble dans toutes les directions et éviter le risque majeur de délaminage entre couches non liées entre elles. Pour cela on a longtemps tissé en 3 dimensions sur des métiers complexes ou entrecroisé selon 4 directions (pas dimensions) des baguettes pultrudées à partir de câbles. Quasi indispensables pour des pièces épaisses très fortement sollicitées, ces constructions textiles demeurent onéreuses.

La technique de l'aiguilletage, qui permet de lier des couches entre elles par transfert de fibres dans l'épaisseur de la préforme à l'aide d'aiguilles à barbes, est en revanche beaucoup plus industrielle. Elle s'est imposée dans de nombreux cas pour les préformes en câbles de carbone. Issue de l'industrie des non-tissés, des moquettes, utilisant donc une planche de fakir munie d'hameçons, elle est de mise en œuvre simple et conduit à un carbone-carbone économique.

Une autre méthode intéressante et prometteuse, la technique du tissage interlock, lie l'édifice par des câbles impliquant plusieurs couches, pratiquée pour les textures céramiques qui supportent mal l'aiguilletage.

Matrices et interphases

Voyons maintenant comment l'on fabrique les matrices.

L'opération de dépôt d'une matrice dans une préforme ou de remplissage de la préforme est, dans le jargon composite, appelée opération de densification. Elle s'effectue par voie liquide, par voie gazeuse ou encore par combinaison des deux.

La densification par voie liquide consiste à imprégner la préforme fibreuse par un polymère à l'état fondu ou en solution (résine phénolique ou brai pour le carbone, ou encore polycarbosilane pour le carbure de silicium). L'ensemble est ensuite pyrolysé. Le polymère se décompose, donnant de la céramique qui se dépose dans la préforme et des éléments volatils qui s'échappent en laissant des porosités. L'ébauche est alors soumise plusieurs fois au même cycle jusqu'à ce que les porosités soient suffisamment comblées et la densité désirée atteinte.

La densification par voie gazeuse est la plus fréquemment utilisée. Dans ce cas, la préforme, installée dans un four, est chauffée vers 1 000 °C en présence d'un flux de précurseur gazeux, comme le méthane ou le propane pour les matrices carbone, et le méthyltrichlorosilane pour les matrices carbure de silicium. Le gaz diffuse dans les porosités de la préforme, s'y décompose et dépose la matrice sur les fibres : c'est l'infiltration chimique en phase vapeur.

La densification des composites thermostructuraux relève donc d'une industrie lourde comparable à la sidérurgie avec ses fours à haute température, fonctionnant à faible pression et utilisant des espèces réactives qui demandent des précautions particulières d'hygiène et de sécurité. Les procédés de densification se caractérisent par de longs séjours dans les fours et la nécessité de fonctionner en feux continus. L'utilisation optimale de la main-d'œuvre suppose, en conséquence, l'installation d'unités dotées de nombreux fours qui sont chargés et déchargés successivement de leurs pièces *(Fig. 3)*.

Figure 3 – Atelier de densification.

Bien que relativement lent, le procédé d'infiltration en phase gazeuse est un très bon procédé industriel. Il présente, par rapport à d'autres procédés plus rapides, une grande souplesse d'utilisation, acceptant sans modification des installations ni outillages complexes, des pièces différentes en type et en nombre. C'est un procédé robuste et tolérant, à la fois bien adapté pour des prototypes de formes nouvelles et pour de la grande série. C'est depuis trente ans la voie royale.

Penchons-nous maintenant sur la question clé, celle du comportement d'un composite à matrice céramique. C'est un comportement fort curieux lié à l'existence même de ces composites : la fibre céramique est fragile et la matrice céramique l'est tout autant. Or l'objectif affiché est bien sûr de disposer d'un composite thermostructural non fragile. De plus, souvenons-nous, le principe du composite passe par le rôle répartiteur de contraintes d'une matrice choisie plus souple, moins rigide que les fibres du renfort.

Pas de chance, la déformation à rupture des matrices céramiques aujourd'hui disponibles est inférieure à celles des fibres. Que faire en conséquence avec une matrice raide et fragile, qui lorsqu'elle cède brutalement, risque d'entraîner la fissuration des fibres, elles-mêmes fragiles ? Le talent des inventeurs a été de travailler à la liaison renfort-matrice, d'introduire à l'interface un troisième élément, primordial, baptisé interphase. Il s'agit d'implanter une sorte de fusible mécanique, d'adapteur répartiteur de contraintes et de fissures, à défaut de disposer d'une matrice souple. Lorsque le composite est sollicité, les fissures qui se développent dans la matrice sont déviées et dispersées par l'interphase, évitant ainsi la rupture de la fibre qui peut continuer à jouer son rôle de renfort alors que la matrice poursuit sa fragmentation *(Fig. 4)*.

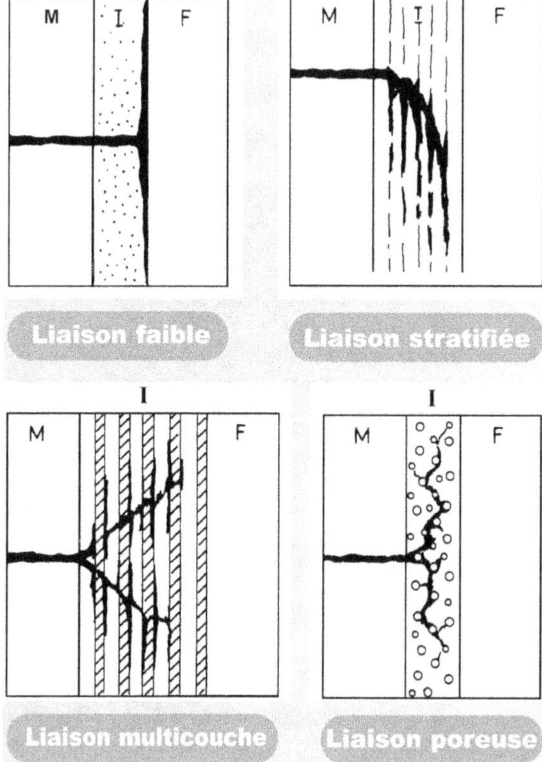

Figure 4 – Interphases.

Un effort scientifique important a été consacré à la compréhension et à l'optimisation du rôle de l'interphase dans la déviation d'une fissure. L'interphase doit adhérer fortement à la fibre pour que la fissuration se produise en son sein et non à la surface de la fibre. Elle doit être suffisamment résistante pour assurer le transfert de charge entre la matrice et la fibre, et suffisamment faible pour remplir sa fonction de fusible.

Il a été montré qu'une interphase à consistance stratifiée améliore l'efficacité du composite en raison de la multiplication des chemins de déviation des fissures. La plus classique de ces interphases est constituée par des couches successives de pyrocarbone entourant les fibres. Mais si le pyrocarbone est un excellent matériau d'interphase, il demeure sensible à l'oxydation, qui commence dès 500 °C.

Pour éviter la disparition progressive du pyrocarbone, des interphases multicouches ont été conçues de façon à apporter une capacité d'autocicatrisation. Elle combine des couches successives d'un matériau d'adaptation mécanique comme le pyrocarbone et d'un matériau formateur de verre comme le carbure de silicium. Le verre formé à haute température protège alors le pyrocarbone de l'oxydation. Le même principe a été retenu pour développer des matrices autocicatrisantes. Il est incontestable que ces interphases millefeuilles, que ces matrices zèbres, constituent des avancées considérables pour l'obtention de céramique-céramique aptes à fonctionner durablement en atmosphère oxydante *(Fig. 5)*.

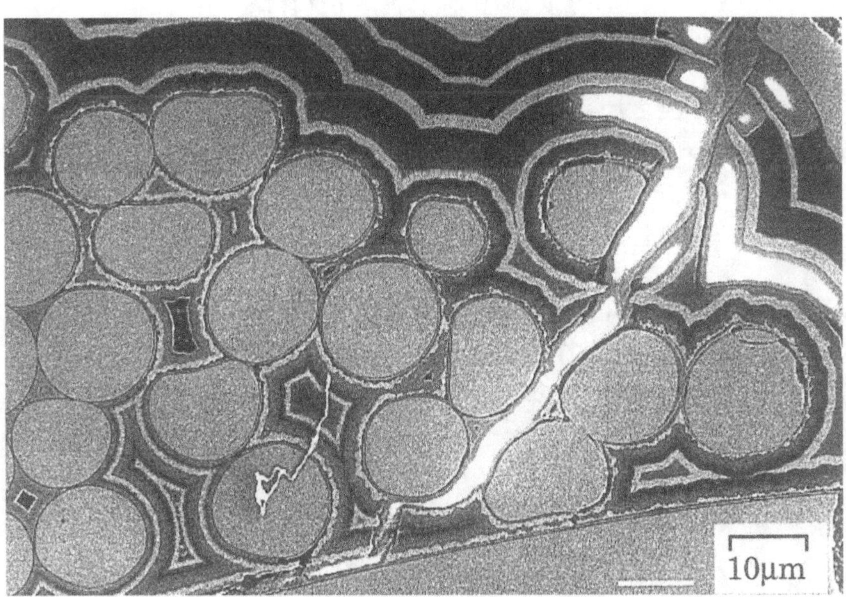

Figure 5 – Autocicatrisation de fissure.

Résultats

Mais comment faire apprécier de façon simple les résultats obtenus grâce à ces innovations qu'il convient bien sûr de combiner avec les progrès significatifs enregistrés ces dernières années dans le domaine des fibres de carbure de silicium ? Par exemple, en mesurant le chemin parcouru depuis la première génération, celle du projet de planeur spatial Hermès et ce, à partir du critère essentiel qu'est la longévité potentielle d'une céramique-céramique soumise, en atmosphère oxydante, à des cycles de fatigue effrénés. La seconde génération incorpore le progrès effectué sur les interphases et matrices, la troisième y ajoute le progrès sur les fibres et textures. Dans ces conditions, très dures il est vrai, ce qui, à 500 °C, ne tenait que 60 heures approche les 1 000 heures maintenant (progrès mécanique des fibres et interphases) et surtout conserve cette longévité jusqu'à 1 200 °C (progrès anti-oxydation des interphases et matrices) *(Fig. 6)*.

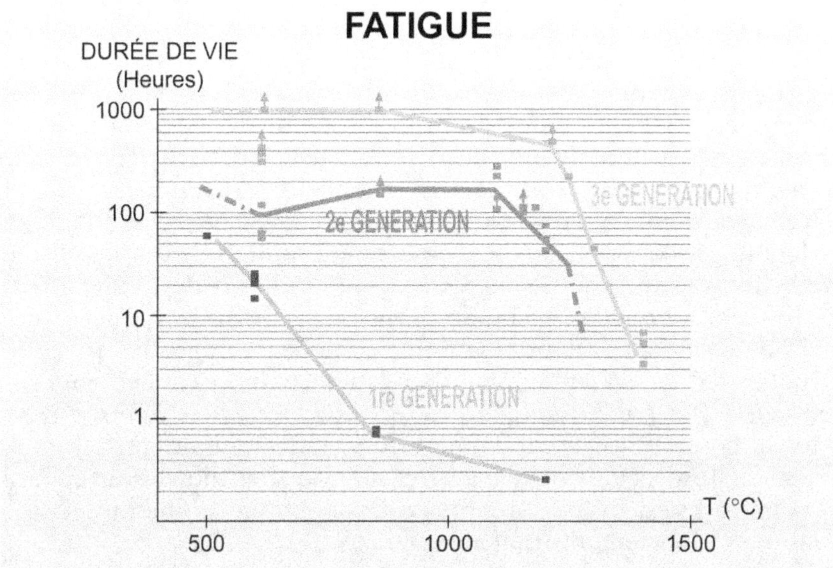

Figure 6 – Performance en fatigue des SIC-SiC.

Les composites céramique-céramique constituent une exception composite : ce sont des « composites inverses » comme dit Roger Naslain, ils sont en quelque sorte contre nature. Vous avez imaginé l'effort scientifique et technologique continu, colossal qui a été accompli. Vous avez compris combien cette niche industrielle qui combine des procédés extrapolés du textile, de la chimie, de la sidérurgie et de la mécanique, nécessite, pour progresser, non seulement l'excellence dans chaque spécialité, mais une approche pluriprofessionnelle.

Conclusion

Le coût des composites thermostructuraux constitue souvent un obstacle à l'extension du marché au-delà de la niche stratégique où ils se sont imposés. C'est pour cela que des efforts importants, sont effectués aux États-Unis, au titre des programmes *Low Cost Ceramic composites*, *Affordable composite Program* ou encore *Continuous Fiber Ceramic composites*, tous sponsorisés par des agences gouvernementales. Par exemple, l'objectif du programme du DoE (Département de l'Énergie), qui associe industriels et universitaires, est de développer des composites économiques destinés à réduire la consommation énergétique et la pollution. En effet, on l'a vu, les composites thermostructuraux, grâce à leur meilleure tenue en température, permettent de moins refroidir les turbines et, ce faisant, conduisent à des cycles thermiques plus efficients en matière de consommation en carburant et en matière de pollution. L'enjeu est énorme si l'on en croit les Américains. Les gains annuels escomptés à l'issue de ces programmes sont, à l'horizon 2010 et pour les seuls États-Unis, de 630 milliards de Kwh d'économie d'énergie (c'est la consommation annuelle de l'Île-de-France), soit 8 milliards de dollars (c'est le budget français de la recherche), une réduction des oxydes d'azote d'environ un million de tonnes et une réduction du dioxyde de carbone de 120 millions de tonnes (c'est la diffusion annuelle de l'Île-de-France).

En attendant, retenons que la niche des composites thermostructuraux est stratégiquement essentielle et industriellement prometteuse. Elle constitue un atout technologique fort de notre pays dans la compétition et la coopération internationale qui progressivement font et feront que la mécanique thermique soit encore plus performante, plus sûre, plus durable, moins polluante, moins sonore et globalement moins coûteuse.

Verre et chimie douce

par Jacques Livage

De l'art du feu à la chimie douce

Le développement de l'humanité est lié à celui des matériaux. C'est en apprenant à tailler la pierre il y a près de trois millions d'années, que l'*Homo habilis* transforma une simple matière, le silex, en un matériau capable de couper, percer ou gratter. La principale révolution fut sans doute la maîtrise du feu qui permit à l'homme de transformer un minerais naturel tel que la malachite ou la chalcopyrite en cuivre. On découvre même que, grâce au feu, le cuivre peut être fondu puis coulé pour fabriquer des outils. La métallurgie venait de naître ! Environ mille ans plus tard on ajoutera un peu d'étain au cuivre fondu pour fabriquer le bronze qui possède une plus grande dureté. C'est ainsi que l'on passa progressivement de l'âge du cuivre à celui du bronze puis du fer, au fur et à mesure que la maîtrise du feu permit d'obtenir des températures de plus en plus élevées. La découverte de l'aluminium par Sainte-Claire Deville dans la deuxième moitié du XIXe siècle a ouvert la voie aux alliages légers permettant l'essor de l'aéronautique. Les températures nécessaires pour réduire la bauxite (minerais d'aluminium) par le charbon étant trop élevées, la réduction a été réalisée par le sodium, puis aujourd'hui par électrolyse. On peut imaginer que dans quelques siècles, notre époque sera appelée « l'âge du silicium », matériau grâce auquel l'électronique et l'informatique ont vu le jour.

Texte de la 283e conférence de l'Université de tous les savoirs donnée le 9 octobre 2000.

Le verre lui-même est né du feu environ 2 500 ans avant notre ère. Selon Pline l'Ancien, ce matériau fut découvert par des marins égyptiens lors d'un bivouac sur une plage de Phénicie. Ils utilisèrent quelques blocs de natron, carbonate de sodium servant à la momification, pour entourer leur feu et constatèrent qu'une masse translucide s'écoulait du foyer. C'était du verre ! L'explication de ce phénomène est bien connue aujourd'hui. Sous l'action du feu, le sable de silice et le sodium du natron avaient réagi pour donner un verre sodo-silicaté dont le point de fusion était notablement plus bas que celui de la silice pure. Le rôle de « fondant » du sodium est bien connu des verriers. Depuis cette découverte, des progrès technologiques considérables ont permis d'élaborer des verres de grande pureté et de travailler à des cadences très élevées. Mais en fait, le verre que nous utilisons est toujours fait par fusion d'un sable de silice auquel on ajoute des fondants tels que les alcalins ou les alcalino-terreux. À l'aube du troisième millénaire, on peut se poser la question suivante ; le verre est il condamné à être associé au feu et l'art des verriers à l'art du feu ?

Pour répondre à cette question, retournons sur la plage où les marins avaient allumé leur foyer, mais cette fois-ci regardons du côté de la mer. L'observation du plancton nous révèle la présence d'algues microscopiques, les diatomées, qui s'entourent d'une coque de silice (frustule) destinée à les protéger. Cette coque est constituée de silice amorphe analogue à celle de nos verres, mais elle a été fabriquée à température ambiante à partir des traces de silice contenues dans l'eau de mer. La production de silice par ces micro-organismes est loin d'être négligeable. Elle correspond à plusieurs gigatonnes par an, et s'effectue dans des conditions de « chimie douce », bien différentes de celles que l'homme a développées.

Chimiquement le procédé est simple. Les diatomées utilisent la silice dissoute dans l'eau sous forme d'acide silicique $Si(OH)_4$. Une réaction de condensation entre deux groupements silanols $Si-OH$ avec élimination d'eau permet alors de former un oxygène pontant qui relie deux molécules d'acide silicique. En poursuivant la réaction on obtient finalement de la silice SiO_2.

$$Si(OH)_4 \rightleftharpoons SiO_2 + 2H_2O$$

Le fait remarquable est que pour réaliser une telle opération, nous devons travailler dans des conditions de concentration, de pH et de température bien plus dures que celles qu'utilisent les diatomées.

Le procédé « sol-gel »

En fait, il y a plus d'un siècle, les chimistes avaient observé que l'action de l'eau sur des esters de silicium donnait naissance, à température ambiante, à un matériau transparent qui n'était autre que de la silice. C'est l'observation qu'avait rapportée J.-J. Ebelmen à l'Académie des sciences le 25 août 1845. Il fallut attendre la Seconde Guerre mondiale pour que les premiers brevets soient déposés par la firme allemande Schott Glasswerke, donnant ainsi naissance à ce que l'on appelle aujourd'hui le « procédé sol-gel ». Ce procédé est analogue à ceux qu'utilisent les polyméristes pour élaborer les matières plastiques. Le précurseur utilisé dans nos laboratoires n'est en général pas l'acide silicique, mais plutôt un alcoxyde de silicium $Si(OR)_4$ dans lequel l'atome de silicium est entouré de quatre groupements OR où R est un groupement alkyle simple, méthyle CH_3 ou éthyle C_2H_5. De telles molécules sont actuellement disponibles dans le commerce et sont couramment utilisées dans l'industrie des silicones.

Par simple hydrolyse, elles se transforment en acide silicique :
$$Si(OR)_4 + 4H_2O \rightleftharpoons Si(OH)_4 + 4ROH$$
Des réactions de polycondensation, analogues à celles mises en jeu par les diatomées, conduisent ensuite à la silice.

Ces réactions de polymérisation minérale entraînent la formation d'espèces de plus en plus condensées qui conduisent à des particules de silice colloïdale qui forment des « sols » puis des « gels », d'où le nom du procédé « sol-gel ». Le séchage et la densification de ces gels de silice, à quelques centaines de degrés, conduit à un verre dont les caractéristiques sont tout à fait semblable à celles d'un verre classique.

Le premier avantage du procédé sol-gel est de permettre d'élaborer des verres à des températures relativement modérées (chimie douce) sans passer par la fusion. Cependant la fabrication d'une pièce en verre massif par un tel procédé est très délicate. Les tensions internes qui apparaissent lors du séchage entraînent la fissuration du matériau. Pour éviter ce phénomène, il faut effectuer un traitement thermique extrêmement lent, ajouter des additifs chimiques ou réaliser un séchage dans des conditions hypercritiques. De plus les précurseurs utilisés sont relativement coûteux et le prix d'un verre « sol-gel » serait beaucoup plus élevé que celui d'un verre « classique ». C'est pourquoi ce procédé n'est pas utilisé pour la production de verres courants. Par contre, il permet de réaliser des opérations de mise en forme originales en passant directement de la solution de précurseurs au produit fini. Ceci est particulièrement intéressant pour le dépôt de films minces sur des substrats variés (verre, céramique, métal, polymère). Il suffit de déposer la solution d'alcoxyde par trempage, centrifugation ou pulvérisation. L'humidité ambiante réalise spontanément les réactions d'hydrolyse-condensation. Après séchage à température modérée, on obtient un film transparent de silice, ou d'un autre oxyde selon le précurseur. La plupart des applications industrielles du procédé sol-gel reposent aujourd'hui sur la réalisation de films minces.

Les premiers brevets exploités en Allemagne dans les années 1960 concernent la réalisation de films antireflets à la surface de vitrages ou de rétroviseurs. Plus récemment, en France, le CEA du Ripault a ouvert un département sol-gel afin de développer des revêtements optiques destinés aux lasers de très forte puissance utilisés dans les processus de fusion thermonucléaire par confinement inertiel. Dans le projet LMJ (Laser MégaJoule), en cours d'installation près de Bordeaux, le faisceau laser de forte puissance parcourt 450 mètres et doit traverser, ou se réfléchir, sur plusieurs dizaines de composants optiques. Les revêtements sol-gel sont utilisés afin de réduire les pertes énergétiques et éviter l'endommagement des optiques. L'expérience acquise dans le domaine du nucléaire est maintenant mise à profit pour développer des applications « grand public », telles que le produit « Kelar »™, pour lentilles ophtalmiques produit par la PME francilienne Dimensions & Lavis. De même des revêtements antireflet et antistatique pour tubes cathodiques sont développés en partenariat avec Thomson MultiMédia. Des centres de recherche et développement importants ont aussi vu le jour en Allemagne, au Fraunhofer de Würzburg ou à l'INM *(Institut fur Neue Materialen)* de Sarrebruck. Un site Internet, www.solgel.com vient même de s'ouvrir sous l'impulsion des chercheurs de Corning permettant de disposer des informations les plus récentes !

Des verres hybrides organo-minéraux !

Les procédés sol-gel ne contribuent pas seulement à améliorer les techniques d'élaboration des verres. Ils ouvrent de nouveaux horizons en permettant la synthèse de matériaux totalement originaux, les hybrides organo-minéraux. La chimie douce mise en jeu dans ces procédés est compatible avec les réactions de la chimie organique. Il devient ainsi possible d'associer des molécules organiques relativement fragiles à un matériau « haute température » tel que le verre. Il suffit pour cela de dissoudre le composé organique dans la solution qui contient le précurseur alcoxyde. Par addition d'eau on suscite la formation d'un réseau de silice au sein duquel les molécules organiques se trouvent piégées. On peut même utiliser des précurseurs mixtes, les organo-alcoxysilanes $R'_{4-x}Si(OR)_x$ dans lesquels le groupement organique R' est lié au silicium par une liaison Si-C non hydrolysable. On forme ainsi de véritables hybrides à l'échelle moléculaire qui couvrent toute la gamme allant du verre fragile au polymère plastique. Ils connaissent aujourd'hui un développement important et portent des noms variés tels que ORMOSIL *(Organically modified silicate)*, ORMOCER *(Organically modified ceramic)*, CERAMER *(Ceramic polymer)* ou POLYCERAM *(Polymer ceramic)*.

Les principales applications de ces hybrides se situent dans le domaine de l'optique. Le verre sol-gel sert de matrice à des colorants organiques qui présentent des propriétés optiques variées : luminescence, laser, photochromisme, effets non linéaires, etc. Le verre sol-gel protège le colorant contre les effets de la chaleur ou des UV. Il permet aussi d'élaborer le matériau sous forme de film mince, de fibre, de guide d'onde ou même de le déposer sur une fibre optique. L'optique sol-gel est actuellement en pleine expansion et des applications nouvelles apparaissent tous les jours.

Lors du congrès de Yokohama en 1999, des firmes japonaises ont présenté des bouteilles colorées par dépôt d'un film sol-gel hybride. En plus du caractère esthétique, le principal intérêt de ce mode de coloration apparaît lors du recyclage du verre. Un verre coloré normal reste coloré lorsqu'il est refondu tandis que le colorant organique du film hybride est brûlé au cours du chauffage. On peut ainsi obtenir un verre blanc à partir de verres colorés, ce qui augmente notablement les possibilités de recyclage.

Les mosaïques du XIVe siècle situées au-dessus de la porte d'or de la cathédrale de Prague ont été restaurées récemment. Un film hybride sol-gel a été déposé à leur surface afin d'éviter qu'elles ne soient à nouveau corrodées par l'atmosphère environnante. Cette opération a été réalisée par des chercheurs de l'Université de Los Angeles (UCLA), avec le Getty Conservation Institute.

Une start-up vient de se développer en Israël afin de commercialiser des crèmes solaires dans lesquelles un produit organique anti-UV est encapsulé dans des microsphères de silice sol-gel. On évite ainsi que les produits de dégradation, en particulier les radicaux libres, viennent en contact avec la peau.

En France, la firme Protavic développe actuellement des vernis photochromes dans lesquels le chromophore organique est inclus dans une silice hybride. Les deux formes, incolore et colorée, n'ayant pas les mêmes propriétés on peut optimiser la réponse du colorant en jouant sur le caractère hydrophile-hydrophobe de la matrice hybride. On obtient ainsi des temps de commutation de l'ordre de la seconde au lieu d'une heure dans une silice normale. On voit les perspectives qu'ouvre ce procédé pour la réalisation de lunettes photochromes. Il suffit de déposer le vernis à la surface des verres optiques !

Vers les biotechnologies

La synthèse d'hybrides organo-minéraux montre les possibilités de la chimie douce dans le domaine des matériaux. Nous sommes pourtant encore loin d'égaler l'habileté des diatomées. Un pas décisif a été franchi au début des années 1990 lorsque des chercheurs israéliens ont montré qu'il était possible de fixer des enzymes dans des gels de silice. Non seulement ces enzymes n'étaient pas dénaturées, mais elles conservaient une activité biocatalytique significative pendant plusieurs mois. On devine l'importance d'une telle observation lorsque l'on connaît le rôle que joue l'immobilisation des enzymes dans le développement des biotechnologies. Le procédé sol-gel apporte une réponse originale en associant un matériau dur et résistant à des biomolécules beaucoup plus fragiles.

De nombreuses enzymes ont été encapsulées dans des gels de silice en vue de réaliser des biocapteurs ou des bioréacteurs. En général on observe que la matrice de silice joue un rôle protecteur en évitant la dénaturation de l'enzyme ou sa perte par lixiviation. Des dispositifs ont été développés pour réaliser des biocapteurs de glucose. Ils reposent sur la réalisation d'une électrode dans laquelle l'enzyme est mélangée à une poudre de carbone au sein d'un gel de silice. On forme ainsi une encre conductrice qui peut être déposée par sérigraphie. Une simple mesure électrochimique effectuée sur une goutte de solution déposée à la surface de l'électrode permet de déterminer la teneur en glucose. Une équipe coréenne vient de présenter un dispositif de dosage de l'urée constitué d'uréase encapsulée dans un gel de silice, capable de détecter des teneurs aussi faibles que 0,2 millimole.

L'activité de l'enzyme peut être optimisée en jouant sur la nature chimique de la silice comme le montre l'exemple des lipases. Ces enzymes qui catalysent les réactions d'hydrolyse-estérification jouent un rôle important en synthèse organique, dans l'industrie pétrolière, les détergents ou l'agro-alimentaire. Elles présentent la particularité d'agir à l'interface entre deux phases, lipide et aqueuse, non miscibles. L'activité de ces enzymes peut être multipliée par un facteur cent en les encapsulant dans une matrice hybride dont on règle le caractère hydrophile-hydrophobe. Ces études ont conduit la société Fluka à commercialiser des lipases immobilisées dans des gels de silice hybrides. Ces gels, déposés à la surface de billes de verre ont été utilisés avec succès dans des réacteurs à lit fluidisé.

Les possibilités des procédé sol-gel ne se limitent pas à la fixation d'enzymes. Des cellules végétales et des levures ont aussi été fixées dans des gels de silice. Nous avons montré récemment que des bactéries *Escherichia coli* conservaient leur activité enzymatique après encapsulation. Leur activité enzymatique suit bien une loi de Michaelis et reste comparable à celle des bactéries libres. Des expériences très intéressantes ont été réalisées par des chercheurs italiens et américains. Elles concernent des cellules du pancréas, les îlots de Langherans qui interviennent dans le métabolisme du glucose. Les essais *in vitro* montrent que ces cellules encapsulées dans de petites billes de silice conservent leur activité et produisent de l'insuline lors de l'addition de glucose. Des essais de transplantation *in vivo* ont même été réalisés avec des souris par la firme *Solgene Therapeutics LLC*. Ils semblent donner des résultats encourageants, l'enveloppe de silice poreuse permettant d'éviter les problèmes de rejet immunitaire !

Le procédé sol-gel peut être étendu au domaine de l'immunologie. Des expériences récentes montrent que des réactions de reconnaissance spécifique antigène-anticorps peuvent être réalisées au sein de gels de silice. Ces réactions ont été utilisées pour effectuer des dosages chimiques très précis à l'aide d'anticorps spécifiques de certaines molécules (haptènes). C'est ainsi que l'on a pu doser l'atrazine présente dans une solution en la faisant passer sur un gel de silice contenant des anticorps « anti-atrazine ». Cette molécule est un herbicide utilisé à grande échelle dans l'agriculture. Elle peut être toxique et ne doit pas se retrouver dans les nappes phréatiques à des teneurs supérieures à 0,1 mg/l, d'où la nécessité de pouvoir la doser avec précision.

Le principal intérêt des réactions de reconnaissance antigène-anticorps concerne évidemment le domaine médical. C'est pourquoi, en collaboration avec l'hôpital de la Pitié-Salpêtrière, nous avons développé des tests sanguins utilisant des parasites encapsulés dans des gels de silice comme source antigénique. L'étude a été réalisée avec des protistes *(Leishmanie donovani infantum)*, responsables de la leishmaniose. Les tests immunologiques ont été réalisés selon la méthode ELISA, au sein même des gels contenant les parasites. Ils montrent une nette différence selon que les patients ont ou non été infectés. Les réactions de reconnaissance spécifique anticorps-parasite ont donc bien lieu au sein du gel de silice.

Conclusion

Longtemps lié à la maîtrise du feu, le renouveau des matériaux s'appuie maintenant beaucoup plus sur la chimie. L'extraordinaire développement des polymères au cours des cinquante dernières années en est une preuve. Les procédés sol-gel montrent que des réactions de polymérisation minérales peuvent aussi être utilisées pour la synthèse de verres qui étaient traditionnellement élaborés à haute température. De nouveaux matériaux hybrides apparaissent qui associent des entités chimiques, voire biologiques, *a priori* incompatibles. Les processus de biominéralisation constituent pour le chimiste des matériaux une nouvelle source d'inspiration. Toutefois, les micro-organismes ont mis des millions d'années pour trouver la meilleure façon d'élaborer les matériaux les plus performants. Espérons que quelques décennies nous suffiront !

Le bois : la diversité des produits forestiers permettra-t-elle au bois d'être le matériau du XXIe siècle ?

par Pierre Morlier

L'éco-matériau

La forêt peut être considérée comme investie de trois missions essentielles : une mission écologique car elle constitue le principal milieu où peuvent se perpétuer la plupart des espèces animales et végétales (biodiversité), car elle se comporte comme un climatiseur en extrayant l'eau du sol pour la transformer en vapeur, car l'arbre usine à bois absorbe, pour fonctionner et avec l'aide du soleil, 1,6 tonne de CO_2 par tonne de bois produit ayant ainsi un rôle essentiel dans la lutte contre l'effet de serre ; une mission sociale, en offrant de vastes espaces aux citadins, en participant à l'aménagement du territoire par la pérennisation des reliefs et paysages et, pour aller au bout du raisonnement, par le maintien des emplois sylvo-industriels en zone rurale ; une mission de production : du bois pour le chauffage, la construction, l'industrie chimique et papetière.

Le bois est une matière première renouvelable et recyclable en fin de vie, sous forme de nouveaux matériaux ou de bois énergie, qui ne détruit pas les sites d'où il est extrait, au contraire des graviers et matériaux rocheux, dont la récolte est nécessaire pour la bonne santé des forêts et pour le bilan du CO_2 fixé par la photosynthèse, définitivement, sous forme de carbone.

C'est un matériau dont les transformations et la mise en œuvre ne consomment que peu d'énergie, comparé aux autres matériaux de grande diffusion et ne produisent pas de substances toxiques

Texte de la 284e conférence de l'Université de tous les savoirs donnée le 10 octobre 2000.

lorsque l'industrie ne l'a pas trop dopé chimiquement ; les chantiers de construction bois ne polluent pas leur voisinage.

Le bois mérite donc à la fois le titre d'éco-matériau et une attention particulière nouvelle de la part des consommateurs, parfois dépassés dans leur quête d'un éco-matériau parfait, et des politiques : les sommets de Rio, de Kyoto, ont amené la plupart des pays européens à mettre en place des politiques visant à développer l'usage du bois dans la construction (loi sur l'air et l'utilisation rationnelle de l'énergie, en France) ; la France a récemment décidé, suite au rapport Bianco, de maintenir pour la forêt la mission de produire du bois et de promouvoir le bois des forêts françaises.

Ce double intérêt, les consommateurs d'un côté, les politiques de l'autre, fondé sur le besoin de gestion durable de la planète, va-t-il propulser le bois à la première place des matériaux du XXIe siècle ?

La diversité de la filière bois française

Il faudra bien alors que la filière bois, qui offre sa production sur le marché des matériaux, fasse un effort pour maîtriser sa diversité. Elle a un atout majeur en France, sa taille : un demi-million d'emplois, répartis sur le territoire, quinze millions d'hectares de forêt soit le tiers de la superficie du territoire, chiffre en croissance, et une récolte annuelle de 55 millions de m³.

Elle a le défaut de son éclatement : la propriété forestière est privée aux trois quarts et plus de 20 000 propriétés sont recensées à travers leurs plans de gestion ; plus de 9 entreprises de l'industrie du bois sur 10 emploient moins de 20 salariés.

À tous les points de vue, elle est diversifiée : multiplicité des essences qui ont un intérêt économique (25 environ, feuillus et résineux), diversité des pratiques sylvicoles (la forêt landaise est la seule forêt cultivée, de plus de 1 million d'hectares) d'un côté, de l'autre, spectre large des tailles d'entreprises de l'industrie du bois (de l'énorme papeterie à l'atelier artisanal), variété des procès, des outils, des métiers ; la filière bois, enfin, offre ses productions à des industries très inégalement exigeantes : le Bâtiment et les Travaux Publics, qui consomment 65 % du bois d'œuvre soit 12,5 millions de m³ par an, l'emballage, le bricolage et l'ameublement au niveau des produits de grande diffusion, la tonnellerie, la lutherie, l'ébénisterie au niveau des niches à forte valeur ajoutée *(Fig. 1)*.

Même si la récolte annuelle française ne représente que 65 % de l'accroissement biologique, ce qui incite le rapport Bianco à

Figure 1 – Le Bâtiment est le plus gros consommateur de bois, bien que celui-ci n'y n'intervienne que pour 10 % en France, en terme de C.A.

parier sur le supplément respectable qu'on peut, qu'on doit sortir de la forêt pour en assurer la gestion durable, une région, les Landes de Gascogne, travaille à flux tendus, ne laisse pas un gramme de bois en forêt, et ne brûle que les produits connexes de la transformation nécessaires à sa propre énergie. Y aurait-il plusieurs filières bois en France ?

La diversité du matériau bois à différentes échelles

Le bois est un matériau solide, cellulaire, organique et naturel, c'est un matériau composite — un ensemble organisé de bio-polymères —, anisotrope — en raison de la forme allongée de ses cellules et de la structure orientée de la paroi cellulaire, mais aussi de la structure en cernes due à la croissance — ; pour comprendre ce matériau et sa diversité il faut toujours revenir à son organisation, à différentes échelles.

Le bois est un ensemble de tissus à paroi lignifiée ; ces tissus sont constitués de cellules disposées spatialement selon une organisation spécifique contrôlée génétiquement de façon stricte : le plan ligneux. Les feuillus présentent une anatomie plus complexe et plus variée que celle des résineux mais leurs structures sont dans leurs principes comparables. Les feuillus qui comptent en France : Chêne, Hêtre, Châtaignier, Peuplier ; les résineux : Pin maritime, Pin sylvestre, Épicéa, Sapin, Douglas.

À l'échelle du cm^3, deux caractéristiques essentielles apparaissent : l'organisation du matériau cellulaire selon trois axes privilégiés, dits axes matériels (longitudinal, radial, tangentiel) et la porosité. La densité traduit cette dernière et régit statistiquement la plupart des propriétés physiques ou mécaniques des bois. Du balsa à l'azobé, la densité des bois varie de 0,2 à 1 (elle vaut 1,5 pour la matière ligneuse elle-même), ce qui donne à ce matériau, dans la palette des matériaux solides de grande diffusion, une place originale entre les mousses d'un côté, les plastiques et composites, verre, béton, aluminium, acier, par ordre croissant de l'autre. Cette diversité est unique et conduit à une gamme de propriétés mécaniques étalée : quand la densité varie de 1 à 5, la rigidité longitudinale varie de 1 à 5 également, la rigidité transversale de 1 à 125, la force nécessaire pour arracher un clou de dimension donnée de 1 à 25... Le génie des matériaux peut se réjouir de cette diversité aussi fertile que celle de matériaux artificiels comme les tissus de laine de verre.

Mais la règle qui corrèle la densité aux propriétés n'est que statistique car la diversité des structures des tissus et de la paroi cellulaire est également marquée : c'est le sort des matériaux naturels, composites pour la plupart, de présenter ainsi des structures imbriquées : l'alternance des bois de printemps, peu denses, et d'été, la présence de vaisseaux chez les feuillus, autant de structurations contenues dans le plan ligneux et à son échelle *(Fig. 2)*.

L'échelle de la paroi cellulaire va révéler une nouvelle organisation, la microstructure. Au départ, trois polymères constitutifs mettent en synergie leurs propriétés. La cellulose assure la solidité du bois : biopolymère formé de longues chaînes d'anhydroglucose, elle est disposée en fibrilles présentant des domaines partiellement cristallins, elles-mêmes accolées en faisceaux dits microfibrilles. Les hémicelluloses sont des polysaccharides à chaînes plus courtes, ramifiées, repliées sur elles-mêmes et constituent une matière amorphe autour des microfibrilles ; ils possèdent des propriétés hydrophiles et de gonflement très importantes, source des variations dimensionnelles du bois. La lignine enfin est un matériau inerte, plutôt fragile, servant de liant entre fibres ; c'est un polymère thermoplastique, cette propriété étant par exemple utilisée dans les procédés de formage du bois. Ces trois polymères se distribuent de façon inégale mais assez constante entre les différentes nappes composites composant la cellule et formant la lamelle

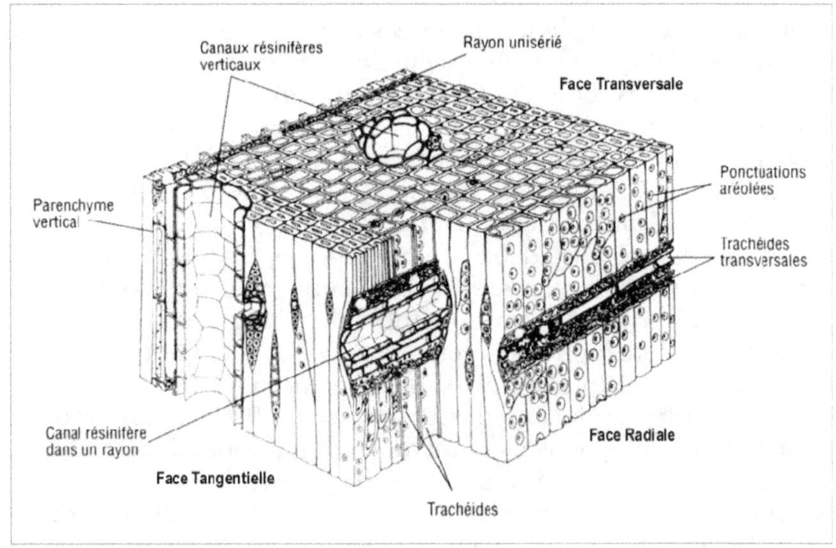

Figure 2 – Plan ligneux d'un résineux standard.

mitoyenne puis la couche S2, la plus volumineuse, organisation dense de microfibrilles, en hélices parallèles, dont l'angle par rapport à l'axe de la cellule est compris, dans le bois normal, entre 5 et 30 degrés, puis la couche interne, assez mince. La structure des parois cellulaires est donc celle d'un composite astucieux fait pour travailler en flexion et traction/compression puisque c'est le sort de toutes les structures élancées : la couche S2 reprend efficacement les tractions longitudinales, les flambements dus à la compression étant retenus par les courbes externes à S2, de part et d'autre, dans lesquelles l'inclinaison des microfibrilles est plus prononcée *(Fig. 3)*.

Ainsi à l'échelle du bois sans défaut, le *clear wood*, la densité explique la variabilité si le bois est dit normal, si le bois est anormal l'angle des microfibrilles domine la variabilité ; ces deux notions vont être explicitées ci-dessous.

À l'échelle du bois de construction, le *timber*, des singularités perturbant la savante organisation du tissu ligneux vont gouverner le comportement mécanique ; elles sont bien répertoriées et décrites : les nœuds, et la matière ligneuse spécifique qui les entoure, la fibre torse, visible quand on fend du bois, les blessures, dont les manifestations les plus inquiétantes sont les poches de résine chez les résineux, les fractures ou fissures, fentes, gélivure, roulure. On doit à B. Madsen, au début des années 1990, l'idée forte que le timber n'est plus qu'un pâle reflet des tissus ligneux qu'il comporte ; c'est un nouveau matériau, qu'on ne connaît que statistiquement, géré par son réseau de singularités ; l'idée avait déjà fait son che-

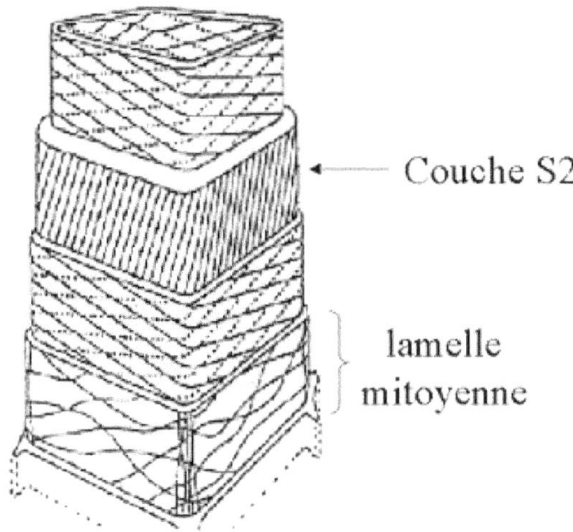

Figure 3 – La paroi cellulaire, un tube stratifié composé de nappes composites à fibres ; dimension transversale de la cellule : environ 50 & μm.

min pour d'autres matériaux naturels : c'est le réseau de fractures qui gère la mécanique et l'hydraulique d'un massif rocheux plus que la roche originelle qu'il contient.

À ce moment du discours, on pourrait croire que l'arbre idéal qui pousse lentement droit et rond, auquel un élagage aurait enlevé toute velléité de receler des nœuds importants est un gisement de matériau homogène. Il n'en est rien, l'arbre, usine vivante, secrète sa propre variabilité.

La part externe la plus jeune du tronc canalise l'écoulement ascendant de la sève, c'est l'aubier ; avec le vieillissement, le fonctionnement physiologique des cellules cesse, la partie interne du tronc, le duramen, est généralement de couleur plus foncée — dépôt de substances résiduelles de l'activité biologique éteinte —, il est plus durable, plus résistant aux insectes, moins humide.

Le bois des 5 à 20 premiers cernes formés, le bois juvénile, possède des caractéristiques différentes de celles du bois externe arrivé à maturité, surtout chez les résineux ; le bois juvénile a des trachéides dont les parois sont minces et les microfibrilles de la couche S2 y sont obliques, il se caractérise donc par une densité (0,37 pour les 10 premiers cernes, 0,47 pour le bois adulte chez le pin maritime), une résistance, une rigidité plus faible, un retrait longitudinal plus fort *(Fig. 4)*.

Si l'arbre pousse droit et rond, le mécanisme de croissance par création de cernes successifs à la périphérie du tronc est une opé-

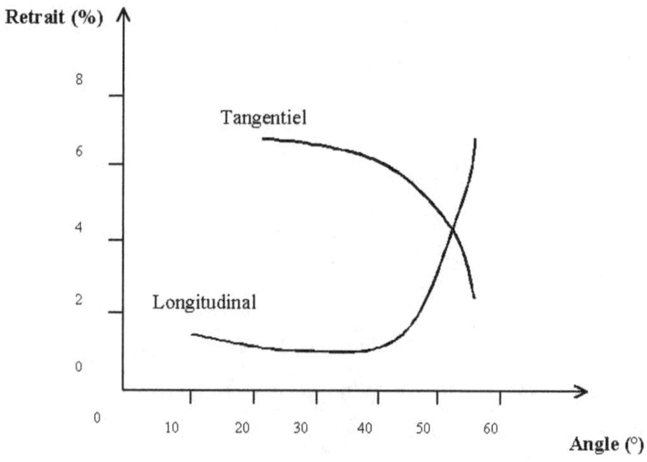

Figure 4 – L'angle des microfibrilles avec l'axe longitudinal a, au-delà de 30°, une influence considérable sur le retrait/gonflement et son anisotropie.

ration qui, mécaniquement, n'est pas neutre : chaque couche de matériau frais subit aussitôt après son dépôt un retrait dit de maturation, pour le bois normal, qui, empêché, exerce une charge à la périphérie de la structure formée par l'arbre ; chaque année le processus recommence et les contraintes s'accumulent : l'arbre est alors une structure précontrainte (traction à l'extérieur, compression au cœur) et toute opération de débit (abattage-sciage) va libérer ces contraintes et être responsable de déformations des planches obtenues ; plus tard, lors du séchage des planches, le caractère cylindrique de l'arbre va générer d'autres déformations (on dira par exemple que les faux quartiers tirent à cœur) car seule une planche découpée strictement selon les axes matériels du bois ne subit pas ces gauchissements, tuilages, flèches de champ et de face qui sont caractéristiques du matériau bois.

Lorsque l'arbre se bat contre son environnement (le vent, la recherche de la lumière) il va se réorienter à chaque fois que nécessaire par un jeu assez simple, en donnant des couches nouvelles de bois dit anormal, ce jeu porte sur l'angle des microfibrilles : celles-ci peuvent s'incliner par rapport à l'axe de l'arbre et la maturation, au lieu de tendre la nouvelle couche sur tout le tronc existant, va moins la tendre d'un côté que de l'autre ce qui va créer une flexion du tronc ; ce bois anormal est dit de compression chez les résineux, sur lesquels on observe jusqu'à un gonflement de maturation *(Fig. 5).*

Lorsqu'on cumule tous ces effets, on peut dire que l'arbre va engranger : des précontraintes qui ne sont pas forcément à symétrie cylindrique ; des gradients de densité, de possibles gradients d'angle des microfibrilles ; des mouvements des axes matériels du bois, autour des nœuds, selon la fibre torse. Le résultat est ce matériau, le timber, le bois de construction, que nous décrivions comme défini statistiquement (deux planches ne se ressemblent pas) et dont l'hygroscopie engendre ce que les professionnels appellent les instabilités dimensionnelles.

La variabilité intra-arbre est donc essentielle pour analyser les propriétés du matériau bois de construction ; la variabilité inter-arbre, à l'intérieur d'une même placette, ne mérite même pas d'être décrite, si la variabilité dans un peuplement, liée à la diversité pédologique et topographique des placettes, peut avoir un intérêt pour certaines propriétés.

Figure 5 – Le pin maritime se caractérise par sa non-rectitude, effet biomécanique qui est désormais correctement modélisé (logiciel AMAP-Para, CIRAD-AMIS).

Constat provisoire

À l'échelle du bois en dimension structurale (le timber), le bois massif, c'est-à-dire découpé dans le tronc et séché sans autre transformation, est un bon matériau de construction : il est entouré d'une longue tradition, il a de bonnes performances mécaniques (résistance en flexion, résistance à la fatigue, résistance à la compression transversale, rigidités), associées à sa légèreté (l'acier est 10 fois plus résistant qu'un bon épicéa mais presque 20 fois plus lourd), il s'usine et s'assemble facilement tout particulièrement par collage. Sur le chantier sa légèreté est un atout considérable qui a des conséquences fortes sur le coût des infrastructures ; le fait de relever de la filière sèche — chantiers sans eau — lui assure une bonne image ; l'outillage nécessaire est également intéressant par sa légèreté et sa mobilité ; les constructions bois font souvent appel à des éléments préfabriqués en atelier mais légers, les chantiers sont brefs et moins sensibles aux intempéries.

Et le bois est un éco-matériau, dont les qualités esthétiques sont indéniables.

Pourtant quelques caractères de ce matériau s'opposent encore à la reconquête du marché des matériaux de grande diffusion désormais entreprise.

Matériau organique naturel, le bois est naturellement biodégradable et donc soumis à des attaques d'origine biologiques : différents organismes (champignons, insectes, organismes marins) digèrent la cellulose et dégradent la lignine. Les conditions nécessaires à l'initiation et au développement de ces attaques sont surtout liées à l'humidité. Parmi les produits de préservation, on connaît principalement les créosotes, huiles de houille, et les solutions, aqueuses ou non, de sels d'oxydes métalliques tels le CCA (cuivre fongicide, chrome fixateur par réaction avec les sucres du bois, arsenic insecticide) dont le bois est imprégné sous autoclave ; des bois ainsi traités ne posent pas question pendant leur durée de service (pas de délavage, bonne fixation) mais posent désormais le problème de leur fin de vie, à tel point qu'ils seront considérés comme déchets spéciaux dans des délais courts.

On a vu plus haut que toutes les conditions étaient réunies dans l'usine à bois pour que les sciages soient instables lorsque soumis à des variations hygrométriques et exhibent des changements de forme esthétiquement et techniquement inacceptables. Tuilage, gauchissement, flexion sont d'autant plus visibles que les planches sont fines et, à ce titre, le bois utilisé en revêtement (lambris, parquet) y est donc particulièrement sensible. L'arrivée sur le marché de bois de plus en plus jeunes, poussés de façon de plus en plus rapide, n'arrange pas les choses — présence de bois juvénile — et inquiète les pays de tradition bois comme la Suède.

Quant au dernier argument contre le bois, c'est vraiment son manque de fiabilité ; lorsqu'on veut connaître un lot de bois, on peut faire un tirage aléatoire d'un échantillon représentatif — plus de cent pièces — qu'on soumettra à des essais mécaniques afin de caractériser les performances attendues : on retiendra deux valeurs typiques de la distribution d'une propriété, la valeur moyenne et la valeur caractéristique, ou fractile à 5 %, c'est-à-dire la valeur telle que 5 % seulement de l'échantillon lui soit inférieur. Un rapport de la valeur caractéristique à la valeur moyenne de 0,85-0,90 est très acceptable et ne témoigne pas de sur qualité à l'intérieur du lot ; avec du bois sans défaut, une valeur de 0,75 est fréquente. Avec du bois en dimension structurale le rapport peut descendre en dessous de 0,40 ce qui signifie pour l'essentiel que l'on est obligé de surdimensionner les éléments de construction pour tenir compte, avec une fiabilité qui n'est pas extraordinaire, de la queue de distribution des résistances.

Biodégradabilité, instabilité dimensionnelle, manque de fiabilité dans les performances sont trois boulets que, par manque de connaissances le plus souvent, traîne le bois face à ses concurrents, acier, béton, plastiques. Les deux premiers caractères sont essentiellement liés à l'hygroscopicité du bois, le second relève également de la variabilité du matériau, en particulier la variabilité de la disposition des directions matérielles du bois dans une planche, car on ne se plaint pas de l'instabilité dimensionnelle d'une planche idéale taillée selon les axes matériels, le troisième caractère est typiquement lié à la variabilité générale du bois en dimension d'emploi. Les paragraphes qui suivent vont décrire trois stratégies différentes pour contourner définitivement ces obstacles.

Modifier

La première voie consiste à utiliser, sur du bois massif, des traitements d'origine chimique, thermique, hydrique, mécanique plus ou moins combinés ; le terme de xylurgie semble adapté à l'ensemble de ces techniques plus ou moins traditionnelles.

La modification purement chimique est surtout utilisée pour conférer de la durabilité au bois, des produits de remplacement du CCA sont en développement chez divers industriels de la xylochimie, à base de cuivre, de bore, de triazole et d'ammonium quaternaire associés à un traitement permettant la fixation. D'autres

réactifs peuvent réduire le caractère hydroscopique des hémicelluloses et celluloses : anhydrides d'acides, isocyanates et époxydes ;
on va même jusqu'à greffer des motifs organosiliciés sur le pin pour
limiter la pénétration de l'eau.

À côté de ces processus purement chimiques, on pratique
l'imprégnation de monomères qui polymérisent in situ constituant
ainsi une barrière physique comblant partiellement les pores, la
cire ne fait pas autre chose, ici il s'agit d'un traitement dans la
masse qui densifie et durcit le matériau de base.

Les traitements thermiques à très haute température — supérieure à 180° C — sont une alternative écologiquement acceptable
aux traitements purement chimiques : il est désormais prouvé que
ces traitements, sous atmosphère inerte, agissent sur les propriétés
hygroscopiques des hémicelluloses et améliorent à la fois la stabilité dimensionnelle et la durabilité des produits forestiers. Les traitements thermo-mécaniques, compression des vides de la structure
cellulaire sous forte température (140° C) alors qu'elle est modéré-
ment humide, sont pratiqués depuis la fin du XIXe siècle et l'on
retrouve les produits de cette industrie dans les hélices d'avion, les
isolateurs électriques, les navettes de tissage ; récemment le traitement thermo-hygro-mécanique de compression sous vapeur sur-
chauffée a été développé au Japon puis en Europe : les produits
obtenus sont beaucoup plus stables (la mémoire de forme est à peu
prés éliminée qui conduit les bois simplement densifiés à reprendre
leur densité initiale dès qu'on les trempe dans l'eau) et plus durable
car l'hygroscopicité du bois a été réduite par modification des
hémicelluloses. De nombreux procédés mixtes ont été proposés à
l'époque où l'industrie du bois était encore très gourmande et ten-
tait d'apporter des solutions à toutes les industries potentiellement
clientes (électrique, aéronautique, sport...). Signalons le procédé
qui, par compression selon l'axe longitudinal de certains feuillus
étuvés, permet d'obtenir un matériau plus malléable qu'à l'origine,
capable d'être aisément mis en forme avec des courbures bien supérieures aux courbures usuelles.

La tendance est désormais d'envisager de grosses unités de
transformation permettant de valoriser des productions forestières
assez peu variables (le peuplier, le pin de tel terroir) pour des utilisations en extérieur. Cette xylurgie moderne est consciente en
effet de la nécessité de bien adapter le traitement — ils sont parfois
pointus — à l'essence, voire à la qualité du bois dans l'essence et de
bien résoudre le problème posé par la fin de vie des bois modifiés.

Et la guerre contre les prédateurs du bois (champignons, insectes) n'est pas que chimique ou physique : opposer un organisme
vivant (un champignon par exemple) à une espèce à détruire (un
insecte ou un champignon) n'est pas une utopie.

Classer

Le classement des bois répond à un autre questionnement : étant donné un lot de bois, ou la production d'une scierie, peut-on éviter la surqualité ou la sous-qualité par un suivi, une évaluation, nécessairement non destructifs. Les règlements européens de construction, où les bois massifs sont répertoriés par classe de résistance vont obliger l'industrie du sciage à afficher la qualité mécanique de ses productions, comme cela se fait couramment dans le Pacifique Sud, lorsqu'elles sont destinées à des emplois dits travaillants. Techniquement, le problème semble résolu, économiquement, il y aura des choix cruciaux : toutes les évaluations sont acceptables, depuis le classement visuel, confié à l'homme ou à la machine, jusqu'aux mesures physiques les plus évoluées (ultrasons, vibrations, rayons X, micro-ondes). B. Madsen, en 1992, a démontré par une large campagne dans les scieries de résineux nord-américaines que le classement visuel ne pouvait différencier que les très bonnes pièces de bois (bille de pied sans nœuds) ou les très mauvaises (qui sont déjà brisées) et qu'il était inopérant pour le reste, le reste étant justement là où l'on a besoin d'une évaluation. On a depuis fait la démonstration dans de nombreuses régions du globe que la rigidité des pièces de bois, mesurée quasi statiquement-stress grader- ou par vibrations, ou par ultrasons, est le meilleur prédicteur de la résistance ; associée à un autre caractère fondé sur la mesure de densité, elle livre un classement proche de l'optimal.

Mais il faut garder en mémoire que ce nouveau maillon dans la première transformation, nécessaire pour la traçabilité qu'exige désormais le Bâtiment, aura un coût, créera de nouveaux métiers, de nouvelles entreprises et qu'il ne résout qu'une partie du problème de la qualité des bois pour la construction (comment garantir la siccité des produits, leur stabilité dimensionnelle, assurer une quantité minimum de chaque produit dans la gamme...).

Reconstituer

Reconstituer le bois constitue une troisième voie pour mettre des produits forestiers compétitifs sur le marché des matériaux : depuis le béton, l'aggloméré, l'homme de la rue sait que déstructurer un gisement de matériau puis mélanger les fragments obtenus et les resolidariser entre eux par un liant ou une colle permet au produit résultant d'être homogène : on diminue sa variabilité c'est-à-dire qu'on améliore le rapport de la résistance, si ce caractère est choisi, caractéristique à la résistance moyenne. Mieux, on peut faire disparaître le caractère anisotrope du matériau de base ou créer une nouvelle anisotropie : toutes les directions du plan (de l'espace) sont équivalentes dans un aggloméré (un béton). Les règles de l'homogénéisation semblent simples : à partir du moment où sur la plus faible dimension du matériau reconstitué on peut compter au moins 10 fragments, le matériau reconstitué est homogène et l'on peut maîtriser son anisotropie.

L'industrie est prête depuis longtemps à la création d'unités de production de bois reconstitués car toutes les techniques nécessaires ont été appropriées : sciage, déroulage pour la fabrication de placages, fabrication de particules de toutes dimensions, de copeaux, de sciure, de farines, défibrage plus ou moins grossier ; l'industrie du bois consomme déjà une énorme quantité de colle de différentes natures (250 000 tonnes en France).

Déclinons maintenant la gamme des produits reconstitués de la génération 1990, c'est-à-dire postérieurs aux lamellé-collé et contreplaqués : avec le **LVL** (*laminated veneer lumber*) des placages de bois épais sont collés et pressés fil sur fil afin de reconstituer des poutres de hautes performances pour la construction ; le **PSL** (*parallel strand lumber*) est obtenu à partir de lames fines de un à deux centimètres de large et 30 à 40 centimètres de long, obtenues par déroulage et massicotage, collées et comprimées dans une filière pour une poutre droite produite en continu ; le **LSL** (*laminated strand lumber*) est obtenu par collage et pressage d'un matelas de larges copeaux ; les **OSB** (*oriented strand board*) sont des panneaux de particules (10 cm et plus) orientées en plis croisés ; le **MDF** (*medium density fibre*) provient de bois défibré, encollé, le matelas obtenu est pressé à chaud, on obtient ainsi un matériau remarquablement homogène, très apprécié dans l'ameublement et la décoration ; des poutres en I sont enfin proposées à partir d'une association de LVL pour les semelles et d'OSB pour l'âme *(Fig. 6)*.

Tous ces produits constituent une offre nouvelle sur le marché des matériaux de construction, qu'on appelle généralement **EWP** (*Engineered Wood Products*) : des produits reconstitués à partir d'un approvisionnement maîtrisé à l'issue d'un procès contrôlé et livrés après des contrôles de fabrication : le consommateur peut compter sur les performances affichées, il reçoit une information claire sur l'utilisation des produits (mise en œuvre, entretien, usinage…), l'EWP peut être livré à la dimension demandée, il est protégé (emballé) et livré rapidement sur le chantier. Un EWP fait donc aussi bien pour son consommateur que les concurrents du bois (acier, béton, plastique) mais conserve l'identité du bois et véhicule l'image verte du bois. Peu de bois massifs sont capables de tenir le même pari : le balsa peut-être, certains bois tropicaux.

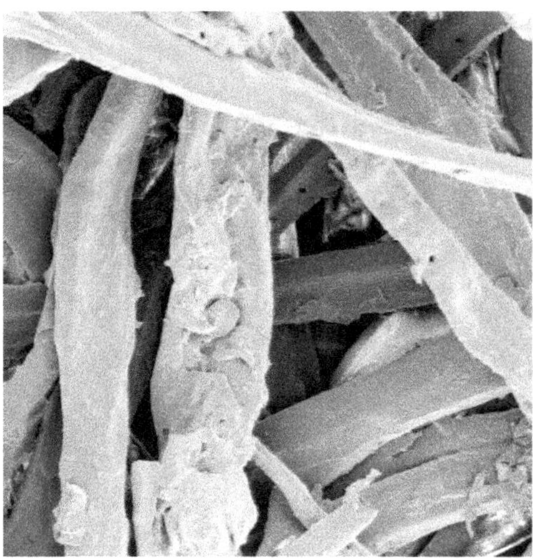

Figure 6 – Panneau de fibres de densité 0,4 ; les fibres de pin maritime sont enrobées de colle U.F. et forment un matelas comprimé à chaud.

Les EWP sont le fruit de recherches longues et coûteuses, prises en charge par les grands de la filière bois mondiale ; ils sont fabriqués dans des unités de production assez typiques : quelques 100 000 m³/an, 100 salariés directs, situation rurale proche de la forêt. La forêt cultivée (*purpose grown forest*) fournit en matière première les unités de production d'EWP, des bois jeunes donc dont le procès et le résultat final acceptent parfaitement toutes les singularités.

Conclusion

Les évolutions techniques prévisibles que nous venons de décrire s'accompagneront d'un bouleversement déjà engagé du visage de la filière : mondialisation, concentration d'entreprises, technologies avancées, formation des personnels. L'évolution la plus dérangeante est la séparation de fait entre la forêt traditionnelle et la forêt cultivée : forêt monoessence, résineuse, à rotation rapide, destinée à fabriquer de la matière première que l'industrie des *Engineered Wood Products* se chargera de transformer en matériaux et éléments de construction. La forêt cultivée se concentre sur certaines régions où les conditions géologiques, géographiques, climatiques sont économiquement propices, à côté d'une forêt traditionnelle dont la présence assure à chaque pays son « quota » de biodiversité. Cette tendance laisse place, dans nos pays, à une production de feuillus de qualité pour la décoration et l'ameublement.

La croissance démographique, l'élévation du niveau de vie, les nouvelles exigences en matière de gestion durable de la planète, la bonne perception de la plupart des bois reconstitués par les consommateurs, les aspects sanitaires de la compétition entre matériaux de grande diffusion, les développements technologiques, pour peu que la recherche soit capable de mettre rapidement sur la table des techniques propres de préservation et de collage, vont augmenter la demande de produits forestiers — on parle d'un saut de + 30 % pour les sciages et pour les panneaux en Europe d'ici 2025 — et le bois, avec son image de tradition et de diversité, sera au rendez-vous du XXIe siècle.

Plastiques et élastomères

par Gérard Gallas

Propriétés des matériaux

LES TROIS ÉTATS DE LA MATIÈRE

La matière peut se présenter sous trois états : solide, liquide et gazeux. Un solide est constitué d'un empilement compact d'atomes ou de molécules, le plus souvent ordonné. Un liquide est également constitué d'un empilement compact, mais le plus souvent désordonné. Les molécules ou les atomes peuvent glisser les uns sur les autres, permettant ainsi au liquide de s'écouler. Un gaz est composé de molécules très distantes les unes des autres, se déplaçant à grande vitesse, leur énergie cinétique dépendant de la température.

En fonction de la température et de la pression, un même corps peut se trouver dans un état ou un autre. La glace devient de l'eau, qui, en s'évaporant, devient vapeur d'eau. Lorsque l'on chauffe un solide, on augmente l'agitation moléculaire jusqu'à détruire les forces de cohésion les plus faibles. L'édifice ordonné disparaît au moment de la fusion et le solide se transforme en liquide. Cette transformation peut être brutale, mais le plus souvent le passage à l'état liquide se fait progressivement avec une succession d'états intermédiaires, caractérisés par une viscosité décroissante.

Les matériaux qui vont être décrits sous le nom de matériaux polymères peuvent être classés parmi les solides, éventuellement élastiques. Leur mise en œuvre fait appel à une élévation de température les rendant suffisamment malléables pour pouvoir leur

Texte de la 285ᵉ conférence de l'Université de tous les savoirs donnée le 11 octobre 2000.

conférer une forme correspondant à la fabrication d'objets utilisables.

Les techniques de transformation utilisées vont donc faire passer de façon continue de l'état solide, plus ou moins élastique, à l'état liquide, plus ou moins visqueux, de façon réversible ou non.

CRISTALLINITÉ ET AMORPHISME

Quand l'état solide est caractérisé par un arrangement géométrique répétitif d'atomes, la structure correspondante sera dite « cristalline ». La plupart des métaux courants, comme l'eau à l'état de glace, présente un empilement atomique de ce type. Les solides cristallins sont caractérisés par un point de fusion franche, passant sans transition de l'état solide à l'état liquide quand la température de fusion est atteinte.

D'autres matériaux, comme le verre, mais aussi la plupart des polymères, sont constitués d'un empilement atomique ou moléculaire compact et désordonné. Cette structure dite « amorphe » ne présente pas de discontinuité brutale entre l'état solide et l'état liquide. L'agitation moléculaire, consécutive à une élévation de température, n'entraîne pas l'effondrement soudain de la structure, mais se traduit par une rupture progressive des liaisons de faible énergie. Le solide se ramollit puis devient pâteux, sa viscosité décroissant progressivement avec l'élévation de la température.

ÉLASTICITÉ ET PLASTICITÉ

Un matériau solide est souvent caractérisé par sa rigidité apparente ou son élasticité. Si l'on soumet une éprouvette de longueur L *(Fig. 1)* à un effort de traction, on observe un déplacement ΔL de l'extrémité de l'éprouvette. L'effort de traction F_T est proportionnel à l'allongement ΔL, le coefficient de proportionnalité K caractérise la rigidité de l'éprouvette.

Dans le cas d'une déformation ΔL en cisaillement, on peut établir que la contrainte de cisaillement, rapport de la force de cisaillement F_c à la section S_o de l'éprouvette, est proportionnelle à la déformation $\Delta L/H$, H étant la hauteur de l'éprouvette.

Le coefficient de proportionnalité G s'appelle le « module de cisaillement ». Le module d'élasticité permet d'effectuer un premier classement des matériaux en fonction de leur rigidité. Ainsi les céramiques sont plus rigides que les métaux, eux-mêmes plus rigides que les matières plastiques et, *a fortiori*, que les élastomères. Il existe une relation physiquement explicable entre le coefficient d'élasticité d'un matériau et sa dureté. Il faut toutefois se garder de voir une proportionnalité directe entre ces deux caractéristiques, le coefficient d'élasticité étant une grandeur mesurable, la dureté une grandeur repérable, sensible à la méthode de détermination utilisée.

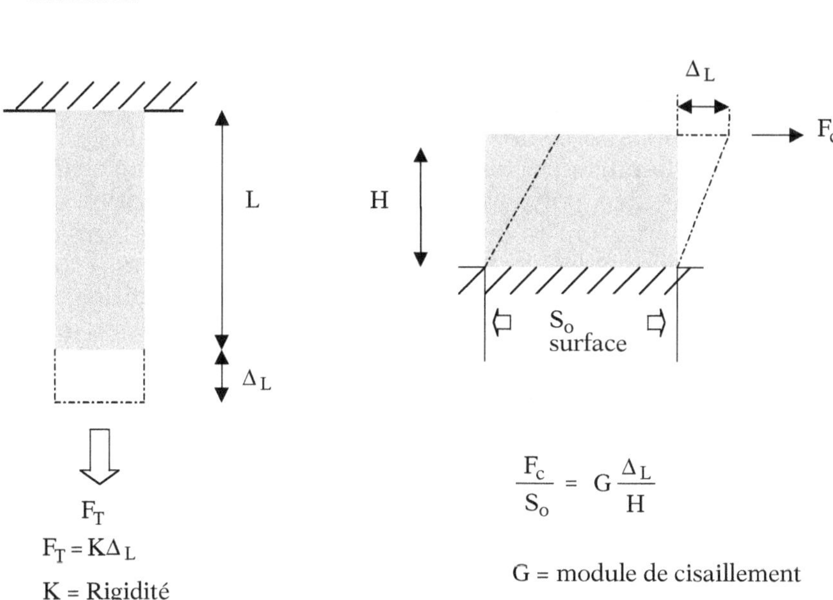

Figure 1 – Élasticité et plasticité.

Si l'on revient à l'essai de traction ou de cisaillement précédent et que l'on supprime l'effort de déformation, on peut constater que l'éprouvette retrouve sa forme initiale. On aura alors affaire à un matériau élastique. Dans le cas contraire, une déformation permanente partielle ou totale, subsiste. On dit que le matériau est plastique. En général, un matériau reste élastique tant que la déformation n'est pas trop élevée. Au-delà d'un certain taux de déformation, appelée « limite d'élasticité », le matériau entre dans le domaine plastique, ce qui se traduit par une déformation irréversible.

Ainsi un acier pourra être utilisé dans un domaine élastique pour constituer un ressort et dans le domaine plastique, être transformé par emboutissage pour devenir par exemple un élément de carrosserie automobile. Outre le fait qu'ils ont un module élastique nettement inférieur à celui des autres matériaux, les caoutchoucs et plastiques présentent une étendue de valeurs de module nettement supérieure. C'est une particularité fondamentale de la grande famille des « polymères » dont ils font partie.

Les polymères

Un polymère est le résultat d'une réaction chimique, appelée « polymérisation », qui permet de passer d'un ensemble de petites molécules, appelées « monomères », à des macromolécules, généralement linéaires, obtenues par la répétition de la réaction. Ainsi par polymérisation de la molécule de styrène, on obtiendra le polystyrène. Le polyéthylène sera obtenu à partir de la polymérisation de la molécule d'éthylène.

Les réactions de synthèse par polymérisation se divisent en deux grandes familles : les réactions de polymérisation « en chaîne » et les réactions de « polyaddition » et de « polycondensation ».

La polymérisation en chaîne se caractérise par une formation linéaire de macromolécules, comme un train de voyageurs se forme en accrochant successivement des wagons. La polyaddition et la polycondensation se traduisent par l'addition entre elles d'unités de plus en plus longues au fur et à mesure que la réaction avance. La réaction est exponentielle et les macromolécules se forment comme un train de marchandises se constitue par groupages successifs d'ensembles de wagons de provenances différentes.

La longueur moyenne des macromolécules obtenues influe considérablement sur les propriétés des polymères, à commencer par la dureté et le module élastique. Cette différence de longueur de chaîne va conduire à classer les polymères en deux grandes familles, en fonction de leur limite au-delà de laquelle il y a déformation permanente (10 % pour l'acier).

La première famille, caractérisée par une grande élasticité, sera celle des élastomères. La limite élastique peut atteindre 500 %, voire 1 000 %, ce qui signifie que le matériau peut s'allonger de 5 à 10 fois sa longueur initiale sans se rompre. On parlera alors « d'hyperélasticité ». Un exemple classique est celui du caoutchouc vulcanisé.

La deuxième famille, dont la limite élastique se situe généralement entre 10 % et 20 %, est celle des plastomères. Elle regroupe la plupart des matières plastiques, comme le polyamide ou le polyéthylène.

Si la limite élastique dépend beaucoup de la longueur de la chaîne macromoléculaire, un autre facteur est à prendre en compte : l'interdépendance des macromolécules entre elles.

En effet, à l'état solide, il existe des interactions énergétiques que l'on peut qualifier de faibles, en raison du faible niveau d'énergie mise en jeu. Le grand nombre de liaisons va pallier la faiblesse de chacune d'entre elles, un peu comme des spaghettis chauds collent entre eux dans un plat. La liaison hydrogène du polyamide en constitue un bon exemple.

Si l'on chauffe un tel matériau à l'état solide, l'agitation thermique va détruire ces liaisons faibles, sans détruire les liaisons chimiques (liaisons de covalence) qui constituent les macromolécules. En conservant l'image du plat de spaghettis, on observerait un « coulage » des spaghettis si l'on secoue le plat. L'agitation provoquée devient suffisante pour vaincre les forces de collage des spaghettis entre eux, mais insuffisante pour entraîner la rupture de chacun d'entre eux. Le matériau va ainsi progressivement passer de l'état solide à celui de liquide visqueux. Si on le refroidit, l'agitation thermique va diminuer et le matériau va revenir à l'état solide, en conservant la forme du récipient qui le contenait (opération de moulage).

Le processus est donc réversible et le matériau est alors dit « thermoplastique ». La fusion est généralement franche avec un polymère cristallin, comme c'est le cas avec de la glace. Elle est progressive avec passage à l'état pâteux s'il s'agit d'un polymère amorphe. Mais certains polymères peuvent présenter des liaisons chimiques covalentes fortes, sous forme de pontages entre les macromolécules. Ces pontages peuvent se créer au cours de la polymérisation ou lors d'une réaction chimique complémentaire. C'est par exemple le cas des résines polyesters. Un exemple très important est celui de la vulcanisation des caoutchoucs. Ces liaisons fortes ainsi créées sont irréversibles et ne sont pas détruites par l'agitation moléculaire lors du chauffage. Le matériau est devenu infusible. Il est dit « thermodurcissable ».

Un autre effet de ces liaisons entre macromolécules est de faire passer le réseau moléculaire d'une structure linéaire (type plat de spaghettis) à un réseau trimensionnel, qui apporte des propriétés mécaniques intéressantes (c'est un peu comme si on attachait les spaghettis entre eux). Sous l'action d'une sollicitation, les macromolécules d'un thermoplastique vont glisser les unes sur les autres. Le réseau se déforme de façon irréversible. Dès que cesse la sollicitation, le matériau conserve sa déformation. On dira qu'il y a « fluage » du matériau, phénomène caractéristique de la plasticité. S'il s'agit d'un matériau thermodurcissable, il existe des liaisons entre les macromolécules. Sous l'effet de la sollicitation, le réseau se déforme, mais cette déformation n'est pas permanente. Dès que cesse la sollicitation les liaisons vont ramener les macromolécules à un état voisin de l'état initial. Le matériau est élastique *(Fig. 2)*. Si la sollicitation est cependant assez forte pour détruire les liaisons entre les chaînes macromoléculaires (on dépasse le seuil d'élasticité), le phénomène de fluage va apparaître, entraînant la déformation permanente du matériau.

Les élastomères

HISTORIQUE DU CAOUTCHOUC NATUREL

Peu de Français savent que leur pays est à l'origine de la découverte du caoutchouc. En effet, même si au XVe siècle les expéditions de Christophe Colomb mentionnaient l'existence du latex chez les Indiens d'Amérique, il a fallu attendre 1735 pour

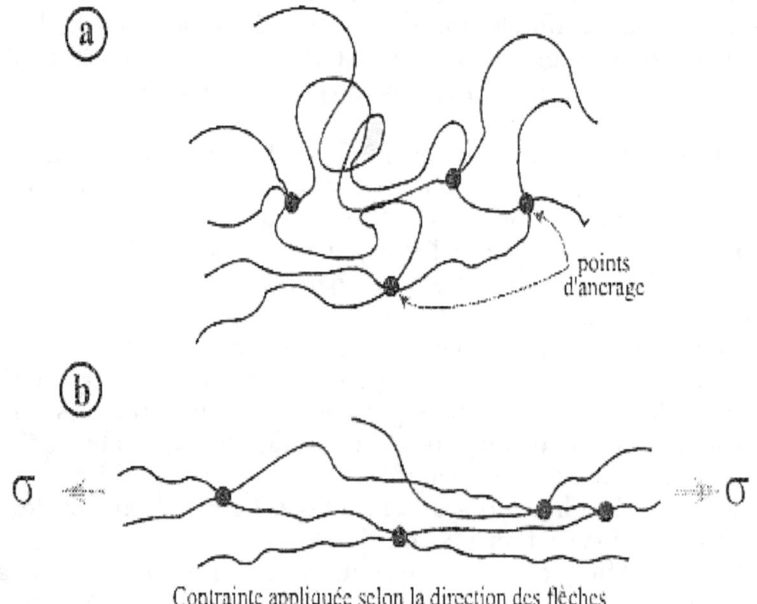

Figure 2 – Schéma de l'évolution de la conformation d'un élastomère en fonction des contraintes auxquelles il est soumis.

qu'un Français, Charles-Marie de la Condamine, envoyé par l'Académie des Sciences pour mesurer sur le continent américain la longueur d'un arc de méridien à la hauteur de l'équateur, observe l'utilisation du caoutchouc pour la fabrication de torches.

Le mot caoutchouc provient du quechua *cahutchu*, qui signifie *le bois qui pleure*. Bien avant l'ère chrétienne, les Mayas et les Aztèques en fabriquaient des balles servant à jouer au *tlachli*. Ce jeu opposait deux équipes et consistait à maintenir la balle en l'air le plus longtemps possible en la relançant uniquement avec les hanches. Le but était d'arriver à la faire passer à travers un anneau, ce qui peut amener à considérer le jeu de *tlachli* comme l'ancêtre du basket. À noter que les Indiens utilisaient également le caoutchouc pour fabriquer des chaussures et imperméabiliser des tissus.

De retour en Europe, Charles de la Condamine y fera la promotion du caoutchouc, avant de passer le flambeau à un autre Français, ingénieur de la marine royale à Cayenne, François Fresneau. C'est à lui que revient l'honneur d'avoir décrit *l'hévéa*, pratiqué la saignée (encore en vigueur aujourd'hui) et étudié le latex.

Pendant toute la deuxième moitié du XVIIIe siècle, le caoutchouc naturel n'est utilisé en Europe que ponctuellement comme la gomme à effacer, utilisée par les Anglais sous le nom d'Indian Rubber. On essaie alors de mélanger le latex avec toutes sortes de produits pour améliorer ses propriétés, ce qui a conduit un Anglais, Thomas Hancock, à découvrir la mastication à Londres en 1821. Cette opération, ancêtre du mélangeage moderne, permet, en cassant les macromolécules, de faciliter l'incorporation de charges dans le caoutchouc.

En 1823, un Écossais, Charles Mac Intosh, met au point l'imperméabilisation des vêtements et laisse son nom à un célèbre imperméable.

Mais le caoutchouc utilisé restait poisseux à chaud, dur et cassant à froid. C'est en 1839 qu'un Américain, Charles Goodyear, parvient par hasard à le stabiliser en le mélangeant à un peu de soufre et en le chauffant. La vulcanisation était née, permettant le développement rapide d'un grand nombre d'applications.

Mais ce développement crée un besoin croissant de matières premières. Très vite la récolte du caoutchouc se concentre en Amazonie, qui connaît alors une extraordinaire activité et une expansion semblable à la ruée vers l'or : c'est l'époque des *seringueros* et de la fortune de Manaus.

En 1876, un aventurier britannique, H. A. Wickam, transfère des graines d'*hévéa brasiliensis* du Brésil en Angleterre. Les jeunes plants sont ensuite transférés en Asie. C'est l'origine des plantations d'hévéas en Extrême-Orient, qui portent un coup fatal à la récolte sylvestre du caoutchouc amazonien. Les principaux pays producteurs sont aujourd'hui la Thaïlande, l'Indonésie, les Philippines et la Malaisie.

En 1887, l'Irlandais John-Boyd Dunlop, imagine le premier pneu de vélo. Les premières voitures sans chevaux apparaissent. Elles sont équipées de pneus pleins jusqu'à ce qu'André et Édouard Michelin inventent le pneumatique démontable avec chambre à air pour automobile. La première voiture automobile équipée de pneumatiques, *l'Éclair*, voit le jour en 1895 à l'initiative des frères Michelin.

Le caoutchouc atteint des prix élevés. C'est un matériau stratégique, indispensable au déplacement d'une armée. Le conflit mondial de 14-18 voit le blocus de l'Allemagne. Pour parer au manque de caoutchouc naturel, les chimistes allemands créent le caoutchouc synthétique, connu sous le nom de caoutchouc *Buna*.

En 1931, Du Pont de Nemours crée aux États-Unis le polychloroprène, plus connu sous le nom commercial de Néoprène.

Le deuxième conflit mondial voit les États-Unis subir à leur tour le blocus de la part des Japonais. De nombreux caoutchoucs synthétiques fabriqués à partir du pétrole voient le jour. Cette production entrera dans sa phase industrielle en 1952, avec l'essor de la pétrochimie. Dix ans plus tard, en 1962, apparaît le premier élastomère thermoplastique : le polyuréthane.

LA VULCANISATION

La vulcanisation classique au soufre inventée par Charles Goodyear est toujours utilisée aujourd'hui. Certes, les recherches effectuées depuis sa découverte ont permis de comprendre les mécanismes physico-chimiques mis en jeu et d'optimiser les dosages et les processus de transformation. Grâce à des liaisons de type monosulfure ou comportant plusieurs atomes de soufre, la vulcanisation conduit à un réseau macromoléculaire tridimensionnel qui confère au matériau ses propriétés d'hyperélasticité. D'autres systèmes de vulcanisation conduisent à des effets similaires, tels que l'utilisation de peroxydes organiques, d'oxydes métalliques ou de résines formo-phénoliques.

Tous ces systèmes conduisent à des degrés de vulcanisation différents, caractérisés par la densité de réticulation. Suivant les propriétés attendues du matériau vulcanisé, un compromis devra être trouvé entre des exigences contradictoires. C'est tout l'art du chimiste de formulation, qui devra adapter sa « recette » aux caractéristiques requises du matériau vulcanisé.

LA FORMULE

Elle consiste à faire choix de la nature des constituants et de leur quantité. Les composants d'une formule caoutchouc se classent dans les catégories suivantes :

— Un ou plusieurs élastomères de base, naturel ou synthétique, choisis suivant les propriétés souhaitées (mécaniques, résistance aux fluides, résistance à l'oxydation et au vieillissement tenue à la chaleur, etc...). La norme ISO 1629 donne le classement par grandes familles des élastomères en fonction de leur nature chimique.

— Des charges, en particulier les noirs de carbone. Généralement issus de la combustion d'un dérivé de pétrole *(feedstock)*, les noirs de carbone confèrent, grâce au « réseau noir », toute la tenue mécanique du matériau vulcanisé. Si les liaisons intermoléculaires créées par la vulcanisation constituent le muscle du matériau, le réseau noir en constitue le squelette.

D'autres charges (silices, kaolins, craies) peuvent être utilisées dans le caoutchouc. Toutefois leurs propriétés « renforçantes » sont inférieures à celles données par les noirs de carbone et leur utilisation a surtout pour but d'améliorer une propriété particulière :

— Des plastifiants, généralement des huiles. Ils ont pour but de permettre la réalisation physique du mélange, mais leur rôle est loin d'être négligeable dans l'obtention des propriétés finales.

Dans le cas des huiles, le degré d'aromaticité intervient sensiblement sur les propriétés dynamiques et la tenue à la fatigue de l'élément caoutchouc vulcanisé :

— Le système de vulcanisation. Outre le soufre ou autre agent vulcanisant, on introduira dans la formule des accélérateurs et des activateurs permettant une vulcanisation complète dans des conditions économiques acceptables.

— Des ingrédients divers, destinés à conférer au matériau final une propriété particulière : agent anti-oxydant, ignifugeant, agent gonflant pour l'obtention de matériau cellulaire, etc.

LA MISE EN ŒUVRE DES ÉLASTOMÈRES

La première étape va consister à obtenir un mélange « cru », c'est-à-dire un mélange homogène contenant tous les ingrédients et non vulcanisé.

Après pesée de chacun des ingrédients, ceux-ci sont introduits dans un mélangeur spécifique à ce type de matériau, qui peut prendre l'une des formes suivantes :

— Mélangeur à cylindres : composé de deux cylindres tournant en sens inverse à des vitesses différentes pour créer un effet de friction, il a été pendant longtemps le seul outil de mélangeage. Il est toujours très couramment utilisé pour des quantités réduites ou des mélanges spéciaux.

— Mélangeur interne : il se compose d'une chambre dans laquelle tournent deux rotors en forme d'hélice, le volume de la chambre étant limité par un obturateur mu par un piston. À sa partie supérieure se trouve une goulotte de chargement des différents composants du mélange et, à sa partie inférieure, une trappe de déchargement.

L'opération de mélangeage est réalisée à partir d'une gamme parfaitement définie, respectant des conditions de délai, de température ou d'énergie consommée à chaque phase de l'opération.

On commence souvent par la plastification de l'élastomère, ce qui facilite l'incorporation ultérieure des autres ingrédients. Le mélange terminé en mélangeur interne subit en général une ou deux passes de finition sur mélangeur à cylindres. Après contrôle du mélange cru ainsi obtenu, une opération complémentaire est effectuée pour permettre sa transformation ultérieure : tirage en bandes pour alimenter une presse à injecter ou une extrudeuse, granulation, calandrage, etc.

Différents modes de transformation peuvent être utilisés pour passer d'un matériau cru à des objets en caoutchouc vulcanisé.

Le moulage consiste à remplir les empreintes d'un moule de mélange cru et à le cuire sous pression. La vulcanisation permet alors de donner à l'objet la forme de l'empreinte, forme qu'il retrouvera après une éventuelle déformation élastique. L'extrusion est utilisée pour les profilés de grande longueur (joints, tubes). Le caoutchouc cru est introduit dans une extrudeuse où il passe dans un ensemble vis et fourreau qui assure sa plastification. Il est ensuite forcé dans une filière qui lui donne une forme en relation avec la section définitive attendue du procédé.

Une opération complémentaire de chauffage (passage dans un four ou un bain de sel) assure la vulcanisation et la conservation de la forme. D'autres méthodes peuvent être utilisées comme le calandrage pour le caoutchoutage des tissus ou la confection, qui consiste à préparer des éléments de caoutchouc cru, par exemple par extrusion, avant de les placer dans un moule de compression en présence de renforts métalliques ou textiles. Un exemple est fourni par la fabrication des pneumatiques.

ÉLASTICITÉ ET AMORTISSEMENT

Outre sa grande élasticité, le caoutchouc permet de concevoir des éléments élastiques présentant une flexibilité dans plusieurs directions. Peu de matériaux permettent d'obtenir cette fonction de « ressort multidirectionnel ». Ainsi un support élastique, qui supportera une charge en compression, permet simultanément des déformations en cisaillement. À cette qualité de déformabilité dans plusieurs directions, le caoutchouc va ajouter des propriétés amortissantes. Cet amortissement est intrinsèque au matériau (effet d'hystérésis interne) et fait du caoutchouc un matériau de choix pour les applications anti-vibratoires. Il faut enfin noter que sa quasi-incompressibilité (le caoutchouc est moins compressible que l'eau) permet à des éléments caoutchouc de supporter des charges énormes par rapport à leur taille (suspension de ponts routiers, supports de plates-formes off-shore, systèmes antisismiques).

LES APPLICATIONS DES ÉLASTOMÈRES

Si le pneumatique demeure le produit à base de caoutchouc le plus connu du grand public, bien d'autres applications mettent en évidence le caractère incontournable de ce matériau. Sans caoutchouc, plus de voitures, plus d'avions, plus d'électroménager. À titre d'exemple, une automobile comprend en moyenne 1 400 pièces différentes à base d'élastomères : pneus, durites, soufflets, joints, courroies, supports de moteur, pièces de train, composants de circuits de freinage, etc. Le caoutchouc est également utilisé pour la réalisation de nombreux tubes et tuyaux (pour le gaz), en câblerie, en génie civil, pour l'électroménager, l'habitat, les loisirs, l'habillement, le sport (les chaussures), l'aérospatial, le médical, les colles et adhésifs, le chewing-gum, etc. C'est un matériau discret, dont on ne peut aujourd'hui se passer.

L'AVENIR DES ÉLASTOMÈRES

L'industrie du caoutchouc est une industrie adulte. Il ne faut pas en attendre une révolution technologique, mais plutôt des progrès continus, raisonnés tenant compte des aspects économiques, humains et environnementaux. À moyen terme, rien ne semble pouvoir concurrencer le caoutchouc naturel, malgré les améliorations continues des polymères synthétiques. On constate toutefois une croissance, lente et progressive, des applications faisant appel aux élastomères thermoplastiques en remplacement des caoutchoucs vulcanisés (meilleur aspect extérieur, toucher agréable). Pour ce qui concerne les produits, on verra apparaître des pneus de plus en plus « verts ». Il ne s'agit pas de la couleur, mais de l'économie d'énergie liée à une diminution de l'énergie de déformation du pneu, entraînant une baisse de la consommation de carburant. Le remplacement d'une partie du noir de carbone par de la silice explique ce résultat, en raison de la diminution de l'amortissement qui en résulte.

Les axes de recherche visent surtout l'amélioration constante des propriétés de ces matériaux : amélioration de la tenue chaleur, de la résistance à certains fluides, de la diminution de la perméabilité. En ce domaine, il faut signaler un progrès important, apporté par l'avènement d'une nouvelle technologie de polymérisation en solution, utilisant les nouveaux catalyseurs « métallocènes ». Une meilleure maîtrise du comportement en service des élastomères (prévision de durée de vie) et de leurs techniques de transformation constitue un objectif de progrès toujours d'actualité.

Il faut enfin signaler les recherches et développements en cours pour recycler et valoriser les produits usagés (en particulier les pneumatiques) en prévision de la fermeture des décharges publiques.

Les matières plastiques

HISTORIQUE

Dans la longue histoire de la découverte et de l'utilisation des matériaux par l'homme, les matières plastiques font figure de matériaux modernes. On peut toutefois faire débuter leur histoire en 1865, année où deux Américains, les frères Hyatt, inventèrent le celluloïd, à partir de la cellulose du bois. Au début du XXe siècle apparut la galalithe, polymère obtenu à partir de la caséine du lait. En 1907, Baekeland invente la bakélite, par polycondensation du phénol et du formol. Mais il faut attendre 1930 et les travaux de Staudinger pour voir se créer la chimie des hauts-polymères et assister à l'explosion de toute une gamme de nouveaux matériaux. On peut citer à titre d'exemple les polyamides, créés en 1935 par Carothers.

LA FILIÈRE PLASTIQUE

La plus grande partie des matières plastiques provient aujourd'hui du pétrole, via le naphta. Par crackings successifs, on obtient les monomères de base (propylène, éthylène, butadiène, styrène…) qui, par polymérisation donneront les principales matières plastiques.

Dresser une monographie complète des plastomères remplirait un volume en entier. De nouvelles matières sont proposées régulièrement par l'industrie chimique, qui complètent, sans les remplacer, les matériaux existants. Ainsi le PVC (polychlorure de vinyl), remarquable matière plastique utilisée dans le bâtiment, l'emballage, les équipements domestiques et le médical, n'a-t-il pu être remplacé, malgré les attaques régulières qu'il subit des lobbies écologistes. Le PVC provient essentiellement du sel et non du pétrole et ceci explique sans doute cela.

LA TRANSFORMATION DES MATIÈRES PLASTIQUES

Comme on l'a vu, les matières plastiques se classent en deux grandes familles : les thermoplastiques, dont la mise en forme se fait par fusion suivie d'un refroidissement, ce qui permet leur réutilisation éventuelle, et les thermodurcissables qui nécessitent en plus une cuisson (réticulation) rendant l'opération irréversible.

Les possibilités de transformation des matières plastiques, qui se présentent généralement sous la forme physique de granulés ou de feuilles, sont très variées. On peut citer : l'injection dans un moule, l'extrusion, le soufflage pour les corps creux, le rotomoulage, le calandrage, le thermoformage, l'estampage à chaud, sans oublier toutes les possibilités de traitement de finition : soudure, peinture, chromage, flockage, etc.

LES APPLICATIONS DES MATIÈRES PLASTIQUES

Les matières plastiques ont envahi notre vie quotidienne de façon irréversible, soit en remplaçant des matériaux traditionnels (bois, verre, métal), soit en permettant la création de nouveaux produits. Leurs propriétés intrinsèques sont mises à profit pour diminuer le poids, supprimer la corrosion, apporter la souplesse ou la tenue au choc, permettre la coloration, toutes propriétés largement utilisées dans de nombreuses applications.

L'automobile, l'électroménager, l'électronique, la téléphonie, le jouet, l'habillement, les loisirs, la santé, les travaux publics, l'ameublement, l'agriculture, l'emballage sont consommateurs de matières plastiques. Elles occupent aujourd'hui tous les terrains, dans d'excellentes conditions économiques. Leur grande fragilité reste néanmoins leur dépendance de l'industrie du pétrole, mais ce n'est pas la seule activité industrielle dans ce cas.

L'AVENIR DES MATIÈRES PLASTIQUES

Les élastomères thermoplastiques, qui sont en fait des matières plastiques, grignotent peu à peu certains terrains occupés traditionnellement par le caoutchouc vulcanisé. Cette progression reste lente, en raison de la tenue à la chaleur limitée des matériaux thermoplastiques. Tout progrès en ce domaine engendrera de nouvelles applications.

Se développent également aujourd'hui des ensembles composites associant plusieurs matériaux, comme les associations plastique/caoutchouc ou plastique/métal. Les planches de bord des futurs véhicules automobiles feront largement appel à ces nouvelles associations.

De nouveaux produits continueront d'apparaître, faisant appel à des propriétés originales des matériaux plastiques. Ainsi l'utilisation du plastique poreux pour la réalisation d'électrodes de batteries, permettra de multiplier par dix la capacité de celles-ci, tout en présentant un gain de poids intéressant.

Comme pour les autres matériaux, les préoccupations en matière de recyclage et de valorisation seront source de nouvelles innovations (biodégradabilité) et de création de nouvelles activités industrielles. L'industrie des matières plastiques est une industrie jeune à l'échelle de notre ère industrielle. Elle continuera à faire preuve de dynamisme et d'esprit novateur pour les décennies à venir.

Les nanotubes, matériaux du futur

***

par ANNICK LOISEAU

Les nanotubes sont des objets très jeunes puisqu'ils n'ont été identifiés qu'en 1991, il y a à peine dix ans. Cette découverte a immédiatement mobilisé l'ensemble de la communauté internationale si bien que depuis cette date, ce domaine de recherche connaît un développement prodigieux et intéresse de plus en plus de branches de la physique, de la chimie et n'est pas sans connexion avec la biologie. L'objectif de ce chapitre est de tenter d'expliquer ce que sont les nanotubes, comment ils sont synthétisés et étudiés, quelles sont leurs propriétés, pourquoi celles-ci mobilisent autant les chercheurs et quels sont les enjeux pour le futur à la fois pour la recherche fondamentale et les sciences appliquées.

Les nanotubes
et les différentes formes cristallines du carbone

À l'état naturel, le carbone existe à l'état solide sous deux formes cristallines qui sont familières à chacun d'entre nous, le graphite et le diamant. Le graphite est un minéral noir friable utilisé depuis des siècles pour l'écriture (encre de Chine, crayon à mine). De fait, nommé antérieurement plombagine, son nom actuel a été introduit à la fin du XVIIIe siècle du verbe grec γραφειν (*graphein*), écrire. Le diamant est au contraire un minéral transparent, le plus

***

Texte de la 286e conférence de l'Université de tous les savoirs donnée le 12 octobre 2000.

dur qui soit et c'est seulement à la fin du XVIIIe siècle qu'il a été identifié comme une forme cristalline du carbone par Lavoisier et Tennant. En 1985, cette situation a été profondément modifiée par la découverte par H. Kroto, R. Smalley et leurs collègues d'une nouvelle forme d'organisation du carbone, la molécule C_{60}*. Il s'agit d'une molécule composée de 60 atomes de carbones disposés aux sommets d'un polyèdre régulier de 0,7 nm** de diamètre et dont les facettes sont des hexagones et des pentagones *(Fig. 1)*. Cette molécule qui rappelle irrésistiblement le ballon de football a été appelée fullerène par référence au dôme construit par l'architecte Backminster Fuller pour une exposition universelle au Canada. En 1990, W. Krätschmer et D.R. Huffman*** ont mis au point un procédé de synthèse de cette molécule dont la simplicité de mise en œuvre à l'échelle du laboratoire a permis de produire rapidement les quantités nécessaires à l'étude de ses propriétés. En 1991, S. Iijima**** a eu la curiosité d'observer au

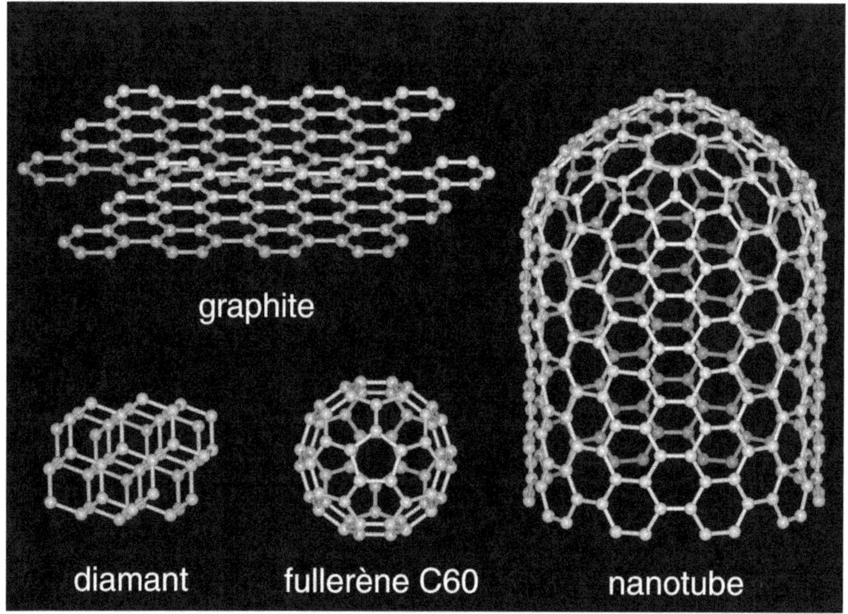

Figure 1 – Les différentes structures du carbone. Les atomes sont figurés par des boules grises et les traits indiquent les liaisons chimiques entre atomes voisins (adapté du site Internet : http://cnst.rice.edu/pics.html).

---

* H.W. Kroto, J. R. Health, S. C. O'Brien, R. F. Curl and R. Smalley, *Nature*, **318**, 162, 1985.
** Le nanomètre (nm) est le millième de micron.
*** W. Krätschmer, L. D. Lamb, K. Fostiropoulos et D. R. Huffmann, *Nature*, **347**, 354, 1990.
**** S. Iijima, *Nature*, **354**, 56, 1991.

microscope électronique un sous-produit de synthèse qui se présentait comme un dépôt noirâtre dur et filamenteux et y a découvert les nanotubes, qu'il a identifiés comme étant des objets tubulaires fermés en leurs extrémités et constitués de carbone cristallisé.

STRUCTURE CRISTALLINE DES NANOTUBES

Le caractère immédiatement frappant de ces objets, qui est à l'origine de leur appellation, est leur dimension : leur longueur peut atteindre plusieurs microns alors que leur diamètre est typiquement compris entre 1 et 10 nm. Ces objets n'étant pas visibles à l'œil nu, l'appréhension concrète de leur dimension n'est pas immédiate et une façon est de procéder par images. Un diamètre de 1 nm est 100 000 fois plus petit que celui des cheveux si bien que le rapport de taille entre un nanotube et un cheveu correspond à celui qui existe entre un cheveu et une conduite d'oléoduc qui a un diamètre de 10 m ! Par ailleurs, un diamètre de 1 nm est de l'ordre de la taille de la double hélice de la molécule d'ADN signant par là le caractère moléculaire des nanotubes.

La seconde caractéristique des nanotubes est la structure cristalline du carbone, comparée à celles du graphite et du diamant, représentée sur la *figure 1*. Dans la structure du diamant, chaque atome est relié à quatre atomes voisins disposés aux sommets d'un tétraèdre régulier. Ces liaisons chimiques entre atomes sont fortes et caractérisées par une distance entre atomes voisins égale à 0,136 nm. Leur symétrie tétraédrique signe un solide dense et isotrope. La structure du graphite est constituée d'un empilement de plans, chaque plan étant un pavage régulier d'hexagones. Les atomes de carbone sont disposés aux sommets des hexagones. Chaque atome est relié dans le plan des hexagones à trois atomes voisins par des liaisons faisant entre elles un angle de 120°. Ces liaisons planaires sont fortes et caractérisées par une distance entre atomes de 0,142 nm. Les atomes sont au contraire faiblement reliés aux atomes des plans voisins, si bien que la distance entre plans d'hexagones est de 0,34 nm. Cette structure définit le graphite comme un solide très anisotrope, quasi-bidimensionnel*.

Comme le montre la *figure 1*, la molécule C_{60} et les nanotubes de carbone présentent d'évidentes parentés avec la structure du graphite. Ainsi les hexagones de la molécule C_{60} sont les mêmes que ceux du graphite. La filiation est encore plus évidente pour le nanotube. La structure atomique du nanotube s'obtient en effet en

---

* Pour plus de détails sur le graphite et le diamant et le carbone solide en général, on pourra se reporter à l'ouvrage collectif : *Le carbone dans tous ses états*, édité par P. Bernier et S. Lefrant, Paris, Gordon & Breach Science, 1997.

considérant un plan d'hexagones de la structure graphite, que l'on appelle graphène, et que l'on roule sur lui même de façon à obtenir un cylindre. Ce cylindre est ouvert et il n'est pas possible de le fermer sans distordre considérablement les hexagones. La fermeture des tubes exige d'introduire dans le réseau d'hexagones des défauts topologiques de courbure. Le défaut de base est un pentagone qui transforme le plan en cône ouvert d'angle au sommet 112°. L'introduction successive de pentagones ferme progressivement le plan et le transforme en une coquille. On peut montrer mathématiquement qu'il est suffisant d'introduire 12 pentagones pour fermer la coquille et aboutir à un polyèdre fermé. Le plus petit polyèdre régulier, obéissant à cette règle de fermeture dite d'Euler, est précisément la molécule C_{60} qui contient 20 hexagones. La fermeture d'une extrémité d'un nanotube est réalisée en introduisant 6 pentagones dans le réseau hexagonal. La topologie de l'extrémité dépend de la répartition de ces pentagones : une distribution régulière définit une extrémité hémisphérique *(Fig. 1)*, alors que dans le cas général on obtient une pointe de forme conique.

Pour décrire complètement la structure du nanotube, il reste à considérer l'opération d'enroulement de la feuille de graphène. Comme le montre la *figure 2*, cette opération revient à superposer deux hexagones A et B du réseau et le résultat dépend entièrement du choix de ces deux hexagones. Ce choix fixe le diamètre du nanotube et l'angle d'enroulement. En prenant comme direction de référence, une direction qui s'appuie sur un côté d'un hexagone, on définit l'angle d'enroulement, comme l'angle entre l'axe du cylindre et cette direction de référence. Cet angle, appelé hélicité θ, varie de 0 à 30° compte tenu de la symétrie du réseau hexagonal et permet de classer toutes les configurations possibles en trois catégories appelées chaise, zigzag et chirale. Les tubes zigzag et chaise ont une hélicité égale à 0° et 30° respectivement et leur appellation fait référence à la disposition des atomes de carbone sur la lèvre d'un tube ouvert *(Fig. 2)*. Ces tubes sont sans chiralité, les hexagones de la partie supérieure du tube étant orientés comme ceux de la partie inférieure. Cette propriété n'est pas vérifiée pour les tubes dont l'hélicité n'est égale ni à 0° ni à 30° et qui représentent la troisième catégorie.

Au total, les ingrédients qui définissent un nanotube sont les suivants : le nanotube a une structure dérivée du graphite dans laquelle on a introduit de la courbure simple et quelques défauts topologiques et à laquelle on a donné un caractère unidimensionnel et une dimension moléculaire. Ces ingrédients font du nanotube un objet unique car ils conduisent à un cocktail unique de propriétés extraordinaires comme nous allons le voir dans la suite.

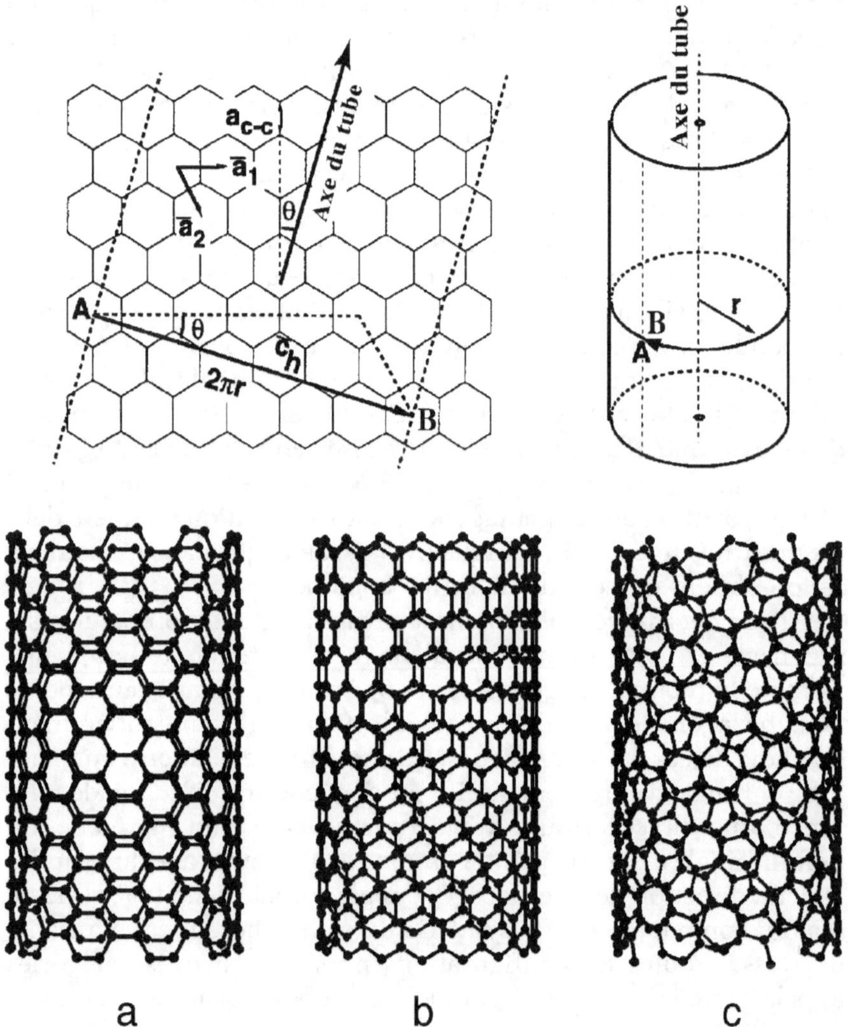

Figure 2 – Construction d'un nanotube à partir de l'enroulement d'une feuille de graphène. Les tubes a, b et c correspondent à différents angles d'enroulement, formule 1, et définissent respectivement des configurations chaise ($\theta = 30°$), zigzag ($\theta = 0°$) et chirale ($\theta \neq 0°, 30°$).

Synthèse et observation des nanotubes

SYNTHÈSE DES NANOTUBES

Les nanotubes existent peut-être à l'état naturel mais pour l'instant seuls des nanotubes de synthèse ont été observés. Depuis la découverte initiale de S. Iijima, des dispositifs de synthèse variés ont été explorés dans le double but de produire de nouveaux objets et de trouver des méthodes qui permettront à terme de produire des nanotubes à grande échelle et ce de façon contrôlée. Deux types de voies de synthèse se dégagent de ces dispositifs, qui se distinguent l'un de l'autre par le niveau des températures mises en œuvre.

Le premier type est une voie haute température dans son principe puisqu'elle consiste à évaporer du carbone graphite (le graphite se sublime à une température de 3200 °C) et à le condenser dans une enceinte où règne un fort gradient de température et une pression partielle d'un gaz inerte tel que l'hélium ou l'argon. Les procédés de vaporisation varient selon les méthodes : dans le procédé de Krätschmer et Huffmann, historiquement utilisé par S. Iijima, un arc électrique est établi entre deux électrodes de graphite, une électrode, l'anode, se consume pour former un plasma dont la température peut atteindre 6000 °C. Ce plasma se condense sur l'autre électrode, la cathode, en un dépôt évoquant une toile d'araignée très dense et contenant les nanotubes. Ce procédé très simple et peu coûteux est facilement réalisable et modifiable pour obtenir différents types de nanotubes*. Il a été développé très rapidement dans nombre de laboratoires dont, en France, le groupe de P. Bernier à l'Université de Montpellier II et l'École polytechnique à Palaiseau**. La contrepartie de cette flexibilité est la complexité des processus qui se déroulent durant la synthèse, qui en rend le contrôle très délicat. Le deuxième procédé de vaporisation, développé initialement par le groupe de R. Smalley à l'Université de Houston (États-Unis)*** consiste à ablater une cible de graphite avec un rayonnement laser de forte énergie pulsé ou continu. Le graphite est soit vaporisé soit expulsé en petits fragments de quelques atomes. Ce procédé est, à l'inverse du premier, coûteux mais utilise un nombre restreint de paramètres de contrôle ce qui rend possible l'étude des conditions de synthèse. C'est notamment dans ce but que ce dispositif a été mis en œuvre en France à l'Onera (Châtillon). Enfin, une méthode originale pour vaporiser le graphite consiste à utiliser... l'énergie solaire. Il suffit pour cela de concentrer le rayonnement solaire sur une cible de façon à atteindre la température de vaporisation. La faisabilité de ce procédé a été démontrée au four solaire d'Odeillo. Tous ces procédés permettent à l'échelle du laboratoire de produire en une expérience entre 0,1 et 1 g de nanotubes bruts. Des unités de production à plus grande échelle sont à l'étude : à Odeillo pour la voie solaire

---

* En modifiant la composition chimique des électrodes et du gaz de la chambre, il est ainsi possible de produire des nanotubes en nitrure de bore et des nanotubes remplis de métaux ou de composés à base de métaux (voir note suivante).
** P. Bernier, A. Loiseau, W. Maser, H. Pascard, F. Willaime, *La Recherche*, **24**, 293, 1996.
*** Site internet : *http://cnst.rice.edu/pics.html*

et à Montpellier par une toute nouvelle start-up pour la voie arc électrique*.

Le second type de voie de synthèse fonctionne à moyenne température et est une adaptation des méthodes catalytiques ou pyrolytiques traditionnellement utilisées pour la synthèse des fibres de carbone. Le principe de ces méthodes consiste à décomposer un gaz carboné à la surface de particules d'un catalyseur métallique dans un four porté à une température comprise entre 500 °C et 1100 °C suivant la nature du gaz. Le carbone libéré par la décomposition du gaz précipite ensuite à la surface de la particule et cette condensation aboutit à la croissance de structures tubulaires graphitisées. Le gaz carboné peut être le monoxyde de carbone ou un hydrocarbure tel que l'acétylène, le méthane... Le catalyseur métallique est un métal de transition (Fe, Ni ou Co). Un aspect délicat de ces techniques est la préparation et le contrôle de la taille des particules de catalyseur, leur taille devant être de l'ordre de quelques nm pour la synthèse des nanotubes. Les particules sont obtenues par réduction d'un composé organo-métallique (tel que le ferrocène) et sont soit déposées sur un support en matériau céramique (silice, alumine) soit ventilées dans la chambre réactionnelle où a lieu la réaction avec le gaz carboné. Les nanotubes obtenus par ces méthodes présentent souvent une qualité de graphitisation nettement moins bonne qu'avec les voies hautes température. En revanche, ils présentent des caractéristiques géométriques (longueur, diamètre) beaucoup plus uniformes, ce qui est un avantage. Il est de plus possible d'orienter la croissance des tubes en les synthétisant sur des plots de catalyseurs disposés sur un support selon une géométrie définie. Enfin, les procédés moyenne température peuvent être dimensionnés pour obtenir des moyens de production à grande échelle à l'instar des fibres de carbone, ce qui est beaucoup plus difficilement envisageable pour les voies hautes température. De fait l'Université de Houston a développé un dispositif utilisant le monoxyde de carbone qui produit actuellement 10 g de nanotubes bruts par jour et qui est en voie d'industrialisation par la Société CNI**.

Quelle que soit la voie de synthèse utilisée, les nanotubes s'auto-organisent pendant la synthèse selon deux modes d'assemblage possibles. Dans le premier mode *(Fig. 3a)*, les tubes s'emboîtent les uns dans les autres à la manière des poupées russes et forment ce qu'on appelle des nanotubes multifeuillets. Le nombre de feuillets et leur diamètre sont très variables. Dans le second mode *(Fig. 4a)*, les nanotubes restent monofeuillet et ont des diamètres très uniformes si bien qu'ils s'assemblent pour former des faisceaux ou fagots à la manière des cordes. Dans chaque faisceau,

---

* Il s'agit de la Société Nanoledge (site internet : http://www.nanoledge.com).
** Il s'agit du procédé HipCo dont la Société Carbon Nanotechnologies Inc (NCI) a la licence exclusive (site internet : http://www.carbonnanotech.com).

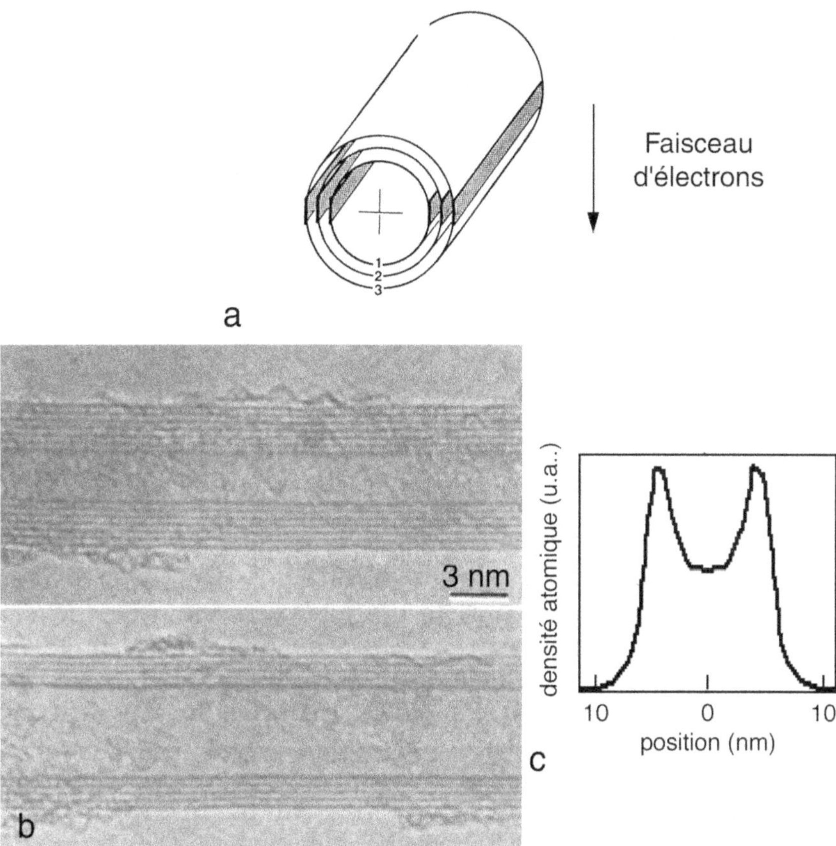

*Figure 3 – Structure et observation en TEM d'un nanotube multifeuillet.
a) Schéma de la structure. Les nanotubes sont observés en projection selon
la direction indiquée par la flèche. b) Images de deux nanotubes constitués
de 5 et 7 feuillets (adapté de H.W. Kroto, J. R. Health, S. C. O'Brien,
R. F. Curl and R. Smalley, Nature, **318**, 162, 1985). c) Profil de la densité
atomique le long d'une section.*

les tubes s'empilent de façon compacte et forment un arrangement périodique de symétrie triangulaire. Leur nombre peut atteindre plusieurs dizaines dans un faisceau et leur diamètre varie selon les conditions de synthèse de 0,6 à 1,5 nm. Dans les deux types d'assemblage, la distance entre deux tubes adjacents est à peu près égale à la distance entre deux plans de graphite, signifiant ainsi que l'assemblage des tubes ne modifie pas la nature des liaisons chimiques qui restent identiques à ce qu'elles sont dans le graphite.

Les deux modes d'assemblage sont exclusifs l'un de l'autre et s'obtiennent pour des conditions de synthèse radicalement différentes. Dans les voies haute température, l'obtention des faisceaux de monotubes nécessite l'emploi d'un catalyseur métallique qui est mélangé à hauteur de quelques pour cents à la poudre de graphite. Ce catalyseur est un métal de transition, Ni, Co, Pd, Pt ou un métal appartenant à la série des terres rares, Y, La, ou un mélange de ces métaux. Dans les voies moyenne température, la nature de l'assemblage est contrôlée par la température et la taille des particules de catalyseur. Si ces conditions de synthèse sont maintenant bien établies, il reste que les mécanismes qui contrôlent la formation et la croissance des tubes sont encore mal connus et que beaucoup reste à faire avant de savoir piloter la synthèse d'un tube d'une configuration donnée.

OBSERVATION

L'instrument clé pour observer et identifier la structure des nanotubes est la microscopie électronique en transmission, qui, on l'a vu dans l'introduction, a permis la découverte des nanotubes. La raison en est que cet instrument permet de façon unique l'observation des objets à l'échelle nanométrique voire atomique car il utilise comme rayonnement des électrons de forte énergie dont le pouvoir de résolution, c'est-à-dire la taille minimum des détails observables sur l'image, est de l'ordre du millième de nm. Par ailleurs l'optique repose sur la capacité qu'ont les électrons d'être déviés sous champ électrique ou magnétique. Les lentilles sont des bobines électromagnétiques, dont les diverses aberrations limitent la résolution des appareils standards à 0,2-0,3 nm. Des informations à la fois structurales et chimiques peuvent être obtenues en utilisant des modes image ou spectroscopiques*. Quel que soit le mode utilisé, il faut avoir toujours présent à l'esprit que l'information reçue de la structure est le résultat d'une projection le long de la direction de propagation du rayonnement. Cette contrainte intrinsèque complique fortement l'analyse des données et rend leur interprétation toujours délicate.

Examinons maintenant de quelle façon la microscopie électronique permet l'étude de la structure des nanotubes. L'analyse des nanotubes multifeuillets est présentée sur la *figure 3*. La *figure 3b* est l'image d'un nanotube projeté perpendiculairement à son axe. Un tube ainsi projeté est visualisé par deux lignes symétriques par rapport à son axe et qui sont la projection des portions du tube tangentielles au faisceau, marquées en grisé sur la *figure 3a*. L'image indique donc que l'objet est constitué de feuillets concentriques et équidistants et en fournit immédiatement le nombre et l'espacement. Leur géométrie cylindrique a été vérifiée par différentes méthodes et notamment par des analyses chimiques réalisées le long d'une

---

* Pour en savoir plus, je renvoie à deux ouvrages très accessibles : Colliex (C.) *La Microscopie Électronique*. Paris, Presses Universitaires de France, coll. Que Sais-je, 1998 ; Hawkes (P.) *Electrons et Microscopes, Vers les nanosciences*, CNRS Éditions, Paris, Belin, 1995.

section d'un nanotube : le résultat est un profil chimique qui est l'image de la densité atomique de l'objet projeté perpendiculairement à son axe *(Fig. 3c)*. Ce profil a une forme en ailes de papillon typique d'une structure tubulaire, les deux maxima étant dus à la partie des tubes tangentielle au faisceau d'électrons et le minimum au niveau de l'axe à la partie des tubes perpendiculaire au faisceau.

La *figure 4* analyse la structure des faisceaux de monotubes. À l'inverse des tubes multifeuillet qui sont très rectilignes, les faisceaux sont flexibles et se courbent très facilement si bien qu'ils forment des entrelacs inextricables évoquant à bas grandissement un plat de spaghettis ou une pelote de cheveux *(Fig. 4b)*. Cette capacité qu'ont les faisceaux de se courber a pour conséquence qu'on peut

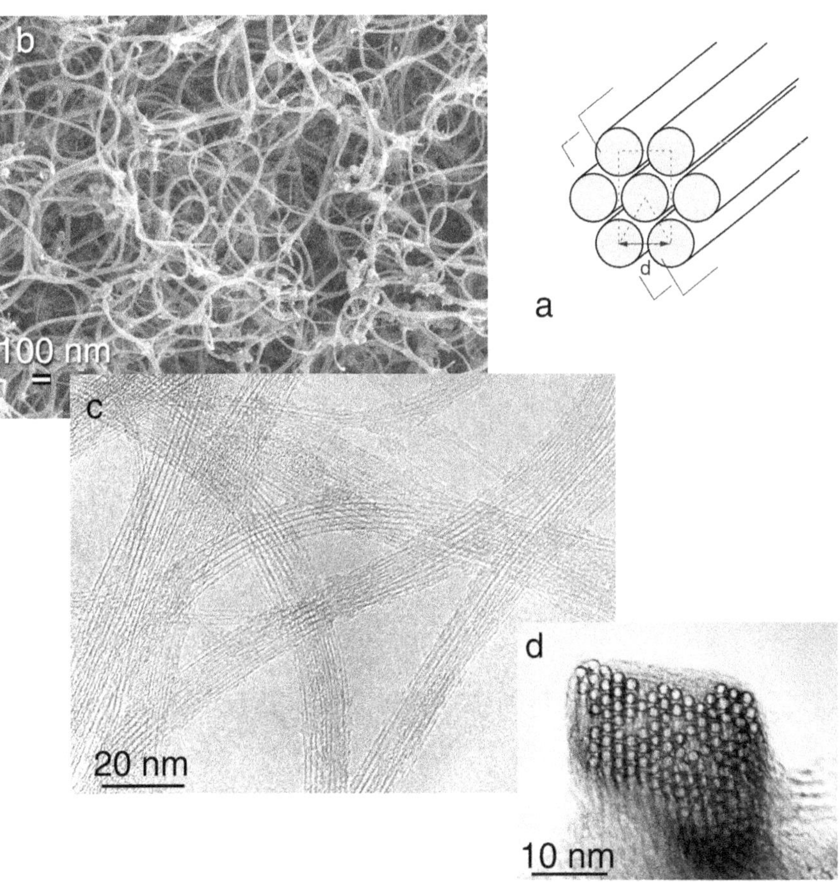

Figure 4 – Structure et observation de cordes de monotubes.
a) Schéma de la structure. b) Vue d'ensemble (cliché L. Vaccarini, Université de Montpellier). c) Image de cordes observées perpendiculairement à leur axe (cliché J. Gavillet, Onera-Cnrs). d) Image d'une corde projetée parallèlement à son axe (adapté du site Internet : http://cnst.rice.edu/pics.html).

les observer projetés soit perpendiculairement *(Fig. 4c)* soit parallèlement à leur axe *(Fig. 4d)*. Cette dernière projection est particulièrement intéressante car elle fournit une image directe de la section des faisceaux et des tubes qui le composent, révélant leur organisation intime. Sur la *figure 4d*, chaque cercle noir est l'image d'un monotube : la visualisation de l'homogénéité des diamètres, de la périodicité de l'empilement, du nombre des tubes est ainsi immédiate. Lorsque l'observation des tubes s'effectue perpendiculairement à leur axe, l'image est un ensemble de lignes équidistantes qui correspondent à la projection de rangées de tubes.

Ces différentes observations ne fournissent aucune indication sur l'hélicité. Pour cela, il faut pouvoir imager directement les positions des atomes de carbone pour chaque tube ce qui se heurte à deux contraintes. Le microscope doit avoir une résolution inférieure à 0,2 nm et la vision en projection rend difficile l'examen des positions atomiques d'un empilement de tubes. Une solution élégante au problème est d'imager la surface des nanotubes à l'échelle atomique en utilisant un microscope à effet tunnel. Le principe de cet appareil est d'utiliser comme sonde une pointe métallique très fine. Un potentiel de quelques volts est appliqué entre la surface et la pointe qui est approchée à quelques dixièmes de nm de la surface et qui la balaie. Lorsque la pointe passe au voisinage d'un atome de la surface, des électrons circulent entre cet atome et un atome de la pointe sans barrière de potentiel par effet quantique et établissent un courant dit tunnel. La cartographie du courant obtenu par le balayage de la pointe fournit une image des atomes de la surface. Une image d'un nanotube obtenue par cette technique par le groupe de C. Dekker à l'Université de Delft est présentée sur la *figure 5*. La distribution des maxima d'intensité révèle le réseau hexagonal du carbone. Ce réseau ne présente pas d'orientation particulière vis-à-vis de l'axe du tube, signant ainsi sa chiralité. L'examen attentif d'un grand nombre de tubes a permis de conclure que les tubes n'avaient aucune hélicité particulière, quel que soit leur mode d'assemblage.

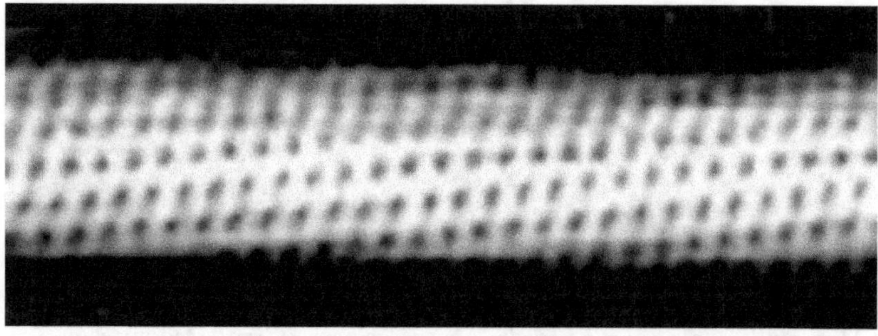

Figure 5 – Image en microscopie à effet tunnel d'un tube chiral
(adapté du site Internet : http://vortex.tn.tudelft.nl/~dekker/).

Propriétés des nanotubes

Les propriétés des nanotubes résultent directement de leur filiation structurale avec le graphite. Le caractère planaire et dirigé des liaisons chimiques fait du graphite un solide très stable chimiquement et très anisotrope dont l'essentiel des propriétés est contenu dans le plan hexagonal qui sert précisément de squelette au nanotube*. Le plus est apporté par les perturbations apportées à ce plan : courbure et réduction de la dimensionnalité. Les propriétés sont donc issues de la conjugaison de celles du graphite et des conditions imposées par l'enroulement et peuvent se classer en trois catégories : électriques, mécaniques et chimiques**.

Sur le plan des propriétés électriques, le graphite est un mauvais conducteur. Cependant, ses capacités au transport électrique sont très sensibles aux pertubations telles que distorsions géométriques ou dopage chimique. Avec le nanotube la perturbation vient de l'effet de courbure. La conséquence en est que suivant son hélicité un nanotube est un bon ou un mauvais conducteur. Un tiers des tubes, dont les tubes « chaise » ont un caractère métallique. Cette propriété essentielle a été calculée théoriquement et vérifiée expérimentalement***. De plus un certain nombre de phénomènes liés à la basse dimensionnalité ont été mis en évidence sur les tubes conducteurs. Ces phénomènes d'origine quantique sont en général difficiles à étudier faute de pouvoir disposer de systèmes physiques adaptés. La simplicité structurale et la stabilité chimique font du nanotube métallique un objet modèle de fil moléculaire quantique.

La deuxième classe de propriétés concerne les propriétés mécaniques. À cause de son anisotropie structurale, le graphite présente un module d'élasticité (module qui mesure la résistance à la déformation) très important dans le plan des hexagones (10^{12} Pa soit 1 TPa) et beaucoup plus faible hors du plan ($4\ 10^9$ Pa). Le nanotube bénéficie de la tenue mécanique du graphène puisque des modules d'élasticité supérieurs à 1 TPa ont été calculés et mesurés****. Il allie cette résistance à la déformation à une très grande flexibilité. Différentes expériences ont montré que le nanotube a une incroya-

---

* *Le carbone dans tous ses états*, édité par P. Bernier et S. Lefrant, Gordon & Breach Science, 1997.

** Les propriétés des nanotubes sont abordées de façon détaillée dans l'ouvrage : R. Saito, G. Dresselhaus et M. S. Dresselhaus, *Physical Properties of Carbon Nanotubes* Imperial College Press (World Scientific, Singapore) (1998). Pour une introduction générale aux propriétés physiques : M. S. Dresselhaus, G. Dresselhaus, P. Eklund, R. Saito, *Physics World* 33, 1998.

*** C. Dekker, *Physics Today*, (May 1999), p. 22 ; A. Zettl, *La Recherche*, **332**, 52, 2000.

**** Yakobson et R. E. Smalley, *La Recherche*, **307**, 50, 1998.

ble facilité à se courber jusqu'à des angles très importants, à se déformer et à se tordre selon son axe.

Enfin, les nanotubes possèdent des propriétés chimiques très attrayantes : comme le montre la *figure 6d*, il est possible de les remplir par capillarité avec des molécules de fullerènes ou avec des composés cristallins à base de métaux de façon à obtenir des nano-fils encapsulés. Il est également possible de greffer des molécules à la surface des nanotubes pour les fonctionnaliser et d'utiliser le nanotube comme un support de synthèse. Des cristaux de protéines ont ainsi été élaborés. Enfin, les nanotubes peuvent être intercalés et dopés comme le graphite.

Le nanotube : quel matériau pour le futur ?

En premier lieu, dans le domaine de l'électronique, le nanotube peut être considéré comme un modèle de ce que seront les fils conducteurs des années 2010-2015. On assiste en effet à une miniaturisation croissante des dispositifs électroniques qui nécessitera d'ici 10 ans environ l'utilisation de composants de taille moléculaire en remplacement du silicium et des semi-conducteurs classiques. Il serait tout à fait hasardeux de prétendre aujourd'hui que le nanotube jouera ce rôle. Il est même assez certain que les matériaux des dispositifs futurs sont encore à découvrir. Par contre, le nanotube est d'ores et déjà disponible pour apprendre à travailler avec des composants nanométriques, les manipuler, étudier leur comportement physique et chimique, concevoir des dispositifs. Le nanotube est pour cet apprentissage un outil modèle idéal car il est à la fois stable et simple chimiquement et doté de propriétés électroniques étonnantes. Des dispositifs électroniques tels que des transistors à effet de champ ou des diodes ont déjà pu être réalisés *(Fig. 6a)*.

Le niveau de ses performances mécaniques fait du nanotube la meilleure fibre nanométrique qui soit, bien supérieure au kevlar ou à l'acier et qui pourrait trouver une application dans le renforcement mécanique de matériaux composites. La *figure 6b* montre une image d'un mélange homogène d'une résine polymérique et de faisceaux de monotubes qui présente un module d'élasticité deux fois plus important que celui de la résine seule. Ici encore, il est prématuré d'annoncer des applications précises mais un certain nombre d'études ont démarré dans les domaines de l'aéronautique et de la médecine notamment. Ces applications nécessiteront la mise en œuvre de moyens de production de nanotubes à grande échelle. Une voie très prometteuse et à plus court terme concerne l'utilisation des nanotubes pour la conception de muscles artificiels.

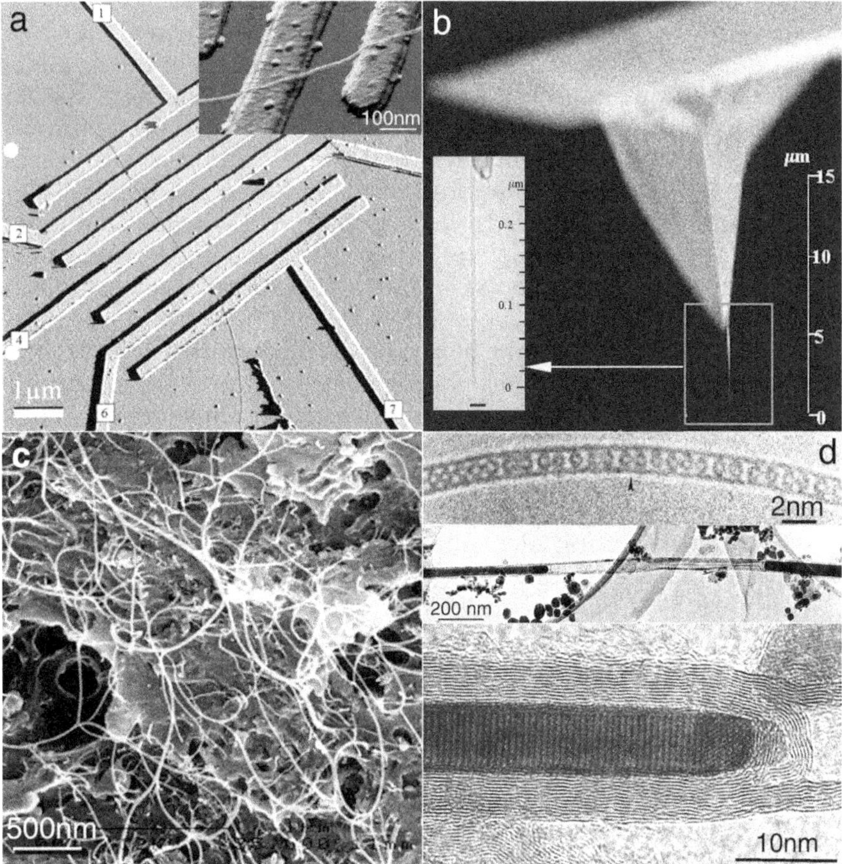

*Figure 6 – Images en microscopie à force atomique de dispositifs
électroniques où un tube monofeuillet a été déposé sur un ensemble
d'électrodes métalliques. Le dispositif en encart est le premier transistor
à effet de champ réalisé avec un fil moléculaire (adapté du site Internet :
http://vortex.tn.tudelft.nl/~dekker/). b) Image d'une pointe d'un microscope
à force atomique sur laquelle a été collé un nanotube multifeuillet ; en encart
l'image TEM du nanotube (adapté du site Internet :
http://cnst.rice.edu/pics.html). c) Image d'une résine polymérique contenant
des faisceaux de monotubes (cliché G. Désarmot, Onera).
d) Images TEM de tubes remplis, de haut en bas : un tube monofeuillet
rempli de molécules C60 (adapté de B. W. Smith, M. Monthioux
et D. E. Luzzi,* Nature, **396**, 323, 1998*), un tube multifeuillet rempli
par un cristal de sulfure de chrome dont un agrandissement est visible
sur l'image du bas (clichés de l'auteur).*

L'idée est ici de coupler une sollicitation électrique à une déformation mécanique de l'objet et le nanotube semble être un objet tout
à fait adapté.

Le nanotube est un tube mais il est aussi doté de deux extrémités
réduites à une poignée d'atomes, qui peuvent être considérées

comme des pointes très fines. Ces pointes ont le meilleur pouvoir d'émission sous champ électrique qui soit actuellement si bien que cette propriété est en train de déboucher sur la première application concrète des nanotubes pour l'élaboration d'écrans plats. La Société Samsung a déjà développé un prototype dont la commercialisation interviendra peut-être dès l'an prochain. Par ailleurs, la finesse des extrémités des nanotubes en fait des pointes idéales pour les microscopies de surface (microscopie tunnel, à force atomique) car elles permettent d'améliorer considérablement le pouvoir de résolution de ces instruments. La *figure 6b* montre un dispositif où un nanotube multifeuillet a été collé à l'extrémité d'une pointe classique. De telles pointes sont déjà disponibles commercialement.

Enfin, la cavité intérieure du nanotube invite à l'utiliser comme « nanocontainer » pour stocker ou protéger des objets fragiles dans un environnement hostile. Les expériences de remplissage présentées sur la *figure 6d* démontrent la faisabilité de telles applications en particulier en chimie du vivant.

Cette prospection des applications n'est évidemment pas exhaustive mais elle suffit à montrer que le nanotube recèle des potentialités vraiment très diverses dont la liste ne cesse de s'enrichir au fil des mois et dont le trait le plus remarquable est qu'elles sont à la croisée de différentes disciplines. Mieux, plus nos connaissances progressent sur cet objet, plus il nous étonne, et de nouvelles expériences révèlent de nouvelles facettes, que la théorie n'avait pas prévue. Ce point est remarquable car c'est souvent l'inverse qui se produit après une découverte. Il faut cependant être conscient de ce que les applications projetées aujourd'hui exigent la réalisation d'un certain nombre de conditions plus ou moins contraignantes selon le cas. De façon générale, ces conditions incluent le contrôle de la synthèse de configurations données de tubes avec des capacités de production adaptées à l'application, le contrôle de la pureté et de la qualité cristalline, la maîtrise de la mise en forme pour leur utilisation dans des dispositifs et pour la fonctionnalisation de matériaux.

En conclusion, le nanotube est un cristal monodimensionnel de carbone dérivé du graphite dont la taille s'apparente à celle d'une molécule et dont les propriétés sont à la fois modulables et conjugables. Sa simplicité structurale et chimique en fait un objet modèle pour la recherche fondamentale qui tient là un extraordinaire outil pour développer des sciences à une échelle nanométrique réunissant la physique, la chimie et la biologie. Par ailleurs leur caractère multifonctionnel permet d'envisager les nanotubes comme un nanomatériau aux multiples facettes pour la recherche appliquée.

VIII

LES POLLUTIONS
ET LEURS REMÈDES

Pollution et épuration des eaux

par LOTHAIRE ZILLIOX

La qualité de l'eau, un enjeu durable

L'eau est indispensable à la vie. Fragile « miroir de notre avenir* », elle est au cœur des préoccupations de toutes les civilisations. Essentielle à de multiples activités humaines (énergétiques, domestiques, industrielles, agricoles), l'eau est une priorité de santé publique.

Les décisions nécessaires pour gérer l'eau et pour en préserver la qualité devront tenir compte, d'une part, de l'évolution de la demande sociale et, d'autre part, de l'évolution de l'offre physique.

Côté demande, les besoins en eau sont liés à la croissance démographique, à des facteurs technologiques et à des choix de société, en termes de confort, de santé, de solidarité, voire de survie.

Côté offre, la disponibilité de l'eau dépendra de variations climatiques, d'impacts d'activités humaines sur le régime et la qualité des eaux, ainsi que de l'émergence de techniques nouvelles pour dépolluer, traiter, recycler, comme pour réguler, protéger et épargner l'eau.

De fait, il n'y a pas un problème de l'eau commun à l'ensemble de la planète Terre, mais une grande diversité de problèmes concrets et localisés.

Texte de la 287ᵉ conférence de l'Université de tous les savoirs donnée le 13 octobre 2000.
* Source : Opération « Europe bleue » du Conseil de l'Europe (1993), vingt-cinq ans après la proclamation de la Charte européenne de l'Eau (Strasbourg, 6 mai 1968).

L'hydrosystème, unité de gestion

L'hydrosystème continental, schématiquement représenté par la *figure 1*, servira de support aux éléments développés dans la suite.

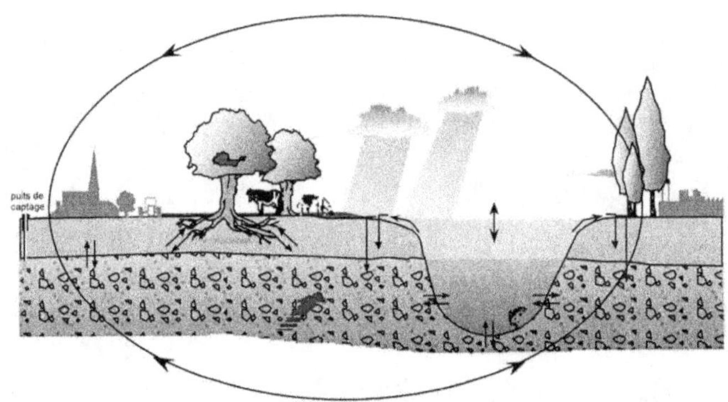

*Figure 1 – Représentation d'un hydrosystème continental**
Les flèches visualisent des interfaces à fort gradient hydraulique.
Ceux-ci peuvent accélérer ou ralentir les polluants transportés par l'eau.

L'eau du système, représentant l'unicité de la ressource de tout bassin fluvial, est répartie dans divers compartiments : l'eau des précipitations, les eaux douces superficielles, l'eau du sol, les eaux souterraines. Les compartiments, naturellement reliés par le cycle de l'eau, forment un système cohérent, qui intègre des éléments naturels et des éléments issus d'activités humaines. L'eau y circule à des vitesses très différentes sur ses parcours aériens, superficiels, ou souterrains. Le rapport des vitesses mesurées dans la nappe alluviale (eau souterraine) aux vitesses relevées dans le cours du fleuve est de l'ordre de 1 à 100 000 : il indique l'importance de l'échelle de temps à prendre en compte dans le transport de polluants dans les compartiments de l'hydrosystème.

La persistance d'une pollution sera liée à la nature et au degré d'intensité de toutes les interrelations au sein de l'hydrosystème. Toute dégradation de l'un des compartiments aura des répercussions sur les autres.

---

* Source : Zilliox (L.), « La qualité des eaux continentales », dans *12 Questions d'actualités sur l'environnement*, ministère de l'Environnement, Z'éditions (juin 1996), p. 17-22.

Des sources et mécanismes de pollution de l'eau

La notion d'hydrosystème indique bien la nécessité de ne plus dissocier un problème de pollution de l'eau (le « contenu ») de la dégradation du milieu (le « contenant ») à travers lequel circule l'eau (atmosphère, cours d'eau, sols et aquifères).

Les durées de séjour d'un polluant dans l'hydrosystème varient à l'extrême : quelques jours dans l'atmosphère, quelques semaines dans les rivières, des décennies ou des siècles dans les aquifères. Les durées de renouvellement de l'eau ont un impact certain sur la persistance des pollutions. La détérioration de la qualité des eaux souterraines peut même devenir irréversible.

Pour pouvoir évaluer la progression d'une pollution, il ne suffira pas de connaître le seul « transport » par l'eau. Il faudra prendre en compte les diverses interactions entre le polluant et les milieux traversés dont les effets n'apparaissent que graduellement dans le temps.

POLLUTIONS ET ORIGINES

La pollution est multiple et on parlera « des » pollutions de l'eau. Elles se distinguent *grosso modo* par leurs causes (accidents, éliminations de déchets et résidus, sollicitations excessives du milieu naturel...), par leur nature (physique, chimique, bactériologique, radioactive...), et par leur ampleur (locale ou étendue, occasionnelle ou saisonnière) dans l'espace et dans le temps. Certaines pollutions seront appelées « diffuses » à l'exemple des pollutions par nitrates sur des régions entières *(Tab. 1)*.

La pollution se définit selon des situations de référence variées. Pour l'écologue, il s'agit de la dégradation de l'eau par l'introduction d'un agent altéragène. Cet agent (biologique, chimique ou physique) provoque, à partir d'une certaine concentration ou intensité, une altération gênante (ou nuisible) de la qualité de l'eau.

Pour l'utilisateur, l'eau est polluée quand sa qualité ne correspond plus aux exigences de certains usages. Dans ses usages l'eau remplit de multiples fonctions (pour la boisson, l'hygiène, l'irrigation, l'agroalimentaire, l'énergie, le transport, les loisirs, etc.).

La pollution atmosphérique issue de sources multiples — usines, chauffage urbain, automobiles... — a un impact sur la qualité des eaux et des sols. La pollution des eaux de surface s'est diversifiée à partir d'activités humaines comme la déforestation (provoquant inondation et érosion), la construction de barrages, la canalisation de rivières, le comblement de zones humides. L'irrigation massive et

Tableau 1. – Principales causes de pollution des eaux*.

Type de pollution	Nature chimique	Source ou agent causal
1- Physique pollution thermique pollution radioactive	rejets d'eau chaude radio-isotopes	centrales électriques installations nucléaires
2- Chimique pollution par les fertilisants	nitrates – phosphates	agriculture (lessives)
pollution par des métaux et métalloïdes toxiques	mercure, cadmium, plomb, aluminium, arsenic, etc.	industrie, agriculture, combustions (pluies acides)
pollution par les insecticides et pesticides	insecticides, herbicides, fongicides	agriculture (industrie)
pollution par les détersifs	agents tensioactifs	effluents domestiques
pollution par les hydrocarbures	pétrole brut et ses dérivés (carburants p.e.)	industrie pétrolière, transports
pollution par des composés organochlorés	PCB, insecticides, solvants chlorés	industries
pollution par les autres composés organiques de synthèse	très nombreuses molécules (plus de 70 000 !)	industries (usages dispersifs pour certains)
3- Organique pollution par matières fermenticides	glucides, lipides, protides	effluents domestiques, agricoles, d'industries agro-alimentaires, du bois (papeteries)
4- Microbiologique pollution par micro-organismes	bactéries, virus entériques, champignons	effluents urbains, élevages, secteur agro-alimentaire

l'agriculture industrielle ont fait croître la contamination directe des sols et des eaux souterraines. De multiples accidents de transport de produits toxiques (par route, rail, voies d'eau, conduites enterrées...) provoquent des pollutions de durée aléatoire. La pollution des nappes phréatiques peut résulter d'échanges avec les cours d'eau dégradés et d'affleurement au niveau de sols contaminés.

Pour la partie apparente du cycle de l'eau, les processus de contamination sont visibles et leurs conséquences généralement

---

* Source : Ramade (F.), « L'eau, une ressource menacée », *Après-demain*, févr.-mars 1992.

détectables. L'entraînement de polluants dans le sol et le sous-sol constitue le départ de mécanismes plus difficiles à appréhender et dont l'évolution reste cachée. Non visibles, ces pollutions seront détectées avec des retards de plusieurs années. Trop tardives, les actions de dépollution dureront des dizaines d'années, voire au-delà.

MÉCANISMES DE POLLUTION

Si l'on prend le cas des produits pétroliers, les carburants et les fiouls de chauffage représentent le plus gros volume de produits organiques journellement manipulés et transportés dans les pays industrialisés. De ce fait, ils sont impliqués dans de nombreuses pollutions. Ces produits, globalement non miscibles à l'eau, sont des mélanges complexes de nombreux composés hydrocarbonés. Lors d'un déversement accidentel, on distingue trois phases successives :

— Le produit s'infiltre dans le sol de couverture perméable de l'aquifère ; la nappe d'eau souterraine est directement atteinte lorsque la quantité déversée est supérieure à celle que le sol et la partie aérée de l'aquifère sont capables de retenir.

— Le produit en contact avec l'eau lui transmet des traces d'hydrocarbures les plus solubles.

— Le transfert d'hydrocarbures, sans cesse réactivé par les mouvements de l'eau, constitue la véritable source de contamination de l'eau entraînant la persistance de la pollution.

Les traces dissoutes sont véhiculées par l'eau souterraine dont la vitesse d'écoulement est de l'ordre de quelques mètres par jour en aquifère poreux (milieu alluvial). Outre le risque de pollution des captages d'eau, l'évaporation d'hydrocarbures dans le sol peut engendrer des risques d'explosion.

Dans le cas d'un polluant miscible à l'eau, une émission locale (fuite d'un réservoir enterré) à débit constant du polluant provoque dans l'aquifère la dispersion du polluant entraîné par l'eau souterraine. Au fur et à mesure que l'on s'éloigne de la source, le polluant est dilué par le jeu de mécanismes dispersifs et d'effets de mélange dans l'aquifère poreux.

Les concentrations dans l'eau décroissent dans la direction de l'écoulement et s'estompent transversalement. La *figure 2* représente cette évolution.

Connaissant les vitesses de l'eau dans la direction de l'écoulement, le coefficient de dispersion dans le plan perpendiculaire à l'écoulement, le débit de la source (en masse de contaminant par unité de temps), la variation spatiale de la concentration dans l'eau peut être calculée dans des conditions hydromécaniques de stationnarité.

Si une « norme » définit, pour le polluant concerné, une concentration limite (par exemple une valeur critique à ne pas dépasser

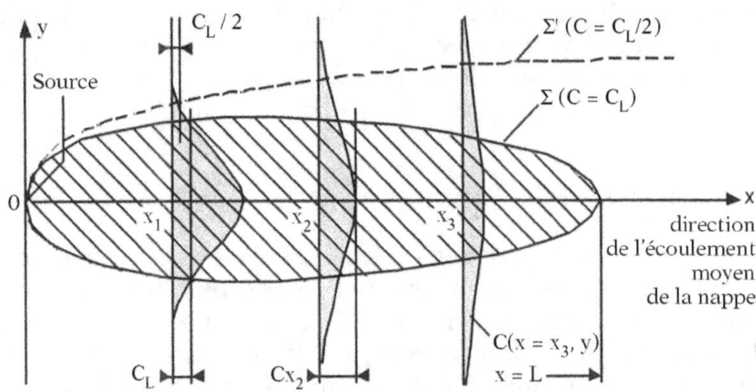

Délimitation du domaine contaminé : $\Sigma\,(C = C_L)$
(ici, section longitudinale médiane du domaine tridimensionnel)

C_L : Valeur de concentration limite

Domaine contaminé : $C \geq C_L$

Profits transversaux des concentrations

*Figure 2 – Pollution locale d'un aquifère :
délimitation du domaine contaminé*.*

au plan de la toxicité), on peut déterminer l'enveloppe frontière de la zone de contamination et savoir ainsi à quelle distance de la source émettrice la pollution s'estompe.

L'hétérogénéité de l'aquifère et les potentialités naturelles de transformation biochimique (l'activité microbiologique sera d'autant plus efficace que la vitesse de circulation de l'eau sera plus lente) contribueront à déformer, respectivement à réduire, le domaine contaminé dans la réalité. Le modèle présenté en *figure 2*, fondé sur la seule approche hydrodynamique, se place du côté de la sécurité lorsqu'il s'agit d'évaluer le risque de contamination d'un captage d'eau situé en aval.

Les eaux prélevées, utilisées, épurées, dépolluées

Les eaux « brutes », prélevées dans l'hydrosystème continental (pluies, eaux de surface, nappes) sont de composition très variable. Leur utilisation nécessite souvent une adaptation de leurs caracté-

---

* Source : Zilliox (L.), « Porous media and aquifer systems », in *Groundwater Ecology*, Academic Press, San Diego, 1994.

ristiques physiques, chimiques et biologiques. Tout usage altérant la qualité sera suivi d'une régénération des eaux.

Le rejet d'eau usée ne se fera qu'après un diagnostic de la capacité d'autoépuration du milieu naturel. Une trop forte sollicitation durant les dernières décennies a considérablement amoindri le pouvoir épurateur des milieux réceptacles d'eaux usées.

Les effets de rejets d'eaux insuffisamment épurées s'ajoutent aux impacts des pollutions *in situ*. La restriction d'usage des eaux prélevées s'en trouve accrue. Seuls des procédés de traitement, fiables mais coûteux, autoriseront le maintien de certains usages de l'eau.

Ces traitements, les techniques d'épuration d'eaux usées et la décontamination de sites pollués, relèvent de technologies évolutives. Celles-ci permettent de réhabiliter le milieu naturel, d'adapter les caractéristiques de l'eau aux divers besoins (industriels, agricoles, domestiques) et de garantir au consommateur l'accès à l'eau potable indispensable à la santé humaine. (L'eau insalubre est le premier « transmetteur » de maladies au monde.)

Dans le secteur de l'eau, l'innovation en génie des procédés de traitement et en ingénierie pour les écosystèmes aquatiques, exige un niveau de croissance qui doit générer suffisamment de « richesses » pour la mise en œuvre des technologies. Nombreux sont les pays qui souffrent d'un manque de croissance minimale pour assurer à leur population l'accès à une eau de qualité.

L'EAU : ORIGINE ET COMPOSITION

Les eaux douces exploitées par l'homme ont pour origine, dans l'hydrosystème continental, le ciel (eaux des précipitations collectées), le territoire (« eaux de surface », cours d'eau et plans d'eau à l'air libre) et le sous-sol (eaux souterraines contenues dans les aquifères alluviaux ou des roches réservoirs ; ces eaux, protégées des activités en surface, sont captées aux sources naturelles ou par des forages). Elles représentent à peine 0,5 % des ressources de la planète dont 97,5 % sont des eaux de mer salées et 2 % des eaux douces à l'état solide (banquise et glaciers).

La qualité de l'eau se définit par sa composition en sels minéraux et gaz dissous, en micro-organismes et matières en suspension. Les composés minéraux en solution proviennent de la constitution des roches traversées. Les gaz dissous sont essentiellement l'oxygène et le gaz carbonique en provenance du milieu ambiant. Les matières en suspension sont d'origine minérale (silice, argiles, oxydes de fer...) ou organique (bactéries, virus, champignons, matières végétales en décomposition...).

L'EAU PRÉLEVÉE : PRÉPARATION AUX USAGES

Les eaux « brutes » sont préparées pour des usages spécifiques : alimentaires, industriels, agricoles, hospitaliers. Dans la préparation de l'eau, les procédés sont basés sur des mécanismes aux interfaces liquide-solide *(Tab. 2)*.

Tableau 2. – Les procédés de la technologie pour les eaux*.

Procédés	Mécanismes physico-chimiques aux interfaces
Floculation (ou coagulation)	Déstabilisation des colloïdes
Filtration et filtration avec floculation	Fixation des particules sur le matériau filtrant
Filtration par membranes	Élimination des colloïdes et des substances macromoléculaires par membranes (osmose inverse)
Flottation	Séparation de matières particulaires à l'aide de bulles d'air et des propriétés hydrophobes de composés
Échange d'ions	Échange d'ions sur des résines synthétiques
Élimination des phosphates	Échange d'ions sur des résines synthétiques
Biofloculation, biofilm	Floculation de micro-organismes, par exemple dans les procédés de boues activées ; utilisation de cultures fixées pour la décomposition et la transformation des substances organiques
Sorption sur le charbon actif	Rétention de substances organiques sur le charbon actif

L'eau potable

Sa préparation doit conserver les sels minéraux indispensables à la santé. L'eau de boisson sera dépourvue de matières organiques, de germes pathogènes ; elle sera oxygénée, limpide, inodore, incolore et fraîche (critères comprenant plus de soixante paramètres). Les traitements concernent surtout les eaux de surface. Les eaux souterraines subiront un traitement simplifié ; dans certains cas elles pourront être distribuées en l'état (secteurs de l'aquifère en plaine d'Alsace).

Dans la chaîne de traitement classique, se suivent les étapes de prétraitement (tamisage, dégrillage, avec préozonation ou pré-

---

* Source : Sigg (L.), Behra (P.), W. Stumm (W.), *Chimie des milieux aquatiques*, Paris, Dunod, (3ᵉ éd.), 2000.

chloration), de clarification (floculation, décantation) et d'affinage (stérilisation, filtration sur sable ou charbon actif). Pour maintenir sa qualité potable dans les canalisations du réseau de distribution, une légère chloration achève la préparation.

Une technologie nouvelle est l'utilisation de membranes filtrantes. L'avantage est d'exclure les réactifs chimiques. Les procédés membranaires fonctionnent à la manière d'un tamis aux pores inférieurs au micron. La microfiltration arrête les bactéries, parasites et colloïdes. L'ultrafiltration élimine les virus et macromolécules organiques. La nanofiltration retient les sels dissous et descend avec l'hyperfiltration (ou osmose inverse) à des tailles d'éléments (ions) n'excédant pas le millionième de millimètre.

La composition et les conditions de fabrication d'une membrane permettent de jouer sur la taille des pores, sur sa perméabilité et sur la durée de transfert des molécules à travers la membrane. Les techniques membranaires, grandes consommatrices d'énergie, coûtent encore cher.

Les eaux pour l'industrie

Les processus de fabrication sont tributaires de la qualité de l'eau dans d'innombrables applications. L'eau filtrée permet d'obtenir en papeterie une meilleure qualité de papier. Dans la fabrication de composants électroniques la pureté de l'eau est déterminante pour la performance de produits, telles les « puces ». Le traitement de surface est incontournable dans de nombreuses activités industrielles : les « rinçages de surfaces » nécessitent de l'eau préparée pour éviter corrosion et agressivité. Le goût d'une bière dépend du dosage des sels minéraux dans l'eau utilisée pour sa fabrication. L'industrie pharmaceutique utilise de grandes quantités d'eau ultrapure : il faut jusqu'à cinq millions de litres pour produire un kilo d'antibiotique.

L'eau pour l'agriculture

L'eau d'irrigation a des effets sur la qualité des plantes et des sols : une eau salée déstabilise le sol, une eau chargée de résidus organiques ou métalliques nuit aux cultures. Certaines régions arides recourent au dessalement d'eau de mer : l'osmose inverse innove par rapport à la distillation.

Les eaux hospitalières

Les membranes permettent de donner à l'eau l'état de pureté nécessaire à son rôle médical. L'eau ultrapure, obtenue par osmose inverse, permet de soigner les plaies des grands brûlés ; en hémodialyse, son rôle est primordial dans le fonctionnement des reins artificiels.

LES EAUX RÉSIDUAIRES : ÉPURATION D'EAUX USÉES

Les eaux résiduaires comprennent les effluents urbains (eaux usées domestiques, alimentées par des eaux pluviales chargées de polluants atmosphériques), les effluents industriels aux caractéristiques très variables et les effluents agricoles provenant de cultures (avec utilisation de phytosanitaires), d'élevages (hors-sol), de fabrications agro-alimentaires (fromagères, vinicoles...). Le rejet direct d'eaux résiduaires dans les compartiments de l'hydrosystème aurait une triple répercussion :
— La dégradation de l'écosystème et la destruction des capacités d'autoépuration du milieu mettant la « santé écologique » en péril.
— La détérioration du plus précieux patrimoine de vie, portant atteinte à la santé humaine.
— La disparition sectorielle d'une matière première exclusive, ou le surcoût pour l'adapter aux besoins de fabricants et producteurs, menaçant la « santé économique ».
Les systèmes d'épuration des eaux usées mettent en œuvre des procédés qui correspondent, à des degrés divers, à ceux utilisés dans la préparation des eaux « brutes ».
C'est le coût de la mise en place et de l'exploitation des stations de traitement d'eaux usées qui reste le facteur limitant.
La filière — dégrillage, floculation, décantation — est utilisée pour la dépollution des rejets urbains. S'y ajoutent, selon la station d'épuration, un traitement secondaire par lits bactériens et des traitements spécifiques (tertiaires), tels ceux qui éliminent l'azote ou le phosphore.
Les industriels mettent de plus en plus en œuvre les procédés de séparation membranaires sur le site même de l'usine. L'agriculture n'est en soi ni plus ni moins polluante que d'autres activités productives, utilisatrices d'eau. Vu son échelle d'exploitation, elle a un rôle crucial à jouer dans la gestion intégrée de l'hydrosystème et doit assumer sa part de l'effort de dépollution des eaux.
L'épuration d'eaux usées bénéficie de la combinaison expérimentale de technologies. L'association du procédé membranaire et du traitement biologique a fait naître les « bioréacteurs à membranes » : l'effluent chargé en matière organique passe dans un bioréacteur contenant des bactéries qui vont digérer la « charge » ; l'eau ainsi traitée traverse ensuite une membrane sélective qui retient les microbes et assure sa désinfection. Ce système permet de recycler les eaux sanitaires épurées d'un immeuble.

LES EAUX POLLUÉES : ACTION *IN SITU*

Les stratégies de réhabilitation de sols et aquifères contaminés, de dépollution et de protection d'eaux souterraines, sont une préoccupation majeure dans les pays industrialisés. L'objectif est double : utiliser des technologies d'épuration entraînant un minimum d'effets négatifs pour l'homme et les milieux naturels, et assurer une protection efficace de l'hydrosystème par un aménagement du territoire adapté à la conservation de la qualité de l'eau.

Le champ d'action est vaste et priorité sera donnée aux stratégies préventives. Le *tableau 3* résume les concepts et méthodes d'intervention, plus particulièrement à proximité de captages d'eau potable.

Interrogations au fil de l'eau

Les limites actuelles d'un développement garantissant une eau de qualité sont celles qu'imposent : l'état de nos techniques, l'état de notre organisation sociale, éducative et culturelle et la capacité de la biosphère à « digérer » les pollutions résultant d'activités humaines.

La recherche et la technologie fournissent des solutions pour résoudre les problèmes liés à la qualité des ressources « brutes », à leur prélèvement, à leur préparation, à leur distribution, aux usages de l'eau, ou encore à l'épuration d'eaux usées, voire à la dépollution *in situ*.

L'organisation de la société pour une gestion durable de l'hydrosystème continental pose question sur des points tels que :

— *La notion du temps* : comment expliquer le « temps écoulé » entre le déclenchement d'une pollution, sa détection puis la décision d'intervenir ? Comment expliquer le « temps décalé » entre l'événement physique et la réponse juridico-administrative attendue ?

— *Le choix d'un mode d'action* : où va-t-on appliquer les mesures de protection des eaux ? S'agit-il d'éliminer les causes (prévention) ou de traiter des symptômes (acte curatif) ?

— *Le besoin de métiers nouveaux pour répondre aux enjeux de l'eau* : comment susciter une nouvelle catégorie professionnelle d'« ingénieurs de la vie et du développement durable », à différencier de biotechnologues non formés à une démarche intégrée* ?

———————————

* Je remercie vivement Muriel Eichhorn pour son aide à la mise en forme de cette présentation.
J'exprime ma reconnaissance aux amis, collègues et partenaires qui m'ont accompagné dans la pratique scientifique transdisciplinaire utile au thème présenté.

Tableau 3. – Méthodologie d'action et de contrôle de sites et aquifères pollués*.

Mesures préventives : éviter l'émission de polluants dans les sols et aquifères	• appliquer la réglementation des périmètres de protection • restreindre l'usage de substances à risque • réguler les manipulations et modes de transport des produits dangereux • interdire la fabrication de certains produits toxiques
Intervention immédiate : minimiser l'infiltration après déversement accidentel	• prélever, traiter et mettre en dépôt les sols contaminés
Actions à la source de pollution : éviter la dispersion du contaminant	• mesures géotechniques de confinement (parois étanches...) • mesures hydrauliques (extraire par pompage...) • mesures chimiques et biologiques *in situ* (fixer par réactifs, dégrader par bactéries...) • mesures par circulation d'air (capter les substances volatiles) • mesures de traitement et de décontamination *in situ* (épuration localisée)
Traitement des « panaches » de polluants dissous : réduire le domaine contaminé par dispersion à l'aval de la source	• mesures hydrauliques (création de barrières hydrodynamiques et pompage des eaux contaminées), combinées avec des traitements biochimiques pour épurer l'eau prélevée
Protection hydraulique des ouvrages de captage d'eaux	• gérer le réseau de puits captants par sélection entre forages de production d'eau et forages d'extraction de polluants
Mesures techniques pour fournir durablement de l'eau potable aux consommateurs	• traiter l'eau « brute » prélevée • mélanger l'eau prélevée avec des eaux provenant d'autres sources d'alimentation • pratiquer un système en réseau régional (et non local) pour l'approvisionnement en eau d'une collectivité.

* Source : Kobus (H.), Barczewski (B.), Koschitzky (H.P.) (éds), *Groundwater and Subsurface Remediation*, Springer, 1996.

Ozone et qualité de l'air

par Gérard Mégie

La composition chimique de l'atmosphère terrestre résulte d'échanges permanents de matière avec les autres compartiments de la planète Terre : biosphère, océans, surfaces continentales. Ces échanges sont initiés par des sources naturelles à la surface de la Terre. Ils mettent ensuite en jeu des interactions chimiques complexes, qui conduisent à la formation de constituants qui seront à leur tour éliminés par déposition à la surface, principalement du fait des précipitations. De ce fait, un constituant donné ne restera qu'un temps fini dans l'atmosphère et l'équilibre de l'environnement terrestre est donc dynamique et non statique. Ainsi, depuis la formation de la Terre voici quatre milliards et demi d'années, la composition chimique de l'atmosphère a continûment changé à l'échelle des temps géologiques, passant d'une atmosphère originelle essentiellement réductrice au mélange azote moléculaire (78 %)-oxygène moléculaire (21 %) qui caractérise l'atmosphère actuelle. L'apparition de la vie sur la Terre est d'ailleurs directement liée à ce caractère oxydant de l'atmosphère terrestre, qui constitue un fait unique dans l'ensemble des planètes du système solaire.

Les sources des constituants atmosphériques résultent de processus physiques, comme l'évaporation ou le dégazage des roches, et biologiques comme la dénitrification ou la fermentation anaérobique, en l'absence d'oxygène. Elles correspondent à la production à la surface de la Terre de constituants gazeux comme la vapeur d'eau, l'hydrogène moléculaire, le méthane, l'hémioxyde d'azote et certains composés organo-halogénés. La concentration relative en vapeur d'eau dans la basse atmosphère est directement fonction des propriétés thermodynamiques de l'air. Elle décroît rapidement

Texte de la 288ᵉ conférence de l'Université de tous les savoirs donnée le 14 octobre 2000.

dans la troposphère, passant de quelques fractions de pour cent au niveau du sol à 4 à 5 millionièmes (ppm) dans la basse stratosphère. Les autres constituants, dont les abondances relatives sont également de l'ordre de quelques ppm, diffusent verticalement dans l'atmosphère. Cette diffusion est relativement rapide entre le sol et 12 km d'altitude en moyenne, dans la région inférieure appelée troposphère, qui se caractérise par l'influence des mécanismes de convection liés au chauffage de la surface par le rayonnement solaire. Elle est plus lente dans la région supérieure, la stratosphère, qui s'étend jusqu'à 50 km, et les temps nécessaires pour que les constituants atteignent une altitude moyenne de 30 km sont de l'ordre de 3 à 5 ans.

Ces constituants sources sont principalement détruits par l'action du rayonnement solaire, soit directement par photodissociation, soit de façon indirecte par des mécanismes d'oxydation, eux-mêmes induits par le rayonnement. Des constituants chimiquement actifs sont ainsi créés, dans des rapports d'abondance de l'ordre de quelques milliardièmes (ppb) ou moins, dont les interactions chimiques régissent les équilibres atmosphériques. Ils sont ensuite éliminés par des processus de recombinaison, qui conduisent en règle générale à la formation d'espèces acides solubles dans l'eau.

Jusqu'au début du XXe siècle, l'évolution de la composition chimique de l'atmosphère, que les archives glaciaires et sédimentaires permettent de relier aux grandes oscillations climatiques, trouvent leur origine dans des phénomènes naturels. L'explosion démographique, le développement des activités industrielles et agricoles, la multiplication des moyens de transport ont entraîné au cours des cinquante dernières années un changement profond de notre environnement, traduit notamment par une modification de la composition chimique de l'atmosphère.

La couche d'ozone stratosphérique

L'ozone est certainement le constituant atmosphérique qui permet le mieux de rendre compte de ces équilibres physico-chimiques de l'atmosphère terrestre et de leur évolution sous l'influence des activités humaines. Molécule constituée de trois atomes d'oxygène (O_3), il joue en effet dans les équilibres de l'environnement un rôle essentiel. 90 % de l'ozone atmosphérique est contenu dans le domaine des altitudes comprises entre 20 et 50 km et son abondance relative maximale est de l'ordre de 6 à 8 ppm à 30 km d'altitude. Mais, bien que constituant minoritaire de l'atmosphère, l'ozone est l'unique absorbant, entre le sol et 80 km d'altitude, du rayonnement solaire ultraviolet de longueurs d'onde comprises entre 240 et 300 nanomètres (nm). Cette absorption permet le maintien de la vie animale et végétale à la surface de la Terre, en éliminant les courtes longueurs d'onde susceptibles de détruire les cellules de la matière vivante et d'inhiber la photosynthèse.

Comme pour les autres constituants, l'équilibre de l'ozone dans l'atmosphère terrestre résulte d'un grand nombre d'interactions chimiques mettant en jeu, outre le rayonnement solaire, des constituants minoritaires de l'atmosphère représentant, pour certains, moins d'un milliardième en volume de la concentration totale. En 1974, F. S. Rowland et M. J. Molina attirent l'attention de la communauté scientifique sur des gaz supposés inertes, les chlorofluorocarbures (CFC), produits par les industries chimiques et utilisés principalement pour la réfrigération, les mousses synthétiques, les solvants organiques et comme gaz porteur dans les bombes aérosols. Photodissociés par le rayonnement solaire plus intense qui irradie la stratosphère, ces constituants libèrent du chlore chimiquement actif, susceptible de détruire l'ozone. La découverte en 1985 d'un phénomène de grande ampleur au-dessus du continent antarctique, correspondant à une diminution de plus de 50 % de l'épaisseur de la couche d'ozone au moment du printemps austral, largement médiatisé sous le nom de « trou d'ozone » polaire, relance les recherches sur les conséquences potentielles des activités humaines sur la couche d'ozone stratosphérique. De nombreuses campagnes internationales organisées dans l'Antarctique, puis dans l'Arctique, démontrent que l'explication la plus vraisemblable des diminutions d'ozone observées au printemps austral est d'origine chimique et correspond à un déplacement de l'équilibre des constituants chlorés stratosphériques en faveur des formes chimiques susceptibles de détruire l'ozone. Sur la base des rapports rédigés par la communauté scientifique, les négociations conduites au niveau international conduisent à la suppression totale des CFC à partir de 1995 et à leur remplacement par des produits de substitution à durée de vie plus courte dans l'atmosphère, les hydrochlorofluorocarbures (HCFC) et les hydrofluorocarbures (HFC).

Malgré ces mesures, la charge en chlore de la stratosphère continuera au cours du siècle prochain à être dominée par les émissions des CFC émis dans les années 1960-1990, du fait notamment de la très longue durée de vie de ces constituants, supérieure au siècle pour certains d'entre eux. Le retour au niveau de concentration qui existait antérieurement à l'apparition des phénomènes de destruction de l'ozone dans les régions polaires ne sera pas effectif avant les années 2040-2050. En revanche, la contribution à la charge totale en chlore de la stratosphère des produits de substitution, HCFC et HFC, restera limitée, compte tenu des mesures de réglementation déjà prises. En trois décennies, le problème de l'ozone stratosphérique est ainsi passé de la simple hypothèse scientifique à la mise en évidence d'une atteinte de grande ampleur à l'environnement global. Si les conséquences sur l'équilibre de la vie de cette évolution restent encore aujourd'hui non quantifiables, les conséquences économiques sont particulièrement importantes puisqu'elles ont conduit à la suppression totale des émissions des composés organochlorés jugés responsables de cette perturbation des équilibres globaux de l'atmosphère. Celle-ci a été suffisamment importante pour modifier profondément les équilibres stratosphériques, faisant apparaître, du fait de la croissance rapide des concentrations du chlore dans la stratosphère, des processus chimiques entièrement nouveaux, qui ne pouvaient que difficilement être imaginés dans les conditions « naturelles » qui prévalaient au début des années 1950, avant la mise massive sur le marché des CFC.

On pourrait penser que du fait des mesures réglementaires prises dans le cadre du protocole de Montréal, qui visent à l'élimination de la cause, en l'occurrence les émissions des composés organohalogénés, les efforts de recherche sur la couche d'ozone devraient être ralentis dans l'attente d'un retour à l'équilibre de la stratosphère terrestre. Malgré les incertitudes qui limitent fortement notre capacité à prédire l'évolution future de la couche d'ozone stratosphérique, plusieurs faits scientifiques plaident contre une telle attitude attentiste. D'une part, l'effet maximum des composés chlorés sur la couche d'ozone ne sera atteint qu'après l'an 2000. La couche d'ozone sera donc dans un état très vulnérable au cours de la prochaine décennie, et les non-linéarités du système atmosphérique déjà mises en évidence par l'apparition du « trou d'ozone », ne nous mettent pas à l'abri des surprises, bonnes ou mauvaises. D'autre part, il n'est pas possible d'affirmer de façon scientifiquement fondée que la diminution des concentrations en chlore dans la stratosphère entraînera *de facto* un retour à l'équilibre qui prévalait au début des années 1970. La stratosphère, et plus généralement l'atmosphère terrestre, ont en effet évolué au cours des deux dernières décennies sous l'effet des perturbations anthropiques, et les contraintes globales d'environnement sont donc totalement différentes de celles des années « préindustrielles ». On sait notamment que si l'augmentation du gaz carbonique induit un réchauffement de la surface terrestre, elle refroidit la stratosphère et de ce fait favorise la destruction d'ozone dans les régions polaires. C'est donc au cours de la prochaine décennie que l'on pourra effectivement mesurer l'impact réel des mesures réglementaires sur l'évolution de la couche d'ozone stratosphérique.

Ozone troposphérique

Dans la troposphère, le contenu en ozone reste limité à 10 % du contenu atmosphérique total et les concentrations relatives sont de l'ordre de quelques dizaines de milliardièmes (ppb). L'origine de l'ozone troposphérique est double : d'une part, les transferts de masse d'air entre la stratosphère, réservoir principal, et la troposphère ; d'autre part, la photo-oxydation de constituants précurseurs — hydrocarbures, oxydes d'azote, monoxyde de carbone, méthane — dont les émissions sont aujourd'hui largement dominées par les sources anthropiques (industrie, transport, pratiques agricoles). L'existence de cette formation photochimique d'ozone a été depuis longtemps mise en évidence dans les atmosphères urbaines et périurbaines des grandes cités fortement polluées (Los Angeles, Milan, Athènes, Mexico, New York...). L'ozone ainsi formé à l'échelle locale constitue une source qui, alliée à la production directe d'ozone dans l'atmosphère libre hors des régions de forte pollution, contribue à l'augmentation des concentrations observées aux échelles régionales et globales. Ainsi, la comparaison avec les valeurs actuelles des concentrations d'ozone mesurées au début du XXe siècle dans plusieurs stations de l'hémisphère Nord (Observatoire météorologique du parc Montsouris à Paris, Observatoire du Pic du Midi, Observatoire de Montecalieri en Italie) et de l'hémisphère Sud (Montevideo en Uruguay, Cordoba en Argentine) montrent que le niveau d'ozone dans l'atmosphère « non polluée » a été multiplié par 4 dans l'hémisphère Nord et par près de 2 dans l'hémisphère Sud. L'influence des sources anthropiques est confirmée par les observations de la variation en latitude des concentrations d'ozone qui montrent des valeurs deux fois plus élevées dans l'hémisphère Nord (40-60 ppb) que dans l'hémisphère Sud (20-25 ppb), reflétant ainsi la dissymétrie dans la distribution des sources, plus de 80 % des précurseurs polluants étant émis dans l'hémisphère Nord et dans les régions tropicales, notamment par la combustion de la biomasse.

Les enjeux pour l'environnement de l'augmentation de l'ozone troposphérique et des constituants photo-oxydants qui lui sont liés sont particulièrement importants. Oxydant puissant, l'ozone constitue un danger pour la santé des populations lorsque les teneurs relatives dépassent des seuils de l'ordre de la centaine de ppb. Cet effet oxydant est également néfaste pour la croissance des végétaux et constitue une cause additionnelle du dépérissement des forêts et de la dégradation des matériaux. Par ailleurs, du fait de ses propriétés d'absorption du rayonnement ultraviolet solaire, l'ozone peut être photodissocié dans la basse atmosphère et toute modification de sa concentration influe directement, à courte échelle de temps, sur les propriétés oxydantes de la troposphère. Enfin, l'ozone est un gaz à effet de serre 1 200 fois plus actif, à masse égale dans l'atmosphère, que le gaz carbonique. L'augmentation de sa concentration dans la troposphère conduit donc à un renforcement de l'effet de serre additionnel. Le problème de l'ozone troposphérique est ainsi étroitement lié au problème climatique. Il constitue en fait l'essentiel du couplage entre le climat et la chimie de l'atmosphère.

Dans la troposphère, les concentrations d'ozone, polluant secondaire produit par réaction chimique dans l'atmosphère, sont étroitement liées à celles des ses précurseurs : oxydes d'azote, méthane, monoxyde de carbone, hydrocarbures. Elles sont donc particulièrement sensibles à la part prise par les sources anthropiques dans les émissions de ces constituants, part qui atteint 65 % pour le méthane et le monoxyde de carbone et près de 75 % pour les oxydes d'azote. En revanche, à l'échelle planétaire, les émissions d'hydrocarbures non méthaniques par la végétation dominent, ramenant la part anthropique à seulement 20 à 25 % des émissions totales.

Aux échelles locales et régionales, la distribution de l'ozone et de ses précurseurs résulte alors de la combinaison entre les processus chimiques de formation ou de destruction et les processus de mélange qui conduisent au transport et à la dispersion des constituants atmosphériques. Localement, notamment l'été, apparaissent dans les grandes agglomérations des pics de pollution dus à l'ozone. Les causes premières en sont connues, qui impliquent conditions météorologiques propices et émissions de constituants chimiques. Par temps calme, avec un rayonnement solaire maximal, l'accumulation des polluants primaires — oxydes d'azote, monoxyde de carbone et hydrocarbures — conduit à la production d'ozone dans les basses couches. Les activités humaines liées aux combustions, associées aux modes de transport et de chauffage, font ainsi des zones urbaines et périurbaines un champ privilégié de la pollution par l'ozone. Depuis de nombreuses années, les métropoles mondiales sont concernées et les grandes villes françaises ne sont plus épargnées. Ainsi, Paris et la région marseillaise enregistrent pratiquement tous les étés des pics de pollution pouvant atteindre des niveaux d'alerte à partir desquels des mesures restrictives doivent être mises en place par les pouvoirs publics. Lors de tels épisodes, les effets de la pollution oxydante sur la santé sont apparents, en particulier les affections du système respiratoire chez les personnes à risque. Ces pollutions fortes et localisées agissent également comme révélateur d'une tendance continue de l'augmentation du pouvoir oxydant de l'atmosphère des basses couches observée à l'échelle globale. L'augmentation, déjà citée, d'un facteur 4 des concentrations d'ozone troposphérique dans l'hémisphère Nord depuis le début du siècle ne doit cependant pas être traduite sans précaution en termes de tendance annuelle, comme il est d'usage de le faire pour les constituants à durée de vie plus longue tels que le dioxyde de carbone ou les chlorofluorocarbures. En effet, les temps caractéristiques des processus photochimiques qui régissent l'équilibre de l'ozone dans la troposphère sont de quelques mois au maximum, et les concentrations observées reflètent donc les variations à la fois spatiales et temporelles des constituants précurseurs. Il est ainsi probable que les mesures de réduction des émissions d'oxydes d'azote et d'hydrocarbures prises dans les années 1970 ont conduit à une diminution du rythme annuel d'accroissement des concentrations d'ozone à la surface au cours de la dernière décennie. En revanche, si les augmentations maximales d'ozone ont été observées au cours des dernières décennies en Amérique du Nord et en Europe, il est vraisemblable que les régions de l'Asie du Sud-Est seront les plus sensibles au cours de la première moitié du XXIe siècle en termes d'augmentation des concentrations d'ozone troposphérique.

La compréhension et la quantification des mécanismes de couplage de la pollution oxydante aux différentes échelles de temps et d'espace concernées est aujourd'hui un sujet de recherche ouvert. De ce fait, la mise en place de politiques de prévention et de réglementation efficaces reste difficile, tant les paramètres à prendre en compte sont nombreux et les mécanismes qui régissent la capacité d'oxydation de l'atmosphère complexes. Des régimes très différents sont observés suivant les concentrations des espèces primaires impliquées, oxyde d'azote et hydrocarbures en particulier, et les effets peuvent être non linéaires. Par exemple, à proximité de sources d'émissions intenses d'oxyde d'azote, l'ozone peut, dans un premier temps, être détruit, avant que le transport et la dilution des masses d'air ne provoquent une augmentation rapide de sa concentration dans l'atmosphère. C'est ainsi qu'en région parisienne, l'on observe parfois des concentrations en ozone bien plus élevées dans la grande banlieue qu'au centre-ville, et qu'une diminution du trafic automobile peut s'accompagner d'une augmentation rapide des concentrations d'ozone dans Paris *intra muros* et d'une baisse de ces mêmes concentrations, le lendemain, en banlieue.

Conclusion

Notre compréhension actuelle des mécanismes qui régissent le comportement de l'ozone atmosphérique montre, qu'au-delà des problèmes spécifiques posés par la destruction de la couche d'ozone stratosphérique et l'augmentation des propriétés oxydantes de la troposphère, cette problématique rejoint celle du changement climatique dû aux émissions de gaz à effet de serre. En effet, la diminution de l'ozone stratosphérique influe directement sur le bilan d'énergie de la basse atmosphère et l'ozone troposphérique est un gaz à effet de serre. De même, les CFC, agents destructeurs de la couche d'ozone stratosphérique, mais aussi les constituants amenés à les remplacer dans leurs principales utilisations, sont des gaz à effet de serre particulièrement actifs, comme le sont certains précurseurs de l'ozone troposphérique, notamment le méthane. Les oxydes d'azote qui influent directement sur les concentrations d'ozone et des oxydants dans l'atmosphère ont également un effet indirect important sur l'effet de serre additionnel. Tous ces faits scientifiquement établis plaident pour une étude approfondie de l'influence de l'ozone atmosphérique sur le changement climatique. Cette complexité des problèmes d'environnement implique une prise en compte rapide dans la décision politique et économique de l'avancée des connaissances scientifiques dans un domaine où l'incertitude domine, et dominera encore au cours des prochaines décennies, les rapports science-expertise-décision publique. De ce fait, la multiplication des lieux d'échanges entre les différents acteurs, décideurs, scientifiques mais aussi acteurs privés ou associatifs, reste indispensable à l'émergence des questions stratégiques pertinentes et de leur résolution.

RÉFÉRENCES

– Académie des sciences, « Ozone et propriétés oxydantes de la troposphère », Technique et Documentation, Rapport n° 30, Éditions Lavoisier, octobre 1993.
– Académie des sciences, « Ozone stratosphérique », Technique et Documentation, Rapport n° 41, Éditions Lavoisier, juin 1998.
– Mégie (G.), *Ozone, l'équilibre rompu*, Paris, Presses du CNRS, 1988.

Les déchets — les éliminer,
les revaloriser ou les éviter ?

par Walter R. Stahel

Déchets de la nature et déchets de l'homme : *vue systémique*

Les déchets « produits par la nature » sont intégrés dans des cycles de récupération (les feuilles mortes dans une forêt sont transformées en humus par des micro-organismes). Hors de leur environnement, ces déchets peuvent devenir des vrais déchets (les feuilles mortes sur les routes urbaines, mélangées avec la poussière de la route). Mais la grande quantité des déchets proprement dits — si cela est la bonne expression — provient aujourd'hui de l'activité industrielle de l'homme, sous la forme de déchets miniers et de fabrication, produits au rebut, et emballages. Toute ressource transformée en produits devient déchet après un certain temps. Le volume des déchets est donc comparable au volume des ressources exploitées par l'homme.

Le développement durable exige une vue systémique des problèmes de l'environnement. On peut le montrer à propos de l'énergie nécessaire pour la « production » d'une pomme. Supposons que vous achetiez des pommes, et que vous ayez le choix entre celles provenant de France et celles de la Nouvelle-Zélande, transportées par bateau. Laquelle des deux a consommé le plus d'énergie ? La réponse dépend de vous : si vous vous êtes déplacés à pied ou à bicyclette, la pomme française a nécessité une dépense énergétique moindre que la pomme de l'autre bout du monde. En revanche, si vous avez utilisé une voiture pour aller acheter la pomme, la consommation énergétique de

Texte de la 289ᵉ conférence de l'Université de tous les savoirs donnée le 15 octobre 2000.

la course de la voiture est supérieure à la consommation énergétique (et les émissions de CO_2) de la pomme jusqu'au point de vente !

Les cinq piliers d'un développement plus durable sont :

— Premier pilier : protéger la nature et la capacité de celle-ci à maintenir l'homme sur la planète (biodiversité, eau potable, sols arables).

— Deuxième pilier : protéger la santé et la sécurité de l'homme contre les effets de sa propre activité industrielle : non-toxicité, non-accumulation de métaux lourds, non-destruction de la couche d'ozone, etc. : c'est un problème de type qualitatif !

Ici se trouve une première coupure, le passage de la protection de l'environnement à une compétitivité plus élevée.

— Troisième pilier : réduire les flux de matières et d'énergie à travers l'économie (pour éviter d'une part l'acidification de la planète et d'autre part des guerres autour de ressources, pour permettre le développement des pays moins développés ; limiter les émissions de gaz CO_2) : c'est un problème de type quantitatif !

Ici se trouve une deuxième coupure, le passage d'une économie durable vers une société durable.

— Quatrième pilier, l'écologie sociale : renforcer la durabilité des structures sociales et d'autogestion (communauté contre la solitude et l'isolation, travail contre chômage, le partage/prêt/ échange des biens au lieu de la consommation).

— Cinquième pilier, l'écologie culturelle ; le rapport du MITI 1995 sur les déchets, la conception de l'usine RAV4, la tragédie des prés communautaires, l'économie régionale.

Les acteurs changent : les piliers 1 et 2 sont surtout un problème de législation, le 3e pilier dépend surtout des acteurs économiques, et notamment de leur capacité d'innover, le 4e est le résultat, entre autres, de la politique et de la structure économique, le cinquième et dernier pilier est par définition de caractère régional.

Depuis quelques années, les pays industrialisés ont fait de grands progrès dans deux domaines : diminuer l'impact des déchets toxiques sur l'homme et l'environnement et augmenter l'efficacité des processus de production, mesurée en kilos de ressources nécessaires pour produire un kilo de produit. Néanmoins, les progrès constatés dans ces deux domaines ne sont pas une raison suffisante pour les négliger ! Pourquoi ?

Déchets solides et déchets sous forme d'émissions (pollution), déchets dangereux et autres déchets

Depuis le temps de Paraclèse, nous connaissons le phénomène de la concentration : de nombreuses substances sont des médicaments à petite dose, mais des poisons à dose plus grande ! L'accumulation de déchets toxiques non biodégradables dans le sol, l'atmosphère et l'eau peut donc créer des crises d'intoxication même si leur quantité (en déchets) est en voie de diminution. Dans ces cas-là, la parade efficace sera d'éviter ces substances dès le début de la production.

Les déchets existent sous forme de gaz, de liquides et de corps solides ; dans les deux premiers cas, on parle normalement d'émissions (ou pollution) au lieu de déchets. Vu que tout « produit » finit comme déchet, il peut être judicieux d'analyser les matières qui entrent dans un processus de production (ou par exemple les achats d'une institution), plutôt que d'analyser les déchets souvent très dilués qui en découlent. Ceci est l'approche d'une méthode suédoise connue sous le nom de *The Natural Step*. Par exemple, une municipalité qui achète des produits qui contiennent des matières toxiques en petite quantité, tels que des métaux lourds, ne peut guère les détecter dans ses déchets. En revanche, une analyse des achats et la demande d'une garantie des fournisseurs que ces matières toxiques ne soient pas présentes dans leurs produits permettraient d'éviter d'une façon efficace la pollution finale.

Cette approche est proche du principe de précaution et de l'idée d'augmenter la productivité des ressources, qui ont été définis en 1992 dans l'Agenda 21 des Nations unies lors de la Conférence sur le développement durable à Rio de Janeiro. Quant au discours sur les déchets, il implique des changements quantitatifs radicaux, parce que parmi les plus grands flux de ressources exploitées par l'homme se trouvent l'eau, le charbon et le pétrole ainsi que les terres d'excavation et les matériaux de construction.

Les déchets solides — les éliminer, les revaloriser ou les éviter ?

Considérons les déchets « non toxiques ». Le volume des déchets solides et des émissions non toxiques (telles que les gaz CO_2) continue à augmenter partout, mesuré en tonnes par habitant et par pays, contrairement au volume des déchets dangereux qui diminue. Je vais donc surtout traiter du problème de la consommation de ressources qui ne cesse d'augmenter.

Les déchets solides se trouvent souvent sous forme de poudre, comme les déchets miniers. Ils ne sont alors perçus comme déchets qu'en cas de catastrophe écologique, lorsque, par exemple, un barrage d'un lac dit toxique se brise et que les eaux qui s'en échappent polluent des rivières (cas récents en Espagne, Hongrie et aux États-Unis). Ces déchets miniers sont aussi connus sous le nom de *rucksack* (sac à dos) de la production industrielle. Pour certains métaux, tels que l'or, ces « sacs à dos » peuvent atteindre un volume supérieur d'un facteur de 500 000 au volume de métal gagné. Cela veut dire qu'en moyenne, pour chaque gramme d'or produit, l'homme produit 500 kilogrammes de déchets miniers, qui contiennent d'autres métaux lourds qui peuvent polluer l'environnement sous forme de poussière.

Quelle est l'évolution quantitative ressources-produits-déchets ? Aux États-Unis, 93 % des ressources exploitées ne sont jamais transformées en biens ou produits vendus sur le marché, 80 % des biens vendus sont jetés après une seule utilisation, 99 % des ressources contenues dans les produits sont devenues déchets six semaines après la vente du produit*.

Les déchets de production sont aujourd'hui invisibles dans les pays industrialisés, sauf dans les cas où ils dégagent des émissions indésirables. Les abattoirs en sont un exemple régulièrement cité dans la presse régionale. Ceci montre que l'industrie manufacturière accepte sa responsabilité pour les déchets de production, qu'on appelle aussi « déchets à l'intérieur de l'usine ». Pour ces déchets, l'industrie a vite compris que la prévention de déchets, par exemple par l'utilisation des emballages réutilisables (au lieu d'emballages à jeter) et la remise en état de machines de production (au lieu de leur remplacement), sont souvent plus rentables que leur simple élimination.

Une méthode qu'on appelle « écologie industrielle » a pour but d'utiliser les déchets d'une usine (par exemple des matières ou de la chaleur) comme ressources d'une autre usine. Ceci a conduit à la création de parcs industriels sous forme de coopération anti-déchets. La ville suédoise de Kalundborg en est un exemple très connu.

Le problème des produits au rebut est donc créé par l'utilisation des produits en dehors des usines et par les biens pour lesquels les acteurs industriels ne se sentent plus responsables : emballages jetables, biens de consommation vendus au grand public ou donnés gratuitement tels que, par exemple, les publicités.

Élimination des déchets : les déchets comme moteur

Le concept de déchet est le fruit de l'économie industrielle ou manufacturière. Cette dernière étant de caractère linéaire, elle optimise les activités économiques jusqu'au point de vente, où la

---

* Allenby (B. R.) and Richards (J.) (eds), *The Greening of Industrial Ecosystems*, Washington DC, National Academy of Engineering, 1994.

propriété — mais aussi la responsabilité pour l'entretien et les déchets — passent du fabricant (un expert) au consommateur (un amateur en la matière) *(Fig. 1)*.

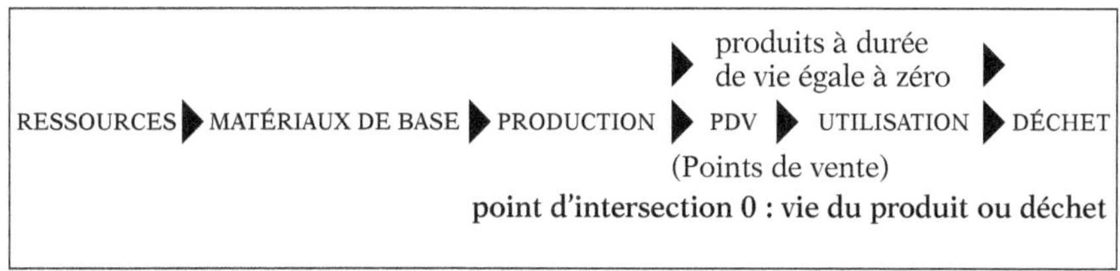

Figure 1 – Structure linéaire de l'économie industrielle.
Source : Walter Stahel et Geneviève Reday (1976/1981) *Jobs for Tomorrow, the potential for substituting manpower for energy* ; rapport à la Commission des communautés européennes, Bruxelles, Éd. Vantage, N.Y.

Une analyse de la distribution des facteurs de production de l'économie linéaire montre que trois quarts de toute la consommation énergétique ont lieu dans la production des matières de base, tels l'acier et le ciment, et un quart seulement dans les processus d'assemblage. Pour la main-d'œuvre, ces proportions sont inversées : trois quarts sont utilisés dans les processus d'assemblage, et seulement un quart dans la production de matières de base. Une promotion des activités qui s'apparentent aux processus d'assemblage permettrait donc la création d'emplois ainsi qu'une économie d'énergie.

Ceci pose une question fondamentale : est-ce que le consommateur a vraiment besoin de ces « futurs déchets » sous forme de produits, ou se contenterait-il d'acheter leur fonction, leur utilité, leur performance, sans devoir se préoccuper des déchets ? Cette dernière approche serait de nature à créer une économie en boucles de réutilisation, créatrice d'emplois. Je l'esquisserai ultérieurement.

Les problèmes de déchets se posent aujourd'hui après leur consommation ou utilisation, au lieu de « chute » (*end of pipe*), c'est-à-dire auprès du consommateur qui normalement s'intéresse à l'achat de biens, mais guère aux déchets. C'est alors à l'État de prendre en charge les déchets, aux frais des contribuables ! L'industrie n'a guère d'intérêt à réduire la production de produits-déchets dans cette logique.

De plus, les frais d'élimination des déchets augmentent continuellement pour deux raisons : *primo*, le volume des déchets augmente avec la richesse d'une population, et avec une société qui tend vers plus de consommation, de mode ; *secondo*, la complexité technologique des déchets augmente continuellement, à cause des produits de plus en plus petits contenant des quantités toxiques minimes. Ces deux éléments — augmentation du volume et complexité des déchets — se traduisent par une explosion des coûts d'élimination des déchets et une hausse des impôts, dans un système d'économie linéaire.

L'élimination des déchets est encore souvent la solution traditionnelle choisie par l'État. Néanmoins, la solution la plus facile du passé, celle de « rendre » les déchets à la nature, n'est plus faisable, car les anciennes décharges sont considérées aujourd'hui comme une source de pollution majeure. Même les déchets inertes, provenant par exemple des travaux de génie civil, sont difficiles à gérer à cause de leur volume. Une approche systémique permet leur réutilisation comme terrassement dans le chantier même.

Reste alors le recyclage ou l'incinération des déchets. L'incinération permet de réduire le volume des déchets combustibles, en les transformant en scories, mais elle ne les élimine pas entièrement. Dans la logique d'une économie linéaire, l'État soutient même l'incinération de déchets qui pourraient être réutilisés, tels que les huiles de moteur. La politique de la protection de l'environnement entre alors en compétition avec les principes du développement durable.

De plus, l'incinération contribue aussi à la pollution de l'air, produisant des toxines telles que dioxines et furannes. Si les grands incinérateurs ont souvent des filtres pour réduire ce problème, l'incinération de déchets en petite unité ou « sauvage » est aujourd'hui reconnue comme une des principales causes de la production des dioxines.

Revaloriser les déchets : la valeur économique comme moteur

Reste l'option de chercher dans les domaines non techniques des solutions meilleures. Car la notion de déchets est liée à nos systèmes de valeur, de la « responsabilité-produit » et des buts politiques. Au lieu de perfectionner leur élimination, nous pourrions tenter de les revaloriser ou de les éviter.

En disant « déchet », nous parlons d'un bien avec une valeur perçue comme négative et sans propriétaire — deux faits qui peuvent être changés. Une politique de précaution, ainsi que des stratégies de « valeur continue » et de « propriété continue » des biens durables permettraient d'éviter la majorité des déchets. Elles changeraient toutefois aussi la structure de l'économie actuelle, linéaire et reposant sur les notions de valeur ajoutée et de valeur d'échange. La nouvelle structure correspondrait à une économie en boucles fermées qui met l'accent sur le maintien de la valeur d'utilisation, par une gestion innovatrice du parc des biens.

À ce point, il est utile de distinguer trois types de source de déchets.

— Les déchets végétaux, localement compostables. Pour d'autres déchets provenant de la nourriture, tels que pain, viande, qui sont comestibles et attirent les animaux, leur compostage ou mise en décharge ne sont pas indiqués.

— Les biens durables, tels que bâtiments, ponts et chaussées, les réseaux d'eau et les égouts, appareils électriques et électroniques, voitures, meubles, habits.

— Les biens durables avec une fonction catalytique, qui servent de filtre mais ne sont pas consommés dans leur utilisation, tels que les solvants ou huiles de moteur.

L'innovation technologique peut jouer un rôle déterminant dans une gestion future des déchets, mais elle diffère selon les trois types de biens ci-dessus évoqués. Dans le cas des déchets « naturels », les biotechnologies vont jouer un rôle important. Elles permettent, par exemple, de transformer le petit lait, déchet en grande quantité de l'industrie laitière, en molécules utiles, voire en « fuel ou diesel écologique ».

Quant aux biens durables, des innovations viendront des sciences des matériaux, de la miniaturisation électronique et des biens virtuels, ainsi que de nouvelles stratégies technico-commerciales (résumées sous le terme « design pour des solutions durables »). Elles seront esquissées plus bas.

Le progrès technologique dans le domaine des biens catalytiques se fera dans des processus de reraffinage économiquement viable — un problème dont la fiabilité économique dépend aussi du prix des ressources vierges et du cadre politique.

Les déchets de biens durables :
les stocks de biens comme nouvelle richesse

Une valorisation des déchets durables peut se faire au niveau des biens, des composants, et des matériaux contenus dans les produits. L'objectif est la fermeture des boucles de matériaux et de responsabilité, c'est-à-dire la création d'une économie de service autoréapprovisonnée *(Fig. 2)*.

Une économie en boucles permet d'éviter une grande partie des déchets miniers liés à l'exploitation des ressources naturelles et aux biens au rebut. Elle réduit donc les déchets à la source et à la fin — les deux domaines se situant en dehors des boucles. À l'intérieur des boucles, une telle économie diminue les déchets par

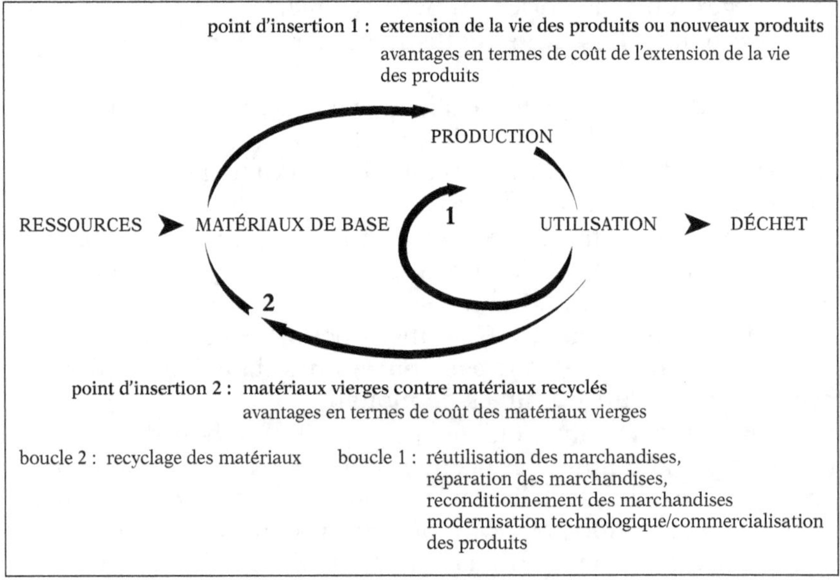

Figure 2 – Une économie en boucles.

Source : Walter Stahel et Geneviève Reday (1976/1981) *Jobs for Tomorrow, the Potential for Substituting Manpower for Energy* ; rapport à la Commission des communautés européennes, Bruxelles, Éd. Vantage, N.Y.

leur revalorisation, soit par leur réutilisation intégrale dans des produits existants, soit par un recyclage des matériaux.

Cette approche demande aussi une autre conception du ramassage des déchets, car les « vieux produits » sont maintenant considérés comme biens d'une certaine valeur qu'il faut maintenir. Le ramassage actuel « efficace » des déchets par des camions compacteurs doit faire place à une récupération « soignée », ce qui permet de récupérer et revendre avec profit jusqu'à 80 % des biens durables repris. Ceci se traduit par une prévention considérable de déchets mais aussi par une épargne de ressources non renouvelables.

En d'autres termes, l'utilisation des biens devient le nouvel objectif de l'optimisation économique, à la place de la production. Une économie en boucle repose sur la logique des boucles. Contrairement à une structure linéaire, une boucle n'a ni début ni fin ! Afin d'optimiser la revalorisation des biens, ceux-ci doivent être repris par un acteur économique après utilisation avec l'intention de les remettre à un autre utilisateur, éventuellement après avoir été réparés ou adaptés. Cette méthode ouvre la voix royale à une autre stratégie, celle qui consiste à vendre l'utilisation de biens au lieu des biens, par la location ou le leasing. L'acteur économique garde alors la propriété et la responsabilité pendant toute la vie d'un bien, et son profit augmente avec la durée prolongée de l'utilisation du bien — sans nouvelle production.

Tous les « acteurs de consommation », c'est-à-dire les consommateurs, les acteurs économiques (producteurs et distributeurs) ainsi que les États-nations peuvent contribuer à cet objectif. Ils peuvent agir seuls ou créer une synergie s'ils agissent d'une façon concertée. Cette dernière approche aura comme résultat une augmentation de la compétitivité économique de l'État !

CONSOMMATEURS : ÉVITER LES DÉCHETS — VALEURS PERSONNELLES COMME MOTEUR

Les consommateurs-clients sont les rois de la prévention des déchets de biens durables, car ils peuvent choisir un bien durable au lieu d'acheter le même bien en version jetable, ils peuvent décider d'acheter des biens « en seconde main » au lieu d'acheter du « neuf », ou même ils peuvent renoncer à acheter un bien. Les consommateurs peuvent agir dans un contexte économique (échange de biens contre de l'argent) ou dans un contexte communautaire (donner un bien comme cadeau, ou l'échanger contre un autre).

« Si tu veux devenir heureux, alors n'augmente pas tes biens, mais modère tes désirs », disait Sénèque à ce sujet.

Dans le contexte d'une économie industrielle linéaire, le consommateur commet un délit de « sabotage économique » s'il agit ainsi, car il freine la production industrielle — dans un contexte communautaire, il gêne aussi les finances de l'État parce qu'il ne paye ni TVA ni autres taxes.

Ceci démontre que le système économique actuel vit grâce à une structure linéaire : production-utilisation/gaspillage-déchets, dont la conception vise surtout une optimisation de la production, mais moins celle de l'utilisation.

Un changement de cap vers une autre économie demande donc des adaptations non seulement de la structure économique, mais aussi des conditions créées par l'État.

ACTEURS ÉCONOMIQUES : REVALORISER LES STOCKS DES BIENS UTILISÉS

Les acteurs économiques — producteurs, distributeurs et commerçants — peuvent opter pour des produits d'une durée de vie longue, dès la conception, pour une prolongation de la durée de vie des biens par des services ainsi que pour l'utilisation plus intensive des biens. Ces stratégies techno-économiques concernent la conception et le design écologiques et sont orientées vers l'utilisation des biens dans le cadre d'une société de service en boucles.

Ces nouvelles stratégies innovatrices aboutissent à une augmentation de la productivité des ressources dans le cadre des activités économiques.

Une stratégie de *durabilité* se traduit, pour l'emploi, par une augmentation aussi bien du nombre des emplois que de leurs qualifications, ainsi que de la mobilité accrue de ces emplois due à la décentralisation des ressource-déchets. Ces résultats sont dus au fait de substituer à l'énergie de la main-d'œuvre inhérente aux activités des domaines du prolongement de la durée d'utilisation, ce qui avait déjà été démontré dans un rapport à la Commission européenne en 1976 *(Fig. 3)*.

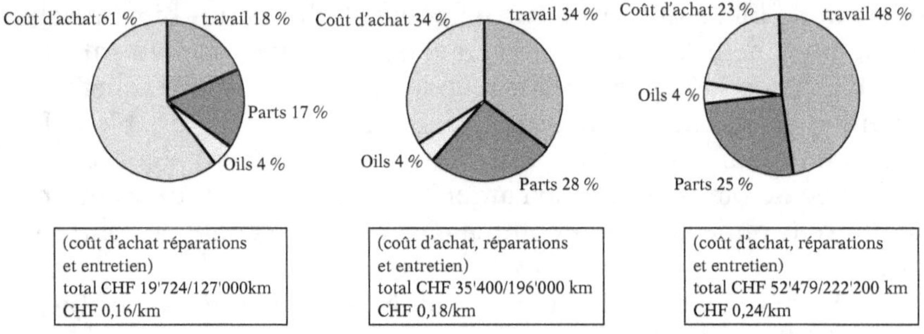

Figure 3 – Analyse des coûts d'exploitation d'une automobile de 30 ans : Toyota corona MKII 1969 (en Francs suisses).

Vendre une performance ou un résultat, c'est-à-dire vendre le service de l'utilisation d'un bien plutôt que le bien lui-même, cela veut dire aussi éviter les discussions sur la responsabilité en cas de défaut, de panne ou au moment de l'élimination. Tous les coûts des imperfections sont ainsi internalisés par l'exploitant du bien (ils font partie de ses coûts de production). L'exploitant cherchera à réduire au maximum ses coûts — y inclus ses déchets — par des mesures de prévention ou de maintenance sophistiquée, ce qui aura pour résultat un perfectionnement des produits.

L'ÉTAT : PROMOUVOIR UNE POLITIQUE COHÉRENTE VISANT LE DÉVELOPPEMENT DURABLE

Le besoin d'une optimisation économique à long terme demande une intégration du « facteur temps » dans les conditions de la législation : un développement durable demande une législation durable — est-ce compatible avec les contraintes du monde politique ? Est-ce que celles-ci permettent de donner une priorité au long terme ?

La solution du problème des déchets passe par un changement dans les priorités de la société, pour une vie en « balance », en harmonie avec l'environnement et l'homme. Au cœur du développement durable se cache une question : comment créer l'envie de changer le comportement de chacun et de tous ?

RÉFÉRENCES

– AYRES (R.), Professeur à l'INSEAD de Fontainebleau, France : diverses publications au sujet du métabolisme industriel.
– BÖRLIN (M.) et STAHEL (W. R.), « Stratégie économique de la durabilité — éléments d'une valorisation de la durée de vie des produits en tant que contribution à la prévention des déchets », *Cahier SB*, n° 32, Société de Banque suisse, Bâle, 1987.
– DE MOOR (A.), *Subsidising Unsustainable Development Undermining the Earth with Public Funds*, Earth council, Toronto, 1997.
– ERKMAN (S.), *Vers une écologie industrielle*, Paris, Charles Léopold Mayer, 1998.
– GIARINI (O.) et STAHEL (W. R.), *Les Limites du certain*, Lausanne, Presses polytcchniques et universitaires romandes, 1989.
– STAHEL (W. R.), « De la notion de produits à celle de services : vendre des performances plutôt que des marchandises », *The IPTS Report*, n° 27, sep 1998. Institute for Prospective Technological Studies, JRC/EU, Séville. Aussi disponible sous forme électronique : http://www.jrc.es/IPTSreport/ n° 27.
– STAHEL (W. R.) et REDAY (G.), *Jobs for Tomorrow, the Potential for Substituting Manpower for Energy*. Commission des CE, Bruxelles/Vantage Press, New York, 1976-1981.

– Le site Internet de l'Institut de la Durée : http://product-life.org/publications

La pollution des sols

par Émile Pefferkorn

Des idées neuves sur la nature et l'origine des sols n'ont émergé que dans la seconde moitié du XIXᵉ siècle. Graduellement, les effets topographiques et biologiques ont été reconnus comme étant des facteurs importants de l'évolution des sols. Un siècle plus tard a été reconnue l'importance des sols en tant que support de vie pour la production de nourritures et de fibres. En fait, les sols grouillent de vie. Par exemple la streptomycine a été isolée du sol et la préservation de la biodiversité et pédodiversité des sols peut aider des recherches similaires dans le futur. On n'en est cependant pas encore là. Parue en 1992, l'histoire des sciences de l'environnement ne mentionnait pas les sciences du sol comme étant une branche des sciences de l'environnement alors que d'autres sciences de la Terre étaient citées.

La pollution des sols résulte des conséquences cumulées des diverses activités humaines, agricoles, urbaines et industrielles. Elle est absente des préoccupations du grand public et des médias, contrairement à celles de l'air et de l'eau, car il est difficile de conclure globalement à la gravité de cette forme de pollution vis-à-vis de la santé. Un sondage récent parmi les scientifiques a cependant indiqué que les craintes et les problèmes suscités par les trois types de pollution étaient d'égale ampleur en termes de conséquences sanitaires, environnementales et socio-économiques. Pour illustrer cette dernière rubrique, je renvoie à une publicité d'une grande firme de l'agrochimie, qui affirmait concevoir des plants susceptibles de pousser en sols pollués. C'était reconnaître le problème et promouvoir un type de solution.

Texte de la 290ᵉ conférence de l'Université de tous les savoirs donnée le 16 octobre 2000.

Mon propos est d'introduire, dans un premier temps, une représentation élémentaire de la structure d'un sol fertile, qui puisse servir pour comprendre certains problèmes de pollution et surtout mettre en lumière la difficulté qu'il y a à remédier à la pollution des sols. Il faut préciser que le problème est d'actualité en raison de l'épandage contrôlé des boues sur les sols agricoles, envisagé par certains comme une solution pour se débarrasser à faible coût des éléments indésirables contenus dans les déchets issus du traitement des eaux urbaines. Plus communément pratiqué est l'épandage des effluents d'élevage qualifiés opportunément de fertilisants.

Le terme de structure est employé ici pour décrire l'organisation du sol en agrégats. Lorsque l'on dégage à la pointe du couteau un volume du matériau sol observé, la plupart du temps ce volume se fragmente naturellement, en agrégats de formes et de tailles diverses. Ces agrégats, résultant de l'assemblage des particules entre elles selon des critères de forme et de particularité chimique, sont poreux et emboîtés les uns dans les autres à différents niveaux.

À l'échelle du micromètre (le millième de millimètre) ou en dessous, les argiles sont agrégées en raison de la présence de matières organiques et de cations multivalents tels que les ions calcium, magnésium et aluminium. Ces agglomérats sont cimentés entre eux ou reliés à des constituants plus gros comme les minéraux argileux, de fer, de calcaire et de silice. L'activité biologique joue un rôle important à ce niveau. L'ensemble peut avoir des consistances diverses et atteindre des dimensions de l'ordre du décimètre. Précisons tout de suite que si les machines agricoles peuvent labourer la terre et en briser les mottes, leur effet est nul au niveau des microagrégats caractérisés par des surfaces spécifiques très élevées, microagrégats qui sont responsables de la fertilité des sols. À ce niveau, des effets chimiques (échange d'ions), physiques (dessèchement, cycles de gels et de dégels) et biochimiques (micro-organismes) exercent un effet de remédiation sur des structures effondrées.

Pour schématiser, on peut dire qu'un sol fertile est un sol aéré doué d'une cohésion naturelle qui lui permet de résister à la battance des pluies et aux passages des machines agricoles. Par exemple, le lœss résiste bien à la battance et à l'écrasement dans les conditions assurant une perméabilité hydraulique normale, mais peut s'effondrer en présence de pluies extrêmement fortes, lorsque l'eau réussit à envahir la totalité des cavités. Plus spécifiquement, par des expériences simples de fragmentation contrôlée des agrégats du sol, on a démontré le rôle spécifique de la matière organique du sol. On a déterminé que l'extraction préalable de la matière organique donnait naissance à des agrégats friables, alors que l'extraction préalable de la seule matière inorganique ne modifiait que faiblement la cohésion des systèmes.

Dans un second temps, je présenterai deux schémas de pollution par les ions aluminium susceptible de se produire en sols acides. Pourquoi deux schémas ? En fait pour rendre compte de la diversité des phénomènes physico-chimiques induits sur des sols dont la texture et la composition sont extrêmement complexes. On verra donc d'abord comment se comporte un oxyde d'aluminium (le corindon) sous forme de poudre en suspension dans un milieu faiblement acide (pH 5) et en présence de substances humiques, constituant organique macromoléculaire, responsable de la cohésion des sols. Ensuite, on verra comment se comporte une argile, la kaolinite, dans les mêmes conditions. On retiendra que le premier constituant, sous la forme légèrement différente de gibbsite, peut se retrouver fortement imbriqué avec le second au sein des agrégats du sol. Finalement, je décrirai l'évolution des agglomérats pollués pour évoquer les problèmes multiples posés par la remédiation. Je citerai quelques exemples plus simples où les matériaux polymères utilisés comme additifs lors de l'irrigation exercent un effet préventif.

Structure du sol

Le citadin et le jardinier du week-end éprouvent sans doute la même difficulté à se forger une image de la structure d'un sol fertile, accueillant pour les racines des plantes et permettant un transfert aisé des nutriments et autres engrais. Osons l'approche suivante : imaginons que nous disposons d'un grand nombre de cubes que nous mettons en suspension dans un milieu liquide ayant la même densité que la matière solide pour éviter les problèmes liés à la sédimentation. Tous ces cubes vont diffuser dans le milieu liquide et se coller entre eux au hasard des collisions pour donner des agrégats de taille et morphologie variées. Lorsqu'à la fin de l'opération tous les agrégats ne forment plus qu'un agglomérat unique, que nous sortons du milieu, nous considérerons que cet agglomérat plus ou moins gonflé d'eau possède la structure d'un agglomérat du sol. On peut imaginer que l'insertion au sein de l'agglomérat d'un cube de dimension plus grande en lieu et place d'un agrégat de même dimension ne changera pas l'ordonnancement de l'édifice final. Ce mécanisme de formation d'agglomérat est connu pour générer des objets fractals. La photographie d'une fine tranche prélevée au sein de l'agglomérat fournit alors une image très proche de celle obtenue sur l'écran du jeu vidéo *Tetris* par un néophyte. L'empilement des pièces est très mal géré et l'ensemble est poreux. À l'inverse, un spécialiste du jeu obtiendra un empilement très compact quasi exempt de trous. Cette dernière image vaut pour le sol pollué. La pollution correspond donc à un processus qui dispserserait l'agglomérat en ses constituants initiaux, donnerait naissance à un empilement compact de cubes et générerait une très forte réduction de la surface interfaciale accessible.

Revenons donc au volume poreux ayant la structure d'un agglomérat fractal. La cohésion entre les différents cubes et agrégats résulte de la présence des substances humiques, certes à un taux relativement faible, de l'ordre de 4 %. Les acides humiques sont de grosses molécules organiques, les macromolécules. Pour fixer un ordre de grandeur, à nombre de molécules égal, le sel de cuisine pèserait environ 50 g, alors que l'acide humique pèserait entre 5 et 7 kilos. Si la matière organique est bien répartie au niveau des jonctions entre les cubes et les agrégats, la cohésion de l'agglomérat est parfaite. Contrairement à la cohésion rigide assurée par les liants inorganiques de faible poids moléculaire, la cohésion assurée par les acides humiques est de nature élastique en raison de la flexibilité du squelette macromoléculaire. En effet, le squelette hydrocarboné de la macromolécule peut être comparé à des chaînes d'arpenteur interconnectécs dont certains segments se déploient dans l'espace restant libre entre les cubes et d'autres, en contact avec le matériau solide, assurent la cohésion de l'ensemble. La flexibilité de cette connexion et l'élasticité de la chaîne permettent au système de mieux résister à une pression extérieure et de restaurer partiellement sa structure après compactage. Les mécanismes de fixation des segments au matériau solide sont divers, étant donné les diversités des groupes fonctionnels qui composent la macromolécule et des sites actifs en surface du matériau solide. Ils peuvent mettre en jeu des interactions de nature hydrophobe, correspondant à la faculté des microdomaines paraffiniques et aromatiques de la macromolécule de se combiner entre eux et aux sites non polaires du matériau solide. Ils peuvent mettre en jeu des interactions de nature électrique, correspondant à la faculté des systèmes chargés de charges nettes opposées de s'attirer et de se maintenir ensemble. D'autres types de forces peuvent intervenir à des degrés moindres.

Si au contraire la matière organique vient à manquer, un certain nombre de connexions seront faiblement adhésives ; il convient alors d'examiner la configuration d'un agglomérat issu de l'assemblage de deux agrégats et de déterminer les nombres de connexions établies simultanément entre eux. Si ce nombre est faible, l'agglomérat s'effondrera aisément sous la contrainte et redonnera naissance à deux agrégats. À l'inverse, si le nombre de connexions est élevé (il est au maximum de l'ordre de 18 pour deux agrégats de cubes agglomérés) l'agglomérat résistera d'autant mieux ou plus longtemps à une contrainte extérieure forte. Cette corrélation entre le taux de carbone organique et la stabilité des agrégats du sol a été établie par des chercheurs de l'INRA.

Si ce modèle élémentaire permet de se représenter aisément un agglomérat du sol, il est cependant loin d'intégrer toute la complexité de ces systèmes, que nous voulons ignorer ici.

Pollution des systèmes par les ions aluminium

Les sols fertiles constituent pour les racines un milieu accueillant, poreux et stable. Les liquides et les gaz y circulent facilement. Ils fournissent des surfaces spécifiques élevées permettant de bonnes teneurs en substances humiques, et des potentialités alimentaires fortes puisque ces substances sont capables de retenir les éléments nutritifs. En milieu neutre ou légèrement basique, les ions calcium et magnésium interagissent avec les matières organiques et inorganiques. En milieu acide, le cation aluminium trivalent devient structurant après élimination des autres types d'ions.

INTERACTIONS ENTRE ACIDES HUMIQUES ET IONS ALUMINIUM EN SOLUTION AQUEUSE ACIDE (PH 5)

La charge nette des hydrolysats d'aluminium dépend fortement de la concentration en ions aluminium et hydrogène. Dans les conditions de l'étude des systèmes à pH 5 et en milieu fortement dilué en ions aluminium, les ions trivalents sont majoritairement présents devant les monovalents et les divalents. Les substances humiques complexées sont donc porteuses de motifs divalents, monovalents, neutres ou négatifs, ces derniers résultant de la présence de groupes fonctionnels acide carboxylique dissocié. Il peut en résulter des interactions fortes intra- et intermoléculaires qui modifient fortement les caractéristiques conformationnelles de la macromolécule. Parallèlement, en induisant localement la formation de microdomaines hydrophobes supplémentaires, la complexation diminue la solubilité de la macromolécule. Les caractéristiques physico-chimiques des macromolécules sont donc fonction des concentrations relatives en ions aluminium et en acides humiques. Pour une concentration en ions aluminium donnée, la perturbation sera forte lorsque les substances humiques sont présentes à l'état de trace et faible en présence d'un excès d'acides humiques. Cependant, la concentration en acides humiques requise pour une bonne cohésion des sols n'est pas un paramètre susceptible de varier dans de grandes proportions et, généralement, il existe une concentration superficielle optimale.

INTERACTIONS ENTRE LES IONS ALUMINIUM ET LE CORINDON EN SUSPENSION AQUEUSE ACIDE

Sous ses différentes formes, l'aluminium entre pour près de 10 % dans la composition du sol. Dans nos expériences, le corindon a été utilisé sous forme de poudre de dimension moyenne égale à 1,6 micromètre, développant une surface de 3 m^2 par gramme de matière sèche. En milieu acide, le corindon est très faiblement soluble et développe en surface des sites porteurs d'ions aluminium fortement hydratés chargés positivement, pour lesquels la densité de surface peut être dérivée de la mobilité des particules en présence d'un champ électrique. L'environnement du corindon est de ce fait constamment pollué par des ions aluminium. Sa surface présente une analogie chimique avec certaines facettes d'argile comme la kaolinite et la gibbsite.

INTERACTIONS ENTRE LES IONS ALUMINIUM ET LA KAOLINITE EN SUSPENSION AQUEUSE ACIDE

La kaolinite est une des argiles assurant dans les sols la cohésion entre constituants de taille plus importante, grâce au colmatage établi au niveau de la jonction. La déstabilisation de ce colmatage induit donc l'effondrement de l'ensemble de l'agglomérat. La kaolinite n'est pas soluble en sol acide mais adsorbe en surface les ions aluminium issus de l'environnement acide. Cette adsorption d'ions aluminium induit des interactions très fortes avec les substances humiques et il en résulte des couches organiques interfaciales dont l'épaisseur et la densité sont fonction des doses respectives en substances organiques, en argile et en ions aluminium.

SYSTÈMES TERNAIRES

Les résultats obtenus à partir de nos investigations sur les deux systèmes, corindon et kaolinite, ont mis en évidence deux types d'interactions majeures.

Dans le cas du corindon, tout se passe comme si les interactions de nature électrique entre la surface et la matière organique ne jouaient aucun rôle. En effet, avec le temps, la distribution initialement aléatoire des différents sites chargés et neutres au sein de la macromolécule est modifiée au bénéfice d'une distribution ségrégée des mêmes sites. Si la distribution aléatoire est favorable à la formation de liens intermoléculaires et partant permet l'agrégation des systèmes, la ségrégation qui fait que les chaînons hydrophobes de la macromolécule se rapprochent des sites hydrophobes de la surface favorise la fragmentation des agrégats. Le sens inattendu du transfert qui, en fait, rapproche certains groupements chargés positivement de la macromolécule des groupes positifs résiduels de la surface, s'explique cependant si l'on se rappelle que les sites positifs sont également hydrophobes. C'est cet effet qui l'emporte finalement, car les interactions fortes entre les ions aluminium de la surface et les acides carboxyliques des substances humiques des chaînons voisins génèrent des paires d'ions déshydratées. L'état d'équilibre final qui suppose l'existence d'une ségrégation des sites hydrophobes et hydrophiles, les premiers se concentrant au niveau de l'interface, les seconds étant repoussés au loin vers l'extérieur de la couche, se traduit donc par une dispersion totale des agrégats en leurs composants.

Dans le cas de la kaolinite, les ions aluminium chargés positivement et adsorbés en surface ne subissent pas de complexation et gardent donc leur eau d'hydratation. Au niveau des substances humiques, ils induisent donc un effet répulsif vis-à-vis des chaînons positifs et attractif vis-à-vis des chaînons négatifs. À l'état d'équilibre, les sites négatifs se concentrent au niveau de la paroi, les sites positifs sont repoussés au loin vers l'extérieur de la couche organique.

La pollution par les ions aluminium produit donc des couches organiques interfaciales dont la structure électrochimique d'équilibre est imposée par la paroi inorganique. Quel que soit le type de ségrégation finale, la migration lente des ions au sein de la couche est susceptible d'enclencher le processus de fragmentation d'agrégats et de provoquer *in fine* l'effondrement des structures. La fragmentation des agrégats résulte de la répulsion induite entre sites hydrophiles, d'une part, chargés positivement, situés dans la zone externe de la couche organique d'autre part.

Nous ne savons pas grand-chose des vitesses de transfert des ions si ce n'est que ces transferts s'accompagnent d'une certaine reconformation de la macromolécule et qu'ils limitent la vitesse de fragmentation des agglomérats. Dans une expérience *in vitro*, on peut déterminer à chaque instant la distribution en masse des agrégats et fragments. De la fréquence en masse des agrégats de plus grandes masses analysée sur la base de modèles théoriques, on obtient des informations sur le mécanisme des processus de rupture. Lorsque la fragmentation résulte de la ségrégation entre groupements chargés électriquement, elle est irréversible : un fragment détaché d'un agrégat ne va plus se combiner à un autre fragment, du fait de la grande portée des interactions électriques de nature répulsive existant entre les groupes positifs situés en périphérie. À l'inverse, lorsque la fragmentation résulte de la ségrégation entre groupes hydrophiles et hydrophobes, elle n'est pas irréversible : un fragment pourra se combiner à nouveau à un autre fragment lors d'une collision, en raison de la très faible portée des interactions. Le résultat est que la vitesse de la décroissance des masses est plus faible dans le deuxième cas que dans le premier. Des expériences effectuées sur les deux types de colloïdes, corindon et kaolinite, ont montré que la dispersion totale des agrégats en suspension aqueuse nécessite plusieurs semaines. On n'a aucune indication sur la vitesse d'effondrement de sols agricoles acides.

Les effets de la pollution ont été mis en évidence sur des systèmes simples et il est impossible d'en prévoir les effets sur un système un peu plus complexe qui serait constitué d'un mélange de corindon et de kaolinite. Pour que la cohésion de l'ensemble soit réalisée, les connexions doivent être établies entre les différents types de parois.

REMÉDIATION

J'ai tenu à citer les effets de la pollution induite sur deux systèmes par les ions aluminium. Il est évident que porter remède à l'un ou l'autre de ces deux systèmes nécessite la mise en œuvre de méthodes appropriées. Parmi les techniques déjà mises en œuvre on peut citer l'épandage de chaux et de magnésium sur les sols acides pour induire un échange d'ions. L'opération n'est pas triviale et le résultat n'est pas garanti dans la mesure où les vitesses d'échange et les paramètres de l'équilibre ionique sont fortement dépendants de la nature hydrophile ou hydrophobe de l'environnement du ligand. Comme alternative, on pourrait proposer d'incorporer à l'eau d'irrigation des substances humiques complexées par du calcium ou du magnésium. À ce jour, je n'oserai en privilégier aucune dans la mesure où je suis incapable d'en prévoir les effets à moyen et à long terme. Cela revient à privilégier la prévention.

Des solutions ont été proposées pour contrer l'érosion des sols résultant d'un manque de matières organiques, ce qui constitue le cas le plus simple. Il a été démontré que le polyacrylamide, un polymère de synthèse utilisé dans certains procédés de forage pour contrôler notamment l'extraction des boues, présente un intérêt évident. En effet, l'adsorption du polymère sur les grains du sol renforce la cohésion des agrégats. On a observé que les eaux de ruissellement s'écoulant dans les sillons traités sont limpides et que les sols résistent plus longtemps à la battance. L'application de polyacrylamide n'a cependant pas été immédiatement couronnée de succès. En effet, les premiers essais effectués dans les années 1960 se sont soldés par des échecs car on n'a pas su doser le polymère, du fait que l'on ignorait les différents modes d'action de ces matériaux. Plus récemment donc, en raison du progrès des connaissances dans le domaine de l'agrégation et de la fragmentation induites par polymère, ces problèmes particuliers du dosage et du mode d'application ont été résolus. Des études *in vitro* peuvent valablement fournir les informations pouvant conduire à une application sur champs et le procédé est appliqué notamment aux États-Unis. Il faut dire que le curage des étangs, canaux et rivières résultant de l'érosion des sols a un coût certain.

L'application de substances organiques naturelles et éventuellement de polymère de synthèse peut avoir un effet bénéfique sur les terres agricoles soumises à une culture intensive et à des traitements par herbicides et pesticides renouvelés. Il est à redouter que seule une fertilisation acquise par des apports d'engrais en quantités de plus en plus importantes permette de multiplier les récoltes, lorsque par manque de substances organiques, la fertilité naturelle du sol régresse. Par ailleurs, il est connu que la culture en serre bénéficie déjà de ce type de traitement par des substances humiques solubles extraites de déchets végétaux.

Reste donc entier le problème des sols agricoles pollués par des substances diverses. Dans ce cas, en l'état actuel des connaissances, créer des plants susceptibles de croître dans les sols pollués reste une alternative audacieuse.

Pour terminer mon intervention, je voudrais souligner que je n'ai pas parlé des sites contaminés par des substances comme les hydrocarbures et les solvants chlorés, qui méritent une attention particulière en raison du nombre de sites contaminés. Les techniques de remédiation employées à ce jour comme l'injection d'agents tensioactifs pour déplacer le polluant, ne permettent de traiter *in situ* que des zones de dimensions restreintes. Il n'est pas évident que cette méthode de nettoyage donnera naissance à des sols structurés et fertiles qui resserviront un jour à l'agriculture.

Bruit et nuisances sonores d'aujourd'hui, qualité sonore de demain ?

par Jean-Claude Serrero

Le bruit est étroitement lié aux activités anthropiques. Pour s'en convaincre il suffit de constater comment l'étalement urbain, périurbain, et la demande de mobilité se développent au fil des années. Les derniers refuges de silence (espaces désertiques, montagneux ou maritimes) sont peu à peu envahis par les bruits de la civilisation dite moderne (portables, hélicoptères, scooters des mers...).

Face à cette situation préoccupante dénoncée par de nombreuses enquêtes, les pouvoirs publics ont pris en charge le problème en édictant une réglementation fort détaillée et en prenant de nombreuses mesures pour réduire les effets du bruit. La quantification du bruit (les décibels) est l'approche privilégiée des pouvoirs publics. Elle exclut les aspects qualitatifs pourtant déterminants dans la gêne ressentie. Par ailleurs, les mesures prises sont coûteuses et d'une efficacité limitée. Elles conduisent à des frustrations, des mécontentements, voire des inégalités difficiles à atténuer ou à supprimer.

Des progrès ont néanmoins été réalisés au niveau de la réduction du bruit à la source (trains, automobiles, avions, engins de chantier...) sur les lieux de travail et dans les bâtiments au niveau de la propagation (tunnels, écrans acoustiques, coffrages) et de la réception (casques antibruit, protecteurs d'oreille). La suppression des situations sonores inadmissibles entraînant des atteintes physiques et touchant des populations dites sensibles (jeunes enfants, personnes du troisième âge, personnes exposées au bruit professionnellement) est certes l'objectif principal qui doit être maintenu.

Texte de la 291ᵉ conférence de l'Université de tous les savoirs donnée le 17 octobre 2000.

La qualité sonore, difficile à caractériser, devient progressivement accessible grâce à de nombreux travaux de recherche interdisciplinaires. Préserver un environnement sonore de qualité tout en poursuivant la réduction quantitative des bruits, tel est l'objectif à long terme des pouvoirs publics.

Qu'est-ce que le bruit ?

La notion de bruit est complexe. De multiples définitions plus ou moins satisfaisantes ont été énoncées. Voici trois définitions. Pour l'*Encyclopaedia Universalis*, « le bruit est un son complexe caractérisé par un spectre de fréquence continue ou par l'instabilité d'une composante. Du point de vue physiologique, le bruit est un son désagréable et gênant. Un son agréable peut toutefois devenir dangereux pour l'oreille s'il est trop intense » ; l'Organisation internationale de la normalisation (ISO) décrit le bruit comme « un phénomène acoustique produisant une sensation auditive considérée comme gênante et désagréable ».

Le signal physique est reçu par un capteur, l'oreille. Une étude de l'oreille « standard » va permettre de fonder l'acoustique physique objective, reproductible. Là s'arrête la compétence de l'acousticien. Ce signal sera discrétisé, codé, puis transmis au cortex via le nerf auditif. Cette perception sera enfin analysée en réseau par d'autres aires cérébrales pour conduire à la sensation auditive (ici interviennent notamment mémoire, donc acquis et environnement socioculturel). C'est une notion subjective, ce qui constitue la difficulté majeure pour sa réglementation.

Revenons au signal physique émis : le bruit est une combinaison aléatoire de sons. Rappelons les notions fondamentales d'acoustique physique et physiologique attachées au son : fréquence — hauteur, intensité — sonie, et durée — durée effective d'exposition.

FRÉQUENCE – HAUTEUR

Le nombre de variations de pression par unité de temps est appelé fréquence, laquelle s'exprime en Hertz (Hz) du nom du physicien allemand H. R. Hertz (1857-1894). Lorsqu'un son périodique a une fréquence unique, on l'appelle « son pur ». Il y a des sons complexes périodiques : le timbre du « do » de la clarinette n'est pas celui du hautbois. Dans la réalité, nous sommes souvent en présence d'une combinaison des sons complexes non périodiques et aléatoires constituant un bruit « à large bande ». Le bruit blanc en est un exemple dans lequel l'énergie sonore est également répartie sur toutes les fréquences (bruit de cascade par exemple).

À la fréquence est associée la caractéristique sensorielle de « hauteur » pour laquelle les psychoacousticiens ont construit des modèles. Les recherches se sont orientées dans deux directions : l'analyse du timbre (travaux de l'IRCAM et du CNRS/LMA) et le codage des fréquences avec les travaux du physiologiste hongrois von Bekesy, prix Nobel en 1961 (pour le codage tonotopique) et ceux de l'équipe dirigée par le professeur Rose (codage temporel). Tous ces modèles font l'objet de controverses dans la mesure où la notion de hauteur d'un bruit est délicate et fait appel aux compétences de plusieurs disciplines (physiciens, acousticiens, physiologistes, neurobiologistes).

L'ensemble des fréquences audibles, depuis les sons graves jusqu'aux plus aigus, constitue le champ auditif tonal (en moyenne de 40 Hz à 16 000 Hz ; il s'étend sur 9 octaves). Les limites de la voix humaine sont, à titre d'exemple, 80 Hz pour les basses extrêmes et 1 150 Hz pour les sopranos. La limite supérieure décroît avec l'âge ; ce phénomène a été nommé presbyacousie.

La capacité de différencier deux fréquences distinctes voisines s'appelle la résolution fréquentielle. Elle présente des différences interindividuelles importantes liées à l'inné et à l'acquis. Elle est caractérisée par le seuil différentiel relatif (N1 – N2)/N2, N2 étant le plus grave des deux sons (sa valeur est d'environ 3 pour 1 000 dans le domaine de fréquences compris entre 500 et 4 000 Hz). Georges Canevet a montré que les seuils différentiels pour un échantillon de 107 personnes testées, présentaient une valeur moyenne de 10 Hz pour la fréquence 1 000 Hz.

Une telle sensibilité permet de distinguer près de 1 800 sons de hauteurs différentes sur les neuf octaves du champ audible. S'agissant des sons complexes, la notion de hauteur existe dans certains cas particuliers. Par exemple, pour un bruit à spectre de faible largeur (quelques Hz), la hauteur perçue est celle de la fréquence centrale, comme si elle était seule présente et modulée en amplitude.

Mais la hauteur d'un son ne dépend pas que de sa fréquence ; elle peut, sous certaines conditions, être modifiée par des variations d'intensité. Par exemple, s'agissant des sons purs, un accroissement d'intensité élève leur hauteur si leur fréquence est supérieure à 3 000 Hz et l'abaisse si leur fréquence est inférieure à 2 000 Hz. Elle est dépendante des réflexions et diffractions provoquées par la morphologie (pavillon, tête, épaules, torse) et par la présence des deux canaux d'entrée que sont nos deux oreilles (l'écoute binaurale permettant l'identification spatiale des bruits et une directivité approximative très loin derrière celle du chat).

La hauteur fait l'objet de nombreuses recherches sur la qualité sonore des produits (design sonore) qui ont conduit à définir de multiples indices (rugosité, acuité, stridence, tonalité, « pitch »).

Loin d'être normalisés au plan international, ces indices constituent des outils performants, par exemple pour l'industrie automobile dans le cadre du confort acoustique. Le mesurage d'une
situation sonore à l'aide d'un microphone standard ayant une
réponse linéaire indépendante de la fréquence pour toutes les directions d'incidence, est donc une représentation pauvre du signal
perçu.

INTENSITÉ — SONIE

Le descripteur de base d'un son est la surpression acoustique
p. La plus petite surpression perçue p_0 a pour valeur $2\ 10^{-5}$ Pa, c'est
le seuil absolu de l'audition. Elle est inférieure au milliardième de
la pression atmosphérique.

L'intensité acoustique correspondante I_0 ayant pour valeur
10^{-12} W/m² est prise, par convention, comme référence. À cette
intensité liminaire, les déplacements du tympan sont de l'ordre du
diamètre d'un atome d'hydrogène. Ce constat révèle l'extrême
finesse et sensibilité de notre ouïe !

Le seuil différentiel relatif d'intensité acoustique $(I_1 - I_2)/I^2$ est
sensiblement constant (valeur comprise entre 0,15 et 0,20) aux
intensités et fréquences moyennes. Il indique qu'un accroissement
de 15 à 20 % de l'intensité acoustique d'un son pur est nécessaire
pour être perçu par le système auditif. Cette constance du seuil différentiel relatif accrédite la loi de Weber-Fechner (la sensation est
proportionnelle au logarithme de l'excitation) et a permis ainsi
d'élaborer l'échelle logarithmique des sons. Si l'intensité est dix fois
plus grande que cette intensité liminaire I_0, on dit que le niveau
d'intensité est de 1 bel ou 10 décibels ; lorsqu'elle est un million de
fois plus grande que I_0 on obtient un niveau de 60 dB, ce qui
correspond au niveau d'une conversation normale.

La question principale est comment le stimulus physique est
corrélé avec la sensation d'une part, la gêne d'autre part. L'approche la plus utilisée consiste à appliquer au spectre fréquentiel d'un
signal, une pondération avant le calcul du niveau sonore. Comment
les pondérations ont-elles été définies ? Elles sont issues des nombreuses expériences psychoacoustiques d'après lesquelles ont été
établies les courbes d'égale sensation sonore ou courbes isosoniques
(valables seulement pour les sons purs ; voir *figure 1*). Elles correspondent à des signaux faibles, moyens et forts ayant pour niveaux
respectifs 40 dBA, 70 dBB, 100 dBC. La réglementation utilise principalement la pondération A car elle est mieux corrélée à la gêne
ressentie. Les courbes isosoniques font apparaître que l'oreille est
moins sensible au bruit ayant des fréquences en dessous de 300 Hz.
Elles ont tendance à converger quand la fréquence décroît. Elles
démontrent donc que l'oreille est un capteur non linéaire.

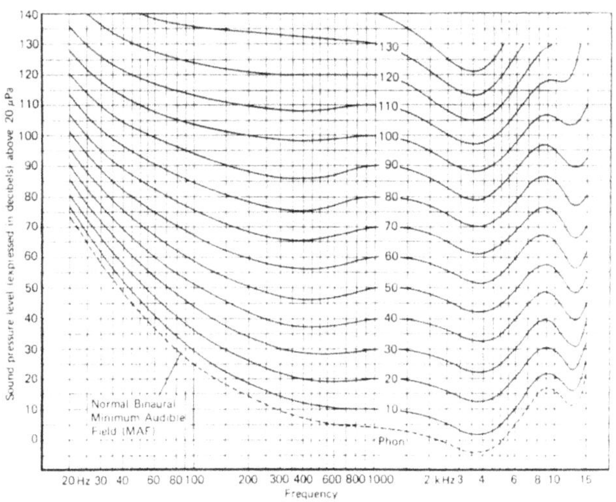

*Figure 1 – Réseau de courbes d'égale sensation sonore conçu
par Flechter et Munson.*

La sonie étant la traduction sensorielle de l'intensité acoustique d'un bruit, est principalement fonction du niveau acoustique, du spectre du bruit, de sa durée mais aussi de la présence fréquente dans notre environnement d'un bruit ambiant créant un effet de masque partiel.

La caractérisation de la sonie a fait l'objet de procédures standardisées et normalisées (ISO 532 A et B) définies par Zwicker et Stevens. Elles concernent principalement les bruits stationnaires et diffèrent par l'introduction ou non des effets de masque. Dans le cas des bruits non stationnaires, ces deux auteurs ont proposé d'autres méthodes introduisant les caractéristiques temporelles. En effet, pour percevoir la sonie globale, il est nécessaire que la durée du bruit soit plus longue que le temps d'intégration de l'oreille. Or, ce temps d'intégration est compris entre 25 et 250 ms dépendant de nombreux paramètres difficilement mesurables ; une valeur voisine de 125 ms est l'ordre de grandeur retenu.

DURÉE — DURÉE D'EXPOSITION

Précédemment, seules les ambiances sonores sans fluctuations ont été présentées. La prise en compte de la durée d'un bruit est récente. En effet, l'évaluation de la dynamique d'un bruit (variation maximale du niveau sonore en un temps donné) est difficile à intégrer dans l'expression d'une mesure exprimée en dBA, sachant que la gêne est une fonction croissante de cette dynamique. Pour évaluer la gêne par rapport au bruit du trafic routier, un nouvel indice appelé Leq (niveau équivalent) a été défini dans les années 1970. Il est basé sur la moyenne de l'intensité acoustique mesurée pendant une durée déterminée.

En revanche, pour les autres types de bruit (bruits impulsionnels, intermittents) ou pour des situations avec plusieurs sources de nature différente (avions et trafic routier), le Leq est inadapté.

Plusieurs méthodes plus ou moins sophistiquées selon la nature et le type de bruits étudiés ont été élaborées pour évaluer la gêne ou la nocivité d'un bruit. P. Lienard en a dénombré plus de 60 ; ce qui montre qu'aucune d'entre elles n'est totalement satisfaisante. L'une des plus récentes a été développée par Schomer (LLSEL : *Loudness Level weighted Sound Exposure Level*, noté L_L). Elle introduit la durée d'intégration de l'oreille dans le calcul et utilise un filtre dynamique variant en fonction de l'intensité et de la fréquence, alors que les méthodes « normalisées » s'appuient sur un filtre variant seulement selon la fréquence (pondération A). Les résultats obtenus à partir de plusieurs bruits d'environnement (bruits de trafic routier, trains, avions, et quatre types de bruit d'armes à feu) semblent encourageants car les évaluations sont plus satisfaisantes que celles des méthodes basées sur ISO 532.

Fonctionnement de l'oreille et mécanismes de la perception auditive

Il s'agit de rappeler succinctement les grandes lignes présidant au fonctionnement de l'oreille. L'audition n'est pas la seule fonction de l'oreille puisque l'appareil vestibulaire faisant partie de l'oreille interne joue un rôle dans l'équilibration.

Aux phénomènes physique (stimulus précédemment décrit), physiologique (transformation des vibrations en influx nerveux) et psychique (sensation) correspondent des structures anatomiques différenciées. Nous renvoyons le lecteur pour ce qui est de l'aspect descriptif des structures anatomiques de l'oreille, aux ouvrages mentionnés dans les références bibliographiques. Toutefois, une vue d'ensemble sur les mécanismes de l'audition permettra de mieux comprendre la relation « stimulus-sensation ».

Lorsqu'un bruit parvient à l'oreille, le tympan vibre sous l'effet de la pression acoustique ; les vibrations par l'intermédiaire de la chaîne des osselets sont transmises à la fenêtre ovale, cette dernière transmettant les vibrations au liquide labyrinthique contenu dans la cochlée ; le phénomène vibratoire ainsi créé met en mouvement la membrane basilaire qui stimule l'organe de Corti (sommairement les vibrations stimulent les cellules ciliées dites internes et externes réparties de part et d'autre des piliers de Corti ; l'influx nerveux généré par l'excitation des cellules ciliées parcourt les fibres du nerf auditif, ces dernières transmettant l'information aux centres nerveux implantés dans le cerveau) *(Fig. 2)*.

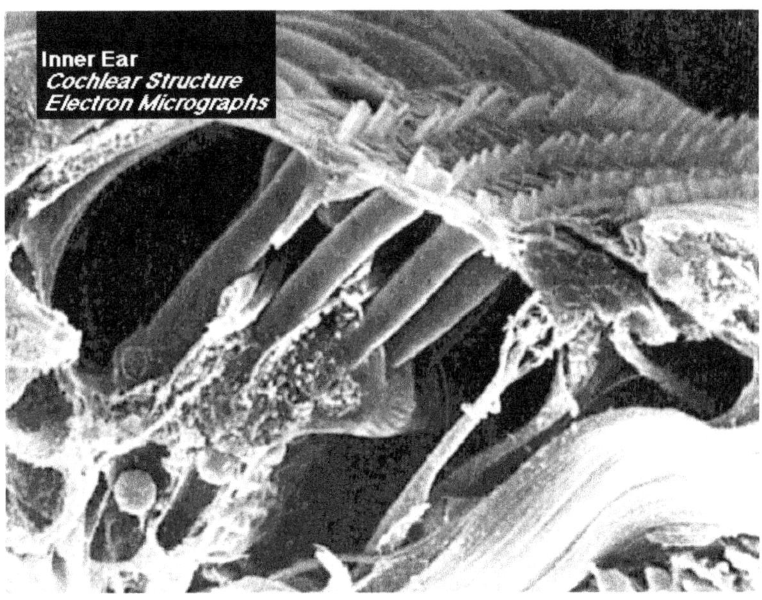

*Figure 2 – Image au microscope électronique de l'Organe de Corti
(source : Université du Wisconsin).*

Le parcours de l'énergie acoustique du milieu aérien au milieu liquide en passant par le milieu solide montre comment se « transforme mécaniquement » l'information, de l'oreille externe vers l'oreille interne.

Du côté du cerveau, la doctrine de la localisation fonctionnelle (aire auditive spécifique) est dépassée. De nouvelles expériences démontrent que le cerveau associe et combine à une vitesse extraordinaire toutes les données sensorielles par un travail en réseau. La complexité et le travail du fonctionnement cérébral sont loin d'être élucidés. Les différentes études sur les mécanismes de la mémoire auditive ont fourni des résultats insuffisants ; elles ont cependant révélé l'importance des différents types de mémoires auditives dans l'interprétation des sons. Beaucoup d'interrogations demeurent sur le plan fonctionnel de l'oreille et sur les mécanismes de la perception auditive, notamment ses interactions avec les autres fonctions sensorielles (vision, odorat, sens de l'équilibre).

Le bruit, nuisance dénoncée

Le bruit a toujours été ressenti comme une nuisance majeure de plus en plus dénoncée, surtout par les habitants des villes. Les enquêtes ou études sur ce sujet sont nombreuses, la plus récente concerne la gêne des riverains d'Orly et de Roissy. Plus de la moitié des ménages résidant en zone urbaine dénonce cette nuisance comme insupportable et dégradant leur qualité de vie (enquête INSEE, janvier 1996).

De plus, il convient d'être attentif aux manifestations localisées, revendicatives voire contestataires contre le bruit du périphérique de Paris (habitants de Bagnolet), l'ouverture de nouvelles pistes à Roissy ou l'implantation de la société DHL à Strasbourg. Elles témoignent d'une prise de conscience collective des questions environnementales.

Le bruit des transports est la principale nuisance perçue par les citadins ; les autres bruits (bruits de voisinage et bruits d'activités diverses) viennent en second lieu.

Les notions de nuisance et de gêne sont souvent associées. Celle de la gêne acoustique a été bien souvent galvaudée, déformée, « mal traitée », médiatisée. Malgré les outils d'aujourd'hui, son évaluation scientifique, sociologique, monétaire reste imprécise voire impossible, notamment en raison de nombreux paramètres individuels et interindividuels entrant en jeu (niveau social, appartenance culturelle, état physique et psychique…). La gêne est une sensation psychologique et devient potentiellement néfaste à la santé lorsque les niveaux sonores sont supérieurs ou égaux à 85 dBA. En deçà, les avis des spécialistes sont partagés ; pour des niveaux inférieurs à un Leq de 65 dBA, une gêne peut apparaître sans pourtant nuire à la santé. Ainsi, la gêne n'est pas seulement fonction du niveau sonore, comme le laisse supposer une simple lecture des textes réglementaires.

Au plan qualitatif, il faut associer à la gêne exprimée verbalement, la gêne comportementale dont les indicateurs les plus courants sont la surconsommation de médicaments contre l'insomnie ou le stress, la sous-utilisation d'un espace extérieur privatif, l'habitude de dormir fenêtre fermée en toute saison. L'appréciation de la gêne globale doit donc tenir compte de ces différents types de comportements.

La réglementation

L'État doit définir, par la loi et ses textes d'application, les grands axes de la politique du bruit tout en se conformant aux directives européennes relatives à ce domaine.

La complexité (hétérogénéité des textes existants) et les lacunes du dispositif législatif et réglementaire ont conduit les pouvoirs publics à réorganiser tout le cadre juridique autour de la loi n° 92-1444 du 31 décembre 1992 relative à la lutte contre le bruit. Il serait ambitieux de présenter ce cadre juridique en détail sachant que l'ensemble des textes constitue un recueil du *Journal officiel* de plus de 600 pages (recueil n° 1383).

Deux domaines seront traités ici : l'urbanisme et la construction ; le transport routier. Bien entendu, ce choix arbitraire ne signifie pas que le bruit des trains et des avions, des activités industrielles (installations classées) ou celui des loisirs soient considérés comme mineurs et peu réglementés.

L'URBANISME ET LA CONSTRUCTION

Entre politique de l'aménagement du territoire et maîtrise du bruit, une relation s'est progressivement établie dans la mentalité des décideurs. Au début des années 1960, l'urbanisme et la construction ignoraient le problème du bruit. Depuis, la prévention des nuisances sonores est inscrite dans le code de l'urbanisme au niveau du **POS**. La nouvelle réglementation impose en façade des immeubles des niveaux de 60 dBA de jour et 55 dBA de nuit. L'étude acoustique du site doit prendre en compte l'urbanisme de la zone, les espaces libres et les bâtiments mais aussi doit répertorier les principales sources de bruit. Lorsqu'il s'agit d'un aménagement important (lignes de TGV, autoroutes, pistes d'aéroports) la concertation s'avère indispensable pour la qualité du projet. Des procédures de concertation du public existent mais elles sont trop récentes pour juger de leur efficacité.

La réglementation sur le logement neuf a été entièrement révisée avec la NRA (Nouvelle réglementation acoustique), applicable depuis le 1er janvier 1996. Elle conduit à obtenir des gains de 3 à 9 dBA selon la nature des bruits (aériens, impacts). Elle a pour but d'améliorer le confort acoustique des logements en imposant, à partir des nouveaux seuils réglementaires, une obligation de résultat favorisant l'innovation technologique. La réglementation européenne imposant une obligation de moyens, une nouvelle adaptation de la réglementation française sera nécessaire pour prendre en compte les nouveaux indices européens. D'une manière générale, les professionnels du bâtiment ont anticipé la réforme et ont su développer des outils de prévision pour optimiser les solutions techniques. Cependant subsiste une difficulté, celle de l'imprécision des mesures *in situ* qui pénalise, selon les cas, la mise en œuvre ou les performances acoustiques d'un produit.

LE TRANSPORT ROUTIER

Le rapport établi à la demande du Premier ministre, par le député Bernard Serrou (1995), intitulé « La protection des riverains contre le bruit des transports terrestres », a évalué à 7 millions le nombre de Français exposés à un Leq supérieur à 65 dBA. Cette estimation a été réalisée à partir de l'inventaire des « points noirs » routiers et ferroviaires. Or, un « point noir » se situant en zone interurbaine, l'estimation exclut donc le bruit de la circulation en zone urbaine qui touche une importante proportion de citadins.

Pour réduire l'impact de l'exposition au bruit de la circulation, les compétences sont mobilisées autour de trois mesures : la réduction à la source, le traitement du contact pneumatique/chaussée et la maîtrise de la circulation. Toutefois, il faut remarquer que les décisions, loin d'être coordonnées dans le temps, ne favorisent pas à long terme un environnement sonore de qualité.

L'évolution défavorable du trafic en volume (en trente ans la mobilité des Français a quadruplé) et de sa composition contrarie fortement les progrès réalisés par les constructeurs depuis trente ans sur les émissions sonores des véhicules. En effet, les niveaux de bruit admissibles par type de véhicules sont régis par une directive européenne révisée à peu près tous les deux ans. Ainsi, entre 1970 et 1995, les niveaux de bruit des véhicules légers ont été abaissés de 82 dBA à 74 dBA, soit une réduction de 8 dBA ; pour les poids lourds, cette réduction a été de 11 dBA. Mais elle ne s'est pas traduite par une diminution équivalente du bruit mesuré en ville. Les performances acoustiques du véhicule électrique sont bien meilleures. Le développement de ce type de véhicule est tributaire des progrès techniques nécessaires pour améliorer l'autonomie. L'attitude des pouvoirs publics peut favoriser son essor par une réglementation (la loi sur l'air exige que les collectivités achètent 20 % de véhicules « propres » lors du renouvellement de leur parc automobile).

Le bruit de contact pneumatique/chaussée est dominant dans le bruit global émis par les véhicules ayant une vitesse de plus de 60 km/h ; il devient gênant surtout en période nocturne. Ce bruit est non réglementé mais de nombreuses recherches sont menées sur les pneumatiques (gomme, dessin, dimension) et sur les chaussées (granulométrie, absorption acoustique, porosité). Un gain de 5 à 6 dBA est envisageable avec l'emploi de revêtements de chaussée appropriés. La publicité faite sur les enrobés drainants est justifiée si le vieillissement des performances acoustiques par le colmatage est pris en compte.

La maîtrise de la circulation est basée essentiellement sur des mesures agissant sur le débit (nombre de véhicules/heure), la nature du trafic (proportion de poids lourds), la vitesse et la fluidité. Les actions sur le débit dépendent de plusieurs facteurs (dont le comportement humain), mais certaines ont été positives pour la réduction du bruit : plans de circulation judicieux avec cloisonnement du centre-ville (Strasbourg), incitation à l'emploi de véhicules utilitaires électriques, péages urbains, développement des transports publics.

Au plan européen, les directives sur le bruit sont nombreuses ; la dernière en cours de discussion vise le bruit ambiant et va modifier, à terme, l'ambiance sonore de nos villes par la mise en œuvre de plusieurs actions : indicateurs nouveaux, cartes de bruit, information et sensibilisation du public, observatoires.

Conclusion

Si le bruit est manifestation de vie, il constitue une des nuisances des pays développés. En Europe, plus de 25 % de la population est exposée à des niveaux de bruit supérieurs à 60 dBA. Faut-il accepter une telle situation même si le mal-être psychique engendré par le bruit sur des populations sensibles comme les personnes âgées ou les jeunes enfants n'est pas totalement démontré par des études épidémiologiques ?

Les pouvoirs publics ont choisi la voie de la réglementation, encore faut-il s'assurer de l'application des textes, or c'est loin d'être le cas. Les approches quantitatives de la réglementation restent naturellement les plus séduisantes. La future directive européenne relative au bruit ambiant en est un bel exemple. Il est encore trop tôt pour que des objectifs qualitatifs soient énoncés par les responsables publics. Quelques sites pilotes font l'objet de recherches expérimentales en Espagne, en Allemagne et en France, intégrant des objectifs de qualité sonore dans la construction ou la réhabilitation d'espaces publics. Néanmoins, il revient à chacun de nous d'être maître de nos propres bruits par des comportements responsables et par l'usage de produits ayant un design sonore reconnu et apprécié.

Dans le contexte actuel de la « mobilité durable », les nuisances sonores urbaines font partie intégrante de la réflexion, au même titre que les déchets automobiles, les encombrements, la consommation d'énergie, la pollution atmosphérique. Une volonté politique déterminée et une éducation du comportement de chacun construiront un environnement urbain de qualité pour les générations futures.

Je tiens à remercier l'équipe du CIDB animée par Alice Debonnet, Jacques Delcambre (ex-vice-président de la Société française d'acoustique) et Jean-Pierre Noiselet pour l'aide précieuse qu'ils ont apportée à l'élaboration de cet article.

RÉFÉRENCES

– ARIEL (A.), BARDE (J.-Ph.), *Le temps du bruit*, Paris, Flammarion, 1973.
– MAC ADAMS (S.), BIGAND (E.), *Penser les sons — psychologie cognitive de l'audition*, Paris, PUF, 1994.
– AMPHOUX (P.), *L'identité sonore des villes européennes* (2 tomes), Grenoble, CRESSON – IREC, 1993.
– BEAUMONT (J.), BARLET (A.), LOUWERSE (Ch.), SEMIDOR (C.), *Characterization of Urban Areas Acoustical Comfort*, ICA Seattle, 1998.
– LIENARD (P.), *Décibels et indices du bruit*, Paris, Masson, 1978.
– ZWICKER (E.) et FELDTKELLER (R.), *Psychoacoustique : l'oreille récepteur d'information*, Paris, Masson, 1981.
– SCHOMER (P.), CHOMER (Y.) SUZUKI (F.) et SAITO (F.), « A comparaison between the use of loudness level weighting and loudness measures to assess environmental noise from combined sources », *Internoise*, 2000.
– DUBOIS (D.), « Categories as acts of meaning : the case of categories in olfaction and audition », *Cognitive Science Quarterly*, 2000, p. 35-68.
– SCHULTE-FORTKAMP (B.), « Exploring the impact of soundscapes on noise annoyance », *Internoise*, 2000, p. 2269-2272.
– GRIBENSKI (A.), *L'audition*, Paris, PUF, coll. Que sais je.

Chimie polluante, chimie non polluante, chimie dépolluante

<hr>

par Guy Ourisson

Au fond, j'aurais dû proposer un autre titre : « Chimie noire, chimie rouge, chimie blanche, chimie verte, chimie rose ». Et c'est bien ainsi que je vais traiter mon sujet.

Je suis à la fin d'une carrière de chimiste, que j'ai été heureux de pouvoir mener à bien. J'ai passé toute mon enfance dans une usine de produits chimiques, à Thann, dans le sud de l'Alsace, où mes camarades et moi jouions dans les ateliers de fabrication, insouciants des odeurs de chlore, d'acide chlorhydrique ou d'anhydride sulfureux. Les énormes charpentes centenaires des chambres de plomb, édifiées avec le concours de M. de Gay-Lussac, faisaient d'admirables cadres pour des parties de cache-cache. Quand j'ai été élu à la présidence de l'Académie des sciences, le magazine *Marianne* a publié un écho disant que cette élection avait donné des boutons à certains membres du cabinet de Mme Voynet, parce que j'étais considéré comme « un croisé de la chimie ». J'ai pris cet écho comme un compliment, bien que je me sente plus proche de bien des environnementalistes qu'ils ne le croient.

Mais vous êtes prévenus : mon propos sera celui d'un « croisé de la chimie ».

La chimie a été noire, et elle a été rouge. Elle a été noire, c'est-à-dire polluante. Les gravures d'il y a un siècle, représentant l'usine de Thann dont je vous parlais, insistent sur ce qui démontrait la prospérité de l'usine : les épaisses volutes de fumée sortant des cheminées. Ce n'est qu'un exemple, et il n'y avait bien sûr pas que les industriels de la chimie qui se flattaient de cracher de la fumée noire. Notez cependant que ces fumées ne sortaient pas nécessairement

<hr>

Texte de la 292ᵉ conférence de l'Université de tous les savoirs donnée le 18 octobre 2000.

des ateliers de fabrication, mais plutôt des centrales dans lesquelles était brûlé du charbon. Ces fumées noires étaient aussi celles qui régnaient dans nos villes où chaque foyer (notez le terme) se chauffait par une cheminée brûlant du charbon : de l'anthracite ou des boulets. Ceux d'entre vous qui n'ont pas eu tous les jours à recharger une chaudière à charbon, dans l'atmosphère suffocante due à la combustion du soufre résiduel, ceux qui n'ont pas connu Londres dans le brouillard jaune dû aux innombrables cheminées individuelles, ceux-là ne savent pas ce qu'est une pollution atmosphérique !

Il est vrai que, dans la villa que nous habitions à Thann, dans l'enceinte de l'usine, il était inutile de laver les voilages des fenêtres : ils partaient en charpie au lavage et il fallait les changer tous les ans. Il fallait aussi changer tous les ans ou tous les deux ans les arbustes d'ornement plantés en bordure de l'usine. C'était une usine noire.

En ce temps, avant guerre, il n'était pas possible de mesurer la pollution atmosphérique, sinon pour des concentrations plus élevées que ce que mesurait le nez : une forte odeur de SO_2 voulait dire que le vent avait tourné à l'ouest et qu'il y avait une fuite ; une forte odeur de chlore, qu'il avait tourné à l'est et qu'il y avait une fuite — et un coup de téléphone au contremaître responsable réglait le problème. Cependant, le travail à l'usine et notre vie familiale dans l'usine n'étaient pas considérés comme mortifiants ou morbifiques.

Je n'en déduis pas que c'était une situation idéale, loin de là. Je veux simplement dire que nous revenons de loin. Des photographies récentes de l'usine de Thann ou de toute autre usine chimique ne montrent jamais de fumées noires ; tout au plus des volutes blanches de vapeur d'eau. Peut-être celles-ci influent-elles sur le climat local. Il y a quand même une certaine prétention à croire que nos petits moyens ont une puissance suffisante pour cela...

« Noire », la chimie l'était aussi d'une façon plus insidieuse, invisible et inodore. Cette noirceur clandestine, je l'illustrerai à nouveau par l'exemple de l'usine de Thann. Cette usine a longtemps eu une exclusivité en France : elle produisait de la potasse et du chlore par électrolyse du chlorure de potassium extrait des mines de potasse d'Alsace, toutes proches. Cette électrolyse se faisait avec des cathodes de mercure, au moment même où, pour réussir l'examen de chimie minérale à la Sorbonne, il fallait pouvoir expliquer pour quelles bonnes raisons théoriques cette électrolyse, possible avec le chlorure de sodium, était impossible avec le chlorure de potassium. Thann produisait de la potasse et du chlore. Mais Thann consommait du mercure, alors qu'en principe ce métal toxique ne devait pas quitter l'atelier de production : il ne devait se retrouver ni dans le chlore ni dans la potasse. Il n'aurait pas fallu en perdre, vu son prix. Pourtant, il s'en perdait quelques kilos tous les ans.

Ce n'est que dans les années suivant la guerre que les méthodes analytiques sont devenues suffisamment sensibles pour qu'il soit possible de retrouver des teneurs inacceptables de mercure dans les sédiments de la petite rivière passant à côté de l'usine, la Thur. Une fois les fuites de mercure localisées, il devint possible de les colmater, puis de nettoyer la rivière, et de mettre au point une production « propre », pour laquelle l'usine de Thann obtint l'un des premiers trophées nationaux pour son action efficace de protection de l'environnement.

Ceci n'est qu'un exemple. La règle qu'appliquent toutes les usines chimiques « civilisées » est de chercher à limiter ce qui sort de l'usine aux produits destinés à la vente, à de l'eau propre, de l'azote ou de l'oxygène, des matériaux inertes utilisables éventuellement dans le bâtiment ou les travaux publics... Ne me faites pas dire que c'est toujours le cas, mais toute déviation à cette règle est reconnue comme une déficience à corriger. Ne me faites pas non plus dire que toute déviation constitue un danger : il est bien probable que les habitants de Vieux-Thann, en aval des rejets de mercure méconnus, contenaient dans leur corps moins de mercure venant de l'usine de Thann que ne leur en procuraient les amalgames bouchant leurs dents cariées.

Mais la chimie n'est-elle pas rouge ? N'est-elle pas la source d'accidents ? Le voisinage de ses centres de production n'est-il pas dangereux ? Les noms de Seveso ou de Bhopal ne sont-ils pas ceux de catastrophes majeures ?

Bhopal assurément. Des milliers de victimes. Un accident rendu possible parce que les mesures de sécurité normales dans une usine occidentale n'étaient pas respectées dans cette filiale indienne de la société mère américaine. Il n'y a pas de petit profit. Comme en outre le bidonville de Bhopal cernait l'usine, l'incident est devenu une catastrophe. Et cette catastrophe a pris un tour insoutenable quand les avocats spécialisés se sont abattus sur les victimes pour les convaincre d'engager des procès dont ils partageraient les bénéfices. La catastrophe est devenue un scandale.

Et Seveso, dans le nord de l'Italie, un pays sans bidonvilles ? *Le Monde* parlait encore tout récemment de la « catastrophe » de Seveso et de ses « milliers de victimes ». Il est nécessaire de rappeler les faits. Une explosion nocturne a conduit à la formation d'un nuage de vapeur d'eau, de soude, de phénol, de phénols chlorés, le tout évidemment très irritant, contenant des teneurs mesurables et importantes de chlorodioxines, dont la célèbre « dioxine ». Ce nuage a frappé directement les animaux dans les champs et les clapiers situés sur sa trajectoire et a provoqué la mort de ces animaux. La dioxine qu'il contenait a provoqué chez de nombreux habitants, par une réaction bien connue, une « chloracné », c'est-à-dire des boutons d'autant plus désagréables qu'ils sont parfois longtemps récidivants. Les habitants ont été déplacés, leurs maisons ont été détruites, les moutons et autres animaux de la région ont été abattus et incinérés, la couverture de terre a été enlevée et transportée vers des centres d'incinération spécialisés, un trafic s'est établi pour évacuer en douce, en dehors de tous les règlements, des détritus contaminés vers des sites non autorisés. Bref, il s'en est suivi toute une série de conséquences graves et frisant le scandale. Et les milliers de victimes humaines ? En fait, il n'y en a eu aucune, ou plutôt qu'une seule : le directeur de l'usine, qui a été abattu quelques années plus tard, dans l'un des attentats des « années de plomb » italiennes. Des études épidémiologiques sérieuses ont fait le bilan de l'apparition de cancers dans la population exposée à l'accident de Seveso. Les résultats en ont été publiés ; ils ne montrent aucune différence significative entre les taux de cancers de cette population et ceux de populations éloignées de l'accident. Le taux de cancers du sein a même été plus faible, sur vingt ans, pour les plus exposés. Seveso a été un accident qui n'aurait pas dû avoir lieu ; ses suites ont constitué un traumatisme majeur pour des centaines de personnes, mais on ne peut pas dire que cela ait été une « catastrophe », ou alors il faudrait trouver un autre terme pour les catastrophes réelles qui se produisent chaque semaine sur la planète.

Il y a évidemment une autre façon pour une industrie comme l'industrie chimique d'être rouge : c'est d'être dangereuse pour ses ouvriers. Nous disposons en France d'une source précieuse de renseignements grâce à la Caisse nationale de l'assurance maladie des travailleurs salariés, qui établit chaque année des statistiques par branche d'activité professionnelle. On y voit par exemple qu'en 1955, dans l'industrie chimique, il y avait eu 51 accidents avec arrêt de travail par million d'heures travaillées. En 1991, ce taux de fréquence des accidents avec arrêt était tombé de 51 à 16 et il est actuellement à 12, c'est-à-dire moins que dans l'industrie du vêtement et le plus bas de l'ensemble des branches d'activité. Et l'indice de gravité correspondant, l'indice qui mesure les incapacités temporaires ou définitives, est aussi au niveau le plus bas de toutes les branches industrielles. Pendant le même temps, dans le bâtiment et les travaux publics, le taux est passé de 94 à 60, c'est-à-dire cinq fois plus élevé. La prochaine fois que vous passerez à côté d'un chantier, comptez les têtes sans casques et les mains sans gants... La chimie n'est pas une industrie rouge pour ses producteurs, mais cela ne s'est réalisé que par un effort déterminé.

À ce propos, je dois ajouter que l'enseignement de la chimie a enfin pris un tournant. Quand j'étais étudiant, j'ai appris par mes professeurs de belles histoires de beaux accidents. Mais personne ne m'avait appris comment éviter les accidents. J'espère ne pas me tromper en disant qu'il n'est plus possible maintenant pour un lycéen ou un étudiant d'entrer dans un laboratoire de travaux pratiques sans porter une blouse de coton et des lunettes de protection. Et il y a vraiment longtemps que je n'ai plus vu d'étudiant ou de chercheur fumer dans un laboratoire, alors que cela était fréquent il y a trente ans, avec les conséquences que l'on peut en attendre : quelques beaux incendies d'acétone ou d'éther. Je parlerai dans un moment des conséquences invisibles.

Ni noire ni rouge, comment la chimie peut-elle être verte ?

C'est là une notion nouvelle, mais une notion acceptée au point qu'il existe un journal spécialisé depuis deux ans dans la publication des travaux de chimie respectueuse de l'environnement. Il s'appelle, bien sûr, *Green Chemistry*. Le concept est simple : peut-on produire les matières chimiques qui nous sont utiles par des procédés *doux*, des procédés verts, sans réactif ou sous-produit toxique, en dépensant peu d'énergie et peu de matières premières non renouvelables ? Peut-on remplacer des produits conduisant, après usage, à des pollutions, par des équivalents aussi efficaces, mais conduisant à des effluents bénins ? La réponse est dans presque tous les cas : « oui, on le peut, mais c'est plus cher » ou « c'est moins commode » ou « on ne peut pas en produire autant ». Ce dilemme n'est pas nouveau : ainsi il a déjà fallu remplacer il y a quelques dizaines d'années les premiers détergents par des produits un peu plus chers, mais biodégradables. Le concept de « chimie verte », conduisant à faire le bilan écologique complet d'une production, est nouveau. Il conduit à un renouveau d'intérêt pour les procédés catalytiques, dans lesquels en principe le catalyseur n'est pas du tout consommé et ne fait que faciliter une réaction. Il conduit à proscrire des réactifs toxiques comme le phosgène, mais à en trouver des équivalents pour pouvoir continuer à produire les mousses de polyuréthanes qui remplissent les coussins de nos voitures, à contrôler les réactions avec une très grande finesse pour éviter la formation de sous-produits potentiellement dangereux comme les dioxines, ou simplement inutiles, à utiliser des réactions sans solvants, toujours difficiles à récupérer, etc. Retenons simplement qu'il y a de plus en plus de chercheurs engagés dans cette voie, mais qu'il reste énormément à faire pour que la chimie soit vraiment verte.

En fait, beaucoup de ces applications apparemment banales sont peut-être les plus difficiles à verdir. Je citerai seulement un exemple. Le nettoyage à sec de nos vêtements se fait avec des solvants. Jusque dans les années 1950 en tout cas, le solvant de choix pour cela était le benzène. On savait qu'il pouvait être toxique, et qu'il était inflammable, mais il était bon marché et efficace. Puis sont venus les solvants chlorés, ininflammables, bon marché et bien volatils, ne laissant pas d'odeur. Mais leur récupération, si elle est facile à 99 %, est difficile à 100 %. La solution verte serait par exemple de tenter le nettoyage par le gaz carbonique supercritique : excellent solvant, ni toxique ni inflammable, mais exigeant de remplacer par des installations complexes, sous pression, tous les ateliers actuels. L'eau supercritique serait encore plus verte. Je doute que son utilisation soit compatible avec nos vêtements actuels... et seriez-vous prêts à payer peut-être dix fois plus cher le nettoyage de vos cravates ?

Noire, rouge, verte. Reste la chimie rose. C'est avant tout celle qui nous soigne. Sans chimie, pas de médicaments vraiment efficaces. Je n'en parlerai pas davantage. Mais la chimie rose, c'est aussi celle qui dépollue. Par exemple, nous en bénéficions tous les jours, simplement en buvant un verre d'eau de ville. Aucune eau naturelle ne reste pure, potable, très longtemps. Elle sort de la source, et son destin est de devenir rapidement le foyer de larves de moustiques, de sangsues, d'escargots d'eau, de daphnies, et de bien des micro-organismes dont certains n'attendent que d'être bus pour devenir des parasites dangereux. Avant la guerre, il n'était pas question de boire l'eau du robinet sans l'avoir fait bouillir, tout au moins dans les régions bénies du sud de la Loire. Actuellement, dans bien des pays, c'est encore le cas. Si notre eau est potable, nous le devons exclusivement à la chimie. À la chimie qui sait produire les membranes de filtration, au chlore que l'on sait additionner en quantités minimes et dosées, à l'ozone qui permet des traitements encore plus doux et verts. Quand nous l'avons bue et éliminée, c'est encore une chimie douce, une chimie rose, qui nous permet de la traiter puis de la rejeter sans trop de dégâts sur l'environnement. Floculants, additifs, contrôles chimiques multiples, heureusement combinés à des traitements microbiologiques, font des usines de traitement des eaux usées de véritables usines chimiques roses.

Mon propos ne serait pas complet si je n'ajoutais pas quelques faits. Les journaux sèment la peur : peur des pollutions, peur des intoxications, peur des dangers qui nous guettent. Retenez, même si cela n'a plus rien à voir directement avec ma chimie arc-en-ciel, quelques faits :

— Nous gagnons actuellement tous les ans un trimestre supplémentaire d'espérance de vie : un an tous les quatre ans, et parmi les petites filles nées cette année, on peut prévoir que la moitié deviendront centenaires. Ceci n'est guère compatible avec l'idée d'un monde de plus en plus dangereux. Dans nos pays, la vie est en fait de moins en moins dangereuse. En partie grâce à la chimie.

— Dans une mauvaise année, celle où il y aurait un accident chimique vraiment très grave, il pourrait y avoir peut-être une dizaine de victimes. Or, il y a en France près de dix mille morts prématurées par an, par suite des accidents de la route.

— Le tabac, à lui seul, est responsable de 40 000 à 60 000 morts prématurées par an. Ces morts sont dues bien entendu aux produits chimiques contenus dans la fumée de tabac. Ce sont, de très loin, les morts les plus nombreuses que l'on puisse attribuer à la chimie. Cette chimie-là est rouge, rouge sang.

Les ambiguïtés des politiques
de développement durable

par Pierre Lascoumes

Placer les questions de développement durable en fin de cycle sur les « pollutions et leurs remèdes », c'est d'une certaine manière laisser entendre qu'il s'agit de LA solution, du remède absolu, d'une sorte de traitement générique à toutes les atteintes environnementales. La notion de développement durable a été introduite lors de la conférence internationale de Rio en 1992 comme un principe fondamental (article 1 de la déclaration) de toutes les politiques d'aménagement et de protection. Le principe est ainsi défini : « le développement durable vise à satisfaire équitablement les besoins relatifs au développement et à l'environnement des générations présentes et futures » (article 3). Cet énoncé introduit les notions de responsabilité et de solidarité nationale et internationale comme référence centrale des décisions politiques. Mais pour mesurer l'ampleur des ambiguïtés que je voudrais souligner ici, je mettrai cet énoncé en relation avec un autre (choisi parmi beaucoup d'autres possibles). Il s'agit de l'intitulé de l'annonce d'un colloque récent tenu par les professionnels de l'emballage en octobre 2000 à La Défense et qui avait pour titre : « Marketing et développement durable, l'emballage d'une vie à l'autre. » L'essentiel du problème est révélé par cette annonce : le développement durable n'est-il qu'un nouvel « emballage », qu'une affaire de marketing, qu'un affichage moderniste qui laisse l'essentiel des pratiques polluantes et destructrices inchangées ? À quelles conditions peut-on estimer que cette nouvelle référence signifie des changements fondamentaux dans l'exercice des responsabilités économiques et politiques en matière de développement ?

Texte de la 293ᵉ conférence de l'Université de tous les savoirs donnée le 19 octobre 2000.

L'unanimité est toujours suspecte car elle dissimule la complexité du réel, la multiplicité des perceptions, les affrontements d'intérêts et l'hétérogénéité des stratégies des acteurs concernés. La belle unanimité qui accompagne depuis dix ans les politiques dites « de développement durable » mérite d'être sérieusement interrogée. Le développement durable est devenu une sorte d'injonction générale partout reprise, le plus souvent sans analyse ni définition, des conférences internationales sur l'harmonisation des rapports Nord-Sud jusqu'aux projets municipaux d'environnement (abusivement intitulés parfois « Agenda 21 » locaux*). Plus significativement, ce principe est aussi devenu une notion ayant valeur juridique et qui est présente dans la définition des politiques européennes d'environnement et transposée dans le droit français comme un des principes généraux des politiques d'environnement (loi Barnier de 1995)**. Qui oserait donc aujourd'hui être contre des choix d'action collective qui prétendent « assurer les besoins du présent sans compromettre la possibilité pour les générations futures de satisfaire les leurs » (rapport Brundtland, 1987) ? Ce principe se présente comme susceptible de concilier un souci pragmatique pour le présent (il y a des besoins à satisfaire) avec un souci de solidarité intergénérationnelle (les besoins des générations futures). Une formulation plus concrète considère que « le développement est durable si les générations futures héritent d'un environnement d'une qualité au moins égale à celui qu'ont reçu les générations antérieures » (I. Ramonet, 2000).

La notion de développement durable recouvre trois dimensions essentielles interdépendantes :

— La limitation des phénomènes d'irréversibilité par épuisement de ressources non renouvelables (pétrole, gaz, minerais) ou la destruction irrémédiable d'espèces ou de milieux (disparition d'espèces par des pêches ou des chasses intensives, stérilisation des sols par prélèvement excessif et/ou rejets de polluants, par exemple destruction de la mer d'Aral).

— L'incitation à des conduites de prudence, aussi bien dans les diverses utilisations des ressources écologiques (milieux, espèces, matières premières) que dans l'innovation scientifique et technique (chimie, nucléaire, OGM).

---

* Du nom du programme d'action que chacun des États signataires des conventions de Rio s'engageait à accomplir. L'assimilation est ici strictement publicitaire et destinée à faire image.

** Loi du 2 février 1995, art. 1 : « Les espaces, ressources et milieux naturels, les sites et paysages, les espèces animales et végétales, la diversité et les équilibres biologiques auxquels ils participent font partie du patrimoine commun de la nation. Leur protection, leur mise en valeur, leur restauration, leur remise en état et leur gestion sont d'intérêt général et concourent à l'objectif de développement durable qui vise à satisfaire les besoins de développement des générations présentes sans compromettre la capacité des générations futures à répondre aux leurs. »

— Enfin, à un niveau international, la lutte contre la pauvreté et le sous-développement. La solidarité avec les pays du Sud, l'aide à leur développement économique, mais aussi au renforcement de la démocratie et à la protection des diversités culturelles sont considérées comme un ensemble de conditions préalables essentielles pour les politiques environnementales.

Cependant le développement durable est à tort présenté comme une « solution » aux innombrables problèmes actuels de choix technologiques, économiques et politiques. C'est au contraire un problème qui est à résoudre, enjeu par enjeu, territoire par territoire. Il n'existe pas de définition stabilisée de la notion, pas plus que des objectifs précis qu'elle recèle et des moyens de les réaliser. Des auteurs tel W. M. Lafferty se sont déjà interrogés sur les multiples ambiguïtés de ces raisonnements et des pratiques qui les accompagnent*. L'approche en termes de développement durable fournit un critère de jugement en forme de standard, c'est-à-dire que son contenu est à élaborer chaque fois qu'on s'y réfère. De plus, la diffusion des raisonnements en termes de développement durable atteste de l'interpénétration des approches écologiques et économiques longtemps antinomiques. Ce mouvement s'accentue depuis une dizaine d'années. Il fait se rencontrer des rationalités pragmatiques et des rationalités de valeurs, mais la question principale est de savoir jusqu'à quel point et comment ces deux approches sont éventuellement conciliables.

En effet, les formulations bienveillantes citées plus haut sont marquées par un double consensualisme qui nie tout espace de confrontation et tout lieu de conflit. D'une part, elles supposent résolue la contradiction longtemps majeure entre développement économique et protection des ressources et des milieux de vie. Or l'écologie politique s'est construite sur la critique d'un mode de développement technologique. L'originalité des précurseurs, tel J. Ellul, a été de considérer dès les années 1970 les développements capitaliste et communiste comme relevant du même modèle maximisant les investissements scientifico-techniques en ignorant délibérément les externalités qu'ils génèrent, en particulier celles conduisant à des atteintes majeures au cadre de vie naturel**. De plus, pendant longtemps l'économie considérait que les contraintes environnementales étaient contraires à sa logique de maximalisation de la production et des échanges, que les politiques environnementales généraient des coûts disproportionnés incompatibles avec le dynamisme industriel. Alors, par quel coup de baguette

---

* W. M. Lafferty, « The pursuit of sustainable development, concepts, policies and arenas », *International Political Science Review*, n° 2, avril 1999.
** J. Ellul, *Le Système technicien*, Paris, Calmann-Lévy, 1977. Et comme travail pionnier celui d'un géographe ami d'Ellul, B. Charbonneau, *Le Jardin de Babylone*, Paris, Gallimard, 1969.

magique ces deux approches antagonistes se seraient-elles réconciliées ? Le développement durable signifie-t-il le dépassement de cette contradiction, ou bien indique-t-il la colonisation des raisonnements environnementaux par la prégnance des impératifs économiques, la monétarisation des biens naturels et la marchandisation de tous les services écologiques ?

D'autre part, les raisonnements en termes de développement durable présupposent que l'immense diversité des acteurs sociaux serait susceptible de s'accorder de façon stable sur un ensemble de points déterminants : quels sont les besoins du présent ? Qui seront les acteurs du futur et quels seront les besoins ? Pourtant, quel que soit le secteur que l'on observe à l'échelle nationale, l'agriculture (J. Bové/FNSEA), l'aménagement du territoire (SNCF/riverains des TGV), les espèces sauvages (les chasseurs/les associations de naturalistes) ou les déchets nucléaires (les besoins du CEA/les viticulteurs du Gard), les valeurs, les intérêts et les stratégies des multiples acteurs impliqués sont pour le moins distincts et souvent opposés. De même, à l'échelle internationale, les États industrialisés sont loin de composer un groupe homogène (États-Unis et leurs alliés/Europe) et leurs intérêts respectifs sont loin de s'accorder avec ceux des États en développement, eux-mêmes tout aussi diversifiés dans leur position que les précédents (Chine/les pays asiatiques émergents/Afrique). Les affrontements actuels à propos de la lutte contre l'effet de serre, de la protection de la biodiversité ou de l'accès aux réserves pétrolières témoignent de cette situation pour le moins non consensuelle. Donc, s'agissant des acteurs sociaux concernés, les approches en termes de développement durable paraissent tout aussi réductrices et aussi lénifiantes que lorsqu'elles plaident pour une conciliation entre économie et écologie. Mais il faut prendre acte du succès de cette problématique et s'interroger sur ses origines, sur le contenu de l'ajustement entre intérêts et acteurs divergents, enfin sur les conditions à remplir pour assurer son éventuelle réussite.

Les limites des politiques sectorielles

La notion de développement durable valorise une approche intégrée des politiques environnementales. Cette vision englobante des enjeux se veut une réponse aux limites et aux échecs des politiques sectorielles qui ont prévalu depuis trente ans. Afin de réduire les multiples problèmes posés par les diverses pollutions (de l'eau, de l'air, des sols, les nuisances causées par le bruit ou les produits chimiques), des politiques de protection de l'environnement se sont multipliées depuis le début des années 1970 dans toutes les démocraties occidentales. La création des grands organismes scientifiques et politiques a été concomitant dans plusieurs pays industrialisés : 1970 en Grande-Bretagne et aux États-Unis, 1971 en France.

Au-delà de la lutte contre les pollutions, ces politiques s'attachent plus largement à contrôler l'urbanisation et l'aménagement du territoire afin de protéger les espaces naturels sensibles (littoral, montagne, forêts, zones présentant un caractère écologique original). Ces politiques, menées initialement à un niveau national (jusqu'en 1992, le ministère de l'Environnement n'avait pas de services régionaux) se sont généralisées tant au niveau supranational (programmes de la communauté européenne depuis 1972, il existe plus de sept cents traités et conventions internationales en ce domaine) que régional.

Cet enchevêtrement d'objectifs, de programmes et d'acteurs n'a donné que des résultats partiels. Si la dégradation des milieux naturels a parfois été limitée, les résultats globaux sur la qualité de l'eau, de l'air ou du traitement des déchets ou la préservation des espaces sensibles (littoral, zones humides) restent très moyens. En France, en matière de qualité des cours d'eau, si beaucoup de sources de pollution ont été supprimées, le nivellement s'est effectué vers la moyenne, car en même temps la proportion de cours d'eau d'excellente qualité a régressé. De même, en matière de pollution atmosphérique, s'il y a eu depuis vingt ans une sérieuse diminution des rejets d'oxyde de soufre et de monoxyde de carbone, ceux de dioxyde de carbone ont du mal à être stabilisés. De plus, à un niveau global, un certain nombre de situations irréversibles ont été créées (déforestation, épuisement de ressources naturelles, effet de serre).

Enfin les zones d'incertitude ne cessent de se développer comme en témoigne les enjeux actuels liés aux OGM, à l'épidémie d'ESB ou aux effets à long terme des déchets nucléaires. La capacité de la science et de la technique à résoudre tous les problèmes montre ses limites aussi bien dans la prévision que dans le traitement. La diffusion des principes de développement durable peut-elle dépasser les obstacles actuels ?

L'ajustement des intérêts contradictoires de protection, développement et aménagement

Toutes les politiques sectorielles se sont développées en essayant de concilier chacune à sa façon ces trois types d'intérêts. Contrairement à une perception très répandue, aucune politique environnementale n'a jamais eu pour but d'imposer unilatéralement la défense d'un intérêt de protection au détriment des intérêts de développement économique et social.

On peut même démontrer l'inverse en s'appuyant sur l'histoire des plus anciennes politiques, comme celles concernant la forêt, qui datent du XVIIe siècle. Dès cette époque des principes de bon usage des forêts ont été formulés. L'idée était que le renouvellement de la ressource doit être la condition de son exploitation, ce qui conduisait à combiner deux échelles temporelles, celle du court terme des besoins humains et celle du long terme des cycles naturels de reproduction. Au XIXe siècle cette approche a été complexifiée par la recherche de conciliation entre trois intérêts concurrents reconnus comme légitimes : la préservation d'une économie agro-pastorale, la lutte contre l'érosion et les catastrophes naturelles (avalanches, inondations) qu'elle favorise, enfin, la productivité forestière. Autre exemple, celui de la surveillance des dangers créés par les établissements industriels qui s'amorce au tout début du XIXe. Le principe d'origine était celui de la régulation des activités polluantes (« incommodes et insalubres », disait-on alors) afin de permettre à l'industrialisation de produire ses meilleurs effets. Ce développement économique et technique devait être compatible avec un certain degré de protection du voisinage contre les fumées et les auteurs. Puis au cours du XXe siècle, ces principes ont été maintenus et complétés par la prise en compte d'autres intérêts comme la santé publique (1917) et l'environnement (1976)*. Les politiques les plus récentes en matière de protection des espaces et des espèces naturels n'échappent pas à cette dynamique de recherche d'un ajustement entre des intérêts divergents qui coexistent, parfois s'affrontent et qu'il s'agit de réguler. En matière d'espaces comme le littoral, la montagne ou les zones humides, un certain niveau d'aménagement indispensable au développement économique local doit être concilié avec des mesures de protection. En matière d'espèces protégées, seule une partie limitée bénéficie d'une protection absolue, la plupart des autres voient simplement leur chasse ou leur commercialisation cantonnée dans certaines limites.

Mais ce qui est frappant depuis le début des années 1990, c'est de voir à quel point les experts et les politiques n'ont eu de cesse de nier ces oppositions d'intérêts et ont cherché à aligner dans leurs processus de décision des dimensions qui jusqu'alors étaient perçues comme en tension, voire en opposition. Ainsi, après avoir été le principal adversaire de l'écologie, l'économie en serait devenue le plus fidèle allié**. Mieux, il n'y aurait plus d'action environ-

---

* P. Lascoumes, « Administrer les pollutions », *L'Écopouvoir*, IIe partie, Paris, La Découverte, 1996.

** Sur l'ensemble de cette question voir la thèse de Y. Rumpala, *Questions écologiques, réponses économiques, les changements dans la régulation publique des problèmes d'environnement au tournant des années 1980 et 1990, une analyse trans-sectorielle*, Thèse de doctorat en science politique, IEP, Paris, décembre 1999.

nementale qui ne passe par un raisonnement et des moyens d'action économiques*. Ainsi l'intense promotion des instruments économiques, du type création de marchés des droits à polluer en matière de réduction des émissions des gaz à effet de serre, repose davantage sur des constructions théoriques que sur une analyse précise des conditions de mise en œuvre concrètes de ces propositions**. De même les idées généreuses « d'aide au développement propre » sont présentées avec beaucoup de simplisme. Les pays du Nord recevraient des crédits d'émission dans la proportion des investissements qu'ils feraient dans les pays du Sud pour des technologies peu polluantes. Lors de la récente conférence de La Haye (novembre 2000), le représentant des États africains au programme des Nations unies pour l'environnement a carrément qualifié ce projet de « marché de dupes » dans la mesure où il ne règle en rien les problèmes de son continent, car à l'évidence les pays développés investiront davantage dans les pays considérés comme rentables, à l'image des pays émergents du Sud-Est asiatique.

Non seulement l'économie est souvent présentée comme le principal instrument de traitement des problèmes environnementaux, mais la réconciliation va au-delà lorsque l'on fait de l'intégration d'une approche écologique le meilleur moyen de permettre au développement technico-économique de produire ses meilleurs effets. L'idée est aujourd'hui clairement formulée qu'une trop grande destruction des équilibres naturels peut à terme menacer le développement économique. C'est ce qui explique sans doute l'importance de la reprise du thème du développement durable par les industriels, même si peu de personnes paraissent s'interroger sur les significations données par ce type d'acteurs à la notion. Mais parle-t-on alors vraiment du même « développement » et des mêmes facteurs de « durabilité » que ceux définis dans le cadre des conventions de Rio, présentés en introduction ? Ou bien y a-t-il simplement une homologie, voire un simple habillage de marketing ?

L'apparition et la diffusion de toute une série d'expressions sont significatives de la pénétration profonde de l'argument et de la volonté d'alignement des intérêts divergents qui le sous-tend. Pour poursuivre au mieux sa dynamique, le développement économique et social est présenté comme devant devenir durable (c'est-à-dire prudent et économe), mais la croissance économique demeure un objectif non discuté. De même pour garantir leur protection, les espaces naturels comme les marais, les zones d'expansion des crues ou les lagunes portuaires doivent désormais être

---

* Th. Hans *et al.* « Economic instrument for environmental protection, can we trust the "magic carpet" ? », *International Political Science Review*, n° 2, avril 1999, p. 175 s.
** Il faudrait réaliser un état des lieux initial et fixer des niveaux d'émission pour chaque pays, ensuite s'assurer de l'état des pratiques de chacun et du respect des quotas qui leur seraient attribués. Vu l'état des relations internationales, on a affaire là davantage à un exercice de politique-fiction qu'à la mise au point d'un instrument opérationnel.

pensés en termes d'« infrastructures naturelles » : c'est leur utilité socio-économique qui justifie leur préservation et non pas leur valeur écologique intrinsèque. Nous assistons actuellement à une hybridation très forte de catégories qui, jusque-là, se différenciaient mais dont les conditions de rapprochement et de mixage sont rarement explicitées. Comment alors accomplir cette hybridation et garantir sa cohérence ?

Des instruments d'action conciliant expertise et démocratie

L'ajustement d'intérêts divergents a toujours exigé des instruments particuliers. Ce qui a été une source d'innovation dans les moyens dont disposent les autorités publiques pour parvenir à ces fins. Au-delà des régulations administratives (déclaration, autorisation, contrôle-sanction), il a fallu très tôt mettre en place des activités de connaissance et de suivi des enjeux environnementaux. Les activités d'inventaire, d'observation en continu et de centralisation des données environnementales ont été très tôt envisagées même s'il a fallu du temps pour qu'elles se concrétisent. La production de connaissances sur l'état des milieux et le niveau des dégradations est un enjeu largement reconnu, du niveau local au niveau international. En 1992 a été créée en France une Agence française de l'environnement qui est en charge de la collecte et de la diffusion de données sur l'état de l'environnement et les politiques à son égard. Son action s'inscrit plus globalement dans le cadre de l'action européenne en ce domaine. Ce qui a conduit en 1994 à la création d'une Agence européenne située à Stockholm. Cependant la coordination de ces multiples lieux d'observation reste un problème majeur. Mais il ne suffit pas de décrire, il faut aussi comprendre et l'expertise environnementale s'est développée à grande vitesse. Depuis 1976, l'exigence d'études d'impact environnemental pour tous les projets d'aménagement conséquents, puis après 1985, les études de danger pour les établissements industriels à risques, contraignent les décideurs à envisager les conséquences à moyen et long terme de leurs actions. Cette expertise environnementale mobilise aujourd'hui toutes les disciplines scientifiques d'autant plus que les enjeux sont controversés (couche d'ozone, nucléaire, changements climatiques).

En revanche, l'intégration de toutes ces démarches se fait encore mal faute de lieux et faute d'espaces de confrontations scientifiques réellement structurés. Les forums de controverse sont souvent informels et restent inorganisés, ce qui laisse aux querelles d'experts de beaux jours devant elles. Le suivi du naufrage du pétrolier *Erika* en décembre 1999 et les polémiques qui ont suivi pendant plusieurs mois sur les conditions du naufrage, puis sur les risques encourus par les milieux naturels et les sauveteurs en raison de la toxicité du produit ont montré la faible capacité d'apprentissage des acteurs publics qui semblaient confrontés pour la première fois à un tel événement. Au niveau européen, la coordination entre les différents comités d'experts sanitaires en charge de l'ESB montre toujours ses lacunes. En revanche, on peut considérer, après bien des tergiversations, qu'aujourd'hui le suivi des problèmes posés par l'effet de serre est bien assuré, notamment par le comité des experts internationaux du GIEC.

Enfin, il ne faut jamais oublier que dès les années 1960 l'écologie s'est voulue politique et a posé comme étant des termes indissociables la critique du développement industriel et celle de la technocratie. Le nucléaire est l'exemple parfait d'un secteur qui, au nom d'intérêts supposés supérieurs, s'est édifié dans un isolat technico-administratif sans équivalent. Mais sur d'autres enjeux, des procédures innovantes d'ouverture démocratique ont été tentées : les enquêtes publiques, les commissions locales d'information (sur l'eau ou les déchets), les commissions d'enquête pluraliste (TGV Sud-Est, canal Rhin-Rhône) ou la commission nationale du débat public. Tous ces dispositifs attestent de la nécessité de sortir du cercle clos des experts et des décideurs, de prendre en compte la pluralité des points de vue et des intérêts et de rechercher des issues collectives aux controverses. Depuis 1991, les efforts de mise en politique de la question très actuelle des déchets nucléaires s'inscrit dans cette dynamique. Ainsi, l'arbitrage entre les enjeux environnementaux a suscité d'importantes innovations dans les instruments d'action publique en combinant production de connaissance et débats plus ou moins publics et plus ou moins démocratiques. Il ne faut cependant pas dissimuler la complexité de fonctionnement d'une grande partie d'entre eux. Par exemple l'opérationalisation des démarches de précaution, si elle s'inscrit bien dans la construction d'un développement durable, est encore en pleine période d'expérimentation et les débats sur les démarches de vigilance, d'exploration et de mesures temporaires qu'elle exige sont encore à préciser.

En conclusion, je dirai, contrairement à l'optimisme d'une grande partie de mes confrères, que les références à la notion de développement durable relèvent aujourd'hui plus souvent d'un mythe pacificateur, occultant des tensions réelles et toujours actuelles entre enjeux et entre acteurs, qu'elle ne constitue un cadre cohérent pour l'action. Cette notion peut aussi être envisagée comme une nouvelle idéologie professionnelle qui fournit à beaucoup d'acteurs, universitaires, chercheurs, consultants, évaluateurs, administratifs et politiques une nouvelle légitimité pour leurs actions. W. M. Lafferty*

---

* *Op. cit.*, note 3.

fait ainsi une analyse critique de la notion de « communauté épis-témique » formulée par E. Haas qui désigne sous ce terme les réseaux d'acteurs hétérogènes qui élaborent et diffusent des notions intégratives servant de cadre de formulation et de justification à des politiques internationales*. Ces coalitions assurant une production de connaissance spécifique et, indirectement, la promotion de systè-mes de valeurs doivent être interrogées sur leur composition, leur méthode de travail et leurs finalités. La notion s'applique bien à la constellation d'acteurs qui promeuvent aujourd'hui, en fonction de leurs intérêts propres, la notion de développement durable. Dans ces réseaux, Lafferty relève les interactions entre deux groupes diffé-rents : d'un côté les acteurs politiques forçant un consensus scien-tifique pour asseoir leurs choix, d'un autre côté des groupes de producteurs de connaissance scientifique, économique et juridique désireux d'acquérir une légitimité politique. Pour lui, il est indis-pensable de s'interroger sur les raisons pour lesquelles un groupe intellectuel reçoit une autorité spécifique dans la formulation de telle ou telle conception du développement durable. Quels sont ses intérêts et ses gains à un tel investissement ? Ainsi, dans l'aide au développement, faut-il s'interroger sur la signification du recours croissant d'un organisme comme la Banque mondiale à la notion de développement durable. Habillage ou changement réel de poli-tique ? La question mérite d'être analysée de près en ne se conten-tant pas de prendre au pied de la lettre les déclarations officielles et la production doctrinale.

Cependant, lorsque la référence au développement durable incite à un approfondissement des connaissances sur les milieux et les actions humaines, lorsqu'elle stimule les confrontations entre points de vue, lorsqu'elle conduit à dépasser le pragmatisme immé-diat par des raisonnements plus globaux et lorsqu'elle ne perd pas en route les exigences démocratiques, à ces conditions seulement elle peut conduire à l'élaboration d'une nouvelle génération de poli-tiques environnementales décloisonnées, économiquement inté-grées, évaluées dans leurs coûts et leurs résultats, mais toujours discutables par les générations futures. La question est de savoir le rapport de force que l'on entend établir entre la dimension de « développement » et celle de « durabilité ». Dans le concept initial c'est la seconde dimension qui est fondamentale dans la mesure où elle engage une responsabilité pour le futur. En revanche, dans bien des cas, c'est la dimension développement qui prévaut sous un habillage moderniste. Il importe de ne pas confondre le « déve-loppement durable » avec le renforcement d'une logique producti-viste « relookée up to date » par le marketing quand il prétend être un nouveau modèle de développement modeste et maîtrisé.

---

* E. B. Haas, *When Knowledge is Power : Three Models of Change in International Orga-nisations*, Berkeley, University of California Press, 1990.

IX

LA SOCIÉTÉ DU RISQUE ET DE L'EXTRÊME

Le risque dans la société contemporaine

par François Ewald

Le risque occupe dans les sociétés contemporaines une place remarquable. Il est partout : dans le monde économique, où il qualifie la figure de l'entrepreneur, dans le monde financier, où on l'identifie à la grande menace du krach, dans le monde social, où les institutions d'assurances privées ou sociales sont occupées à sa couverture, dans le monde juridique, où il sert à traquer les responsabilités, dans le monde moral, où l'on se plaint d'une société d'assistés, dans le monde médical, sous la forme de l'insaisissable aléa thérapeutique, dans le monde militaire, qui a imaginé la stratégie du « risque zéro ». Il est aussi dans la nature sous la forme de grandes menaces écologiques ; il est encore dans la recherche scientifique, où on cherche à le maîtriser sous la forme de l'éthique, comme dans le développement technologique et ses applications industrielles dont on redoute de plus en plus la volonté de puissance.

Ubiquité du risque devenu une sorte de mot-valise qui sert à désigner tout type d'événement, individuel ou collectif, mineur ou catastrophique. Le risque s'annonce comme la forme moderne de l'événement, la manière dont, dans nos sociétés, nous réfléchissons ce qui fait problème, ce qui nous inquiète. Le risque est le point singulier où la société contemporaine se problématise, s'analyse, cherche ses valeurs et peut-être reconnaît ses limites.

Cette utilisation systématique et proliférante de la notion de risque est récente. La notion fait son apparition dans la culture occidentale à la fin du Moyen Âge pour désigner l'objet d'un contrat d'assurance. Elle y restera confinée un long moment. Il faut en effet attendre la fin du XIXe siècle et le traitement de la question des

Texte de la 294e conférence de l'Université de tous les savoirs donnée le 20 octobre 2000.

accidents du travail pour que la notion prenne un plein statut juridique avec la catégorie du « risque professionnel », bientôt étendue
à celle de « risque social ». Ce n'est que dans les années 1970, sans
doute portée par la revendication écologiste que la notion prendra
l'extension qu'on lui connaît maintenant, où certains, comme
Ulrich Beck, vont jusqu'à parler d'une « société du risque* ». Cette
prolifération constitue elle-même un événement qu'il peut être
intéressant d'analyser. À travers l'usage contemporain de la notion
de risque que fait-on comme « expérience » au sens philosophique
du terme ? Quelle forme d'expérience de nous-mêmes faisons-nous
lorsque nous nous mettons, nous-mêmes et nos actions, en
question sous la forme du risque ?

Je voudrais aborder trois formes de cette expérience : la forme
morale, la forme sociale et la forme juridique.

Le risque comme expérience morale

Le risque, dans notre société, est à la source des valeurs morales. C'est la première chose qui s'offre quand on parle de risque :
le risque est au principe de la valeur de nos valeurs.

Chacun se souvient de cet épisode de *La Fureur de vivre* où
James Dean provoque son adversaire dans un défi mortel où le
vainqueur sera celui qui sautera le dernier de la voiture lancée à
toute allure vers le précipice. On a là une figure à la fois éminente
et dérisoire de la valorisation du risque. À travers cet affrontement,
où il s'agit de savoir jusqu'où on est prêt à risquer sa vie, l'enjeu
est la maîtrise, qui fera la loi, qui posera les valeurs. Cet épisode
de *La Fureur de vivre* est la version américaine d'un passage célèbre
le *La Phénoménologie de l'Esprit* de Hegel : la dialectique du maître et
de l'esclave**. À travers le risque de sa vie, l'homme prend
conscience de lui-même comme d'un homme, celui dont la valeur
ne se réduit pas à son existence biologique, celui qui précisément
est capable de la risquer pour autre chose. Le monde des valeurs
se révèle grâce à la capacité qu'a l'homme de se risquer pour elles.
Le risque est du même coup principe de hiérarchie : celui qui prend
le risque d'affronter la mort devient le maître de celui qui n'en a
pas le courage. L'humanité de l'homme passe par le risque, et, plus
précisément, le risque de sa vie. L'animal, lui, est privé du risque.
En d'autres mots, ne pas être capable d'affronter le risque, c'est
vivre comme une bête.

---

* Beck (U.), *Riskgesellschaft, Auf dem Weg in eine andere Moderne*, Frankfurt a/Main,
Suhrkamp, 1986.
** Hegel (G. W. F.), *Phénoménologie de l'esprit*, trad. Jean-Pierre Lefebvre, Paris, Aubier,
1991, p. 143 sq.

Effectivement, dans notre tradition, la notion de risque est associée à celles de courage, d'héroïsme, à la capacité de mettre sa vie en jeu, de se sacrifier. À travers le risque que je prends, se mesure la valeur que j'attache à ce pour quoi j'accepte de prendre le risque : la patrie dans la guerre, la liberté dans la résistance, l'amour dans le sacrifice de mon confort personnel. Ce qui fait la valeur d'une valeur, c'est ce qu'on est prêt à risquer pour elle.

Si le risque est bien un mode de valorisation, il n'a pas, pour autant, une valeur absolue. Si le courage est une vertu, ce n'est pas le cas de la témérité. L'exaltation du risque est susceptible de conduire aux pires abominations, comme le XXe siècle a pu le montrer. L'éloge du sacrifice de soi est bien proche d'un fanatisme que l'on peut raisonnablement redouter. Le risque ne peut être une fin en soi. D'ailleurs dans la dialectique du maître et de l'esclave, Hegel donne raison à l'esclave qui, par le travail, acquerra la véritable maîtrise. À la morale de la prise du risque, il y a une limite qui est la vie. On peut valoriser le risque mais seulement dans la mesure où il est au service de la vie. Le risque fait le prix de la vie, à condition de la conserver. Ainsi l'éthique du risque a-t-elle une limite : servir la vie. Elle n'a pas de valeur absolue. Tous les héroïsmes ne sont pas sains. L'éthique du risque se joue dans l'entre-deux de l'héroïsme exacerbé, pour lequel finalement plus rien n'a de valeur, et le retrait poltron du lâche ou du frileux qui, en toutes circonstances, préfère assurer sa situation quoi qu'il se passe autour de lui. La valeur du risque est dans la mesure, la proportion. Ni trop, ni trop peu. La morale du risque est une morale de l'équilibre.

Cette discussion sur la valeur du risque est aujourd'hui présente sous bien des formes. On peut ainsi s'interroger sur la stratégie de la guerre à « risque zéro ». Quelle valeur accordons-nous à nos valeurs si nous n'acceptons de les défendre qu'à la condition de ne pas mourir pour elles ?

Le risque comme expérience sociale

C'est le champ de l'assurance. Ici le risque prend la forme d'un événement futur, possible, probable, éventuel, heureux ou malheureux, mais en tout cas redouté pour ses conséquences patrimoniales. Dans ce champ, le risque est toujours virtuel. Pourtant l'assurance lui donne une valeur actuelle, un prix : la prime ou cotisation d'assurance. Ainsi, avec l'assurance, le risque ne quitte pas le monde des valeurs. En effet, le risque dans l'assurance n'est jamais que la mesure d'une valeur. L'assurance, c'est ce qui donne un prix économique au risque, une évaluation monétaire, ce qui est bien une forme d'existence pour une valeur.

Comment fixer le prix du risque ? Deux théories sont disponibles : la première, de nature plutôt psychologique, soutient que le prix du risque se mesure à l'aversion au risque de la personne qui cherche à s'en défaire. Pour cela, il n'est pas besoin de statistique. Le prix du risque, c'est le montant de la prime sur laquelle s'entendront celui qui souhaite le transférer comme celui qui accepte de le porter. C'est ainsi qu'on raconte l'anecdote suivante : le président de la firme *Cutty Sark*, pour faire la publicité de son whisky, avait offert une forte somme d'argent au premier qui verrait le monstre du Loch Ness. Peut-être une nuit fit-il un cauchemar, eut-il un remords ? Il allait devoir tenir sa folle promesse, ce qui mettrait en péril sa société. Aussi chercha-t-il un assureur, quelqu'un sur qui il pourrait transférer le risque qu'il avait si imprudemment pris. Il trouva un syndicat des Lloyds avec qui il s'entendit sur une prime. Pour couvrir ce risque on ne peut plus virtuel et exceptionnel, il y a eu un prix ; il y a eu un transfert du risque ; il y a eu assurance sans qu'il soit besoin d'aucune statistique. La notion de risque dans l'assurance n'est pas tant liée à la notion de danger qu'à celle d'espérance ou de crainte. Le risque est la mesure d'une espérance, espérance mathématique qui, selon Pascal*, correspond au produit de la probabilité de l'événement par sa valeur, espérance morale (ou d'utilité) selon Daniel Bernoulli**, qui correspond à ce que je suis prêt à payer en plus de ce que je devrais du strict point de vue de l'espérance mathématique pour me débarrasser du risque. Ce « plus » mesurant exactement ce qu'est pour moi la valeur du risque.

Cette vision purement contractuelle de l'assurance correspond, pour reprendre une distinction introduite par Michel Albert, à une vision plus « maritime » que « rhénane » de l'assurance***. Sur le continent, en France en particulier, on a une vision de l'assurance indexée à la notion de mutualité, c'est-à-dire à l'idée de statistique et de probabilité. C'est que, en France, l'assurance, pour se faire reconnaître, a dû se démarquer du jeu et du pari. Dans cette perspective, le risque correspond à la probabilité qu'un événement arrive à une population. Étant donné la population des automobilistes français, l'état des routes, la nature du parc automobile, il y a actuellement environ 8 000 morts par an sur les routes. Pour reprendre une expression du grand sociologue Adolphe Quételet, c'est le « budget » que la population française consacre chaque année au fait de circuler en voiture. On peut prévoir que d'une année sur l'autre ce chiffre se maintiendra, à quelques écarts près que l'on peut d'ailleurs calculer. Cela permet de définir la prime automobile moyenne par habitant ou par conducteur. Et l'on est

---

* Pascal, « La règle des parties », *Œuvres complètes*, Paris, Gallimard, La Pléiade, 1954, p. 75 sq.
** Bernouilli (D.), « De Mensura Sortis », *Risques*, n° 31, p. 123 sq.
*** Albert (M.), « Le rôle économique et social de l'assurance », *Encyclopédie de l'Assurance*, Paris, 1998, p. 3 sq.

en même temps capable de mesurer les « chances » que tel ou tel individu a de faire partie des 8 000 sacrifiés. Cela dépend de la puissance de la voiture, de l'expérience du conducteur, des lieux où il circule, etc., autant de critères qui servent à fixer la prime individuelle d'assurance automobile. Car chacun ne représente pas le même risque pour le groupe. Certains ont une conduite plus risquée que d'autres. Voilà une autre manière de fixer le prix du risque : il correspond à la plus ou moins grande probabilité d'avoir un sinistre, rapportée à la moyenne. On appelle ce prix le prix équitable.

Dans cette vision, plus sociologique que psychologique, le groupe prime sur l'individu. Le risque caractérise le groupe ; il l'affecte avec une régularité déprimante. Et touche les individus comme membres du groupe. Le risque caractérise le groupe, l'unifie, lui donne une personnalité et une identité. Paradoxe de la liberté : chacun peut se sentir aussi libre qu'il veut ; à travers ses actions il contribuera, quoi qu'il en ait, à reproduire la statistique commune. Un pareil groupe, identifié à partir de son risque, c'est ce qu'on appelle une mutualité.

En donnant un prix au risque, tel qu'il puisse faire l'objet d'un contrat, l'assurance donne réalité à l'irréel, actualité à l'inactuel, présence à l'éventuel. Elle inverse le cours du temps : l'événement redouté est là alors qu'il n'a pas eu lieu, qu'il n'aura peut-être jamais lieu. Il est présent, matérialisé par le contrat, sous la forme d'une fraction infinitésimale de ce qu'il sera. C'est-à-dire d'une manière telle que sa présence, pourtant bien réelle, reste pratiquement imperceptible. C'est ce qui fait la double efficacité de l'assurance. D'abord le fractionnement du risque qu'elle opère fait que l'événement redouté ne l'est plus. L'assurance dissout, pulvérise les obstacles. Elle les rend aisément supportables*. Quelquefois trop.

Mais sa vertu s'étend bien au-delà de ce qui, sinon, resterait bien proche d'une logique d'assistance. Elle modifie la nature des choses d'une manière telle que ne pas s'assurer devient une faute. Ceci a été bien exprimé au siècle dernier par Edmond About, dans le petit livre qu'il a consacré à *L'Assurance* : « Vous savez que les roues des voitures en s'usant sur le pavé dispersent chaque jour plus de vingt kilos de fer dans les rues de Paris. Ces vingt kilos de métal précieux entre tous ne sont pas anéantis mais ils sont perdus. Leur division pour ainsi dire infinitésimale les met hors d'usage en les rendant insaisissables. Supposez qu'un travailleur patient et ingénieux parvienne à ramasser ces atomes de fer, à leur rendre la cohésion, la résistance et toutes les qualités utiles. Il les met à la forge, il en tire un levier. N'aura-t-il pas créé un capital à l'usage des hommes ? Un centime n'est pas plus un capital qu'une paille de fer n'est un levier. C'est à peine une valeur ; vous trouverez fort peu d'individus qui soient sensibles à la perte ou au gain d'un centime, parce que d'un centime isolé, on ne fait rien. Mais celui qui

---

* *Cf.* Chiappori (P.-A.), *Risque et assurance*, Paris Flammarion, 1996, p. 32-33.

par un honnête procédé obtiendrait de ses concitoyens de la terre ce petit centime inutile créerait un capital de dix millions, c'est-à-dire un joli levier pour transporter les montagnes*. » Le fait de donner un prix à l'espérance, d'actualiser l'éventuel implique que, désormais, celui qui n'actualise pas dans sa conduite l'éventualité du risque est un facteur de perte individuelle et collective : individuelle eu égard à ce que sera sa situation si le risque se réalise ; collective puisqu'il prive la société du pouvoir de déplacer les montagnes. L'assurance donne son efficacité économique au fait de la solidarité. L'assurance, parce qu'elle actualise l'éventuel, est le mécanisme avec lequel on transforme une perte possible en un capital ; c'est à la fois une combinaison de protection et un mécanisme économique qui inverse les signes et fait d'une perte, un principe d'investissement. Sa valeur tient à ce qu'elle est beaucoup plus qu'un simple mécanisme de répartition de charge.

L'assurance propose une expérience sociale du risque liée à la fois au libéralisme et à la démocratie. Au premier parce que le libéralisme est une philosophie politique qui fait de la gestion de risque un principe de gouvernement. Il faut que les individus aient à faire face au risque pour prendre une conscience vraie de leur véritable identité, comme ayant leurs ressources en eux-mêmes sous la forme de la prévoyance et dans les autres sous la forme de l'association volontaire. Mais l'assurance est en même temps fille de la démocratie à qui elle donne l'identité de la solidarité. Ce qui fait que depuis deux siècles nous sommes incessamment invités à prendre conscience de nous-mêmes, à la fois individuellement et collectivement sous la forme de l'assurance.

Cette logique du risque a connu une singulière inflexion quand on a voulu faire servir l'assurance à la résolution des problèmes sociaux liés au développement de la société industrielle. Avec les assurances sociales, s'assurer devient obligatoire. Il s'agit de faire en sorte que les individus soient protégés contre certains risques, qu'on dira sociaux. L'idée est double : indépendamment de son revenu toute personne doit être protégée contre ces risques, et cela parce qu'ils ne sont pas équitablement répartis dans la société. C'est ce qu'explique la doctrine sociale officielle de la IIIe République : le solidarisme. S'il y a des risques sociaux, c'est que la société elle-même les produit à travers son développement sans que leur distribution soit juste. Compenser les inégalités face au risque, établir l'égalité des chances, tel est le programme solidariste. L'assurance sociale fait de la couverture contre les risques sociaux non plus un acte mais un droit, un droit du salarié d'abord puis un droit du citoyen avec la Sécurité sociale. L'idée d'actualiser l'éventuel, dont la traduction économique s'appelle la capitalisation, cède devant une sorte d'assistance généralisée, fonctionnant à la répartition.

---

* About (E.), *L'Assurance*, Paris, 1865, p. 35.

Cette logique d'assurance a connu une extraordinaire extension. Le budget social de la nation dépasse désormais le budget de l'État. Et l'écart ne cesse de se creuser selon une logique dont la nature des risques à couvrir (santé, retraite) n'augure guère qu'elle doive s'infléchir. Pourtant on a atteint la limite au-delà de laquelle les dépenses de protection semblent devoir ruiner ses propres sources d'approvisionnement : les charges sociales épuisent l'économie. Raison économique qui se double d'une raison morale : au lieu d'aider à prendre des risques, les institutions d'assurances sociales engendrent des phénomènes contre-productifs de « démoralisation » : l'assurance ne sert plus à prendre des risques ; elle autorise à n'avoir jamais à en prendre.

Tout à l'heure, on s'interrogeait sur la limite nécessaire à la prise du risque, sur les dangers d'un fanatisme du risque ; on se trouve ici devant une situation inverse : ce que l'on peut craindre ce n'est pas l'excès dans la prise de risque, mais au contraire le défaut. À nouveau un problème d'équilibre.

L'expérience juridique du risque

La forme juridique du risque, c'est la responsabilité. On est plutôt ici du côté du risque comme menace, danger, malheur, sinistre. La responsabilité est un mécanisme sinon de transfert de risque du moins de transfert de la charge d'un risque. À travers les règles de la responsabilité juridique s'organise la répartition de la charge des risques dans la société. Exactement comme toute cause est en principe suivie d'un effet, toute activité de l'un ne cesse d'affecter celle des autres, d'une manière qui ne cesse de modifier sa situation, de manière favorable ou défavorable. Cela est vrai au sein de la famille dans le rapport des parents et des enfants, dans la relation de l'homme et de la femme. Cela est vrai dans le domaine économique où la concurrence donne un droit de nuire impunément. Nous ne cessons de nous affecter les uns les autres. La responsabilité, au sens juridique, à la fois définit celles des interactions qui ne doivent pas rester à la charge de celui qui les subit et organise les règles selon lesquelles doivent s'effectuer ces transferts de charge. Bien entendu la plupart des effets de la vie en société ne donne pas ouverture à une procédure en réparation, sans quoi la vie serait impossible. En principe ce qui relève de la politesse ou de la civilité ne se règle pas devant les tribunaux, non plus que les querelles de famille. L'économie de marché ne pourrait guère fonctionner si ses acteurs pouvaient se plaindre de tous les torts qu'ils ne cessent de se causer. Ainsi, l'article 1382 du Code civil, en posant qu'un dommage n'est réparable qu'à la condition qu'il ait été causé par une faute, avait considérablement limité les possibilités d'actions judiciaires en indemnisation. Mais le phénomène de l'accident qui caractérise la société moderne a conduit progressivement à asseoir la responsabilité sur la notion de risque.

Le risque est la forme « industrielle » de notre expérience de la responsabilité. La notion n'entre dans le droit qu'à la fin du XIXe siècle avec les législations sur les accidents du travail, c'est-à-dire donc avec le développement de l'industrie. Précisément, on peut soutenir que la notion de risque s'est imposée pour penser les problèmes de répartition de charges liées à la société industrielle. Comment penser cette expérience de la responsabilité comme risque ?

Faisons un détour par Aristote. Pour lui, les hommes sont voués à la prudence (*phronèsis*). Nous avons à être prudent, car le monde est imparfait, incertain ; l'avenir est indéterminé. C'est la destinée que les dieux ont ménagée pour les hommes : ils ont, par leurs actions, à accomplir ce monde imparfait. La destination de l'homme sur terre est de lever l'incertitude d'une manière telle que, grâce aux choix qu'il fera, le monde trouve le chemin de sa perfection. Dans le monde des dieux, celui de la régularité astronomique ou des lois mathématiques immuables, il n'y a pas de place pour une responsabilité, car il n'y a pas d'incertitude. Par contre, c'est le lot des hommes, sur cette terre imparfaite, que d'être confrontés à l'incertitude et c'est leur destination que de la lever. Pour ce faire, ils ne peuvent appliquer des lois qui, précisément, font défaut. Ils doivent faire des choix, décider, précipiter l'avenir d'une manière irréversible, ce qui engage les générations futures. C'est pour cela que ces choix doivent être « prudents » ou, dans notre vocabulaire, responsables.

Dans la ligne du modèle aristotélicien de la prudence, on pourrait s'attacher à repérer, dans l'histoire de l'Occident, les grandes structures de choix ou de décision à travers lesquelles un monde particulier s'est précipité et a en même temps réfléchi sa limite. Le choix industriel en est un. Et c'est dans son cadre que la responsabilité a pris explicitement la forme du risque : risque de l'entrepreneur d'abord, dès le XVIIIe siècle, risque professionnel des accidents du travail au XIXe siècle, risques sociaux liés au salariat, mais aussi risques sanitaires, risques technologiques et risques d'environnement.

Cette expérience du risque comprend trois dimensions.

D'abord, la dimension de la puissance. Les problèmes de la responsabilité et du risque aujourd'hui sont liés aux extraordinaires capacités techniques que nous mettons en œuvre. La « volonté de puissance » industrielle, comme aurait dit Nietzsche, s'affirme à travers des dispositifs techniques dont l'efficacité est considérable. Cela a été maintes fois souligné, mis en scène, décrit ou représenté. C'est d'ailleurs un fait que la puissance industrielle, en cette fin de siècle, n'est plus seulement liée à l'accident mais à la catastrophe.

Nous vivons la promesse industrielle comme grosse d'une menace de catastrophe. Lorsque les grandes firmes qui fabriquent les OGM nous annoncent que, grâce à elles, la faim dans le monde disparaîtra bientôt et que les problèmes d'environnement en matière agricole sont déjà du passé, chacun ressent ces annonces comme autant d'alarmes. Cela tient à ce qu'il s'agit d'extraordinaires manifestations de puissance. C'est la thèse qu'a développée Hans Jonas dans son *Principe responsabilité** : la puissance industrielle moderne est une surpuissance, une puissance telle que l'horizon de notre responsabilité ne peut que s'étendre sur le très long terme. Nous sommes responsables pour les générations futures. Les Stoïciens, afin de libérer les hommes de leur inquiétude, leur proposaient de distinguer entre « ce qui dépend de nous et ce qui ne dépend pas de nous », étant entendu qu'on n'a à répondre que de ce qui dépend de nous. Le problème est qu'avec la puissance industrielle, il semble qu'il n'y ait plus rien qui ne dépende de nous. D'où cette illimitation de la responsabilité qui inquiète tant. Elle ne laisse plus de place à l'innocence, comme en témoigne la raréfaction dans le droit des notions de cas fortuit et de force majeure. Mais cette illimitation n'est que le reflet de la conscience que nous avons de la puissance industrielle contemporaine.

La deuxième dimension de l'expérience de la responsabilité comme risque concerne la relation des hommes entre eux. La technique n'est pas seulement un rapport avec la nature, c'est aussi un rapport social. Précisément la puissance de la société industrielle est mise en œuvre à travers des relations de pouvoir. Elles sont fondamentalement asymétriques. Les technologies modernes introduisent de la dépendance et non pas de l'égalité. Plus les sociétés se développent technologiquement moins elles semblent pouvoir relever d'un modèle contractuel. Asymétrie entre l'employeur et l'employé, consacrée par la notion de contrat de travail qui organise sa subordination et le partage du risque professionnel. Asymétrie aussi entre le producteur et le consommateur, le professionnel et le non-professionnel qui est à la source du droit de la consommation. Les problèmes de responsabilité, aujourd'hui, portent pour une part essentielle sur le traitement de ces asymétries. On peut penser que c'est une des raisons pour lesquelles le problème des accidents médicaux se trouve au centre des débats contemporains sur la responsabilité. La relation du médecin au malade est fondamentalement asymétrique alors que l'on continue à la penser juridiquement comme un contrat avec ce que cela implique comme partage de risque. C'est cette dimension de l'asymétrie, avec le sentiment de dépendance qui s'ensuit, qui est au cœur des grandes affaires qui, en France, défrayent la chronique depuis le début des années 1990 : sang contaminé, amiante, vache folle. Les victimes prennent

---

* Jonas (H.), *Le Principe responsabilité*, trad. franç. par Jean Greish, Paris éditions du Cerf, 1990.

conscience qu'elles ont été placées dans une situation comportant un risque que connaissait celui qui avait la maîtrise du processus industriel et qu'il a choisi de leur faire courir sans nécessairement les en informer. La dépendance se découvre dans le destin de l'après-coup. Le risque n'est pas seulement un danger, c'est un rapport social : c'est la relation entre celui qui a la puissance technologique et celui qui en bénéficie ou peut-être la subit.

Puissance dans le rapport à la nature, pouvoir dans le rapport des hommes entre eux. Reste une troisième dimension de l'expérience juridique du risque : celles des dommages. Dans la société industrielle, on considère qu'il ne peut y avoir d'activité, d'entreprise sans risque. C'est ce que soulignait, il y a un siècle, Raymond Saleilles en commentant la nouvelle législation sur la responsabilité des accidents du travail : « La vie moderne est plus que jamais question de risques*. » Entendons : le risque est normal ; il n'est pas contestable en lui-même, le point est seulement d'organiser la répartition de sa charge. « La question n'est pas d'infliger une peine, mais de savoir qui doit supporter le dommage, de celui qui l'a causé ou de celui qui l'a subi. Le point de vue pénal est hors de cause, le point de vue social est seul en jeu. Ce n'est plus à proprement parler une question de responsabilité mais une question de risques : qui doit les supporter ? Forcément, en raison et en justice, il faut que ce soit celui qui en agissant a pris à sa charge les conséquences de son fait et de son activité**. » On n'imagine même pas mettre comme condition d'acceptabilité d'une activité ou d'une entreprise qu'elle devrait être sans risque pour les autres. Mais à la condition qu'on n'en laisse pas la charge à ceux-là seuls qui les subissent et que celui qui les fait courir les prenne à sa charge. Ce sont ces transferts qu'organise le droit de la responsabilité, à base de risque. Ainsi créera-t-on des responsabilités objectives, des présomptions de responsabilité dont la philosophie consiste à faire porter la charge du risque sur celui qui l'a créé ou qui en tire profit. La réponse au risque c'est donc l'indemnisation, plus que la prévention. C'est-à-dire l'assurance qui, pour cette raison, a connu de considérables développements avec la multiplication des assurances obligatoires de responsabilité (il y en a une centaine en France). Personne, jusqu'à récemment, ne s'est inquiété de ce nouveau contrat social — c'est le contrat de solidarité — selon lequel le risque est acceptable dès lors qu'il est indemnisé et que la charge n'en est pas laissée à la victime.

On assiste aujourd'hui à une inflexion remarquable dans ce schéma. Le problème n'est plus tant de multiplier les responsabilités pour risque, et d'organiser par l'assurance la solvabilité des responsables que d'empêcher que certains risques ne soient pris. Non seulement la prévention prend le pas sur l'indemnisation, mais

---

* Saleilles (R.), *Les Accidents du travail et la responsabilité civile*, 1897, p. 4.
** *Ibid.*

on cherche à prévenir jusqu'aux risques qui ne sont pas avérés. C'est la précaution. À cela plusieurs raisons : d'abord sans doute une transformation dans la nature des dommages qui ne sont plus tant de l'ordre de l'accident individuel que de la catastrophe. On atteint des montants qui dépassent aussi bien les limites de l'assurable que de l'indemnisable. Il y a aussi une sorte de réévaluation du prix du risque. On a une bonne échelle pour situer cette nouvelle mesure du risque : durant la guerre de 1914, un général pouvait envoyer se faire tuer 300 000 hommes par quinzaine comme lors de la bataille du Chemin des Dames. Aujourd'hui, on ne peut faire la guerre qu'à « risque zéro ». Singulière transmutation des valeurs : dans la balance traditionnelle coûts-avantages, il suffisait que les avantages l'emportent suffisamment sur les risques pour qu'on se sente autorisé à les prendre et donc à accepter une part perdue de la prise du risque. Aujourd'hui, on tend à mesurer le risque à partir de cette part perdue : qu'est-ce qui peut mériter son sacrifice ? Ceux qui auront le malheur d'en faire partie n'ont-ils pas la même valeur que les autres ? Tel est le mode de valorisation qui se loge derrière la problématique du risque zéro.

La philosophie de la précaution ne conduit pas, comme on l'a dit, à revenir du risque à la faute. Elle procède d'une double réévaluation des risques : d'abord en fonction des puissances technologiques désormais mises en œuvre et dont nous avons la conscience que nous n'en avons pas la maîtrise actuelle. Nous sommes confrontés à une sorte d'excès de la puissance sur le pouvoir que nous ne savons pas trop comment qualifier juridiquement : risque de développement, principe de précaution selon qu'on se situe au niveau juridique ou politique. Ensuite parce que nous assistons à une sorte de révolte des victimes qui n'acceptent plus le cynisme de l'équation traditionnelle d'acceptabilité des risques. Elles ne contestent pas tant le montant des évaluations que les relations de pouvoir liées aux risques technologiques. Et leur révolte fait que, désormais, on tend à évaluer le risque à partir de ce qu'on considérait jusqu'alors comme plutôt négligeable.

Ici encore, on peut constater comment l'expérience du risque est une expérience limite. Vis-à-vis de la surpuissance qui est désormais la nôtre (et qui se mesure à ce que nous ne pouvons pas en mesurer les effets), des rapports d'asymétrie et de dépendance qu'elle implique (avec le sentiment de la perte d'autonomie que cela provoque) et de l'ampleur des risques que l'on fait courir, ne convient-il pas, sinon de s'arrêter, du moins de faire une pause qui nous permette de reprendre le contrôle des processus qui nous dominent ? Le temps de la précaution est celui des moratoires.

Ces trois dimensions, morale, sociale et juridique de l'expérience contemporaine du risque ne l'épuisent pas. Si on voulait la parcourir dans son entier, il faudrait y ajouter l'expérience militaire, sans doute une des plus anciennes formes de l'expérience du risque, l'expérience du jeu qui, depuis Pascal jusqu'à von Neumann et Morgenstern, a tenu une telle place dans la formalisation des comportements face au risque et reste si présente dans le monde financier, l'expérience médicale, qui, en raison des progrès de la médecine comme de la médicalisation de la société, est devenue centrale dans notre perception du risque. Il faudrait y ajouter aussi l'expérience psychologique où le risque apparaît comme un des corrélats de l'individualisme contemporain.

Il ne s'agissait pas d'être exhaustif. J'ai seulement voulu comprendre comment le risque pouvait être au cœur de la société contemporaine. Non pas seulement en raison des menaces qui pèseraient sur nous, mais, beaucoup plus profondément, comme un principe général d'évaluation. En cherchant le principe des valeurs dans le risque, la société contemporaine se trouve en même temps condamnée à subir la dialectique du risque : la morale du risque, en même temps qu'elle encourage au sacrifice, en fait sa limite.

L'expérience du risque constitue pour la société contemporaine une sorte d'expérience limite : jusqu'où ne pas aller trop loin ? La société contemporaine, en même temps qu'elle valorise le risque, l'aventure, l'entreprise, cherche à y mettre une mesure. Le risque est ainsi, en même temps qu'un principe de valorisation, d'incitation, d'action, un principe de limitation, de restriction, d'interdiction. Avec la survalorisation du risque, comme avec sa sous-valorisation, l'humain bascule dans l'inhumain. Il n'y a donc pas à opposer une morale du risque à une morale de la protection : c'est la morale du risque qui est indissociablement une morale de la protection. Risque et sécurité ne s'opposent pas comme deux substances indépendantes. Le risque est affirmation et négation à la fois. Il est dans le besoin d'avoir à se dépasser, dans le projet nécessaire de franchir la frontière acquise comme dans la conscience critique du danger d'outrepasser la limite. C'est pourquoi l'homme moderne en se liant au risque s'est donné une conscience perpétuellement inquiète, mieux s'est voué à l'inquiétude de la responsabilité,

    « ... La vague inquiétude
    Qui fait que l'homme craint son désir accompli*. »

---

* Hugo (V.), *Les Feuilles d'automne*.

Risques liés à l'informatisation : dépendance ou confiance ?

par Jean-Claude Laprie

Notre société est devenue dépendante de l'informatique à tous ses niveaux : individus, organismes qui nous emploient, infrastructures essentielles de nos nations. En tant qu'individus, nous confions à des systèmes informatiques nos biens les plus précieux : notre argent via les banques, nos vies lorsque nous nous déplaçons, que ce soit en train ou, encore plus significativement, en avion. L'activité quotidienne des sociétés ou organismes dans lesquels nous travaillons ne peut plus guère s'envisager sans l'informatique. Les infrastructures essentielles de nos nations (production et distribution d'énergie, télécommunications, systèmes de santé) sont elles aussi étroitement dépendantes de l'informatique*.

Cette dépendance est particulièrement et douloureusement ressentie lors de l'occurrence de défaillances. Des exemples sont l'indisponibilité du réseau téléphonique interurbain aux États-Unis (janvier 1990), la défaillance du vol inaugural d'Ariane 5 (juin 1996), l'engorgement massif des portails Web (février 2000).

Ce qui amène la question suivante : *la confiance que nous devons placer dans l'informatique est-elle à la hauteur de notre dépendance ?* La réponse se situe dans le contexte de la sûreté de fonctionnement informatique**.

Texte de la 295ᵉ conférence de l'Université de tous les savoirs donnée le 21 octobre 2000.
* Commission on Critical Infrastructures Protection, *Critical Foundations — Protecting America's Infrastructures*, Report of the President's Commission on Critical Infrastructures Protection, oct. 1997.
** Laprie (J.-C), Arlat (J.), Blanquart (J.-P.), Costes (A.), Crouzet (Y.), Deswarte (Y.), Fabre (J.-C.), Guillermain (H.), Kaâniche (M.), Kanoun (K.), Mazet (C.), Powell (D.), Rabéjac (C.), Thévenod (P.), *Guide de la sûreté de fonctionnement*, Toulouse, Cépaduès Éditions, 1995.

La sûreté de fonctionnement

La sûreté de fonctionnement, c'est-à-dire l'aptitude d'un système à délivrer un service dans lequel ses utilisateurs puissent placer une confiance justifiée, englobe et généralise les attributs de fiabilité, disponibilité, sécurité par rapport aux défaillances catastrophiques (en raccourci « sécurité-innocuité »), intégrité, confidentialité, maintenabilité. Elle recouvre la sécurité par rapport aux manipulations non autorisées de l'information, dite « sécurité informatique » (ou, pour la distinguer de la sécurité-innocuité, « sécurité-confidentialité »), définie via la confidentialité, l'intégrité et la disponibilité.

L'obtention et le maintien à un niveau satisfaisant des attributs de la sûreté de fonctionnement sont entravés par les défaillances et leurs causes, c'est-à-dire les fautes. On distingue généralement les fautes physiques (résultant de dysfonctionnements matériels), les fautes de conception (résultant d'erreurs commises durant le développement des systèmes), les fautes d'interaction (résultant d'erreurs dans la conduite ou l'utilisation opérationnelle des systèmes, ou dans leur maintenance). Alors que les fautes physiques sont par nature accidentelles, les fautes de conception et d'interaction peuvent soit être accidentelles, soit résulter d'une décision délibérée, sans ou avec intention nuisible, auquel cas il s'agit de malveillances.

Le développement de systèmes sûrs de fonctionnement repose sur la prévention de fautes, la tolérance aux fautes, l'élimination des fautes et la prévision des fautes. La prévention de fautes est destinée à empêcher l'occurrence ou l'introduction de fautes. La tolérance aux fautes permet à un système de fournir un service à même de remplir sa fonction en dépit des fautes. L'élimination des fautes vise à réduire la présence des fautes. La prévision des fautes a pour objet l'évaluation de la présence, de la création et des conséquences des fautes.

Les notions brièvement introduites dans ce paragraphe peuvent être résumées sous forme arborescente comme indiqué par la *figure 1*.

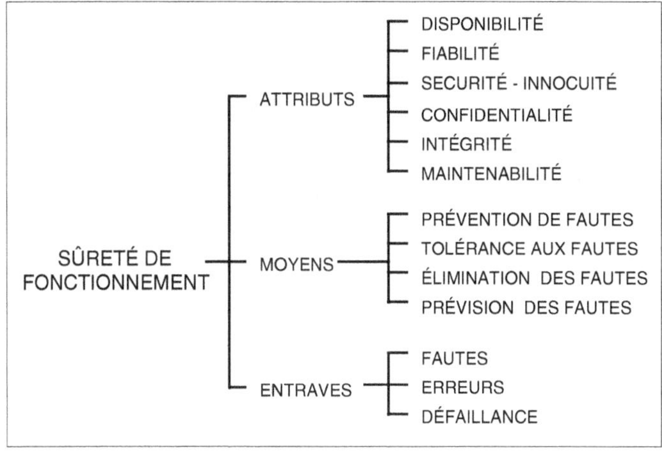

Figure 1 – L'arbre de la sûreté de fonctionnement.

Prédominance des fautes logicielles

Les fautes de conception et donc les fautes logicielles, s'avèrent statistiquement comme la première source de défaillance actuelle des systèmes informatiques*.

La défaillance d'un logiciel en opération est consécutive à l'activation d'une faute (ou défaut) résiduelle, c'est-à-dire ayant échappé aux diverses vérifications effectuées tout au long du processus de développement, destinées à éliminer les fautes créées au cours de ce processus. Afin de fixer les idées et de caractériser l'état de l'art actuel, la densité de fautes créées au cours du processus de développement est de l'ordre de 10 à 200 fautes par millier de lignes de code exécutable, ou kLOC, et la densité de fautes résiduelles en opération est de l'ordre de 0,01 à 10 fautes/kLOC. La large variation dans ces valeurs des densités de fautes (créées, résiduelles) accompagne des variations tout aussi larges en termes d'effort consacré au développement : depuis une fourchette de 0,1 à 0,5 homme/ année (ha) pour les valeurs supérieures des densités de fautes, relatives à des logiciels de grande taille (quelques centaines de milliers

---

* Cramp (R.), Vouk (M. A.), W. Jones, « On operational availability of a large software-based telecommunications system », *Proc. 3rd Int. Symp. on Software Reliability Engineering*, Research Triangle Park, North Carolina, oct. 1992, p. 358-366.
Gray (J.), « A census of Tandem system availability between 1985 and 1990 », *IEEE Trans. on Reliability*, vol. 39, n° 4, oct. 1990, p. 409-418.
Wood (A.), « NonStop availability in a client/server environment », *Tandem Technical Report* 94.1, march 1994.

à quelques millions de lignes de code) et à des applications critiques en termes économiques (télécommunications, systèmes transactionnels)*, à une fourchette de 5 à 10 ha pour les valeurs inférieures des densités de fautes, relatives à des logiciels de taille beaucoup plus modeste (quelques milliers ou dizaines de milliers de lignes de code) et à des applications critiques au sens de la sécurité des personnes (avionique, surveillance de centrales nucléaires, signalisation ferroviaire)**, ou à des applications telles que les interventions en opération sont limitées voire impossibles (domaine spatial). Enfin, le pourcentage de l'effort de développement consacré aux vérifications va de 40 % au moins pour les premiers types de logiciels mentionnés ci-dessus à 75 % pour les seconds.

Dans la suite de cette contribution, nous examinons tout d'abord les approches actuelles pour diminuer les densités de fautes créées et résiduelles, qui sont généralement considérées comme les mesures de la qualité des logiciels. Une conséquence des chiffres donnés ci-dessus est que, sauf exception qui reste entachée d'incertitude, tout logiciel est immanquablement le siège de fautes résiduelles ; il importe donc de le munir de procédures et mécanismes pour tolérer ces fautes en opération, c'est-à-dire pour que l'activation d'une faute n'entraîne pas la défaillance ; nous examinons donc ensuite les approches de tolérance aux fautes des logiciels destinées à améliorer la sûreté de fonctionnement en dépit des fautes résiduelles. Enfin, nous concluons en examinant la situation par rapport à la réutilisation de composants logiciels pour produire un logiciel, et particulièrement l'utilisation de composants dits disponibles sur étagère ou COTS *(Commercial Off-The-Shelf)*.

Amélioration de la qualité : réduction des fautes créées et des fautes résiduelles

À densité de fautes créées donnée, la réduction de la densité de fautes résiduelles passe par une amélioration des activités destinées à éliminer les fautes, donc des activités de vérification. Il est maintenant largement admis que des vérifications doivent avoir lieu tout au long du processus de développement et accompagner chaque étape de la création du logiciel. En effet, le coût d'élimination d'une faute est d'autant plus élevé que l'on attend pour la

---

* Donnelly (M.), Everett (W.), Musa (J.), Wilson (G.), *Best Current Practices : Software Reliability Engineering*, AT Bell Labs, 1992.
** Craigen (D.), Gehrart (S.), Ralston (T.), « An international survey of industrial applications of formal methods », report NIST GCR 93/626, *National Institute of Standards and Technology*, march 1993.

corriger et on considère généralement qu'éliminer une faute au cours de la phase où elle a été créée est d'un ordre de grandeur moins coûteux que de l'éliminer lors de la phase suivante ; par exemple, corriger une faute de spécification lors de la spécification plutôt que de la corriger lorsque la conception, ou *a fortiori*, lorsque le codage a été effectué.

Il existe deux grandes classes de méthodes de vérification, statiques et dynamiques. Les méthodes statiques les plus employées sont les inspections (revue des spécifications, relecture du code), et les méthodes dynamiques recouvrent les diverses formes de test (déterministe, statistique). Alors qu'initialement seul le test était pratiqué, les inspections ont fait la preuve de leur efficacité, tant par leur aptitude à révéler des fautes dès les premières étapes de la création d'un logiciel, que par leur efficience supérieure à celle du test, en termes de fautes révélées par rapport à l'effort de vérification[*]. De plus, les fautes de spécification constituent statistiquement la principale classe de fautes créées[**], que seules les vérifications statiques sont à même de révéler au cours, ou à l'issue, de la phase de spécification. De ce qui précède, il serait cependant erroné de déduire que le test est inutile : il reste un moyen ultime, et indispensable, de vérification du logiciel.

La réduction du nombre de fautes créées passe par l'amélioration du processus de développement lui-même. La référence dans ce domaine est sans nul doute le *Capability Maturity Model* (CMM)[***], qui insiste sur les mesures quantitatives qu'il est nécessaire d'effectuer afin que les points faibles du processus soient identifiés et corrigés. La diminution du nombre de fautes créées consécutive à la mise en œuvre de ce modèle a été démontrée statistiquement[****]. Une autre source significative d'amélioration, non exclusive de la maîtrise quantitative du processus, est le recours à la mécanisation de certaines étapes du développement du logiciel, en particulier l'emploi de générateurs automatiques pour produire le code objet à partir des spécifications.

Le moyen ultime pour réduire tant les fautes créées que les fautes résiduelles est le recours à des approches mathématiquement formelles : diminution du nombre de fautes créées par la rigueur et l'absence d'ambiguïté qui accompagnent des notations mathématiques, diminution des fautes résiduelles par des vérifications également mathématiques, soit par vérification de modèle (particulièrement adaptée à la vérification des

---

[*] Craigen (D.), Gehrart (S.), Ralston (T.), op cit.
[**] Ramamoorthy (C.V.), Prakash (A.), Tsai (W.-T.), Usuda (Y.), « Software Engineering : Problems and Perspectives », *IEEE Computer*, vol. 17, n° 10, 1984, p. 191-209.
[***] Paulk (M. C.), Curtis (B.), Chrissis (M. B.), Weber (C. V.), « Capability maturity model for software », Software Engineering Institute, report CMU/SEI-93-TR-24, ESC-TR-93-177, fév. 1993.
[****] Diaz (M.), Siglio (J.), « How software process improvement helped Motorola », *IEEE Software*, vol. 14, n° 5, sept.-oct. 1997, p. 75-81.

spécifications)*, soit par démonstration d'équivalence entre les états successifs du logiciel au cours de son développement, vu alors comme une suite d'affinements successifs. Les méthodes mathématiquement formelles ont été longtemps l'objet d'un fort scepticisme de la part des praticiens, mais leur utilisation est à l'heure actuelle indéniablement en croissance, qu'il s'agisse de logiciels mettant en jeu la sécurité** et donc de complexité modeste, ou significativement plus complexes comme dans le domaine des télécommunications. Les réticences à l'emploi de telles méthodes sont encore fortes, mais leur adoption condi- tionne le fait que ce qu'il est convenu d'appeler le génie logiciel mérite effectivement son appellation, au sens d'ingénierie***. Il convient cependant de mentionner que vérification mathémati- que n'est pas synonyme d'absence de faute : entre autres, les fau- tes peuvent avoir leur origine dans les hypothèses sous-jacentes aux formalismes utilisés, la vérification porte sur le code source du logiciel et les compilateurs ne sont pas exempts de fautes.

Amélioration de la sûreté de fonctionnement : tolérance aux fautes résiduelles

Le caractère inéluctable des fautes résiduelles, joint à notre dépendance croissante dans les systèmes informatiques, et donc dans les logiciels, conduit au souci de tolérer les fautes logicielles.

La tolérance aux fautes logicielles a été longtemps l'apanage de systèmes mettant en jeu la sécurité, en particulier l'avionique civile**** ou la signalisation ferroviaire*****. Ces systèmes procè- dent de la même approche, la diversité, dans laquelle deux ou plu- sieurs variantes du logiciel sont développées séparément******. Le but des développements séparés est d'obtenir des variantes qui soient indépendantes vis-à-vis des fautes résiduelles et de leur activation. Clairement, des développements séparés entraînent une

---

* Schroebelen (P.), Berard (B.), Bidoit (M.), Laroussinie (F.), Petit (A.), *Vérification de logiciels — Techniques du model-checking*, Paris, Vuibert, 1999.

** Observatoire français des techniques avancées, *Informatique tolérante aux fautes*, ARAGO 15, Paris, Masson, 1994, chap. 13.

*** Baber (R. L.), « Comparison of electrical "engineering" of Heaviside's times and software "engineering" of our times », *IEEE Annals of the History of Computing*, vol. 19, n° 4, 1997, p. 5-17.

**** OFTA 1994, *op. cit.*, chap. 14.

***** Kantz (H.) et Koza (C.), « The ELEKTRA Railway Signalling-System : Field Expe- rience with an Actively Replicated System with Diversity », in *Proc. 25th Int. Symp. on Fault-Tolerant Computing (FTCS-25)*, Pasadena, CA, USA, juin 1995, p. 453-458.

****** Laprie (J.-C.), Arlat (J.), Béounes (C.), Kanoun (K.), « Definition and analysis of hardware- and software-fault-tolerant architectures », *IEEE Computer*, vol. 23, n° 7, juillet 1990, p. 39-51.

telle augmentation du coût que cette approche est limitée aux systèmes à haute criticité.

Plus récemment, il a été constaté que la plupart des fautes résiduelles sont suffisamment subtiles pour que leur activation dépende de combinaisons également subtiles de l'état interne et des sollicitations de l'environnement. Ces fautes présentent alors toutes les caractéristiques de fautes intermittentes, y compris la difficulté à reproduire leurs conditions d'activation*. Les approches pour tolérer de telles fautes logicielles intermittentes sont d'un coût significativement plus faible que l'approche de diversité**. Des points de reprise dans des architectures faiblement couplées, *a priori* destinées à tolérer des fautes matérielles ont démontré leur efficacité, qui est estimée comme se situant dans la fourchette 88-96 % à partir de données expérimentales***.

Utilisation de COTS dans le développement de logiciels

L'utilisation de COTS n'est pas un phénomène nouveau, surtout si l'on se réfère au logiciel dit de base, qu'il s'agisse lors de la vie opérationnelle des systèmes d'exploitation, ou lors du développement des compilateurs. Ce qui est nouveau, ce sont les exigences de qualité et de sûreté de fonctionnement****, en ce sens que lorsqu'on utilise des COTS dans un système dont on a le souci soit de contrôler la qualité via la densité de fautes résiduelles, soit d'améliorer la sûreté de fonctionnement via la tolérance aux fautes, il est impératif que les COTS soient cohérents avec la démarche d'ensemble :

— Connaissance de leurs densités de fautes résiduelles et, le cas échéant, informations précises sur leur développement et en particulier les vérifications qu'ils ont subies, ne serait-ce que pour s'assurer de la cohérence d'ensemble ou pour améliorer leur qualité.

— Connaissance de leurs mécanismes de tolérance aux fautes et des hypothèses de fautes, tant internes (pour juger de leur réaction à leurs propres fautes résiduelles), qu'externes (pour juger de leur robustesse vis-à-vis de fautes externes), sur lesquels ces mécanismes sont basés*****.

---

* Gray, *op. cit.*
** Huang (Y.), Kintala (C.), « Software fault tolerance in the application layer », in *Software Fault Tolerance*, M. Lyu (éd.), New York, Wiley, 1995.
*** Iyer (R. K.), Lee (I.), « Software fault tolerance in computer operating systems », in *Software Fault Tolerance*, M. Lyu (éd.), New York, Wiley, 1995.
**** Arlat (J.) coord., *Composants logiciels et sûreté de fonctionnement*, Paris, Hermes Science, 2000.
***** Salles (F.), Arlat (J.), Fabre (J.-C.), « Can we rely on COTS microkernels for building fault-tolerant systems ? », in *Proc. 6ᵗʰ IEEE Workshop on Future Trends of Distributed Computing Systems*, Tunis, oct. 97, p. 189-194.

Conclusion : l'enjeu économique

Au-delà des exemples largement médiatisés mentionnés en introduction, l'enjeu économique de la sûreté de fonctionnement est considérable comme en témoignent les estimations des coûts annuels des défaillances informatiques :

— 12 milliards de Francs en France, se répartissant à peu près également en termes de causes entre fautes accidentelles et malveillances (estimation en deçà de la réalité car ne concernant que le secteur privé),

— 4 milliards de dollars aux États-Unis, pour les seules fautes accidentelles susceptibles d'affecter les applications de nature transactionnelle (banques, assurances, réservations, commerce de gros, etc.), avec un coût moyen horaire d'indisponibilité de 80 000 dollars,

— 1,25 milliard de livres au Royaume-Uni pour les seules malveillances.

Ce qui précède est relatif aux défaillances effectivement survenues dans des systèmes opérationnels. La situation est encore plus saisissante lorsque l'on considère le gâchis constitué par les logiciels dont le développement est annulé en cours de route, donc résultant de défaillances du processus de production : il est estimé aux États-Unis à 80 milliards de dollars par an, avec des exemples individuels de 4 milliards de dollars.

Responsabilité, risque et précaution

par Gilles J. Martin

Les systèmes juridiques reposent sur quatre piliers majeurs et quelques menues colonnes. Au rang des piliers, figurent *la personne juridique* et sa capacité à être titulaire de droits et d'obligations, *la propriété*, socle du droit des biens, le *contrat*, instrument privilégié des échanges, *la responsabilité juridique*, enfin. C'est d'elle et des relations complexes qu'elle entretient avec d'autres concepts — le risque, la précaution — dont je parlerai.

S'il est vrai, comme l'a rappelé G. Viney dans une conférence précédente que *la responsabilité juridique* n'acquiert sa place qu'assez tardivement dans nos sociétés*, nul ne conteste aujourd'hui qu'elle est une des clauses essentielles du contrat social, celle par laquelle les hommes conviennent de traiter juridiquement les atteintes que certains d'entre eux — individuellement ou collectivement — subissent dans leurs biens, leur chair, ou dans les valeurs qu'ils estiment devoir défendre.

Quant au *risque*, il est au cœur des discours contemporains, mais le mot et le concept qu'il porte n'ont plus qu'une lointaine parenté avec celui du Moyen Âge qui servait à désigner les écueils susceptibles de compromettre une bonne navigation**. C'est que les mathématiciens, avec le calcul des probabilités, les statisticiens et les sociologues, les assureurs et les spécialistes de cyndiniques (une façon d'échapper à la qualification de « risquologues » !) s'en sont emparé, le chargeant de sens nouveaux, parfois difficiles à articuler avec les significations anciennes.

Texte de la 296ᵉ conférence de l'Université de tous les savoirs donnée le 22 octobre 2000.
* Cf. « La responsabilité et ses transformations (responsabilités civile et pénale) », in *Qu'est-ce que l'humain ?*, Michaud (Y.) dir., Paris, Odile Jacob, 2000, p. 144 et sq.
** Ewald (F.), *L'État Providence*, Paris, Grasset, 1986, p. 424.

Responsabilité et risque ont évidemment, et depuis longtemps, des relations étroites et tumultueuses, le second servant même depuis le XIXe siècle, de fondement à la première, à côté de la faute et parfois en concurrence avec elle.

La *précaution*, enfin, qui renvoie à la vertu de sagesse du bon père de famille, mais aussi, parfois, à la frilosité du « précautionneux », et qui ressurgit au tournant de ce siècle sous les habits « post-modernes » du principe de précaution.

Que n'a-t-on dit ou écrit au cours des dix dernières années sur ce désormais fameux principe ? Utilisé à tout propos et hors de propos, il a fait naître aussi les plus vives controverses entre les spécialistes des sciences sociales. En leur sein, les juristes ont rapidement pris conscience que le nouveau venu — venu de la sphère internationale où il a été installé par le monde anglo-saxon — était susceptible de redessiner une partie significative du système juridique et de redéfinir les contours du droit de la responsabilité*.

Mais que l'on ne s'y méprenne pas. Le débat juridique dont il s'agit n'est pas l'un de ceux, technique et un peu froid, qui permettent souvent aux juristes de se sentir entre eux. Le système juridique, et en son sein le droit de la responsabilité, sont ici le lieu où vont s'exprimer avec clarté les conceptions idéologiques — au sens premier du terme —, les représentations, que les hommes se font de leurs rapports aux dommages qui les frappent et des réactions de solidarité, d'égoïsme, voire de répression et de vengeance que ces dommages peuvent ou doivent susciter.

Autrement dit, rapprocher ces trois termes — responsabilité, risque, précaution — dans leur acception juridique, c'est raconter l'histoire de la façon dont les hommes conçoivent leur fragilité face aux périls qui les menacent et dont ils conviennent d'y répondre.

Il convient de situer le propos dans le temps et dans l'espace.

Dans le temps, nous ne raisonnerons « que » sur la période qui va des premiers balbutiements de la société industrielle à nos jours. Dans l'espace, nous limiterons l'analyse aux droits de la famille romano-germanique et à la *Common Law*, en privilégiant le droit français. Ainsi délimité, le champ de l'observation autorise deux remarques :

En premier lieu, il est possible de montrer que la responsabilité juridique, d'abord ignorante du risque, a peu à peu été enrichie par sa prise en compte, enrichie à tel point qu'elle en a été comme enivrée, perdant parfois ses repères et donnant ainsi prise à une critique au sens propre réactionnaire — c'est-à-dire à une critique prônant le retour à « l'âge d'or » ou prétendu tel de la faute classique.

---

* Martin (G. J.), *Précaution et évolution du droit*, D.95, Chron., p. 299.

Cette situation n'est sans doute pas étrangère à l'irruption dans les années 1980-2000 du concept, du principe, de l'obligation — réservons pour l'instant la qualification — de précaution. Il conviendra, alors, en second lieu, de s'interroger sur la question de savoir en quoi et jusqu'où la référence à la précaution est venue renouveler, peut-être « bousculer », cet édifice encore mal stabilisé qu'était devenu le droit du risque.

Le droit de la responsabilité a d'abord été enrichi par la prise en compte du risque

Pendant longtemps, le risque est demeuré, sinon hors du droit, du moins cantonné dans ses marges. Les juristes ne le considéraient qu'en lui reconnaissant le statut du « coup du sort », du destin, du *fatum*. Le mot, jusque vers 1820, ne désigne d'ailleurs que des événements dommageables de la Nature : « orage, grêle, inondations, épizooties, incendie... à l'exclusion des dommages qui pourraient provenir du fait de l'homme », écrit un certain Barrau en 1816 dans son *Traité des fléaux et cas fortuits* en proposant l'institution d'un vaste système d'assurances*.

Le risque est alors seulement destructeur du rapport juridique. Il interdit au lien d'imputabilité de se nouer ; il exonère celui qu'une première approche aurait pu désigner comme le responsable du dommage. À dire vrai, il exclut le responsable parce qu'il exonère celui que l'on pouvait croire coupable, une identité presque parfaite unissant les deux termes. La responsabilité, qu'elle soit civile ou pénale, ne peut en effet être engagée que si une faute a été commise par un sujet identifié, ce que dément précisément le constat de l'intervention du risque. Dans sa forme la plus accomplie, celui-ci prend donc les traits juridiques de la force majeure, événement imprévisible, extérieur à l'agent et à ce titre irrésistible. Le dommage qui en résulte, parce qu'il n'est imputable qu'à Dieu, au Diable ou au mauvais sort, doit être supporté par la victime qui est d'ailleurs présentée, non sans un certain cynisme, comme « l'élue du sort » !

Dans ce schéma de pensée, il est tout au plus possible d'envisager que la charité se manifeste au profit de la victime, ou que se mettent en place, dans un cadre informel, quelques solidarités familiales ou de proximité. Il ne peut être question, en revanche, d'organiser socialement et juridiquement une prise en charge du risque et des dommages associés.

---

* Cité par Ewald (F.), *op.* et *loc. cit.*

Ce n'est qu'avec l'essor de la société industrielle et avec la multiplication des dommages, qui pour certains deviennent des dommages de masse, que va naître puis se développer une autre approche du risque. Celle-ci sera à l'origine d'un véritable bouleversement de la responsabilité juridique et tout spécialement de la responsabilité civile.

Quelques juristes progressistes, Saleilles*, Josserand**, principalement en France, vont développer l'idée — sans doute déjà présente dans la doctrine allemande — que parmi les prétendus « coups du sort », tous ne méritent pas cette qualification***, et que le « risque, comme l'écrit François Ewald, n'est plus seulement dans la nature, il est dans l'homme… dans la société**** ».

À côté du *fatum*, de l'événement naturel catastrophique et imprévisible — qui demeure un fait exonératoire —, il faut prendre en considération l'organisation sociale, l'organisation de l'entreprise, du service, l'introduction et l'utilisation volontaires et conscientes de nouvelles machines et de nouvelles technologies, la recherche de la rentabilité et du profit, tous éléments qui ne peuvent être imputés à faute, mais qui, néanmoins, sont facteurs de risques et de dommages, qu'il n'est plus possible de laisser à la charge des seules victimes.

Ainsi, et de manière assez paradoxale, en même temps qu'il demeure une cause d'exonération, le risque, dans sa composante humaine et sociale, devient fondement, justification, de la responsabilité.

La doctrine juridique va formaliser cette nouvelle approche assez simplement à travers les deux idées, voisines mais néanmoins distinctes, du « risque-créé » et du « risque-profit »*****.

Selon la première, lorsqu'un risque est introduit dans la vie sociale, cela doit être au péril de celui qui en est l'initiateur ou le créateur et non aux périls d'autrui. Toute activité dommageable, même non fautive, doit donc être génératrice d'une obligation de réparer.

Selon la deuxième, l'homme qui recueille les bénéfices de son activité doit, en contrepartie, en supporter les charges. La recherche d'une meilleure rentabilité et d'un plus grand profit par l'utilisation de machines nouvelles ou plus nombreuses, par l'embauche de nouveaux salariés ou la mise au point de nouveaux processus de production justifie, fonde, la naissance de nouvelles responsabilités.

---

* Cf. la note publiée par Saleilles au D. 1897, p. 433 et le texte de la conférence prononcée devant la Société d'économie sociale, le 14 février 1898, *La Réforme sociale*, *1898*, p. 634 et sq.
** *De la responsabilité du fait des choses inanimées*, 1897.
*** Cf. Lassez (M.-J.), *L'Évolution des idées en matière de responsabilité civile au XIXe siècle*, Thèse Paris, 1961.
**** *Op.* et *loc. cit.*
***** Cf. Viney (G.), *La Responsabilité. Introduction à la responsabilité*, J. Ghestin dir., Paris, LGDJ 2e éd., 1995.

Cette mutation essentielle constitue un formidable progrès social. D'abord parce qu'elle trouve l'une de ses plus grandes applications dans le domaine des accidents du travail avec la loi de 1898. Ensuite, parce qu'elle rompt pour la première fois depuis longtemps — sur le terrain de l'obligation de réparation au moins —, et au seul bénéfice des victimes, le lien entre la responsabilité juridique et la culpabilité. L'homme est tenu de réparer le dommage, non parce qu'il a commis une faute qu'on lui reproche, mais parce que sa situation, son activité, sont génératrices de risques dont certains se réalisent en entraînant des dommages.

La victime n'est plus « l'élue du sort » ; elle n'est plus contrainte de demander de l'aide ; elle devient titulaire d'un *droit* à réparation.

Ce formidable progrès social n'est évidemment possible que parce que se mettent en place et se développent des « organisations » complexes qui permettent tantôt de socialiser le risque en le diffusant sur l'ensemble de la société, tantôt de le collectiviser en le répartissant au moins entre les membres d'une collectivité donnée*.

Les « technologies » mises en œuvre — il s'agit bien de technologies — traduisent, elles aussi, des approches différentes, sinon du risque lui-même, du moins de la manière de lui faire face et de le supporter.

Tandis que certaines s'organisent autour des valeurs de la solidarité en demandant à chacun de contribuer selon ses capacités, d'autres — les techniques de l'assurance — font du risque, de sa probabilité et de sa gravité mises en statistiques, la clef de voûte du calcul de la participation de chacun. Comme on le sait, le débat entre ces deux approches n'est pas clos et il est loin d'être secondaire. En témoignent depuis une vingtaine d'années, les discussions et polémiques relatives à la couverture de risques tels que les risques santé, vieillesse ou invalidité. Un point cependant les unit : le risque qu'elle gère transforme son objet, quel qu'il soit, en équivalent monétaire. Quoi qu'il en soit, l'avancée est telle par rapport à la période précédente qu'elle se nourrit de son propre succès et occupe bientôt tout l'espace. Tandis que se multiplient les régimes spéciaux de responsabilité fondés sur le risque et que se développent les mécanismes de prise en charge collective des dommages qui leur sont associés, le risque « coup du sort », le risque exonératoire de responsabilité voit son domaine se réduire comme une peau de chagrin. C'est qu'il n'est pratiquement plus d'événements qui, dans l'esprit des victimes potentielles, méritent vraiment le statut de la force majeure. L'imprévisible reste à peine imaginable ; il est de moins en moins acceptable.

---

* Russo (Ch.), *De l'assurance de responsabilité à l'assurance directe — Contribution à l'étude d'une mutation de la couverture des risques*, coll. Nouvelle bibliothèque des thèses, Paris, Dalloz 2001.

Mais, par là même, les repères de la responsabilité sont un peu perdus et ceux qui ont trouvé dans cette soif de réparation à tout prix, un nouveau marché, contribuent à entretenir et à aggraver la confusion. Ainsi, le débat pourtant essentiel auquel nous faisions à l'instant référence sur la question de savoir sur quels principes doivent être fondés les technologies de la réparation est « escamoté ». Dans la dernière période, s'installe même l'idée que la technologie la plus efficace est sans doute celle par laquelle ce sont les victimes elles-mêmes qui doivent couvrir, par l'assurance directe, les risques qu'elles encourent*.

Le droit de la responsabilité n'est plus concerné. Il devient peu à peu un droit du risque assurantiel dont la logique de fonctionnement est déconnectée des faits ou des situations qui ont donné naissance aux dommages que l'on entend réparer.

La responsabilité pénale elle-même est affectée par le mouvement.

D'une part apparaissent dans notre droit des infractions dites matérielles, c'est-à-dire n'exigeant pas la preuve d'un élément intentionnel, au mépris des principes les mieux établis de la responsabilité pénale. Et il n'est pas certain que le nouveau Code pénal ait été suffisant pour renverser ce courant.

D'autre part et surtout, les victimes prises en charge de manière globalement satisfaisante sur le terrain de la réparation des dommages, au moins quant au résultat final, éprouvent une sorte de frustration à ne plus identifier ceux qui sont à l'origine du dommage. Elles tentent alors de compenser ce manque en engageant des poursuites pénales qu'elles veulent tout à la fois « instructives » (au sens de l'instruction pénale) pour elles-mêmes et infamantes pour la personne poursuivie. Disposant peu ou prou du droit à la réparation, elles cherchent à se voir reconnaître un « droit à l'explication » et, si besoin est, à la vengeance.

Globalement, le système a donc du mal à trouver son équilibre, nourrissant ainsi les discours de ceux qui prônent un retour à ce qu'ils considèrent comme la clarté, c'est-à-dire un retour à la responsabilité classique pour faute associée à une prise en charge assurantielle des dommages presque totalement déconnectée des questions de responsabilité.

C'est dans ce contexte instable et un peu confus que le concept de précaution fait irruption. Est-il de nature à ouvrir un nouveau chapitre de cette longue saga ? S'inscrit-il au contraire en rupture ?

---

* Russo (Ch.), *op. cit.*

Le droit du risque est-il renouvelé ou « bousculé » par la référence à la précaution ?

D'où nous vient ce concept ? Il se formalise en droit international, même si certaines de ses traductions étaient déjà présentes dans l'ordre interne*. Sa culture d'origine est anglo-saxonne. Si le droit anglais a longtemps placé le dommage, « le tort » et la victime au cœur du dispositif, depuis de longues années il s'était infléchi en visant de plus en plus souvent et nettement la « négligence », c'est-à-dire le fait de celui qui allait être déclaré responsable. Le principe de précaution s'inscrit dans cette logique.

Il réintroduit la culpabilité dans le droit des risques, mais ce n'est pas celle qu'attendaient et qu'espéraient les chantres de la responsabilité pour faute ancienne manière. C'est une culpabilité revisitée, une culpabilité de l'improbable, un retour de la morale, mais d'une morale de l'incertitude.

La faute n'est pas d'avoir agi ou de s'être abstenu d'agir ; la faute est de n'avoir pas mis en place les procédures, les procès qui permettaient de produire de la connaissance sur un risque potentiel mais non encore avéré. La faute est de ne pas avoir accompagné l'activité susceptible de faire naître des risques non connus de dispositifs permettant précisément d'en déceler la potentialité bien avant de pouvoir les identifier. La faute est de ne pas avoir procédé par paliers successifs pour anticiper l'éclosion du risque, pour le construire intellectuellement en même temps que l'activité ou le produit susceptibles de le porter en germe.

Que peut-on attendre de ce concept et de cette faute renouvelée ?

À l'évidence, une renaissance de la responsabilité pour faute**, mais d'une responsabilité pour faute considérablement élargie.

Certains, dont nous sommes, ont pu craindre que par un effet quasi mécanique, la responsabilité objective — celle du risque créé et du risque profit — régresse, et qu'au bout du compte la réparation des dommages subis par les victimes soit moins facile parce que moins automatique. On a répondu à ces craintes en faisant valoir que rien, pour l'heure, ne venait confirmer cette prophétie et que, bien au contraire, les mécanismes de réparation automatique s'étaient multipliés au cours de la dernière décennie***. Ce

---

* Cf. Martin (G. J.), *op. cit.*, Introduction.
** Martin (G. J.), *Le Principe de précaution et la renaissance de la responsabilité pour faute*, JCP édit., n° spécial « L'entreprise et l'environnement » 1999.
*** Viney (G.), Kourilsky (Ph.), *Le Principe de précaution, Rapport au Premier ministre*, La Documentation française, 2000.

constat est exact : il oublie seulement de souligner que ces mécanismes ne sont plus des mécanismes de responsabilité et qu'ils font la part de plus en plus belle à la couverture de leurs propres risques par les victimes elles-mêmes. Cette évolution, nous semble-t-il, est inscrite dans les faits.

Mais si l'obligation de réparation fondée sur la responsabilité régresse, comment expliquer la crainte qu'inspire le principe de précaution dans certaines sphères ? Cette crainte est si vive que l'on a même essayé de démontrer que la précaution n'était qu'un concept de droit public qui n'intéressait pas notre débat et ne concernait que l'État*. Rassurez-vous bonnes gens, la précaution n'est qu'une politique qui contraint l'État, qu'une « grande machine à faire basculer le contrôle *a posteriori* (par la responsabilité) en contrôle *a priori* (par l'administration) » ! Qu'un risque se réalise et les actions pourront pleuvoir sur l'État qui n'a pas joué son rôle, mais elles épargneront ceux qui, dans cette conception, pourront être présentés comme des vecteurs passifs du risque... presque comme des victimes de l'insuffisante précaution de l'État.

Le paysage idéal pour les tenants de cette thèse (que nous ne partageons pas !) se dessine en trois volets :

— Des responsables qui ne peuvent l'être que pour une « vraie » faute (entendez pour une faute classique, d'avant le principe de précaution).

— Des victimes potentielles appelées à couvrir leurs propres risques par le recours à l'assurance directe.

— Un État en charge de minimiser les risques, et donc les coûts, en conduisant seul une politique de précaution.

Et si, énonçant une réserve sur cette construction, on fait observer que les milieux concernés, les industriels, les professions de santé, les professionnels de l'agroalimentaire se sont appropriés le principe de précaution en le consignant dans leurs chartes, leurs codes de conduite, leurs campagnes de communication, en le considérant comme faisant désormais partie des obligations qui pèsent sur eux, les mêmes répondront que ce ne peut être que par un effet de l'inconscience de ces milieux, inconscience nourrie par la malhonnêteté (le mot a été employé**) de ceux — dont nous sommes ! — qui ont prétendu que ce nouveau concept présentait toutes les caractéristiques d'un concept coutumier : la répétition de son usage, le sentiment collectif qu'il impose des comportements qui pourront être sanctionnés.

---

* Ewald (F.), Le principe de précaution — Entre politique et responsabilité, *Commentaire*, n° 90, été 2000, p. 365 et sq. ; Godard O., *Le Principe de précaution comme principe d'action politique*, Séminaire de l'École polytechnique, août 2000.
** Godard (O.), article précité, p. 4 : l'auteur évoque une démarche d'« honnêteté intellectuelle contestable ».

Comment expliquer cette tentative de limiter le principe de précaution à un principe politique n'engageant que l'État ? Comment expliquer l'énergie déployée à éviter que le principe de précaution devienne un principe de responsabilité ?

Deux ou trois explications, qui sont autant de craintes, viennent à l'esprit : elles ramènent au débat essentiel sur la responsabilité.

La première est, qu'en revivifiant le débat sur la responsabilité, le principe de précaution risquerait de contrecarrer l'évolution précédemment décrite, qui conduit jour après jour à faire prendre en charge les dommages par ceux qui les subissent.

La deuxième est peut-être qu'en réconciliant la responsabilité et une culpabilité rénovée, revisitée par le principe de précaution, ce dernier rompt avec une logique de déresponsabilisation qui était à l'œuvre depuis cent cinquante ans. Ce qui est alors redouté, ce qui est refusé, c'est le jugement moral porté contre celui ou ceux qui pouvaient se sentir « responsables » sans être « coupables ».

La dernière est sans doute que le principe de précaution vienne inhiber toute innovation.

La crainte serait fondée si la traduction du principe de précaution était celle qu'on a parfois donnée en affirmant que dans le doute, il faut s'abstenir. Mais tout le monde, sauf peut-être certains politiques ou certains médias, s'accorde aujourd'hui pour écarter cette vision « intégriste » du principe. Répétons-le : le principe de précaution ne commande pas une solution ; il n'est pas porteur de ce que les juristes appelleraient une règle substantielle ; il impose seulement, mais c'est déjà beaucoup, une manière de faire, des procédures qui doivent accompagner tous les processus décisionnels, tant publics que privés, pour obliger à penser les risques incertains, à en formaliser les contours et à produire sans cesse de la connaissance sur leur survenance potentielle et sur leur gravité.

Plutôt que de refuser cette nouvelle obligation de précaution, il nous paraît préférable d'en préciser les contours.

La question fondamentale nous paraît être de rechercher quand et dans quelles conditions les décideurs publics ou privés sont soumis à l'obligation de précaution. Les thèses sont nombreuses ; nous ne ferons qu'exposer celle vers laquelle va notre préférence.

L'obligation de précaution naît lorsque apparaît ce que nous avons choisi de nommer un « doute légitime ». Il y a doute légitime au moins dans deux hypothèses.

D'une part le doute est légitime, lorsque des *faits objectifs*, c'est-à-dire scientifiquement établis selon les procédures habituelles de la science, font naître des questions qui ne reçoivent de réponses que sous la forme d'hypothèses de risques. Ainsi l'observation que la courbe des encéphalopathies spongiformes bovines, marque un « plateau » inexpliqué, en l'état de la science inexplicable, alors que le contrôle de la fabrication et de la distribution des farines animales aurait dû conduire à son fléchissement certain, fait naître un « doute légitime » sur la fiabilité dudit contrôle (et des informations récentes le confirment), ou sur l'éventualité d'autres modes de contamination que ceux qui avaient été jusque-là identifiés.

Il y a encore doute légitime lorsque, d'autre part, des faits « sociaux » mesurables (par des enquêtes d'opinion, par exemple) révèlent l'existence d'une perception sociale d'un risque.

La tentation pourrait être grande, dans un souci d'« objectivité » de s'en tenir aux premiers (aux faits qualifiés d'objectifs). Ce serait oublier que ces faits « objectifs » sont eux-mêmes le résultat d'une production sociale (les gouvernements, les institutions scientifiques publiques ou privées ont choisi d'investir dans des recherches qui ont permis de valider ces faits et pas d'autres) et que cette production sociale n'obéit pas nécessairement à une rationalité plus satisfaisante que les faits qualifiés de sociaux. Ce serait oublier surtout que l'existence d'une perception sociale du risque (fût-elle irrationnelle ou considérée comme telle) constitue un phénomène lui-même objectif que l'on ne peut négliger sous peine de graves conséquences.

L'existence d'un doute légitime impose une obligation de précaution, c'est-à-dire la mise en place de procédures d'expertise, de débats, d'obligations de veille et de suivi.

Il faut, en revanche, affirmer avec force qu'en deçà de ce seuil, il ne sera pas illégitime ni illégal d'agir en respectant seulement les procédures de prévention mises en place pour analyser et tenter de réduire ou d'éradiquer les risques connus.

Ainsi considérée, l'obligation de précaution n'est pas aussi contradictoire avec l'innovation qu'on a bien voulu l'écrire parfois. Certains économistes soulignent que ; malgré l'accélération du temps économique, il existe des périodes d'adaptation, d'apprentissage et de diffusion de l'innovation qui sont incompressibles. Elles obligent à percevoir l'innovation, non comme un processus qui fonctionnerait par bonds successifs, entrecoupés de paliers permettant de gérer l'innovation et de rentabiliser les investissements, mais comme un processus qui se développe nécessairement dans le temps, et dont l'agrégation au système économique est progressive.

Si tel est bien le cas, le principe de précaution, en donnant du temps au temps, et en obligeant à produire de la connaissance sur le risque dans un contexte d'incertitude, devrait être regardé, contrairement à la présentation caricaturale qui en est souvent faite, comme un principe moderne d'accompagnement, facilitant l'intégration de l'innovation, et ce en parfaite adéquation avec les besoins du système économique.

Nervosité dans la civilisation :
du culte de la performance
à l'effondrement psychique

par Alain Ehrenberg

« Extrême » et « risque » font partie d'un réseau sémantique composé de mots, comme « changement », « compétition », « incertitude », « responsabilité », « concurrence » ou « décision ». On l'opposera à un autre réseau sémantique, dont on fait beaucoup moins usage aujourd'hui, où l'on trouve des termes comme « interdit », « discipline », « obéissance », « sens du devoir », « sacrifice », etc. Dans le premier cas, l'élément commun se réfère au monde de l'action, et plus précisément à celui de l'action individuelle (dont, on le verra, l'entrepreneur est l'horizon). Dans le deuxième cas, l'élément commun se réfère au monde de l'exécution mécanique (dont le travailleur à la chaîne est l'incarnation). Ce changement de vocabulaire accompagne le basculement d'une société organisée par la discipline à une société guidée par l'autonomie. Ce basculement s'est produit au cours de la deuxième moitié du XXe siècle aux niveaux social, institutionnel, politique et, en conséquence, psychologique. Il représente un changement majeur de l'individualité, un véritable remaniement anthropologique qui met en jeu la conception globale que nous avons de nous-mêmes. Dans un style d'existence organisé par la discipline et l'interdiction, la question qui se posait à chacun était du type : que m'est-il permis de faire ? Quand la référence à l'autonomie et à l'action domine les esprits, quand elle s'est précisément instituée, la question est désormais : suis-je capable de le faire ? Ce n'est pas du tout la même chose*.

Texte de la 297e conférence de l'Université de tous les savoirs donnée le 23 octobre 2000.
* Cette conférence reprend des éléments développés dans *Le Culte de la performance*, Paris, Calmann-Lévy, 1991, rééd. Hachette-Pluriel, 1996, *L'Individu incertain*, Paris, Calmann-Lévy, 1995, rééd. Hachette-Pluriel 1996, *La Fatigue d'être soi — dépression et société*, Paris, Odile Jacob, 1998, Odile Jacob Poche, 2000.

Pour traiter succinctement de ce remaniement et de quelques-uns de ses enjeux, je suivrai le fil directeur des transformations de la drogue, des médicaments psychotropes et des pathologies mentales, plus particulièrement la dépression, dans nos sociétés. À travers ce fil, mon angle d'attaque consistera à mettre en relation trois changements ayant affecté l'individualité. Je montrerai d'abord comment la dynamique d'émancipation, qui émerge au cours des années 1960, a progressivement dessiné un type d'individu qui est le propriétaire de lui-même (mon corps est à moi et seulement à moi) et a produit un pluralisme normatif extrême (sur le mode : tous les styles de vie se valent) qui a entraîné la montée du souci pour l'identité. Ce phénomène recouvre une situation de l'individualité qu'avait parfaitement pressentie Claude Lévi-Strauss en 1960 : « Tout se passe comme si chaque individu avait sa propre personnalité pour totem*. » Je décrirai ensuite comment les exigences d'action, d'autonomie et d'initiative personnelles se sont agrégées au pluralisme normatif, au cours des années 1980, induisant un mode de vie caractérisé par des normes de dépassement de soi, sur le modèle de l'aventure entrepreneuriale. Je conclurai enfin en montrant que ce double processus a conduit à l'émergence d'un nouveau problème : la souffrance psychique, dont les dépressions et les addictions sont les prototypes, est devenue une question sociale et politique. Du culte de la performance à l'effondrement psychique, nos sociétés ont fini par donner forme à une culture du malheur intime parfaitement inédite. La performance, l'épanouissement individuel et la vulnérabilité de masse forment les trois registres de la nervosité dans la civilisation.

Les Évangiles de l'épanouissement personnel

Les années 1960 sont le noyau des Trente Glorieuses. Elles amorcent la grande transformation des mœurs : le style de vie de la France des notables avec son sens de l'épargne, son culte du patrimoine et son rêve d'enracinement que symbolisait la maison de maître s'efface. Politiques de croissance, d'éducation (fin de la séparation du primaire et du secondaire), d'équipement collectif, accroissement de la mobilité sociale et géographique, renforcement de la protection sociale, etc. Toutes ces nouveautés du « miracle » français d'après-guerre ont trois conséquences. D'abord, elles ouvrent l'espace des possibles (c'est le début de « l'ascenseur social »). Ensuite, elles réduisent les aléas de l'existence (la sécurité matérielle s'accroît). Enfin, pour ce qui nous occupe ici, elles contri-

---

* Lévi-Strauss (C.), *La Pensée sauvage*, Paris, Plon, 1960.

buent à rendre les gens plus indépendants de leur communauté d'appartenance et des contraintes de la tradition. Les règles d'autorité et de conformité aux interdits, qui assignaient aux classes sociales comme aux deux sexes un destin, sont ébranlées. L'idée que chacun puisse devenir quelqu'un par lui-même et vivre la vie qu'il entend choisir se diffuse massivement. Cette idée est médiatisée dans la vie quotidienne à travers les nouveaux magazines (*L'Express* et *Le Nouvel Observateur*), les magazines féminins et les ouvrages de psychologie populaire à partir de la fin des années 1950. Ils adoptent un nouveau ton : ils sortent d'une morale du devoir pour promouvoir une morale de l'épanouissement personnel (que le Club Méditerranée met d'ailleurs déjà en pratique au même moment dans le domaine des vacances). Les médias poussent les lecteurs, et surtout les lectrices, à s'intéresser à leur vie psychique. Ils les déculpabilisent en fournissant un langage les autorisant moralement à se déprendre d'un destin, auquel il fallait s'adapter vaille que vaille, au profit de la liberté de choisir sa vie et de chercher ses désirs véritables. C'est à cette époque que la psychanalyse, cette clinique du désir, amorce sa popularité. *Chère Ménie*, émission animée par Ménie Grégoire sur RTL de 1967 à 1980, fut le symbole populaire de ce nouveau ton et la grande caisse de résonance de ce souci de soi inédit.

La politisation de ces questions s'amorce avec l'émergence de nouveaux mouvements sociaux après Mai 68. Ils font entrer dans l'agenda politique la question de la propriété de soi (la réforme de l'avortement et du divorce en étant les principaux résultats). Le droit à disposer de son corps est désormais un enjeu politique permanent (pensons aux multiples débats bioéthiques, de la fécondation *in vitro* en 1980 au clonage thérapeutique en 2000 ou aux controverses sur le PACS de 1997 à 1999*). Au cours des années 1970, des valeurs de choix total commencent à s'imposer : c'est la libération à l'égard des « interdits ».

Nos sociétés entrent dans l'âge de la possibilité illimitée : rien ne doit limiter cette aspiration nouvelle, cette étrange passion d'être seulement soi-même qui saisit nos contemporains depuis trente ans. Nous sommes émancipés au sens propre du terme : l'idéal politique moderne, c'est-à-dire démocratique, qui fait de l'homme le propriétaire de lui-même et non le docile sujet du Prince depuis la fin du XVIIIe siècle, s'est étendu à tous les aspects de l'existence. Le déclin de la référence à l'interdit et à la discipline, à cette culture du renoncement qui caractérisait nos sociétés depuis longtemps, fait apparaître une nouvelle figure d'individu que Nietzsche avait parfaitement définie à la fin du XIXe siècle : « l'individu souverain qui n'est semblable qu'à lui-même » (*Généalogie de la morale*), qui fait de lui-même son totem. Ce qui était

---

* Voir Théry (I.), « PACS, sexualité et différence des sexes », *Esprit*, octobre 1999.

réservé aux élites sociales ou aux artistes (la vie de bohème) devient un idéal commun. Autrement dit, nous avons assisté à un processus de démocratisation de l'exceptionnel. La société (et non les individus bien sûr) devient individualiste : là est la nouveauté des années 1960-1970.

Les drogues, dont Baudelaire pensait qu'elles sont des moyens de multiplication de soi jusqu'à devenir Dieu, se diffusent au cours des années 1960 comme le symbole de la possibilité illimitée. Leurs idéologues les présentent simultanément comme une mystique (« Je veux voir Dieu en face » fut le slogan du LSD) et comme une politique (inventer de nouveaux rapports entre les hommes). « Expansion de la conscience » est l'expression clef. Les Beatles font l'apologie des fumeurs de marijuana contre les « épaves à whisky ». C'est le temps du *feeling*. Levons donc toutes les barrières, y compris mentales ! L'usage de drogues concentre les utopies émancipatrices ; elles symbolisent les tendances nouvelles, en Amérique du Nord et en Europe, à lever les interdits empêchant chacun de disposer de lui-même comme il l'entend. Les drogues incarnent la volonté de faire table rase des valeurs de la famille, de l'autorité, du travail aliénant et de la réussite sociale. C'est donc la question des limites à la propriété de son propre corps qui, au-delà des risques sanitaires, est posée par la drogue. C'est effectivement en termes de transgression et non de risques que la lutte contre la drogue s'organise. Ainsi, les parlementaires français votent-ils en 1970 une loi qui étend la prohibition à l'usage privé, auparavant admis : malade ou délinquant, voilà comment est formulé politiquement le problème. La question de l'usage privé devient un enjeu dans ce contexte.

Cette levée des barrières ne va pas sans susciter de nouvelles inquiétudes qui représentent la face sombre de l'émancipation. Elles se voient à l'apparition de troubles psychologiques d'un nouveau style dont les psychanalystes se font l'écho. Traditionnellement, la psychanalyse traite des névroses, c'est-à-dire de pathologies mentales résultant de conflits psychiques remontant à la petite enfance et, parce qu'ils sont refoulés dans l'inconscient, produisant des symptômes divers, dont de la dépression. Le noyau du conflit est lié à l'Œdipe : le désir (inconscient) s'y affronte à l'interdit. Or les psychanalystes notent un accroissement très net de patients dépressifs *non névrosés* au cours des années 1970*. Ce sont moins les conflits, les contradictions du désir, qui sont en jeu, nous disent-ils, que l'identité. Les patients manifestent à la fois une absence de limite de soi et un besoin d'être produisant une insécurité identitaire chronique. Les psychanalystes parlent de pathologies narcissiques : le sentiment de perte de sa propre valeur envahit le patient. C'est la honte qui domine et non plus la culpa-

---

* En réalité, il y a plutôt une controverse : s'agit-il d'une transformation des symptômes (la dépression est la forme que prend l'hystérie, par exemple) ou de nouvelles pathologies ?

bilité inconsciente. Les analystes mettent en relation ce sentiment avec la perte de légitimité des interdits qui pouvaient induire une culpabilité pathologique mais structuraient néanmoins la personne. La personne est dominée par un sentiment de vide et d'insuffisance telle qu'elle a des difficultés à supporter les frustrations. De là, sa tendance à rechercher des sensations avec la drogue, l'alcool, les tranquillisants, la boulimie (pathologie qui explose aux États-Unis au cours des années 1970) ; qui comblent le vide et abrasent le conflit. Les toxicomanies sont des modes de défense contre la dépression, nous disent les cliniciens, ce sont des « équivalents dépressifs ». Le thème de l'expansion des consciences décline, celui des usages autothérapeutiques des drogues monte.

L'addiction et la dépression sont deux faces de ce qu'on pourrait appeler des pathologies de la grandeur — Freud voyait la mélancolie comme « un délire de petitesse* ». Au lieu de la vieille culpabilité bourgeoise et de la lutte pour s'affranchir de la loi des pères (Œdipe), s'installent la peur de ne pas être à la hauteur de ses propres idéaux et l'impuissance qui en résulte (Narcisse). La dépression et l'addiction sont la contrepartie de la démocratisation de l'exceptionnel. Elles représentent le prix de l'émancipation totale.

Les Tables de l'initiative individuelle

Aux Évangiles de l'épanouissement personnel des années 1970 s'ajoutent les Tables de l'initiative individuelle à partir des années 1980. Au cours de cette période, où l'État-providence entre partout en crise, la société française est saisie par une ivresse des concurrences et des compétitions, en même temps que la concurrence entre projets politiques (mais non entre partis, bien entendu) tend à s'estomper : entrepreneurs, sportifs, aventuriers, héros de l'extrême, travailleurs responsables, chômeurs créant leurs propres entreprises, battants, gagneurs, raiders envahissent notre imaginaire. La France, mais aussi les États-Unis (avec Ronald Reagan) et la Grande-Bretagne (avec Margaret Thatcher) se convertissent à une version à la fois sportive, aventurière et entrepreneuriale de la vie en société. Au monde de la discipline succède le monde de l'action.

Trois déplacements caractérisent cette nouvelle sensibilité.

— Le chef d'entreprise, emblème traditionnel de la domination des gros sur les petits (il incarne en France le monde de l'héritage et de la rente), est érigé en modèle d'action pour tous (et l'entreprise, par la même occasion, devient « citoyenne »).

---

* « Deuil et mélancolie », 1917.

— La consommation, incarnation de la comédie du standing des classes moyennes et de l'aliénation des classes populaires dans les années 1960, recycle les valeurs des mouvements de libération des années 1970 et se transforme en un vecteur de « réalisation personnelle » : le modèle de mise en scène de soi du Club Méditerranée se généralise et l'interactivité devient le mot-clef de la consommation, via de nouvelles émissions de radio et de télévision avant qu'Internet, avec ses sites personnels et ses webcams, ne lui permettent de se concrétiser techniquement. Aujourd'hui, chacun peut se mettre en spectacle pour montrer qui il est.

— Le champion sportif, héros des classes populaires (Raymond Poulidor), est redéfini comme un symbole d'excellence sociale. Bernard Tapie a été le VRP de ce style de vie.

Ce culte nouveau de la performance se diffuse à un moment politique précis : entre le tournant de la rigueur (1982) et le gouvernement Fabius (1984-1986). Le projet politique de la gauche (qui fait qu'elle est « de gauche ») échoue. Elle met ainsi fin à sa double utopie traditionnelle de la société assurantielle et de l'alternative au capitalisme. Les noces du sport, de l'aventure et de l'entreprise apparaissent comme une réponse extrapolitique à la crise de l'action publique (keynésienne, assurantielle, etc.). Sont ainsi mis en scène des modèles d'action accessibles à tout un chacun. C'est la fin de la lutte des classes. Ce qui ne veut pas dire, bien au contraire, que les inégalités sociales diminuent.

La performance combine un modèle d'action (entreprendre) et de justice (en sport, le premier est toujours le meilleur, alors que dans la vie de tous les jours...) avec un style d'existence (l'épanouissement personnel d'un individu émancipé des interdits qui l'empêchaient de choisir sa vie). Les années 1970 invitaient chacun à partir à la conquête de son identité personnelle, les années 1980 à celle de la réussite sociale par l'initiative individuelle. Bref, l'idéal est désormais de devenir l'entrepreneur de sa propre vie.

Les exigences d'action et de performance individuelles s'accroissent largement pour toutes les couches sociales : pour trouver un emploi, même précaire, il faut désormais faire preuve de motivations, de capacités de présentation de soi. Il faut être capable d'élaborer des projets et de passer des contrats. Dans l'entreprise (pour ne pas parler des transformations de la famille et de l'école, des politiques de réinsertion ou du travail social), les modèles disciplinaires de gestion des ressources humaines reculent au profit de normes qui incitent le personnel à des comportements autonomes, y compris en bas de la hiérarchie. L'autorité s'appuie moins sur l'obéissance mécanique que sur l'initiative : responsabilité, capacité à évoluer, flexibilité, etc., dessinent une nouvelle liturgie. Des pressions nouvelles s'exercent sur l'individualité qui doit, pour se maintenir dans la socialité, agir au long cours là où elle se contentait d'obéir. Les exigences de responsabilité, autrefois réservées aux cadres supérieurs et aux professions libérales, s'étendent jusqu'aux Rmistes et aux précaires.

Des formes de liberté sont gagnées, mais de nouvelles contraintes apparaissent. Ces transformations normatives conduisent à faire de l'agent individuel le seul responsable de son action. Il se produit ainsi un report des responsabilités relevant traditionnellement des institutions vers l'individu lui-même. L'individu doit se prendre en charge en se dépassant plus ou moins en permanence : à l'aspiration à l'autonomie (« l'autonomie contre les pouvoirs ») qui avait explosé dans les années 1970 s'ajoute la contrainte de l'autonomie dans les années 1980. Nous avons assisté, en l'espace d'une génération, à une nouvelle phase de l'individualisme : son institution en mode d'action universel à travers la figure de l'entrepreneur. Ce nouveau contexte alimente l'évolution des rapports aux drogues, aux médicaments psychotropes et à la dépression.

Au milieu des années 1980, un rapport d'un groupe de médecins du travail de la région parisienne souligne que les salariés ont désormais tendance à demander des anxiolytiques alors qu'auparavant ils prenaient des congés maladie. En 1988, un *Guide des 300 médicaments pour se surpasser physiquement et intellectuellement*, qui fait scandale, explique qu'il faut différencier se droguer, c'est-à-dire s'évader de la réalité, de se doper, c'est-à-dire utiliser des substances permettant d'affronter un monde de concurrence impitoyable.

Le caractère autothérapeutique des drogues indique que celles-ci ont tendance à devenir des moyens de masse permettant d'alléger le poids que nous devenons pour nous-mêmes dans des rapports sociaux qui exigent de plus en plus que chacun décide et agisse en s'appuyant sur ses ressorts internes au lieu de suivre mécaniquement des instructions données par la hiérarchie. Au moment où la drogue sort de l'exploration de soi et bascule vers l'autothérapeutique, le médicament psychotrope sort de la thérapeutique. Combien d'articles au cours des années 1980 sur le thème : « Les Français, tous camés aux tranquillisants ? » Aux États-Unis, on parle de cauchemar national. Les frontières entre prescription à des fins thérapeutiques et prescription à des fins d'amélioration de la performance ou de « confort » se brouillent. Les controverses reprennent avec les antidépresseurs au cours des années 1990 à cause du lancement d'une nouvelle classe dont Prozac est le chef de file. Ces nouveaux médicaments permettraient d'améliorer l'humeur, que l'on soit malade ou non. La notion de performance, c'est-à-dire d'instrumentation de soi en vue de finalités extrêmement hétérogènes, est en train d'absorber celle de thérapeutique. La notion de dopage sort du sport pour entrer dans le langage commun. Cette extension est une manière de dire que la distinction entre « se droguer » et « se soigner » s'est brouillée. On n'est ni dans la maladie (le couple normal-pathologique) ni dans la transgression (le couple permis-défendu), mais dans l'amélioration de soi, la démultiplication de ses propres possibilités dont il faut tester les limites et mesurer les risques : comment être mieux ou plus que soi ? Et que veut dire être soi ? L'affirmation, parfois radicale, d'une identité, d'une différence singularisante, est à la mesure de l'incertitude qui la travaille. La désinhibition par des substances est évidemment un corrélat de la culture de l'action individuelle et de la revendication identitaire dans laquelle nous sommes désormais voués à vivre.

Du côté psychiatrique, la notion de dépression évolue également. Ainsi, considèrent-ils de plus en plus que son trait fondamental est moins la tristesse et la douleur morale que l'inhibition, qui devient le concept cardinal de la dépression. Celle-ci apparaît alors moins comme une passion triste que comme une action insuffisante. Elle tend vers l'apathie, l'absence d'action. Je ne sais pas si les gens étaient plus inhibés hier qu'aujourd'hui, mais l'inhibition est évidemment quelque chose de beaucoup plus visible et handicapant dans une société qui fait appel à l'initiative plutôt qu'à la docilité. Commettre une faute à l'égard de la norme consiste désormais moins à être désobéissant qu'à être inapte à l'action. C'est moins l'indiscipline (la transgression d'une autorité) qui est en jeu que l'incapacité à être à la hauteur. Car la socialisation ne consiste plus à discipliner les corps pour qu'ils restent à leur place une fois pour toutes. Elle vise à produire en permanence une individualité capable d'agir par elle-même. Il s'agit moins de rendre les « corps dociles », selon l'expression de Michel Foucault, sur le modèle de la machine, que de les auto-organiser comme un système cybernétique.

La notion de dépression met alors en exergue les tensions de ce mode d'être. Si la névrose est, sociologiquement parlant, une maladie de la culpabilité et du renoncement, la dépression est, elle, une pathologie de la responsabilité et de l'insuffisance (à l'égard des exigences de l'action et de celles de l'identité). La dépression est d'ailleurs aujourd'hui considérée comme une pathologie récidivante, voire chronique. Les recommandations pour des traitements à long terme, voire à vie, sont communes en psychiatrie. La profession relativise la référence à la guérison au profit d'une problématique de l'accompagnement au long cours qui s'exprime en termes de qualité de vie. C'est la même chose pour la drogue : l'action publique se réfère moins à l'interdit (bien que la loi n'ait pas été modifiée) qu'à la réduction des risques. Elle consiste également en des accompagnements à long terme, avec des produits de substitution comme la méthadone. Les addictions ont d'ailleurs, elles aussi, tendance à se chroniciser. Le chronique semble un personnage en voie de généralisation. Le paradoxe est que tout semble traitable et que rien n'est vraiment guérissable. Mais sans doute ne s'agit-il plus aujourd'hui de guérir de quelque chose que d'être accompagné et modifié par séquence tout au long de sa vie par des personnes, des organisations ou des produits. De ce point de vue, l'antidépresseur ou la méthadone sont au comportement ce que le silicone est à l'apparence corporelle et la procréation médicalement assistée à la filiation.

Les contradictions de la responsabilité

Les drogues et les médicaments psychotropes ne sont qu'un aspect d'un développement généralisé de marchés de l'équilibre intérieur tout à fait hétéroclites et qui va bien au-delà de la médecine et de la psychologie clinique : ils vont des consommations au long cours de médicaments du comportement aux renouveaux religieux et aux mouvements spiritualistes en passant par les émissions de radio et de télévision où l'on raconte ses malheurs. Ces marchés aux multiples composantes sont promis à un bel avenir parce qu'une société d'initiative individuelle et d'émancipation totale, dans la mesure où elle conduit chacun à décider et à agir en permanence, encourage des pratiques de modification de soi en tout genre. Mais une telle société crée simultanément des problèmes de structuration de soi qui ne faisaient l'objet d'aucune attention dans une société disciplinaire.

Ces problèmes de structuration de soi se voient à la prégnance d'une vulnérabilité psychologique et sociale de masse encore inconnue il y a vingt ans dans les démocraties libérales. À côté de la généralisation de l'individu insuffisant des addictions et des dépressions, s'est diffusée celle de l'individu victime de traumatismes multiples : maltraitances, violences sexuelles, inceste, mais aussi, dans le monde du travail, harcèlements, stress, mystérieux troubles musculo-squelettiques qui rendent incapable de travailler. La psychopathologie du travail est aujourd'hui un enjeu social et syndical non négligeable, la « souffrance au travail » du salarié « responsable » se substituant au conflit de classe du travailleur « dominé ». Chez les enfants et les adolescents, surtout des milieux défavorisés, l'échec scolaire et l'absence d'avenir induisent des impulsions suicidaires ou violentes, des comportements dits psychopathiques et des prises de risques qui donnent le sentiment d'exister. Ce sont, les cliniciens le soulignent, des modes de défense contre l'effondrement psychique. Plusieurs rapports publiés au cours des années 1990 notent l'importance des troubles du malêtre (qui concerneraient 20 % de la population générale), leurs coûts socio-économiques et la nécessité, en conséquence, de mettre en place des politiques de santé mentale. Lors du dernier forum économique mondial de Davos, une table ronde était intitulée : « La dépression sera-t-elle le cancer du XXIe siècle ? » Nos sociétés ont effectivement fini par donner forme à une culture inédite du malheur intime qui se décline tout au long d'une ligne qui va de l'apathie à la violence.

Cela signifie-t-il que les hommes sont plus malheureux aujourd'hui qu'hier ? Cette question n'a aucun sens, comme le suggère cette réflexion de Robert Musil dans *L'Homme sans qualités* : « Les hommes étaient semblables à des épis dans un champ ; ils étaient probablement plus violemment secoués qu'aujourd'hui par Dieu, la grêle, l'incendie, la peste et la guerre, mais c'était dans l'ensemble, municipalement, nationalement. » Désormais, les secousses se sont personnalisées en masse.

De ces changements, on donne en général deux interprétations opposées mais finalement solidaires. La version pessimiste voit le sujet en crise (parce qu'il aurait perdu tout repère et toute limite), la version optimiste postule que les seules relations entre individus permettent de bricoler, par exemple, sa propre famille ou sa propre religion. Dans les deux cas, l'individualisation serait à la source d'un processus généralisé de désinstitutionnalisation et de dépolitisation : la vie en société se privatiserait sous le rouleau compresseur de l'individualisme et s'autorégulerait, en bien pour les optimistes, en mal pour les pessimistes. L'un des nœuds de la confusion est le suivant : ce n'est pas parce que les choses sont plus « personnelles » aujourd'hui qu'elles sont pour autant moins sociales, moins institutionnelles ou moins politiques. C'est cela qu'il s'agit d'abord de comprendre. Car les individus ne sont pas devenus plus réflexifs, plus conscients d'eux-mêmes qu'auparavant (selon la thèse populaire d'Anthony Giddens, le théoricien de la « Troisième voie »). Il n'y a aucune raison logique, donc anthropologique, de penser que la conscience de soi est plus forte aujourd'hui qu'il y a un siècle. Ce sont plutôt les modes sociaux et politiques de constitution du sujet humain qui ont changé : ils produisent non plus ces corps dociles et semblables les uns aux autres, mais des individualités susceptibles d'agir par elles-mêmes et de se modifier en s'appuyant sur leurs ressorts internes. Ici est en jeu l'une des mutations décisives de nos formes de vie : ce n'est en effet pas un choix que chacun peut faire comme bon lui semble ou qu'il peut négocier dans un contrat, mais une règle valable pour tous et applicable à chacun sous peine d'être mis en marge de la socialité. Entrée dans nos usages, disposant d'un vocabulaire employé en permanence (élaborer des projets, passer des contrats, faire de motivation et de capacités de communication), cette règle fait corps avec nous. Autrement dit, elle s'est sociologiquement instituée. Reste sans doute à mieux la traduire dans la réflexion politique et l'action publique*.

---

* Faute de pouvoir développer cette question ici, je renvoie, dans le domaine de la famille, à Théry I. (Rapport à la ministre de l'Emploi et de la Solidarité et au garde des Sceaux, ministre de la Justice), *Couple, filiation et parenté aujourd'hui — Le droit face aux mutations de la famille et de la vie privée*, Paris, Odile Jacob-La Documentation française, 1998, dans celui du travail et de l'emploi à J. Boissonnat (Rapport de la commission présidée par), *Le Travail dans vingt ans*, Paris, Odile Jacob-La Documentation française, 1995 et A. Supiot (dir.), *Au-delà de l'emploi — Transformations du travail et devenir du droit du travail en Europe*, Paris, Flammarion, 1999, et dans celui de la représentation politique à P. Rosanvallon, *La Démocratie inachevée — Histoire de la souveraineté du peuple en France*, Paris, Gallimard, 2000.

Pour terminer, je résumerai la façon dont on peut caractériser le type d'individu que l'émancipation et l'action ont produit et les nouvelles tensions qui l'accompagnent.

L'individu est le sujet de son propre corps et son identité sociale ne dépend apparemment que de lui-même puisqu'il peut moralement choisir qui il veut être. Ce pluralisme normatif radical s'est traduit par l'explosion de la revendication identitaire dans toutes ses facettes au cours du dernier tiers du XXe siècle (ainsi la question du couple et de la filiation homosexuels). Le sujet de l'action est dans l'individu (il en est le seul responsable). Il n'a alors plus d'autre horizon que son propre corps, mais en échange il peut l'améliorer (ou le détruire) de plus en plus*, et sa propre vie, qu'il doit réussir à tout prix. De l'obéissance à l'action, du destin au choix et à l'identité, ces changements de nos normes ont fini par loger la responsabilité entière de nos vies non seulement au sein de chacun d'entre nous, mais également, avec l'effondrement de l'idée d'une alternative au capitalisme, au sein de l'entre-nous commun. De là cette nervosité : enjoint d'être sujet *de* lui-même, l'individu est, dans ce mouvement même, sujet *à* de multiples pathologies de lui-même se manifestant par une floraison de la plainte subjective. Ce sont là deux faces de l'individualisme contemporain.

---

* Les retombées médicales (selon un rythme imprévisible aujourd'hui) des progrès de la génétique, vont généraliser cette question.

# Les auteurs

Jean-François Abramatic Président du W3C (World Wide Web Consortium), ancien chercheur à l'INRIA, directeur de la recherche et développement de la société Ilog.

Paul Acker Directeur des projets de recherche Béton au groupe Lafarge.

Cécile Alvergnat Directrice générale de l'Échangeur, Centre européen de réflexion et de formation sur les nouvelles technologies du commerce de biens et de services, membre de la Commission nationale Informatique et liberté (CNIL).

Arlène Ammar-Israël Déléguée-adjointe étude et exploration de l'Univers au Centre national d'études spatiales (CNES) ; déléguée française aux conseils directeurs vols habités et microgravité de l'Agence spatiale européenne (ESA).

François Anceau Professeur titulaire de la chaire des techniques fondamentales de l'informatique au Conservatoire national des arts et métiers et enseignant à l'École polytechnique.

Jean-Louis Aucouturier Professeur des universités à l'École nationale d'électronique et de radioélectricité de Bordeaux, directeur de l'Institut de microélectronique d'Aquitaine.

Jean-Pierre Balpe écrivain, directeur du département hypermédia de l'université Paris-VIII, membre fondateur de l'Atelier de littérature assistée par la mathématique et les ordinateurs (ALAMO).

Bertrand Barré Professeur à l'Institut national des sciences et techniques nucléaires (INSTN), membre du Conseil scientifique et technique d'EURATOM.

Gérard Berry Directeur de recherche, Centre de mathématiques appliquées, École des Mines de Paris, jusqu'en janvier 2001, directeur scientifique d'Esterel Technologies depuis cette date.

Hugues Bersini Professeur à l'Université Libre de Bruxelles, directeur du laboratoire IRIDIA.

Pierre Bétin Directeur général adjoint de Snecma, chargé de la stratégie technologique du groupe.

Jacques Blamont Professeur émérite à l'université Pierre-et-Marie-Curie-Paris-VI, conseiller du directeur général du CNES.

Pierre Caspar Professeur au Conservatoire national des arts et métiers, titulaire de la chaire de formation des adultes, président du Conseil de perfectionnement du CNAM.

Sophie Cluet Directrice de recherche à l'INRIA, responsable scientifique du projet bases de données VERSO.

Laurent Cohen-Tanugi Associé du cabinet d'avocats internationaux Cleary Gottlieb Steen & Hamilton, membre de l'Académie des technologies.

Hubert Curien Professeur émérite à l'université Pierre-et-Marie-Curie-Paris-VI.

Walid Dabbous Directeur de recherche à l'INRIA et responsable scientifique de l'équipe Planète (Protocoles et applications pour Internet) à l'INRIA Sophia-Antipolis.

Jean-Jacques Duby Directeur général de l'École supérieure d'électricité (Supélec).

Alain Ehrenberg Chargé de recherche au CNRS, directeur du CESAMES (Centre de recherche psychotropes, santé mentale, société), CNRS — université Paris-V-René-Descartes.

François Ewald Professeur titulaire de la chaire d'assurances au Conservatoire national des arts et métiers, conseiller pour la recherche à la Fédération française des sociétés d'assurances.

Olivier Faugeras Directeur de recherche à l'INRIA ; professeur au Massachusetts Institute of Technology (MIT).

Jean-François Fauvarque Professeur d'électrochimie industrielle au CNAM, vice-président du réseau « Piles à Combustibles ».

Gérard Gallas Directeur général du laboratoire de recherche et de contrôle du caoutchouc et des plastiques (LRCCP) et de l'Institut de formation aux métiers du caoutchouc (IFOCA).

Pierre-Gilles DE GENNES Professeur au Collège de France, directeur de l'École supérieure de physique et chimie industrielles de la ville de Paris, prix Nobel de physique 1991.

Jean-Paul HATON Professeur à l'université Henri-Poincaré, Nancy-I ; membre de l'Institut universitaire de France ; responsable, au sein du LORIA/INRIA, de l'équipe « Reconnaissance des formes et intelligence artificielle ».

Jean-Yves HELMER Délégué général pour l'armement.

Didier HOUSSIN Directeur des matières premières et des hydrocarbures au ministère de l'Industrie.

Bernard LAHIRE Professeur de sociologie à l'ENS de Lyon, lettres et sciences humaines.

Jacques LANXADE Président de la Fondation méditerranéenne d'études stratégiques. Ancien chef d'état-major des Armées.

Jean-Claude LAPRIE Directeur de recherche au CNRS, directeur du laboratoire d'analyse et d'architecture des systèmes (LAAS), du CNRS.

Pierre LASCOUMES Directeur de recherche au CNRS.

Dominique LECOQ Directeur du Centre d'étude et de recherche sur la communication appliquée et le management (CERCAM), associé à la chaire de formation des adultes au CNAM.

Jean-Claude LEHMANN Directeur de la recherche de la compagnie Saint-Gobain.

Jacques LIVAGE Professeur à l'université Pierre-et-Marie-Curie-Paris-VI, membre de l'Institut universitaire de France.

Annick LOISEAU Directeur de recherche à l'Onera, codirecteur du groupe de recherche nanotubes du CNRS.

Mauricio LOPEZ Cofondateur et directeur technique de la société Kelkoo.com.

Gilles J. MARTIN Professeur à la faculté de droit de l'université de Nice-Sophia-Antipolis, membre du Centre de recherches en droit économique.

Thomas-Xavier MARTIN Directeur technique du groupe d'expertise et de conseil Nulla Dies, ancien responsable de la sécurité informatique de la Gendarmerie nationale.

Gérard MÉGIE Professeur à l'université Pierre-et-Marie-Curie-Paris-VI, membre de l'Institut universitaire de France, président du CNRS.

Philippe MEIRIEU Professeur en sciences de l'éducation à l'université Louis-Lumière-Lyon-II.

Roland MORENO Président et fondateur d'Innovatron.

Pierre MORLIER Professeur à l'université de Bordeaux-I.

Yves MOTTOT Animateur scientifique et technique au centre de recherches de Rhodia à Aubervilliers.

François ORIVEL Directeur de recherche au CNRS.

Guy OURISSON Professeur émérite à l'université Louis-Pasteur de Strasbourg, ancien président de l'Académie des sciences.

Émile PEFFERKORN Directeur de recherche au CNRS.

Jacques PÉPING Architecte à Bull, cofondateur de Storage Academy (analyse du stockage de données).

André PINEAU Professeur, centre des matériaux, École des Mines de Paris, responsable de l'option « Sciences et génie des matériaux ».

Jacques Prost Directeur de recherche au CNRS, Institut Curie.

Jöel DE ROSNAY Directeur de la prospective et de l'évaluation de la Cité des sciences et de l'industrie de La Villette.

Laurent SEDEL Chirurgien orthopédiste, professeur à l'université Paris-VII, chef de service à l'hôpital Lariboisière à Paris.

Jean-Claude SERRERO Chargé de recherche au ministère de l'Environnement.

Michel SOTTON Directeur général et directeur de la recherche à l'Institut textile de France.

Walter R. STAHEL Directeur de l'Institut de la durée, Genève.

Jacques STERN Professeur à l'ENS, directeur du département d'informatique.

Michel VIVANT Professeur à l'université de Montpellier-I, responsable de l'équipe de recherche Créations immatérielles et droit.

Lothaire ZILLIOX Directeur de recherche au CNRS, directeur de l'Institut franco-allemand de recherche sur l'environnement, université Louis-Pasteur, Strasbourg.

Table

I

ENJEUX DE L'ÉDUCATION
ET FORMATION DE DEMAIN

II

L'HOMME ET L'INFORMATIQUE :
MACHINES, CONNEXIONS ET AGENTS

III

LA SOCIÉTÉ INFORMATIQUE :
VERS LA SOCIÉTÉ DE LA COMMUNICATION
ET LA SOCIÉTÉ DE SURVEILLANCE

IV

ARTIFICES

V

EXPLORATION
ET EXPLOITATION DE L'ESPACE :
UNE AVENTURE ET SES ENJEUX

VI

BATTERIES, PILES, ATOMES ET MOTEURS BIOLOGIQUES :
QUELLES ÉNERGIES ?

VII

MATÉRIAUX EN TOUS GENRES :
L'ANCIEN ET LE NOUVEAU

VIII

LES POLLUTIONS
ET LEURS REMÈDES

IX

LA SOCIÉTÉ DU RISQUE ET DE L'EXTRÊME

Que soient ici remerciés le Conservatoire national des arts et métiers (CNAM) qui a accueilli l'Université de tous les savoirs et les partenaires qui ont participé au rayonnement national et international de l'Utls : *Télérama, Le Monde* et France Culture, Radio France, la chaîne parlementaire-Assemblée nationale, La 5e, *Le Monde des débats*, Sanofi-Synthélabo.

Imprimé par Lightning Source France
1 avenue Gutenberg
78310 Maurepas

N° d'édition : 7381-0935-Y

www.ingramcontent.com/pod-product-compliance
Lightning Source LLC
Chambersburg PA
CBHW051804150726
47998CB00001B/25